AF308110

INSTAND-Schriftenreihe Band 7

Institut für Standardisierung und Dokumentation im
Medizinischen Laboratorium e.V. (INSTAND) Düsseldorf

Irene Boll · Silke Heller (Hrsg.)

Praktische Blutzelldiagnostik

Mit 211 Abbildungen davon 123 in Farbe

Springer-Verlag

Berlin Heidelberg New York
London Paris Tokyo
Hong Kong Barcelona
Budapest

Reihenherausgeber

Prof. Dr. med. Richard Merten
Brinckmannstraße 21, 4000 Düsseldorf 1
und
Dr. med. Friedrich da Fonseca-Wollheim
Behringkrankenhaus Berlin-Zehlendorf
Zentrallaboratorium
Gimpelsteig 3-5, 1000 Berlin 37
für
INSTAND, Institut für Standardisierung und Dokumentation
im Medizinischen Laboratorium e.V.
Johannes-Weyer-Straße 1, 4000 Düsseldorf 1

Bandherausgeber

Professor Dr. med. Irene Boll
Altensteinstraße 29, 1000 Berlin 33

Dr. med. Silke Heller
Zentrallabor, St. Gertrauden-Krankenhaus
Paretzerstraße 12, 1000 Berlin 31

ISBN-13:978-3-642-74929-2

CIP-Titelaufnahme der Deutschen Bibliothek
Praktische Blutzelldiagnostik / I. Boll ; S. Heller (Hrsg.).
Berlin ; Heidelberg ; New York ; London ; Paris ; Tokyo ;
Hong Kong ; Barcelona ; Budapest : Springer, 1991
(INSTAND-Schriftreihe ; Bd. 7)
ISBN-13:978-3-642-74929-2   e-ISBN-13:978-3-642-74928-5
DOI: 10.1007/978-3-642-74928-5
NE: Boll, Irene [Hrsg.]; Institut für Standardisierung und
Dokumentation im Medizinischen Laboratorium: INSTAND-Schriftreihe

Die Wiedergabe von Gebrauchsnamen, Handelsnamen, Warenbezeichnungen usw. in diesem Buch berechtigt auch ohne besondere Kennzeichnung nicht zu der Annahme, daß solche Namen im Sinne der Warenzeichen- und Markenschutz-Gesetzgebung als frei zu betrachten wären und daher von jedermann benutzt werden dürften.

Satz: Reproduktionsfertige Vorlage der Reihenherausgeber;

23/3020 543210 – Gedruckt auf säurefreiem Papier

Vorwort

In der hämatologischen Diagnostik hat sich in den letzten drei Jahrzehnten eine stürmische methodische und technische Entwicklung vollzogen. Für die Basisuntersuchungen des peripheren Blutbildes haben immer leistungsfähigere und zugleich kompliziertere Analysensysteme die zeitraubenden und oft ungenauen manuellen Techniken ersetzt; heute ist es nicht mehr vorstellbar, auf diese Geräte bei der Bewältigung der täglichen Routinearbeit zu verzichten. Gleichzeitig hat die "Tiefe" der möglichen Diagnostik erheblich zugenommen: Zytochemische, immunologische, in zunehmendem Umfang auch zyto- und molekulargenetische Verfahren erlauben heute Differenzierungen von Zellen und Krankheitsentitäten, die mit morphologischen Methoden allein nicht möglich sind. Allerdings machen diese neuen Techniken die klassischen morphologischen Untersuchungen keineswegs überflüssig, sondern ergänzen sie in vielfältiger Weise.

INSTAND e.V. ist ursprünglich aus der Hämometerprüfstelle der Deutschen Gesellschaft für Innere Medizin hervorgegangen und fördert daher die Qualitätssicherung in der Hämatologie mit besonderem Eifer. Daher haben die Herausgeber dieses INSTAND-Bandes und die von ihnen gewonnenen Autoren sich die Aufgabe gestellt, den *aktuellen Stand der Blutzelldiagnostik praxisgerecht* darzustellen. Dies bedeutet, daß neben der eigentlichen Durchführung der Methoden auch alle wesentlichen Aspekte der "Präanalytik", wie Indikationsstellung, Probenentnahme, Einsendung und Probenbehandlung, ausführlich geschildert werden. So wird dieses Buch auch für diejenigen nützliche Informationen bieten, die nur einen Teil der notwendigen hämatologischen Untersuchungen im eigenen Laboratorium durchführen können und daher auf die Zusammenarbeit mit spezialisierten Fachkollegen angewiesen sind.

Hinsichtlich der "Postanalytik" wird bei jeder Untersuchungsmethode detailliert auf die Befundung, die diagnostische Einordnung sowie ergänzende Untersuchungen zur differentialdiagnostischen Klärung eingegangen. Die Textbeiträge werden durch ein reichhaltiges Bildmaterial ergänzt. Im Abschnitt über Knochenmarkzytologie wird die Gesamtheit der möglichen hämatologischen Diagnosen, von der konventionellen Pappenheimfärbung ausgehend, ausführlich behandelt.

Die Autoren der methodischen Beiträge haben sich bemüht, die jeweils bestehenden Möglichkeiten und bereits vorliegende Ergebnisse der *Qualitätssicherung* aufzuzeigen. Einserseits wird sichtbar, daß auf einigen, heute bereits zur Routinediagnostik gehörenden Gebieten noch keine Verfahren zur internen und externen Qualitätskontrolle etabliert sind. Dies wird künftig zu entsprechenden methodischen Studien führen. Andererseits kann INSTAND mit einigem Stolz darauf verweisen, auf den Gebieten Kleines Blutbild, Differentialblutbild und Knochenmarkzytologie mit dem Aufbau der Ringversuche in Deutschland Pionierarbeit geleistet zu haben, was im Anhang des Bandes ausführlich dokumentiert ist.

Ich danke den Herausgebern und den Autoren für ihre hervorragende Arbeit und hoffe, daß dieser Band die Struktur-, Prozeß- und Ergebnisqualität in der hämatologischen Diagnostik entscheidend verbessern wird.

Düsseldorf, im März 1991 Prof. Dr. med. H. Reinauer

Autorenverzeichnis

Prof. Dr. med. Heidwolf **Arnold**
Evangelisches Diakoniekrankenhaus, Wirthstraße 11, D 7800 Freiburg

PD Dr. med. Lütje J. **Behnken**
Bioscientia, Institut für Laboruntersuchungen, Ingelheim, Postfach 1628,
D 6500 Mainz

Prof. Dr. med. Irene **Boll**
Fachbereich 3 der Freien Universität Berlin, Altensteinstraße 29, D 1000 Berlin 33

Dr. med. Karl-Georg v. **Boroviczény**
Instand e. V., Haslacher Straße 51, D 7800 Freiburg

PD Dr. med. Peter Christian **Fink**
Zentralkrankenhaus St. Jürgen-Straße, Institut für Laboratoriumsmedizin,
St. Jürgen-Straße, D 2800 Bremen 1

Karin **Hasslinger**
MTA, Medizinische Universitätsklinik
Hugstetter Straße 55, D 7800 Freiburg

Dorothy **Harvey**
MTL, Bioscientia, Institut für Laboruntersuchungen Ingelheim, Postfach 1628,
D 6500 Mainz

Prof. Dr. med. Hermann **Heimpel**
Medizinische Klinik und Poliklinik der Universität Ulm, Robert-Koch-Straße 8,
D 7900 Ulm

Dr. med. Silke **Heller**
St. Gertrauden-Krankenhaus, Zentrallaboratorium, Paretzer Straße 12,
D 1000 Berlin 31

PD Dr. med. Klaus-Michael **Koeppen**
Königswarter-Krankenhaus, Königsberger Straße 36a, D 1000 Berlin 45

Prof. Dr. med. Eberhard **Kurrle**
Mediziniche Klinik II, Klinik am Eichert, D 7320 Göppingen

Prof. Dr. med. Helmut **Löffler**
II. Medizinische Klinik und Poliklinik der Christian-Albrechts-Universität,
Chemnitzstraße 33, D 2300 Kiel

Dr. med. Wolf-Dieter **Ludwig**
Medizinische Klinik und Poliklinik, Universitätsklinikum Steglitz,
Hindenburgdamm 30, D 1000 Berlin 45

Prof. Dr. med. Joachim **Oertel**
Universitätsklinikum Rudolf Virchow , Medizinische Klinik und Poliklinik,
Spandauer Damm 130, D 1000 Berlin 19

Dr.-Ing. Ulrich **Poppy**
Landesversicherungsanstalt Berlin, Zentrallaboratorium, Königin-Elisabeth-Straße
32, D 1000 Berlin 19

Dr. med. Otto **Prümmer**
Medizinische Klinik und Poliklinik der Universität Ulm, Robert-Koch-Straße 8,
D 7900 Ulm

Dr. med. Karlheinz **Seeger**
Institut für Humangenetik, der Freien Universität Berlin, Heubnerweg 6,
D 1000 Berlin 19

Dr. rer. nat. Hans T. **Seeger**
Digitana AG, Weidestraße 118b, D 2000 Hamburg 76

Prof. Dr. sc. med. em. Horst **Stobbe**
Üderseestraße 30, D 1157 Berlin

Dr.med. Johannes V. **Teichmann**
Medizinische Klinik und Poliklinik, Universitätsklinikum Steglitz,
Hindenburgdamm 30, D 1000 Berlin 45

Prof. Dr. med. Eckart **Thiel**
Medizinische Klinik und Poliklinik, Universitätsklinikum Steglitz,
Hindenburgdamm 30, D 1000 Berlin 45

Prof. Dr. med. Christian **Trendelenburg**
Städtisches Krankenhaus Frankfurt a. M.-Höchst, Institut für
Laboratoriumsmedizin, Gotenstraße 6-8, D 6230 Frankfurt 80

Prof. Dr. med. R. L. **Verwilghen**
Gasthuisberg, Herestraat 49, B 3000 Leuven

PD Dr. rer. nat. Rolf-Dieter **Wegner**
Institut für Humangenetik, der Freien Universität Berlin, Heubnerweg 6,
D 1000 Berlin 19

Irmgard **Wolf**
MTA, Krankenhaus Spandau, Zentrallaboratorium-Nord, Lynarstraße 12,
D 1000 Berlin 20

Inhaltsverzeichnis

3   Weitere Erythrozytenanalyte

3.1   Erythrozyten-Senkungsreaktion
H. Stobbe

3.2   Erythrozytenenzyme
H. Arnold und K. Hasslinger

5   Zelldifferenzierung

5.1   Differentialblutbild
K.-M. Köppen und S. Heller

7   Zytologie anderer Organe

8   Anhang

1 Einleitung

1.1 Entwicklung der Blutzellanalytik

K.-G. v. Boroviczény

Zum Verständis einer Fachdisziplin ist es zweckmäßig, ihre Entstehung und Entwicklung zu kennen, da eine Rückschau - zumindest in Grenzen - auch über die künftigen Möglichkeiten des Faches aussagefähig ist. Im folgenden wird die Entstehung und Entwicklung der Blutzellanalytik kurz geschildert. Der Interessierte wird auf die weiterführende Literatur hingewiesen (Boroviczény 1968; Boroviczény et al. 1974; Heilmeyer, Merker 1958; Sournia et al. 1982; Vosswinkel 1986; Wintrobe 1980 und 1985).

1.1.1 Anfänge der Blutzellanalytik, erste diagnostische Erkenntnisse

Die Blutzelldiagnostik ist eng mit der Erfindung und Weiterentwicklung des Mikroskops verbunden. Das Ende des 16. Jahrhunderts von Hans und Zacharias Janssen konstruierte Mikroskop war die Voraussetzung für die Sichtbarmachung der Blutzellen; es vergingen jedoch infolge der Wirren des 30-jährigen Kriegs (1618-1648) Jahrzehnte bis zu mikroskopischen Untersuchungen am Blut und damit zur Entdeckung der 'Blutkugelgen' (Borelli 1656; Kircher 1658; Swammerdam 1658/1752; Malpighi 1665). Leeuwenhoeck (1639-1661) untersuchte sein eigenes Blut und glaubte, 1674 bei wiederholten Beobachtungen während einer Krankheit morphologische Abweichungen zu sehen.

Die Entwicklung setzte sich im 18.Jahrhundert mit der immer eingehenderen Untersuchung der Erythrozyten (Jurin 1717; Hewson 1773) und der Blutgerinnung (Hewson 1770) fort. Hämatologische Krankheitsbilder wurden beschrieben (Werlhof 1775); es erschienen die ersten Monographien mit der Bezeichnung 'Haematologia' im Titel (Schwencke 1743; Schurigius 1744).

Anfang des 19.Jahrhunderts konnte das Mikroskop durch Konstruktion achromatischer Objektive entscheidend verbessert werden. Darauf folgt eine Reihe wichtiger Veröffentlichungen: die Entdeckung der Blutplättchen (Home 1818) und ihrer Rolle bei der Gerinnung (Nasse 1836), die Entdeckung der Lymphogranulomatose (Hodgkin 1832), eine Dissertation über die Leukämie (Kastner 1832) usw. Eine wesentliche weitere Verbesserung des Mikroskops erfolgte in den 1860-er und 70-er Jahren durch die Zusammenarbeit von Abbe und der Werkstatt von Carl Zeiss (Abbe 1904-06). Die neuen Mikroskope ermöglichten die sichere Differenzierung der Leukozytenarten, die Beschreibung der Anämieformen und anderer hämatologischer Krankheiten (Ehrlich 1956-57, Abb. 1.1-1).

Abbildung 1.1-1. Paul Ehrlich
(1854-1915)

Abbildung 1.1-2. Arthur Pappenheim
(1870-1916)

In der Mitte des 19.Jahrhunderts konnten, nach der Einführung der Zentrifuge, durch bessere chemische Analysen und aufgrund weiterer Erfindungen, zahlreiche blutzelldiagnostische Untersuchungsmethoden entwickelt und erfolgreich angewandt werden. Pappenheim (1904) schrieb, daß die Hämatologie "ein wohl abgegrenzter und selbstständiger, vollgiltiger und durchaus daseinsberechtigter Zweig der wissenschaftlichen Medizin" sei. Die Grundlagen zu Blutzellanalytik standen zur Verfügung; der Ausbau konnte beginnen.

1.1.2 Ausbau der Blutzelldiagnostik, Bedarfszuwachs bei der Analytik

Die Methoden der hämatologischen Laboranalytik waren sehr kompliziert und zeitaufwendig (man sagte: "Ehrlich färbt am längsten"), und konnten deshalb nur punktuell eingesetzt werden. Zu Beginn des 20.Jahrhunderts kamen praktikable Färbemethoden auf (May, Grünwald 1902; Giemsa, 1902; Wright 1902; Pappenheim

1908), außerdem Zählkammern (Bürker, 1905) und Hämometer (Sahli 1902) zum Einsatz; dadurch wurden Serienuntersuchungen möglich. Arneth (1904) wies auf die Bedeutung der Leukozytenmorphologie hin und es erschienen hämatologische Lehrbücher und Atlanten (Grawitz 1902; Türk 1904; Pappenheim 1905; Naegeli 1907). Schilling (1912) führte die bis heute praktizierte Differenziertechnik ein. In Berlin gründete Pappenheim nach der ersten hämatologischen Zeitschrift (1904) auch die weltweit erste hämatologische Gesellschaft (Boroviczény 1967, Abb. 1.1-2).

In den 20er und 30er Jahren erschienen überarbeitete Neuauflagen der erwähnten Lehrbücher und Atlanten sowie neue Veröffentlichungen aus dem Bereich der hämatologischen Diagnostik (Domarus 1921; Schleip, Alder 1928; Boros 1932; Hirschfeld, Hittmair 1933; Schulten 1939). Heilmeyer (1933) führte die medizinische Spektrophotometrie ein und ermöglichte damit exakte Messungen des Hämoglobins, seiner Vorstufen und Derivate, sowie die Untersuchung des Eisenstoffwechsels (1937). Er löste damit eine bis heute andauernde, stürmische Entwicklung der klinischen Chemie aus.

Wesentliche Impulse erhielt die Blutzellanalytik durch die Erfindung der Elektronenmikroskopie 1931 durch Knoll und Ruska, wodurch die Feinstruktur der Blutzellen sichtbar gemacht wurde (Sournia et al. 1982). Die Mikrophotographie ermöglichte das Erscheinen von umfangreichen Bildwerken (Undritz 1952). Zellteilung und -differenzierung in der Zellkultur konnten durch Mikrokinematographie mit Phasenkontrastoptik dargestellt werden (Boll 1966).

Der Ausbruch des 1. Weltkrieges verhinderte den damals geplanten ersten internationalen Hämatologenkongreß. Er konnte erst 1937 in Münster stattfinden (Vosswinkel, 1986). Durch den 2. Weltkrieg wurde die internationale Zusammenarbeit, insbesondere in Europa, nochmals unterbrochen. Wieder starben hervorragende Hämatologen, wieder wurden Laboratorien und Bibliotheken zerstört, wieder vergingen viele Jahre, bis die Kontakte und die Forschung erneut aufgenommen werden konnten.

1.1.3 Mechanisierung, Normung und Qualitätssicherung der Blutzellanalytik

Der stetig zunehmende Bedarf an hämatologischen Laboratoriumsuntersuchungen konnte seit den sechziger Jahren nicht weiter mit den bis dahin geübten visuellen und manuellen Techniken abgedeckt werden. Die Arbeitslast konnte nur mit mechanisierten Analysengeräten aufgefangen werden. Sie lieferten bei zugleich konstanter Zuverlässigkeit genauere Ergebnisse als mit manuell-visuellen Techniken möglich. Als erstes wurde durch die Erfindungen von Brecher, Coulter, Crosland-Taylor, Kleine, Langercranz, Moldavan, Wolff und anderen die Zellzahlbestimmung mechanisiert (siehe bei Boroviczény 1962), dann auch die Zelldifferenzierung (siehe bei Heller 1989).

Die Forderung nach vergleichbaren Ergebnissen führte 1936 zur Gründung der 'Hämometerprüfstelle der Deutschen Gesellschaft für Innere Medizin' (Heilmeyer, Sundermann 1936), aus der das 'Institut für Standardisierung und Dokumentation im medizinischen Laboratorium (INSTAND) e.V.' hervorgegangen ist (Boroviczény 1981), das 1963 in Zusammenarbeit mit dem DIN die Normung auf dem Gebiet der

Hämatologie in Angriff nahm (DIN 1982). Aufgrund guter Erfahrungen mit der Normung in allen Bereichen der Laboratoriumsmedizin wurde in den 80er Jahren die Normung auf europäischer Ebene aufgenommen, um die Vergleichbarkeit der Laboratoriumsergebnisse europa- und weltweit zu sichern.

Bald zeigte sich jedoch, daß die Standardisierung der Methoden allein nicht zur Sicherung der Zuverlässigkeit der Untersuchungsergebnisse ausreicht und daß zusätzlich interne und externe Qualitätssicherungsmaßnahmen notwendig sind. Hämatologische Ringversuche fanden zuerst in den USA, dann in den Niederlanden, seit 1968 auch in den Bundesrepublik statt (s. Kap. 8.2). Mit diesen Ringversuchen und den durch die Bundesärztekammer verordneten internen Kontrollmaßnahmen konnte die Zuverlässigkeit der blutzelldiagnostischen Analysen wesentlich verbessert werden (Boroviczény 1987).

1.1.4 Neueste Untersuchungsmethoden

Während der 80er Jahre entwickelten sich Molekulargenetik, Immunzytologie, Expertensysteme u.a. Diese Themata werden in den folgenden Kapiteln ausführlich behandelt. Hier soll auf ihre Bedeutung in der Entwicklung der Blutzelldiagnostik hingewiesen werden.

Die erste molekulargenetische Entdeckung machte 1956 der aus Breslau stammende Biochemiker Ingram, der als Ursache der Sichelzellanämie eine einzige ausgetauschte Aminosäure im Hämoglobin nachweisen konnte. Ähnliche Entdeckungen folgten für andere Hämoglobinopathien und Krankheiten (Conley 1980). Seither konnten zahlreiche Erbfaktoren molelekularbiologisch definiert werden (Weicker 1974; s. Kap. 5.4). In der Molekulargenetik werden ständig neue relevante Erbeigenschaften aufgedeckt, deren künftige diagnostische und therapeutische Aspekte aussichtsreich sind.

"Die Leukozyten sind eine Art Omnibus, in welchem alles Mögliche fährt", klagte 1880 der Pathologe Rindfleisch; doch schon bald danach konnten die 'Passagiere des Omnibus', die einzelnen Leukozytenarten, differenziert werden; als auch Funktionen der Leukozyten erforscht waren, meinte man, alle Passagiere und deren Fahrtziele zu kennen und stritt sich nur noch über deren Verwandschaft. Man rätselte weiter über den Lymphozytenpolymorphismus, bis Grundmann (1961) einwandfrei die Existenz von zwei Lymphozytenpopulationen beweisen konnte. Es stellte sich nun heraus, daß die Lymphozyten 'eine Art Omnibus' waren, mit Passagieren, deren Differenzierung nur nach und nach anhand von Oberflächenmarkern gelingt (s.Kap. 5.3). Künftige physikalische und zytochemische Leukozytenanalysen könnten eine Fülle klinisch relevanter Informationen geben, mehr als das heute anhand klinisch-chemischer Serumanalysen möglich ist.

Die zunehmende Menge gesicherten Wissens wird nicht nur in der Inneren Medizin, sondern sogar in Teilgebieten, wie in der Hämatologie unüberschaubar. Abhilfe sollen die sog. Expertensysteme schaffen, eine besondere Art elektronischer Datenverarbeitung (s.Kap. 1.3). Es ist anzunehmen, daß die auf Datenträgern von Personal Computern gespeicherten Expertensysteme im Laufe der 90er Jahre zu einem unabdingbaren Konsiliarius klinisch tätiger Ärzte werden.

Das Ziel der kurativen Medizin ist die Wiederherstellung der Gesundheit des Patienten. Erst die in diesem Buch dargestellte Blutzelldiagnostik erlaubt die gezielte

Therapie vieler Anämien und der akuten Leukämie. Ohne diese Methoden hätte die Hämatologie ihre großartigen Siege nicht erringen, die Malignomtherapie nicht so erfolgreich sein können. Basierend auf einer zuverlässigen Blutzelldiagnostik und Therapieüberwachung konnten zunächst bei Kindern, dann auch bei Erwachsenen, leukämische Erkrankungen in Dauerremission gebracht werden, sogar mit der Hoffnung auf Heilung. Diese Erfolge rechtfertigten es, den Namen der "Deutschen Gesellschaft für Hämatologie e.V." im Jahre 1978 um den Zusatz "und Onkologie" zu erweitern (Vosswinkel 1987).

Tabelle 1.1-1. Zeittafeltafel der Blutzellanalytik und Blutzelldiagnostik

Jahr	Name	Sachverhalt
1656	Borelli	beschreibt als erster die 'Blutkugelgen'
1658	Kircher	beschreibt korpuskuläre Elemente im Eiter der Pestbeule
1658	Swammerdam	führt systematisch mikroskopische Untersuchungen durch
1665	Malpighi	hält Blutkörperchen im Omentum für Fettkügelchen
1674	Leeuwenhoek	beobachtet Blutzellveränderungen während seiner Krankheit
1684	Boyle	schreibt Monographie über durchzuführende Experimente
1717	Jurin	ermittelt den Erythrozytendurchmesser
1732	Hales	findet ungenügend Blutkugelchen bei einer Blutungsanämie
1735	Werlhof	beschreibt die nach ihm benannte Krankheit
1743	Schwencke	veröffentlicht 'Haematologia sive sanguinis historia'
1744	Schurigius	veröffentlicht 'Haematologia historico-medica'
1744	Sauvages	vermutet farbige Moleküle in den Blutkügelchen
1753	Rhades	weist Eisen in den roten Blutkörperchen nach
1756	Haller	veröffentlicht ausführliche Monographie über das Blut
1765	Stiles	
	u.Torre	beschreiben die Delle der roten Blutkörperchen
1773	Hewson	sieht vermehrte farblose Blutkügelchen bei Milztumor
1782	Levison	warnt vor Aderlass wegen Abnahme der Erythrozytenzahl
1794	Hunter	beschreibt die Nicht-Hämolyse im Salzwasser
1796	Parmentier	beginnt systematische chemische Analysen im Blut
1818	Home	entdeckt die Blutplättchen
1827	Hodgkin,	
	Lister	beschreiben die Lymphogranulomatose
1830	Denis	bestimmt die Hämoglobinkonzentration
1831	Lecanu	findet niedrigere Hb-Normalwerte bei der Frau
1832	Kastner	schreibt eine Dissertation über die Leukämie
1835	Magendie	veröffentlicht seine hämatologischen Vorlesungen
1836	Nasse	erkennt die Bedeutung der Blutplättchen
1839	Nasse	zeichnet ein Bild des segmentkernigen Granulozyten
1840	Donn	veröffentlicht erste Mikrophotogramme der Blutzellen
1840	Gulliver	führt Erythrozytenstudien bei 485 Tierspezies durch
1845	Andral	veröffentlicht 'Versuch einer pathologischen Hämatologie'
1846	Virchow	Bedeutung der farblosen Blutkörperchen in der Pathologie
1852	Vierordt	beschreibt eine Erythrozytenzählmethode
1854	Welker	beschreibt eine Leukozytenzählmethode
1863	Recklinghausen	beobachtet die Eigenbewegung der Leukozyten

Tabelle 1.1-1. Forts. Zeittafeltafel der Blutzellanalytik und Blutzelldiagnostik

Jahr	Name	Sachverhalt
1864	Hoppe-Seyler	untersucht die Hämoglobinderivate
1865	Schulze	differenziert im Nativausstrich 5 Leukozytenarten
1867	Cohnheim	weist die Leukozytenemigration bei Entzündungen nach
1868	Neumann	entdeckt Blutzellbildung im Knochenmark
1874	Biermer	beschreibt und benennt die perniziöse Anämie
1877	Ehrlich	beginnt seine Leukozytenfärbestudien
1889	Pfeiffer	beschreibt das nach ihm benannte Drüsenfieber
1892	Vaquez	beschreibt die nach ihm benannte Polyzythämie
1902	Wright	beschreibt die nach ihm benannte Färbemethode
1902	May u.Grünwald	beschreiben die nach ihnen benannte Färbemethode
1902	Giemsa	beschreibt die nach ihm benannte Färbemethode
1902	Sahli	beschreibt das nach ihm benannte Hämometer
1904	Pappenheim	begründet die seither erscheinenden Folia Haematologica als erste Fachzeitschrift
1904	Abbe	Verbesserung des Mikroskops
1905	Bürker	beschreibt die bis heute gebräuchliche Zählkammer
1906	Maximov	bezeichnet den Lymphozyten als hämatologische Stammzelle
1908	Pappenheim	gründet die Berliner Hämatologische Gesellschaft
1912	Schilling	führt das seither praktizierte Differentialblutbild ein
1925	Cooley u. Lee	beschreiben die Thalassämie
1928	Pelger u. Huet	beschreiben die Segmentierungsanomalie
1929	Arinkin	beschreibt die Knochenmarkpunktionstechnik
1933	Heilmeyer	veröffentlicht die Medizinische Spektrophotometrie
1936	Heilmeyer	gründet die Hämometerprüfstelle der Deutschen Gesellschaft für Innere Medizin
1944	Waldenström	beschreibt die Makroglobulinämie
1948	Langerkranz	beschreibt ein mechanisiertes Blutzellzählgerät
1956	Coulter	patentiert ein mechanisiertes Blutzellzählgerät
1958	Heilmeyer	beschreibt die sideroachrestische Anämie
1961	Grundmann	weist zwei Lymphozytenpopulationen nach
1963	DIN 58 931	ist die erste hämatologische Norm (Hämoglobinometrie).

1.2 Bedeutung und Effizienz der Blutzelldiagnostik

H. Heimpel und O. Prümmer

1.2.1 Das Blut als Organ: Physiologie und Pathophysiologie

1.2.1.1 Anatomische Verteilung und funktioneller Aufbau der Blutzellbildung
Die Blutzellen werden im "roten" Knochenmark verschiedener Skelettabschnitte, die
Lymphozyten darüberhinaus auch im Thymus und in den sekundären lymphatischen

Organen, vor allem in den Lymphknoten und in der Milz gebildet. Trotzdem reagiert das Blutzellsystem auf Umweltveränderungen - z. B. Änderungen des atmosphärischen Sauerstoffdrucks - und auf Verletzungen der Körperintegrität - z. B. Blutverlust oder lokale Entzündungsherde - wie *ein* Organ. Diese Tatsache läßt sich durch die in der extrazellulären Körperflüssigkeit überall ähnlichen Konzentrationen von Substraten und Metaboliten - z.B. Eisen, Bilirubin -, endokrine Regulationen - z. B. durch Erythropoetin, Interleukine - und durch die Zirkulation proliferationsfähiger hämopoetischer Stammzellen im peripheren Blut erklären. Diese können ebenso wie die ausgereiften Funktionszellen vom extravasalen Markparenchym in die Marksinus übertreten, im Gegensatz zu den letzteren aber wieder in die Matrix des blutbildenden Knochenmarks zurückkehren und so zu einem Ausgleich des Stammzellgehaltes in verschiedenen anatomisch getrennten Markabschnitten führen. Ähnliche Verhältnisse gelten für die Lymphozyten, deren Rezirkulationskompartiment auch die lymphatischen Gewebe und den ductus thoracicus einschließt.

Die physiologische Rezirkulation der Blutbildungszellen erklärt die Tatsache, daß das Ergebnis der Probenbeurteilung aus *einer Entnahmestelle*, z.B. dem Beckenkamm oder dem Sternum in der Regel den Rückschluß auf den Zustand des gesamten blutbildenden Knochenmarks zuläßt. Dies gilt auch für die Neoplasien der Hämatopoese: Trotz der Entstehung der Leukämien und malignen Lymphome aus *einer* transformierten Zelle präsentiert sich die Mehrzahl dieser Erkrankungen zum Zeitpunkt ihrer Diagnostizierbarkeit als Systemerkrankung mit gleichartigen Veränderungen in verschiedenen Knochenmarkabschnitten und verschiedenen Lymphknotenstationen. Zur Erklärung dieses Phänomens muß man annehmen, daß die Rezirkulationsfähigkeit der Stammzellen des neoplastischen Klons und die Regulation ihrer Verteilung auf verschiedene Skelettregionen erhalten geblieben ist. Allerdings kommt es hierbei häufig zusätzlich zur *myeloischen Metaplasie* - besonders ausgeprägt in Milz und Leber bei den chronischen myeloproliferativen Syndromen - und zu Gewebsinfiltrationen durch proliferationsfähige Blasten. Die Herkunft von Zellen aus diesen pathologischen Blutbildungsstätten muß bei der Interpretation der im peripheren Blut beobachteten Zellveränderungen berücksichtigt werden.

Die morphologische und funktionelle Vielfalt der Blutzellen ist das Resultat eines komplexen hierarchischen Differenzierungsprozesses der Abkömmlinge *pluripotenter hämatopoetischer Stammzellen*, welche die Fähigkeit zur Selbstreproduktion und damit zur lebenslangen Aufrechterhaltung ihres Bestandes besitzen. Zellkulturen und Ergebnisse der experimentellen Zelltransplantation haben zu einem auch für den Menschen gut fundierten Strukturmodell der Hämatopoese geführt, das in Abb. 1.2-1 vereinfacht dargestellt ist. Die beiden großen Subsysteme, die *Myelopoese* und die *Lymphopoese*, reagieren im postnatalen Lebensabschnitt weitgehend getrennt. Die meisten Funktionsausfälle betreffen das myeloische *oder* das lymphatische Subsystem; die meisten Neoplasien der Hämopoese zeigen myeloische *oder* lymphatische Differenzierungsmerkmale.

Stammzellen machen nur einen kleinen Teil der Zellen in den Blutbildungstätten aus und sind morphologisch nicht von anderen mononukleären Blutzellen, z. B. von Lymphozyten zu unterscheiden. Sie können jedoch durch Zelltrennungsverfahren angereichert und in vitro durch Kultur in semisoliden Medien (Bildung von Zellkolonien in Agar oder Methylzellulose), in vivo durch Transplantation (Bildung von

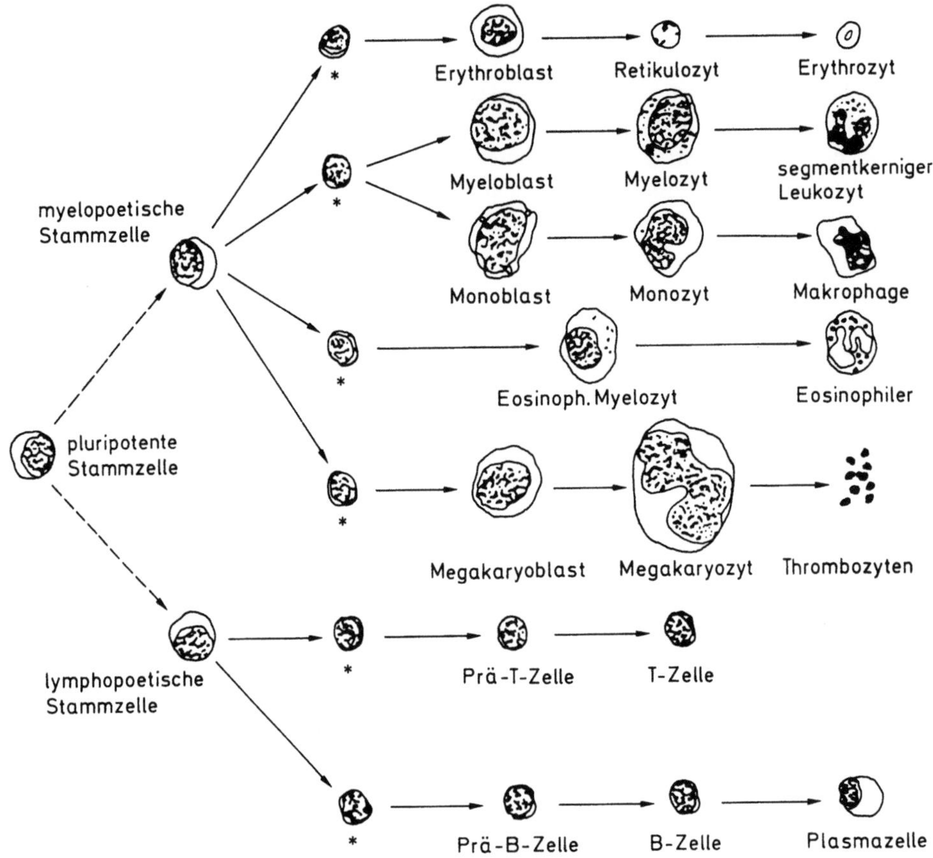

Abbildung 1.2-1. Strukturmodell der Hämatopoese

Zellkolonien in Organen des Empfängertieres) nachgewiesen werden (Messner 1984).
Ihre Bezeichnung richtet sich nach der Zellzusammensetzung der gebildeten Kolonien
als Ausdruck der noch exprimierten Differenzierungspotenz. Aus den determinierten
Stammzellen entwickeln sich die hämatopoetischen Zellen des Knochenmarks, die
aufgrund funktionsspezifischer Merkmale morphologisch identifizierbar sind. Innerhalb dieser Zellen kann ein *Proliferations-* oder *mitotisches* und ein *Reifungskompartiment* unterschieden werden. Allerdings laufen Reifungsvorgänge auch
innerhalb des mitotischen Zellkompartiments ab (s. 6.1.1).

Im Gegensatz zu den Zellen des myeloischen Subsystems sind funktionelle Differenzierung und Reifegrad der Tochterzellen der lymphatisch determinierten Stammzellen - abgesehen von den morphologisch charakteristischen Plasmazellen - nur mit
immunzytologischen Methoden zu erkennen (s. 5.3).

1.2.1.2 Regulation der Blutzellbildung
Veränderungen der Zellzahlen müssen unter dem Gesichtspunkt des der jeweiligen
Umweltsituation angepaßten Bedarfs und der erhaltenen oder gestörten Regulation
betrachtet werden. Die hohe Produktionsleistung der hämatopoetischen Stammzell-

population zeigt sich in der täglichen Bildung von etwa 3 x 10^{11} Funktionszellen allein des myelopoetischen Subsystems. Sie wird auch bei langzeitiger Mehrbeanspruchung, z. B. bei chronischen Infektionen mit neutrophiler Leukozytose oder bei hereditären hämolytischen Anämien nicht erschöpft. Bedarfsabhängig kann sie bis auf etwa das 10fache der Ruheproduktion gesteigert werden (Abb. 1.2-2).

		Funktion		Maximaler Mehrleistungsfaktor
		"physiologisch"	"pathologisch"	
	Erythrozytopoese	Ersatz gealterter Erythrozyten	Kompensation von Blutverlusten	ca. 10
Pluripotente Stammzellen	*Granulozytopoese*	Integrität der Schleimhäute, Homöostase der normalen Mikroflora	Abwehr kontagiöser Infektionen	ca. 5
	Thrombozytopoese	Gefäßabdichtung	Blutstillung bei Traumen	ca. 8

Abbildung 1.2-2. Konstitutive und bedarfsabhängige Blutzelllproduktion

"Normale", aber nicht bedarfsgerechte Zellzahlen können Zeichen einer Insuffizienz der Hämatopoese sein: Beispielsweise ist bei Hypoxie durch eine chronische Lungenerkrankung mit einer Erhöhung der Hämoglobinkonzentration zu rechnen. Bleibt sie aus, so muß nach einer zusätzlichen Störung, z. B. einer renalen Insuffizienz gesucht werden. Ist die Zahl der neutrophilen Leukozyten bei einem schweren bakteriellen Infekt nicht erhöht, so ist an die Möglichkeit einer primären Zellbildungstörung als Mitursache der Erkrankung zu denken.

Normale reife Blutzellen haben eine im Prozeß der terminalen Differenzierung festgelegte Lebenserwartung. Die Anpassung an den Zellbedarf wird deswegen ausschließlich über die *Zellbildungsrate* geregelt. Während die wenig differenzierten, pluripotenten Stammzellen langfristig für den Zellnachschub verantwortlich sind, beruht die mittelfristige, innerhalb von Tagen oder Wochen wirksam werdende Regulation der einzelnen Zellreihen auf Veränderung der Proliferation und Reifung in den nachgeschalteten determinierten Stammzellspeichern mit limitierter Selbstreproduktionsfähigkeit und limitiertem Differenzierungsrepertoire.

Die Blutzellbildung wird durch *endokrin* (-poetine) und durch *parakrin* wirkende Faktoren gesteuert (Herrmann et al. 1989b). Die letzteren werden aufgrund ihrer Wirkung in Zellkulturen auch als *CSF*'s (Colony *S*timulating *F*actors) bezeichnet (Tab. 1.2-1). Man unterscheidet *Wachstumsfaktoren* im engeren Sinne, synergistisch wirkende Faktoren (*Interleukine*) sowie weitere *Zytokine*,die die CSF-Produktion induzieren oder als Negativsignale die Zellbildung hemmen. Wachstumsfaktoren sind nicht, wie ihre Bezeichnung nahelegt, streng spezifische Wirksubstanzen, sondern pleiotrope Faktoren mit Wirkungsschwerpunkten. Sie regulieren nicht nur Differen-

Tabelle 1.2-1. Zytokine mit Wirkung auf Proliferation und Differenzierung hämatopoetischer Zellen[a]

Eigenschaft	Faktor	Zielzellen
Wachtumsfaktoren	Multi-CSF	Pluripotente Stammzelle (PPSC), CFU-GEMM[b], CFU-GM, CFU-Eo, BFU-E, Mono, Eo
	GM-CSF	CFU-GEMM, CFU-GM, CFU-Eo, CFU-Meg, BFU-E, Mono, Neutro, Eo
	G-CSF	CFU-G, Neutro
	M-CFS	CFU-M, Mono
	Erythropoetin	CFU-E, Retikulozyten
Synergismus mit Wachstumsfaktoren	IL-1 α, ß	PPSC, T, B, NK, Mono, Neutro, Eo, Fibro, Endoth
	IL-4	B, T, Mono, Kofaktor für CFU-G?
	IL-5	B, T, CFU-Eo, Eo
	IL-6	B, T, Plasmozytomzellen, Hepatozyten, Mono, Fibro, Kofaktor für "blast colonies"
Induktion von Wachstumsfaktoren	TNF-α, ß	Mono, Endoth, Fibro
	IFN-τ	Mono, Fibro, Endoth, NK, B
	IL-1 α, ß	
	IL-2	T, B, Mono, NK
	Multi-CSF	
	GM-CSF	
	G-CSF	

[a] Auswahl der für die Myelopoese wichtigsten Zielzellen.

[b] Abkürzungen: CFU-GEMM, multipotente Vorläuferzellen (CFU, colony forming unit) mit granulozytärer (G), erythrozytärer (E), monozytärer (M) und megakaryozytärer (M) Differenzierungspotenz; determinierte Stammzellen: CFU-GM, CFU-G, CFU-M, CFU-Eo (eosinophil), BFU-E, CFU-E; B: B-Lymphozyten; Endoth: Endothelzellen; Eo: eosinophile Granulozyten; Fibro: Fibroblasten; Mono: Monozyten/Makrophagen; Neutro: neutrophile Granulozyten; NK: natürliche Killerzellen; T: T-Lymphozyten.

zierung und Proliferation sondern wirken, teleologisch verständlich, auch auf Stoffwechsel und Funktion peripherer Blutzellen (Morstyn u. Burgess 1988).

Zusätzlich zu den an den Stammzellspeichern angreifenden mittelfristigen Regulationmechanismen gibt es kurzfristiger wirksam werdende Regulationsvorgänge, deren Kenntnis für die Interpretation der quantitativen und qualitativen Zellveränderungen im peripheren Blut wichtig ist. Dazu gehört die Beschleunigung der Hämoglobinsynthese in Erythroblasten durch Erythropoetin, die Verschiebung des Reservespeichers funktionsfähiger Granulozyten aus dem Knochenmark in das periphere Blut bei akuten bakteriellen Infekten und die erhöhte Produktion großer, hämostatisch besonders wirksamer Thrombozyten durch Veränderung der Megakaryozytenpolyploidisierung bei Blutung oder erhöhtem Thrombozytenverbrauch (Thompson u. Jakubowski 1988).

Veränderungen der Zellzahlen sind als Veränderungen der *Zellkinetik* zu interpretieren. Bereits unter Gleichgewichtsbedingungen sind die Umsatzzeiten der Blutzellen in den verschiedenen funktionell und morphologisch definierten Differenzierungsabschnitten kürzer als in fast allen anderen Körpergeweben. Unter Stimulation, z.B. bei Zellverlust kann die Umsatzzeit weiter verkürzt werden. Zellzahlen sind als "Momentaufnahme" eines dynamischen Geschehens zu betrachten und häufig nur durch Beobachtung ihrer zeitlichen Veränderung korrekt zu interpretieren. Während die Durchgangszeit im Knochenmark, d. h. die Zeit bis zur Entstehung terminal differenzierter, ausschwemmungsfähiger Funktionszellen aus den frühesten morphologisch identifizierbaren Vorläuferzellen mit 4 - 8 Tagen und 3 - 6 zwischengeschalteten Mitosen in den verschiedenen Zellreihen des myeloischen Subsystems in der gleichen Größenordnung liegt, variiert die Verweildauer im peripheren Blut zwischen etwa 10 Stunden (neutrophile Granulozyten), 10 Tagen (Thrombozyten) und über 100 Tagen (Erythrozyten). Deswegen führt eine kurzzeitige *Zellbildungsstörung* zur Neutropenie, nicht aber zur Anämie; umgekehrt führt der *Zellverlust* durch Blutung zur Anämie, aber nicht zur Leukopenie oder Thrombozytopenie.

Die Notwendigkeit der kinetischen Betrachtung soll an einem Beispiel erläutert werden: Bei akuter *Agranulozytose* kann das Bild des Knochenmarks von Myeloblasten oder Promyelozyten beherrscht sein. Dies ist nicht das Ergebnis einer Ausreifungshemmung wie bei akuter myeloischer Leukämie, sondern des Durchgangs einer Kohorte normaler, neugebildeter Vorläuferzellen nach Verlust der reiferen Granulozyten durch eine zeitlich begrenzte Immunleukoklasie. Da die Durchgangszeit durch ein morphologisches Stadium (z.B. der Myeloblasten oder Promyelozyten) etwa 20 Stunden beträgt ist die differentialdiagnostische Entscheidung durch Kontrolluntersuchung nach wenigen Tagen möglich.

1.2.1.3 Störungen der Blutzellbildung

Eine Störung der Zellproduktion kann auf verschiedenen Ebenen des in Abbildung 1.2-1 dargestellten hierarchischen Systems der Blutzellbildung wirksam werden und damit zu verschiedenen Konstellationen von Blutbildveränderungen und der Zusammensetzung des Knochenmarks führen. Die klinisch besonders schwerwiegenden Defekte in den frühen Zellkompartimenten resultieren *immer* in einer Panzytopenie mit Abnahme der hämatopoetischen Zellen im Knochenmark, die bei besonders schweren Schädigungen, z. B. bei akzidenteller oder im Rahmen der Konditionierung für die Knochenmarktransplantation iatrogener Gesamtkörperbestrahlung mit Dosen von > 5 Gy, oder bei schwerer Panmyelopathie eine Lymphozytopenie einschließt. Panzytopenien können allerdings auch durch externe Noxen oder Störungen anderer Körpersysteme bedingt sein, die sich auf periphere Blutzellen mit gleichem Rezeptorprofil oder gleichen Stoffwechseleigenschaften auswirken (Tabelle 1.2-2).

Tabelle 1.2-2. Bildungsstörungen der Blutzellen

Pathogenese	Vorkommen
Pluripotente Stammzelle:	
Angeboren:	Retikuläre Agenesie
Erworben:	Hochdosierte Gabe phasenunabhängiger Zytostatika
	Panmyelopathie
Determinierte Stammzelle, mehrere Zellreihen:	
Erworben:	Aplasie nach Bestrahlung oder Zytostatika
	Panmyelopathie?
	Kombinierte Zytopenie bei T-Zell-Lymphozytose?
	Hypoplastische Leukämie
	Andere Leukämien?
Determinierte Stammzellen, eine Zellreihe:	
Angeboren:	Erythroblastophthise (Blackfan-Diamond-Anämie)
	Seltene Formen von Granulozyto- und Thrombozytopenie
Erworben:	Isoliert aplastische Anämie (Pure red cell aplasia)
	Aplastische Krise bei Parvovirusinfektion
	Renale Anämie
	Amegakaryozytäre Thrombozytopenie
	Einzelformen chronischer Granulozytopenie
	Schwere akute Agranulozytose
Proliferations- und Reifungskompartimente hämopoetischer Knochenmarkzellen, mehrere Zellreihen:	
Angeboren:	Hereditäre megaloblastische Anämie durch Störung der Thymidilatsynthese oder intrinsic factor Defekt (I)[a]
Erworben:	Exposition zu Zytostatika und energiereicher Bestrahlung
	Megaloblastäre Anämien (I)
	Myelodysplasie (I), Leukämien und maligne Lymphome
	Myelofibrose, Markmetastasen, Granulome
Proliferation und Reifungskompartiment der hämopoetischen Knochenmarkzellen, einzelne Zellreihen:	
Angeboren:	Kongenitale dyserythropoetische Anämien (I)
	Thalassämiesyndrome (I)
	Chronische Granulozytopenien
Erworben:	Renale Anämie
	Sekundäre Anämie bei Entzündungen und Tumoren
	Agranulozytose
	Chronische Neutropenien

[a](I) Ineffektive Hämatopoese.

Eine Verminderung der *effektiven Zellproduktionsrate*, d. h. der Zahl der pro Zeiteinheit vom Knochenmark in das periphere Blut übertretenden zirkulationsfähigen Funktionszellen, kann Folge einer Proliferations- oder Differenzierungsstörung sein. Beide Störungstypen sind nicht selten verbunden und mit klinischen Methoden nicht immer zu unterscheiden. Zustände, bei denen die Zellreifung im Proliferations- und Reifungskompartiment der morphologisch identifizierbaren hämatopoetischen Knochenmarkzellen gestört ist, wurden zuerst in der Erythropoese beschrieben, deren Zellkinetik durch Meßparameter der Stoffwechselkinetik des Eisens und der Hämoglobinabbauprodukte besonders gut zu erfassen ist. Als *ineffektive Erythropoese* wurden Erkrankungen bezeichnet, bei denen zwar genügend erythropoetische Vorläuferzellen vorhanden sind, die Zahl der effektiv produzierten Zellen jedoch vermindert ist. Dabei geht ein großer Teil der Erythroblasten während des Reifungsprozesses wieder zugrunde; deshalb wurde synonym auch der Ausdruck "intramedulläre Hämolyse" gebraucht. Ist das vorgeschaltete Regulationskompartiment der determinierten erythropoetischen Stammzellen intakt, so führt die Reifungsineffektivität zur regulativen Mehrbildung mit Bildung einer erhöhten Anzahl unreifer Erythroblasten, Erhöhung der Markzelldichte und der Umsatzparameter des Hämoglobins.

Eine ähnliche ineffektive Zellbildung wird analog auch für die Zellen der Granulo-Thrombozytopoese angenommen. Sie wurde bei Myelodysplasien durch zellkinetische Untersuchungen bewiesen.

Eine Sonderstellung nehmen die mikrozytär-hypochromen Anämien ein, die auf einer Bildungsstörung des *Hämoglobins* beruhen. Typischerweise ist die Zellbildungsrate und die periphere Zellzahl normal oder sogar etwas erhöht, die Hämoglobinkonzentration des Blutes und des einzelnen Erythrozyten jedoch vermindert. Pathogenetisch lassen sich eine ungenügende intrazelluläre Verfügbarkeit von Eisen (Eisenmangel, Eisenverwertungsstörung), Störungen der Globinkettensynthese (Thalassämiesyndrome, pathologische Hämoglobine) und die seltenen Störungen der Hämsynthese (angeborene sideroblastische Anämie, Bleivergiftung) unterscheiden. Bei schweren Formen der Hämoglobinbildungsstörung kommt es allerdings zu zusätzlichen Veränderungen, die dann doch zu einer Zellumsatzstörung und Erythrozytopenie führen können. Dazu gehört z. B. die ineffektive Erythropoese durch intrazelluläre Bildung von Globinpräzipitaten bei den schweren Thalassämieformen und die Verkürzung der Erythrozytenlebenszeit beim schweren Eisenmangel mit Bildung stark hypochromer Poikilozyten.

Bei den Störungen die zu einer *erhöhten Zellbildungsrate* mit *Vermehrung* der zirkulierenden Blutzellen führen, kann man zweckmäßigerweise folgende große Gruppen unterscheiden:

- Veränderungen mit *regulativ* erhöhter Zellproduktion, die funktionell sinnvoll und notwendig ist. Dazu gehört die Erythrozytose durch Erythropoetinstimulation (z. B. bei arterieller Hypoxie, chronischer Methämiglobin- oder Kohlenmonoxidhämiglobinämie, anomalen Hämoglobinen mit Verschiebung der O_2-Dissoziationskurve), die Leukozytosen im Rahmen der Akute-Phase-Reaktion und die Thrombozytose und Retikulozytose nach Blutverlust.
- Die seltenen, pathogenetisch noch ungeklärten kongenitalen *idiopathischen* Formen der Erythrozytose und die sogenannte benigne neutrophile Leukozytose.

- *Paraneoplastische* Syndrome, bei denen es zur Mehrbildung von Wachstumsfaktoren kommt. Dazu gehört die Erythrozytose (teilweise verbunden mit Thrombozytose) bei erythropoetinbildenden Nierentumoren und Hämangiomen sowie die neutrophile oder eosinophile Hyperleukozytose bei verschiedenen epithelialen Tumoren.
- *Neoplasien* der Hämatopoese (s. 1.2.1.5).

1.2.1.4 Störungen des Blutzellabbaus

Verkürzungen der Lebensdauer der peripheren Blutzellen führen über die oben beschriebenen Regelmechanismen zur Erhöhung der Zellproduktion, die bei erhaltener Kompensationsfähigkeit den Mehrverlust ganz oder teilweise durch Mehrproduktion ausgleichen kann. Bei bakteriellen Infektionen ist die Mehrproduktion stärker als die durch vermehrte Egression bedingte Verkürzung der Granulozytenlebenszeit, so daß typischerweise eine neutrophile Granulozytose als Nettoeffekt resultiert. Ist dagegen, wie z. B. bei chronischen Panmyelopathien oder chronischen isolierten Granulozytopenien eine Mehrproduktion nicht möglich, so führen bakterielle Infekte "paradoxerweise" zum weiteren Absinken der Granulozytenzahl.

Bei akut einsetzendem Zellverlust durch beschleunigte Destruktion oder *Blutung* dauert es 4 bis 7 Tage bis die kompensatorische effektive Mehrproduktion von Zellen einsetzt. Bei der diagnostischen Interpretation der hämatologischen Befunde bei akuter Perturbation des Blutzellsystems muß deswegen immer die Kinetik der Störung und die Kinetik der zellulären Kompensationsvorgänge berücksichtigt werden (s.o.).

Größere akute Blutverluste führen zunächst zur Leukozytose durch katecholaminbedingte Poolverschiebung (s. 1.2.1.4), nach einigen Stunden zur Anämie, zur Vergrößerung der Thrombozyten und Vermehrung der Thrombozytenzahl, und erst mit einem etwa fünftägigen Intervall zur Retikulozytose mit langsamem Wiederanstieg der Erythrozytenzahl. Wegen der Größe der Reservespeicher und der kurzen Lebenszeit der Granulozyten kommen Granulozytopenien auch nach sehr großen Blutverlusten nicht vor, passagere Thrombozytopenien nur dann, wenn große Blutverluste durch Massentransfusion von Erythrozytenkonzentraten ersetzt worden sind.

Pathologische Verkürzungen der Verweildauer der peripheren Blutzellen betreffen im Gegensatz zu den Bildungsstörungen überwiegend die einzelnen Zellreihen. Eine Verkürzung der Verweildauer aller nichtlymphatischen Zellen wird nur bei den sehr seltenen primären und den etwas häufigeren sekundären antikörperbedingten Immunzytopenien im Rahmen des Lupus erythematodes disseminatus beobachtet. Ein beschleunigter Abbau von Erythrozyten und Thrombozyten findet sich antikörperbedingt beim sogenannten *Evans-Duane-Syndrom*, bei der *Verbrauchskoagulopathie* und -*Thrombozytopenie* als Folge akuter hämolytischer Krisen und bei *mechanischer* Hämolyse im Rahmen einer nichtimmunologischen Verbrauchsthrombozytopenie (z. B. thrombotische thrombozytopenische Purpura, Mikroangiopathie bei Tumoren, peripartale Verbrauchskoagulopathie).

Eine pathophysiologisch orientierte Einteilung der wichtigsten Erkrankungen durch gesteigerte *Hämolyse* (ein sprachlich falscher Ausdruck der sich nur auf die Erythrozyten bezieht) und durch gesteigerten *Thrombozytenabbau* findet sich in den Tabellen 1.2-3 und 1.2-4. Während angeborene Fehlbildungen der Thrombozyten zur Funktionsstörung ohne relevante Verkürzung der Thrombozytenlebenszeit führen, ist

Tabelle 1.2-3. Pathogenetische Einteilung der hämolytischen Erkrankungen

---

Korpuskuläre hämolytische Anämien

Hereditär:	Membrandefekte
	Enzymdefekte des Erythrozytenstoffwechsels
	Instabile Hämoglobine
	Thalassämiesyndrome
Erworben:	Paroxysmale nächtliche Hämoglobinurie
	Hämolyse bei Myelodysplasie

Extrakorpuskuläre hämolytische Anämien (erworben)

Mechanische Hämolyse:	Makro- oder Mikroangiopathie
	Herzklappenprothesen
	"Marschhämoglobinurie"
Immunhämolyse:	Wärme-/Kälteautoantikörper
	Arzneimittelallergie
	Diaplazentar übertragene Alloantikörper
	Hämolytischer Transfusionszwischenfall
Parasitenbefall:	Malaria, Babesiose
Toxische Hämolyse:	Vergiftungen, Bakterientoxine
Lipidstoffwechsel- störungen:	Lebererkrankungen

Tabelle 1.2-4. Pathogenetische Einteilung der Verbrauchsthrombozytopenien

---

Immunthrombozytopenien
Idiopathische Autoimmunthrombozytopenie ("ITP")
Sekundäre Autoimmunthrombozytopenien
Arzneimittelallergie
Alloimmunthrombozytopenie des Neugeborenen

Thrombozytenverbrauch bei akzelerierter intravaskulärer Gerinnung
Sepsis (z.B. Meningokokken, Leptospiren)
Peripartal (z.B. Fruchtwasserembolie)
Malignome (z.B. Promyelozytenleukämie)
Transfusionszwischenfall
Gewebsnekrosen (z.B. akute Pankreatitis)
Toxisch (z.B. Schlangengifte)

Isolierter nichtimmunologischer Verbrauch
Thrombotische thrombozytopenische Purpura
Hämolytisch - urämisches Syndrom
Gefässprothesen
Vaskulitis bei Kollagenosen

---

bei vielen hereditären Erythropathien die Funktion im Sinne der Sauerstofftransport-fähigkeit normal, die Lebensfähigkeit im Kreislauf jedoch erheblich vermindert.

Da Granulozyten mit einer Halbwertszeit von etwa 6 Stunden durch neugebildete Zellen ersetzt werden, wird ein *Granulozytenverlust* durch kurz einwirkende Destruk-tionsmechanismen rasch ausgeglichen und bleibt asymptomatisch, häufig wahrschein-lich unentdeckt. Dagegen führen Destruktionsmechanismen, die mehrere Tage einwirken und/oder mit einer verminderten Produktion verbunden werden, zu einer längerzeitigen Neutropenie mit schweren bakteriellen Infekten. In diese Störungs-gruppe gehört die akute, fast immer arzneimittelbedingte Agranulozytose sowie die selteneren chronischen Immungranulozytopenien.

1.2.1.5 Störungen der Blutzellverteilung

Verschiebungen zwischen verschiedenen Verteilungsräumen ("Speichern") zirkula-tionsfähiger Blutzellen können innerhalb von Minuten oder Stunden zu erheblichen Veränderungen der Blutzellzahlen führen, die bei ungenügendem Verständnis der Physiologie und Pathophysiologie nicht selten als "Laborfehler" interpretiert werden. Dies gilt insbesondere für die Granulozyten, deren rasch mobilisierbarer Reservespei-cher im Knochenmark etwa zehnmal soviel Zellen wie das periphere Blut enthält. Ein Anstieg der neutrophilen Granulozytenzahl findet sich deswegen nicht nur postprandi-al, sondern auch in anderen körperlichen und psychischen akuten Streßsituationen. Obwohl alle Granulozytenspeicher reife Zellen enthalten, ist der Anteil von Metamye-lozyten und Stabkernigen im Reservespeicher und im zirkulierenden Speicher größer als im marginalen Speicher; auch die Anzahl der Stabkernigen im Differentialblutbild kann deswegen innerhalb sehr kurzer Zeit wechseln!

Die meisten längerzeitigen Speicherverschiebungen betreffen einzelne Zellreihen. Eine Ausnahme bildet der *Hypersplenismus* (s.a. 6.1.4.4-9). Bei ausgeprägter Hyper-plasie der roten Milzpulpa, z. B. bei Milz-Venen-Thrombose oder portaler Hyperten-sion, zirkulieren Erythrozyten, Thrombozyten und kernhaltige Blutzellen sehr lang-sam durch die vergrößerte Milz; ein Teil dieser langsam zirkulierenden Zellen wird vorzeitig in der Milz phagozytiert und abgebaut. Daraus resultiert eine meist mäßige Panzytopenie mit den Zeichen eines regulativ erhöhten Zellumsatzes. Bei leichten Formen des Hypersplenismus findet sich nur eine mäßige Thrombozytopenie. Kurz-fristige Schwankungen der Thrombozytenzahl, unter Umständen innerhalb eines Tages sind für die durch Hypersplenismus bedingte Thrombozytopenie besonders charakteristisch. Da sich in der normalen Milz etwa ein Drittel der zirkulierenden Thrombozyten befinden, kommt es nach *Milzverlust* immer zu einer Thrombozytose.

Im Gegensatz zu einigen Laboratoriumstieren gibt es beim Menschen keine physio-logischen Reservespeicher für Erythrozyten. Verteilungsstörungen resultieren aus Veränderungen des Gesamtblutvolumens und des Verhältnisses zwischen dem Kapil-larhämatokrit und dem Gesamtkörperhämatokrit, das normalerweise bei etwa 0,94 liegt. Als *relative Erythrozytose* bezeichnet man eine Erhöhung der Erythrozytenzahl und des Hämatokrits durch Verminderung des Plasmavolumens bei normalem zirku-lierendem Erythrozytenvolumen. Sie kommt passager bei Exsikkose, chronisch in Form der *Pseudo-* oder *Streßpolyglobulie* vor. Bei starken Rauchern ist diese al-lerdings mit einer leichten hypoxisch bedingten Mehrbildung aufgrund des erhöhten Kohlenmonoxidgehaltes verbunden. Umgekehrt ist die physiologische *Schwanger-*

schaftsanämie Folge der Erhöhung des Gesamtblutvolumens, wobei sowohl der zelluläre wie auch der Plasmaanteil, der letztere aber überproportional, vermehrt ist.

Bei der *Polyzythämia vera*, seltener bei schweren hypoxischen Erythrozytosen mit Hämatokritwerten von über 55 % ist nicht nur die Erythrozytenmasse, sondern auch das Gesamtblutvolumen erheblich vermehrt. Die zunächst ausbleibende Senkung des Hämatokrits nach mehreren Aderlässen beruht auf der Tatsache, daß zunächst das Gesamtblutvolumen bei gleichbleibendem Gesamtkörper-hämatokrit vermindert wird, bevor nach Normalisierung das Verhältnis zwischen zellulären und plasmatischen Anteilen durch Rückstrom von Plasma aus dem extravasalen Raum verschoben wird.

Die im Blut zirkulierenden *Lymphozyten* machen weniger als 5 % des Gesamtpools der zirkulationsfähigen Lymphozyten aus. Es ist deswegen erstaunlich, daß die Lymphozytenzahlen normalerweise in einem relativ engen Bereich (Referenzbereich 0,8-4,0 $\times 10^9$/l) schwanken. Akute *Erhöhungen* der Lymphozytenzahl durch Poolverschiebung sieht man bei kleinen Kindern bei viralen und einigen bakteriellen Infekten, *Verminderungen* bei älteren Kindern und Erwachsenen bei bakteriellen Infektionen. Reaktive, nichtneoplastische Lymphozytosen sind bei Erwachsenen selten; sie werden bei Hyperthyreose und bei vegetativ labilen Adoleszenten beobachtet. Nebennierenrindensteroide in hoher Dosierung führen bei normalen Erwachsenen zu einer durch Poolverschiebung bedingten neutrophilen Leukozytose, bei Patienten mit chronisch lymphatischer Leukämie häufig zu einer initialen weiteren Erhöhung der Lymphozytenzahl, die bei Kombination mit Zytostatika nicht als Zeichen einer Therapieresistenz oder Progression gewertet werden darf.

1.2.1.6 Klonale und neoplastische Veränderungen des myeloischen und lymphatischen Systems

Hämatopoetische Neoplasien entstehen durch Transformation einer hämatopoetischen Stammzelle. Die seit langer Zeit postulierte *Klonalität* kann heute durch sogenannte Klonalitätsmarker bewiesen werden. Dazu gehören charakteristische Chromosomenanomalien ,der einheitliche Leichtkettentyp bei B-Zell-Neoplasien, definierte Konstellationen rearrangierter Immunglobulin- oder T-Zell-Rezeptorgene und X-chromosomal kodierte Isoenzyme (Janssen et al. 1989). Bei manchen Leukämien werden initial oligoklonale Markerkonstellationen beobachtet; sie werden als Ergebnis einer bereits vor der Erstdiagnose abgelaufenen klonalen Evolution erklärt (Raghavachar et al. 1987). Klonalität bedeutet nicht immer klinische Malignität: Beispielsweise können monoklonale Zellpopulationen bei Gammopathien, Myelodysplasie oder paroxysmaler nächtlicher Hämoglobinurie langzeitig neben normalen polyklonalen Zellen der gleichen Zellreihe nachweisbar sein.

Während früher angenommen wurde, daß der neoplastische Zellklon ungeregelt und autonom expandiert, weiß man heute, daß die neoplastisch transformierten Stammzellen durch normale Wachstumsfaktoren stimuliert werden können (Morstyn u. Burgess 1988). Darüberhinaus wird eine autokrine Wachstumsstimulation diskutiert. Ein Beispiel dafür sind die molekularen Veränderungen bei der chronisch myeloischen Leukämie (Bartram 1987). Sie ist durch einen konstant nachweisbaren Chromosomendefekt, das *Philadelphia-Chromosom* (Ph1-Chromosom) gekennzeichnet, welches durch reziproke Translokation des distalen Endes von Chromosom 22 im Austausch gegen ein kurzes terminales Stück des langen Armes von Chromosom

9 entsteht.(s. a. 5.4). Molekulargenetische Untersuchungen haben gezeigt, daß eine Genregion transloziert wird, die wegen ihrer Analogie zur onkogenen DNA des Hühnerleukämieretrovirus als abl (avian blastosis)-Onkogen bezeichnet wird. Das zelluläre abl Protoonkogen (c-abl) ist auf dem langen Arm des Chromosoms 9 lokalisiert. Das von c-abl kodierte Protein (p145) gehört zu den Tyrosin-Proteinkinasen, ebenso wie mehrere Rezeptoren für Wachstumsfaktoren wie den epidermalen Wachstumsfaktor, der platelet derived growth factor (PDGF) und den CSF. Der zweite Bruchpunkt der Philadelphia-Translokation liegt in einem DNA-Segment des Chromosoms 22, welches als breakpoint cluster region (bcr) bezeichnet wird. Der wesentliche molekulare Vorgang der Ph1-positiven CML ist die Verlagerung des c-abl-Gens vom Chromosom 9 an das bcr-Gen von Chromosom 22. Das Fusions-Gen von bcr- und c-abl-Sequenzen kodiert die Bildung eines neuen Proteins von 210 kd. Die im Vergleich zum normalen p145 abl deutlich höhere Thyrosin-Phosphokinase-Aktivität dieses Moleküls sowie der kürzlich geführte Beweis, daß es hämatopoetische Zellen in vitro transformieren kann, sind gewichtige Hinweise dafür, daß P210 bcr-abl eine direkte Rolle bei der Aufrechterhaltung der malignen Zellproliferation spielt.

Die Einteilung der Neoplasien des myeloischen und lymphatischen Systems richtet sich vorwiegend nach zwei Merkmalskategorien: Dem klinischen Verlauf und dem morphologischen Phänotyp, der seinerseits auf der panoptischen Färbung und einigen zusätzlichen zytochemischen Reaktionen basiert. Bei vielen Leukämien und malignen Lymphomen sind die mit morphologischen, zytochemischen, immunzytochemischen und molekulargenetischen Methoden ermittelten Eigenschaften der malignen Zellen in Hinsicht auf die Zugehörigkeit zu einer bestimmten Zellreihe konkordant. Bei anderen, vor allem bei den sogenannten undifferenzierten oder unklassifizierbaren Leukämien (AUL) ist dies nicht der Fall. Beispielsweise gibt es akute myeloische Leukämien die den Genotyp einer B-Zellneoplasie in Form eines Rearrangements der Immunglobulingene aufweisen. Die Einordnung solcher, auch als Hybrid- oder linienabweichende ("lineage infidelity") Leukämien bezeichneten Neoplasien nach dem immunzytochemischen Phänotyp ist eine Konvention, die nicht als Aussage über die Zellinienzugehörigkeit der primär transformierten Zelle verstanden werden darf.

Eine Übersicht über die heute verwendete *Einteilung* der lymphohämopoetischen Neoplasien gibt Tabelle 1.2-5. Sie ist für die einzelnen Krankheitsgruppen zu ergänzen durch:

- die FAB-Klassifikation der *akuten myeloischen Leukämien* (Bennett et al. 1985)
- die FAB-Klassifikation der *Myelodysplasien* (Bennett et al. 1982)
- die immunologische Klassifikation der *akuten lymphatischen/ akuten undifferenzierten Leukämien* (Drexler et al. 1988)
- die modifizierte Rye-Klassifikation des *M. Hodgkin* (Habeshaw u. Lauder 1988)
- eine der Klassifikation der *Nicht-Hodgkin-Lymphome*, z.B. durch die auf immunbiologischen Gesichtspunkten beruhende, in Deutschland am weitesten verbreitete Kiel-Klassifikation (Habeshaw u. Lauder 1988).

Nicht mit diesen Klassifikationen zu verwechseln sind die *Stadieneinteilungen*, in die teilweise ebenfalls Blutbildparameter eingehen, z. B.:

Tabelle 1.2-5. Einteilung der hämatopoetischen Neoplasien

	Akut	Chronisch
Myelopoese	Akute myeloische Leukämien (FAB M1-3)	Chronische myeloische Leukämie
	Akute myelomonozytäre Leukämie (FAB M4)	Chronische myelomonozytäre Leukämie
	Akute monozytäre Leukämie (FAB M5)	Andere chronische myeloproliferative u. myelodysplastische[a] Syndrome
	Akute Erythroleukämie (FAB M6)	Subakute myeloische/myelo- monozytäre Leukämien[a]
	Megakaryoblastenleukämie (FAB M7)	maligne Myelosklerose[a]
Lymphopoese	Akute lymphatische Leukämie	Non-Hodgkin-Lymphome niedrigen Malignitätsgrades, z. B. chronische lymphatische Leukämie
	Non-Hodgkin-Lymphome hohen Malignitätsgrades	Haarzelleukämie
	Plasmazelleukämie	Plasmozytom
		Morbus Hodgkin[a]
Nicht sicher zuzuordnen	Akute undifferenzierte Leukämie	Langerhanszell-Histiozytose = Histiozytosis X
	Maligne Histiozytose	Mastozytom/Systemische Mastozytose Histiozytom[a]

[a] subakuter Verlauf möglich.

- die Einteilung der *chronisch-lymphatischen Leukämie* nach Rai oder Binet (Oster-walder 1987)
- die Einteilung des *Plasmozytoms* nach Salmon und Durie (Durie 1988)
- die Einteilung des *M. Hodgkin* und der *Nicht-Hodgkin-Lymphome* (Carbone et al. 1971, Musshoff u. Schmidt-Vollmer 1975).

Die Beurteilung des *Remissionsstatus* nach zytoreduktiver Therapie der akuten Leukämien beruht ebenfalls im wesentlichen auf quantitativen Parametern des Blutbildes und der Knochenmarkzytologie.

1.2.2 Die Blutzelldiagnostik bei hämatologischen und nichthämatologischen Erkrankungen

In diesem Kapitel wird, ausgehend von tatsächlich beobachteten Blutbildveränderungen, die Interpretation dieser Befunde und ihre diagnostische Wertigkeit dargestellt. Das Ordnungsprinzip geht dabei von quantitativen Abweichungen der für die einzelnen Zellreihen als maßgeblich verwandten Parameter (also z. B. Hämoglobinkonzentration, Hämatokrit oder Erythrozytenzahl für die Erythropoese, Granulozytenzahl für die Granulopoese, Thrombozytenzahl für die Megakaryopoese) aus. Qualitative Blutzellveränderungen werden, soweit sie mit numerischen Abweichungen der entsprechenden Parameter einhergehen, in diesem Zusammenhang, sonst separat dargestellt. Berücksichtigt werden in erster Linie die im hämatologischen Routinelabor verfügbaren Standardmethoden. Auf Verfahren der speziellen hämatologischen Diagnostik wird verwiesen, wenn sie für die Diagnosefindung wesentlich sind. Von besonderer Bedeutung ist die differentialdiagnostische Unterscheidung reaktiver Blutbildveränderungen von den Neoplasien der Hämatopoese. Mehr als eine skizzenhafte Darstellung des Themas ist an dieser Stelle nicht möglich. Für eine detaillierte und umfassende Beschreibung wird auf die einschlägigen Monographien (Wintrobe 1981; Begemann 1986; Jandl 1987; Heimpel et al. 1988) sowie die weiteren Kapitel dieses Buches verwiesen.

1.2.2.1 Anämie

Als Definition der Anämie gilt eine Verminderung der Hämoglobinkonzentration und/oder des Hämatokrits unter den alters- und geschlechtsspezifischen Normalwert. Die Erythrozytenzahl ist dagegen als Definitionskriterium und als primäre Suchmethode nicht geeignet. Sie ist z. B. bei leichten mikrozytären Anämien nicht vermindert,sondern kann sogar erhöht sein, wenn durch die verminderte Hämoglobinkonzentration die Erythropoetinbildung und sekundär die Erythrozytenproduktion gesteigert wird.

Anämien können auf einer Vielzahl von Körperstörungen beruhen, deren Ursache vor einem Therapieversuch ermittelt werden muß. Häufig ist die Inspektion des Blutausstrichs bereits diagnostisch wegweisend. Ein rationelles Vorgehen berücksichtigt zunächst, ob die Anämie isoliert besteht oder ob weitere Blutbildveränderungen vorliegen (z. B. Leukozytopenie, Thrombozytopenie, schwere Leukozytose, atypische Leukozyten). Im letzteren Fall wird der Verdacht auf eine hämatologische Systemerkrankung gelenkt. Weiterhin sind anamnestische (z.B.Blutungen), klinische (z.B. Hautveränderungen, Milzvergrößerung) oder laborchemische (z.B. Erhöhung des Kreatinins oder der Transaminasen) Hinweise auf Organerkrankungen zu beachten, die für die Anämie verantwortlich sein könnten.

Für das weitere Vorgehen hat sich eine Gruppeneinteilung bewährt, die von den Erythrozytenindices mittleres Erythrozytenvolumen (MCV) und mittlerer Hämoglobingehalt des Einzelerythrozyten (MCH) bzw. den korrespondierenden Veränderungen der Erythrozytenmorphologie im Blutausstrich ausgeht. Je nach Höhe dieser Parameter sprechen wir von hypochrom-mikrozytärer, normochrom-normozytärer oder hyperchrom-makrozytärer Anämie. Eine weitergehende Untergliederung dieser Gruppen erfolgt durch Berücksichtigung von Serumeisenspiegel und Retikulozytenzahl.

Hypochrom-mikrozytäre Anämie: Den hypochromen Anämien liegen Hämoglobin-synthesestörungen zugrunde, die zur Verminderung des Hämoglobingehalts des Einzelerythrozyten führen. In der Regel findet sich gleichzeitig eine Volumenreduktion (Mikrozytose), so daß die mittlere erythrozytäre Hämoglobinkonzentration (MCHC) konstant bleibt.

Der Blutausstrich zeigt typischerweise die *Hypochromasie* der Erythrozyten (Anulozyten) mit Reduktion des Zelldurchmessers, gleichzeitig eine verstärkte *Anisozytose* und *Poikilozytose*. Bei sideroblastischen Anämien und bei anbehandelten Eisenmangelanämien kommt neben der hypochromen, mikrozytären eine normo-bis makrozytäre Zellpopulation vor (partielle Hypochromie oder *Dimorphie*). In diesen Fällen können die mittleren Erythrozytenindices normal sein. Die Inhomogenität fällt nur bei Inspektion des Blutausstrichs bzw. bei Beachtung der automatisch ermittelten, biphasischen Größenverteilungskurve auf.

Eine Zusammenstellung der wichtigsten hypochrom-mikrozytären Anämien findet sich in Tabelle 1.2-6. Bei Berücksichtigung der Serumeisenspiegel lassen sich zwei Untergruppen bilden: Bei Anämien durch Eisenmangel oder -verteilungsstörung ist der Eisenspiegel *erniedrigt*, bei Störungen der Globin- oder Hämsynthese *normal oder erhöht*.

Bei schweren *Eisenmangelanämien* finden sich die oben beschriebenen, typischen Veränderungen der Erythrozytenmorphologie. Charakteristisch sind "zigarrenförmige" Poikilozyten. Fortbestehender Blutverlust kann zur Polychromasie und Retikulozytenvermehrung führen. Etwa die Hälfte der Patienten zeigt eine mäßige Thrombozytose. Die Diagnose wird durch den Nachweis einer verminderten Serumferritinkonzentration oder durch Fehlen des Speichereisens im Knochenmarkausstrich gesichert.

Im Gegensatz hierzu gehen *Eisenverteilungsstörungen* bei chronischen Entzündungen und Tumoren mit normalen bis erhöhten Serumferritinspiegeln einher. Die Blutbildveränderungen entsprechen in der Regel denen einer leichten Eisenmangelanämie.

Tabelle 1.2-6. Klassifikation der hypochrom-mikrozytären Anämien

Störung	Serum-Eisenspiegel
Eisenstoffwechselstörungen	
Eisenmangel	↓
Sekundäre Anämie bei	
Tumor oder Entzündung	↓
Globin-Synthese-Störungen	
Thalassämien	n - ↑
einige Hämoglobinopathien	n - ↑
Häm-Synthesestörungen	
Sideroblastische Anämien	n - ↑
Bleiintoxikation	n - ↑

Die Minorformen der Thalassämien sind durch eine ausgeprägte Anisozytose und das Auftreten von Schießscheibenzellen (Targetzellen) gekennzeichnet. Basophile Tüpfelung der Erythrozyten ist häufig. Bei den intermediären und schweren, homozygoten Formen, bei denen ineffektive Erythropoese und Hämolyse aufgrund präzipitierter Globinketten wesentlich zur Entstehung der Anämie beitragen, findet sich zusätzlich eine vermehrte Polychromasie und Retikulozytose zusammen mit zirkulierenden Erythroblasten. Unter Berücksichtigung von Serumeisen und Ferritinspiegel kann die Diagnose vermutet werden. Beweisend ist die Hämoglobinanalyse. Gleichzeitig bestehender Eisenmangel erschwert den Nachweis einer heterozygoten Betakettenthalassämie.

Die seltenen hereditären, meist x-chromosomal vererbten *sideroblastischen Anämien* sind immer hypochrom-mikrozytär, die erworbenen Formen eher normo- bis hyperchrom. Basophil getüpfelte Erythrozyten kommen gehäuft vor. Bei gesteigerter, jedoch ineffektiver Erythropoese sind die Retikulozytenzahlen allenfalls mäßig vermehrt. Die namensgebenden diagnostischen *Ringsideroblasten* finden sich in der Eisenfärbung des Knochenmarkausstrichs. Eine gleichzeitige Verminderung von Leukozyten und Thrombozyten spricht für das Vorliegen einer Myelodysplasie mit dem Risiko eines späteren Übergangs in eine Leukämie. Besonders viele basophil getüpfelte Erythrozyten sieht man bei der chronischen *Bleivergiftung*, die sich durch die Bestimmung des Serumbleispiegels und der δ-Aminolävulinsäureausscheidung beweisen läßt.

Normochrom-normozytäre Anämie: Eine normochrom-normozytäre Anämie kann Ausdruck verschiedener, pathogenetisch nicht verwandter Krankheitsprozesse sein. Unter Berücksichtigung der *Retikulozytenzahl* als Maß für die Fähigkeit des erythropoetischen Systems, auf den Fehlbedarf mit gesteigerter Produktion zu reagieren, ergibt sich eine Einteilung in Formen mit adäquater kompensatorischer Steigerung der Erythropoese und in solche mit inadäquater, hyporegeneratorischer Knochenmarksantwort (Tab. 1.2-7). Während die weiterführende Diagnostik der erstgenannten Formen in der Regel aus Parametern des peripheren Bluts erfolgen kann, erfordert die Klassifikation der hyporegeneratorischen Formen immer die Untersuchung des Knochenmarks.

Auf die Blutbildveränderungen bei größeren, *akuten Blutverlusten* und die Kinetik ihres Auftretens wurde bereits in 1.2.1 hingewiesen. Eine zunehmende Anämie entwickelt sich erst einige Stunden nach dem Blutungsereignis. Die kompensatorische Retikulozytose wird nach 4 bis 5 Tagen, das Retikulozytenmaximum nach 6 bis 10 Tagen erkennbar.

Die hyporegeneratorischen Anämien bei *Knochenmarkinsuffizienz* sind normo- oder makrozytär und gehen häufig mit einer Thrombozytopenie oder Leukopenie einher. Die seltenen chronischen *Erythroblastophthisen* (isoliert aplastische Anämie, Pure Red Cell Aplasia) zeichnen sich durch ein fast vollständiges Fehlen der Retikulozyten bei normalen bis grenzwertig niedrigen Granulozyten- und Thrombozytenzahlen aus. Im Knochenmark können die erythropoetischen Vorstufen vollständig fehlen. Selbstlimitierte Erythroblastophthisen treten vor allem bei Kindern transitorisch nach Virusinfekt (z. B. Parvoviren) auf. Bei gleichzeitig bestehender Hämolyse kann es zu "aplastischen Krisen" kommen.

Die Anämie bei *chronischen Entzündungen* und *Tumoren* ist in zwei Dritteln der

Tabelle 1.2-7. Klassifikation der normochrom-normozytären Anämien

---

A. Gesteigerte Erythrozytenproduktion - Retikulozytenzahl erhöht
      1. Blutverlust
      2. Hämolyse

B. Verminderte Erythrozytenproduktion - Retikulozytenzahl nicht
adäquat erhöht oder vermindert
      1. Knochenmarkhypoplasie:
            Panmyelopathie = aplastische Anämie
            isoliert aplastische Anämie
      2. Knochenmarkinfiltration:
            Leukämien, Lymphome, Plasmozytom
            Osteomyelofibrose/-sklerose
            metastasierende Tumoren
      3. Kongenitale dyserythropoetische Anämien
      4. Sekundäre Anämien:
            chronische Entzündungen, Neoplasien
            Niereninsuffizienz
            Lebererkrankungen
            endokrine Mangelzustände
            Malnutrition

C. Schwangerschafts"anämie"

Fälle normozytär, in einem Drittel hypochrom-mikrozytär. Die Thrombozytenzahl ist häufig erhöht. Die Anämie bei chronischer *Niereninsuffizienz* kommt durch verminderte Erythropoetinproduktion und mäßige Hämolyse zustande. Meist ist der Blutausstrich unauffällig; selten findet sich eine leichte Poikilozytose mit Stechapfelformen und Schistozyten. Die *endokrinologisch* bedingten Anämien bei Unterfunktion von Schilddrüse, Hypophyse, Nebenniere und Gonaden sind durch die therapeutische Hormonsubstitution selten geworden, ebenso wie die durch mangelnde Eiweiß- und Kalorienzufuhr bedingten Formen. Auf das Dilutionsphänomen als Ursache der physiologischen Schwangerschaftsanämie wurde bereits unter 1.2.1.4 hingewiesen.

Hämolytische Anämien: Die wichtigsten Formen aus dieser pathogenetisch und phänomenologisch vielfältigen Gruppe gibt Tabelle 1.2-3 wieder. Das Blutbild zeigt auch hier die Zeichen der kompensatorisch gesteigerten Erythropoese. Ein stark erhöhter Retikulozytenanteil führt zu einer Makrozytose. Hämolytische Anämien bei Hämoglobinbildungstörungen sind dagegen mikrozytär oder zeigen eine dimorphe Verteilung der Erythrozytengröße. Bei stark gesteigerter Erythropoese sieht man im Blutausstrich kernhaltige rote Vorstufen. Die Thrombozyten sind häufig vermehrt.

Die Diagnose einer hämolytischen Anämie wird durch die Zeichen eines erhöhten Hämoglobinabbaus gesichert. Bei korpuskulären hämolytischen Anämien aufgrund von *Membrandefekten* sind im Ausstrich charakteristische Erythrozytenformen zu erkennen die z. B. der hereditären *Sphärozytose, Elliptozytose, Akanthozytose* oder

Stomatozytose ihren Namen gegeben haben. Diese Membrandefekte führen meist zu einer Verminderung der osmotischen Resistenz .

Bei den *enzymopenischen* Formen (z. B. Pyruvatkinasemangel, Glukose-6-phosphat-Dehydrogenasemangel) ist die Erythrozytenmorphologie uncharakteristisch. Sie werden durch Bestimmung der Erythrozytenenzymaktivitäten diagnostiziert. Bei Glukose-6-phosphat-Dehydrogenasemangel und verwandten Defekten können während hämolytischer Schübe bzw. nach Splenektomie Hämoglobinpräzipitate (Heinz-Körper) in den peripheren Erythrozyten nachgewiesen werden. Dasselbe trifft für einige Hämoglobinopathien mit instabilen Hämoglobinvarianten zu.

Sichelzellen entstehen bei den in Malariagegenden häufigen HbS-Trägern unter hypoxischen Bedingungen. Sie können bei homozygoten Merkmalsträgern bereits im normalen Blutausstrich, bei Heterozygotie nach Präinkubation unter Hypoxie nachgewiesen werden. Eine Reihe von *Hämoglobinanomalien* und *Thalassämieformen* läßt sich heute durch Nachweis des zugrundeliegenden Gendefekts mit molekularbiologischen Methoden diagnostizieren (Stamatoyannopoulos et al. 1987).

Auch bei der *paroxysmalen nächtlichen Hämoglobinurie* (PNH) ist die Erythrozytenmorphologie uncharakteristisch. Die Symptomatik kommt durch einen erworbenen Membrandefekt zustande, der die Erythrozyten, eventuell auch Thrombozyten und Granulozyten des pathologischen Klons gegenüber aktivierten Komplementkomponenten empfindlich macht. Die Diagnose wird durch einen positiven Säureserumtest bzw. Zuckerwassertest gesichert. Eine sensitivere Diagnostik ist durch den immunologischen Nachweis der verminderten Expression relevanter Membrankomponenten möglich (Rotoli u. Luzzatto 1989).

Kennzeichnend für die *mechanischen Hämolysen* mit Ausnahme der Marschhämoglobinurie ist das Auftreten von *Schistozyten* und Mikrosphärozyten im Blutausstrich, deren Häufigkeit die Schwere der Hämolyse widerspiegelt. Bei langdauernder Hämolyse, z. B. bei Herzklappenersatz können sich zusätzlich die Zeichen eines Eisenmangels entwickeln. Die mikroangiopathischen Formen gehen in der Regel mit einer Verbrauchsthrombozytopenie einher.

Die *autoimmunhämolytischen Anämien* werden durch den Nachweis antikörperbeladener Erythrozyten im direkten bzw. den Nachweis zirkulierender, antierythrozytärer Antikörper im indirekten Coombs-Test oder durch modernere Nachweisverfahren diagnostiziert. Mikrosphärozyten mit verminderter osmotischer Resistenz kommen häufig vor. Kälteagglutinine führen bei Raumtemperatur typischerweise zur Autoagglutination mit "körnigem" Blutausstrich und Senkungsbeschleunigung. Eine *Alloimmunhämolyse* durch diaplazentar übertragene IgG-Antikörper, die meist gegen das D-Antigen des Rhesussystems gerichtet sind, liegt dem Morbus hämolyticus neonatorum zugrunde. Hämolytische Transfusionszwischenfälle beruhen auf der intravasalen Zerstörung von Erythrozyten durch Isoagglutinine, in der Regel vom IgM-Typ.

Hyperchrom-makrozytäre Anämie: Die makrozytären Anämien werden in zwei große Gruppen unterteilt, deren Pathogenese sich grundlegend unterscheidet: *Megaloblastäre Anämien* beruhen auf einer gestörten DNA-Synthese, während die Makrozytose bei den nicht-megaloblastären Formen verschiedene, zum Teil ungeklärte Ursachen hat. Eine Makrozytose als Folge starker Retikulozytenvermehrung wurde bei der Beschreibung der hämolytischen Anämien erwähnt.

Tabelle 1.2-8. Die wichtigsten Ursachen megaloblastärer Anämien

A.	*Vitamin B$_{12}$-Mangel*	
	1.	Perniziöse Anämie
	2.	Zustand nach Gastrektomie
	3.	Kongenitaler Intrinsic-Faktor-Defekt
	4.	Intestinaler B$_{12}$-Verbrauch (massive bakterielle Dünndarmbesiedelung, Fischbandwurm)
	5.	Malabsorption (familiär, entzündliche Darmerkrankungen, medikamenten-induziert)
	6.	Zustand nach Ileumresektion
	7.	Transcobalaminmangel
B.	*Folsäuremangel*	
	1.	Alimentär (Alkoholismus)
	2.	Gesteigerter Bedarf (Leberzirrhose, Schwangerschaft, Wachstum, hoher Zellumsatz: z. B. chronische Hämolyse)
	3.	Malabsorption (entzündliche Darmerkrankungen, Antikonvulsiva)
	4.	Zustand nach Jejunumresektion
C.	*Hereditäre Stoffwechselanomalien*	
D.	*Störung der Thymidilatsynthese durch Medikamente* (z.B. Zytostatika, Cotrimoxazol)	
E.	*Hämatologische Systemerkrankungen* (Myelodysplasie, Erythroleukämie)	

Eine besonders starke Erhöhung des Erythrozytenvolumens findet sich bei den megaloblastären Anämien, deren wichtigste Formen in Tabelle 1.2-8 dargestellt sind. Im Blutausstrich fällt eine ausgeprägte Anisozytose und Poikilozytose der Erythrozyten auf, hervorgerufen im wesentlichen durch große, ovale oder unregelmäßig geformte Erythrozyten (Megalozyten). Granulozyten und Thrombozyten sind bei schweren Formen vermindert. Charakteristisch sind hypersegmentierte neutrophile Granulozyten. Bei schwerer Anämie können Megaloblasten zirkulieren. Eine verstärkte Polychromasie findet man bei bereits anbehandelten Patienten. Diagnostisch sind die Veränderungen in der Knochenmarkzytologie: Gesteigerte Zelldichte mit (ineffektiver) erythropoetischer Hyperplasie, megaloblastär veränderte Erythropoese, Riesenformen von Metamyelozyten und stabkernigen neutrophilen Granulozyten, hypersegmentierte Megakaryozyten. Bei Vitaminmangelzuständen kann die Effizienz der parenteralen Substitution am Retikulozytenanstieg nach etwa einer Woche ("Retikulozytenkrise") abgelesen werden.

Nicht-megaloblastäre makrozytäre Anämien zeigen nicht die morphologischen und biochemischen Zeichen gestörter DNA-Synthese. Im Blutbild fehlt die Hypersegmentation der Granulozyten. Am häufigsten kommen makrozytäre Anämien bei chronischen Lebererkrankungen und *Alkoholismus* vor. Die vermehrte Einlagerung von Plasmalipiden, z.B. Cholesterin und Lezithin in die Zellmembran führt zur Oberflächenzunahme, sichtbar in Form "dünner" Makrozyten mit vergrößerter zentraler

Aufhellung oder als Membranausstülpungen in Form von Targetzellen und Akanthozyten. Ähnliche Veränderungen finden sich bei Verschlußikterus. Die Makrozytose
kann ohne Anämie, bei chronischem Alkoholkonsum auch ohne Lebererkrankung
vorliegen. Eine Makrozytose wird häufig unter und nach Zytostatikatherapie beobachtet.

1.2.2.2 Erythrozytose

Als Erythrozytose (früher Polyglobulie) wird eine Vermehrung der Erythrozytenkonzentration über den oberen Normwert bezeichnet. In der Regel ist damit ein gleich-
sinniger Anstieg von Hämatokrit und Hämoglobinkonzentration verbunden. Pathogenetisch lassen sich *primäre* (autonome) von *sekundären*, mit erhöhten Erythropoetin-
spiegeln einhergehenden Formen unterscheiden (Tab. 1.2-9). Die Bestimmung der
Erythrozytenmasse mit Radioisotopen gestattet die Abgrenzung zur *relativen* Erythrozytose (s. 1.2.1.4).

Die *primären* Erythrozytosen bei *chronischen myeloproliferativen Erkrankungen* (z.
B. der Polyzythämia vera) gehen häufig mit Thrombozytose, Vermehrung von
neutrophilen, eosinophilen und basophilen Granulozyten sowie Splenomegalie einher.
Die Diagnose wird durch die Knochenmarkhistologie und Bestimmung der alkalischen
Neutrophilenphosphatase in Verbindung mit dem klinischen Befund gestellt.

Die Konstellation einer Erythrozytose mit erniedrigten Hb-Werten bei starker
Verminderung von MCH und MCV, evtl. verbunden mit einer Erhöhung der Thrombozytenzahl kommt nicht nur bei Eisenmangel und Thalassämia minor, sondern auch
bei Polyzythämia vera und essentieller Thrombozythämie vor, bedingt durch den

Tabelle 1.2-9. Klassifikation der Erythrozytosen

A. Primäre Erythrozytosen
    1. Myeloproliferative Syndrome:
        Polyzythämia vera, Frühstadien der essentiellen Thrombozythämie
        und der   Osteomyelofibrose
    2. Seltene nichtneoplastische Formen

B. Sekundäre Erythrozytosen
    1. Arterielle Hypoxie:
        Ventilationsstörungen
        Herz-Gefäßanomalien mit venös.-art. Shunt
    2. O_2-Transportstörungen:
        Chron. CO-Intoxikation (starke Raucher)
        Hämoglobinanomalien mit erhöhter O_2-Affinität
    3. Paraneoplastisch:
        Nierentumoren und -cysten
        Cerebrale Hämangiome
        Leberzellkarzinome, andere Tumoren

C. Relative Erythrozytosen:
        Hämokonzentration
        Streß

Eisenmangel, der häufig durch Aderlässe oder Blutungen entsteht. Die Differentialdiagnose der Erythrozytosen wird zukünftig voraussichtlich durch die weitere Verbreitung der immunologischen Erythropoetinbestimmung erleichtert.

1.2.2.3 Leukozytose

Von einer Leukozytose sprechen wir, wenn die Zahl der zirkulierenden kernhaltigen
Zellen, unabhängig von ihrer Abkunft aus einem der Subsysteme der Hämatopoese
(Abb. 1.2-1) vermehrt ist. Auch eine starke Vermehrung kernhaltiger, roter Vorstufen kann also zur "Leukozytose" führen. Eine diagnostisch verwertbare Information ergibt sich deswegen erst aus dem Differentialblutbild oder der Subtypisierung
durch Durchflusszytometrie (s. 5.1 und 4.3).

Vermehrung der neutrophilen Leukozyten: Die Konzentration der zirkulierenden
Granulozyten kann als Folge ihrer kurzen Halbwertszeit und der Möglichkeit starker
Masseverschiebungen vom marginalen zum zirkulierenden Speicher vice versa rasch
wechseln. Mäßig erhöhte Werte sollten deswegen vor Einleitung weiterer diagnostischer Maßnahmen kontrolliert werden. Die wichtigsten Ursachen neutrophiler Leukozytosen, unterteilt nach Ausmaß der absoluten Zellvermehrung zeigt Tabelle 1.2-10.
Erkrankungen, die zu einer Neutrophilenvermehrung führen, deren anderweitige
Symptomatik jedoch im Vordergrund steht (z. B. chronische Entzündungen, Gicht-
anfall, Intoxikationen, Morbus Cushing), sind nicht aufgeführt.

Diagnostisch hilfreich und häufig wegweisend ist die Beachtung begleitender
Blutbildveränderungen. *Toxische Granulation* und *Linksverschiebung* sind typisch für
alle entzündungsbedingten Leukozytosen und kommen besonders bei bakteriellen
Infekten und bei Tumoren vor. Dagegen sind die Granula in den Neutrophilen trotz
deutlicher Linksverschiebung bei der chronisch myeloischen Leukämie und anderen

Tabelle 1.2-10. Ursachen neutrophiler Leukozytosen

Grenzwertige bis mäßige Neutrophilie (8-15 $x10^9$/l)
    Situationsleukozytose (postprandial, akuter Streß, Kälteexposition)
    Raucherleukozytose
    Medikamentös induziert (Kortikoide, Lithium, Antikonzeptiva)
    Gravidität, postpartal
    Akute Blutung
    Gewebsdestruktion (z. B. Myokardinfarkt, Trauma, Verbrennung)
    Bakterielle Infektionen
    Malignome

Mäßige bis ausgeprägte Neutrophilie (15-50 $x10^9$/l)
    Akuter Blutverlust
    Bakterielle, vor allem pyogene Infektionen
    Karzinome (z. B. Magen, Pankreas, Galle, Bronchus)
    Chronische myeloproliferative Syndrome

Starke Neutrophilie (> 50 $x10^9$/l)
    Chronische myeloische Leukämie
    Selten: Osteomyelofibrose, Karzinome, chron.-bakterielle Infekte

---

chronischen myeloproliferativen Erkrankungen oft vermindert. Ein leuko- (richtiger neutro-)erythroblastisches Blutbild ist typisch für fibrosierende und strukturdestruierende Markprozesse mit oder ohne extramedulläre Blutbildung. Schwere Raucher zeigen häufig eine zusätzliche Erythrozytose. Raritäten sind die teilweise familiär auftretenden sogenannten "benignen" chronischen Neutrophilien. Wichtig für die Differentialdiagnose neutrophiler Leukozytosen ist die Bestimmung der alkalischen Neutrophilenphosphatase, die bei der chronisch-myeloischen Leukämie immer erniedrigt, bei Entzündungsleukozytosen erhöht ist.

Vermehrung der Monozyten: Die diagnostische Bewertung der Monozytose ist in Tabelle 1.2-11 dargestellt. Wegen des niedrigen Monozytenanteils im Differentialblutbild ist die Zählung bei nur mäßiger Vermehrung relativ ungenau. Bestimmungsfehler ergeben sich außerdem durch technische Artefakte, bedingt durch die Adhäsivität der Zellen (erhöhte Monozytenzahlen im Kapillarblut und manchen Ausstrichanteilen). Während bei Karzinomen häufig eine absolute, wegen der gleichzeitigen Neutrophilenvermehrung jedoch nicht relative Monozytose zu beobachten ist, trifft in der frühen Regenerationsphase nach Chemotherapie und bei Agranulozytose das Gegenteil zu.

Tabelle 1.2-11. Ursachen der Monozytenvermehrung

Infektionskrankheiten:
    Tbc, Brucellose, Endokarditis lenta, Rickettsiosen, Parasitosen
Abheilungsphase akuter Infekte
Entzündliche Erkrankungen:
    Kollagenosen, Sarkoidose, Colitis ulcerosa, Morbus Crohn
Karzinome, Lymphome
Speicherkrankheiten
Regenerationsphase nach Chemotherapie u. Agranulozytose
Akute und subakute myelomonozytäre u. monozytäre Leukämie
Kongenitale Neutropenien

Die Monozyten und monozytären Blasten der myelomonozytären und *monozytären Leukämien* zeigen oft atypische, bizarr geformte Kerne; bei den chronischen Formen kommt jedoch auch eine Vermehrung mophologisch normaler Monozyten vor. Die Unterscheidung von chronischen und reaktiven Formen ist u. U. nur durch die Knochenmarkuntersuchung möglich.

Vermehrung der eosinophilen Granulozyten: Eosinophilien sind relativ häufige Blutbildveränderungen, deren Ursache nicht immer geklärt werden kann. Eine Zusammenstellung der wichtigsten Ursachen findet sich in Tabelle 1.2-12. Das Lebensalter ist für die Differentialdiagnose der zugrundeliegenden Störung von Bedeutung. Eosinophilien bei alten Menschen erwecken den Verdacht auf das Vorliegen eines Malignoms. Deutliche Eosinophilenanstiege, auch ohne begleitende Neutrophilie, sind zum Teil bei Therapie mit hämatopoetischen Wachstumsfaktoren zu beobachten.

Vermehrung der Basophilen: Eine Vermehrung der zirkulierenden Basophilen findet sich bei der chronischen, myeloischen Leukämie und häufig bei den übrigen

Tabelle 1.2-12. Ursachen der Eosinophilenvermehrung

Leichte bis mäßige Eosinophilie (10-30 %, Leukozytenzahl meist normal)
  Allergien
  Hauterkrankungen (z. B. Pemphigus, Dermatitis herpetiformis)
  Medikamente (z. B. Streptomycin, Penicillin)
  Hämatologische Erkrankungen (M. Hodgkin u. andere Lymphome, myelo-
  proliferative Syndrome, Plasmozytom)
  Morbus Addison
  Hereditär

Deutliche Eosinophilie (> 30 %, Leukozytenzahl erhöht)
  Parasitosen (z. B. Trichinose, andere Wurmerkrankungen)
  Kollagenosen
  Malignome
  Therapie mit hämopoetischen Wachstumsfaktoren

Ausgeprägte Eosinophilie (> 30 x10^9/l)
  Parasitosen
  Panarteriitis nodosa
  Malignome
  Hypereosinophiles Syndrom
  Eosinophile Granulomatose des Kindesalters (Histiozytosis X)
  Eosinophile Leukämie (sehr selten)

myeloproliferativen Erkrankungen. Sie kommt aber in leichter Form auch bei nichthämatologischen Erkrankungen vor, z.B. bei Myxödem, Diabetes mellitus, Colitis ulcerosa und anderen immunologischen Störungen.

Vermehrung der Lymphozyten: Reaktive und neoplastische Lymphozytosen (Tab.1.2-13) sind aufgrund der Zellmorphologie allein häufig nicht zu unterscheiden. Ein für die Differentialdiagnose wichtiges Kriterium ist das Lebensalter. Bei Infektionen im frühen Kindesalter sind Lymphozytosen, bedingt durch einen vom Erwachsenen unterschiedlichen Reaktionstypus häufig. Relative Lymphozytosen bei Neutropenie kommen bei vegetativ labilen Adoleszenten und jüngeren Erwachsenen und bei der Hyperthyreose vor. Dagegen spricht eine Vermehrung morphologisch unauffälliger Lymphozyten bei älteren Menschen mit hoher Wahrscheinlichkeit für die Diagnose einer *chronisch lymphatischen Leukämie*, die u. a. durch

Tabelle 1.2-13. Ursachen der Lymphozytenvermehrung

Infekte im Kindesalter (besonders Keuchhusten, akute infektiöse Lymphozytose)
Akute Virusinfekte (z.B. infektöse Mononukleose, Zytomegalie)
Chronische Infekte (Brucellose, Tuberkulose)
Hyperthyreose
Relative Lymphozytose (Neutropenie, vegetative Labilität, nach Mumps oder Masern)
Chronische lymphatische Leukämie und andere Non-Hodgkin-Lymphome
Akute lymphatische Leukämie (überwiegend Blasten)

Immunzytologie bestätigt werden kann. Atypische und polymorphe Zellen sind keineswegs beweisend für eine maligne Erkrankung des lymphatischen Systems. Ausgeprägt polymorphe Lymphozyten und Lymphoblasten bei gleichzeitiger Monozytose sind charakteristisch für die Epstein-Barr-Virusinfektion (*infektiöse Mononukleose*). Aktivierte Lymphozyten kommen auch bei einer Reihe weiterer Viruserkrankungen vor. Schwierigkeiten ergeben sich manchmal bei der Abgrenzung zu den lymphoplasmozytoiden Immunozytomen. Dagegen kann bereits aus dem Blutausstrich der Verdacht auf eine Haarzelleukämie geäußert werden.

Akute lymphatische Leukämien im Kindesalter sind bisweilen schwer von reaktiven Lymphozytosen, Erwachsenenleukämien des L1-Typs von leukämischen Formen niedrig maligner NHL abzugrenzen. Klinischer Befund, zusätzliche Blutveränderungen, Immunzytologie, Morphologie des Knochenmarks sowie Zytologie und Histologie vergrösserter Lymphknoten erlauben die diagnostische Zuordnung.

1.2.2.4 Leukozytopenie

Eine Leukozytopenie ist praktisch immer Folge einer Neutropenie. Bedingt durch ihren niedrigen Anteil an der Gesamtleukozytenzahl verursacht eine Verminderung der Eosinophilen, Basophilen und Monozyten keine Leukozytopenie. Die numerische Auswirkung isolierter Lymphozytopenien wird häufig durch eine absolute Neutrophilie kompensiert.

Neutrozytopenie: Pathophysiologische Aspekte der Neutropenien wurden in 1.2.1.5 dargestellt. Ein morphologisches Reifekriterium zur Unterscheidung von Produktions- und Abbaustörungen, ähnlich den Retikulozyten im Falle der Erythropoese, ist im Blutbild nicht vorhanden. Mögliche Ursachen der Neutrozytopenie sind in Tabelle 1.2-14 dargestellt. Einige Infektionen gehen mit einer mäßigen, oft relativen Neutrozytopenie bei begleitender Lymphozytose (virale Infekte) oder Monozytose (Tuberkulose, Brucellose) einher. Besonders schwere Neutropenien bis zum völligen Verschwinden der Neutrophilen kommen bei der *akuten Agranulozytose* vor, u.U. begleitet von einer Lymphopenie. In der Regenerationsphase kommt es zur Linksverschiebung und Monozytose (vergl. Abb. 6.1-9).

Tabelle 1.2-14. Klassifikation der Neutropenien

Virusinfekte
Bakterielle Infekte: Typhus, Brucellose, Miliar-Tuberkulose
Parasitosen: Malaria, Kala-Azar
Hyperthyreose, Lebererkrankungen, Kachexie
Agranulozytose (idiopathisch, arzneimittelinduziert)
Panmyelopathie
Megaloblastäre Anämie
Hypersplenismus
Akute Leukämien (auch aleukämisch, subleukämisch)
Myelodysplasien
Knochenmarkinfiltration (Lymphome, solide Tumoren, Osteomyelofibrose)
Lupus erythematodes und weitere Kollagenosen
Seltene Formen: zyklische Neutropenie, idiopathische Neutropenien,
  Isoimmunneutropenie des Neugeborenen, chronische Autoimmunneutropenie,
  familiäre Neutropenie

Isolierte Neutrozytopenien finden sich außerdem bei einer Reihe seltener Erkrankungen der Hämatopoese. Die diagnostische Zuordnung kann nur unter Beachtung von klinischem Befund und Verlaufsuntersuchungen von Blutbild und Knochenmark erfolgen.

Lymphozytopenie: Lymphozytopenien treten im Verlauf schwerer, akuter Erkrankungen infektiöser und nichtinfektiöser Genese auf, die zum Teil mit gesteigerten Cortisolspiegeln einhergehen. Sie sind außerdem charakteristisch für eine Reihe nichtleukämischer Lymphome einschließlich des Morbus Hodgkin und für einige kongenitale oder erworbene Immundefekte. Therapieinduziert kommt es zu einem raschen Lymphozytenabfall nach hochdosierter Ganz- und Teilkörperbestrahlung, Gabe von Antilymphozytenglobulinen oder entsprechenden monoklonalen Antikörpern, außerdem unter Behandlung mit Kortikosteroiden und einigen Zytostatika.

Andere Leukozytopenien: Wegen ihrer Seltenheit im Blutausstrich ist die Zählung der Monozyten, mehr noch der Eosinophilen und Basophilen relativ ungenau. Verminderungen dieser Zellklassen sind deshalb, von den selten geübten direkten Zählverfahren abgesehen, schwierig zu erfassen. Sie sind jedoch für einige Erkrankungen charakteristisch. Bei der Haarzelleukämie ist die Zahl der Monozyten stark vermindert. Beim Morbus Cushing, bei Akromegalie und der akuten Phase bakterieller Infekte, kommt es zum Abfall der Eosinophilen- und Basophilenzahl.

1.2.2.5 Leukozytenanomalien

Eine Reihe hereditärer Erkrankungen ist mit charakteristischen morphologischen Granulozytenanomalien verbunden. Die Pelger-Huet-Anomalie ist ein Zufallsbefund ohne Krankheitswert. Morphologisch ähnliche Pseudo-Pelger-Formen sieht man bei Myelodysplasien und myeloischen Leukämien. Granulationsanomalien können mit Mucopolysaccharidosen (Alder-Reilly), Infektanfälligkeit (z. B. Chediak-Higashi) oder Blutungsneigung (May-Hegglin) einhergehen. Andere Granulozytenfunktionsstörungen sind morphologisch nicht erkennbar.

1.2.2.6 Vermehrung der Thrombozyten

Thrombozytosen kommen reaktiv oder "autonom" als Teilbefund myeloproliferativer Erkrankungen vor. Tabelle 1.2-15 zeigt eine Einteilung unter Berücksichtigung des Ausmaßes der Thrombozytenvermehrung. Von der verteilungsbedingten Postsplenektomiethrombozytose abgesehen liegt immer eine Produktionssteigerung zugrunde. Eine starke Thrombozytenvermehrung mit Zunahme neutrophiler, eosinophiler und basophiler Leukozyten (chronische myeloische Leukämie, Osteomyelofibrose) oder Erythrozytose (Polycythämia vera) spricht für das Vorliegen eines chronischen myeloproliferativen Syndroms. Sind die Thrombozytenzahlen über $1000 \times 10^9/l$ erhöht, ist eine *essentielle Thrombozythämie* anzunehmen, die von den anderen Subtypen allerdings nicht immer zuverlässig abzugrenzen ist. Im Blutausstrich finden sich große Plättchenaggregate, Riesenthrombozyten und gelegentlich Kernfragmente von Megakaryozyten.

Die *Thrombozytengrößenverteilung* erlaubt diagnostisch wichtige Rückschlüsse auf die Pathogenese der Thrombozytose und Thrombozytopenie (Thompson et al. 1988). Obwohl sie mit den neueren Partikelzählgeräten erfaßt werden kann, wird sie in der praktischen Diagnostik bisher noch kaum verwendet.

Tabelle 1.2-15. Ursachen der Thrombozytose

Mäßige Thrombozytenvermehrung (450-600 x10^9/l)
    Nach Splenektomie
    Blutung, hämolytische Anämie
    Eisenmangelanämie
    Karzinome, Lymphome
    Infektionen und nichtinfektiöse Entzündungen
    Rebound nach Chemotherapie
    Myeloproliferative Syndrome (CML, OMF, P. vera)

Starke Thrombozytenvermehrung (> 600 x10^9/l)
    Chronische Infektionen (Osteomyelitis)
    Essentielle Thrombozythämie und andere
    myeloproliferative Syndrome

1.2.2.7 Thrombozytopenie

Thrombozytopenien kommen meist durch einen einzelnen, seltener durch eine Kombination von drei möglichen Pathomechanismen (verminderte Produktion, Verkürzung der Lebensdauer, Verteilungsstörung) zustande. Eine Verkürzung der Thrombozytenlebensdauer führt zur reaktiven Produktionssteigerung, so daß die mittlere Thrombozytengröße erhöht ist und im Blutausstrich Riesenthrombozyten zu sehen sind. Bei guter Ausstrichtechnik erlaubt der Blutausstrich eine grobe Schätzung der Thrombozytenzahl, wobei auf Plättchenaggregate geachtet werden muß.

Die Ursachen einer *Minderproduktion* von Thrombozyten sind in Tabelle 1.2-16 zusammengefaßt. Primäre, isolierte amegakaryozytäre Thrombozytopenien sind selten und pathogenetisch inhomogen. Die häufigste Ursache einer meist mäßigen Thrombozytenverminderung ist der chronische Alkoholismus. Da neben der direkten toxischen Wirkung des Äthanols auf die Megakaryopoese oft ein Folsäuremangel und eine Leberzirrhose mit Hypersplenismus vorliegt, sieht man häufig gleichzeitig eine Leukopenie und makrozytäre Anämie. Die Abgrenzung gegenüber anderen Formen der Bi- oder Trizytopenie (s. Tab. 1.2-17) erfordert eine zusätzliche Knochenmarkdiagnostik.

Tabelle 1.2-16. Ursachen verminderter Thrombozytenproduktion

Isolierte amegakaryozytäre Thrombozytopenie
Fanconi-Anämie, Panmyelopathie
Knochenmarksuppression (Zytostatika, ionisierende Strahlen)
Chronischer Alkoholismus
Knochenmarkinfiltration (Malignome des hämatopoetischen und lymphatischen Systems,
    metastasierende Tumoren)
Ineffektive Thrombozytopoese (megaloblastäre Störungen, paroxysmale nächtliche
    Hämoglobinurie)
Gestörte Regulation der Megakaryopoese ("Thrombopoetinmangel", zyklische
    Thrombozytopenie, "Tidal platelet dysgenesis", Wiscott-Aldrich-Syndrom)

Die infektbedingten Thrombozytopenien (z. B. Zytomegalievirus, Malaria) kommen durch eine Kombination von Bildungsstörung und beschleunigtem Abbau der Thrombozyten zustande.

Eine Einteilung der durch *beschleunigten Thrombozytenabbau* entstehenden Thrombopenien findet sich in Tabelle 1.2-4. *Immunthrombozytopenien* können als primäre (akute und chronische idiopathische thrombozytopenische Purpura, ITP) oder sekundäre (Lymphome, Lupus erythematodes) Autoimmunerkrankungen oder als unerwünschte Arzneimittelwirkung vom Hapten- oder Immunkomplextyp (z. B. Chinin, Chinidin, Sulfonamide) auftreten. Der methodisch schwierige Nachweis relevanter Antikörper ist nur in spezialisierten Laboratorien zuverlässig möglich.

Nichtimmunologische Verbrauchsthrombozytopenien gehen oft mit den Zeichen einer Verbrauchskoagulopathie und/oder einer mikroangiopathischen, hämolytischen Anämie mit Schistozytose einher.

Verteilungsstörungen sind die Ursache der Thrombozytopenie beim *Hypersplenismus*. Ist die Störung nur mäßig ausgeprägt, ändert sich die Lebensdauer der Thrombozyten wenig. Bei deutlichem Hypersplenismus sinkt sie allerdings ab, was zu einer kompensatorischen Steigerung der Megakaryopoese mit vermehrtem Auftreten von Riesenthrombozyten im Ausstrich führt. In der Regel liegt dabei auch eine Anämie und eine Leukopenie vor.

1.2.2.8 Thrombozytenanomalien

Morphologisch veränderte Thrombozyten, die mit einer mäßigen Thrombozytopenie und Plättchenfunktionsstörungen einhergehen können, finden sich bei der May-Hegglin-Anomalie, dem Bernard-Soulier-Syndrom ("lymphozytoide" Riesenthrombozyten) und dem Wiscott-Aldrich-Syndrom (kleine Thrombozyten). Andere hereditäre und erworbene Thrombozytopathien fallen morphologisch nicht auf.

1.2.2.9 Bi- und Trizytopenie

Die Feststellung und sachgerechte Interpretation einer Bi- oder Trizytopenie ist diagnostisch besonders wichtig. Die wesentlichen Störungen sind in Tabelle 1.2-17 nach pathogenetischen Mechanismen geordnet zusammengefaßt. Wegen der vielfältigen Pathogenese ist ergänzend zur Blutzellzählung immer die mikroskopische Beurteilung des Blutausstrichs und die Retikulozytenzählung, in den meisten Fällen auch die Knochenmarkuntersuchung notwendig. Wird bei der Aspiration nicht genügend Material gewonnen oder kann durch die zytologische Untersuchung des Aspirats keine eindeutige und plausible Diagnose gestellt werden, so ist immer die histologische Untersuchung der Knochenmarkstanze anzuschließen (s. 6.2, 6.1.6.3). Die *alleinige* Knochenmarkhistologie kann zu schwerwiegenden Fehldiagnosen führen, z. B. bei megaloblastischen Erkrankungen, da gerade bei sehr schweren Formen die Megaloblasten in der Histologie als neoplastische hämopoetische Zellen verkannt werden können. Ungünstig ist auch die längere Bearbeitungszeit der Biopsie, vor allem bei panzytopenischen myeloischen Leukämien.

1.2.2.10 Qualitative Blutbildveränderungen

Morphologische Veränderungen der Blutzellen, die *nur* im Ausstrich erfaßt werden, gehen häufig, jedoch nicht immer mit Veränderungen der Zellzahl einher. Die meisten diagnostisch bedeutsamen Veränderungen der Erythrozyten-, Granulozyten-,

Tabelle 1.2-17. Ursachen von Bi- und Trizytopenien

Knochenmarkhypoplasie
       Panmyelopathie, Fanconi-Anämie
       Zustand nach Zytostatika und/oder Strahlentherapie
Knochenmarkinfiltration
       Leukämien
       Lymphome
       Plasmozytom
       Osteomyelofibrose/Osteomyelosklerose
       Karzinome
Ineffektive Hämatopoese
       Megaloblastäre Störungen
       Myelodysplasien
Hypersplenismus
Lupus erythematodes und andere Kollagenosen
Paroxysmale nächtliche Hämoglobinurie
Mikroangiopathische-hämolytische Anämien
Immunhämolyse (Evans-Syndrom)

Lymphozyten- und Thrombozytenmorphologie wurden deshalb bereits im Zusammenhang mit den jeweiligen numerischen Abweichungen besprochen. Auf die Interpretation der Vermehrung kernhaltiger Zellen, die beim gesunden Erwachsenen nicht oder nur in sehr niedriger Zahl im peripheren Blut angetroffen werden, soll hier nochmals zusammenfassend eingegangen werden.

Die Entscheidung, wann bei normalen oder nur grenzwertig veränderten Zellzahlen ein Blutausstrich angefertigt und morphologisch analysiert werden soll, kann primär nur vom anfordernden Arzt aufgrund differentialdiagnostischer Überlegungen getroffen werden. Sie wird jedoch bei weiterer Verbreitung von Zählgeräten, die gleichzeitig Subpopulationen kernhaltiger Zellen abgrenzen, zunehmend die Aufgabe auch des ausführenden Labors. Deswegen sollte diesem auch bei Anforderung eines quantitativen Blutbildes ein Minimum an klinischer Information in Form der Verdachtsdiagnose zur Verfügung stehen.

Erythroblasten im Ausstrich finden sich bei Asplenie, z. B. nach Splenektomie zusammen mit Howell-Jolly-Körperchen, stark reaktiv oder neoplastisch gesteigerter Erythropoese, extramedullärer Hämatopoese (chronische myeloproliferative Syndrome, Zustand nach Knochenmarktransplantation) sowie Schrankenstörungen bei Knochenmarkumbau (Osteomyelofibrose, Tumormetastasen). Transiente Erythroblastosen sieht man bei schwerer Azidose und/oder Hypoxie.

Ein *leukoerythroblastisches* Blutbild, charakterisiert durch das gleichzeitige vermehrte Auftreten von Erythroblasten, Myelozyten, Promyelozyten und einzelnen myeloischen Blasten, kann ebenfalls als Folge von extramedullärer Hämatopoese oder von Knochenmarkmetastasierung, außerdem bei ausgedehnten granulomatösen Knochenmarkveränderungen (z. B. Tuberkulose) auftreten.

Plasmazellen zirkulieren vermehrt nach Virusinfekten (besonders nach Röteln), bei Plasmozytomen (hierbei insbesondere in der Spätphase), sowie bei den seltenen Plasmazelleukämien.

Leukämische Formen der *akuten Leukämien* und der *hochmalignen Non-Hodgkin-Lymphome* gehen mit einer typischen Blastenpopulation und meistens gleichzeitiger Anämie, Neutropenie und Thrombozytopenie einher. Die Gesamtleukozytenzahl kann gesteigert, normal oder vermindert sein. Bei ausreichender Blastenzahl ist die Zuordnung zu einer der in Tabelle 1.2-5 genannten Formen bereits aufgrund des Blutbildes durch Morphologie und Zytochemie möglich. Die Unterteilung der nichtmyeloischen Leukämien erfordert immunzytologische Methoden. Prognosekriterien können häufig aus zytogenetischen Anomalien, die bei hinreichender Blastenzahl auch aus dem peripheren Blut erkennbar sind, abgeleitet werden. Der Stellenwert molekularbiologischer Befunde ist derzeit noch Gegenstand der Forschung.

1.3 Expertensysteme in der Blutzelldiagnostik

P. C. Fink und C. Trendelenburg

1.3.1 Was ist, was kann ein Expertensystem?

Der klinisch tätige Arzt sieht sich aufgrund des von dem Patienten ausgehenden Erwartungsdrucks und der auf ihn einströmenden Flut von diagnostischen Daten vor der zunehmend schwieriger werdenden Frage seines eigenen ärztlichen Selbstverständnisses (Hartmann 1987). Vor dem Hintergrund der sich aufzeigenden Grenzen seiner kognitiven und memorativen Leistungsfähigkeit sowie seines Einsichtvermögens bei zunehmender "Wissensexplosion" treten wissensbasierte Systeme (Haux 1988, 1989) in den Vordergrund, die eine Art von Problemlösungsunterstützung bei vielerlei medizinischen Fragestellungen geben können. Ausreichende Gelegenheit für den Dialog mit den Patienten und Übersicht über die mannigfaltigen pathophysiologischen Wechselbeziehungen sind ausschlaggebend für eine erfolgreiche Therapieführung. Deswegen scheint es sinnvoll zu sein, wenn sich der Arzt arbeits- und gedächtnisentlastender rechnergestützter Hilfsmittel bedient, welche die Vielfalt klinischer Merkmalsausprägungen und hämatologischer Meßgrößen aufbereiten und verarbeiten können.

Diese technischen Hilfsmittel, sog. *Expertsysteme*, sind in der Lage, bei einer *relativ eng umschriebenen Fragestellung* (z.B. AIDS-Zelldiagnostik, Leukämiezelltypisierung, Fink et al.1988) Zusammenhänge bei hämatologischen Erkrankungen zu erkennen. Darüber hinaus können sie ein nachvollziehbares Beziehungsgeflecht zwischen anamnestischen /klinischen Daten und laboranalytischen Meßgrößen erstellen sowie dem behandelnden Arzt die daraus resultierenden Schlußfolgerungen hinsichtlich des vorliegenden Krankheitsbildes unterbreiten (Puppe 1987). Die Schlußfolgerungsfunktion im Expertensystem ermittelt *mögliche* diagnostische, therapeutische und prognostische Konsequenzen aus den im Eingabefenster des Bildschirms eingegebenen patientenbezogenen Daten. Es sei vermerkt, daß eine auf dem Bildschirm ausgegebene Schlußfolgerung bei verschiedenen Expertensystemen durch die Erklärungsfunktion des Expertensystems *überprüft* werden kann. Diese Erklärungsfunktion erläutert die Vorgehensweise des Systems, indem sie den Teil der Wissensbasis präsentiert, der dazu geführt hat, daß das Expertensystem zu einer bestimmten Schlußfolgerung gekommen ist.

Als Grundvoraussetzung für die Funktionsfähigkeit von hämatologischen Expertensystemen gilt, daß ein Team von klinisch und labormedizinisch tätigen Hämatologen aufgrund langjähriger Erfahrung zunächst Expertenwissen bei der Programmierung von Wissensbasen einbringt. Die Entwicklung dieser hämatologischen Wissensbasen, die aus computergerecht umsetzbaren Sach- und Erfahrungswissen beinhaltenden Textbausteinen bestehen und die in Regeln logisch verknüpfte Wissensnotationen aus Prämisse und Schluß abbilden, erfordert eine mühselige interdisziplinäre Zusammenarbeit. Die Erstellung der Wissensbasen muß mit *großer Sorgfalt* durchgeführt werden, da durch die rechnergestützte Wissenserfassung die ärztlichen Entscheidungsabläufe für die Diagnostik- und Therapiegestaltung sowie für die Krankheitsverlaufsbeurteilung im Vergleich mit der bislang auf subjektiver Abwägung beruhenden langsameren Entscheidungsfindung *stark beschleunigt* wird.

Da neue Denkweisen zu jeder Zeit Befürworter und Ablehner auf den Plan riefen, ist dies auch für die wissensbasierten Systeme zu erwarten. Deswegen sind bei manchen klinisch tätigen Ärzten tiefes Unbehagen, Mißtrauen und Skepsis gegenüber diesen neuartigen Hilfsmittel laut geworden. Die Befürchtungen, daß der klinisch tätige Arzt dadurch in seiner Aufgabenstellung gegenüber dem Patienten eingeschränkt, verdrängt, ersetzbar und zuletzt arbeitslos wird oder daß der Patient selbst unter Umgehung der ärztlichen Konsultation sein klinisch faßbares Krankheitsbild diagnostiziert bzw. therapiert, sind verständlich. Bei näherer Betrachtung zeigt es sich aber, daß diese Hilfsmittel lediglich Problemlösungsvorschläge aufbereiten können, deren Umsetzung nach wie vor die volle ärztliche Kompetenz erfordert. Demnach ist zu folgern, daß sich der Wirkungsgrad ärztlichen Handelns in seinem ureigenen Sinn durch die Zuhilfenahme der wissensbasierten Systeme in nächster Zeit sogar erhöhen kann, wenn diese Expertensysteme den ärztlichen Entscheidungsprozeß *in beratender Funktion* unterstützen.

Definition: Expertensysteme sind Programme, die innerhalb eines durch die Wissensbasen vorgegebenen Problemrahmens mit Hilfe von Inferenzverfahren Probleme lösen (van Melle et al.1984). Das Expertensystem sollte daher zu den gleichen Lösungen kommen, wie der in diesem Bereich zuständige menschliche Experte.

Eine *Expertensystemschale* ist im Prinzip ein leeres Expertensystem, sie besitzt keine spezielle Wissensbasis. Mit ihr lassen sich Expertensysteme für unterschiedliche fachspezifische Anwendungen erzeugen. Die hierfür erforderliche Aufbereitung des Wissens kann durch einen sog. Wissensingenieur oder durch den Experten (Mediziner) selbst erfolgen. Bei diesem Prozeß müssen aus dem Expertenwissen alle wesentlichen Entscheidungsfakten und Entscheidungsprozesse extrahiert und notiert werden.

Die Expertensystemschale besteht:

- aus der Benutzeroberfläche, welche die Eingabe und Wartung der Wissensbasen einfach gestaltet

- aus Mechanismen zur Konsistenzüberprüfung des Wissens, d.h.Aufhebung von
Widersprüchlichkeiten innerhalb der Wissensbasen
- aus einem Prozeß, der das Ziel hat, ausführbare Expertensysteme zu erzeugen.

Expertensysteme bestehen in der Regel aus den beiden Teilen Wissensbank/Arbeits-
speicher und Inferenzmaschine/Dialogsystem. Diese Trennung von Wissensbasis und
Inferenz ist ein wesentliches Charakteristikum von Expertensystemen (Abb.1.3-1 aus
Kaema 1989).

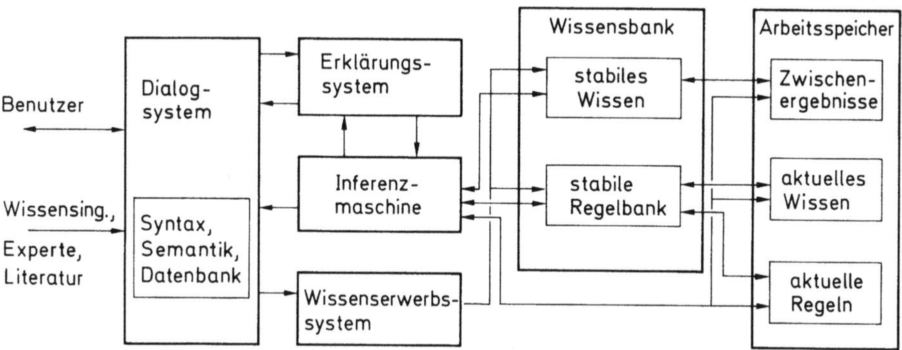

Abbildung 1.3-1. Struktur eines Expertensystems (entnommen aus Kaemena 1989)

Das *Dialogsystem* bildet die Schnittstelle zur Außenwelt. In der "Generierungs-
phase" des Expertensystems findet über diese Schnittstelle der Wissenserwerb statt.
Das Expertenwissen wird in einer dem System verständlichen Form eingegeben. In
der Problemlösungsphase werden dann von einem Benutzer Probleme an das Expertensystem herangetragen.

Erklärungssystem: Genauso wie das Dialogsystem die Eingaben des Benutzers
verstehen muß, sollte der Benutzer die Antworten des Expertensystems nachvollziehen können. Das Erklärungssystem muß den Lösungsweg erklären oder begründen
können (WIE/WARUM); es muß mögliche Lösungsalternativen aufzeigen. Die
Beantwortungsfähigkeit von WIE- und WARUM-Fragen in verständlicher Sprache ist
bei den heutigen Systemen noch eine große Schwachstelle.

Wissenserwerbssystem: Das Wissenserwerbssystem hat die Aufgabe, den Experten
bzw. den Wissensingenieur bei der Eingabe des Expertenwissens in das System zu
unterstützen. Mit der Eingabe des bereichspezifischen Wissens wird ein leeres System
erst zu einem vollwertigen Expertensystem.

Innerhalb der Wissenskomponente muß zwischen dem stabilen (im Normalbetrieb
unveränderbaren) und dem temporären Wissen (im Normalbetrieb veränderbaren)
unterschieden werden. Das temporäre Wissen wird im Laufe einer Konsultation im
Arbeitsspeicher angelegt. Die stabile Wissensbank enthält das aufbereitete Expertenwissen und kann während der normalen Benutzung nicht verändert werden. In
"dazulernenden" Systemen unterliegt auch die stabile Wissensbank einer ständigen
Änderung/Erweiterung, in diesem Falle sind Komponenten zur Konsistenzprüfung des
Wissens von besonderer Bedeutung.

Inferenzmaschine: Die Inferenzmaschine eines Expertensystems hat die Aufgabe, den Ablauf der Anwendung der in der Wissensbank gespeicherten Regeln und Fakten zu steuern und zu überwachen. Regeln und Fakten werden untersucht, ggf. werden neue Fakten erzeugt; die Reihenfolge, in der die Schlußfolgerungen gezogen werden, wird festgelegt. Der Inferenzmechanismus repräsentiert also das allgemeine Problemlösungswissen im Gegensatz zum in der Wissensbank angelegten speziellen Problemlösungswissen.

1.3.2 Hardware-/Software-Voraussetzungen für den Einsatz von Expertensystemen

Hardware: Das günstigste Preis-/Leistungsverhältnis bieten IBM PC/AT-, IBM PS/2-oder Compaq 386-kompatible Rechner. In diesem Bereich wird z.Z. unterschieden zwischen Systemen mit 80286 Prozessoren und Systemen mit 80386 Prozessoren (s.Tabelle 1.3-1, z.B. von den Markenfirmen IBM, Olivetti, Compaq oder alternativ kompatible No-Name Geräte).

Tabelle 1.3-1. Hardware-Spezifikationen

Prozessor	Taktfrequenz	Hauptspeicher	Betriebssysteme
80286	> = 12 MHz	1 MB Grundausstattung + 1 MB expanded memory	MS-DOS 3.3 DOS 4.0, OS/2, XENIX
80386	> = 16 MHz	1 MB Grundausstattung + 3 MB expanded memory	MS-DOS 3.3 DOS 4.0, OS/2 XENIX, UNIX

Beide Systeme sollten folgende Hardwareleistungen aufweisen:

- Festplatte mit einer Kapazität von mehr als 60 MB (bei Einsatz von UNIX > 80 MB), da Expertensysteme sehr datenintensiv sind
- die Zugriffszeit für die Festplatte sollte < 30 ms sein
- 5 1/4" 1.2 MB Floppy-Laufwerk und
- 3 1/2" 1.44 MB Floppy-Laufwerk
- Maus
- VGA-Grafikkarte mit Herkules und EGA-Emulation (Autoswitch-Karte)
- zwei RS232 Schnittstellen + zwei parallele Schnittstellen
- Multisynch-, Multiscan- Monitor; diese Monitore können alle gängigen Grafikstandards verarbeiten.

Einen von den 80286/80386 abweichenden und nicht kompatiblen Standard bietet der Apple Macintosh; hier gibt es die Modelle Macintosh Plus, SE oder MAC II, wobei folgende Ausstattung empfohlen wird:

- mindestens 2 MB RAM
- Betriebssystem 4.1 oder höher

- Finder 5.5 oder höher
- Festplatte > 40 MB.

Software: Die unterschiedlichen Expertensysteme laufen auf unterschiedlichen Hardwaresystemen, wobei zu beachten ist, daß nicht alle Programme auf allen Rechnern laufen und möglicherweise spezielle Softwareumgebungen (z.B. GEM, Windows UNIX, DOS, OS/2 x-Windows) erfordern (Puppe 1989).

Die Tabelle 1.3-2 gibt eine Übersicht zu den Punkten Rechner, Betriebssysteme, Shells, Programmiersprachen und Expertensysteme (ohne Anspruch auf Vollständigkeit).

Tabelle 1.3-2. Für verschiedene Rechnersysteme bekannt gewordene Expertensysteme

Rechner Betriebs- system	PC DOS	PC UNIX	VAX VMS	VAX ULTRIX	MAC	SUN APOL- LO	HP RT
Shells							
Pro.M.D.	x						
MED2	x				x		
D3					x		
EMYCIN	x						
Nexpert							
Object	x	x	x	x	x	x	x
Programmier- *sprachen*							
Prolog	x	x	x	x	x	x	x
Lisp	x	x				x	
Expertensysteme							
MYCIN	x						
INTERNIST	x						
SERVOLIP	x						

1.3.3 Bekannt gewordene Expertensysteme für die Blutzellanalytik

Es gibt Expertensysteme für die Diagnoseunterstützung bei der Immunphänotypisierung von Leukämiezellen (auf der Basis von EMYCIN; Fox et al. 1985) sowie das System ANEMIA zur Diagnoseunterstützung bei anämischen Erkrankungen (auf der Basis von Expert; Christiani et al.1985). Sultan et al.1988 entwickelten drei Expertensystemprogramme (Hämatologie, Myelogramme, Zytologie), die von der Firma Coulter kommerziell vertrieben werden.

Für ein hämatologisches Expertensystem, das von den Autoren entwickelt wird, sollen repräsentativ in einem Beispiel folgende Teile der Wissensbasis aufgezeigt werden:

a) Der Aufbau der *Frageregeln*. Wie im nachfolgenden Beispiel dargestellt, müssen sie mit Positionsangaben versehen sein, damit sie an einer bestimmten Stelle im Dateneingabefenster den Fragewortlaut, d.h. den in der Wissensbasis als erfragbar definierten Begriff, aufnehmen und in das dahinterliegende Eingabefeld ausgeben können.

```
frage lautet
"Lymphozyten-Subpopulationen - Befundung   (Identifikation)"
                              in fenster 1 zeile  2 spalte 11.
frage lautet
"                                                            "
                              in fenster 1 zeile  3 spalte 11.
frage 'Name'                  in fenster 1 zeile  6 spalte 11.
frage 'Vorname'               in fenster 1 zeile  7 spalte 11.
frage 'Geburtsdatum'          in fenster 1 zeile  8 spalte 11.
begriff 'Geschlecht'sei m oder w
frage 'Geschlecht'            in fenster 1 zeile  9 spalte 11.
frage 'Station'               in fenster 1 zeile 10 spalte 11.
frage 'Einsendedatum'         in fenster 1 zeile 11 spalte 11.
frage 'Befundungsdatum'       in fenster 1 zeile 12 spalte 11.
frage 'Labornummer'           in fenster 1 zeile 13 spalte 11.
frage lautet
"- zur Eingabe der Resultate  die PgDn-Taste betätigen -"
                              in fenster 1 zeile 16 spalte 11.
frage lautet
"Lymphozyten-Subpopulationen - Befundung      (Resultate)"
                              in fenster 2 zeile  2 spalte 11.
frage lautet
"                                                    "
                              in fenster 2 zeile  3 spalte 11.
frage 'Name' lautet ""        in fenster 2 zeile  4 spalte 2.
einheit '/mikrol'.
begriff 'Leukozyten' sei zahl in "??????" '/mikrol'.
frage 'Leukozyten'            in fenster 2 zeile  5 spalte 12.
begriff 'Lymphozyten' sei zahl in "??????" '/mikrol'.
frage 'Lymphozyten'           in fenster 2 zeile  6 spalte 12.
begriff 'Granulozyten' sei zahl in "??????" '/mikrol'.
frage 'Granulozyten'          in fenster 2 zeile  7 spalte 12.
begriff 'Monozyten' sei zahl in "??????" '/mikrol'.
frage 'Monozyten'             in fenster 2 zeile  8 spalte 12.
begriff 'Helfer/Indukt.Z'sei zahl in "??????" '/mikrol'.
frage 'Helfer/Indukt.Z'       in fenster 2 zeile  9 spalte 11.
f r a g e    l a u t e t   " ( C D 4    b z w .    L e u 3 ) "
                              in fenster 2 zeile  9 spalte 44.
begriff 'Suppr/Zytotox.Z.' sei zahl in "??????" '/mikrol'.
frage 'Suppr/Zytotox.Z'       in fenster 2 zeile 10 spalte 11.
f r a g e    l a u t e t   " ( C D 8    b z w .    L e u 2 ) "
                              in fenster 2 zeile 10 spalte 44.
```

b) Die *Ergebnisregeln* sind so aufgebaut, daß im Ergebnisbericht z.B. die Stammdaten des Patienten sowie seine Meßwerte auf dem Bildschirm ausgegeben werden.

```
ergebnis lautet "
Lymphozytensubpopulationen
".
ergebnis lautet
"    Name              ::: " # 'Name'.
"    Vorname           ::: " # 'Vorname'.
"    Geburtsdatum      ::: " # 'Geburtsdatum'.
"    Geschlecht        ::: " # 'Geschlecht'.
```

```
"                        D a t u m   d e r   E i n s e n d u n g
                  ::: " # 'Einsendedatum'
"                        D a t u m   d e r   B e f u n d u n g
                  ::: " # 'Befundungsdatum'.
ergebnis lautet
"    Labornummer          ::: " # 'Labornummer'.
ergebnis lautet "
".
ergebnis lautet
"    Leukozyten           ::: " # 'Leukozyten'.
ergebnis lautet "".
begriff lpr sei zahl in "??.?"
lpr = 'Lymphozyten'/'Leukozyten'*100.
ergebnis lautet
"    Lymphozyten          ::: " # 'Lymphozyten' # " ("# lpr # " % der Leuko-
                  zyten)".
begriff gpr sei zahl in "??.?".
gpr = 'Granulozyten'/'Leukozyten'*100.
ergebnis lautet
"    Granulozyten         ::: " # 'Granulozyten' # " ("# gpr # " % der Leu-
                  kozyten)".
begriff mpr sei zahl in "??.?".
mpr = 'Monozyten'/'Leukozyten'*100.
ergebnis lautet
"    Monozyten            ::: " # 'Monozyten'      # " (" # mpr # " % der Leu-
                  kozyten)".
ergebnis lautet "".
begriff hpr sei zahl in "??.?".
hpr = 'Helfer/Indukt.Z'/'Lymphozyten'*100.
ergebnis lautet
"                        C D 4 - p o s i t i v e   Z e l l e n
                  ::: " # 'Helfer/Indukt.Z' # " (" # hpr # " % der
                  Lymphozyten)".
begriff spr sei zahl in "??.?".
spr = 'Suppr/Zytotox.Z'/'Lymphozyten'*100.
ergebnis lautet
"                        C D 8 - p o s i t i v e   Z e l l e n
                  ::: " # 'Suppr/Zytotox.Z' # " (" # spr # " % der
                  Lymphozyten)".
begriff qcd4cd8 sei zahl in "??????.??".
qcd4cd8 = 'Helfer/Indukt.Z'/'Suppr/Zytotox.Z'.
ergebnis lautet
"          Q u o t i e n t   C D 4 + / C D 8 + Z e l l e n
                  ::: " # qcd4cd8.
```

c) Die *Folgerungsregeln* sind so aufgebaut, daß aus den erstellten und eingegebenen Meßgrößen die Ergebnistexte, welche die Meßwerte interpretieren, auf dem Bildschirm ausgegeben werden.

```
fakt ho1=1000.
fakt hu1= 400.
fakt hu2= 100.
ergebnis hu1  < 'Helfer/Indukt.Z' =<ho1 lautet
" Anzahl der T-Helfer/Induktor-Zellen (CD4) unauffällig.".

fakt qu1=1.0.
fakt qu2=0.5.
fakt qu3=0.3.
ergebnis qu2 <qcd4cd8 < qu1 lautet
" Verhältnis T-Helfer(Induktor)- zu T-Suppressor(zytotox.)-Zellen
     invertiert.".
```

```
wenn qcd4cd8 =<qu3 und 'Helfer/Indukt.Z.'< hu2 dann hinweis_zell_ID.

ergebnis hinweis_zell_ID lautet "Befund wie bei zellulärem Immundefekt".
```

Diese Beispiel zeigt, wie leicht verständliche logische Entscheidungen die Ausgabe von Ergebnistexten steuern. Durch die Kombination von wenn-dann Folgerungsregeln und Ergebnisregeln können komplexe, aber eben immer verständlich bleibende Steuerungen der Ausgabe der Befundungsvorschläge vorgenommen werden. Typischerweise besteht eine Wissenbasis aus einer Fülle von entsprechenden wenn-dann-- Regeln und Ergebnisregeln.

d) Der *Befundbericht* wird mit Ergebnissen und Ergebnistexten am Bildschirm ausgegeben.

```
Lymphozyten-Subpopulationen
Name                     :::
Vorname                  :::
Geburtsdatum             :::
Geschlecht               :::  m
Datum der Einsendung     ::: 17.5.1989
Datum der Befundung      ::: 17.5.1989
Labornummmer             ::: 1705206
Leukozyten               ::: 6700 /mikrol
Lymphozyten              :::  870 /mikrol (13.0 % der Leukozyten)
Granulozyten             ::: 5430 /mikrol (81.0 % der Leukozyten)
Monozyten                :::  400 /mikrol ( 6.0 % der Leukozyten)
CD4-Positive Zellen      :::  280 /mikrol (32.2 % der Lymphozyten)
CD8-positive Zellen      :::  460 /mikrol (52.9 % der Lymphozyten)
CD4+/CD8+Zellen          :::  0.61
Anzahl der T-Helfer/Induktor-Zellen (CD4) vermindert.
Anzahl der T-Suppressor-/zytotoxischen Zellen (CD8) unauffällig.
Verhältnis T-Helfer/Induktor- zu T-Suppressor-/zytotox.-Zellen invertiert.
```

Dieser Befundbericht mit seinen Ergebnistexten ist nur als Beispiel gedacht, das je nach Kenntnisstand des Befunders bzw. Akzeptanz in der Klinik weiter differenziert werden kann.

1.3.4 Tendenzen bei der Entwicklung neuer Expertensysteme

Mittlerweile zeichnet sich die Entwicklung ab, daß die Expertensystemschalen aufgrund immer leistungsfähigerer Sprachkonzepte direkt von medizinischen Experten (d.h. ohne Wissensingenieure) zur Wissensnotation eingesetzt werden. Hierdurch resultieren besonders leistungsfähige Systeme (z.B.SERVOLIP, Trendelenburg et al. (1986) ; INTERNIST-1/CADUCEUS, Miller (1984); QUICK, First et al. (1985)), da Übersetzungsverluste vermieden werden.

Die von Priolet et al.(1987), Sigaux et al. (1987) und Sultan et al.(1987) entwikkelten drei Expertensysteme (Hämatologie, Myelogramme, Zytologie) haben grundsätzlich die Möglichkeit über ein Eingabefenster die relevantem Antworten zu Fragen (z.B.zur Chemo-Radiotherapie; Lymphadenopathie; laboranalytische Meßgrößen; morphologische Kenngrößen) einzugeben. Über eine Funktionstaste kann im Rahmen der Schlußfolgerungsfunktion eine Diagnose in prozentualen Wahrscheinlichkeitskategorien ausgegeben werden. Ein Nachteil bei diesen Systemen ist, daß die Erklärung, inwiefern das wissensbasierte System zu dieser Diagnose gekommen ist, nicht gegeben wird. Demzufolge ist es für nicht mit speziellen hämatologischen Fragestellungen befaßte Ärzte, die sich aber eine schnelle Orientierungshilfe und Information verschaffen wollen, lediglich zur Orientierung brauchbar.

Für die zukünftige Entwicklung ist schon jetzt voraussehbar, daß "transparente Systeme" eine größere Akzeptanz finden werden, also jene Expertensysteme (z.B. Pro.M.D. Trendelenburg et al.1988), bei denen der Nicht-Experte die Möglichkeit besitzt, die von der Expertengruppe aufbereiteten und vorgelegten Lösungsvorschläge selbst über die Erklärungsfunktion nachzuvollziehen.

2 Analyte des Kleinen Blutbildes

H. Stobbe

2.1 Hämoglobinkonzentration

2.1.1 Einleitung

Hämoglobin (Hb) ist das Hauptprotein der Erythrozyten. Es verleiht ihnen ihre kennzeichnende rote Farbe und entspricht einem Tetramer von der Größe 5 x 5, 5 x 6,4 nm mit einer molaren Masse von etwa 65 kD. Das Hämoglobinmolekül besteht aus vier Untereinheiten. Bei diesen handelt es sich um zwei ungleiche Polypeptidkettenpaare. Eine Polypeptidkette hat eine molare Masse von etwa 16 kD und ist relativ labil mit einer Hämgruppe (Ferroprotoporphyrin IX) verbunden. Jede dieser Hämgruppen ist in der Lage, ein Molekül Sauerstoff zu binden, wodurch aus dem "reduzierten", sauerstofffreien Hb das Oxihämoglobin (HbO_2) wird. Durch die Reversibilität des Sauerstoffbindungsvorgangs ist das Hb der geignete Sauerstoffüberträger für den Organismus. Dabei hängt die Sättigung des Hb mit O_2 wesentlich von der Sauerstoffspannung (dem O_2-Partialdruck) ab. Von den physiologischen Faktoren, die das Sauerstoffbindungsvermögen des Hb beeinflussen, sind bevorzugt zu nennen: die Konzentrationen bzw. Aktivitäten von CO_2, H^+ und 2,3-Diphosphorglycerinsäure sowie die Temperatur. Die Desoxyform des Hb wird von diesen Faktoren stabilisiert. Sie beeinflussen so in charakteristischer Weise die Sauerstoffsättigungskurve.

2.1.2 Präanalytik I

2.1.2.1 Indikationsstellung

Die quantitative Bestimmung der Hb-Konzentration aus einer relativ kleinen Stichprobe Blut erbringt (neben Erythrozyten-Partikelkonzentration und Hämatokritwert) den ausschlaggebenden Parameter für eine Abgrenzung normaler von pathologischen Befunden. Dabei sind unter normalen Befunden solche Hb-Werte zu verstehen, die innerhalb der Referenzbereiche bestimmter Gruppen liegen, so von Erwachsenen (unterteilt nach Altersstufen, nach Geschlecht) und Kindern (ebenfalls unterteilt nach Altersstufen , s. 2.1.6.1). Abweichungen der Hb-Werte im Sinne einer Erniedrigung unter den Grenzbereich entsprechen dem Symptom "Anämie". Eine Erhöhung auf

Werte oberhalb des Grenzbereichs spricht für das Bestehen einer "Polyglobulie". Die Hämoglobinometrie vermittelt keine Krankheitsdiagnose, sondern lediglich die Feststellung oder Bestätigung eines (vermuteten) Symptoms.

Im *Grundprogramm* der ambulanten und stationären Patienten, im Rahmen einer Begutachtung, bei Vorsorgeuntersuchungen und anderen Überprüfungen der Körperfunktionen steht die Hb-Bestimmung mit an vorderster Stelle. Sie wird jedoch nicht selten durch die Bestimmung des Hämatokritwertes ersetzt, da die meisten Grundprogramme nur die Durchführung einer dieser Methoden vorsehen. Wegen der Einfachheit der Methodik wird die Bestimmung des ebenfalls gut reproduzierbaren Hämatokritwertes (als Zentrifugalhämatokrit) gern vorgezogen. Bei der Beurteilung der Therapie-Effektivität im Krankheitsverlauf kommt der wiederholten Hb-Bestimmung besondere Bedeutung zu. Im Verlauf einer Krankheit sollte im Rahmen von Laboruntersuchungen nicht ohne Grund von einem Parameter zum anderen, d.h. von Hb zu Hämatokrit gewechselt werden. Zur Klassifizierung einer Anämie können jedoch die Bestimmungen von Hämatokrit und Erythrozytenkonzentration zusätzlich zur Hb-Bestimmung wesentlich beitragen, da aus den drei Parametern die Erythrozyten-Indizes errechenbar sind (s. 2.4).

2.1.2.2 Patientenvorbereitung

Ebenso wie dies bei anderen Erythrozyten-Parametern der Fall ist, so wird auch die Hb-Bestimmung durch eine Reihe präanalytischer Faktoren beeinflußt, so daß eine Vorbereitung des Patienten notwendig ist. Zu diesen Faktoren rechnen in erster Linie die Körperlage des Patienten, biorhythmische Prozesse, eine Reihe von Medikamenten, Streß und starke, der Blutentnahme vorangehende körperliche Aktivitäten.

Durch Untersuchungen konnte bei einem Wechsel der Körperlage vom Liegen zum Stehen eine Zunahme der zellulären und hochmolekularen Bestandteile des Blutes belegt werden. Verursacht wird diese Veränderung beim Stehen durch den höheren hydrostatischen Druck in den Gefäßen der unteren Körperhälfte, durch den es zu einem Diffundieren von Wasser und niedermolekularen Bestandteilen des Blutes durch die Gefäßwandung in den interstitiellen Raum kommt. Ein Wechsel der Körperlage vom Stehen zum Liegen wirkt sich in umgekehrter Richtung aus, wobei diese Veränderungen bei gesunden Erwachsenen 7-10 % der Körpermasse betragen können. Bei Kranken mit kardialen oder renalen Ödemen sind diese Veränderungen auf das Zwei- bis Dreifache gesteigert. Bei einem Wechsel vom Stehen zum Sitzen bzw. vom Sitzen zum Liegen sind derartige Verlagerungen innerhalb des Körpers, die sich bereits nach 10-15 min nachweisen lassen, nur halb so ausgeprägt. Die hämatologischen Werte werden bei einer Blutentnahme, die gelegentlich der Neuaufnahme des Kranken in der Klinik erfolgt, anders ausfallen als bei einer späteren Verlaufskontrolle, die im Sitzen oder unmittelbar nach dem Weg von Station zum Labor vorgenommen wird. Unabhängig von einem realen Anstieg des Hb würde im dargestellten Fall ein zusätzlicher Hb-Anstieg "vorgetäuscht". Referenzbereiche für Hb sowie für die anderen hämatologischen Laborwerte gelten im allgemeinen für den sitzenden Probanden.

Für Hb sind Unterschiede der Untersuchungsergebnisse im zirkadianen Rhythmus in der Art bekannt, daß die Werte in den Nachtstunden etwa 5-10 % niedriger als am

Tage liegen. In ähnlicher Weise verhalten sich die Werte der Blutplättchen-Partikel-
konzentration. Diagnostisch relevante Veränderungen werden auch beim Hämatokritwert sowie der Erythrozytenpartikelkonzentration beobachtet.

Zu den bei physischen und psychischen Belastungen ("Streß") auftretenden Veränderungen ist auch eine Hb-Zunahme zu rechnen. Diese steht jedoch nicht im
unmittelbaren Zusammenhang mit der durch Mobilisation des marginalen Pool zu
erklärenden ebenfalls für den Streß kennzeichnenden Leukozytose, sondern ist Folge
einer Umverteilung im gesamten Gefäßsystem.

2.1.2.3 Spezimennahme

Für die Blutentnahme sind "Ort und Art" bedeutungsvoll für die Repräsentanz; Ort:
Ellenbeuge (venöses Blut), A. femoralis (arterielles Blut), seitliche Fingerbeere
(Erwachsene) und Ferse beim Kleinkind bzw. Säugling (Kapillarblut). Art: EDTA-
Blut, Nativblut. Optimales Untersuchungsmaterial für die Bestimmung der Hb-Konzentration ist EDTA-Venenblut. Auf Kapillarblut wird nur "notgedrungen" bei
Säuglingen und Kleinkindern zurückgegriffen. Eine Blutentnahme am Ohrläppchen ist
für die Hb-Bestimmung ebenso wie für andere hämatologische Parameter wegen der
durch die Sukkulenz bedingten vermehrten Beimengung von Gewebeflüssigkeit nicht
geeignet.

Unter den Bedingungen eines zentralisierten Kreislaufs (u.a. beim polytraumatisier-
ten Patienten, im Schock) ist für hämatologische Parameter die Entnahme von arteriellem Blut geboten, da weder Venen- noch Kapillarblut infolge der herrschenden
Kreislaufverhältnisse repräsentativ sind. Abzulehnen ist auch die Blutentnahme aus
Infusionssystemen, da sich eine Beimengung von Infusionslösung nicht sicher ausschließen läßt.

Die Blutentnahme sollte nach Möglichkeit zwischen 7 und 9 Uhr morgens beim
noch nüchternen Patienten vorgenommen werden. Da eine längere Stauung der zur
Blutentnahme vorgesehenen Vene Abweichungen der hämatologischen Werte zur
Folge hat, sollte angestrebt werden, aus einer ungestauten bzw. nur kurzfristig (max.
30 sec) gestauten Vene die Entnahme durchzuführen. Zur Blutentnahme sind bevorzugt Einwegspritzen, Monovetten[R] oder Vacutainer[R] zu benutzen, während Glas-
spritzen abzulehnen sind.

2.1.2.4 Spezimenvorbereitung und Einsendung

Für die Hb-Bestimmung wird - wie bereits oben erwähnt - im allgemeinen EDTA-
Venenblut benutzt. Unmittelbar nach der Blutentnahme ist das Röhrchen zu verschließen und durch Kippen und Rollen des Inhaltes für eine *ausreichende Mischung*
von Blut und Antikoagulanz zu sorgen. Zusätzlich kann ein Rollmischer ein weiteres
gründliches Mischen übernehmen. Ein unzureichender Mischvorgang führt leicht zu
Gerinnselbildung. Bereits kleinste Gerinnsel verfälschen das Untersuchungsergebnis.
Derartige Gerinnsel treten besonders dann auf, wenn die erforderliche Endkonzentration von Natrium- oder Kalium-EDTA, die $4{,}55 \pm 0{,}85$ mmol/l betragen soll,
nicht eingehalten wurde.

Ein zu intensives *Schütteln* des Röhrchens bewirkt Schaumbildung, die wiederum
zur Hämolyse führt.

Die *Toleranzgrenze der Lagerzeit* (Zeit zwischen Blutentnahme und Beginn der
Analyse) beträgt für die Hb-Bestimmung 48 Stunden. Beim Transport der Unter-

suchungsprobe ist diese Toleranzgrenze besonders zu beachten. Untersuchungsmaterial sollte deshalb so rasch wie möglich zum Labor transportiert werden (durch den Patienten selbst, Kurierdienst). Ein Postversand verzögert in jedem Fall die Untersuchung erheblich und ist leicht daran schuld, daß die Toleranzgrenzen überschritten werden.

2.1.2.5 Mitteilungen an das Laboratorium

Die Kennzeichnung der Blutröhrchen und des Anforderungsbelegs muß eindeutig sein, um Verwechslungen vorzubeugen. Name, Vorname und Geburtsdatum, in Kliniken auch die Aufnahme-Nr., sind für eine korrekte Kennzeichnung zu fordern. Eine Begrenzung auf Namen und Vornamen reicht nicht aus. Auf dem Anforderungsbeleg sind außerdem Datum und Uhrzeit der Blutentnahme zu vermerken, wobei diese Eintragungen erst nach der erfolgten Blutentnahme vorzunehmen sind. Auf dem Anforderungsbeleg sollten Diagnose oder Verdachtsdiagnose nicht vermerkt werden, wenn der Patient selbst als Bote das Untersuchungsmaterial zum Labor bringt. Die Angabe der unverschlüsselten Diagnose auf Anforderungsbelegen macht bestimmte Vorsichtsmaßnahmen (dem Patienten gegenüber) notwendig. Auf den Anforderungsbeleg gehört in jedem Fall der Stempel des einsendenden Arztes, bei stationären Patienten die Angabe der Station. Anzugeben ist stets auch die Telefonnummer des Arztes, um diesen bei Rückfragen rasch zu erreichen oder ihm dringliche Befunde ohne Zeitverlust zukommen zu lassen.

2.1.2.6 Qualitätssicherungsmaßnahmen in der 1. präanalytischen Phase

Abnahme-, Vorbehandlungs- und Einsendevorschriften sollten so eindeutig festgelegt sein, daß ein Konsens zwischen einsendendem Arzt und Laboratorium über diese Kriterien der Präanalytik besteht.

Sorgfalt ist zu verwenden auf vollständige und korrekte Ausfüllung des Anforderungsbelegs. Im Hinblick auf die zu benutzenden Versandgefäße sind bestimmte Vorsichtsmaßnahmen zu beachten. So ist unbedingt durch die Verwendung von Schutzhülsen aus Holz oder Kunststoff Glasbruch oder Auslaufen während des Versands zu vermeiden.

2.1.3 Präanalytik II

2.1.3.1 Spezimenannahme und -weiterbehandlung

Die Kompetenzen zur Spezimenannahme und -weiterbehandlung müssen laborintern eindeutig geregelt sein. So ist bei der Spezimenannahme zu überprüfen, ob

- die äußere Verpackung den Vorschriften entspricht
- die Probengefäße gut verschlossen und einwandfrei beschriftet sind
- die Füllhöhe der mit EDTA versetzten Röhrchen mit den Erfordernissen übereinstimmt
- Material ausgelaufen oder das Gefäß verunreinigt ist.

Eventuell muß um eine erneute Zusendung gebeten werden. Mängel bei der Probenannahme sind umgehend auf dem Begleitschein zu vermerken. Das Blutröhrchen ist nach der Probennahme wegen der Gefahr der Kontamination, der Verdunstung u.a. wiederum zu verschließen.

Die *Aufbewahrung des Spezimens* erfolgt bei Raumtemperatur oder - bei späterer Analyse - im Kühlschrank bei + 4 °C. Es ist davon auszugehen, daß die Haltbarkeit des Analyts wie auch anderer hämatologischer Meßgrößen temperaturabhängig ist.

Hinsichtlich der Weiterbehandlung ist zu entscheiden, ob

- die Blutprobe sofort auf den Analysenplatz weitergegeben wird
  oder
- eine Aufbewahrung (bei Raumtemperatur, im Kühlschrank bei +4 °C) zur späteren Analyse erfolgen muß.

2.1.3.2 Aufbewahrung der Spezimenreste

Der Spezimenrest Probenrest sollte in jedem Fall über eine bestimmte Zeit aufbewahrt werden, da auch nur geringe Restmengen durchaus noch zu evtl. notwendig werdenden Kontrolluntersuchungen brauchbar sind (u.a. zu Blutgruppenuntersuchungen). So sollten Spezimenreste mindestens eine Woche aufbewahrt werden, damit bei Reklamationen nachträglich notwendig werdende Kontrolluntersuchungen durchführbar sind.

2.1.3.3 Qualitätssicherungsmaßnahmen in der 2. präanalytischen Phase

Bei Zweifeln an der Identität der zur Untersuchung eingesandten Blutprobe ist eine Bestimmung der Blutgruppenmerkmale ABO, CcDEe, MNSs und Kell empfohlen worden (v. Boroviczény 1987). Dadurch lassen sich Probenverwechslungen mit hoher Sicherheit klären.

Eine Überprüfung auf das Vorliegen von Blutgerinnseln und ausreichende Menge ist in jedem Fall unerläßlich. Nach spontaner Sedimentation der Erythrozyten kann auch eine Hämolyse an der rötlichen Verfärbung des Plasmas bemerkt werden.

2.1.4 Analytik

2.1.4.1 Methoden

Die von der WHO empfohlene Methode der Bestimmung der Hb-Konzentration ist die photometrische Messung des Hb als *Hämiglobincyanid*. Früher vielfach übliche kolorimetrische Methoden, bei denen eine Ablesung visuell erfolgt, d.h. die Erfassung der Farbintensität von Hb oder einer seiner Verbindungen mit dem Auge erfolgt, sind obsolet. Prinzipiell ist eine Bestimmung der Hb-Konzentration auch über seinen Eisengehalt möglich (1 Hb-Molekül enthält 4 Eisenatome bzw. 1 g Hb enthält 3,41 mg Eisen). Auch über die Messung des Sauerstoffgehalts des Blutes bei maximaler Sättigung ist eine Hb-Bestimmung zu erreichen, da bekannt ist, daß jedes Hb-Molekül vier Moleküle Sauerstoff binden kann und die Sauerstoffbindungskapazität für 1 g Hb 1,34 ml O_2 beträgt.

Die *Oxihämoglobinmethode* (v. Boroviczény 1968) erfaßt nur das aktive Hb, so daß sich bei einem vermehrten Vorkommen von inaktiven Hämoglobinen wie Met-Hb (Hämiglobin), CO-Hb, Sulf-Hb u.a. Abweichungen zur Hämiglobincyanid-Methode ergeben. Bei der Oxihämoglobin-Methode kann durch Verdünnung mit Wasser oder einer leicht basischen Lösung (Ammoniak, Na_2CO_3), die Trübungen verhindert,das gesamte aktive Hb unmittelbar in Oxihämoglobin überführt werden. Mittels Spektralphotometer bzw. Linienstrahlphotometer mit entsprechenden Filtern (Wellenlänge 578 oder 546 nm) ist eine korrekte Messung möglich. Da Oxi-Hb nicht stabil ist, läßt sich eine Kalibrationslösung nicht verwenden, so daß die indirekte Kalibration über die Hämiglobincyanid-Methode häufig erforderlich wird. Diese Einschränkungen haben die Oxihämoglobinmethode aus dem Labor verdrängt.

Während bei der Anlagerung Bindung des Sauerstoffs an das Hb keine echte Oxidation vorliegt, bewirkt eine regelrechte Oxidation die Bildung von Hämiglobin bzw. Methämoglobin, in dem das Eisen dreiwertig ist und Sauerstoff nicht mehr reversibel gebunden wird. Das dreiwertige Eisen kann mit verschiedenen Ionen reagieren. So führt die Reaktion mit Cyanid zur Bildung von Hämiglobincyanid bzw. Cyanmethämoglobin (CNmetHb, HiCN). Dieses hat durch seine Stabilität für die Bestimmung der Hämoglobinkonzentration besondere Bedeutung erlangt. Während sonst das Hb in Lösung sehr labil ist, ermöglicht die Stabilität der Hämiglobincyanidlösung die Herstellung und Verwendung haltbarer Kalibrationslösungen, die im Handel erhältlich sind und eine Messung mittels Filterphotometer gestatten. Im folgenden wird die standardisierte *Hämiglobincyanid-Methode* dargestellt.

2.1.4.2 Geräte und Kalibratoren

Es werden benötigt:

- Photometer mit Filter oder Spektrallinienphotometer, bei denen die Bestimmung der Hb-Konzentration über eine Bezugskurve bzw. über einen einzugebenden Faktor erfolgt, der sich aus der Bezugskurve ermitteln läßt (s. 2.1.4.4)
- 0,02-ml-(Sahli-)Pipette
- 5,0-ml-Pipette.

2.1.4.3 Reagenzien und Kontrollproben

I. Transformationsreagenz: Es handelt sich dabei um eine Lösung, die geeignet ist, die Erythrozyten in einer definierten Verdünnung des Vollblutes zu hämolysieren und den roten Blutfarbstoff in Hämiglobincyanid zu überführen. Die Konzentrationen von Kaliumhexacyanoferrat (III), Cyanid, Puffersubstanzen (Na_2BO_4) und anderen Stoffen (wie Neutralsalze zur Erhöhung der Osmolalität, Detergentien zur Reaktionsbeschleunigung u.a.) sind nach DIN 58 931, Teil 2, festgelegt. Die dekadische Absorbanz des fertigen Reagenz darf im Spektralbereich von 500 bis 750 nm, gemessen bei d = 1 cm gegen Wasser, nicht über 0,002 liegen.

Endkonzentrationen im gebrauchsfertigen Reagenz:

Kaliumhexacyanoferrat (III), $K_3[Fe^{III}(CN)_6]$	3,0 mmol/l
Kaliumcyanid (KCN)	1,5 mmol/l
Dinatriumtetraborat Na_2BO_4 x 10 H_2O	5,0 mmol/l
Dazu werden	
Kaliumhexacyanoferrat (III) p.a.	1000 mg
Kaliumcyanid p.a.	100 mg
Dinatriumtetraborat x 10 H_2O p.a.	1,95 g

gelöst und nach Zusatz von einem Detergenz (1,0 ml Triton X-100, alternativ: 0,5 ml Sterox SE konz.; 1,0 ml Nonidet P_{40}; 1,0 ml Saponic 218) zu 1000 ml mit Aqua dest. aufgefüllt.

Das Transformationsreagenz ist in mit Lichtschutz versehenen Flaschen (z.B. braunen Glasflaschen) verschlossen aufzubewahren. Bei vorschriftsmäßiger Lagerung (23 ± 2 °C) ist es mindestens 2 Monate verwendbar. Eine mikrobielle Kontamination ist zu vermeiden.

II. Hämiglobincyanid-Kalibrationslösung: Diese ist auf eine Absorbanz von 1,10 ± 1 % eingestellt, gemessen in einer Schichtdicke von 10 mm gegen Wasser bei einer Wellenlänge von 546 nm.

Es ist davon auszugehen, daß das Hb bei einer molaren Masse von 64 456 aus 4 Untereinheiten zusammengesetzt ist. Damit kann auf die Einheit "HämoglobinMonomer" = Hb/4 (molare Masse 16 114) bezogen werden. Dessen Absorbanz beträgt nach internationaler Übereinkunft bei Hg 546 nm (oder 540 nm) 11,0 cm^2/mmol. Die Konzentration in der Hämiglobincyanidkalibrationslösung beträgt demnach 0,1 mmol/l oder 1,61 g/l (= 0,161 g/dl). Die Lösung ist auf einen pH von etwa 8,5 gepuffert und enthält ein Konservierungsmittel. Bei kühler Lagerung (5 - 15 °C) und vor Licht geschützt bleibt ihre Absorbanz mindestens 1 Jahr konstant. Im Handel sind 10 und 20 ml-Ampullen erhältlich. Geöffnete und nicht verbrauchte Ampullen sind zu verwerfen.

2.1.4.4 Analysendurchführung

Unmittelbar vor Beginn der Analyse ist die Blutprobe sehr sorgfältig zu mischen (s. 2.1.2.4). Bei der photometrischen Bestimmung des Hb als Hämiglobincyanid wird zunächst nach Hämolyse das Hb durch Kaliumhexacyanoferrat(III) zu Hämiglobin oxydiert. Durch Reaktion mit Kaliumcyanid entsteht ein stabiler Hämiglobincyanidkomplex, der bei einer Wellenlänge von 546 nm ein typisches Absorptionsmaximum aufweist. Die Extinktionsdifferenz zwischen dem aus der Prüflösung gebildeten Hämiglobincyanid und der Transformationslösung ist somit das Maß für die Hb-Konzentration.

Die Arbeitsvorschrift ist davon abhängig, welcher Photometertyp zur Verfügung steht. Für Photometer mit Filter und für Spektrallinienphotometer wird die Blutprobe im Verhältnis 1 + 250 verdünnt, d.h. 0,02 ml Blut werden mit 5,00 ml Transformationslösung im Reagenzglas unter Vermeidung von Schaumbildung vermischt, wobei mit der Transformationslösung alle Blutreste aus der Pipette herausgewaschen werden.

Die Absorbanz des Prüfansatzes wird frühestens 5 min, spätestens 8 h nach dem Mischen in einer Schichtdicke von 10 mm bei einer Wellenlänge von 546 nm (540--550 nm) gemessen. Als Leeransatz ist Transformationslösung zu verwenden.

Die Berechnung der Hb-Konzentration ergibt sich aus der allgemeinen Formel

$$c = A' \times \bar{f}.$$

Dabei ist

c = Hb-Konzentration in g/l bzw. mmol/l
$\underline{A}$' = Absorbanzdifferenz Leeransatz/Prüfansatz
f = aus der Bezugskurve sich ergebender Faktor (Mittelwert).

Für jedes Photometer sollte grundsätzlich eine Bezugskurve unter Verwendung einer Hämiglobincyanid-Kalibrationslösung ermittelt werden. Ausgenommen sind hämatologische Analysatoren, die direkt Vollblut ansaugen (s. 4.2).

Um eine Bezugskurve anzufertigen ist es notwendig, zunächst mittels geeichter Volumenmeßgeräte aus einer Hämiglobincyanid-Kalibrationslösung eine arithmetische Verdünnungsreihe herzustellen, die den gesamten möglichen Konzentrationsbereich umfaßt (Tab. 2.1-1, Spalte IIa bzw. b).

Aus den gemessenen Absorbanzen kann mittels eines errechneten Faktors $\overline{f}$ oder aus einem Koordinatensystem die entsprechende Konzentration des Prüfansatzes ermittelt werden.

Anhand eines Beispiels soll die Bezugskurve für ein Photometer ermittelt werden. Mit geeichten Vollpipetten oder Pipetten mit 5,0 ml Inhalt wird analog Tab. 2.1-1, Spalte I, die Verdünnungsreihe der Hämiglobincyanid-Kalibrationslösung hergestellt. Die sich daraus ergebenden Konzentrationen an Hämoglobin sind in Spalte II a bzw. b angegeben (in mmol/l bzw. g/l).

Soll die Konzentrationsangabe in g/l erfolgen, so sind die Werte der Spalte IIa mit dem Faktor 16,1 zu multiplizieren (Spalte IIb). Dieser Faktor resultiert aus der Umrechnung der in mmol/l vorliegenden Konzentration in g/l unter Berücksichtigung der relativen molaren Masse des Hämoglobinmonomers von 16114.

Die Absorbanzen der jeweiligen Verdünnungen der Hämiglobincyanid-Kalibrationslösung werden an einem Photometer in der obengenannten Weise gemessen. Die

Tabelle 2.1-1. Beispiel für die Ermittlung einer Hb-Bezugskurve. Die in Spalte I angegebenen ml Hämiglobincyanid-Kalibrationslösung sind mit Transformationslösung auf 5,00 ml aufzufüllen (s. Text)

Ansatz-Nr.	HiCN (ml)	Hb-Konzentration im unverdünnten Blut		$A'_{546\,nm}$	Faktor f
		mmol/l	g/l		
	I	IIa	IIb	III	IV
1	0,50	2,51	40,4	0,108	23,24
2	1,00	5,02	80,8	0,216	23,24
3	1,50	7,53	121,2	0,321	23,46
4	2.00	10,04	161,6	0,429	23,40
5	2.50	12,55	202,0	0,539	23,28
6	3,00	15,06	242,4	0,649	23,20
Mittelwert					23,30

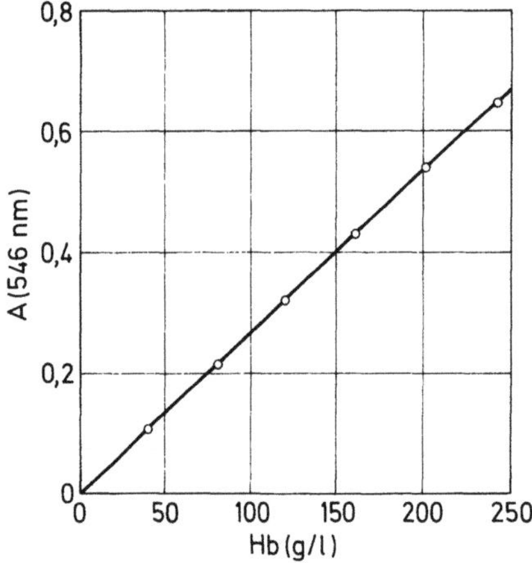

Abbildung 2-1. Bezugskurve für Hämoglobin. Dargestellt ist die Abhängigkeit der Absorbanz bei 546 nm von der Hämoglobinkonzentration. Spekol 11, d = 10 mm. Ansetzen der Verdünnungsreihe s. Tabelle 2.1-1

korrigierte Absorbanz A' ist in Spalte III angegeben, gemessen an einem Spekol 11, d = 10 mm, 546 nm.

Die graphische Auswertung erfolgt in einem Koordinatensystem (Abb. 2-1), wobei die Hb-Konzentration der Spalte IIa oder IIb auf der Abszisse, die Absorbanz (Spalte III) auf der Ordinate eingetragen und die Schnittpunkte durch eine Gerade verbunden werden. Die Auswertung zeigt, ob die Schnittpunkte auf einer Geraden liegen und diese durch den Koordinatenanfangspunkt verläuft. Hat die graphische Auftragung ergeben, daß die Bezugskurve durch den Nullpunkt verläuft und eine Gerade ist, kann die rechnerische Auswertung angeschlossen werden. Entsprechend den Gesetzmäßigkeiten der Photometrie ergibt sich

$$c = A' \times f.$$

Damit kann für jede Konzentration (c, Spalte IIa, IIb) und die entsprechend gemessene Absorbanz A' (Spalte III) der Faktor f errechnet werden. Für die Konzentration c wird entweder die Maßeinheit mmol/l (Spalte IIa) oder g/l (Spalte IIb) eingesetzt. Sind die berechneten Werte der Spalte IV bis auf geringe Abweichungen in der dritten Stelle (in diesem Fall in der 1. Dezimale nach dem Komma) gleich und zeigen diese Abweichungen keinen "Gang", d.h. eine systematische Zu- oder Abnahme mit steigender Konzentration, so ist die Bezugskurve eine Gerade.

Aus den Einzelfaktoren f wird der Faktor f̄ als arithmetisches Mittel errechnet, der *nur für das verwendete Photometer und die Blutverdünnung 1: 251 gilt.*

Dieser Faktor f kann bei digital anzeigenden Photometern eingegeben werden, die dann die Konzentration des Prüfansatzes direkt anzeigen. Bei Analogphotometern kann eine Konzentrationstabelle errechnet werden, aus der für die jeweils möglichen Absorbanzen die Konzentrationen an Hb zu entnehmen sind.

2.1.4.5 Interne Qualitätssicherungsmaßnahmen in der analytischen Phase
Mit notwendiger Regelmäßigkeit ist eine Kalibrierung der für die Hämoglobinometrie eingesetzten Analysengeräte, besonders der dazu benötigten Photometer, vorzunehmen, d.h. ihre richtige Einstellung und ihr ordnungsgemäßer Zustand einschließlich der Justierung der Geräte (Korrektur einer abweichenden Einstellung oder eines abweichenden Zustandes) sind zu überprüfen. So sollten Meßküvette und Vergleichsküvette eines Photometers zu Beginn jeder Analysenserie miteinander verglichen und etwaige Unterschiede während der Analytik rechnerisch ausgeglichen werden, während es genügt, die Richtigkeit der Absorbanzanzeige und der Wellenlängeneinstellung mit dem Didymglas einmal wöchentlich zu überprüfen (Boroviczény u. Mitarb. 1987). Falls mit Dilutoren gearbeitet wird, ist das erzielte Verdünnungsverhältnis sehr genau zu überprüfen und gegebenenfalls zu justieren. Es ist vorteilhaft, wenn am Arbeitsplatz genaue Vorschriften hinsichtlich der Häufigkeit und der Art und Weise entsprechender Überprüfungen schriftlich vorliegen.

Bei der Übernahme des Spezimens aus der Verteilung ist am Arbeitsplatz die genaue Kennzeichnung des Gefäßes zu kontrollieren und mit der Arbeitsliste zu vergleichen. Nach der Zusammenstellung der Analysenserie sollte die Einhaltung der vorgegebenen Probensequenz erneut festgestellt werden, wenn keine automatische Probengefäßidentifikation am Gerät selbst erfolgt.

Doppelbestimmungen unter Wiederholbedingungen können als das Maß für eine optimale Präzision gewertet werden. Die Ergebnisse von in regelmäßigem Abstand vorgenommenen Doppelbestimmungen unter Wiederholbedingungen sollten laborintern dokumentiert werden (vergl. Stamm 1987). Eine Auswertung in größeren Zeitabständen ist zweckmäßig.

Doppelbestimmungen unter Vergleichsbedingungen sind beim Auftreten unerwarteter (Extrem-)Werte vorgeschrieben.

Da für die Hämoglobinometrie Kontrollproben, die als Referenzmaterialien aufzufassen sind, zur Verfügung stehen, sollten diese in jeder Serie mitgeführt werden, auch wenn z. Zt. verbindliche Richtlinien der Bundesärztekammer hierzu noch nicht vorliegen. Wenn die gleiche Richtigkeitskontrollprobe in zahlreichen Serien während der Laufzeit der Charge gemessen wurde und Mittelwert sowie Standardabweichung berechnet werden, so kann hierdurch auch die für die Laborroutine entscheidende Präzision von Tag zu Tag charakterisiert werden.

Das Ergebnis der an einer Kontrollprobe vorgenommenen Analyse ist in eine Kontrollkarte einzutragen (s. DIN-Norm 58 936 Teil 5).

2.1.4.6 Externe Qualitätssicherungsmaßnahmen in der analytischen Phase
Von INSTAND werden sowohl Photometer-Ringversuche als auch Hb- Kontrollen im Rahmen des kleinen Blutbildes angeboten. Zur Zeit ist die Teilnahme freiwillig. Die Die Aufnahme der Hämoglobin-Bestimmung in die Anlage 1 der Richtlinien der Bundesärztekammer zur Qualitätssicherung im medizinischen Laboratorium und die damit verpflichtende Teilnahme an Ringversuchen im Jahr steht bevor. Als eine einfache Art der externen Kontrolle ist der *Probentausch* anzusehen. Die Ergebnisse werden in Vergleichsdoppelbestimmungskarten eingetragen.

2.1.5 Postanalytik I

2.1.5.1 Ergebnisdokumentation

Das Ergebnis der Bestimmung der Hb-Konzentration soll nach den Empfehlungen der ICSH (Internationales Komitee für die Standardisierung in der Hämatologie) in g/l angegeben werden. Weniger üblich ist die Angabe in mmol/l; die Berechnung erfolgt hierbei für das Hb-Monomer (Hb/4). Eine international einheitliche Schreibweise ist anzustreben. Eine Umrechnung von g/l in mmol/l erfordert die Multiplikation mit 6.206; von mmol/l in g/l ist mit 16.11 zu multiplizieren.

2.1.5.2 Befundung und Befundmitteilung

Jedes Einzelergebnis und jede Ergebnisserie sind zu überprüfen, bevor ein Befund das Labor verläßt.Die Übermittlung eines Befundes hat so rasch wie möglich in schriftlicher Form zu erfolgen. Nur ausnahmsweise sollte ein Ergebnis dem einsenden Arzt telefonisch mitgeteilt werden. Dies betrifft vor allem alarmierende Ergebnisse (sog. Extremwerte). Gewisse Vorsichtsmaßnahmen sind in jedem Fall bei einer telefonischen Durchsage zu beachten. Extremwerte sind möglichst im Labor zu überprüfen (Analysenwiederholung), ehe ein solches Ergebnis übermittelt wird. Dies ist aber nur dann zu realisieren, wenn dadurch nicht ein zu beachtendes Zeitlimit überschritten wird (10 min). Alle Ergebnisse von Anforderungen aus dem Operationssaal sind stets als unverzüglich mitzuteilende Informationen zu werten. Versorgung der Probenreste sowie Abfallbeseitigung und Umweltschutz s. 4.1.5.

2.1.5.3 Qualitätssicherungsmaßnahmen in der 1. postanalytischen Phase

Auch in der postanalytischen Phase ist eine Identitätsprüfung sowohl laborintern als laborextern vorzunehmen. Dabei ist laborintern die Kette vom Arbeitsplatz bis zur Ergebnis- und Befund ausgabe auf Identität zu überprüfen, d.h., daß die Eintragungen in die Ergebnisliste nochmals mit der Aufschrift der Probenröhrchen zu vergleichen und ein solcher Vergleich bei jedem weiteren administrativen Vorgang zu wiederholen ist.

Laborextern verantworten der betreuende Arzt und seine Mitarbeiter die umgehende und korrekte Einfügung der Informationen aus dem Labor in Krankenblatt bzw. Fieberkurve. Auch dabei sind alle Identitätsmerkmale wie Name, Patientennummer, Geburtsdatum, Personenkennziffer u.ä. zu überprüfen.

Aufgrund von Plausibilitätskontrollen in der postanalytischen Phase ist es gelegentlich notwendig, die Suche nach möglichen Fehlern neu aufzunehmen. Ein spezieller Fehler im Rahmen der Hämoglobinometrie ist das *Auftreten von Trübungen*. Diese können durch Erythrozytenstromata (auch nach kompletter Hämolyse), Leukozyten (besonders bei zellreichen Leukämien), Blutplättchen (bei Thrombozythämien) und Proteine (bei Pathoproteinämien sowie durch Triglyceriderhöhung bei Lipämie) verursacht sein. Durch Zentrifugieren des Ansatzes oder Anwendung einer Zweiwellenlängenmethode (bichromatische Photometrie) lassen sich diese Fehler ausschalten bzw. vermindern.

2.1.6 Postanalytik II

2.1.6.1 Befundbewertung und -einordnung
Wichtige Voraussetzung der Interpretation eines Laborbefundes, eben auch des Ergebnisses der Bestimmung der Hb-Konzentration, ist die Kenntnis der Referenzbereiche, d.h. "alle möglichen Werte einer Verteilung von Analysenergebnissen, die einen statistisch definierten Teil (meist der zentrale 95 %-Bereich) jener Analysenergebnisse eines Analyten beinhalten, die bei sich gesund und arbeitsfähig fühlenden Probanden einer definierten Population erhoben werden können".

Die Referenzbereiche in Tab. 2.1-2 für die Hb-Konzentration wurden insgesamt aus Venenblut erhalten (Angaben des Forschungsinstituts für Medizinische Diagnostik, Dresden). Als klinische Bezugsbereiche für die Hb-Konzentration im Vollblut wurden die in Tabelle 2.1-3 angegebenen Werte mitgeteilt (von Boroviczény 1987). Beachtet werden sollte, daß derartige Bereichsgrenzen, die z. B. als Stammdaten für EDV-Systeme zu verwenden sind, nicht von jeder medizinischen Einrichtung unkritisch übernommen werden können.

Diagnostische und differentialdiagnostische Möglichkeiten sowie weiterführende Untersuchungen s. Kap. 2.2.6.3 und 2.3.6.3.

Tabelle 2.1-2. Referenzwerte für die Hämoglobinkonzentration im Blut. Angaben des Diagnostik-Forschungsinstitutes Dresden

Gruppe		g/l	mmol/l
Neugeborene	(1 Tag)	140 - 190	8,7 - 12,0
"	(2 Tage)	165 - 250	10,0 - 15,5
"	(1 Woche)	160 - 255	9,9 - 16,0
"	(2 Wochen)	150 - 240	9,3 - 15,0
Säuglinge	(1 Monat)	135 - 190	8,4 - 12,0
"	(1 Jahr)	120 - 165	7,5 - 10,0
Kleinkinder/Kinder		110 - 160	6,8 - 9,9
Frauen		119 - 172	7,4 - 10,5
Männer		138 - 195	8,6 - 12,0
Frauen (Gravidität 1.Trimester)		80 - 140	5,0 - 8,7
" " 2. "		100 - 170	6,2 - 10,5
" " 3. "		130 - 180	8,1 - 11,0

Tabelle 2.1-3. Klinische Bezugsbereiche für die Hämoglobinkonzentration im Blut (g/l)

Bereich/Grenze	Frauen	Männer
Untere Alarmgrenze	60	60
Unterer Extrembereich	10 - 70	10 - 70
Unterer patholog. Bereich	70 - 120	70 - 110
Unterer Grenzbereich	120 - 140	110 - 120
Referenzbereich	140 - 170	120 - 150
Oberer Grenzbereich	170 - 190	150 - 170
Oberer patholog. Bereich	190 - 210	170 - 190
Oberer Extrembereich	210 - 250	190 - 250

2.2 Hämatokritwert

2.2.1 Einleitung

Unter Hämatokrit (Hk, Hkt) bzw. Zellpackungsvolumen (engl.: packed cell volume, PCV) wird das Erythozytenvolumen in der Volumeneinheit Vollblut verstanden. Die Definition des Hämatokrit war ursprünglich auf eine bestimmte Methodik, den Zentrifugalhämatokrit, begrenzt. In neuerer Zeit wird der Hämatokritwert bzw. das Zellpackungsvolumen auch aus der mittels Teilchenzählgerät ermittelten Partikelkonzentration und dem gleichzeitig erhaltenen mittleren Zellvolumen (MCV) errechnet. Dieser "errechnete Hämatokritwert" stimmt wegen der völlig anderen Meßprinzipien mit dem Zentrifugalhämatokritwert nur bedingt überein. Bei Mitteilung eines Hämatokritwertes an den beantragenden Arzt ist deshalb stets die angewendete Methodik hinzuzufügen.

Der Hämatokritwert kann für Erythrozyten (Hk im engeren Sinne), für Leukozyten ("Leukokrit") und für Thrombozyten ("Thrombokrit") bestimmt werden. Der Leukokrit ist bei zellreichen Leukämien, der Thrombokrit bei Thrombozytosen bzw. Thrombozythämien anwendbar. Sowohl Leuko- als auch Thrombokrit finden bisher in der klinischen und experimentellen Hämatologie wenig Anwendung.

Im folgenden wird entsprechend dem allgemeinen Sprachgebrauch der Begriff Hämatokrit für das mittels Zentrifugalhämatokrit bestimmte PCV der Erythrozyten verstanden.

Der Hämatokritwert soll nach den Empfehlungen des ICSH mit den Einheiten "l/l" angegeben werden. Gebräuchlich ist auch die Angabe in %. Ein Hämatokrit von 40 % entspricht einem Wert von 0,40 l/l; auch die Mitteilung als einheitenfreie Dezimalzahl -0,40 im gewählten Beispiel- ist weit verbreitet. Beim Ergebnis sind nur so viele Dezimalstellen anzugeben, wie nach der Fehlerbreite sinnvoll.

2.2.2 Präanalytik I

2.2.2.1 Indikationsstellung und Kostenbetrachtung

Bei einem Vergleich der Hämatokritmethode mit Hämoglobinometrie und Erythrozytenzählung ergeben sich Vorteile bei der Bestimmung des Hk durch seine geringere Fehlerbreite und seine Einfachheit, d.h. seinen geringen Aufwand. Die Bevorzugung der Hämatokritmethode (insbesondere auch im Notfall-Laboratorium) hat seinen Grund in der leichten Erkennbarkeit eventuell auftretender Fehler (Hämolyse, ungenügende Abdichtung der Hk-Kapillaren u.a.). Unter den Erythrozytenanalyten ist der Zentrifugalhämatokritwert die Messgröße mit der größten Reproduzierbarkeit. Die relative Standardabweichung liegt bei 1 %.

In ökonomischer Hinsicht ist der Aufwand im Vergleich zur Hämoglobinometrie (Photometer) und zur Bestimmung der Erythrozyten-Partikelkonzentration (Teilchenzählgerät) sowohl hinsichtlich der Anschaffung des Gerätes als auch dem Materialaufwand für die einzelne Untersuchung relativ niedrig.

Patientenvorbereitung und Spezimennahme s. 2.1.2.2 und 2.1.2.3.

2.2.2.2 Spezimenvorbereitung und Einsendung

Das zur Bestimmung des Hk entnommene Blut ist so zu behandeln, daß sich weder der pH-Wert noch das Volumen der Erythrozyten (durch Schrumpfung oder Schwellung) bis zum Ablesen des Ergebnisses verändern. Auch darf es nicht bis zum Ablesen zu einer Gerinnung oder zu einer Hämolyse kommen. Einzusenden ist EDTA-Blut (s. 2.1.2.3). Kapillarblut kann unmittelbar in heparinisierte Hk-Glaskapillaren aufgenommen werden.

Mitteilungen an das Laboratorium s. 2.1.2.5.

2.2.2.3 Qualitätssicherungsmaßnahmen in der 1. präanalytischen Phase

Bei der Probennahme sind nur trockene Kanülen und Spritzen zu verwenden, um jegliche Hämolyse zu vermeiden, die gröbere Fehler verursachen könnte.

Grundsätzlich ist für die Hämatokritbestimmung Venenblut (als EDTA-Blut) dem Kapillarblut (oder arteriellem Blut) vorzuziehen. Unabhängig von den größeren Fehlermöglichkeiten bei der Verwendung von Kapillarblut (durch Beimengung von Gewebsflüssigkeit) ergeben sich zusätzliche Unterschiede dadurch, daß Erythrozyten mit oxygeniertem Hämoglobin ein um $> 2\,\%$ kleineres Zellvolumen aufweisen, das durch den höheren pH-Wert des arterialisierten Blutes bedingt ist.

Bei der Entnahme ist das Blut sehr gut mit dem Antikoagulanz zu mischen (s. 2.1). Auch eine nur teilweise beginnende Gerinnung verfälscht das Untersuchungsergebnis. Als gerinnungshemmendes Mittel für Venenblut wird EDTA als Kaliumsalz in einer Endkonzentration von $4,55 \pm 0,85$ mmol/l verwendet. Bei einem fehlerhaften Mischungsverhältnis mit dem Antikoagulanz resultiert ein falsches Ergebnis. So ergeben sich bei einem EDTA-überschuß durch Schrumpfung der Erythrozyten zu niedrige Hk-Werte. Wird EDTA nicht als Substanz sondern als wäßrige Lösung, wie in den industriell vorgefertigten Röhrchen mit Vorteil eingesetzt, benutzt, so darf das Volumen dieser Lösung höchstens 1 % des abgenommenen Blutvolumens betragen.

2.2.3 Präanalytik II

2.2.3.1 Spezimenannahme und -weiterverarbeitung

Die Hk-Bestimmung sollte möglichst unmittelbar nach der Blutentnahme erfolgen. Ist dies nicht möglich, so ist das EDTA-Blut bis zum Aufziehen in die Hk-Kapillare in einem verschlossenen Gefäß kühl aufzubewahren, da sonst Veränderungen des pH-Wertes eintreten.

Aufbewahrung der Spezimenreste s. 2.1.3.2.

2.2.3.2 Qualitätssicherungsmaßnahmen in der 2. präanalytischen Phase

Die Toleranzgrenze für die Verarbeitung von EDTA-Blut liegt bei 6 Stunden. Eine spätere Verarbeitung führt zu einer Zunahme des Hk-Wertes. Bei einer Aufbewahrung des Blutes bei 4 °C verdoppelt sich die Toleranzgrenze.

2.2.4 Analytik

2.2.4.1 Methoden

Als *Referenzmethode* gilt die Bestimmung des Hk-Wertes in hochtourigen Zentrifugen und in genormten Glaskapillaren. Diese Bestimmung des PCV als Zentrifugalhämatokritmethode hat in Form der Mikrohämatokritmethode unter Verwendung einer Spezialzentrifuge weltweite Verbreitung erfahren und ist sowohl als Referenzmethode als auch als Routinemethode anzusehen (DIN 58 933 Teil 1).

Beim Mikrohämatokritverfahren wird ungerinnbar gemachtes Blut nach dem obengenannten Verfahren eine bestimmte Zeit hochtourig zentrifugiert und dadurch möglichst weitgehend in Plasma- und Blutzellbestandteile getrennt, indem durch das Zentrifugieren die Blutkörperchen fast fugenlos zusammengepreßt werden.

Eine *Automatisierung des Zentrifugalhämatokrit* wurde in der Weise gelöst, daß in ein U-förmiges Rohr auf einer kontinuierlich rotierenden Scheibe diskontinuierlich EDTA-Blut vom Zentrum der Scheibe her eingespritzt wird. Das nach diesem Einspritzvorgang im U-förmigen Rohr befindliche Blut wird zentrifugiert. Schließlich wird durch ein Glasfenster die Position der Grenze zwischen Plasma und geformten Blutbestandteilen optisch bestimmt. Nach Abschluß der Ablesung wird das U-förmige Rohr durch eine nachfolgende neue Blutprobe unter Verdrängung der vorangehenden Probe wiederum gefüllt.

Der *"errechnete Hämatokrit"*, d.h. der errechnete prozentuale Anteil geformter Partikel im Blut, ist zu erhalten durch Erythrozytenzählung (bezogen auf die Volumeneinheit Liter) und Bestimmung der mittleren Impulshöhe (mittels Impedanzänderungsmethode oder optischer Streulichtmethode) der im Erythrozytenkanal des Teilchenzählgerätes erfaßten Zellen (s. 4.2). Durch Multiplikation dieser beiden Faktoren läßt sich der Wert für das PCV errechnen. Die Ergebnisse des vom Zählgerät ermittelten Hämatokritwertes werden durch Kalibration auf den Zentrifugalhämatokritwert abgestimmt. Infolge der verschiedensten Einwirkungen (Elektrolytkonzentration der für die Teilchenzählung erforderlichen Verdünnungslösung, Matrixeffekte der Plasmaproteine, Veränderungen der Erythrozytenmembran, Verdunstung u.a.) sind jedoch unterschiedliche Meßergebnisse bei den verschiedenen Methoden möglich.

2.2.4.2 Geräte und Kalibratoren

Als Gerät für die Mikrohämatokritmethode findet eine spezielle Laborzentrifuge mit Zentrifugenaufsatz zur Aufnahme der Hämatokritkapillaren Verwendung (DIN 58 970 Teil 1). Die Kapillaren sind entsprechend DIN 12 846 vorgegeben. Die Länge der gläsernen Kapillare beträgt 75 mm, ihr Durchmesser 1,2 $\pm$ 0,2 mm, ihre Wanddicke 0,2 $\pm$ 0,02 mm. Nur 30 bis 35 mm lange Kapillaren beeinträchtigen die Ablesegenauigkeit und sollten nicht verwendet werden. Heparinisierte Hk-Kapillaren sind dann zu verwenden, wenn nicht immer EDTA-Blut zur Verfügung steht. Es ist zu beachten, daß Oxalat- und Zitratmischungen den pH-Wert des Blutes und dadurch das Volumen der Erythrozyten nachteilig beeinflussen.

Eine Heparinisierung der Hämatokritkapillaren ist dann notwendig, wenn vom Hersteller nicht bereits mit gerinnungshemmender Substanz präparierte Kapillaren geliefert werden. Dazu werden diese gebündelt in ein mit einer 1 : 10 verdünnten

Heparinlösung (5000 I.E./ml) gefülltes Becherglas getaucht. Nach dem Abtropfen werden die Kapillaren bei 50 °C in horizontaler Lage getrocknet und schließlich bis zum Gebrauch staubfrei aufbewahrt. Bei den im Handel erhältlichen bereits heparinisierten Kapillaren ist eine erneute Heparinisierung nach einer Lagerzeit von sechs Monaten erforderlich.

Für Routinezwecke ist ein Ablesegerät ausreichend, das den Hämatokritwert auf $\pm$ 0,01 bzw. 1 % genau mittels einer 10-15 fach vergrößernden Lupe brauchbar angibt. Spezielle Meßgeräte für wissenschaftliche Untersuchungen erlauben eine präzisere Ablesung, und zwar mit einer Fehlergrenze von $\pm$ 0,001 bzw. 0,1 % (u.a. Meßmikroskop QBC der Firma Clay Adams).

2.2.4.3 Reagenzien und Kontrollproben

Als Reagenzien sind lediglich gerinnungshemmende Substanzen erforderlich (s. 2.2.4.2). Kontrollsuspensionen für die Hämatokritmethode, die zur internen und externen Qualitätskontrolle verwendbar sind, liegen im Handel vor.

2.2.4.4 Analysendurchführung

Die Analysendurchführung sollte spätestens 6 Stunden nach Blutentnahme erfolgen. Die Hk-Kapillare wird zu drei Viertel ihrer Länge mit Blut gefüllt, das aufgrund der Kapillarattraktion in dieser aufsteigt. Am blutfreien (und auch noch nicht mit Blut benetzten) Ende ist die Kapillare zu verschließen. Dazu wird sie entweder senkrecht in Plastilin bzw. Kitt gesteckt oder über der Flamme zugeschmolzen. Der Verschluß hat in jeder Weise so zu erfolgen, daß in der Kapillare ein flacher Boden ohne eine Veränderung des Kapillarvolumens entsteht. Der Verschluß der Kapillare muß völlig dicht sein, so daß Plasma oder Blutkörperchen nicht austreten können. Wird die Kapillare durch Zuschmelzen verschlossen, so darf das in ihr befindliche Blut nicht durch das Erhitzen verändert werden. Die Kapillare wird deshalb nur so nahe an die Flamme herangebracht, daß das Kapillarende gerade den äußeren Mantel der Flamme berührt. An dieser Stelle wird sie um ihre Längsachse gedreht.

Die Kapillare wird mit dem verschlossenen Ende nach außen auf den Rotor der Spezialzentrifuge gelegt. Bei einer auf die Erythrozyten wirkenden relativen Zentrifugalbeschleunigung (RZB) von 5000 muß das Produkt aus RZB und dem Zahlenwert der Zentrifugierzeit in Minuten 100 000 betragen. Daraus ergibt sich eine Beanspruchungszeit von maximal 18 Minuten. An- und Auslaufzeit werden dabei zu je einem Drittel der gemessenen Zeiten zur Zentrifugierzeit hinzugerechnet.

Die für verschiedene Hämatokritaufsatzdurchmesser und Drehzahlen vorgeschriebenen Beanspruchungszeiten nach dieser Norm lassen sich aus einem Nomogramm entnehmen (Abb. 2-2). Die aus dem Nomogramm abgelesenen Werte dürfen nicht unterschritten und sollten nicht um mehr als 10 % überschritten werden. Die so erhaltenen Werte entsprechen etwa 98,5 % des theoretischen Idealwertes (DIN 58 933 Teil 1). Durch zu langes und zu intensives Zentrifugieren kann eine Hämolyse provoziert werden.

Das Ergebnis ist möglichst umgehend nach Abschluß des Zentrifugiervorganges zu ermitteln. Ist dies nicht möglich, so sind die Kapillaren senkrecht zu lagern, jedoch nicht länger als 12 Stunden.

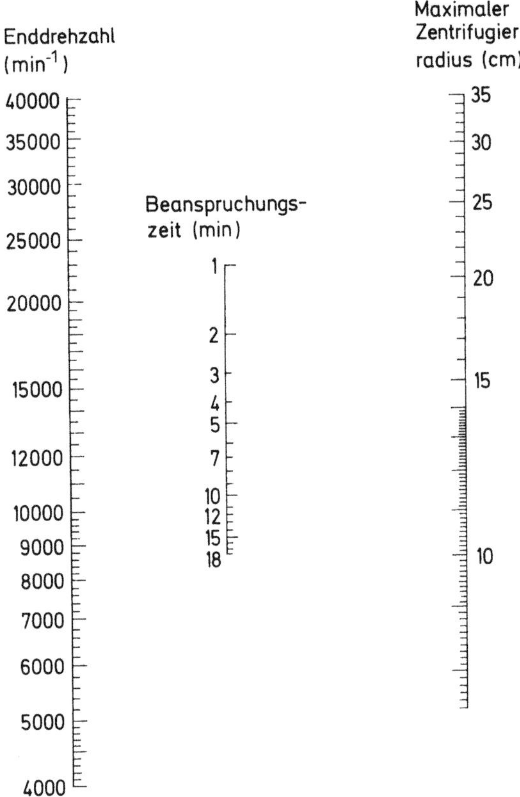

Abbildung 2-2. Nomogramm zur Bestimmung der Beanspruchungszeit (nach DIN 58 933 Teil 1). Auf der linken Seite wird die Enddrehzahl der verwendeten Zentrifuge eingestellt. Dieser Wert muß während der Hk-Bestimmung kontrolliert werden. Auf der rechten Seite wird der maximale Zentrifugierradius eingestellt. Beide Punkte werden miteinander verbunden. Der Schnittpunkt mit der mittleren Leiter ergibt die Beanspruchungszeit

Die Ablesung erfordert gute Beleuchtung und sollte stets mit der Lupe bzw. mit einer speziellen Ablesevorrichtung erfolgen. Die Ablesung ist am oberen Ende der Erythrozytensäule vorzunehmen. Eine aufgelagerte weiße Schicht, die den Leukozyten entspricht, ist zu vernachlässigen. Vor und nach der Ablesung sollte die Einstellung des Null-Punktes und des 1,00-Punktes überprüft werden. Der Nullwert ist am unteren, d.h. beim Zentrifugieren am äußeren Ende der Säule der roten Blutkörperchen abzulesen. Der Hämatokritwert ist am oberen, d.h. beim Zentrifugieren am inneren Ende der Erythrozytensäule abzulesen, nachdem der "100 %"- bzw. "1,00"-Wert am oberen Ende der Plasmasäule eingestellt wurde.

2.2.4.5 Interne Qualitätssicherungsmaßnahmen in der analytischen Phase

Die üblichen Kontrollblute können auch für die interne Qualitätskontrolle der Hämatokritbestimmung verwendet werden, wobei der Einfluß der verwendeten Stabilisatoren beachtet werden muß. Wegen der begrenzten Haltbarkeit der Kontrollblute ist vor Jahren die chargenunabhängige Quotientenkontrollkarte eingeführt worden, die sich nicht nur bei der Erythrozytenzählung (s. 2.3.4.5) sondern auch bei der Hämatokrit-bestimmung bewährt hat (von Boroviczény 1987).

2.2.4.6 Externe Qualitätssicherungsmaßnahmen in der analytischen Phase

Jedes Labor, das zur Durchführung der Hämatokritmethode eingerichtet ist und diese durchführt, sollte außer der Führung der Kontrollkarte auch jährlich mindestens zweimal an einem Ringversuch teilnehmen. Eine Aufnahme in den Pflichtenkatalog zur RV-Teilnahme steht wie für die Hämoglobin-Bestimmung bevor, ein entsprechendes Angebot der Ringversuchsveranstalter gibt es viermal jährlich.

2.2.5 Postanalytik I

2.2.5.1 Ergebnisfeststellung

Die Ergebnisse werden nach der ICSH-Empfehlung mit den Einheiten l/l (Liter pro Liter) ausgedrückt (s.2.2.1).

2.2.5.2 Befundung und Befundmitteilung

Es ist anzumerken, ob venöses, arterielles Blut oder Kapillarblut untersucht und welches Antikoagulanz verwendet wurde. Auch die Methode ist anzugeben (s. 2.2.1).

Versorgung der Probenreste und Geräte sowie Abfallbeseitigung und Umweltschutz s. 5.1.

2.2.5.3 Qualitätssicherungsmaßnahmen in der 1. postanalytischen Phase

Bei Trendkontrollen sollten klinische Angaben über Blutung(en) oder Transfusion(en) unbedingt beachtet werden.

2.2.6 Postanalytik II

2.2.6.1 Befundbewertung und -einordnung

Referenzwerte des Hämatokrits für Erwachsene und Kinder sind in der Tabelle 2.2-1, klinische Bezugsbereiche (s. 2.1.6.1) in Tabelle 2.2-2 dokumentiert.

Tabelle 2.2-1. Referenzwerte für den Hämatokritwert (l/l)

	Mittelwert	2s-Bereich
Erwachsene (Williams 1986)		
Männer	0,46	0,40 - 0,52
Frauen	0,41	0,35 - 0,47
Kinder (Miale 1977)		
Neugeborene	0,59	0,51 - 0,65
1. Monat	0,50	0,42 - 0,56
3. Monat	0,45	0,39 - 0,52
1. Jahr	0,42	0,37 - 0,49
4. Jahr	0,40	0,30 - 0,51
8. Jahr	0,41	0,36 - 0,46

Tabelle 2.2-2. Klinische Bezugsbereiche für den Hämatokritwert
(nach von Boroviczény 1987)

Bereich/Grenze	Frauen	Männer
Untere Alarmgrenze	0,25	0,25
Unterer Extrembereich	0,03 - 0,20	0,03 - 0,20
Unterer path. Bereich	0,20 - 0,36	0,20 - 0,33
Unterer Grenzbereich	0,36 - 0,41	0,33 - 0,37
Referenzbereich	0,41 - 0,48	0,37 - 0,43
Oberer Grenzbereich	0,48 - 0,54	0,43 - 0,48
Oberer path. Bereich	0,54 - 0,63	0,48 - 0,57
Oberer Extrembereich	0,63 - 0,80	0,57 - 0,80

2.2.6.2 Diagnostische und differentialdiagnostische Möglichkeiten

Erkrankungen mit erniedrigtem Hämatokritwert:

- Anämien
- Hyperhydratationszustände (u.a. Gravidität).

Erkrankungen mit erhöhtem Hämatokritwert:

- Polyglobulie kardialer und pulmonaler Genese
- Polycythaemia vera
- Dehydratationszustände (u.a. Lungenödem).

Bei Überschreiten der Grenzwerte des Nabelarterienblutes < 0,46 und > 0,61 ist mit dem Vorliegen einer Anämie bzw. einer Polyglobulie zu rechnen.

2.2.6.3 Weiterführende Untersuchungen

Hämatokritwert und Erythrozytenzahl verschieben sich zwar in vielen Fällen parallel. Unter pathologischen Bedingungen kann jedoch die in der Regel gefundene (durch das normale mittlere Erythrozytenvolumen gegebene) Relation aufgehoben sein. In jedem Fall ist es notwendig, weitere Erythrozytenparameter (Erythrozytenzahl, -form, -größe, Hämoglobin) sowie die Erythrozyten-Indizes MCV, MCH und MCHC zu bestimmen, wenn der obere oder der untere Grenzbereich des Hämatokritwerts überschritten wird. Erst dann sollten aufwendigere Laborprogramme in Angriff genommen werden, um zu einer Diagnose zu kommen.

2.2.6.4 Qualitätssicherungsmaßnahmen in der 2. postanalytischen Phase

Bei Konstellationskontrollen sind unter physiologischen Bedingungen der Einfluß der Höhenlage und unter pathologischen Bedingungen der von Anämien und Polyglobulien zu beachten.

2.3 Erythrozyten-Partikelkonzentration

2.3.1 Einleitung

Die Bestimmung der Partikelkonzentration der Erythrozyten (Syn.: Erythrozytenzahl) erfolgt in einem relativ kleinen Blutvolumen. Die Zellzahl dieser Stichprobe aus Venen- oder Kapillarblut wird auf die Volumeneinheit (Liter bzw. Bruchteil eines Liters) berechnet. Um eine Anämie oder Polyglobulie umfassend einschätzen zu können, wäre eigentlich die Erfassung der absoluten Erythrozytenzahl im gesamten zirkulierenden Blut notwendig. Eine solche Feststellung läßt sich derzeit nur über den Umweg der Blutvolumenbestimmung ermitteln. In der hämatologischen Diagnostik beschränkt man sich im allgemeinen auf Erythrozytenzahl, Hämatokrit- und Hämoglobinwert. In der täglichen Routine reichen sogar Hämatokrit- oder Hämoglobinbestimmung als erster Untersuchungsschritt aus. Die Untersuchungen zur Diagnostik werden auf Erythrozytenzahl, Erythrozytenindizes und andere Parameter erst bei einem Befundergebnis erweitert, das außerhalb der Referenzbereiche von Hämoglobin oder Hämatokrit liegt oder bei eindeutiger Indikation aufgrund von Anamnese und/- oder körperlichem Untersuchungsbefund. Die Bestimmung der Erythrozytenzahl ist sowohl mit visueller Zählung in einer Zählkammer als auch mit apparativer Zählung in einem der nach verschiedenen Meßprinzipien ausgelegten Partikelzählgeräte möglich (s. 4.2).

Die visuelle Zählung der Erythrozyten in der Zählkammer sollte in jedem hämatologischen Laboratorium durchführbar sein. Sie wird bei einem Defekt des Partikelzählgerätes notwendig und ist zudem dort üblich, wo sich wegen der kleinen Anzahl von Untersuchungen die Anschaffung eines derartigen Gerätes, das eine bestimmte Auslastung erfordert, nicht lohnt. Strikt abzulehnen ist die Erythrozytenzahl-Bestimmung mittels photometrischer Trübungsmessung, wie sie leider noch weit verbreitet ist (Breitsameter 1988).

Bei der Bestimmung der Erythrozytenzahl werden kernhaltige Vorstufen der roten Blutkörperchen, Leukozyten und Tumorzellen gleicher Größe besonders durch Partikelzählgeräte leicht miterfaßt. Diese Zellelemente werden bei einer Zählung in der Zählkammer durchaus erkannt, sie fallen im allgemeinen zahlenmäßig in Relation zur Erythrozytenzahl nicht ins Gewicht, d.h. der dadurch eventuell entstehende Fehler kann vernachlässigt werden. Nur bei hohen Leukozytenzahlen (u.a. bei Leukämien) sind dann Korrekturen erforderlich.

Infolge der erheblichen Verdünnung der Blutprobe bei der Erythrozytenzählung erhöht sich die Fehlermöglichkeit. Die Verdünnung macht eine Zählung in der Zählkammer jedoch überhaupt erst möglich, zudem verhindert sie Erythrozytenaggregation und Gerinnung. Die Verdünnungslösung soll auch die zu zählenden roten Blutkörperchen für eine der Arbeitszeit entsprechend ausreichende Zeit konservieren.

2.3.2 Präanalytik I

2.3.2.1 Indikationsstellung

Die Erythrozytenzählung ist sowohl bei (durch Hämoglobin- und/oder Hämatokritbestimmung erfaßten) Anämien als auch Polyglobulien durchzuführen, um durch Berechnung der Erythrozytenindizes (s. 2.4) zu einer Spezifizierung dieser pathologischen Befunde und damit zur diagnostischen Klärung unter pathogenetischem Aspekt zu kommen. Sie ist - zumindest in Form der Kammerzählung - keinesfalls als Screeningmethode einsetzbar.

Patientenvorbereitung und Spezimennahme s. 2.1.2.2 und 2.1.2.3.

2.3.2.2 Spezimenvorbereitung und Einsendung

Beim Probentransport sind zur Vermeidung einer Hämolyse Schütteln, tiefe Temperaturen (im Winter) und hohe Temperaturen (im Sommer, Lagerung an der Zentralheizung) zu vermeiden. Die Toleranzgrenze für die Verarbeitung von EDTA-Blut für die Bestimmung der Erythrozytenzahl beträgt bei Zimmertemperatur 6 Stunden. Im Kühlschrank verdoppelt sich die Toleranzgrenze. Bei einer späteren Verarbeitung ist mit einer Abnahme der Erythrozytenzahl zu rechnen. Insgesamt ist zu beachten, daß die Haltbarkeit temperaturabhängig ist.

Mitteilungen an das Laboratorium und Qualitätssicherungsmaßnahmen in der 1. präanalytischen Phase s. 2.1.2.5 und 2.1.2.6.

2.3.3 Präanalytik II

Spezimenannahme und -weiterverarbeitung sowie Aufbewahrung der Spezimenreste s. 2.1.3.1 und 2.1.3.2. Hinsichtlich der Qualitätssicherungsmaßnahmen in der 2. präanalytischen Phase gilt das in 2.1.3.3 Gesagte.

2.3.4 Analytik

2.3.4.1 Methoden

Die theoretischen Grundlagen des Zählkammerverfahrens wurden von Abbe 1878 erarbeitet. Das Verfahren wurde von Bürker weiterentwickelt und nutzt heute vorwiegend die Verbesserungen von Lyon und Thoma.

Das Prinzip der Bestimmung der Partikelkonzentration von Blutzellen mittels Zählkammer erfordert:

- Herstellung einer bestimmten Blutverdünnung,
- Füllen der durch Auflegen eines Deckglases hierfür vorbereiteten Zählkammer,
- Auszählen bestimmter Zählkammerabschnitte und
- Berechnung der ausgezählten Zellzahl auf die Volumeneinheit (Liter).

Die direkte visuelle Zählung der Erythrozyten in einer Zählkammer weist durch eine relative Standardabweichung von etwa 10 % eine relativ schlechte Reproduzierbarkeit auf.

Eine apparative Partikelzählung kann mittels eines elektrischen Impedanzverfahrens oder eines optischen Verfahrens vorgenommen werden (s. 4.1 und 4.2). Die Entwicklung entsprechender Geräte hat zu einer bedeutenden Rationalisierung der Arbeit im hämatologischen Laboratorium geführt. Durch die im Vergleich mit der Kammerzählung wesentlich größere Anzahl effektiv gezählter Blutzellen ließ sich mit den Zählgeräten eine deutliche Steigerung der methodischen Präzision erreichen. So wurde der Variationskoeffizient bei der apparativen Zählung der Erythrozyten unter 2 % gesenkt. Dadurch ergeben sich genauere Ausgangswerte für die Errechnung der Erythrozyten-Indizes (s. 2.4).

2.3.4.2 Geräte

Die Zählkammer besteht aus einer starken Glasgrundplatte von Objektträgergröße, an deren Oberfläche eine geometrische Einteilung eingeprägt ist, die als Netz bezeichnet wird (DIN 12 750). Gemäß der gültigen Eichordnung (1988) müssen auf der Grundplatte der Zellenzählkammern angegeben sein:

- das System der Netzeinteilung.
- Name und Firmenzeichen des Herstellers.
- der richtige Rauminhalt für den kleinsten Maßraum oder Kammertiefe und Grundfläche des kleinsten Quadrats.

Die Fehlergrenzen sind ebenfalls in der Eichordnung festgelegt. Bei den gebräuchlichen Zählkammertypen befinden sich zwischen tiefen Querfurchen zwei durch eine weitere Furche voneinander abgegrenzte Zählnetze. Dadurch sind mit einer Zählkammer Doppelzählungen leichter durchführbar. Jedes der beiden Zählnetze liegt 0,1 mm tiefer als die beiden Seitenstege (Abb. 2-3). Ein planparallel geschliffenes Deckglas liegt so auf diesen beiden Seitenstegen fest auf, daß der Abstand zwischen dem Zählnetz und der Unterseite des Deckglases 0,1 mm beträgt. Eine Voraussetzung ist die gute Haftung des sorgfältig gereinigten Deckglases auf den Seitenstegen, erkennbar am Vorliegen Newtonscher Farbringe. Deckglas und Seitenstege dürfen deshalb nicht zerkratzt sein.

Die Zählnetzeinteilung nach Neubauer (Abb. 2-4) und eine Modifikation (Zählnetzeinteilung nach Neubauer, improved, Abb. 2-5) werden wegen ihrer Übersichtlichkeit und Einfachheit bevorzugt. Beide Zählnetze haben eine Seitenlänge von 3 mm, also eine Fläche von 9 mm². Durch Unterteilung ergeben sich 9 große Quadrate, jedes

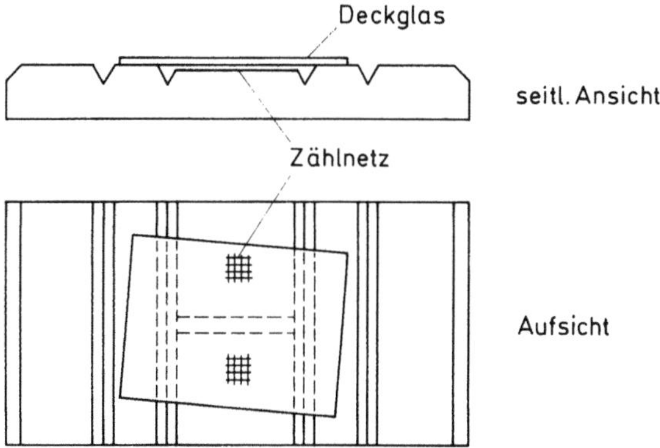

Abbildung 2-3. Schematische Darstellung einer Zählkammer für Partikel (Hämozytometer)

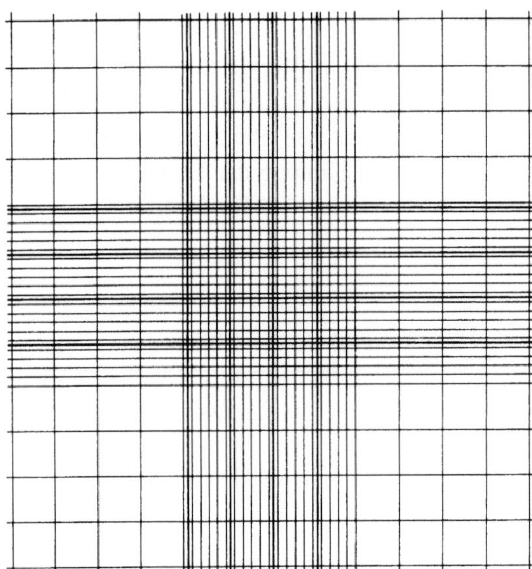

Abbildung 2-4. Zählnetz nach Neubauer

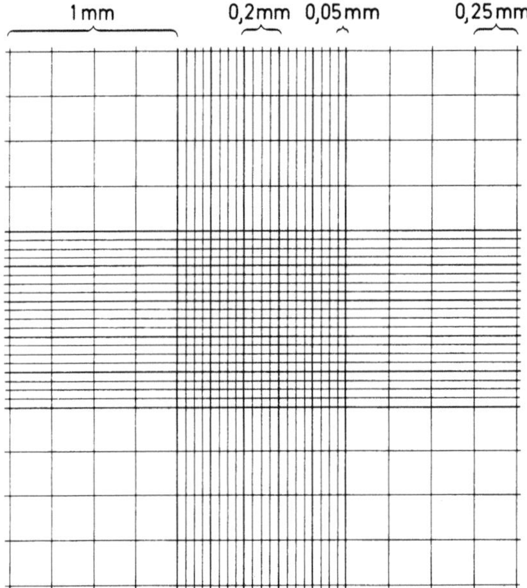

Abbildung 2-5. Zählnetz nach Neubauer "improved"

von ihnen mit einer Fläche von 1 mm². Das mittelste große Quadrat ist in 400 kleinste Quadrate unterteilt, die jeweils eine Seitenlänge von 0,05 mm und damit eine Fläche von 0,0025 aufweisen. Der Rauminhalt über einem dieser kleinsten Quadrate beträgt bei einer Kammertiefe von 0,1 mm 0,00025 mm³ = 0,25 Nanoliter (nl).

Je 16 dieser kleinsten Quadrate lassen sich zu einer Gruppe zusammenfassen. Ein solches Gruppen- (oder mittleres) Quadrat besitzt eine Seitenlänge von 0,2 mm, womit seine Fläche 0,04 mm² und der Rauminhalt über einem solchen Gruppenquadrat 0,004 mm³ = 4 nl beträgt.

Für die Herstellung der Blutverdünnung sind Pipetten erforderlich. Die für die Bestimmung der Erythrozyten-Partikelkonzentration zweckmäßigen Blutmischpipetten aus Glas (DIN 12 750) bestehen aus einem graduierten kapillaren und einem keulenförmig ausgebauchten Abschnitt. Innerhalb dieser Ausbauchung findet sich eine rote Glasperle, die der verbesserten Mischung von Blut und Verdünnungsflüssigkeit dient. Für die Erythrozytenzählung ist eine Verdünnung von 1 : 201 bzw. 1 : 101 vorgesehen. Entsprechend der Eichordnung (1988) werden die Mischpipetten für Wasser auf Einguß justiert und enthalten drei Volumen, die sich bei Mischpipetten für rote Blutkörperchen wie 0,5 zu 1 zu 101 verhalten und so beziffert sind. Die Eichfehlergrenzen für das Verhältnis der Volumen zu dem mit 1 bezifferten Bezugsvolumen betragen immerhin 3 %.

Da bei Blutmischpipetten aufgrund ihrer Herstellungsweise leicht Abweichungen, d.h. Fehler über 1 %, vorliegen, ist es durchaus von Vorteil, auf sie völlig zu verzichten und dafür 0,02 ml-Pipetten zu benutzen. Zusätzlich ist dann ein mit Stopfen versehenes Röhrchen erforderlich, in dem sich die genau abgemessene Verdünnungsflüssigkeit (4,00 ml) befindet, in die die Blutprobe quantitativ einzugeben, d.h. sorgfältigst "einzuspülen" ist.

Die Verwendung halb- oder vollautomatischer Pipetten ist bei einem Anfall größerer Analysenzahlen zu empfehlen. Diese sind regelmäßig auf ihre Genauigkeit (u.a. Unversehrtheit der Pipettenspitze) zu überprüfen.

2.3.4.3 Reagenzien und Kontrollproben

Für die Bestimmung der Erythrozytenzahl ist die folgende isotone Verdünnungslösung nach Dacie und Lewis zu verwenden, die eine Erythrozytenaggregation verhindert:

Trinatrium-Zitrat	31,3 g
Formaldehyd	10,0 ml
Aqua dest.	ad 1000,0 ml

Die folgende von Hayem empfohlene und über Jahrzehnte allgemein benutzte Verdünnungslösung sollte wegen ihres Sublimatgehaltes nicht mehr verwendet werden:

Natrium sulfuricum (Na_2SO_4 x 7 H_2O)	25,0 g
Natrium chloratum (NaCl)	10,0 g
Hydrargyrum bichloratum ($HgCl_2$)	2,5 g
Aqua dest.	ad 1000,0 ml

Erythrozytenkontrollsuspensionen für die interne Qualitätskontrolle können für die Kammerzählung der Erythrozyten verwendet werden.

2.3.4.4 Analysendurchführung

Die Blutentnahme (EDTA-Blut, Kapillarblut) ist entsprechend 2.1.2.3 vorzunehmen. Für die Gewinnung der Blutverdünnung ist eines der beiden unter 2.3.4.2 genannten Verfahren zu benutzen. Auf Sauberkeit und Trockenheit der Geräte ist besonders zu achten. Die Verdünnung der Blutprobe beträgt sowohl bei Verwendung der Blutmischpipette als auch der 0,02 ml-Pipette in Verbindung mit vorgelegter Verdünnungslösung (4,00 ml) 1 : 201.

Vor dem Beschicken der Zählkammer mit der verdünnten Blutprobe ist das Deckglas auf die seitlichen Stege der Kammer so aufzulegen, daß es fest sitzt (s. 2.3.4.2). Das Beschicken der Zählkammer mit der verdünnten Blutprobe erfolgt erst nach erneuter intensiver Mischung über 2 min. Bei Verwendung einer Blutmischpipette läßt man die ersten 3 bis 4 Tropfen (d.h. den Anteil der Verdünnungslösung im kapillaren Teil, der von der Mischung mit der Blutprobe ausgeschlossen war) ausfließen. Dann erst wird ihre Spitze vorsichtig an die Zählkammer angesetzt und diese gefüllt. Das Auffüllen ist sorgfältig vorzunehmen, um die seitlichen Furchen der Kammer nicht unnötig mit der Zellsuspension zu füllen. Vorteilhaft gestaltet sich das Füllen mit einer fein ausgezogenen Pasteur-Pipette.

Mit der Auszählung kann nach 30 sec Sedimentationszeit begonnen werden. Ein längeres Liegenlassen (mehr als 5 min) bewirkt ein merkliches Eindampfen der Suspension. Die dadurch bedingte Konzentrationszunahme der Erythrozyten führt zu einer Verfälschung des Zählergebnisses. Luftblasen dürfen sich beim Füllen der Zählkammer nicht bilden. Ist ein längeres Liegenlassen der gefüllten Zählkammer unvermeidbar, so ist diese in eine feuchte Kammer (Petrischale mit angefeuchtetem eingelegtem Fließpapier) zu geben.

Die mikroskopische Auszählung des vorgesehenen Kammerabschnittes ist mit etwa 250facher Vergrößerung durchzuführen. Für die Erythrozytenzählung werden diese innerhalb von 80 kleinsten Quadraten zu je 2,5 x 10^{-3} mm^2 ausgezählt. Dies gilt sowohl für die Netzeinteilungen der Zählkammer nach Neubauer als auch nach Neubauer "improved". Das Vorgehen wird bei den beiden Kammertypen vielfach unterschiedlich gehandhabt: bei Benutzung der Zählkammer nach Neubauer "improved" werden 4 "Leisten" zu je 20 kleinsten Quadraten ausgezählt. Bei der Zählkammer nach Neubauer erfolgt dies in 5 Gruppen-(mittleren)Quadraten zu je 16 kleinsten Quadraten. Bei beiden Zählnetztypen ist die Gesamtfläche der 80 kleinsten Quadrate mit 80 x 2,5 x 10^{-3} = 200 x 10^{-3} mm^2 = 0,2 mm^2 gleich.

Die Auszählung der 4 "Leisten" zu je 20 Quadraten in der Zählkammer nach Neubauer "improved" sollte in oberen und unteren Abschnitten des Zählnetzes erfolgen. Analog gilt bei Benutzung der Zählkammer nach Neubauer, daß die 5 Gruppenquadrate aus verschiedenen Bereichen des Zählnetzes zur Zählung heranzuziehen sind.

Bei der Auszählung der Erythrozyten ist zu beachten, daß alle diejenigen Partikel, die die Begrenzungslinien eines kleinen Quadrates von außen berühren und diejenigen, die der oberen und rechten Begrenzungslinie aufliegen, bei der Zählung des betreffenden Quadrates unberücksichtigt bleiben. Es werden also alle die Zellen erfaßt, die innerhalb der Begrenzungslinien liegen sowie der linken und unteren Begrenzungslinie aufliegen. Bei nebeneinanderliegenden Quadraten werden auf diese Weise Doppelzählungen vermieden (Abb. 2-6).

Bei der Erythrozytenzählung in der Zählkammer tritt ein methodisch bedingter systematischer Fehler auf, dessen Größe mit steigender Erythrozytenzahl im Zählnetz zunimmt. Zum einen ist der Fehler durch Übereinanderlagerung von 2 Erythrozyten bei der Sedimentation verursacht, zum andern lassen sich teilweise übereinander liegende Erythrozyten mit der bei der Zählung üblichen Vergrößerung nicht immer

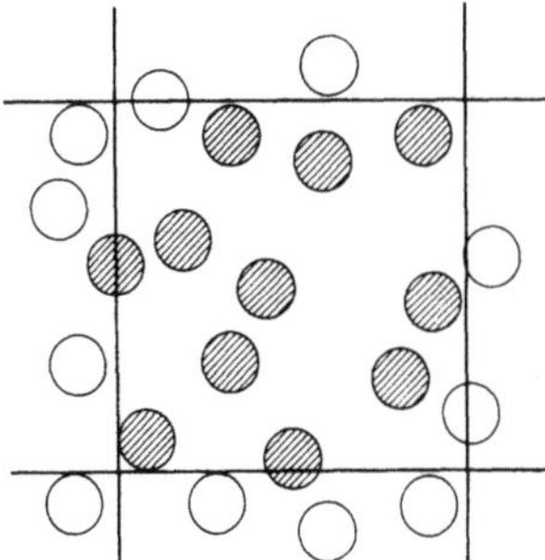

Abbildung 2-6. Kleinstes Quadrat einer Zählkammer. Bei der Auszählung der Erythrozyten muß darauf geachtet werden, daß alle Blutkörperchen, welche die vier Begrenzungslinien von außen berühren und diejenigen, welche die obere und rechte Begrenzungslinie decken (helle Kreise), bei der Zählung unberücksichtigt bleiben

einwandfrei differenzieren. Der Fehler wirkt sich besonders bei Vorliegen einer Polyglobulie aus. Durch Erhöhung der Verdünnung kann er vermindert werden.

Eine weitere methodische Fehlermöglichkeit ergibt sich dadurch, daß beim Abfließen von Zellsuspension in die seitlichen Furchen sich in den Randabschnitten des Zählnetzes mehr Zellen ablagern als im Zentrum, in dem die Zählung vorgenommen wird. Die Zählkammer muß deshalb bei der Zählung exakt horizontal liegen.

Die Anzahl der gezählten Erythrozyten beeinflußt die Genauigkeit des Resultats: je weniger Zellen gezählt werden, um so ungenauer ist das Ergebnis. Streuung und abhängig davon auch Variationskoeffizient erfahren eine Verkleinerung durch Vermehrung der ausgezählten Erythrozyten. Dies gilt entsprechend auch für die Zählung der Leukozyten und der Blutplättchen. Erst durch eine Vervierfachung der auszuzählenden Erythrozyten ist eine Halbierung des Variationskoeffizienten zu erreichen. Der hierfür notwendige Arbeitsaufwand ist dem Anliegen damit nicht immer angemessen. Bei Erythrozytenzahlen im Referenzbereich ist mit einer Streuung um den Mittelwert von 15 % zu rechnen. Wünschenswert ist ein methodischer Fehler unter 5 %. Voraussetzung dafür ist, daß mindestens 400 Erythrozyten gezählt wurden. Wird diese Anzahl zunächst nicht erreicht, so sind weitere Quadrate auszuzählen oder die Zählung ist mit einer anderen Verdünnung (1 : 100) zu wiederholen.

2.3.4.5 Interne Qualitätssicherungsmaßnahmen in der analytischen Phase
Die Quotientenkontrollkarte ist auch zur Kontrolle der Erythrozytenzählung geeignet. Im Hinblick auf die Verwendung einer Erythrozytenkontrollsuspension für die interne und externe Qualitätskontrolle ist auf DIN 58 936 Teile 1 bis 4 zu verweisen.

Die nachfolgend angegebenen, mit *Zählgeräten* erhaltenen Präzisionsdaten wurden bei Erythrozytenkonzentrationen im Referenzbereich gefunden (Angaben als relative prozentuale Standardabweichung (s %)(von Boroviczény 1987):

- Wiederholabweichung   1,3 %
- Vergleichsabweichung, Kontrollkarten   3,4 %
- Vergleichsabweichung, 2 Arbeitsplätze   3,6 %

Bei Kammerzählung ist die Wiederholabweichung wesentlich ungünstiger. Sollen mit diesem Verfahren Referenzwerte zur Überprüfung der *Richtigkeit* von elektronischen Zählgeräten ermittelt werden (s. Teil 4), ist zum Ausgleich dieses Nachteils ein erheblicher Aufwand durch mehrfache Kammerzählungen notwendig.

2.3.4.6 Externe Qualitätssicherungsmaßnahmen in der analytischen Phase
Erythrozyten-Ringversuche sind allgemein verbreitet. Die Teilnahme für alle medizinischen Laboratorien, bei denen Erythrozyten-Partikelkonzentrationen bestimmt werden, sollte eine Selbstverständlichkeit sein.

2.3.5 Postanalytik I

2.3.5.1 Ergebnisfeststellung
Die Berechnung der Erythrozytenzahl erfolgt bevorzugt auf die Volumeneinheit Liter.

Bei der Berechnung sind zu berücksichtigen:
H = Höhe der Zählkammer 0,1 mm
Q = Fläche eines kleinsten Quadrates 0,0025 mm^2
V = Volumen über einem kleinsten Quadrat
Q x H = 0,0025 mm^2 x 0,1 mm = 0,00025 mm^3 = 0,25 nl
D = Verdünnungsfaktor = 200
z = Gesamtzahl der ausgezählten Erythrozyten
a = Anzahl der ausgezählten kleinsten Quadrate = 80
Ery = Erythrozyten

$$\text{Ery/nl} = \frac{z}{a \times V} \times D$$

$$\text{Ery/nl} = \frac{z}{80 \times 2,5 \times 10^{-1}} \times 2,0 \times 10^2 = z \times 10$$

Die Angabe der Erythrozytenzahl erfolgt nach den Empfehlungen des ICSH pro Liter. Da 1 Liter = 10^9 Nanoliter, ergibt sich

$$\text{Ery/l} = z \times 10 \times 10^9 = z \times 10^{-2} \times 10^{12}$$

Beispiel: Erythrozyten in 80 kleinsten Quadraten:
z = 97 + 95 + 94 + 99 + 96 = 481
Ery = 4,81 x 10^{12}/l.

2.3.5.2 Befundung und Befundmitteilung
Der Befund weist die Erythrozytenzahl in der Volumeneinheit Liter (Erythrozyten x 10^{12}/l) aus. Die 10er-Potenz 10^{12} kann auch mit "Tera" (Abkürzung: T) bezeichnet werden. Es ist anzugeben, ob es sich um EDTA-Blut oder um Kapillarblut handelt. Die Befundmitteilung sollte weiterhin die Zählmethode (visuelle Kammerzählung, apparative Zählung) enthalten.

Versorgung der Probenreste und Geräte sowie Abfallbeseitigung und Umweltschutz s. 5.1.

2.3.5.3 Qualitätssicherungsmaßnahmen in der 1. postanalytischen Phase

Bei den Konstellationskontrollen ist vor allem der Vergleich mit der Hämoglobinkonzentration von Bedeutung, wenn auch unter pathologischen Bedingungen der MCH oft verändert ist. Außerdem kann geprüft werden, ob bei auffälligen Befunden (starke Anämie, ausgeprägte Polyglobulie) Übereinstimmung mit dem Blutausstrichbefund besteht.

2.3.6 Postanalytik II

2.3.6.1 Befundbewertung und -einordnung

Der Referenzbereich der Erythrozyten-Partikelkonzentration (Tabl. 2.3-1) ist in der mitteleuropäischen Bevölkerung relativ breit. Die Angaben über den Referenzbereich in den verschiedenen Altersstufen lassen in den entsprechenden Veröffentlichungen Übereinstimmung erkennen.

Tabelle 2.3-1. Referenzbereiche für die Erythrozyten-Partikelkonzentration (x 10^{12}/l)

Erwachsene (Williams 1986)	
Frauen	3,8 - 5,2
Männer	4,4 - 5,9
Kinder (Miale 1977)	
Neugeborene	5,0 - 6,3
1. Monat	4,7 - 5,9
3. Monat	3,8 - 5,2
1. Jahr	3,5 - 5,2
4. Jahr	3,7 - 5,2
8. Jahr	3,9 - 5,1

2.3.6.2 Diagnostische und differentialdiagnostische Möglichkeiten

Eine Vermehrung der Erythrozyten-Partikelkonzentration in der Volumeneinheit, eine Polyglobulie, kann bedingt sein durch eine Stimulierung der Proliferationsintensität der Erythrozytopoese infolge eines pulmonal oder kardial verursachten Sauerstoffmangels über die Einschaltung von Erythropoetin als Reglersubstanz. Auch eine Dehydrierung, wie sie beim Lungenödem oder bei einem enteralen Flüssigkeitsverlust auftritt, bewirkt die Entstehung einer Polyglobulie. Eine autonome Proliferationsintensivierung, die vom Erythropoetin unabhängig ist, liegt bei der Polycythaemia vera vor, eine Erkrankung, die den myeloproliferativen Syndromen zuzuordnen ist.

Eine Verminderung der Erythrozyten-Partikelkonzentration in der Volumeneinheit entspricht - wie dies auch für eine Verminderung von Hämoglobin und Hämatokrit gilt - dem Symptom Anämie. Dieses kann vielfältige Ursachen haben, so daß zur Aufdeckung der Genese weiterführende diagnostische Maßnahmen verschiedenster

Art erforderlich werden, wenn nicht bereits durch Hinweise aus Anamnese und/oder
körperlichem Untersuchungsbefund eine Zuordnung des Symptoms Anämie zu einer
bestimmten Krankheit möglich ist.

2.3.6.3 Weiterführende Untersuchungen

Für die Strategie der weiteren Diagnostik ist es wesentlich, sich über die Art der
Anämie Klarheit zu verschaffen. Eine Einteilung der Anämien, die von der Bilanz
ausgeht, unterscheidet:

- gestörte Bildung der Erythrozyten (hypoplastisch-aplastische Anämien)
- verkürzte Lebensdauer der Erythrozyten (hämolytische Anämien)
- Verlust an Erythrozyten (Anämien nach Blutung).

Bei einer Klassifizierung nach ätiologischen bzw. pathogenetischen Gesichtspunkten
sind zu berücksichtigen:

- akute Blutungsanämien (Massenblutung)
- Anämien durch Sauerstoffmangel (u.a. Mangel an Eisen, Eiweiß)
- Anämien durch Wirkstoffmangel (u.a. Mangel an Vitamin B_{12}, Folsäure, Mangel
  an Schilddrüsen-, Hypophysen- u.a. Hormonen)
- Anämien durch Raummangel (Verdrängung der Erythrozytopoese bei neoplasti-
  schen Erkrankungen wie Leukämien, Plasmozytom u.a.)
- Anämien durch Stammzelldefekte (aregeneratorische Anämien)
- Störungen der Membranstabilität der Erythrozyten (bei angeborenen und erwor-
  benen Anämien).

Entsprechend der durch Anamnese, körperlichem Untersuchungsbefund und/oder
erste Laboratoriumsergebnisse erhaltenen Hinweise sind weitere diagnostische
Schritte erforderlich, so bei Verdacht auf *hämolytische Anämie*:

- Retikulozyten
- Bilirubin (indirektes)
- morphologische Beurteilung der Erythrozyten,
- LDH im Serum (Isoenzym 1 und 2 = "α-HBDH")
- Haptoglobin
- Antihumanglobulin-Test (Race-Coombs-Test);

bei Verdacht auf *aregeneratorische Anämie*:

- Retikulozyten
- Knochenmarkhistologie;

bei Verdacht auf *Eisenmangel*

- Eisen im Serum
- Ferritin im Serum;

bei Verdacht auf Vitamin *B_{12}-Mangel-Anämie*

- morphologische Beurteilung der Erythrozyten
- Zytologie des Knochenmarks

- Vitamin B_{12}-Bestimmung
- Schilling-Test.

2.4 Erythrozytenindizes

2.4.1 Einleitung

Zur Klassifizierung einer Anämie dienen vorerst die Erythrozytenindizes, die rechnerisch nach Bestimmung von Hämoglobinkonzentration, Erythrozyten-Partikelkonzentration und Hämatokritwert erhalten werden können.

Unter den Erythrozytenindizes werden verstanden:

- das mittlere Erythrozytenvolumen (engl.: mean (red) cell volume, MCV),
- der mittlere Hämoglobingehalt des Erythrozyten (engl.: mean (red) cell haemoglobin, MCH) und
- die mittlere korpuskuläre Hämoglobinkonzentration (engl.: mean (red) cell haemoglobin concentration, MCHC).

Dabei entspricht der mittlere Hämoglobingehalt des Erythrozyten dem (früher üblichen) Begriff des Färbekoeffizienten Hb_E.

Die folgenden Quotienten zeigen die mathematischen Definitionen für die Erythrozytenindizes im Überblick. Dabei ist ihre Errechnung in einfacher Weise aus den Ergebnissen der Bestimmung von Hämoglobinkonzentration, Hämatokritwert und Erythrozyten-Partikelkonzentration möglich, wenn diese in sinnvoll gewählten Einheiten angegeben werden:

$$MCV = \frac{\text{Hämatokrit}}{\text{Erythrozytenkonzentration}}$$

$$MCH = \frac{\text{Hämoglobinkonzentration}}{\text{Erythrozytenkonzentration}}$$

$$MCHC = \frac{\text{Hämoglobinkonzentration}}{\text{Hämatokrit}}$$

2.4.2 Präanalytik

2.4.2.1 Indikationsstellung
Die Erythrozytenindizes sind stets dann heranzuziehen, wenn es in der Diagnostik um die Klassifizierung einer Anämie geht. Außerdem sind die Erythrozytenindizes in einem kleineren Laboratorium auch im Rahmen eines Minimalprogrammes der

internen Qualitätskontrolle einsetzbar. Dazu werden Hämoglobin- und Erythrozyten-Partikelkonzentration zwei- bis dreimal pro Woche bei einem gesunden männlichen Erwachsenen bestimmt und daraus der MCH-Wert berechnet. Liegt das Ergebnis außerhalb des 95 %-Bereichs (27-34 pg bzw. 1,65 - 2,1 fmol), so sollte der anzunehmende Fehler bei einem der beiden Erythrozytenparameter mittels eines käuflichen stabilen Kontrollblutes gesucht werden.

2.4.2.2 Qualitätssicherungsmaßnahmen

Da die Errechnung der Erythrozytenindizes auf der Grundlage der Ergebnisse von Hämoglobin- und Hämatokritbestimmungen und der Erythrozytenzählung im gleichen Probenmaterial eines Patienten durch Taschenrechner, Nomogramm oder unmittelbar im Analysengerät erfolgt, ist die Präzision von MCV, MCH und MCHC völlig von der Präzision der genannten Analysenverfahren abhängig. Die Qualitätssicherung beschränkt sich daher auf das korrekte Ausrechnen der Quotienten.

2.4.3 Analytik

Es kann davon ausgegangen werden, daß der Wert des MCH präzise ist, wenn für die Ermittlung der Ausgangswerte ein Zählgerät für die Bestimmung der Erythrozytenzahl und ein Photometer für die Hämoglobinbestimmung verwendet wurde. Ist jedoch die Erythrozyten-Partikelkonzentration konventionell mittels visueller Zählung festgestellt worden, ist mit einer größeren Fehlerbreite zu rechnen. Die mit Zählgeräten direkt bestimmten MCV-Werte unterliegen verschiedenen Einflüssen (s. 2.2.4.1), sodaß die daraus abgeleiteten Werte für "errechneten Hk" und MCHC mit entsprechenden Fehlern behaftet sein können, ein Umstand, der bei Benutzung des Wertes vom Zentrifugalhämatokrit vernachlässigt werden kann.

2.4.4 Postanalytik

2.4.4.1 Berechnung der Erythrozytenindizes

Die Erythrozytenindizes werden von verschiedenen Zählgeräten direkt angezeigt und entsprechend ausgedruckt. Ist dies nicht der Fall, so ist das Ergebnis mittels Taschenrechner oder Nomogramm zu erhalten.

2.4.4.1.1 Das mittlere Erythrozytenvolumen (MCV)

Das mittlere Erythrozytenvolumen errechnet sich in einfacher Weise aus dem in den Einheiten l/l angegebenen Hämatokrit (Hk, s. 2.2.1) und der Erythrozytenpartikelkonzentration (x 10^{12}/l), wobei als Volumeneinheit für das MCV das Femtoliter (fl) bevorzugt wird (1 l = 10^{15} fl):

$$\text{MCV (fl)} = \frac{\text{Hk (l/l)}}{\text{Ery (x } 10^{12}\text{/l)}} \times 10^3$$

```
Beispiel:
Hk  = 0,37 l/l
Ery = 3,60 x 10^12/l
```

$$MCV = \frac{0,37}{3,60} \times 10^3 = 0,1028 \times 10^3 = 102,8 \text{ fl}$$

2.4.4.1.2 Der mittlere Hämoglobingehalt des Erythrozyten (MCH)

Der mittlere zelluläre Hämoglobingehalt, d.h. die Menge Hämoglobin pro Erythrozyt, ergibt sich aus der Hämoglobinkonzentration in der Volumeneinheit dividiert durch die Partikelkonzentration der Erythrozyten in der Volumeneinheit. Für den mittleren zellulären Hämoglobingehalt ist das Picogramm (pg) = 10^{-12} g die seiner Masse entsprechende Einheit.

Das *MCH in Masseneinheiten* errechnet sich aus:

$$MCH = \frac{Hb \ (g/l)}{Ery \ (\times 10^{12}/l)} = 10^{-12} \ g = pg$$

Beispiel:
Hb = 120 g/l
Ery = 3,60 $\times 10^{12}/l$

$$MCH = \frac{120}{3,60} \ pg = 33,3 \ pg.$$

Werden die Hämoglobinwerte als molare Konzentration angegeben, so ist das Femtomol für MCH die zur Angabe der Substanzmenge geeignete Einheit (1 mmol = 10^{12} fmol, 1 fmol = 10^{-12} mmol). Das *MCH in molaren Einheiten* errechnet sich aus:

$$MCH = \frac{Hb \ (mol/l)}{Ery \ (\times 10^{12}/l)} = mol \times 10^{12} = fmol$$

Beispiel:
Hb = 7,45 mmol/l
Ery = 3,60 $\times \ 10^{12}/l$

$$MCH = \frac{7,45}{3,60} \ fmol = 2,07 \ fmol.$$

Der Umrechnungsfaktor von pg in fmol beträgt 0,06206.
fmol = 0,06206 x pg; Der Umrechnungsfaktor von fmol in pg beträgt 16,11.
pg = 16,11 x fmol.

Beispiel: 31 pg = 1,92 fmol.

2.4.4.1.3 Die mittlere zelluläre Hämoglobinkonzentration (MCHC)

Die mittlere zelluläre Hämoglobinkonzentration läßt sich aus dem Quotienten von Hämoglobinkonzentration und Hämatokritwert errechnen. Bei Angabe der Hämoglobinkonzentration als *Substanzmassenkonzentration (g/l)* gilt:

$$MCHC = \frac{Hb\ (g/l)}{Hk\ (l/l)} = g/l$$

Beispiel:
Hb = 120 g/l
Hk = 0,37 l/l

$$MCHC = \frac{120}{0,37}\ g/l = 324\ g/l.$$

Bei Angabe der Hämoglobinkonzentration als *Substanzmengenkonzentration (mmol/l)*
ergibt sich die folgende Berechnung:

$$MCHC = \frac{Hb\ (mmol/l)}{Hk\ (l/l)}$$

Beispiel:
Hb = 7,45 mmol/l
Hk = 0,37l/l

$$MCHC = \frac{7,45}{0,37}\ mmol/l = 20,14\ mmol/l.$$

Der Umrechnungsfaktor von g/l in mmol/l beträgt 0,06206.
mmol/l = g/l x 0,6206

Beispiel:
327 g/l = 20,29 mmol/l (Hb/4).

Der Umrechnungsfaktor von mmol/l in g/l beträgt 16,11.
g/l = mmol/l x 16,11

2.4.4.2 Befundung und Befundmitteilung
Bei der Befundmitteilung sollten die entsprechenden Referenzbereiche mitgegeben
werden. Zu vermerken sind die Methoden, mit denen die zugrundeliegenden Erythrozytenparameter ermittelt wurden.

2.4.4.3 Qualitätssicherungsmaßnahmen in der 1. postanalytischen Phase
Da die mittlere zelluläre Hämoglobinkonzentration (MCHC) nur innerhalb verhältnismäßig enger Grenzen schwankt (Ausnahme: hämolytische Anämie bei hereditärer
Sphärozytose), wird empfohlen, den von automatischen Zählgeräten angezeigten Wert
zur Plausibilitätskontrolle der Serie heranzuziehen. Seine Eignung zur Kontrolle des
Tagesmittelwertes bzw. des Serien-Medianwertes sowie des Schwellenwertes ist
unverkennbar.
 Beim Auftreten eines erhöhten MCHC-Wertes ist eine umgehende Überprüfung der
zugrundeliegenden Bestimmungen (Hb, Hk) auf deren Richtigkeit unerläßlich. Dabei
ist ein zu niedriger Hämatokritwert am ehesten durch Blutverlust aus der Hämatokrit-
kapillare (ungenügende Abdichtung durch Kitt) bedingt. Zu hohe Werte der Hämoglobinkonzentration können durch Trübung des Meßansatzes zustande kommen.

Erniedrigte MCHC-Werte bei "Normalblut" dürften stets auf einen Fehler hinweisen, zumal bei Vorliegen einer Hämoglobinkonzentration im Referenzbereich auch der MCHC-Wert normal ist. Als Ursache für derart erniedrigte MCHC-Werte kommen vor allem fehlerhafte Bestimmungen der Hämoglobinkonzentration in Betracht.

Überlegungen zur Qualitätssicherung haben den Einfluß der Aufbewahrungszeiten der Analyte auf die Ergebnisse der errechneten Erythrozytenindizes zu berücksichtigen. Innerhalb von 24 Stunden bleiben Hämoglobinkonzentration und Erythrozytenzahl - und damit auch MCH - konstant. Da sich der Hämatokritwert nach einem halben Tag Aufbewahrungszeit der Blutprobe bereits verändert (s. 2.2.3.2), verlieren dadurch die Erythrozytenindizes MCV und MCHC, bei denen der Hk-Wert in die Berechnung einging, ihre Aussagekraft.

2.4.5 Postanalytik II

2.4.5.1 Befundbewertung und -einordnung
Referenzbereiche der Erythrozytenindizes für Erwachsene und Kinder sind in den tabellen 2.4-1 und 2.4-2 widergegeben.

Tabelle 2.4-1. Referenzbereiche für die Erythrozyten-Indizes bei Erwachsenen

	Nach Williams (1979)		Nach Bucher (1988)
Meßgröße	Mittelwert	2s-Bereich	95 % - Bereich
MCV (fl)	90,3	80,5 - 100,0	78 -105
MCH (pg)	30,2	26,4 - 34,0	27 - 33
MCHC (g/l)	338,0	314,0- 363,0	310-350

Tabelle 2.4-2. Referenzwerte für die Erythrozytenindizes bei Kindern nach Miale (1977). Angegeben sind Mittelwerte und 95%-Bereiche

Altersstufe	MCV (fl)	MCH (pg)	MCHC (g/l)
Neugeborene	104	36	335
	94-105	30-42	329-350
3 Monate	102	33	330
	92-112	27-37	310-350
6 Monate	100	30	310
	91-109	25-35	290-330
1 Jahr	95	27	295
	87-100	22-32	280-310
4 Jahre	89	28	280
	80-96	23-32	270-290

2.4.5.2 Diagnostische und differentialdiagnostische Möglichkeiten
Die folgenden Konstellationen sind zu unterscheiden:

- *MCV, MCH, MCHC normal*
  Diese Konstellation ergibt sich bei gesunden Erwachsenen und Kindern, aber auch
  bei normozytären und normochromen Anämien. Derartige Anämien liegen vor bei
  chronischen Erkrankungen, beim aplastischen Knochenmarksyndrom bzw. bei
  aregeneratorischen Anämien und beim hämolytischen Syndrom.
- *MCV und MCH erniedrigt, MCHC erniedrigt oder normal*
  Derartige Befunde ergeben sich bei mikrozytären und hypochromen Anämien im
  Gefolge von Eisenmangel, Eisenverwertungsstörungen sowie bei Thalassämien.
  Gelegentlich lassen sich auch Anämien bei chronischen Erkrankungen in diese
  Konstellation einreihen.
- *MCV und MCH erhöht, MCHC normal*
  Derartige Befunde sind kennzeichnend für makrozytäre und hyperchrome Anämien.
  Megaloblastäre Anämien infolge Vitamin B_{12}- oder Folatmangel, beim myelodys-
  plastischen Syndrom sowie beim Zieve-Syndrom sind dieser Konstellation zuzuord-
  nen.

Das Vorliegen von zwei oder mehr Erythrozytenpopulationen kann mittels der
Erythrozytenindizes nicht erkannt werden. Die breite Streuung der Erythrozytengröße
bzw. der -durchmesser ist durch Errechnung der Erythrozytenindizes gleichfalls nicht
zu ermitteln. Infolge einer ausgeprägten Retikulozytenvermehrung kann auf Grund
des erhöhten MCV fälschlich eine makrozytäre Anämie angenommen werden, obwohl
es sich eigentlich um eine hämolytische Anämie mit starker Regeneration handelt.
Vor der Annahme einer makrozytären Anämie allein aufgrund von MCV und MCH
sollte deshalb die Retikulozytenzahl festgestellt werden, um fehlerhafte Interpretationen zu vermeiden.

2.5 Leukozyten-Partikelkonzentration

2.5.1 Einleitung

Die Leukozyten-Partikelkonzentration (Syn.: Leukozytenzahl) im Blut schwankt bei
gesunden Menschen in einem relativ breiten Bereich. Dabei benutzen die drei Leukozytenarten Granulozyten, Monozyten und Lymphozyten das Blut als einen Transit-
raum auf dem Wege von ihren Bildungsorten (Knochenmark, Lymphknoten) zu ihren
eigentlichen Wirkungsstätten, den verschiedenen Geweben. Bei unterschiedlicher
Aufenthaltsdauer von Granulozyten, Monozyten und Lymphozyten im Blut ändert
sich die Leukozytenzahl im Fließgleichgewicht kaum. Ein vermehrter Bedarf in der
Peripherie kann - abhängig von Art und Intensität des Stimulus - einen Anstieg der
Leukozytenzahl im Blut bewirken. Ein Abfall der Leukozytenzahl ist überwiegend

durch einen Mangel an Nachschub aus den Bildungsstätten verursacht. Sowohl bei akuten als auch bei chronischen Krankheiten und auch bei reaktiven und neoplastischen Prozessen vermittelt die Leukozytenzahl im Blut und ihr dynamisches Verhalten im weiteren Krankheitsverlauf wertvolle Informationen. Die Bestimmung der Leukozyten-Partikelkonzentration gehört deshalb zu den am häufigsten vom Labor abgeforderten Parametern.

2.5.2 Präanalytik I

2.5.2.1 Indikationsstellung und Kostenbetrachtung
Die vielfältigsten Hinweise durch Anamnese, körperlichem Untersuchungsbefund und Krankheitsverlauf veranlassen die Bestimmung der Leukozytenzahl. Die Feststellung einer Vermehrung der Leukozyten, einer Leukozytose, oder einer Verminderung, einer Leukozytopenie, kann von besonderem diagnostischen bzw. differentialdiagnostischen Wert sein. Die einfach durchzuführende Methode ist technisch wenig aufwendig und benötigt nur wenige Minuten von der Entnahme der Blutprobe bis zum Vorliegen des Befundes.

Patientenvorbereitung und Spezimennahme s. 2.1.2.2 und 2.1.2.3.

2.5.2.2 Spezimenvorbereitung und -einsendung
Die Toleranzgrenze für die Verarbeitung von EDTA-Blut zur Bestimmung der Leukozytenzahl beträgt 24 Stunden. Bei einer Aufbewahrung des Blutes bei 4 °C verdoppelt sich diese Zeit. Eine spätere Verarbeitung führt zur Abnahme der Partikelkonzentration.

Mitteilungen an das Laboratorium s. 2.1.2.5.

2.5.2.3 Qualitätssicherungsmaßnahmen in der präanalytischen Phase
Ebenso wie bei der Bestimmung anderer Blutzellparameter ist auch bei der Bestimmung der Leukozytenzahl auf die Verwendung trockener Kanülen und Gefäße zu achten. Außer der (an sich gewünschten) Hämolyse der Erythrozyten kann es durch Wasserkontakt zu einer Leukozytolyse kommen (s.a. 2.5.3.5).Venöses Blut ist auch für die Bestimmung der Leukozytenzahl dem Kapillarblut vorzuziehen (s. 2.1.2.3). Laborintern sind Identitäts- und Integritätskontrollen vorzunehmen (s. 2.1.3.1).

2.5.3 Analytik

2.5.3.1 Methoden
Zur Bestimmung der Leukozyten-Partikelkonzentration stehen zur Verfügung: die visuelle Zählung mit der Zählkammer und die apparative Zählung mit einem der auf verschiedenen Technologien beruhenden Zellzählgeräte (s. Kap. 4).

Die Reproduzierbarkeit dieser beiden Verfahren ist recht different. So beträgt die relative Standardabweichung bei der Kammerzählung, falls mindestens 100 Leukozyten effektiv ausgezählt wurden, etwa 10 %, bei apparativer Zählung jedoch nur 0,1 bis 1 % (Bucher 1988). Die Bestimmung der Leukozytenzahl mittels Zählkammer sollte jedoch in jedem hämatologischen Labor durchführbar sein, so daß die Methode bei einem Ausfall des Zählapparates und bei erniedrigten Werten einsetzbar ist.

Eine verhältnismäßig einfache und rasch durchführbare *Schätzung der Leukozytenzahl* im Blut eignet sich besonders für große Reihenuntersuchungen (Benjamin 1958). Die Methode beruht auf dem Prinzip des dicken Tropfens, d.h. auf der Beurteilung eines hämolysierten und gefärbten kleinen Blutstropfens (s. Kap. 5.1). Bei dieser "Stecknadelkopf"-Methode weisen Vergleichszählungen mit einer quantitativen Methode bei Leukozytenkonzentrationen zwischen 1,20 und 5,0 x 10^9/l weitgehende Übereinstimmung auf; Leukozytenzahlen über 12 x 10^9/l fallen weniger korrekt aus (Greendyke 1961). Nach einiger Übung kann mit dieser Schätzmethode von zwei gemeinsam arbeitenden Untersuchern in einer Stunde bei 100 bis 150 Probanden die Leukozytenzahl annähernd erfaßt werden.

Die Schätzung der Leukozytenzahl im gefärbten Blutausstrich ist eher eine Art "grober Hochrechnung": Aus fünf Gesichtsfeldern wird bei Betrachtung des Ausstrichs mit etwa 450facher Vergrößerung der Mittelwert der Leukozytenzahl ermittelt. Aus diesem Mittelwert läßt sich die wahrscheinliche Leukozytenzahl ableiten (s. Tabelle 2.5-1).

Tabelle 2.5-1. Schätzung der Leukozytenzahl aus dem gefärbten Ausstrich. Angaben gelten für 450fache Vergrößerung

Mittelwert der Leukozyten von fünf Gesichtsfeldern	wahrscheinliche Leukozytenzahl (x 10^9/l)
0,05	< 1,5
0,6 - 1,0	1,5 - 3,5
1,1 - 1,5	3,5 - 5,9
1,6 - 2,0	5,0 - 6,5
2,1 - 3,0	6,5 - 8,0
3,1 - 4,0	8,0 - 9,0
4,1 - 5,0	9,0 - 10,0
5,1 - 6,0	10,0 - 20,0
6,1 - 8,0	20,0 - 50,0
8,1 - 10,0	50,0 - 100,0
> 10,0	> 100,0

2.5.3.2 Geräte

Für die quantitative visuelle Leukozytenzählung wird eine Zählkammer nach Neubauer oder nach Neubauer "improved" (s. 2.3.4.2) verwendet.

Die für die Bestimmung der Leukozytenzählung übliche Blutmischpipette (Melangeur-Pipette) sieht eine Blutverdünnung von 1 : 20 (bzw. 1 : 10) vor. Der kapillare Teil ist graduiert und weist Teilstrich-Markierungen bei 0,5 und 1,0 auf. Der bauchig ausgeweitete Teil der Pipette enthält eine weiße Glasperle, die zur besseren Mischung von Blut und Verdünnungsflüssigkeit dient. Oberhalb der Ausbauchung findet sich eine weitere Markierung mit dem Teilstrich 11. Die Blutmischpipetten müssen geeicht sein (Eichordnung 1988).

Zweckmäßiger ist die Verwendung von 0,02 ml-Pipetten (s. 2.3.4.2). Werden diese zur Herstellung der erforderlichen Blutverdünnung benutzt, dann sind auch verschließbare Reagenzröhrchen aus Glas oder Plastik von der Ausmessung 70 x 12 mm zur Aufnahme von 0,38 ml Verdünnungsflüssigkeit erforderlich.

2.5.3.3. Reagenzien und Kontrollproben

Als Verdünnungs- und Hämolysierungslösung eignet sich die Lösung nach Türk:

Essigsäure 0,5 mol/l	30,0 ml
Gentianaviolettlösung, wäßrig	10,0 ml
Aqua dest.	ad 1000,0 ml

Kontrollsuspensionen von stabilisierten Humanleukozyten, Latexpartikeln oder Vogelerythrozyten sind im Handel erhältlich.

2.5.3.4 Analysendurchführung

Um eine Blutverdünnung von 1 : 20 herzustellen, wird mit der Blutmischpipette Blut bis zum Teilstrich 0,5 aufgezogen. Nach Säuberung der Pipettenspitze mit einem faserfreien Tupfer von anhaftenden Blutresten wird Verdünnungsflüssigkeit bis zum Teilstrich 11 nachgezogen. Das Verdünnungsverhältnis beträgt damit 1 : 21. Allgemein wird eine Abrundung auf 1 : 20 jedoch toleriert. Bei der Benutzung von 0,02 ml-Pipetten kann ein genaues präzises Mischungsverhältnis hergestellt werden. Dabei ist von 0,02 ml als Probe auszugehen, die in das vorgegebene bereits abgemessene Volumen von 0,38 ml Verdünnungsflüssigkeit (Türksche Lösung) pipettiert werden. Die Blutverdünnung ist nach ihrer Herstellung 3 min mit der Hand durch Kippen in der Längsrichtung zu mischen. Mechanische Schüttelapparate erleichtern diese Arbeit.

Kann die Zählung nicht unmittelbar nach dem Mischvorgang vorgenommen werden, so ist dieser später vor der Füllung der Zählkammer zu wiederholen (zur Aufbewahrung der Zählkammer s. 2.3.4.4).

Unmittelbar vor dem Beschicken der Zählkammer läßt man die ersten 2 bis 3 Tropfen aus dem Kapillarteil der Blutmischpipette ausfließen, da dieser Pipettenteil ausschließlich Verdünnungslösung (keine Blutverdünnung) enthält. Das Beschicken der Zählkammer erfolgt entsprechend der Darstellung in Kap. 2.3.4.4.

Erst nach einer Sedimentierungszeit von 3 Minuten ist mit der Auszählung zu beginnen. Diese wird mit 140 bis 200facher Vergrößerung (Objektiv 20, Okular 7 bis 10) bei abgeblendetem Hellfeld vorgenommen. Bei einer solchen Einstellung sind die Leukozyten im Zählnetz auch ohne Anfärbung mit Gentianaviolett gut erkennbar, so daß auf diese auch verzichtet werden kann (zumal die Farbe das Reinigen der Pipetten erschwert). Im Zählnetz werden 4 große Quadrate zu je 1 mm^2 ausgezählt.

2.5.3.5 Interne Qualitätssicherungsmaßnahmen in der analytischen Phase

Die Möglichkeit einer Leuko(zyto)lyse bzw. einer Leukorrhexis ist nach Zugabe des Hämolysierungsmittels besonders bei höherer Umgebungstemperatur gegeben, wird jedoch bei Essigsäure kaum, bei Zugabe eines Detergens eher gesehen.

Staubteilchen können bei entsprechender Größe Leukozyten beim Zählen vortäuschen. Kernhaltige rote Blutkörperchen, wie sie gehäuft besonders bei hämolytischen Anämien, bei Hämoglobinopathien, Erythroleukämien u.a. auftreten können, sind in der Zählkammer als solche gut erkennbar. Sorgfältiges Miskroskopieren verhindert, daß sie den Leukozyten zugerechnet werden.

Um den methodischen Fehler bei der Leukozytenzählung möglichst unter einer relativen Standardabweichung von 10 % oder niedriger zu halten, sind mindestens 100 Leukozyten effektiv auszuzählen. Ist dies - bei einer Leukozytopenie - nicht möglich, so ist die Zahl der auszuzählenden großen Quadrate zu verdoppeln oder die Zählung ist mit einer geringeren Verdünnung (1 : 10) zu wiederholen. Bei der Ergebnisberechnung ist darauf zu achten, daß die sonst verwendete Formel entsprechend korrigiert wird.

Bei hohen Leukozytenzahlen kommt es zu Überlagerungen der Zellen und zu einer ungleichmäßigen Verteilung, so daß eine stärkere Verdünnung (und zwar 1 : 100) unter Benutzung der Erythrozyten-Blutmischpipette zu verwenden ist. Mit steigender Verdünnung erhöht sich dann aber auch der methodische Fehler.

2.5.3.6 Externe Qualitätssicherungsmaßnahmen in der analytischen Phase
Die Teilnahme an Ringversuchen sollte selbstverständlich sein, auch auf die Möglichkeit des Probentauschs sei nochmals hingewiesen.

2.5.4 Postanalytik I

2.5.4.1 Ergebnisfeststellung
Die Berechnung erfolgt auf die Volumeneinheit Liter (l).
Bei der Berechnung sind zu berücksichtigen:

H = Höhe der Zählkammer (= 0,1 mm)
Q = Fläche eines großen Quadrates (= 1 mm^2)
V = Volumen über einem großen Quadrat (Q x H = 0,1 mm^3 = 0,1 μl)
D = Verdünnungsfaktor (= 20)
z = Gesamtzahl der gezählten Leukozyten
a = Anzahl der ausgezählten großen Quadrate (= 4)
Leuko = Leukozyten

$$\text{Leuko}/\mu l = \frac{z}{a \times V} \times D$$

$$\text{Leuko}/\mu l = \frac{z}{4 \times 0,1} \times 20 = z \times 50$$

Leukozytenzahlen werden, wie auch sonst in der Hämatologie, nach Empfehlung des ICSH bevorzugt auf die Volumeneinheit Liter bezogen. 1 l = 10^6 μl.

Beispiel:
z = 28 + 28 + 24 + 28 = 108
Leuko/l = 108 x 50 x 10^6 = 5400 x 10^6 = 5,4 x 10^9/l.

Ist aus der Differentialleukozytenzählung das Vorliegen eines größeren Anteils von Erythroblasten bekannt, die nicht als Prozentwert, sondern auf 100 ausgezählte

Leukozyten angegeben werden, so ist eine Korrektur der Leukozyten-Partikelkonzentration nach folgender Formel vorzunehmen:

```
korrigierte                        Leukozytenzahl x 100
Leukozytenzahl x 10⁹/l  =  ─────────────────────────────────────
                           100 + Erythroblasten auf 100 Leukozyten
Beispiel:
gezählte Leukozyten : 5,8 x 10⁹/l
Erythroblasten auf 100 Leukozyten: 16

korrigierte                 5,8 x 100
Leukozytenzahlx 10⁹/l  =   ───────────  = 5,0 x 10⁹/l.
                              116
```

2.5.4.2 Befundung und Befundmitteilung

Der Befund weist die Leukozytenzahl in der Volumeneinheit Liter aus. Weiteres s. 2.3.5.2. Versorgung der Probenreste und Geräte sowie Abfallbeseitigung und Umweltschutz s. 5.1.

2.5.4.3 Qualitätssicherungsmaßnahmen in der 1. postanalytischen Phase

Bei der Konstellationskontrolle ist der Vergleich mit der Differentialleukozytenzählung und der dabei geschätzten Leukozytenzahl von besonderer Bedeutung.

2.5.5 Postanalytik II

2.5.5.1 Befundbewertung und -einordnung

Der Referenzbereich (s. Tabelle 2.5-2) bei gesunden Erwachsenen weist (übereinstimmend im Schrifttum) eine auffallende Breite auf. Bei Langzeitbeobachtung schwanken beim einzelnen Individuum auch ohne erkennbare Krankheitszeichen die Leukozytenwerte innerhalb dieses Referenzbereiches, überwiegend halten sie sich jedoch in einem bestimmten oberen, mittleren oder unteren Bereich. Für Frühgeborene gelten dieselben Kriterien wie für Neugeborene, wobei $5 \times 10^9/l$ bereits als Leukozytopenie einzuordnen ist.

Die Leukozytenzahlen unterliegen deutlichen Tagesschwankungen mit morgens relativ niedrigen und nachmittags relativ hohen Partikelkonzentrationen. Die Diffe-

Tabelle 2.5-2. Referenzwerte für Leukozyten (x $10^9/l$)

Gruppe	Bereich
Erwachsene[a] (Wintrobe 1981)	4,3 - 10,0
Kinder[b] (Altmann und Dittmer 1961)	
Neugeborene	9,0 - 30,0
2. - 14. Tag	6,0 - 20,0
bis 12. Monat	5,0 - 17,5
1. - 6. Jahr	5,0 - 14,5

[a] apparative Zählung   [b] visuelle Zählung

renz beläuft sich bis zu 1,0 x 10^9/l. An der Zunahme im Tagesverlauf sind verschiedene Faktoren beteiligt, so u.a. körperliche Bewegung, psychische Belastungen. Eine physiologische Nahrungsaufnahme wirkt sich auf die Leukozytenzahl nicht aus. Ab 4. Monat der Gravidität kommt es zu einem Anstieg der Leukozyten auf Werte im oberen Grenzbereich, ohne daß ein Nachweis eines entzündlichen Geschehens möglich wäre.

2.5.5.2 Diagnostische und differentialdiagnostische Möglichkeiten

Leukozytenvermehrung *(Leukozytose)* und -verminderung *(Leukozytopenie)* sind stets in Verbindung mit Anamnese und körperlichen Untersuchungsbefund im Hinblick auf ihren diagnostischen Wert zu sehen. Leukozytosen können Ausdruck eines reaktiven Geschehens (s. 2.5.1) oder eines leukämischen Prozesses sein. Eine Zunahme der Leukozyten im Blut ist durch einen verstärkten Einstrom aus den Bildungsstätten, eine Mobilisierung des marginalen Leukozytenpools in der Gefäßbahn oder einen verminderten Abstrom in die Gewebe möglich. Eine Verminderung kann entweder durch eine unzureichende Produktion, eine Blockierung des Einstroms in das Blut oder einen verstärkten Untergang, so beispielsweise in der Milz, verursacht sein. Einzelheiten s. 6.1.1.

2.5.5.3 Weiterführende Untersuchungen

Abweichungen der Leukozytenzahl nach oben oder unten, d.h. in die oberen oder unteren pathologischen Bereiche, erfordern stets weiterführende Maßnahmen, falls nicht durch Anamnese oder körperlichem Untersuchungsbefund bereits eine ausreichende Information über die zugrundeliegenden Ursachen erhalten wurden. Eine der zahlreichen weiterführenden Untersuchungen ist die Differentialleukozytenzählung (s. 5.1). Mit dieser ist schnell feststellbar, bei welcher Leukozytenart eine quantitative Veränderung eingetreten ist.

2.5.5.4. Qualitätssicherungsmaßnahmen in der 2. postanalytischen Phase

Mit dem klinischen Befund nicht übereinstimmende Laborbefunde, insbesondere Leukozytopenien und Leukozytosen, sollten überprüft werden, bevor auf Grund eines fehlerhaften Laborbefundes vom behandelnden Arzt Fehlentscheidungen getroffen werden. Probenvertauschungen oder bei der Eingangskontrolle im Labor übersehene Gerinnselbildungen sind mögliche Ursachen. Bei offensichtlichem Fehler ist die Suche nach der Ursache aufzunehmen, wobei der Nachuntersuchung im eingelagerten Probenrest (2.1.3.2) besondere Bedeutung zukommt.

2.6 Plättchen-Partikelkonzentration

2.6.1 Einleitung

Die Bevorzugung der Bezeichnung "Blutplättchen" bzw. "Plättchen" gegenüber dem Ausdruck "Thrombozyt" begründet sich darauf, daß es sich bei diesem Blutpartikel nicht um eine Zelle handelt, worauf "zyt(o)" als Suffix hinweisen könnte. Bekanntlich handelt es sich um eines der "Bruchstücke" des Zytoplasmas eines Megakaryozyten. Der Ausdruck "Thrombozyt" ist jedoch ebenfalls fest im Sprachgebrauch verankert, wie die Bezeichnungen "Thrombozytopenie", "Thrombozythämie" u.a. für definierte Krankheiten zeigen.

Die recht ungenaue indirekte Zählmethode der Plättchen, d.h. die Auszählung der Plättchen in Relation zu den Erythrozyten im gefärbten Blutausstrich (Fonio 1912), wurde durch die Einführung der direkten Zählung mittels Zählkammer abgelöst. Zur Desaggregation und Stabilisierung wurde zunächst Cocain empfohlen (Feißly u. Lüdin 1949). Durch Nutzung einer Phasenkontrastoptik ließ sich das Zählkammerverfahren deutlich verbessern (Brecher u. Croncite 1955). Bei Einführung der apparativen Plättchenzählung wurde diese zunächst nach vorherigem Zentrifugieren (Zentrifugier-, Spontansedimentation- bzw. Flotationsmethode) im überstehenden Plasma, in dem sich die Plättchen angereichert hatten, vorgenommen. Mit den meisten Geräten wird heute die Partikelkonzentration der Plättchen direkt im Vollblut bestimmt. Die Präzision ist bei apparativer Zählung eindeutig besser (relative Standardabweichung 5 %) als bei der visuellen Zählkammermethode. In den unteren und oberen Extrembereichen sind jedoch die mit Zählgeräten erhaltenen Plättchenwerte nicht immer reproduzierbar. Die visuelle Kammerzählung hat deshalb bei Verdacht auf Vorliegen einer ausgeprägten Thrombozytopenie und auch bei bereits bekannter erniedrigter Partikelkonzentration ihre Berechtigung. Dies gilt auch bei Verdacht oder aus früheren Untersuchungen bekannter Thrombozytose, so daß das Verfahren zur Ergebnissicherung unter Vergleichsbedingungen in jedem hämatologischen Labor durchführbar sein sollte.

Die Plättchen-Partikelkonzentration läßt sich im gefärbten Blutausstrich auch schätzen: Bei Werten innerhalb des Referenzbereiches (145 - 345 x 10^9/l) liegen etwa 8 bis 20 Blutplättchen in kleinen, lockeren Aggregaten in fast jedem Gesichtsfeld bei Betrachtung mit Ölimmersion. Bei erniedrigten Werten fehlen diese Gruppenbildungen weitgehend, und die Plättchen liegen isoliert.

Anstelle von Cocain, das dem Suchtmittelgesetz unterliegt, wurden andere Substanzen erfolgreich als Stabilisator erprobt, so Ammoniumoxalat, Procain, Lidocain u.a., die in gleicher Weise zu diesem Zweck verwendbar sind.

2.6.2 Präanalytik I

2.6.2.1 Indikationsstellung
Die Bestimmung der Blutplättchen hat als Bestandteil diskriminierter und indiskriminierter Untersuchungsprogramme zunehmende Bedeutung. Die Bestimmung wird nicht nur zur Diagnostik, sondern auch im Rahmen der Therapiekontrolle (besonders nach der Verabfolgung von Zytostatika) benötigt. Ihre Werte sind erforderlich zur Absicherung des Operateurs bei blutungsgefährdeten Patienten. Die Effektivität der Infusion von Blutplättchenkonzentraten läßt sich durch die Bestimmung der Plättchen-Partikelkonzentration sicher beurteilen. Eine Indikation zur Zählung ist auch immer dann gegeben, wenn eine Leukozytopenie und/oder eine Anämie vorliegt, um einen Überblick über das Ausmaß der möglicherweise beeinträchtigten Proliferation des blutbildenden Knochenmarkes zu erhalten. Durch eine Zählung der Plättchen kann

allerdings nicht geklärt werden, ob eine bestehende Thrombozytopenie durch eine Reduktion der Proliferation oder durch ihren verstärkten Untergang in der Peripherie verursacht ist.

Die Anforderung einer Plättchenzählung sollte nicht im Rahmen eines Basisprogramms erfolgen. Nicht in allen hämatologischen Laboratorien ist die Plättchenzählung innerhalb des Notfallprogramms bzw. des Nacht- und Feiertagsdienstes verfügbar. Bei Hinweisen auf eine latente Blutungsgefahr können jedoch der Stauversuch nach Rumpel-Leede oder bestimmte Globalteste keinesfalls die Plättchenzählung ersetzen.

Zeit- und Arbeitsaufwand liegen bei der Bestimmung der Plättchenzahl mittels Zählkammer relativ niedrig. Bei der Bestimmung in Serien ergeben sich zusätzliche Vorteile.

Patientenvorbereitung und Spezimennahme s. 2.1.2.2 und 2.1.2.3.

2.6.2.2 Spezimenvorbereitung und -einsendung
Die Toleranzgrenze für die Verarbeitung von EDTA-Blut für die Bestimmung der Plättchen-Partikelkonzentration liegt bei 6 Stunden. Bei einer späteren Verarbeitung ist mit einer Abnahme der Plättchenzahl zu rechnen. Durch einen Zerfall dieser Blutpartikel kann jedoch auch eine Zunahme vorgetäuscht werden. Art und Weise des Transports beeinflussen die Werte wesentlich.

2.6.2.3 Mitteilungen an das Laboratorium
Verdachtsdiagnose und Zeitpunkt der Blutentnahme sind vom Einsender anzugeben.

2.6.2.3 Qualitätssicherungsmaßnahmen in der 1. präanalytischen Phase
Wegen der besonderen Aggregationstendenz und der Zerfallsbereitschaft der Plättchen ist es vorteilhaft, ein Einmal-Plastik-Gefäß zu verwenden, in dem der Transport zum Labor ohne Zeitverlust erfolgen sollte. Laborintern sind bei Annahme Identitäts- und Integritätskontrollen vorzunehmen (s. 2.3.3.1).

2.6.3 Analytik

2.6.3.1 Einleitung
Die visuelle Bestimmung der Plättchenzahlen erfolgt nach vollständiger Hämolysierung der Erythrozyten durch eine Verdünnungslösung, mit der gleichzeitig die Stabilisierung, d.h. die Verhinderung der Aggregationstendenz möglich ist. Vorteilhaft ist die mikroskopische Zählung mittels Phasenkontrastoptik. Steht eine solche nicht zur Verfügung, so läßt sich auch das übliche Hellfeldmikroskop mit starker Abblendung verwenden.

2.6.3.2 Geräte
Erforderlich sind:

- eine Zählkammer nach Neubauer bzw. nach Neubauer "improved" (s. 2.3.4.2)
- Leukozyten-Blutmischpipette (s. 2.5.3.2) und

- eine Phasenkontrasteinrichtung (Okular 10fach, Objektiv 40fach oder ähnlich) in Kombination mit einem Hellfeldmikroskop.

Anstelle der Leukozyten-Blutmischpipette kann auch eine 0,02 ml-Pipette verwendet werden, wobei die Blutprobe mit 0,38 ml Verdünnungsflüssigkeit verdünnt wird, die in ein verschließbares Röhrchen vorgelegt wird (s. entsprechend 2.5.3.2).

2.6.3.3 Reagenzien
Folgende Verdünnungs- und Desaggregationslösung hat sich bewährt:

I.   Lidocainlösung, 20 g/l, wäßrig (in Ampullen abgepackt vorliegend)
II. Ammoniumoxalatlösung, 10 g/l Ammoniumoxalat x H_2O, wäßrig, filtriert (70,4 mmol/l).

Herstellung des Lösungsgemisches aus Lösung I und II: 1 Volumenteil Lösung I und 2 Volumenteile Lösung II werden unter sterilen Bedingungen gemischt. Das Lösungsgemisch ist im Kühlschrank bei 4 °C aufzubewahren. Unter diesen Voraussetzungen ist es 30 Tage verwendbar. Fertig-Reagenzien wie z.B. Plaxan, Thrombogenz etc. stehen zur Verfügung.

2.6.3.4 Analysendurchführung
In einer Leukozyten-Blutmischpipette wird Lidocain-Ammoniumoxalat-Lösungsgemisch bis zum Teilstrich 0,5, danach Blut bis zum Teilstrich 1,0 aufgezogen. Nunmehr wird erneut, nach vorheriger Säuberung der Pipettenspitze von eventuell anhaftenden Blutresten mit Fließpapier, Lidocain-Ammoniumoxalat-Lösungsgemisch aufgezogen, bis der obere Meniskus der Flüssigkeit den Teilstrich 11 erreicht hat. Die Blutprobe weist nunmehr eine Verdünnung von 0,5 zu 10,5 = 1 : 21 auf. Bei der Berechnung wird allgemein auf eine Verdünnung von 1 : 20 abgerundet (s.a. 2.5.3.4). Der Inhalt der Blutmischpipette wird durch Kippen und Rollen gut gemischt. Die Pipette muß anschließend 10 min liegenbleiben. Unmittelbar vor der Füllung der Zählkammer ist nochmals eine intensive Mischung durch Kippen und Rollen vorzunehmen. Bei der Benutzung einer 0,02 ml-Pipette ist eine Mischung 1 : 20 von Blut und Lidocain-Ammoniumoxalatlösung herzustellen (s.a. 2.5.3.4). Die Füllung der Zählkammer erfolgt, nachdem die ersten 2 bis 3 Tropfen aus der Blutmischpipette verworfen wurden, in üblicher Weise (s. 2.3.4.4).
Vollständige Hämolyse der Erythrozyten und optimale Sedimentation der Plättchen erfordern eine Wartezeit von 20 min. Um ein Verdunsten des Kammerinhalts zu vermeiden, ist die Zählkammer auf 2 Stege, zur Not Streichhölzer, in eine feuchte Kammer (Petrischale mit eingelegtem angefeuchtetem Fließpapier) zu legen. Das Auszählen der Plättchen erfolgt wie in Abschnitt 2.3.4.4 angegeben.

2.6.3.5 Qualitätssicherungsmaßnahmen in der analytischen Phase
Thrombozytenhaltige Kontrollblutproben für die Kammerzählung sind im Handel erhältlich. Die Auszählung soll mit Phasenkontrastoptik erfolgen. Die Teilnahme an Ringversuchen ist dringend zu empfehlen.

2.6.4 Postanalytik I

2.6.4.1 Ergebnisfeststellung
Die Berechnung erfolgt auf die Volumeneinheit Liter (l). 1 nl = 10^{-9} l.
Bei der Berechnung sind zu berücksichtigen:

H = Höhe der Zählkammer (0,1 = 1 x 10^1 mm)
Q = Fläche eines kleinsten Quadrates (2,5 x 10^{-3} mm²)
V = Volumen über einem kleinsten Quadrat (Q x H = 2,5 x 10^{-3} mm² x 1 x 10^1
    mm = 2,5 x 10^{-4} mm³ = 0,25 nl)
D = Verdünnungsfaktor (20)
a = Anzahl der ausgezählten kleinsten Quadrate (80)
z = Gesamtzahl der gezählten Blutplättchen (Bl.Pl.).

$$\text{Bl.Pl./l} = \frac{z}{a \times V} \times D = \frac{z}{80 \times 0,25 \text{ nl}} \times 20 = z$$

Beispiel:
z = 175
Bl.Pl. = 175 /nl = 175 x 10^9/l

2.6.4.2 Befundung und Befundmitteilung
Das Befundergebnis weist die Plättchenzahl in der Volumeneinheit Liter aus. Es ist
anzugeben, ob EDTA-Venenblut oder Kapillarblut zur Untersuchung kam. Im Befund
ist auch zu vermerken, ob es sich um eine visuelle Zählung der Plättchen oder eine
apparative Zählung handelt.

Versorgung der Probenreste und Geräte sowie Abfallbeseitigung und Umweltschutz
s. Kap. 5.1

2.6.4.3 Qualitätssicherungsmaßnahmen in der 1. postanalytischen Phase
Bei den Konstellationskontrollen ist der Vergleich mit der Beurteilung des gefärbten
Blutausstriches, d.h. den geschätzten Blutplättchenwerten, anzuraten (s. 2.6.1).

2.6.5 Postanalytik II

2.6.5.1 Befundbewertung und -einordnung
Die Plättchen-Partikelkonzentration variiert von Mensch zu Mensch und bei einem
Individuum auch ohne erkennbare Erkrankungssymptome über einen längeren Be-
obachtungszeitraum in einem relativ breiten Bereich. Im Schrifttum werden gewisse
Varianten des Referenzbereiches angegeben, wobei nicht immer die angewendete
Untersuchungsmethodik - visuelle Kammerzählung oder apparative Zählung -ver-
merkt ist.
    Referenzbereich für Erwachsene bei apparativer Zählung (von Boroviczény 1987):
145 bis 340 x 10^9/l, bei visueller Kammerzählung (Weisberg 1973): 129 bis 333 x
10^9/l. Bei diesen umfangreichen Untersuchungen halten sich die Abweichungen beider

Methoden demnach in Grenzen, wie auch weitere Angaben, so mit einem Referenzbereich 125 bis 320 x 10^9/l bestätigten (Bucher 1988). Bei Kindern bis zum 10. Lebensjahr wurde ein Referenzbereich mit visueller Kammerzählung von 197 bis 310 x 10^9/l festgestellt (Schulz u. Mitarb. 1973). Als minimaler bzw. maximaler Extremwert wurde bei diesen 373 Plättchenbestimmungen bei gesunden Kindern 15 x 10^9/l (!) bzw. 450 x 10^9/l beobachtet. Frühgeborene mit einem Geburtsgewicht unter 1600 g weisen am 1. Lebenstag im Mittel niedrigere Werte auf als Frühgeborene über 1600 g.

2.6.5.2 Diagnostische und differentialdiagnostische Möglichkeiten

Eine Erniedrigung der Plättchenzahlen unter den Referenzbereich entspricht einer Thrombozytopenie. Ursächlich kann diese durch eine Beeinträchtigung der Proliferation bedingt sein, so bei Leukämien, malignen Lymphomen, Plasmozytom und anderen neoplastischen Erkrankungen, aber auch im Gefolge einer Zytostatika- oder Strahlentherapie. Thrombozytopenien finden sich beim aplastischen Knochenmark-Syndrom, das durch verschiedenste Noxen ausgelöst werden kann, doch vielfach in seiner Genese unklar bleibt. Die toxische Wirkung des Ethylalkohols hat eine reversible Thrombozytopenie zur Folge. Verminderte Blutplättchenwerte können durch eine ungenügende Kompensation bei verkürzter Zirkulationszeit im Rahmen eines Hypersplenie-Syndroms, bei Verbrauchskoagulopathie, beim hämolytisch-urämischen Syndrom, bei Immunthrombozytpenie u.a. verursacht sein.

Thrombozytosen, d.h. Erhöhungen der Plättchen-Partikelkonzentration über den Referenzbereich, werden nach Splenektomie, bei myeloproliferativem Syndrom und anderen Ursachen gesehen, wobei eine Abgrenzung zwischen reaktivem Geschehen und neoplastischem Prozeß erforderlich wird.

2.6.5.3 Weiterführende Untersuchungen

Das Auftreten von punktförmigen, regellos verteilten Petechien ist kennzeichnend für eine quantitative Verminderung und/oder qualitative Störung der Thrombozytenfunktion. Es können aber auch größere flächenhafte Blutungen auftreten. Charakteristisch für die thrombozytopenische Blutungsneigung ist die lange Nachblutung nach kleinen Verletzungen wie Schleimhautblutungen, besonders in den Bereichen Gingiva, Nase und Uterus. Lassen sich thrombozytopenische bzw. generell thrombozytogene Blutungen ausschließen, so gilt es, die Ursache in einer gestörten plasmatischen Gerinnung zu suchen und durch ergänzende Laboruntersuchungen zu bestätigen.

2.6.5.4 Qualitätssicherungsmaßnahmen in der 2. postanalytischen Phase

Bei einer für den Kliniker "überraschend", d.h. völlig unerwartet und nicht plausibel auftretenden Thrombozytopenie, bei der die stark erniedrigte Partikelkonzentration der Plättchen kein klinisches Korrelat in Form einer Purpura, eines positiven Stauversuchs nach Rumpel-Leede aufweist, kann am ehesten eine sog. "Pseudothrombozytopenie" vorliegen. An ein derartiges Phänomen ist bei Verwendung von EDTA-Blut zu denken. Durch EDTA kommt es nicht zu selten zu einer Agglutination bzw. zu einem Festhaften von Blutplättchen an Granulozyten, seltener an anderen Zellen. Ein derartiger "Satellismus" bewirkt, daß diese angelagerten Plättchen sich bei Bestimmung der Plättchenzahl nicht erfassen lassen. Wird ein derartiger Verdacht geäußert, so ist unverzüglich eine Wiederholung der Plättchenzählung mit Zitrat als Antikoagulanz angezeigt. Zu Vergleichszwecken sollte mit EDTA-Blut eine "Kontrolle" (also eine nochmalige Bestimmung) mitlaufen.

3 Weitere Erythrozytenanalyte

3.1 Erythrozyten-Senkungsreaktion

H. Stobbe

3.1.1 Einleitung

Definitionsgemäß handelt es sich bei der Erythrozyten-Senkungsreaktion um einen dynamischen Test, bei dem die Zeitdauer der Phasentrennung der zellulären Blutbestandteile vom Plasma gemessen wird. Neben der Bezeichnung "Erythrozyten-Senkungsreaktion" (ESR) werden auch Bezeichnungen wie "Erythrozyten-Senkungsrate", "Erythrozyten-Sedimentation", "Blutsenkung", "Westergren-Reaktion", "Blutsenkungsgeschwindigkeit" (BSG) u.a. verwendet.

Während in vivo die im Plasma suspendierten Blutkörperchen durch die Bewegungen des Blutstroms überwiegend in Schwebe gehalten werden, kommt es in vitro im ungerinnbar gemachten Blut früher oder später zur Sedimentation der Erythrozyten infolge ihrer um 6-7 % höheren Dichte im Vergleich zum Plasma. Im nativen Blut eines gesunden Menschen erfolgt diese Sedimentation nicht, da der relativ rasch einsetzende Gerinnungsvorgang dies verhindert. Bei einer verstärkten Senkungsgeschwindigkeit der Blutkörperchen scheiden sich schon vor dem Einsetzen der Gerinnung Erythrozyten, Leukozyten und Plasma, sodaß sich nach Gerinnungseintritt eine aus Leukozyten und Fibrin bestehende "Speckhaut" der Masse der Erythrozyten auflagert.

Der Senkungsvorgang gliedert sich in drei Phasen:

- In der 1. Phase läßt sich nur eine geringe Sedimentation der Erythrozyten feststellen. Diese Phase dauert nur wenige Minuten, da dann die Bildung von Erythrozytenaggregaten einsetzt
- In der 2. Phase erfolgt ein Absinken der Aggregate, die im Vergleich zur Einzelzelle eine relativ kleine Oberfläche aufweisen. DieAggregatbildung wird durch eine Verminderung des Oberflächenpotentials sowie eine Vermehrung von Fibrinogen, Globulinen und der "acute phase"-Proteine verstärkt. Die Größe der Erythrozytenaggregate beeinflußt wesentlich die Sedimentationsgeschwindigkeit

- In der 3. Phase tritt eine zunehmende Partikelkonzentration ein, d.h. die Aggregate behindern sich gegenseitig beim Sedimentationsvorgang, der dadurch wiederum verlangsamt wird und schließlich völlig zum Erliegen kommt.

Außer den erwähnten Einflüssen auf die Erythrozyten-Senkungsreaktion wirken sich auch Abweichungen der Erythrozytengröße und -gestalt auf die ESR aus: Mikrozyten und in geringer Weise auch Makrozyten sedimentieren schneller, während infolge behinderter Aggregatbildung bei Sichelzellen und Sphärozyten eher eine verzögerte ESR zu beobachten ist. Veränderte Oberflächeneigenschaften der Erythrozyten, u.a. bei Bindung antierythrozytärer Antikörper, gehen mit einer beschleunigten ESR einher.

3.1.2 Präanalytik I

3.1.2.1 Indikationsstellung

Für gesunde Männer und Frauen sind bestimmte Referenzbereiche festgelegt, so daß eine beschleunigte ESR einen Hinweis auf reaktive oder neoplastische Prozesse gibt. Es kann davon ausgegangen werden, daß die ESR eine diagnostische Sensivitität von über 95 % für entzündliche Krankheiten aufweist, während die diagnostische Spezifität wesentlich geringer ist. Das Fehlen einer Krankheit bei Vorhandensein einer stark beschleunigten ESR über einen längeren Zeitraum wird auf eine Wahrscheinlichkeit unter 2 % geschätzt. Allerdings werden im höheren Alter bei sog. klinischer Gesundheit höhere Senkungen festgestellt, die durch degenerative Veränderungen von Krankheitswert (Atheromatose der großen Arterien u.a.) erklärbar sind.

Diese Kriterien haben dazu geführt, daß die ESR als Suchmethode eine breite Anwendung gefunden hat. Außerdem wird die ESR im Krankkheitsverlauf bekannter entzündlicher Prozesse zur Kontrolle der Intensität des Entzündungsgeschehens eingesetzt. Die Einfachheit dieser Routine-Untersuchungsmethode erlaubt ihre Anwendung auch unter eingeschränkten äußeren Bedingungen. Ihre Wiederholung ist relativ problemlos. Sie rechnet zu den Laboratoriumsverfahren, die hinsichtlich der Anschaffung von Geräten, der Verwendung von Verbrauchsmaterialien und im Hinblick auf den erforderlichen Zeitaufwand als äußerst sparsam eingeschätzt werden kann. Untersuchungen über das Kosten-Nutzen-Verhältnis liegen für die ESR offensichtlich nicht vor. Im gegebenen Zusammenhang ist darauf hinzuweisen, daß der Mechanismus der ESR, der bei den verschiedenen Spezies sehr unterschiedlich sein kann, noch immer nicht völlig geklärt werden konnte.

3.1.2.2 Patientenvorbereitung

Eine besondere Patientenvorbereitung ist nicht erforderlich. Da das Ergebnis vom vorliegenden Hämatokritwert beeinflußt wird, sind alle Gegebenheiten, die den Hämatokritwert verändern könnten, zu vermeiden, so u.a. langfristiges Dürsten vor Blutentnahme. Eine einfache Mahlzeit wirkt sich auf das Ergebnis der ESR nicht aus. Tageszeitliche Schwankungen der ESR sind nicht bekannt. Die durch eine fettreiche Nahrungsaufnahme bedingte Hyperlipidämie führt in erster Linie zu einer Trübung des Plasmas. Nach Hauptmahlzeiten ist deshalb die Blutentnahme für die ESR nicht vorzunehmen. In neueren Übersichtsarbeiten (Reinhart 1988) und der DIN-Vorschrift

58 935 Teil 1, Oktober 1982, finden sich keine Angaben über besondere Patienten-vorbereitung. Eine standardisierte Probeentnahme sollte jedoch als Voraussetzung verwertbarer Laborergebnisse die Regel sein. Unter der Einschränkung, daß für den Patienten die Aussage "fettarme Mahlzeit" nur schwer objektivierbar ist, müßte eigentlich die Blutentnahme beim nicht nüchternen Patienten die Ausnahme sein (Thomas 1988).

3.1.2.3 Spezimennahme

In eine 2 ml-Einmalspritze (nach DIN 13 098 Teil 1) werden ein Teil (0,4 ml) Trinatriumzitrat-Lösung und 4 Volumenteile, das sind 1,6 ml, Blut aufgezogen. Die Trinatriumzitrat-Lösung und das Blut werden sofort durch mehrfaches Kippen der Einmalspritze gut durchmischt. Auch EDTA-Blut ist für die ESR uneingeschränkt verwendbar.

Bei der Gewinnung des Blutes durch Venenpunktion soll nach höchstens 30 sec dauernder Stauung die Vene punktiert, die Stauung wieder gelöst und danach das Blut abgenommen werden (zum Einfluß der venösen Stauung auf Ergebnisse von Blutpara-metern s. 2.1.3.3). Wegen der Möglichkeit der Hämolyse ist Schaumbildung bei der Blutabnahme unbedingt zu vermeiden.

3.1.2.4 Spezimenvorbereitung und -einsendung

Da die ESR innerhalb von 6 Stunden nach der Blutentnahme anzusetzen ist, entfällt im allgemeinen eine Versendung durch die Post an ein zentrales Laboratorium. Gegen einen Transport durch Boten bestehen keine Bedenken.

Mitteilungen an das Laboratorium s. 2.1.2.5.

3.1.2.5 Qualitätssicherungsmaßnahmen in der 1. präanalytischen Phase

Da derzeit für die ESR keine internen und externen Qualitätskontrollen bekannt sind, empfehlen sich Doppelbestimmungen. Bei Serienuntersuchungen sind die Doppelbe-stimmungen an mindestens 5 Zufallsstichproben vorzunehmen, wobei die Ablesung der beiden Bestimmungen durch zwei verschiedene Personen durchgeführt werden sollte.

3.1.3 Präanalytik II

3.1.3.1 Spezimenannahme und -weiterbehandlung

Wird das Trinatriumzitrat-Blut-Gemisch nicht unmittelbar für eine ESR verwendet, kann es zwischenzeitlich in 5 ml-Röhrchen bei Raumtemperatur verschlossen aufbe-wahrt werden.

Aufbewahrung der Spezimenreste s. 2.1.3.2.

3.1.4 Analytik

3.1.4.1. Methoden
Als Referenzmethode ist die von Westergren eingeführte und unter seinem Namen bekanntgewordene Methode mit geringfügigen Modifikationen unter DIN 58 935 Teil 1 festgelegt. Vier Teile Blut werden mit einem Volumenteil Trinatriumzitrat-Lösung entsprechend Abschnitt 3.1.2.3 ungerinnbar gemacht und in ein Westergren-Rohr nach DIN 12 845 aufgezogen. Das Rohr wird vertikal bei einer Temperatur von 20 °C aufgestellt. Das Ergebnis der ESR ist nach 60 $\pm$ 2 min abzulesen.

Die Westergren-Methode hat sich von verschiedenen Verfahren, die entweder das Senkungsausmaß nach einer bestimmten Zeit (Fahraeus 1921, Westergren 1924) oder aber die zum Erreichen einer bestimmten Sedimentierung erforderliche Zeit (Linzenmeier 1920) als einfachste und am besten zu standardisierende Methode erwiesen. Mikromethoden, die für die Pädiatrie bedeutungsvoll wären, bringen keine mit der Westergren-(Standard-)Methode vergleichbaren Ergebnisse. Eine "Schnellsenkung" mit schräggestellten Westergren-Röhrchen führt ebenfalls zu nicht vergleichbaren Werten und kann deshalb nicht empfohlen werden.

3.1.4.2 Geräte
Zu verwenden ist ein 300 mm langes Westergren-Rohr nach DIN 18 845 (sog. Westergren-Pipette), das auf 200 mm skaliert ist. Üblich ist eine serienmäßige Durchführung der Methode, wobei ein Gestell zur Aufnahme mehrerer Westergren-Rohre Verwendung findet. In diesem werden die Rohre vertikal fixiert und an der unteren Öffnung so verschlossen, daß das aufgezogene Blut nicht austreten kann. Das Gestell ist mit einer Vorrichtung (Lot oder Libelle) versehen, die eine Überprüfung der vertikalen Stellung des Rohres ermöglicht. Gestelle mit einer Einfüllvorrichtung für Rohre werden bevorzugt. Ein am Gestell angebrachtes Thermometer erlaubt eine Aussage über die aktuelle Raumtemperatur.

Eine 2 ml-Einmalspritze nach DIN 13 098 Teil 1 dient der Herstellung des Mischungsverhältnisses von Blut und Trinatriumzitrat-Lösung (s. 3.1.2.3). Auf moderne Einwegverfahren wird aus Sicherheitsgründen immer mehr zurückgegriffen. DIN arbeitet an einer Zulassung von Plastikrohren analog zu Westergren.

3.1.4.3 Reagenzien

Trinatriumzitrat ($C_6H_5Na_3O_7$ x 2 H_2O)	31,0 g
Aqua dest.	ad 1000,0 ml

Die Lösung wird faserfrei und steril aufbewahrt. Die Stoffmengenkonzentration des Trinatriumzitrats beträgt 0,105 mol/l.

Anzumerken ist, daß Westergren ursprünglich 3,8 g Natriumzitrat in 100 ml destilliertem Wasser gelöst als 3,66 %ige Lösung empfohlen hat. Obwohl diese Lösung nicht genau isotonisch ist, wird sie noch immer mancherorts verwendet.

Auf die Sterilität der Lösung ist unbedingt zu achten, da sie bei der Blutabnahme in die Vene gelangen kann. Eine Kontamination der Injektionskanüle wäre bei Verwendung unsteriler Lösung dann möglich, wenn bei aufgesetzter Kanüle die zu reichlich in der Spritze vorhandene Lösung abgespritzt würde.

3.1.4.4 Analysendurchführung

Spätestens 6 Stunden nach Blutentnahme wird die Blutprobe (Trinatriumzitrat-Blut-Gemisch) in ein Westergren-Rohr bis zur Marke "0 mm" aufgezogen. Durch mehrmaliges Auslaufenlassen und Aufziehen ist die Probe nochmals gründlich zu mischen.

Das mit der Probe bis zur Marke "0 mm" beschickte Rohr wird unmittelbar nach dem Aufziehen vertikal im Gestell befestigt. Der Zeitpunkt der Aufstellung ist zu notieren.

3.1.4.5 Interne Qualitätssicherungsmaßnahmen in der analytischen Phase

Referenzmaterialien für die ESR sind nicht verfügbar. Als eine weitere Kontrollmöglichkeit neben Doppelbestimmungen (s. 3.1.2.6) ist die Teilung des Zitrat-Blut-Gemisches anzuraten. Beide Proben werden zur gleichen Zeit aufgezogen, aufgestellt und auch abgelesen.

Fehlerhafte Ergebnisse können schon durch eine nur geringfügige Schrägstellung des Westergren-Röhrchens verursacht sein. So führt bereits eine Neigung von 10 % zu einer Verdoppelung des ESR-Ergebnisses. Die früher vorgenommenen sog. "Schnellmethoden" beruhten auf einer genau definierten Schrägstellung des Röhrchens.

Fehlerhafte Ergebnisse sind auch dann zu erwarten, wenn die Probe der direkten Sonnenbestrahlung oder anderen Formen der Wärmeeinwirkung ausgesetzt ist. So ist bei einem Temperaturanstieg über 23 °C der Raumtemperatur mit einer deutlichen Beschleunigung der ESR zu rechnen. Bei einer Raumtemperatur unter 18 °C wird die ESR unbrauchbar, da dann Phasenverschiebungen innerhalb der Lipidmembran der Erythrozyten einsetzen, die die Ergebnisse verfälschen (Beutel 1976). Die Körpertemperatur des Patienten bei Blutentnahme übt keinen direkten Einfluß auf das Ergebnis der ESR aus.

Unbrauchbare Ergebnisse werden auch dann beobachtet, wenn die im Röhrchen aufgezogene Probe Erschütterungen ausgesetzt wird, wie sie beim Tragen von einem Raum zum andern (so bei Übernahme des Bereitschaftsdienstes durch den Spätdienst) möglich sind. Nicht selten ergeben sich derartige Erschütterungen durch einen wackeligen Stand des Senkungsgestells oder durch einen wackeligen Tisch.

3.1.4.6 Externe Qualitätssicherungsmaßnahmen in der analytischen Phase

Ringversuche sind für die ESR nicht durchführbar, da Referenzmaterialien fehlen. Möglich ist ein Probentausch mit einem benachbarten Laboratorium (von Boroviczény 1987).

3.1.5 Postanalytik I

3.1.5.1 Ergebnisfeststellung

Die Ablesung erfolgt 60 ± 2 min nach Aufziehen der Probe. Gemessen wird der Abstand vom Meniskus der Plasmasäule (0 mm-Marke) bis zur oberen Grenze der sedimentierten Erythrozytensäule in Millimetern entsprechend der Skalierung des Rohres. Der 120 min-Wert wird nicht (mehr) verwendet, da er keine zusätzliche verwertbare Information für den Untersucher erbringt.

Neben dieser Ablesung der ESR ist eine der Säule der roten Blutkörperchen eventuell aufliegende Leukozytenschicht zu vermerken, wie sie bei zellreichen Leukämien auftreten kann (s. 3.1.1). Da eine Farbabweichung des Plasmas unter Umständen diagnostische oder differentialdiagnostische Hinweise erlaubt, sollte hierauf regelmäßig geachtet und sie ebenso wie Trübung angegeben werden (s. 3.1.6.2).

3.1.5.2 Befundung und Befundmitteilung

Die Befundangabe erfolgt für die ESR in ganzen Zahlen als 1-Stundenwert in Millimetern (mm).

Versorgung der Probenreste und Geräte sowie Abfallbeseitigung und Umweltschutz s. Kap. 5.1

3.1.5.3 Qualitätssicherungsmaßnahmen in der 1. postanalytischen Phase

Beim Ablesen des Ergebnisses ist darauf zu achten, daß der Meniskus der Plasmasäule tatsächlich auf der Marke "0 mm" steht. Liegen Abweichungen von der 0 mm-Marke vor, so sind sog. "Korrekturen" zu unterlassen. Die ESR ist dann in diesem Fall zu wiederholen. Bei Vorliegen unscharfer Grenzen zwischen Plasma und Erythrozytensäule ("Schleiersenkung") ist an dem Punkt abzulesen, bei dem die volle Dichte der Erythrozytensäule zu beginnen scheint.

Wird vergessen, den 1-Stunden-Wert abzulesen, so darf die ESR nicht erneut aufgeschwemmt, wiederum aufgezogen und nochmals abgelesen werden, weil sich die ausgebildeten Erythrozyten-Aggregate nicht mehr vollständig auflösen, so daß bei einer erneuten ESR ein zu hoher Wert resultiert.

3.1.6 Postanalytik II

3.1.6.1 Befundbewertung und -einordnung

Unterschieden werden "normale", "erhöhte" und "erniedrigte" ESR-Werte. Als Referenzbereich können folgende Werte nach 60 min gelten (Bedell u. Bush 1985, Böttiger u. Svedberg 1967, Brittin und Brecher 1971, Nelson 1979):

Männer	3 bis 8 mm
Frauen	6 bis 11 mm
Säuglinge	1 bis 4 mm

In der Gravidität liegen ab 4. Schwangerschaftsmonat auch bei gesunden Frauen die Werte höher als die Referenzwerte nichtschwangerer Frauen. Bei Menschen über 60 Jahre sind Werte bis 30 mm als normal einzuordnen (Böttiger 1967).

3.1.6.2 Diagnostische und differentialdiagnostische Möglichkeiten

Eine erniedrigte ESR (unter 3 mm) ist bei stark ausgeprägter Polyglobulie bzw. Polycythaemia vera zu beobachten. Hier ist auch eine Hämokonzentration durch Flüssigkeitsverlust einzuordnen. Eine relativ niedrige ESR kann bedingt sein durch eine Vermehrung freier Fettsäuren (nach Nahrungsaufnahme), bei einem erhöhten

Zitratanteil im Mischungsverhältnis Zitrat : Blut, durch Einfluß verschiedener Medikamente wie Glucocorticoide, Acetylsalicylat, Indometacin u.a. Aber auch abweichende Erythrozytenformen wie Sichelzellen, Sphärozyten u.a. haben einen hemmenden Einfluß (s. Abb. 3.1-1).

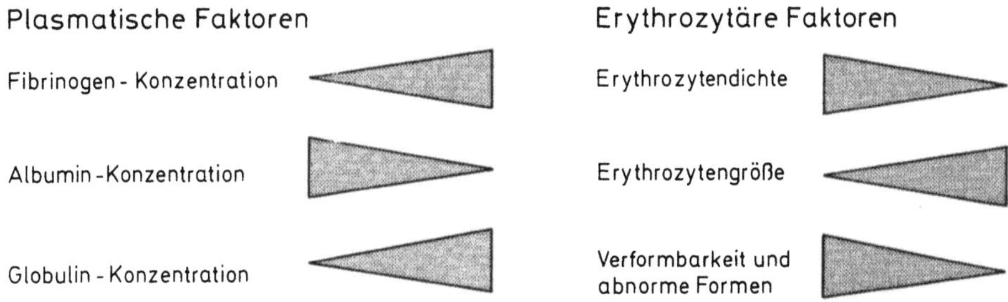

Abbbildung 3.1-1. Die Erythrozyten-Senkungsreaktion beeinflussende Faktoren.
◁ Tendenz zur Zunahme; ▷ Tendenz zur Abnahme

Die Tendenz zu einer Erhöhung der ESR ist gegeben durch einen niedrigen Hämatokritwert, einen verminderten Zitratanteil am Analysat und bei Zunahme des Globulin- bzw. des Fibrinogenanteils. Ausgeprägt ist die Erhöhung besonders bei dem Befund einer monoklonalen Gammopathie (Vorliegen eines M-Gradienten in der Serumelektrophorese) und bei Immunkomplexen. Bei einer Zunahme von Kryoglobulinen kann es durch Gelierung des Plasmas zu einer Unbrauchbarkeit der ESR kommen. Verschiedene Medikamente wie Ovulationshemmer führen zu einer Erhöhung der ESR.

Die ESR gilt nicht als ein "Krankheitsindikator", d.h. als eine Methode, durch die bei einem normalen Ergebnis dem behandelnden Arzt Gewißheit vermittelt wird, daß keine körperlichen Störungen vorliegen. Andererseits erfordert eine stark erhöhte ESR (d.h. Werte über 80 bis 100 mm) auch ohne Hinweise aus Anamnese oder körperlichem Untersuchungsbefund eine weiterführende Diagnostik.

3.1.6.3 Weiterführende Untersuchungen

Bei einer konstant erhöhten ESR ist eine eingehende klinische Untersuchung zweckmäßig. Nicht in jedem Fall kann durch ein solches Vorgehen die Ursache der Erhöhung der ESR aufgedeckt werden. Die "gutartige" Natur einer konstant erhöhten ESR muß als besondere Ausnahme gewertet werden. Weiterführende Untersuchungen sind auch bei den folgenden Befunden erforderlich:

- bräunliche Verfärbung der Erythrozytensäule als Hinweis auf Vorliegen von Methämoglobin oder Sulfhämoglobin
- Schleiersenkung infolge einer Anreicherung einer relativ großen Masse von langsamer sedimentierenden Retikulozyten
- auf der Erythrozytensäule aufsitzende Leukozytenschicht als Hinweis auf eine ausgeprägte Leukozytose, wobei 1 mm Schichtdicke etwa einer Leukozytenkonzentration von 10 /nl entspricht

- stark getrübtes Plasma als Ausdruck einer Hyperlipidämie oder einer starken Vermehrung der Blutplättchen
- gelbliche Verfärbung des Plasmas durch Bilirubin
- grünliche Verfärbung des Plasmas durch Vermehrung von Coeruloplasmin
- rötliche Verfärbung des Plasmas durch freies Hämoglobin infolge Hämolyse
- auffallend helles Plasma als Hinweis auf Eisenmangel.

3.2 Erythrozytenenzyme

H. Arnold und K. Hasslinger

3.2.1 Einleitung

Genetisch bedingte Störungen der Enzymausstattung des reifen Erythrozyten können zu einer Verkürzung der Lebenszeit der roten Blutzellen führen und damit zu einer hämolytischen Anämie. Ursächlich für "Enzymdefekte" sind Strukturgen-Mutationen, die inzwischen in einigen Fällen auch nachgewiesen werden können. Sie führen zu einem Aminosäureaustausch in der Primärstruktur einer Peptidkette. Hierdurch kann es zu vielfältigen Veränderungen in der Stabilität und/oder Funktion eines Enzymmoleküls kommen und entsprechend zu Störungen im Stoffwechsel der Zelle.

Man versucht, solche Enzymdefekte zunächst durch Messungen der betreffenden Enzymaktivitäten im Hämolysat nachzuweisen. In der Regel ist die Enzymaktivität vermindert, in seltenen Fällen, wie z.B. bei einigen Pyruvatkinasedefekten, ist diese in vitro gemessene Aktivität normal oder sogar erhöht, und der "Defekt" beruht auf einer Veränderung der kinetischen Eigenschaften, d.h. veränderter Affinität zu Substrat oder Effektoren, was dann durch entsprechende Messungen auch nachzuweisen ist. In den meisten Fällen ist hierzu zumindest eine teilweise Reinigung des Enzyms notwendig. Die Vermutung, daß eine solche "in vivo-Dysfunktion" eines Enzyms vorliegt, kann durch Messungen der intermediären Substratkonzentrationen bewiesen werden. In der Regel sind die Substrate "vor" einer defekten Enzymreaktion erhöht und "danach" normal oder vermindert.

Zusätzliche Schwierigkeiten in der Beurteilung der Enzymaktivitäten in Hämolysaten resultieren auch noch aus folgenden Gründen. Da der reife Erythrozyt keine Proteinbiosynthese mehr betreibt, fallen die Enzymaktivitäten normalerweise im Verlauf der Lebenszeit der Zelle ab. Einige Enzyme, z.B. die Hexokinase, haben in jungen Erythrozyten bzw. Retikulozyten eine etwa dreifach höhere Aktivität im Vergleich zu älteren Zellen kurz vor der Sequestrierung.

Aus diesem Grunde genügt es niemals, nur eine einzelne Enzymaktivität zu messen, sondern es müssen mehrere Aktivitäten bestimmt werden, um aus dem spezifisch veränderten Spektrum mehrerer Enzymaktivitäten solche Phänomene wie eine "Verjüngung" der roten Zellpopulation ablesen zu können. Auch in der Neugeborenenphase entsprechen die Aktivitäten nicht den adulten Referenzwerten und auch nicht dem Aktivitätsspektrum, das mit "Verjüngung" der roten Zellpopulation zu bezeichnen ist, sondern es zeigen sich in dieser Lebensphase besondere Variationen der Aktivitäten (Matthay 1981).

Weiterhin entspricht nicht jede Verminderung einer Enzymaktivität einem genetisch bedingten Defekt. Neben banalen artifiziellen Verunreinigungen von Blutproben, die meist zur Verminderung mehrerer Enzymaktivitäten führen, wurden auch Inhibitoren nachgewiesen, die nur jeweils eine bestimmte Enzymaktivität hemmen. Solche Inhibitoren können durch Dialyse der Erythrozyten gelegentlich entfernt werden und/oder durch Kreuzinkubation blutgruppengleicher Erythrozyten im Probanden-plasma übertragen werden (Arnold 1974). Solche Phänomene gilt es unbedingt auszuschließen, da sie nicht zu einer hämolytischen Anämie führen.

Die Glutathion-Reduktase-Aktivität (GR) ist abhängig vom Flavingehalt der Nah-rung. Ist die Aktivität vermindert, muß kontrolliert werden, ob die Zugabe des Coenzyms (FAD) in das Testsystem die Aktivität der GR normalisiert.

3.2.2 Präanalytik

3.2.2.1 Indikationsstellung und Kostenbetrachtung
Krankheitsbilder, bei denen die Messung der Erythrozyten-Enzymaktivitäten ange-zeigt ist, sind chronische hämolytische Prozesse mit unterschiedlich ausgeprägter Anämie. Die Anämie kann sogar bei voller Kompensation fehlen. Typisch sind gelegentliche, krisenhafte Verschlechterungen der Anämie bei banalen, fieberhaften Infekten oder anderen Streßsituationen, wie z.B. Medikamenteneinnahme, diabeti-scher Azidose, Exposition gegenüber Favabohnen und in der Neugeborenenperiode.

Die hämolytische Anämie bei Enzymdefekten wird üblicherweise als "nichtsphäro-zytäre" Anämie bezeichnet, obwohl je nach Schwere der akuten Hämolyse, z.B. beim G-6-PD-Defekt, durchaus auch Sphärozyten und Fragmentozyten im Ausstrich nachzuweisen sind.

Durch die Verjüngung der Zellpopulation (Retikulozyten) sind auch metachromati-sche Zellen und eine leichte Hyperchromasie und Makrozytose vorhanden. Durch die oft massive Steigerung der Hämatopoese im Knochenmark kann es auch zu einer ausgeprägten Leukozytose kommen. Weitere, unspezifische Hämolysezeichen sind die Erhöhung des indirekten Bilirubins, Verminderung des Haptoglobins und gelegentlich auch Erhöhung der LDH bzw. HBDH und der GOT.

Das klinische Bild bei den unterschiedlichen Enzymdefekten unterscheidet sich nicht, es finden sich jedoch einige Besonderheiten, so die typische, basophile Tüpfe-lung der Erythrozyten bei 5'-Nukleotidase-Defekt.

Cave: nur wenn kein EDTA-Blut verwendet wird.

Außerdem kommt das Bild des Favismus und bestimmter Arzneimittelunverträglich-keiten typischerweise bei Defekten im Hexosemonophosphatweg vor.

Im allgemeinen empfiehlt es sich, auch aus den oben genannten Gründen, sämtli-che in Frage kommenden Enzymaktivitäten durchzumessen, d.h. einen "Enzymstatus" zu erstellen. Dieses macht die Untersuchung sehr arbeitsaufwendig und teuer. Sie steht daher bei der Abklärung von hämolytischen Anämien an letzter Stelle, d.h. alle anderen möglichen Ursachen für das Krankheitsbild sollten vorher ausgeschlossen sein: hereditäre Sphärozytose, immunpathologische Ursachen, instabile und abnorme Hämoglobine, mikroangiopathische Anämien sowie die paroxysmale, nächtliche Hämoglobinurie.

3.2.2.2 Blutabnahme und Versand der Probe

Eine bestimmte Vorbereitung des Patienten ist nicht erforderlich. Es werden 8 ml Venenblut in eine Einmalplastikspritze entnommen, die am besten 2 ml ACD-Medium (in jeder Blutbank erhältlich), oder notfalls einfach nur Natriumzitrat (wie zur Blutsenkung) enthält. Das Blut muß mit dem Medium gut durchgemischt werden, damit eine Teilgerinnung unbedingt vermieden wird. Anschließend wird die Blutprobe in ein gut verschließbares Plastikröhrchen verbracht, das mit Schaumgummi umwickelt in ein Thermosgefäß gegeben wird, das ausreichend normales Eis enthält. Kein Trockeneis verwenden, da dies zum Einfrieren und Zerstörung der Erythrozyten führen würde!

Das bruchsicher verpackte Kühlgefäß wird 24 Stunden vor dem telefonisch vereinbarten Termin mit der Post per Eilboten an die jeweilige Laboradresse abgeschickt. Bluttransfusionen vor der Blutabnahme sollten, wenn irgend möglich, 8 Wochen zurückliegen.

Adressen:

1)   Erythrozytenenzymlabor
Medizinische Universitätsklinik
Hugstetter Straße 55
7800 Freiburg
Tel.: (0761)270-3529

2)   Hämatologisches Labor der Universitätskinderklinik
Humboldtallee 38
3400 Göttingen
Tel.: (0551)39 62 89

3)   Hämatologisches Labor der Universitätskinderklinik
Prittwitzstraße 43
7900 Ulm
Tel.: (0731)179-4211

3.2.2.3 Mitteilung an das Labor

Das Begleitschreiben sollte außer den Standard-Daten des Patienten folgende Angaben enthalten: Anamnese, evtl. Arzneimittel, familiäre Belastung. Außerdem sind folgende hämatologische Befunde obligat: Hb, Erythrozytenzahl, Retikulozytenzahl, Leukozytenzahl, Thrombozytenzahl, Differentialblutbild mit erythrozyten-morphologischen Angaben wie Sphärozytose, Fragmentozyten, Anulozyten, Stomatozyten etc., basophile Tüpfelung, Bilirubin (gesamt/direkt), GOT, GPT, LDH bzw. HBDH, alk. Phosphatase, Knochenmarkzytologiebefund sowie Milzgröße. Folgende Befunde wären darüberhinaus wünschenswert: Haptoglobin, Serum-Eisen, Hb-Elektrophorese, Erythrozytenresistenzen, Coombstest, Erythrozytenlebenszeit.

3.2.2.4 Probenannahme und Weiterverarbeitung
Sofort nach Eintreffen des per Eilboten ankommenden Paketes wird die Blutprobe ausgepackt und das Thermosgefäß und die Blutprobe auf Unversehrtheit überprüft. Sollte die Blutprobe geronnen oder ausgelaufen sein, erfolgt sofort Rückruf an den Einsender. Die Blutprobe wird im Originalröhrchen bis zur Messung bei 4 - 8 °C maximal 3 Tage aufbewahrt.

3.2.3 Analytik

Im folgenden kann nur ein Überblick gegeben werden, da die Methoden bisher und auch sicherlich weiterhin nur wenigen Speziallaboratorien vorbehalten sind und eine genaue Angabe der Analytik den Rahmen des vorliegenden Buches sprengen würde.

Die Erythrozyten werden zunächst gewaschen und durch Filtration über eine selbsthergestellte Baumwollsäule von Leukozyten und Thrombozyten befreit. Dies ist unbedingt erforderlich, da die Leukozyten bezüglich einiger Enzymaktivitäten ein Mehrfaches der Erythrozyten enthalten. Die reinen Erythrozyten werden dann durch Zugabe einer Digitonin-Lösung lysiert. In dem Hämolysat werden die in Frage kommenden Enzymaktivitäten (Tabelle 3.2-1) gemessen.

Tabelle 3.2-1. Mittelwerte und doppelte Standardabweichungen von Erythrozyten-Enzymaktivitäten. Enzymaktivitäten in "Internat. Einheiten" = U pro g Hämoglobin (1 U entspricht 1 μmol Substratumsatz bei 25 °C und pH 7,5)

Enzym	Abkürzung	Mittelwert	2s
Glutathion-Peroxidase	GSH-PX	10	± 5,8
Glutathion-Reduktase	GR	4,2	± 1,2
Glukose-6-Phosphat-Dehydrogenase	G-6-PD	6,3	± 1,8
6-Phosphoglukonatdehydrogenase	6-PGD	3,9	± 0,7
Hexokinase	HK	0,6	± 0,2
Phosphoglukomutase	PGLUM	1,5	± 0,6
Glukosephosphat-Isomerase	GPI	31	± 7,7
Phosphofruktokinse	PFK	4,1	± 0,7
Aldolase	ALD	1,6	± 0,4
Triosephosphat-Isomerase	TPI	1060	± 205
Glyceraldehyd-3-Phosphat-Dehydrogenase	GAPD	86	± 16
2,3-Diphosphoglyceratmutase	DPGM	3,1	± 0,4
3-Phosphoglycerat-1-Kinase	PGK	163	± 29
Monophosphoglyceratmutase	MPGM	23	± 3,9
Enolase	ENOL	8,3	± 1,7
Pyruvatkinase	PK	8,6	± 2,8
Laktat-Dehydrogenase	LDH	92	± 19
Adenylatkinase	AK	134	± 18

Qualitätssicherungsmaßnahmen erfolgen insofern, als an einem Tag parallel meist mehrere Hämolysate durchgetestet werden (bis zu 4 von einer MTA) und hierdurch einer routinierten MTA Abweichungen durch Fehler im Testsystem sofort auffallen. Steht nur 1 Probe zur Messung an, so wird einem Mitglied des Labors eine Blutprobe entnommen und ein Vergleichshämolysat hergestellt. Bei Blutproben von Neugeborenen sollte, wenn irgend möglich, eine Vergleichsprobe eines ähnlich alten Kindes als Kontrollblut mit eingesandt werden.

3.2.4 Ergebnisfeststellung, Befundung und Befundmitteilung

Der Einsender erhält die Aktivitäten der in Tabelle 3.2-1 gezeigten Enzyme mitgeteilt. Abweichungen von der Norm werden entsprechend interpretiert. Findet sich ein Ergebnis, das für einen genetisch bedingten Enzymdefekt spricht, d.h. die Aktivität eines Enzyms liegt unter Berücksichtigung der oben genannten Faktoren, wie z.B. Verjüngung der roten Zellpopulation, unter 50 % der zu erwartenden Aktivität, so wird in der Regel eine Kontrollblutprobe einbestellt. Bestätigt sich dabei der Defekt, werden an dieser Probe weitere Untersuchungen durchgeführt, die für den jeweiligen Enzymdefekt typische weitere Normabweichungen erbringen, wie z.B. Nachweis einer mehr oder weniger ausgeprägten Thermolabilität bei GPI- und PK-Defekten oder veränderte Substrataffinitäten (wie beim PK-Defekt häufig) sowie Ausschluß von Inhibitoren. Wenn möglich, werden auch Blutproben der Eltern untersucht. Die Eltern als heterozygote Merkmalträger sind in der Regel klinisch unauffällig. In ihren Blutzellen bzw. im Hämolysat läßt sich der Defekt jedoch durch eine weniger stark ausgeprägte Verminderung bzw. anderweitige Veränderung des Enzyms nachweisen.

Wenn nach all diesen Untersuchungen auch das klinische Krankheitsbild dem eines Enzymdefektes entspricht, wird unter Zusammenschau aller Befunde die Diagnose

Tabelle 3.2-2. Substratkonzentrationen in Erythrozyten. Angaben in nMol/ml Erythrozyten

Substrat	Abkürzung	Mittelwert	2s
Glukose-6-Phosphat	G-6-P	30,7	± 3,3
Fruktose-6-Phosphat	F-6-P	10,8	± 3,8
Fruktose-1,6-Diphosphat	F-1,6-P	13,4	± 3,8
Triosephosphat	TP	39,4	± 13,4
3-Phosphoglycerat	3-PG	63,2	± 14,0
2-Phosphoglycerat	2-PG	15,3	± 4,8
Phosphoenolpyruvat	PEP	21,6	± 6,5
Adenosin-5-Triphosphat	ATP	1468	± 248
Adenosin-5-Diphosphat	ADP	271	± 59,1
Adenosin-5-Monophosphat	AMP	45	± 10,7
2,3-Diphosphoglycerat	2,3-DPG	4720	± 363
Glutathion reduziert	GSH	2270	± 32

eines hereditären Enzymdefektes, der als Ursache für das Krankheitsbild in Frage kommt, gestellt.

Läßt sich im Hämolysat eines Patienten kein Enzymdefekt nachweisen, obwohl das Krankheitsbild zu einem Enzymdefekt paßt und alle anderen Ursachen für eine hämolytische Anämie ausgeschlossen sind, so besteht noch die Möglichkeit, die Substratkonzentrationen im Vollblut zu messen (Tabelle 3.2-2). Hierzu muß der Patient jedoch direkt im Labor vorgestellt werden, da die Blutprobe sofort nach Entnahme in eiskalter Perchlorsäure deproteinisiert werden muß. In seltenen Fällen kann hierdurch eine typische Veränderung in der Konzentration der gemessenen Substrate gefunden werden, wie z.B. beim PK-Defekt eine Erhöhung von 2,3-Diphosphoglycerat, 3-Phophoglycerat und Phosphoenolpyruvat bei Erniedrigung des ATP, die dann die Diagnose eines Enzymdefektes auch bei "normaler" Aktivität im Testsystem erlaubt.

Die im Einsendebereich des Freiburger Hämatologischen Enzymlabors gefundenen Enzymdefekte und ihre Häufigkeit gehen aus Abbildung 3.2-1 hervor.

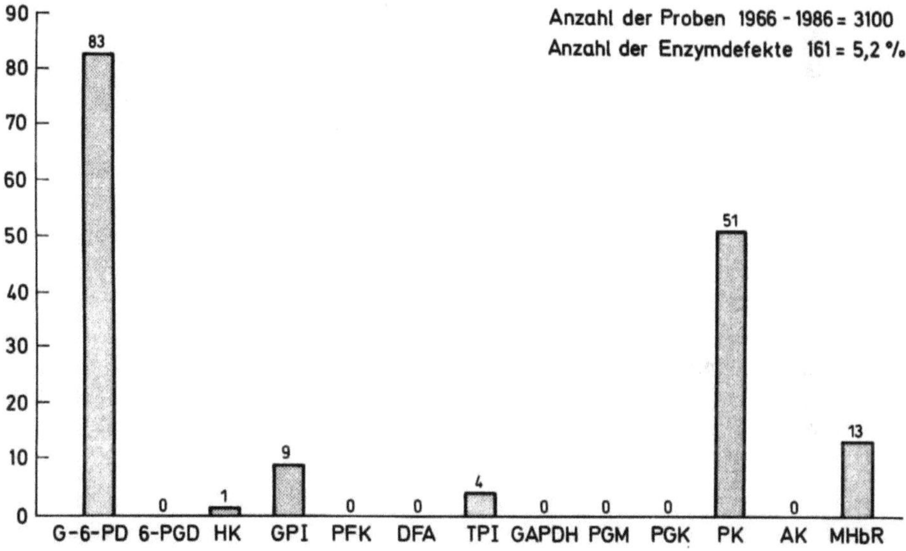

Abbildung 3.2-1. Verteilung der Enzymdefekte im Krankengut der Med. Universitätsklinik Freiburg

3.3 Hämoglobinopathien

L. J. Behnken und D. Harvey

3.3.1 Einleitung

Die Fahndung nach Hämoglobinopathien als Ursache verschiedener Krankheitsbilder ist fester Bestandteil im diagnostischen Repertoire des niedergelassenen Arztes und des Krankenhausarztes. Hierzu haben nicht nur zahlreiche Übersichtsarbeiten in verschiedenen Fachzeitschriften, sondern auch die Verfügbarkeit von Hämoglobin-analysen in zahlreichen Laboratorien beigetragen. Die Rolle des sog. Speziallabors mit der entsprechenden Expertise ist hierbei unstreitig; dies muß immer wieder nachdrücklich betont werden. Von den mehr als 400 derzeit bekannten anomalen Hämoglobinen sind letztlich nur 25-30 % klinisch relevant. Unter dem Begriff Hämoglobinopathien fassen wir folgende Defekte zusammen:

- Thalassämien: Die Ursache der Störungen liegt in einer verminderten oder fehlenden Synthese von Globin-Ketten.
- Hämoglobinanomalien: Durch Substitution, Deletion, Insertion oder Prolongation von Aminosäuren kommt es zu der Synthese defekter Globin-Ketten.

Bei der Gruppe der Thalassämieerkrankungen interessiert in unseren Breiten vornehmlich die Thalassaemia minor. Daneben finden wir δ-Thalassämien, β-/δ-Thalassämien und in zunehmendem Maße Patienten mit α-Thalassämien unterschiedlicher Ausprägung. Die Thalassämiediagnostik ist insbesondere vor dem Hintergrund der gewaltigen Bevölkerungsfluktuation aus dem Mittelmeerraum und dem asiatischen Raum bedeutsam.

Bei den Hämoglobinanomalien ist die Gruppe der instabilen Hämoglobine wie z.B. Hb Köln, am wichtigsten. Diese instabilen Hämoglobine führen in aller Regel zu einer hämolytischen Anämie. Daneben - und das ist viel zu wenig bekannt -gibt es eine Gruppe von anomalen Hämoglobinen, die zu einer Zyanose führen (Hb M-Anomalien) und eine weitere Gruppe von anomalen Hämoglobinen, die als Folge einer veränderten Sauerstoffaffinität zu einer Erythrozytose und damit zum Leitsymptom Polyglobulie mit Plethora führen.

3.3.2 Präanalytik I

3.3.2.1 Indikationsstellung und Kostenbetrachtungen

Folgende Befund- und Symptomenkonstellationen sollten Indikation für eine Hämoglobinanalyse sein:

- Anämien unklarer Genese
- Insbesondere hämolytische Anämien unklarer Genese
- Hypochrome mikrozytäre Anämien mit normalem Serumeisen-Spiegel (Eisenmangel ausgeschlossen)

- Unklare Zyanosen
- Unklare Polyglobulien.

Die Differentialdiagnose zur Fe-Mangel-Anämie läßt unnötige Krankschreibung ebenso wie sinnlose Eisensubstitutionstherapie entfallen.

3.3.2.2 Patientenvorbereitung, Probennahme, Vorbereitung und Einsendung

Für den Tag der Probennahme ist eine besondere Vorbereitung des Patienten nicht erforderlich; die Probe kann zu jeder Tageszeit abgenommen werden. Wichtig ist der Hinweis, daß die letzten Bluttransfusionen mindestens 3 Wochen, besser 4-6 Wochen, zurückliegen sollten, um nicht zu einer Verfälschung der einzelnen Hämoglobinfraktionen zu führen. Für die Untersuchungen werden Erythrozyten benötigt, so daß das Blut antikoaguliert sein muß. EDTA-Blut, Heparinblut, Zitratblut oder ACD-Blut sind geeignet. Für eine erste Analyse sind 10 ml Blut ausreichend; die Einsendung an das Labor sollte in einem bruchsicheren, gut verschließbaren Röhrchen gemäß den neuen Postverordnungen umgehend und ohne weitere Kühlmaßnahmen erfolgen.

3.3.2.3 Mitteilungen an das Laboratorium

Neben der Testanforderung "Hämoglobinanalyse/Hämoglobindifferenzierung" sind für das Labor weitere klinische Daten und hämatologische Labordaten unerläßlich für die einzuleitenden Untersuchungsschritte: alle Parameter einschließlich der Indices des kleinen Blutbildes sollten mitgeteilt werden; Angaben über hämolyserelevante Parameter (Zahl der Retikulozyten, LDH-Aktivität, Konzentration der Bilirubin-Fraktionen, Haptoglobin-bzw. Ferritinspiegel falls vorhanden) sowie Angaben über Leber- oder Milzvergrößerung, Skleren- oder Hautikterus und Urinfarbe sind hilfreich. Hinweise auf eine familiäre Belastung und auf die geografische Herkunft erleichtern häufig die Beurteilung. Zur gezielten Untersuchung auf ein Hb M ist die Angabe "Zyanose" oder "Verdacht auf Methämoglobinbildung" zwingend erforderlich.

Im Rahmen einer erweiterten Hämolysediagnostik kann Urin auf Hämoglobin und Hämosiderin untersucht werden; zur Abgrenzung der hereditären Sphärozytose empfiehlt sich die Durchführung der osmotischen Resistenz und Autohämolyse, zur Diagnostik einer PNH die Durchführung des HAM-Tests (Säure-Serum-Test). Methoden hierzu bei U. Bucher (1988).

3.3.2.4 Qualitätssicherungsmaßnahmen in der 1.präanalytischen Phase

Blutentnahmebestecke und Versandröhrchen müssen steril bzw. keimfrei sein. Die Verfallsdaten der präparierten Röhrchen (EDTA-, Heparin-Röhrchen) sowie der verwendeten Antikoagulantien wie Heparin, Zitrat oder ACD müssen beachtet werden.

3.3.3 Präanalytik II

3.3.3.1 Probenannahme und -weiterverarbeitung, Aufbewahrung der Probenreste

Nach Eintreffen der Probe im Labor wird der Probeneingang registriert und die Probe bei 4-10 °C kühl gelagert. Mindestens 0,5 bis 1 ml der Blutprobe werden in einem gesonderten Röhrchen für eventuell später noch erforderliche Analysen aufgehoben; der Rest wird umgehend zur Herstellung des Hämolysats eingesetzt (Methode siehe 3.3.4.1). Das Hämolysat wird bis zur Analytik kühl gelagert. Ggfs. kann ein Teil des Hämolysats auch bei -20 °C oder -70 °C eingefroren werden.

3.3.3.2 Qualitätssicherungsmaßnahmen in der 2. präanalytischen Phase

Die Herstellung des Hämolysats muß umgehend nach dem Eintreffen der Probe im Labor durchgeführt werden, um alterungs- oder lagerungsbedingte Degradationsprodukte des Hämoglobin zu vermeiden. Die Verfallsdaten und der einwandfreie Zustand der für die Herstellung des Hämolysats verwendeten Reagenzien muß beachtet werden.

3.3.4 Analytik

3.3.4.1 Methoden

Herstellung der Hämoglobinlösung (Hämolysat)
Prinzip:
Gewaschene Erythrozyten werden hämolysiert und die Stromata sowie die lipidhaltigen Anteile durch Ausschütteln mit Tetrachlorkohlenstoff vom Hämolysat getrennt.

Reagenzien:

- 0,9 g/dl Kochsalzlösung
- Tetrachlorkohlenstoff

Methode:

- Das antikoagulierte und kühl gelagerte Blut wird zentrifugiert; der Überstand wird verworfen.
- Dreimaliges Waschen mit kalter physiologischer Kochsalzlösung; jeweils Überstand und Leukozytenschicht nach Zentrifugation verwerfen.
- Die gepackten Erythrozyten werden nach letzter Wäsche mit gleichen Volumina Aqua dest. und Tetrachlorkohlenstoff versetzt und 2-4 Min. kräftig geschüttelt.
- 20 Min. bei 1200-1500 g zentrifugieren und danach überstehende transparente Hämoglobinlösung mit Pasteurpipette in neues Röhrchen überführen, verschließen und kühl lagern.
- Hämoglobinkonzentration auf ca. 10 g/dl Hb mit Aqua dest. einstellen.
- Innerhalb von 1-3 Tagen Analysen durchführen.
- Falls dies nicht möglich ist, ggfs. Hb-Lösung mit 2-3 Tropfen 3%iger KCN-Lösung zur Stabilisierung versetzen oder Hämolysat einfrieren bei mindestens -20 °C.

Kritische Bewertung:
Bei dringendem Verdacht auf das Vorliegen eines instabilen Hämoglobins sollte nicht mit organischen Lösungen ausgeschüttelt werden, da hierbei instabile Hb-Fraktionen miterfaßt werden. In diesen Fällen wird nach der Wäsche mit physiologischer Kochsalzlösung und der Zugabe von Aqua dest. hochtourig zentrifugiert und der so gewonnene klare Überstand weiterverarbeitet. Wenn Hämoglobinlösungen nicht sofort

bzw. nicht in den nächsten Wochen analysiert werden können, ist eine Lagerung bei
-70 °C am sinnvollsten.

Quantitative Bestimmung von Hb A$_2$ mittels Mikrosäulenmethode
Prinzip:
Hämoglobine können an DEAE-Cellulose adsorbiert und anschließend mit Pufferlö-
sungen niederer Molarität und unterschiedlichem pH eluiert werden.

In der Praxis haben sich kommerziell erhältliche Mikrosäulen mit gebrauchsfertigen Elutionspuffern z.B. der Firmen Isolab und Helena Laboratories bewährt;
durch Mitführen externer Kontrollproben kann die Qualität dieser Säulen kontinuierlich überwacht werden.

Kritische Bewertung:
Die mit den kommerziell erhältlichen Säulen ermittelten Hb A$_2$-Werte sind sehr gut
reproduzierbar; Schwierigkeiten bereiten anomale Fraktionen, die elektrophoretisch
wie Hb A$_2$ wandern (z.B. Hb C, Hb E) und ggfs. mit Hb A$_2$ von der Säule eluiert
werden. Hier kann in aller Regel ein exakter Hb A$_2$-Wert nicht ermittelt werden.
Referenzwerte: 1,7 -3,5 %.

Bestimmung des Hb F durch Alkalidenaturierung
Prinzip:
Hämoglobin wird in Cyanhämiglobin umgewandelt, durch NaOH denaturiert und in
dieser Form ausgefällt. Hb F wird nicht durch alkalische Lösungen denaturiert, bleibt
also in Lösung und kann photometrisch bestimmt werden.

Reagenzien:

- Kaliumcyanid-Ferricyanidlösung: 200 mg K$_3$(Fe (CN)$_6$ und 200 mg KCN in 500 ml
  Aqua dest. lösen und ad 1000 ml mit Aqua dest. auffüllen.
- 1,2 N Natronlauge: 48 g NaOH in etwa 500 ml Aqua dest. lösen und ad 1000 ml
  auffüllen.
- Gesättigte Ammoniumsulfat-Lösung: 750 g Ammoniumsulfat und 1000 ml Aqua
  dest. 10 Min. im Wasserbad bei 70 °C erhitzen.

Methode:

- Herstellung einer Cyanhämiglobinlösung von etwa 500 mg/dl Hb: 0,2 ml Hämolysat werden zu 3,8 ml der Kaliumcyanid-Ferricyanid-Lösung (s.o.) gegeben und
  ca. 30 Min. bei Raumtemperatur stehengelassen.
- 2,8 ml dieser Cyanhämiglobinlösung werden mit 0,2 ml Natronlauge (s.o.) versetzt
  und gleichzeitig die Stoppuhr gestartet. Nach genau 2 Min. werden 2 ml der
  gesättigten Ammoniumsulfatlösung zugegeben; hierdurch wird die Denaturierung
  gestoppt und das derart alkalidenaturierte Hämoglobin präzipitiert.
- Das Präzipitat wird durch einen Doppelfilter abfiltriert und bei einer Wellenlänge
  von 546 nm gegen Aqua dest. gemessen.
- Bezugswert (100%-Wert): 0,4 ml der Cyanhämiglobinlösung werden zu 6,7 ml
  Aqua dest. gegeben und gemischt.
- Ablesung bei 546 nm gegen Aqua dest.

Hb F-Referenzpräparationen können im Labor aus gewaschenen Erythrozyten von Erwachsenen und aus Nabelschnurblut hergestellt werden. Entsprechende Präparationen werden aliquotiert und lyophilisiert und sind in dieser Form über zwei Jahre haltbar.

Kritische Bewertung:
Die eben beschriebene Methode zur Bestimmung des Hb F gibt gute Ergebnisse im Bereich zwischen 2-40 % Hb F. In gealterten Hämoglobinlösungen oder in Lösungen, die noch Spuren von Serumproteinen enthalten, stellt sich gelegentlich bei der elektrophoretischen Auftrennung eine Hb F-ähnliche Fraktion von ca. 1-5 % dar, die mit der naßchemischen Methode nicht korreliert. Dies muß bei der Interpretation berücksichtigt werden.

Referenzwerte:

Kinder bis	2 Mon.	- 50 %
"	4 Mon.	- 15 %
"	6 Mon.	- 5 %
"	2 Jahre	- 2 %
ab	4 Jahre und	
Erwachsene		- 1 %.

Elektrophoretische Auftrennung der Hämoglobine auf Cellulose-Acetat-Folien (CAF)
Prinzip:
Bei pH 8,6 liegen Hämoglobine als negativ geladene Ionen vor und bewegen sich im elektrischen Feld zur Anode. Die verschiedenen anomalen Hämoglobine haben unterschiedliche Ladungen und wandern deshalb im elektrischen Feld im Vergleich zum Hb A schneller oder langsamer zur Anode. Auf dieser unterschiedlichen Wanderungsgeschwindigkeit beruht eine erste orientierende Zuordnung anomaler Banden (Abb. 3.3-1).

Reagenzien, Methode:
Häufig können Apparaturen aus dem Labor des Anwenders adaptiert werden; brauchbare komplette Sätze mit ausführlicher Anleitung zur Durchführung und Bewertung sind kommerziell erhältlich. Hierbei finden häufig Cellulose-Acetat-Folien auf festen Trägern Anwendung. Tris-EDTA-Borat-Puffer, pH 8,6; als Färbelösung ist Ponceau S geeignet, Entfärbelösung und Transparenzlösung. Alle genannten Reagenzien sind gebrauchsfertig erhältlich.

Kritische Bewertung:
Die CAF-Methode bei pH 8,6 ergibt sehr gute Trennungen der physiologisch vorkommenden normalen und anomalen Hämoglobine.

Häufig kann aufgrund der Wanderungsgeschwindigkeit der Fraktionen eine Verdachtsdiagnose geäußert werden. Weiterhin kann bei der visuellen Bewertung der Hb A_2-Fraktionen nach der Elektrophorese schon der Verdacht auf das Vorliegen einer Thalassaemia minor geäußert werden. Verschmierte Banden oder zusätzliche Banden finden sich gelegentlich, wenn in der Hämoglobinlösung noch Reste von Serum-

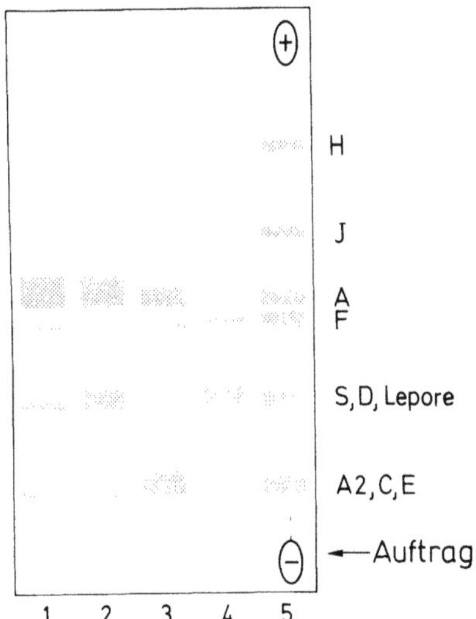

Abbildung 3.3-1. Wanderungsposition verschiedener Hämoglobinvarianten nach CAF-Elektrophorese

Proteinen vorhanden sind, die ebenfalls mit den üblichen Färbelösungen anfärbbar sind.

Isopropanoltest zum Nachweis instabiler Hämoglobine
Prinzip:
Instabile Hämoglobine präzipitieren in Gegenwart von Isopropanol-puffer.

Reagenzien:

- Tris-HCl-Puffer, 0,1 mol/l, pH 7,4
- Isopropanolpuffer: zu 83 Teilen Tris-HCl-Puffer 17 Teile Isopropanol zusetzen
- Kontrollproben: negative Kontrolle von beliebiger Normalperson; positive Kontrolle
  wird in aller Regel nicht zur Verfügung stehen. Hier hat sich bewährt, eine etwa 4
  Wochen alte Hämoglobinlösung einzusetzen, die ein falsch-positives Ergebnis zeigt.

Methode:
0,2 ml eines frisch hergestellten Hämolysats werden zu 2 ml Isopropanolpuffer
gegeben und bei 37 °C im Wasserbad inkubiert. Die Ansätze werden nach 15 und 20
Minuten bewertet. Instabile Hämoglobine bilden innerhalb von 5 Minuten eine feine
Trübung und nach 10 Minuten ein flockiges Präzipitat.

Kritische Bewertung:
Der Isopropanoltest hat sich für die tägliche Praxis als Suchtest bewährt; Hitzestabili-
tätsteste sind aufwendig und nur bei speziellen Fragestellungen sinnvoll.

Hb S-Löslichkeitstest
Prinzip:
In 2,24 mol/l Phosphatpuffer wird reduziertes HbS im Gegensatz zu anderen Hb-
Varianten präzipitiert.

Reagenzien:

- Phosphatpuffer 2,24 mol/l pH 6,8: 40,12 g Kalium-Dihydrogenphosphat und 70,47
  g di-Kaliumhydrogenphosphat werden in etwa 200 ml bidestilliertem Wasser gelöst
  und mit bidestilliertem Wasser auf 250 ml aufgefüllt.
- Natriumdithionit.

Methode:
100 mg Natriumdithionit werden in 10 ml Phosphatpuffer gelöst. Jeweils 3 ml dieser
Lösung werden auf Reagenzgläser verteilt und mit 0,1 ml Aqua dest. überschichtet.
Hierauf wird 0,1 ml der zu untersuchenden Hämoglobinlösung neben einer Positiv-
und einer Negativkontrolle über die pipettierten Lösungen geschichtet, die Reagenz-
gläser verschlossen und kräftig geschüttelt. Die Lösungen werden danach bei gutem
Licht vor einem beschrifteten Blatt betrachtet. Proben von Normalpersonen ohne Hb
S bleiben vollständig klar bzw. zeigen nur eine leichte Trübung, Proben von Hb S-
Trägern werden trüb, so daß Schrift hinter dem Reagenzglas nicht mehr erkennbar
ist.

Kritische Bewertung:
Dieser einfache Löslichkeitstest bewährt sich zur qualitativen Bestätigung oder
Ausschluß bei einer elektrophoretisch nachgewiesenen suspekten anomalen Hb-
Fraktion. Neben Hb S geben auch Hb C sowie Proben mit einem erhöhten Eiweißge-
halt positive Befunde.

Hb H-Innenkörper-Test
Prinzip:
Hämoglobin H ist ein instabiles Hämoglobin, da es aus vier gleichartigen β-Globin-
ketten besteht. Inkubation von Hb-Lösungen mit Brillant-Kresyl-Blau führt zu einer
oxydativen Denaturierung und Präzipitation instabiler Hämoglobine und zu einer
Anfärbung der Präzipitate in den Erythrozyten.

Reagenzien:
Brillant-Kresyl-Blau 1 g/dl in 0,9 %iger Kochsalzlösung.

Methode:
In einem kleinen Röhrchen werden 4 Tropfen von der asservierten Vollblutprobe mit
2 Tropfen frisch filtrierter Brillant-Kresyl-Blau-Lösung gemischt und im Wasserbad
bei 37 °C inkubiert. Nach 10 Minuten wird ein Ausstrich hergestellt = "vor Inkubation"; weitere Ausstriche werden hergestellt nach 2, 6 und 24 Std. Inkubationszeit =
"nach Inkubation". Die angefertigten Präparate werden mikroskopisch unter Ölimmersion während 20 Minuten nach Hb H-Innenkörpern durchgemustert. Erythrozyten mit typischen Hb H-Innenkörpern imponieren in der Aufsicht als Golfball.

Kritische Bewertung:
Bei Patienten mit einer Hb H-Erkrankung finden sich in der Regel schon nach 2-
stündiger Inkubation massenhaft Hb H-Innenkörper; diese sind bei Patienten mit einer
α^0- oder α^+-Thalassämie (α-1-/α-2-Thalassämie) häufig erst nach längerer Inkubation

nachweisbar. Indikationsstellung: Niedriges oder erniedrigtes Hb A_2, ungeklärte Mikrozytosen, Nachweis einer Hb H-Fraktion.

Nachweis von Hb F-Zellen in Blutausstrichen
Prinzip:
Hb A wird durch Zitronensäure aus Erythrozyten luftgetrockneter Blutausstriche sehr viel rascher eluiert als Hb F. Das verbleibende Hb F wird angefärbt und mikroskopisch dargestellt.

Reagenzien:
Für den Nachweis von Hb F-Zellen sind gebrauchsfertige Reagenzien kommerziell erhältlich (z.B. Boehringer Mannheim GmbH).

Methode:
Die Anleitungen des Herstellers sind exakt einzuhalten; insbesondere sind die kritischen Zeiträume für die Säureelution und für die anschließende Hb F-Färbung peinlichst einzuhalten.

Kritische Bewertung:
Hb F-haltige Zellen finden sich bei einer fetomaternalen Transfusion. Eine homogene Verteilung des Hb F in allen Erythrozyten weist auf eine hereditäre Persistenz des fetalen Hämoglobins hin (HPFH), eine heterogene Verteilung des Hb F in Erythrozyten ist Hinweis auf eine Hb F-Vermehrung bei Thalassämien. Das Mitführen einer Probe mit hohem Anteil von Hb F-Zellen (Nabelschnurblut) und einer Normalprobe ist wichtig.

Zitrat-Agar-Gel-Elektrophorese bei saurem pH
Prinzip:
Verschiedene Ladungen und Molekülkonfigurationen der Hämoglobinvarianten führen bei elektrophoretischer Auftrennung in saurem Zitrat-Agar-Gel zu einer unterschiedlichen Wanderung und dadurch zu einer Identifizierung verschiedener Hämoglobine (Abb. 3.3-2). Diese Methode ist nicht für Routinelabors geeignet.

Kritische Bewertung:
Die Erfahrung zeigt immer wieder, daß gerade die Zitrat-Agar-Gel-Elektrophorese erhebliches manuelles Geschick und Einfühlungsvermögen erfordert, um brauchbare Trennungen zu erzielen. Die Mehrzahl der bei der Elektrophorese im alkalischen Milieu gefundenen anomalen Fraktionen kann mit dieser Auftrennung eindeutig zugeordnet werden.

3.3.4.2 Geräte, Reagenzien und Kontrollproben:
In der Regel können im Labor für andere Zwecke verfügbare Apparaturen adaptiert werden (z.B. Elektrophoresekammern). Alle genannten Reagenzien sollten p.a.-Qualität haben. Kontrollproben z.B. mit anomalen Hämoglobinen oder unterschiedlichen Hb A_2-Werten sind kommerziell erhältlich (Firma Isolab Inc., Vertrieb in der BRD: Biolab GmbH in 5030 Hürth).

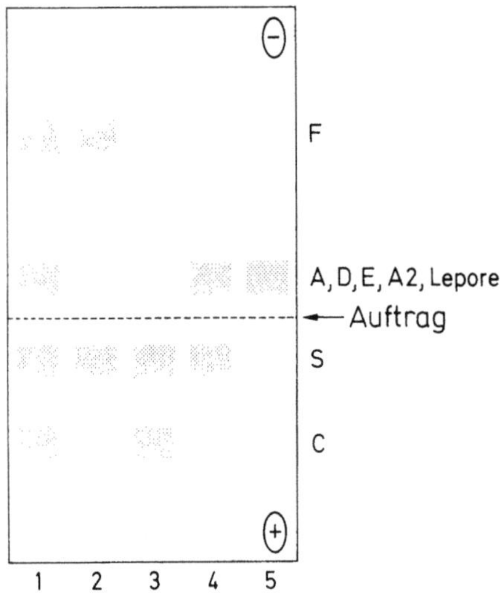

Abbildung 3.3-2. Wanderungsposition verschiedener Hämoglobinvarianten nach Elektrophorese in Zitrat-Agargel

3.3.4.3 Untersuchungsgang:

Für Routinezwecke hat sich folgendes Vorgehen bewährt (Abbildung 3.3-3): Bei allen eingehenden Proben mit der Anforderung einer Hämoglobin-differenzierung/-analyse wird eine Hämoglobinlösung hergestellt und ca. 0,5 ml des eingesandten Materials abgezweigt für eventuell spätere Analysen. Immer werden Hb A_2 und Hb F quantitativ bestimmt sowie eine elektrophoretische Auftrennung in alkalischem Milieu (pH 8,6) und der Isopropanoltest durchgeführt. Die Diagnose einer β-Thalassämie läßt sich hiernach in aller Regel schon stellen. Beim Vorliegen von anomalen Fraktionen wird grundsätzlich eine weitergehende elektrophoretische Auftrennung in saurem Milieu (pH 5,9) angeschlossen. Eine Bewertung der Trennung erfolgt immer im Vergleich zu bekannten anomalen Fraktionen. Die häufigsten anomalen Fraktionen lassen sich nach der Zitrat-Agar-Gel-Elektrophorese eindeutig klassifizieren: Hb S, Hb D oder G, Hb E oder Hb O Arab.

3.3.4.4 Interne und externe Qualitätssicherungsmaßnahmen in der analytischen Phase:

Zur internen Qualitätssicherung werden, wie z. T. schon im Kapitel Methoden beschrieben, von bekannten Hämoglobinanomalien Aliquote bei elektrophoretischen Auftrennungen eingesetzt. Für die Bestimmung des Hb F werden Verdünnungsreihen von Nabelschnurblutproben herangezogen, für den Isopropanoltest verwenden wir z.T. 4-6 Wochen alte Hämoglobinlösungen von Normalpersonen, die alterungsbedingt ein falsch-positives Ergebnis zeigen. Als externe Kontrolle dienen kommerziell erhältliche Proben mit unterschiedlichen Hb A_2-Werten oder mit verschiedenen anomalen Hämoglobinen. Diese Proben werden bei jeder routinemäßigen Analyse mitgeführt und sichern somit eine eindeutige Zuordnung. Die Teilnahme am Ringversuch von CAP (College of American Pathologists, 325 Waukegan Road, Northfield, Illinois, USA) ist sehr wertvoll.

3.3.5 Postanalytik I

3.3.5.1 Ergebnisfeststellung, Befundung und Befundmitteilung
Bei der Hämoglobinanalyse werden für zwei Verfahren routinemäßig quantitativ
Meßwerte ermittelt: Hb A_2 und Hb F. Elektrophoretische Auftrennungen werden
überwiegend visuell bewertet und ggfs. anschließend densitometrisch gemessen.

3.3.5.2. Versorgung der Probenreste, Abfallbeseitigung
Hämoglobinlösungen werden nach der Analyse gut verschlossen und in der Regel
kühl bei +4-10 °C gelagert oder, falls weitere Analysen erforderlich sind, bei -20°
oder besser bei -70 °C eingefroren. Proben mit identifizierten anomalen Hämoglobinen werden aliquotiert, lyophilisiert, um als interne Kontrollen Verwendung zu
finden. Alle übrigen Proben werden entsorgt.

3.3.6 Postanalytik II

3.3.6.1 Befundbewertung und -einordnung
Eine befriedigende Bewertung ist nur möglich bei Kenntnis von anamnestischen
Daten und Laborparametern, wie dies im Teil 3.3.2.3 ausgeführt worden ist.

*3.3.6.2 Diagnostische und differentialdiagnostische Möglichkeiten, weiterführende
Untersuchungen*
Die Diagnostik einer Thalassaemia minor erscheint vor dem Hintergrund von Labor-
meßdaten relativ einfach: Wenn der Hb A_2-Wert > 3,5 % ist, kann die Diagnose
einer Thalassaemia minor als gesichert angesehen werden. Doch auch normale Hb
A_2-Werte sind mit der Diagnose einer Thalassaemia minor vereinbar, wenn z.B.
gleichzeitig ein Eisenmangel vorliegt. Schwieriger wird die Bewertung, wenn ein Hb
S elektrophoretisch und im Löslichkeitstest nachgewiesen werden konnte und die
densitometrische Messung einen Hb S-Anteil von > 50 % oder von 30-50 % oder
von 20-30 % vom Gesamt-Hb ergibt. Die Diagnose einer Hb S-Anlage oder einer
doppelt-heterozygoten Hb S-/β-Thalassämie- oder Hb S-/α-Thalassämie-Erkrankung
kann hier nur in Kenntnis weiterer hämatologischer und anamnestischer Daten gestellt
werden. Diese differenzierte Betrachtung von Ergebnissen ist nur möglich, wenn eine
fortlaufende Beschäftigung mit anomalen Hämoglobinen stattfindet. Hier setzt ggfs.
schon die Arbeit der "Speziallabors" ein.

Adressen:

1) Hämatologisches Labor der Universitätskinderklinik
   Humboldtallee 38
   3400 Göttingen
   Tel.: (0551)39 62 89

2) Hämatologisches Labor der Universitätskinderklinik
   Prittwitzstraße 43
   7900 Ulm
   Tel.: (0731)179-4211

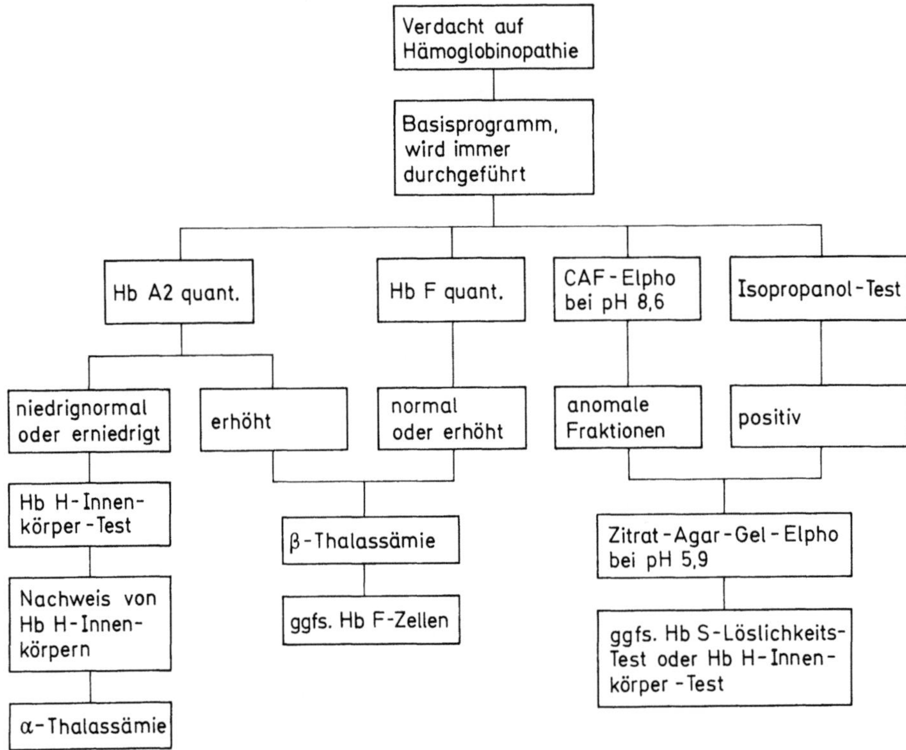

Abbildung 3.3-3. Diagnostisches Vorgehen bei der Abklärung von Hämoglobinopathien

3) Bioscientia (in Zusammenarbeit mit Prof. Rosa und
   Dr. Galacteros vom l'Hôpital Henri Mondor in Creteil)
   Institut für Laboruntersuchungen Ingelheim
   Postfach 1628
   6500 Mainz
   Tel.: (06132)781-0

Falls mit den einfachen hier beschriebenen Methoden die Diagnose einer Hb-Anomalie nicht sicher zu stellen ist, schließen sich weitere Untersuchungen an wie z.B. elektrophoretische Globinkettentrennungen, Isolierung von Peptiden nach tryptischer Hydrolyse mittels HPLC und nachfolgende Sequenzierung anomaler Peptide. Die Liste klinisch relevanter und irrelevanter Hämoglobinanomalien wird ständig ergänzt.

4 Zellzähl- und Differenziergeräte

H.T. Seeger und U. Poppy

4.1 Apparative Blutzellanalytik: Allgemeines

4.1.1 Einleitung

Fragen nach der Zusammensetzung des menschlichen Blutes beschäftigen seit Jahrhunderten Ärzte und Naturwissenschaftler. Antóny van Leeuwenhoek berechnete schon um 1700 erstmals die Zahl der Erythrozyten im menschlichen Körper. Genauere Zählungen wurden ab Mitte des letzten Jahrhunderts durchgeführt. Die in Verbindung mit dem Mikroskop verwendete Zählkammer erhält zur Jahrhundertwende ihre heutige Form. Die Kammerzählung ist seit dieser Zeit von grundlegender Bedeutung in der hämatologischen Diagnostik, in der die Konzentrationen der geformten Blutelemente - Erythrozyten (Ery), Leukozyten (Leuko) und Blutplättchen (Plt, Thrombozyten) - unverzichtbare Meßgrößen sind. In der Routinediagnostik wird die Zählkammer heute nur noch wenig angewendet - hier haben Fortschritte in der Technik, Optik und Elektronik neue Gegebenheiten geschaffen. Trotz ihrer umständlichen Arbeitstechnik und den bekannten Limitierungen stellt die Kammerzählung aber bis in diese Tage das Referenzverfahren zur Blutkörperchen-Zählung dar - allen Fortschritten zum Trotz. Erst in jüngster Zeit haben Bemühungen begonnen, ein präzises apparatives Referenzzählverfahren zu realisieren. Weiterhin werden im z. Zt. von Experten in einem DIN-Ausschuß Empfehlungen für ein Referenzverfahren zur Erythrozytenzählung erarbeitet.

Auch die Tatsache, daß die Routineanalytik heute nahezu ausschließlich mit teil- oder vollmechanisierten Zählgeräten durchgeführt wird und damit eine große Erfahrung im Bau und der Anwendung dieser Geräte vorliegt, ändert nichts daran, daß keines der heute serienmäßig lieferbaren Zählgeräte im Sinne rechtlicher Regelungen eichfähig ist. Geräte, die nach dem Absolut-Meßverfahren (s. u.) arbeiten, liefern in neuwertigem Zustand und bei Einhaltung der Arbeitsbedingungen zwar richtige Werte für Humanblut-Proben. Die Annahme, jedes Zählgerät müsse langfristig für *alle* Proben a priori und ohne zusätzliche Kontrollmaßnahmen richtige Zählwerte garantieren, ist jedoch unrealistisch. Zum Verständnis dieser wichtigen und oft nicht wahrgenommenen Tatsache mit ihren Konsequenzen für die Qualitätssicherung werden einleitend die wichtigsten *meßtechnischen Gegebenheiten* der Zählgeräte zusammengefaßt.

Unter *"Zählung"* soll hier die Einzelerfassung von Zellen oder anderen Partikeln verstanden werden. Daher werden andere Meßverfahren, wie z. B. Partikelkonzentrationsbestimmungen über Trübungsmessungen, nicht mit in die Betrachtung einbezogen. Auch die Auftrennung von Blutproben in Kapillaren durch Sedimentation im Schwerefeld einer Zentrifuge nach Einbringen eines Trennelements definierter Dichte (System QBC, Firma Becton-Dickinson, Heidelberg) soll in diesem Kapitel über Zellzählgeräte nicht besprochen werden.

Ebenso verzichten wir auf Details über die Geschichte der hämatologischen Meßtechnik (v. Boroviczény 1974), spezielle Details über die Meßtechnik selbst (Thom 1972 und 1987, Jakschik 1990), die Präanalytik (Schneider 1983) oder die Vielzahl der verfügbaren Geräte, die z. B. von Schubert (1989) zusammengefaßt werden.

Im Vordergrund steht hier die Darstellung typischer Systeme für jede Geräteklasse, ferner die Erörterung jener Gegebenheiten, die Einfluß auf das Analysenergebnis haben, jedoch nicht immer bei der hämatologischen Befundung berücksichtigt werden. In einer Zeit zunehmender Technik-Gläubigkeit wird deren Kenntnis vielfach für überflüssig erachtet. Fachleute weisen jedoch mit Recht darauf hin, daß die ärztliche Sorgfaltspflicht es gebietet, bei der Befundung mechanisiert erstellter Daten über Grundkenntnisse der angewendeten Technologien und ihrer Besonderheiten zu verfügen. Diese Kenntnisse sind keine "Belastung" - setzen sie doch den Anwender in die Lage, die Geräte optimal zu nutzen und solche Meßprobleme von den Systemen fernzuhalten, für die sie nicht entwickelt wurden (z. B. Messung blutfremder Proben).

Bei der Besprechung der Analysensysteme stehen praktische Gesichtspunkte im Vordergrund, die wesentlich durch den Einsatzbereich, die Probenvorbereitung, die Zahl der Parameter und Maßnahmen zur Qualitätssicherung bestimmt werden.

Im Abschnitt 4.1 dieser Übersicht sind die für Zähl- und Differenziergeräte *gleichermaßen relevanten* Gegebenheiten aufgeführt. Dies erscheint sinnvoll, weil die heutigen komplexen Differenziergeräte - mit Ausnahme der PR-(Pattern Recognition-) Systeme - grundsätzlich auch Kanäle für die Hämoglobinometrie und Zellzählungen enthalten. In beiden Geräteklassen finden deswegen gleiche oder zumindest ähnliche Baugruppen bzw. Technologien Anwendung. Auf diese Weise sollen Wiederholungen vermieden werden.

4.1.2 Methodische Grundlagen

4.1.2.1 Meßtechnische Gegebenheiten und Probleme

Die folgenden *Eigenschaften der korpuskulären Blutbestandteile* erlauben es, sie zu zählen:

- Erythrozyten (Ery), Leukozyten (Leuko) und Blutplättchen (Plt) sind elektrische Nichtleiter. Diese Eigenschaft wird im Widerstands-Meßprinzip ausgenutzt (Abb. 4-1a).
- Ery, Leuko und Plt unterscheiden sich in ihren optischen Eigenschaften von dem umgebenden Medium (Blutplasma) oder einem Verdünnungsmedium: Diese Eigenschaft wird im optischen Meßprinzip ausgenutzt (Abb. 4-2).

Durch Weiterentwicklung dieser Meßtechniken wurde es möglich, über die einfache
Zählung hinaus weitere Kenngrößen der Zellen zu erfassen. Beide Prinzipien besitzen
Vor- und Nachteile, keines ist vom Prinzip her dem anderen für die reine Zellzäh-
lung und Zellvolumenbestimmung überlegen. Alle in Teil 4.2 geschilderten Zählgerä-
te basieren auf einem dieser Prinzipien, die auch in den im Teil 4.3 beschriebenen
Durchflußzytometern für die Zelldifferenzierung Anwendung finden.

Neben anderen sind es drei Gegebenheiten der korpuskulären Blutbestandteile, die
eine *einfache* Zählung und Klassifizierung erschweren:

- Die um Größenordnungen unterschiedlichen Konzentrationen der Zellarten und
  Partikel bei normalen und - stärker noch - bei pathologischen Blutproben.
- Die in weiten Grenzen schwankenden Volumina der zu zählenden Partikel-Klassen
  und die Tatsache, daß sich diese Volumina bei Normalblutproben und besonders
  bei atypischen und pathologischen Proben überschneiden.
- Eigenschaften der Partikel, besonders der Erythrozyten, die sich mit deren Alter
  ändern oder bei bestimmten Anämieformen von der "Norm" abweichen.

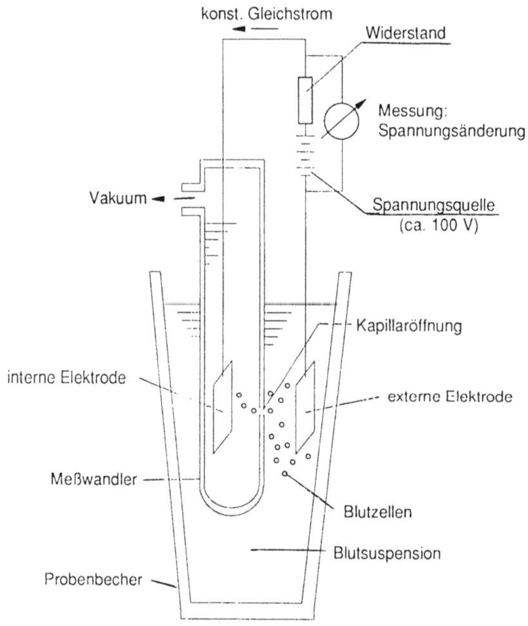

Abbildung 4-1a. Widerstands-Meßprinzip, schematische Darstellung. 1948 von Wallace
Coulter entwickelt. 2 Elektrolytlösungen - eine davon eine verdünnte Blutprobe - stehen über
eine Meßöffnung von 50 bis 100 μm Durchmesser und Länge miteinander in Verbindung.
Durch diese Öffnung fließt ein (Gleich-)Strom konstanter Stärke. Strömt durch die Meßöffnung
gleichzeitig eine Partikelsuspension, erhöht sich der Widerstand, wenn sich ein Partikel (Isola-
tor) in der Öffnung befindet. Gemäß dem Ohm'schen Gesetz kann über den Stromkreis ein
Impuls abgeleitet werden, der volumenproportional ist. In dieser Weise kann eine Konzen-
trations- und Volumenbestimmung an Partikelsuspensionen durchgeführt werden

Abbildung 4-1b. Erster Zellzähler der Fa. Coulter Electronics, 1956

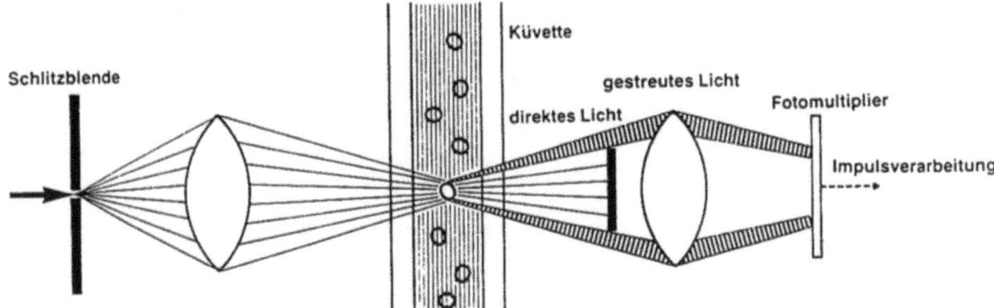

Abbildung 4-2. Optisches Meßprinzip zur Partikelzählung.Eine Meßstrahlung wird im
Zentrum einer Durchflußküvette fokussiert. Der Durchmesser der Meßstrahlung entspricht
etwa dem Durchmesser einer Zelle. Befindet sich dort keine Zelle, wird auf der Sekundärseite
die Meßstrahlung durch eine Dunkelfeldscheibe abgeblendet und kann nicht den Strahlungswandler erreichen. Gelangt eine Zelle in den Lichtweg, wird die Meßstrahlung durch Refle-
xion, Brechung und Beugung abgelenkt und kann hinter der Dunkelfeldscheibe den Strahlungswandler erreichen und dort Impulse erzeugen. Diese sind abhängig von der Wellenlänge und
näherungsweise oberflächenproportional. Bei den heutigen Zählgeräten nach diesem Prinzip
werden zunehmend Laser als Lichtquelle verwendet. Abb. aus Haeckel (1979)

Weitere Faktoren komplizieren die hämatologische Analytik zusätzlich. Hier sind zu
nennen:

- Das Fehlen von Kontrollmaterialien, die sich exakt wie Humanblut verhalten.
  Dies unterscheidet die hämatologische Diagnostik von anderen Bereichen der
  Laboratoriumsmedizin (vergl. 4.1.7).

- Die Veränderungen der Probe während der präanalytischen Phase.
- Die sehr variablen Matrixeffekte (Viskosität, Polyglobulie, Paraproteinämie, infundierte Bestandteile, usw.).

Wegen der beiden zuletzt genannten Gegebenheiten ist es grundsätzlich nicht möglich, mit einem mechanisierten Verfahren aus einer Blutprobe direkt oder aus einer einzigen (einstufigen) Blutverdünnung in einem Arbeitsgang an einer Meßstelle alle Partikel simultan zu zählen.

Eine kurze Überlegung soll dies verdeutlichen: Die korpuskulären Blutbestandteile Leuko - Plt - Ery liegen im Normalblut größenordnungsmäßig im Verhältnis von 1 : 100 : 1000 vor. Daraus folgt, daß z. B. schwer lysierbare Ery sich verfälschend auf das Leuko-Ergebnis auswirken müssen, ferner, daß das Leuko-Ergebnis schon um 100 % verfälscht sein kann, wenn auf jeden 1000. Ery eine Vorstufe der roten Reihe kommt. Es ist auch erkennbar, daß - wenn Leuko und Ery unter ähnlichen Meßbedingungen erfaßt werden sollen - für die Ery-Lösung eine etwa 1000fach höhere Verdünnung gewählt werden muß. Bei der hämatologischen Analytik ist daher ein bestimmtes Abfall-Volumen auch wegen der hohen Endverdünnung der Blutprobe nicht zu unterschreiten.

4.1.2.2 Gemeinsame Kennzeichen von Zähl- und Differenziergeräten

Die folgenden Meßgegebenheiten sind in allen hier besprochenen Zählgeräten gleich und sie gelten - mit Ausnahme der Pattern-Recognition-Geräte (s. u.) - auch für nahezu alle Differenziergeräte, die vom Vollblut ausgehen:

- Erythrozyten und Leukozyten werden nicht gleichzeitig an einer Meßstelle gezählt.
- Leukozyten werden nach Hämolyse der Erythrozyten gezählt. Eine Schwelle trennt Plättchen und Membranreste der Erythrozyten von den größeren Leukozyten ab.
- Normoblasten und alle übrigen kernhaltigen Vorstufen der Erythropoese werden als Leukozyten erfaßt und gezählt.
- Erythrozyten und Plättchen werden simultan gezählt und durch elektronische Schwellensetzung voneinander getrennt. Bei vielen Zählgeräten werden bei der Ery-Zählung auch Leukozyten miterfaßt: Bei Leukämien mit hoher Leuko-Konzentration können Fehlmessungen bei der Ery-Konzentration und dem Hämatokrit resultieren.
- Die Hämoglobin-(Hb-)Photometrie ist integraler Bestandteil der "Zähl"- und Differenziergeräte. Die photometrische Messung wird nach Hämolyse der Ery durchgeführt. Eine Hämolyse findet grundsätzlich auch vor jeder Leuko-Zählung statt. Deshalb wird bei vielen Systemen die Hb-Messung aus demselben Hämolysat durchgeführt, aus dem auch die Leukozyten-Zählung erfolgt. In anderen Systemen wird die Hb-Messung in einem separaten Kanal vorgenommen, der unabhängig von dem Leuko-Zählkanal arbeitet.
- Eine hohe Leukozyten-Konzentration kann die Hb-Photometrie beeinflussen: Das Hämolyse-Reagenz wird zwar in jedem Falle normale Ery lysieren, muß jedoch nicht auch eine Lyse der Leuko bewirken. In diesen Fällen verursacht die Trübung u. U. eine zusätzliche Streuung der Meßstrahlung: Eine falsch erhöhte Hb-Konzentration wird gefunden.
- Stark lipämische Proben oder Proben von Patienten mit Gammopathien können bei der Verdünnung zu Trübungen führen und ebenfalls die Hämoglobin-Konzentration verfälschen.

- Der Hämatokrit wird nicht in einem unabhängigen Kanal bestimmt, sondern im Erythrozyten-Kanal aus der Summe der Ery-Einzelimpulse gewonnen.
- Plättchen-Aggregate, deren Volumen in der Größenordnung des Leuko-Volumens liegt, werden als Leuko gezählt. Eine Fehlererkennung ist bei Zählgeräten mit Histogrammen (s. u.) und bei Differenziergeräten möglich, jedoch nicht bei Geräten ohne diese graphischen Zusatzinformationen (Verteilungskurven bzw. Punktdiagramme).
- Die Verdünnungen verschiedener Proben durchströmen nacheinander die gleichen Wege. Einflüsse durch Verschleppung sind daher besonders bei vollmechanisierten Geräten zu beachten, evtl. auch Einflüsse durch vorangeschickte unterschiedliche Lösungen bei teilmechanisierten Geräten.

Zu einigen Punkten ergänzende Details: Die Verschleppung im Leuko-Kanal eines hämatologischen Analysensystems kann Befunde signifikant verfälschen: So kann z. B. bei einer Verschleppung von 1 % das Zählergebnis einer leukozytopenischen Probe mit $0,5 \times 10^9$ Leuko/l in den Referenzbereich verschoben werden, wenn die Messung nach einem leukämischen Blut mit 400×10^9 Leuko/l erfolgt. Bei manueller Arbeitstechnik kann dieser Effekt durch Zwischenspülung nach Extremwerten unterdrückt werden, bei den meisten vollmechanisierten Systemen dagegen nicht. Wenn auch ein derartiger Fehler bei der technischen Validierung durch die MTA in der Regel eliminiert wird, ist dies doch gelegentlich eine Ursache für unplausible Befunde, die zu Rückfragen des behandelnden Arztes im Laboratorium führen können, der ja nicht die Möglichkeit hat, auf den vorausgehenden Meßwert in der Analysenserie zurückzugreifen.

Eine stark erhöhte Leukozyten-Konzentration (über 100×10^9 Leuko/l) kann das Hb-Ergebnis falsch erhöhen. In manchen Laboratorien wird bei den vorhandenen Zählgeräten die Hb-Konzentration schon angezweifelt, wenn die Leuko-Konzentration über 50×10^9 Leuko/l liegt. Erkennbar ist dieser Fehler an unplausiblen Ery-Quotienten: Ery richtig gemessen - Hb falsch hoch: MCH zu hoch.

Eine unterschätzte Fehlermöglichkeit ergibt sich aus der Bauart gewisser Systeme. Der Anwender muß wissen, ob das von ihm verwendete Zählgerät im Ery-Kanal eine obere Schwelle hat. Ohne diese - bzw. bei einer oberen Schwelle, die zu weit rechts liegt (s.u.) - können Leukozyten als Erythrozyten mitgezählt werden und damit bei Leukozytosen die Ery-Konzentration und den Hämatokrit verfälschen (in der Probenverdünnung für die Ery-Plt-Messung sind die Leukozyten vorhanden).

Bei den Zähl- und Differenziergeräten müssen die hier beschriebenen Probleme und Grenzen der Meßtechniken in Kauf genommen werden, weil sich diese aus grundsätzlichen physikalischen Gesetzmäßigkeiten und Eigenschaften des Probenmaterials ergeben. Es gibt jedoch für die Routineanalytik im hämatologischen Labor keine praktikablen Alternativen. Die Vorteile der mechanisierten Zähl- und Differenziersysteme überwiegen bei weitem: Vorteile, die sich mit manueller Technik oder anderer Methodik nicht erreichen lassen, sind u. a. die schnelle, rationelle und augenschonende Arbeitsweise, verbunden mit hoher Zählrate und der daraus resultierenden höheren Zählsicherheit. Des weiteren ist der von den heutigen Zählgeräten gelieferte Hämatokrit-(Hk-)Wert im Gegensatz zum Zentrifugalhämatokrit unabhängig vom eingeschlossenen Plasma.

Zusammenfassend kann aber festgestellt werden, daß alle unten skizzierten Geräte in der hämatologischen Routineanalytik zuverlässige Ergebnisse liefern, wenn die Störfaktoren der präanalytische Phase beachtet und Qualitätssicherungs-Maßnahmen durchgeführt werden. Es ist jedoch zu berücksichtigen, daß auch moderne Systeme bei atypischen Proben solche Zähl- und Differenzierergebnisse liefern können, die sich durch die Kammerzählung und mikroskopische Befundung nicht bestätigen lassen. Dieses kann dann der Fall sein, wenn extrem pathologische Werte vorliegen oder sich die Probeneigenschaften außerhalb der Gerätespezifikationen befinden. In diesen Anwendungsfällen und bei allen Zweifeln an apparativen Ergebnissen sind vorläufig die Zählkammer (v. Boroviczény 1987) und der gefärbte Blutausstrich mit den bekannten methodischen Einschränkungen immer noch die Referenz. Beide manuelle Techniken werden neben den Zähl- und Differenziergeräten ihre Bedeutung behalten.

4.1.2.3 Meßwertbeeinflussung

Bei jeder Partikelzählung in einer hämatologischen Probe mit einem Zählgerät sind grundsätzlich folgende Einflüsse zu berücksichtigen:

4.1.2.3.1 Störsignale: Ein hämatologisches Zählgerät ist nicht in der Lage, Zellen als solche zu erkennen; es kann nur Impulse zählen. Durch Wahl geeigneter Reagenzien (partikelfreie Verdünnungslösungen usw.) und Meßbedingungen (keine Kontamination des Gerätes und der zuführenden Schläuche usw.) werden die notwendigen Voraussetzungen zur Zählung geschaffen: Die an dem Meßwandler entstehenden Impulse werden dann - müssen aber nicht zwangsläufig - von Partikeln herrühren, die aus der Probe selbst stammen. An der Meßstelle können keine Zusatzinformationen gewonnen werden, die eine Unterscheidung Zellsignal/Störsignal erlauben. Liegen die Störimpulse in der Größe der Nutzsignale, werden sie als "Zellen" oder "Plt" gezählt: das Zählergebnis wird verfälscht. Die Kontrolle des "Leerwertes" muß daher Bestandteil jeder mechanisierten hämatologischen Messung sein, besonders wenn niedervolumige Partikel wie Plt gezählt werden.

Auf die Tatsache, daß die kernhaltigen Vorstufen der roten Reihe (Erythroblasten, Normoblasten) als Leukozyten gezählt werden, wurde schon hingewiesen. In seltenen Fällen, z. B. bei Proben von Patienten, die mit Zytostatica behandelt werden, kann die Blutprobe eine veränderte Zellpopulation mit fragilen Zellen oder Zelltrümmern enthalten: Hier können verfälschte Zählergebnisse (z. B. für Leukozyten) gefunden werden.

4.1.2.3.2 Schwellensetzung: Nicht alle korpuskulären Blutbestandteile lassen sich aus einer Verdünnung zählen - schon für die Ery- und Leuko-Zählung müssen zwei Verdünnungen angesetzt werden. Trotzdem ist ein prinzipielles Problem nicht zu beseitigen: Die Abhängigkeit des Zählergebnisses von der Lage einer elektronischen Schwelle, die zur Ergebnisgewinnung immer gesetzt werden muß.

a) Bedeutung einer unteren Schwelle: Bei jeder Zählung von Blutzellen sind die an der Meßstelle entstehenden Meßsignale von einem elektronischen "Rauschen" überlagert, das bereits an der Eingangsstufe des Verstärkers vorliegt und das parallel mit diesen Signalen verstärkt wird. Das Grundrauschen des Meßwandlers - genauer gesagt seines entsprechenden "Ersatzwiderstandes" - ist als Summe sehr vieler kleiner und einer geringen Zahl größerer Impulse bzw. als Frequenzgemisch aufzufassen. Dieses wird jeden Zählvorgang beeinflussen, wenn sein Frequenzspektrum gegenüber dem der Nutzsignalenicht zu vernachlässigen ist. Diese Überschneidung Nutz/Störsignal ist bei der Zählung kleiner Partikel, d. h. bei der Plt-Zählung gegeben. Es ist daher unumgänglich, im Grenzbereich zwischen Rauschen und dem

Meßbereich der Plt (ab 2 fl) eine "untere" Schwelle zu setzen, die die Rauschsignale abschneidet. Eine solche Schwelle ist auch aus einem weiteren Grund erforderlich: Die verdünnte Blutprobe ist eine Suspension, die nicht nur Blutzellen und Plt enthält. Die Matrix beinhaltet Schwebstoffe und Partikel, die z. B. von zerfallenen Zellen herrühren und die im Volumenbereich unterhalb der Plt angesiedelt sind. Diese Partikel werden bei der Zählung ebenfalls Signale ergeben, die bis in den Meßbereich der Plt hineinreichen - die resultier<enden Störsignale müssen daher "abgeschnitten" werden.

Aus den vorgenannten Gründen würde ein Fehlen oder eine Verstellung der unteren Schwelle die vom Zählgerät angezeigte Plt-Konzentration (Zählwert) in weiten Grenzen verändern.

b) Bedeutung oberer Schwellen und von Schwellen zwischen verschiedenen Zellarten: Weitere Schwellen müssen gesetzt werden: Nach "oben" schließt sich an die Population der Plt die der Ery an. Zwischen beiden Populationen ist eine exakte Trennung erforderlich. Sinngemäß gilt das gleiche für die Ery--Zählung: Hier sind einerseits nach "unten" die Plt abzutrennen. Andererseits sind bei der Ery-Zählung in der Probenverdünnung grundsätzlich noch Leuko vorhanden, die ohne Schwelle als Ery mitgezählt werden würden. Diese Leuko sollten ebenfalls über eine Schwelle abgetrennt werden. Die Problematik dieser Schwelle kann darin bestehen, daß sie kleinzellige Leuko nicht "abschneidet", wenn sie zu weit rechts liegt.

In diesem Zusammenhang ist auch die Schwellen-Position innerhalb einer mehrgipfeligen Leukozyten--Verteilungskurve (z. B. bei den Analysensystemen mit Leukozyten-"Vordifferenzierung") zu erwähnen. Bei den heutigen Geräten dieser Art (s. 4.2.2.3.3) werden die Schwellen (Diskriminatoren) entweder vom Analysensystem für jede Probe individuell gesetzt oder fest vorgegeben. Für spezielle Meßaufgaben (z. B. Tierblutanalytik) sind solche Geräte vorzuziehen, die Verteilungskurven speichern und eine nachträgliche "Bearbeitung" dieser Kurven durch den Anwender erlauben. Nach Aufrufen der Kurven auf den Bildschirm sind die Schwellen manuell zu verstellen. Das dadurch veränderte Zählergebnis wird automatisch errechnet.

4.1.2.3.3 Koinzidenz- und Rezirkulationsproblematik: Bei jeder Partikelzählung einer Suspension treten zufällige Koinzidenzen auf, die das Meßergebnis verfälschen: Passieren zwei oder mehr Partikel den Meßwandler simultan, werden sie als ein Partikel erfaßt. Diese statistische Gegebenheit kann durch Maßnahmen wie hohe Verdünnung und Messung in einem Zentralstrahl zwar minimiert, aber grundsätzlich nicht ausgeschlossen werden. Eine Koinzidenz-Korrektur ist daher in jedem Zählgerät vorhanden; die zur Ergebniskorrektur angewandten Formeln sind hersteller-spezifisch und nicht deklariert.

Mathematische Koinzidenz-Korrekturen basieren auf zwei Voraussetzungen, die in Blutproben und den Blutverdünnungen jedoch nicht immer gegeben sind, nämlich, daß alle Partikel das gleiche Volumen haben und alle Partikel sich meßtechnisch gleich verhalten. Eine ausführliche Darstellung dieser Problematik wurde kürzlich von Jakschik (1990) veröffentlicht.

Eine Signalverfälschung tritt beim Widerstands-Meßprinzip auch dann auf, wenn die aus der Meßöffnung tretende Zelle nicht gradlinig weiterfließt, sondern sich durch Rezirkulation nochmals der Öffnung nähert. Die Zelle tritt dann erneut in den Bereich hoher Feldstärke ein und verursacht einen weiteren Impuls oder eine Impulsverbreiterung.

Diesem durch das Strömungsverhalten verursachten Effekt wird durch das Zentralstrahlprinzip entgegengewirkt. Auch andere Prinzipien werden angewandt, um Signalverfälschungen zu reduzieren: das "Sweep Flow"-Prinzip, in dem eine quer zur Meßöffnung strömende Flüssigkeit verwendet wird (Details bei Rowan 1983). Eine weitere Methode besteht im Einsatz der "van Behrens Plate", einer hinter der Meßöffnung angeordneten "Lochblende", durch die die Blutverdünnung abgesaugt wird. Auf weitere Spezialprobleme der Signalverfälschung, die u. a. eine Erörterung der "Formfaktoren" von Zellen und gerätebedingte "Totzeiten" erfordern würde, kann hier nicht eingegangen werden. Eine ausführliche Darstellung dieser Probleme wurde mehrfach von Thom (1972, 1987) und von Jakschik (1990) gegeben.

4.1.2.4 Kalibration und Richtigkeit der Zellzählung

Die ursprünglichen - schon vor über 30 Jahren entstandenen - Zählgeräte saugten ein definiertes Volumen an und zählten sämtliche darin befindliche Zellen bzw. Partikel. Bei bekanntem Verdünnungsverhältnis konnte anhand des Zählergebnisses sofort die Zellkonzentration in der Probe errechnet werden. Dieses Absolut-Meßverfahren ist vom Prinzip her optimal, weil dabei das Meßergebnis nicht auf einen Kalibrator (Kontrollblut) bezogen werden muß.

Das relative Meßverfahren verwendet eine im Gerät hergestellte Probenverdünnung, die zwar reproduzierbar ist, deren Verdünnungsverhältnis jedoch nicht exakt definiert ist. Dieses Verfahren ist daher auf einen Kalibrator angewiesen. Beim Relativ-Meßverfahren erhöht sich dadurch der Bedienungsaufwand durch den unumgänglichen Kalibriervorgang - abgesehen von den Problemen, die eine Partikelsuspension mit unphysiologischem Verhalten oder ein Kalibrierblut mit begrenzter Haltbarkeit mit sich bringt (vergl. 4.1.7). Es wird in diesem Zusammenhang oft nicht berücksichtigt, daß der Kalibrierfaktor eines Zählgerätes nicht nur von der Konzentration, sondern auch von den Partikeleigenschaften (Volumen, Formfaktor) abhängt. Diese spezielle Objektabhängigkeit des Kalibrierfaktors kommt ausschließlich über die bei den Zählgeräten angewendete Koinzidenzkorrektur zustande (Jakschik und Schulze 1988).

Der Unterschied zwischen dem absoluten und dem relativen Meßverfahren in der Hämatologie geht aus Abb. 4-3 hervor. Thom (pers. Mitt.) stellt das Absolutverfahren als überlegen heraus, weil "die Zellzählung nicht über die Zählrate, sondern definitionsgemäß als Zellzahl pro Volumen ermittelt wird. Hierdurch entfällt im Routinebetrieb das Kalibrierreagenz, das erforderlich ist, um den Meßwert Zellzahl/-Zeit in Zellzahl/Volumen zu transformieren". Aus diesem Grunde haben manche Hersteller das Absolut-Meßprinzip ausschließlich angewandt. Heute wird es zunehmend in den Großgeräten der führenden Gerätefirmen realisiert.

Ergänzend sollen zwei Prinzipien beschrieben werden, die dazu dienen, den Meßvorgang selbst zu kontrollieren. Es ist offensichtlich, daß ein teilweises oder vorübergehendes Verstopfen der engen Meßöffnung beim Widerstands-Meßprinzip das Zählergebnis verfälschen muß. Die Fa. Coulter verwendet z. T. drei Meßwandler, die parallel arbeiten und über Lupen betrachtet werden können. In anderen Systemen findet eine portionsweise Dreifach-Messung des Ansatzes in nur einer Kapillare statt. Die Teilergebnisse werden miteinander verglichen, bei abweichenden Werten wird gesperrt. In den Sysmex-Geräten der TOA Medical Electronics wird zunächst die Meßzeit für das definierte Meßvolumen überprüft: Eine Überschreitung um 10 oder mehr Prozent führt zu einer Fehlermeldung. Innerhalb der Meßzeit wird der Zählvorgang in gleiche Meßintervalle von je 0,5 oder 1,0 sec zerlegt, deren einzelne Zählwerte miteinander verglichen werden. Abweichungen innerhalb der Teilergebnisse führen ebenfalls zu einer Zählwiederholung bzw. Sperrung des Zählergebnisses.

4.1.2.5 Ergebnisvergleich mit Referenzmethoden

In der hämatologischen Analytik gibt es nur zwei Verfahren, die mit *präzisen* Referenzmethoden überprüft werden können: Hämoglobin und Hämatokrit. So ist die von

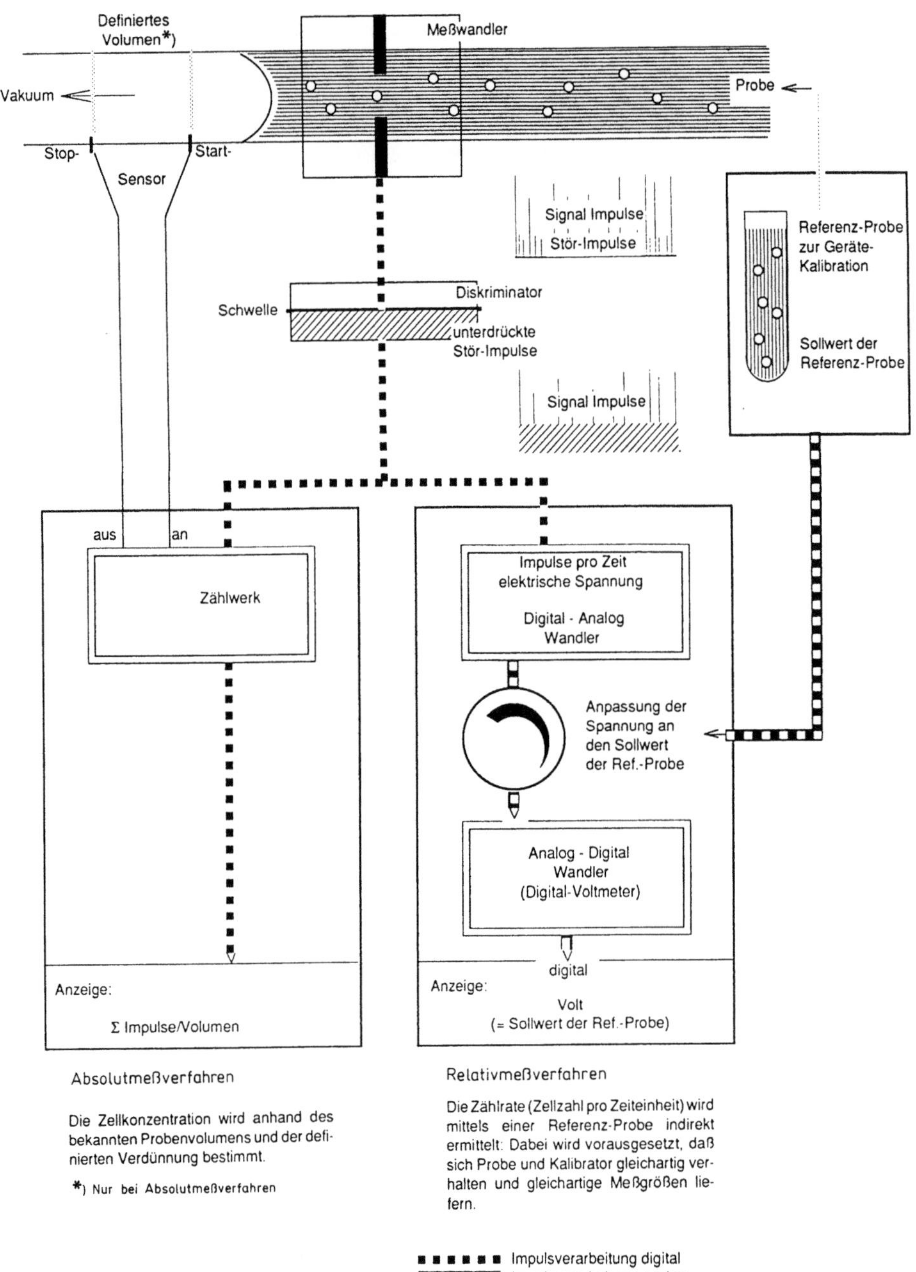

Abbildung 4-3. Absolut- und Relativ-Messung bei Zellzählgeräten, schematisch. Nach Thom (1979 in R. Haeckel), modizifiziert

einem hämatologischen Analysensystem ausgegebene Hb-Konzentration durch Vergleichsmessung an einem manuellen Photometer mit der standardisierten Cyanmethämoglobin-Methode (s. 2.1.4.1) leicht zu kontrollieren- bei richtiger Kalibration des Photometerteils im Zählgerät sind keine Unterschiede zu erwarten, weil das gleiche Methodenprinzip angewendet wird.

Beim Hämatokrit liegen die Verhältnisse prinzipiell anders: Der "Hämatokrit" ist per definitionem der mit der Zentrifuge erstellte Wert. Als Referenzmethode ist dieses einfache und wenig störanfällige Verfahren unumstritten, da Verfälschungen durch eingeschlossenes Plasma oder durch schwere Erkennbarkeit des unteren Randes des Sediments kaum ins Gewicht fallen. In der Routine wird die Hämatokritzentrifuge seit Einführung der Zählgeräte in der Routineanalytik jedoch nur noch vereinzelt eingesetzt (ein mechanisiertes Hämatologiesystem mit integrierter Meßeinrichtung für den Zentrifugalhämatokritwert wurde -mit beträchtlichem technischen Aufwand- nur im Hemalog 8 der Firma Technicon realisiert, das aber seit 1980 nicht mehr gebaut wird). Bei den heutigen hämatologischen Zählgeräten wird der Hämatokrit prinzipiell anders erhalten: Dieser Hämatokrit ist immer abhängig von der Zahl der erfaßten Ery und deren Volumina (bzw. Impulshöhen). In Geräten mit Absolutmeßprinzip (vergl. 4.1.2.4 und die Abb. 4-3, 4-4 und 4-6) wird ein "Hämatokrit" erhalten, indem die volumenproportionalen Ery-Einzelimpulse eines definierten Probenvolumens addiert werden. Dieser Geräte-Hämatokritwert kann mit Frischblut auf den Wert des Zentrifugen-Hämatokrits hin kalibriert werden, so daß für alle Humanblutproben innerhalb der Gerätespezifikationen mit einer Übereinstimmung zu rechnen ist. Grundsätzlich sind jedoch auch hier die in den vorangehenden Abschnitten skizzierten Einflüsse auf die Messung vorhanden.

Es wurde schon erwähnt, daß zur Bestimmung der Zellkonzentrationen bisher noch die Zählkammer als Referenz dient - ein umständliches Verfahren, das auch bei sorgfältiger Einhaltung der Arbeitsbedingungen eine schlechte Präzision besitzt. Hieraus erklärt sich, daß manche Hersteller von Zählgeräten wohl eine Kalibriermöglichkeit für den Hb- und Hk-Kanal vorsehen, die Zählkanäle jedoch mit einem Absolut-Meßverfahren ausstatten.

Die Forderungen des International Committee for Standardisation in Hematology (Rowan 1990) an ein Referenzzählgerät sind sinngemäß:

- Die Zählung sollte aus einem exakt definierten und bekannten Blutvolumen heraus erfolgen.
- Die Zellen sollten einzeln gezählt werden.
- Die Zellen sollten nur einmal gezählt werden.
- Jede gezählte Zelle sollte durch Diskrimination (Schwellensetzung) von anderen Partikeln abgegrenzt werden.
- Meßwertverfälschungen durch Zählimpulse, die nicht von Partikeln herrühren, sollen ausgeschlossen sein.
- Die Methode soll für Proben von Gesunden und Kranken geeignet sein. Es wird als unvermeidbar angesehen, daß spezielle Proben bzw. Kontrollmaterialien ein abweichendes Verhalten beim Zählprozeß besitzen.

Weitere Details zu diesen Fragen beschrieben 1984 das International Committee for Standardisation in Haematology und Lewis (1985).

4.1.3 Errechnete Kenngrößen

Alle in dem Teil 4.2 dieses Kapitels zusammengefaßten Zählgeräte besitzen maximal drei voneinander unabhängige Meßstellen: Hb-Photometer, Zähleinrichtung für Leukozyten, Einrichtung für die simultane Zählung von Erythrozyten und Plättchen. Die Tatsache, daß die dort skizzierten Zählgeräte jedoch bis zu 18 Parameter liefern, läßt nur einen - zutreffenden - Schluß zu: Alle übrigen Parameter werden aus den Signalen abgeleitet, die an den 3 Meßstellen entstehen.

Auf die Tatsache, daß Ery und Plt durch elektronische Klassifizierung der Meß-impulse getrennt und auf diese Weise individuell gezählt werden, wurde schon hingewiesen. Die Erythrozyten-Quotienten sind "per definitionem" Rechenwerte aus drei Meßgrößen: Erythrozyten-Konzentration, Hämoglobin-Konzentration und Hämatokrit. Wie später gezeigt wird, erlauben geeignete Reagenzien und variable Schwellen die meßtechnische Aufteilung der Leukozyten in 2 oder mehr Sub-Populationen. Auch diese Auftrennung ist ein elektronisches "Klassifizieren" oder "Sortieren" und keine explizite Messung oder Zählung.

Die moderne Elektronik erlaubt es, die an den Meßstellen von Zählgeräten anfallenden Signale nahezu beliebig "aufzubereiten", d. h. zu korrelieren, sortieren, klassifizieren, zu unterteilen usw. Der praktische Nutzen derart leicht erhältlicher Parameter ist nicht in allen Fällen belegbar; Wert oder Unwert sollen hier nicht beurteilt werden. Vom Anwender ist jedoch stets zu bedenken:

- Einige der zusätzlichen neuen Parameter sind gerätespezifisch: Einzelne Hersteller haben bestimmte Größen (MPV = mittleres Plt-Volumen, P-LCR = Platelet--Large-Cell-Ratio, Pkt = Plateletkrit usw.) für eigene Geräte "reserviert", wahrscheinlich mit patentrechtlichen Schritten.
- Die aus den Leukozyten-Größenverteilungskurven abgeleiteten zusätzlichen Parameter sind reagenzienabhängig: Bei Verwendung von Reagenzien, die nicht exakt auf das Zählgerät abgestimmt sind, werden abweichende Resultate erhalten.

Aus beiden Gegebenheiten folgt, daß einige der zusätzlichen Parameter des kleinen Blutbildes - oft mit den 8 Basisparametern als "erweitertes kleines Blutbild" zusammengefaßt - nicht oder nur bedingt miteinander vergleichbar sind, wenn sie mit verschiedenen Geräten erstellt wurden. Es ist weiterhin zu beachten, daß Parameter wie RDW (= Red Cell Distribution Width, "Breite der Erythrozyten-Verteilungskurve") unterschiedlich definiert sein können. Auf erhebliche Diskrepanzen der MCHC-Werte zwischen dem Coulter Counter Model S Plus IV und dem Sysmex E-5000 weist z. B. Rowan (1990) hin. Die MCHC-Werte des Sysmex-Gerätes und des Technicon H-1-Systems stimmen nach Rowan sehr gut mit einer Bezugs-Methode überein. Auf die mögliche Messung der Hb-Konzentration in einzelnen Erythrozyten wird in 4.3.5.1 hingewiesen.

4.1.4 Präanalytische Einflußgrößen und Störfaktoren

4.1.4.1 Probenmaterial

Für alle Analysensysteme wird in der Regel als Probenmaterial (Spezimen, Untersuchungsgut) Venenblut verwendet, das mit EDTA ungerinnbar gemacht wird. Zu beachten ist das richtige Mischungsverhältnis zwischen Probenvolumen und dem meist als Kaliumsalz der Ethylen-Diamino-Tetraessigsäure vorgelegten Antikoagulanz. Eine zu hohe EDTA-Endkonzentration durch unzureichende Befüllung des Abnahmesystems würde das mittlere Erythrozyten-Volumen (MCV) und den MCHC--Wert verändern. Gleichzeitig würde es - bei flüssig vorgelegtem Gerinnungshemmer - durch die zu hohe Verdünnung zu einer fälschlichen Verminderung der Zell- und Hämoglobinkonzentrationen kommen. Das vom Hersteller für das Abnahmesystem empfohlene Füllvolumen (Blutvolumen) ist daher einzuhalten, um die Endkonzentration des Gerinnungshemmers EDTA (ca. 4 mmol/l) sicherzustellen.

Kapillarblut sollte lediglich in den Fällen eingesetzt werden, in denen venöses Blut nur mit großen Schwierigkeiten gewonnen werden kann (Pädiatrie, Geriatrie) oder wenn bei Tendenz zur Plt-Aggregation eine sofortige Aufschwemmung in Suspensionslösung erforderlich ist (vergl. 4.1.4.2). Auf mögliche Fehlerquellen und die u. U. stark abweichenden Werte des Kapillarbluts im Vergleich zum venösen Blut wurde mehrfach hingewiesen (Schneider 1983) - z. B. höhere Leukokozyten- und Lymphozyten-Konzentrationen, niedrigere Plt-Konzentrationen, Verdünnung durch Gewebeflüssigkeit bei zu starkem Quetschen, unzureichende Standardisierung der Entnahmebedingungen usw. Kapillarblut als Probenmaterial ist besonders problematisch, wenn ein mechanisiertes Differentialblutbild oder ein Leukozyten-Histogramm erstellt werden soll.

4.1.4.2 Aggregatbildung

Der mit Abstand häufigste präanalytische Fehler in der gesamten hämatologischen Analytik kann im Laboratorium nicht mehr behoben werden: Ein mangelhaftes Mischen der Blutprobe mit dem Gerinnungshemmer. *Unmittelbar* nach der Entnahme muß durch mehrfaches Schwenken des Röhrchens für homogene Zumischung des EDTA gesorgt werden (nicht schütteln). Eine mangelhafte Mischung führt zu Mikrogerinnseln (Aggregaten) und damit zu fehlerhaften Werten (Plt, Leuko).

Weitere Störmöglichkeiten ergeben sich durch besondere Eigenschaften mancher Blutproben. Hier ist zunächst die durch EDTA induzierte Plt-Aggregation zu nennen, die in Einzelfällen schon 10 bis 20 min nach der Entnahme zu einem starken Abfall der Plt-Zahl bis in pathologische Bereiche führen kann. Diese seltenen Fehler können durch ein Ausstrichpräparat der Probe bestätigt werden. Bei den entsprechenden Patienten muß die (EDTA-)Blutprobe unmittelbar nach der Entnahme - am besten noch warm - analysiert bzw. mit isotonem Suspensionsmedium vorverdünnt werden. Eine weitere Möglichkeit besteht in der Verwendung von Heparin oder Zitrat für die Antikoagulation von Venenblut. Wegen unvollständiger Diskozyten-Sphärozyten-Transformation ist allerdings bei Benutzung dieser Antikoagulantien ein von dem Gerät ermitteltes Plt-MPV nicht verwertbar. Bei EDTA-induzierter Plt-Aggregation kann außerdem mit antikoagulanzbeschichteten Glaskapillaren Kapillarblut entnommen werden, das anschließend sofort mit isotoner Lösung vorverdünnt wird.

Eine weitere häufige Störquelle ist die Erythrozyten-Aggregation durch Kälteagglutinine. Dieser Störfaktor führt zu unplausiblen Erythrozytenquotienten, die wiederum aus einer zu niedrig gemessenen Ery-Konzentration bei unverfälschter Messung der Hb-Konzentration herrühren. In diesen Fällen hilft häufig das Warmhalten oder das nachträgliche Erwärmen der Probe in einem Wasserbad (37 °C) mit anschließender Mischung und sofortiger Zählung. Eine Leukozyten-Aggregation nach der Entnahme ist extrem selten. Häufigere Störquellen bei einer mechanisierten Zellzählung ergeben sich durch lipämische Proben: Hier kann der Hb-Wert falsch zu hoch gemessen werden; Chylomikronen können auch als Zellen oder Plt erfaßt werden. Paraproteine, die in unphysiologischem Milieu präzipitieren, können die Ergebnisse in gleicher Weise beeinflussen.

Die vorstehend skizzierten Störmöglichkeiten können bei kritischer Prüfung der Meß- und Zählwerte (Hb, Ery) an Hand der abgeleiteten Quotienten bzw. der Histogramme und Verteilungskurven in den meisten Fällen erkannt werden (s. 4.2.2.3). Unplausible Werte sind stets mit ergänzenden oder zusätzlichen Verfahren abzuklären.

4.1.4.3 Zulässiges Probenalter

Allgemein gilt, daß mit steigender Zahl von Meßgrößen, die aus der Probe erhalten werden sollen, das Alter der Blutprobe kritischer wird. Die Ergebnisse für Ery, Hb und Leuko von Blutproben, die einen Tag alt sind, können noch verwertet werden. Die Hb- und Ery-Konzentrationen sind sogar noch länger stabil. Bei älteren Blutproben ist zu beachten, daß Plt-Aggregate als Leukozyten gezählt werden können - ein Fehler, der bei einfachen Zählgeräten, die keine Plt- und Leuko-Volumenverteilungs-Kurve erstellen (s. 4.2), nicht erkannt werden kann.

Von den Ery-Quotienten darf der MCV-Wert nicht verwendet werden, wenn die Blutprobe älter als 8 bis 12 Stunden ist: In älteren Blutproben wird ein erhöhter MCV gefunden - ein Effekt, der sich aus dem Zusammenwirken der gealterten Ery mit dem Verdünnungsmedium ergibt.

Auf Besonderheiten der Plt-Zählung und die Plt-Aggregation wurde schon im Teil 4.1.4.2 hingewiesen. Die Plt-Aggregation ist in manchen EDTA-Proben nicht zu verhindern und kann immer erst im nachhinein erkannt werden. Aus diesem Grunde muß der Plt-Konzentrationswert einer alten Blutprobe (älter als 12 bis 24 Stunden, ggf. auch nur wenige Stunden alt) stets kritisch bewertet werden. Ältere Proben mit Plt-Konzentrationen unterhalb des Referenzbereichs müssen daher nachkontrolliert werden: Dazu ist ein Ausstrichpräparat der Probe anzufertigen, in dem auf Plt--Aggregate zu achten ist. Unter dem Aspekt der Plt-Zählung in älteren Proben besitzen Systeme mit einer Plt-Volumenverteilungskurve Vorteile: Hier ist eine Plt--Aggregation meist am Kurvenverlauf erkennbar.

Bei Geräten für ein "erweitertes kleines Blutbild" und bei Differenziersystemen gilt, daß eine *zu frische* Blutprobe *kein* aussagekräftiges Leukozyten-Histogramm liefert. Voraussetzung für ein Leukozyten-Histogramm und die daraus abgeleiteten Parameter ist, daß der Gerinnungshemmer EDTA mindestens 20-30 Minuten auf die Probe eingewirkt hat. Andererseits werden bereits nach 24stündigem Stehen der Blutproben bei Raumtemperatur die Kurvenform und die Auftrennung in jene Fraktionen, die die Frischblut-Probe zeigt, nicht mehr gefunden.

4.1.5 Abfallbeseitigung und Umweltschutz

Der Abfall hämatologischer Analysensysteme ist wie jeder andere Abfall im klinischen Laboratorium als problematisch anzusehen. *Zusätzliche* Probleme ergeben sich durch den Einsatz dieser Geräte nicht, weil praktisch jedes hämatologisch arbeitende Routinelaboratorium die Hämoglobinphotometrie unter Verwendung cyanidhaltiger Reagenzien durchführen muß. Für die Abfälle von hämatologischen Analysensystemen gilt:

- Die Lösungen sind potentiell infektiös.
- Die Lösungen enthalten freies und gebundenes Cyanid sowie leicht lösliche Salze, die nach der neuen TA (Technische Anleitung) als Sondermüll gelten.

Schon wegen der erstgenannten Gegebenheit ist im Hinblick auf die Abfallbeseitigung die TA Sondermüll (Kennziffer 97101) zu beachten. Der Cyanidgehalt kompliziert die Situation zusätzlich: Cyanid ist ein notwendiger Reagenzienbestandteil der von INSTAND und NCCLS empfohlenen Standardmethode zur Hämoglobin-Bestimmung. Eine Vergiftungsgefahr durch freies oder komplex gebundenes Cyanid ist jedoch auszuschließen: Die im Abfall vorliegende CN-Konzentration ist so gering, daß sie bei Einnahme nie zu einer Gesundheitsgefährdung führen könnte. Theoretisch wäre eine Gefährdung dann vorstellbar, wenn große Mengen der cyanidhaltigen Lösung in kleinen geschlossenen Räumen mit Säuren versetzt werden (Bildung von gasförmigem Cyanwasserstoff).

Diese Gegebenheiten ändern nichts an der Tatsache, daß nach den heutigen bundeseinheitlichen Gesetzen mit ihren regional unterschiedlichen Ausführungsbestimmungen alle "verbrauchten Lösungen" als Sondermüll anzusehen und zu entsorgen sind. Die pro Einzelanalyse anfallenden Volumina verbrauchter Lösungen liegen je nach Analysensystem zwischen 3 und 50 ml. Im Routinebetrieb werden diese - theoretischen - Volumina überschritten, weil in der Routine auch Spülvorgänge durchzuführen sind.

Ein latentes Gefahrenpotential besitzen manche Zählgeräte auch heute noch: Quecksilbergefüllte Vorrichtungen zur Volumenmessung bzw. Vakuum-Regulierung. Bei diesen Geräten ist die Gefahr der Entwicklung gesundheitsschädlicher Dämpfe gegeben, wenn Quecksilber austritt - eine Gefahr, die auch nach der Außerbetriebnahme weiterbesteht. (Chronische Quecksilbervergiftung durch verdunstendes Hg führt u. a. zu Zahnfleischbluten mit Zahnausfall, Haarausfall, Merkschwäche und Persönlichkeitsabbau).

4.1.6 Kostenbetrachtungen

Die Marktgegebenheiten sorgen für eine vergleichbare Kostensituation bei allen Zählgeräten. Es wurde mehrfach erwähnt, daß bei der Messung eine Vielzahl von Größen Einfluß auf das Ergebnis hat und daß aus diesem Grunde herstellerspezifische Reagenzien für eigene Geräte entwickelt werden. Diese sind nicht oder nur bedingt für ähnliche Geräte anderer Hersteller verwendbar. Oft sind auch die systemspezifischen Reagenzien eines Herstellers nicht für sämtliche von ihm produzierten Gerätetypen einsetzbar. Zählgeräte sind mit den zugehörigen Verbrauchsmaterialien als "geschlossene Systeme" anzusehen; die Eigenherstellung von Verdünnungslösungen usw. gehört zu den Ausnahmen und führt bei Gerätestörungen zu Diskussionen über die Gewährleistung.

Die theoretisch errechenbaren Verbrauchskosten liegen bei Zählgeräten ohne zusätzliche Vorverdünnung pro Probe zwischen DM 0,20 und 0,30. Diese Zahlen werden in der Praxis überschritten, weil naturgemäß bei solchen verkaufsorientierten Rechnungen die Spülvorgänge oft "vergessen" oder große Serien (ohne Spülungen) vorausgesetzt werden. Teilmechanisierte Zählgeräte erfordern zwei Becher für die zusätzlichen Verdünnungen; durch diese erhöhen sich die Folgekosten um ca. DM 0,25 (für zwei Becher). Weil mit ungeeigneten Bechern fehlerhafte Ergebnisse erhalten werden (Kuse 1990), ist von der Mehrfachverwendung der Becher abzuraten.

Bei Differenziergeräten liegen die theoretischen Verbrauchskosten pro Probe zwischen DM 0,40 und 0,60 - auch hier gelten die gleichen Gesichtspunkte wie oben angegeben, d. h. die aus der Packungsgröße zu errechnenden Probenzahlen bzw. Kosten sind im Routinebetrieb nicht einzuhalten.

4.1.7 Qualitätssicherungsmaßnahmen

Die vorstehend skizzierten Kennzeichen der Meßtechnik, der Zählgeräte und des Probenmaterials lassen erkennen, daß eine hämatologische Analytik ohne Qualitätssicherung den Wert der erhaltenen Ergebnisse in Frage stellt.

Voraussetzung für eine optimale Analytik ist zunächst geschultes Personal, eine sorgfältige und regelmäßige Reinigung, Pflege und vorbeugende Wartung des Systems sowie die Verwendung der vorgeschriebenen, qualitätsgeprüften Reagenzien und sonstigen Verbrauchsmaterialien. Das umfangreiche Gebiet der Qualitätssicherung in der Hämatologie kann hier nicht erschöpfend abgehandelt werden. Als wichtigste Punkte seien herausgegriffen:

- Beachtung der numerischen Werte des Analysenergebnisses: Sind die Erythrozyten-Quotienten plausibel?
- Beachtung der vom Zählgerät ausgegebenen Warnhinweise.
- Beachtung der Zusatzinformationen (Volumen-Verteilungskurven, Scattergramme).
- Beachtung der Serien-Mittelwerte bzw. des "daily mean" - eines Parameters, der auch bei größeren Serien klinischer Proben erstaunlich konstant ist.
- Mitführen einer geeigneten und vom Hersteller empfohlenen Kontrollblutprobe innerhalb der deklarierten Verwendungszeit, Führen eines QC-Heftes oder einer QC-Karte im Labor, wenn möglich auch Dokumentation der laufenden QC durch die Software des Analysators.
- Zur Kontrolle der Ery-, Leuko- und Hb-Konzentration können Routineproben vom Vortag verwendet werden. Erfahrungsgemäß sind auch die Hämatokrit-Werte nur wenig verändert.
- Bei teilmechanisierten Systemen: Verwendung einer vom Hersteller empfohlenen Latexpartikel-Suspension, mit der der Zählvorgang und der Hämatokrit überprüft werden kann, mit der jedoch nicht kalibriert werden darf.
- Bei teilmechanisierten Systemen: Verwendung einer systemkonformen stabilisierten Cyanmethämoglobin-Lösung, die direkt gemessen werden kann.

- Teilnahme an hämatologischen Ringversuchen mit sorgfältiger Beachtung des "Geräteschlüssels" bei der Abgabe der Ergebnisse (im nationalen Rahmen führen INSTAND und die Deutsche Gesellschaft für Klinische Chemie hämatologische Ringversuche durch).

Zu dem letztgenannten Punkt ist wichtig: Bei dem Material für hämatologische Ringversuche handelt es sich nicht um humanes Frischblut. Dieses wäre ein ideales Material, ist jedoch wegen der begrenzten Haltbarkeit nicht für den Versand geeignet. Alle Zählgeräte sind jedoch für *Frischblut*, das nur wenige Stunden alt ist, optimiert. Bestimmte Eigenschaften nativer Blutzellen ändern sich im Kontrollblut bei der notwendigen Konservierung. Kontrollblute mit humanen Leukozyten enthalten diese in fixierter Form (meist Glutaraldehyd), damit sie für einen Zeitraum von Wochen bis Monaten stabil bleiben und mit Zählgeräten erfaßbar sind. Diese Leukozyten sind jedoch nicht für das mikroskopische Zählkammerverfahren geeignet, weil sie nicht oder nur schlecht erkennbar sind. In manchen Ringversuch-Proben sind Leukozyten durch andere Zellen "nachgebildet", z. B. durch fixierte kernhaltige Vogel-Erythrozyten.

Es hat langer und sorgfältiger Versuche bedurft, geeignete Kontrollblutproben für einzelne Hämatologie-Systeme herzustellen. Einen Überblick über die Probleme bei der Entwicklung eines Kontrollblutes gibt Spaethe (1987). Ein für *alle* Geräte und alle (!) Meßgrößen des Blutbildes geeignetes Kontroll- oder Ringversuchs-Blut gibt es noch nicht. Aufgrund der unterschiedlichen meßtechnischen Verfahren und Konstruktionen in der Vielzahl der Zählgeräte kann nicht damit gerechnet werden, daß jedes Kontrollblut in jedem Gerät gleiche Ergebnisse für die einzelnen Meßgrößen ergibt. Dieser Tatsache steht nicht entgegen, daß die Zählgeräte für humanes Frischblut trotzdem richtige und vergleichbare Zählwerte liefern. In Unkenntnis dieser Gegebenheit wird von manchen Anwendern gelegentlich ein überaltertes Ringversuchs-Blut als Kalibriermaterial verwendet, und zwar in dem Sinne, daß nach der Auswertung auf die dann bekannten Zielwerte einzelner Parameter hin die Kalibrierung verändert wird. Dieses Vorgehen kann zu erheblichen Fehlern führen. Außerdem verbieten sich nach Thom (1990) generell Kalibrierungen auf den Zielwert des Ringversuches, "da dadurch für die Analyse pathologischer Blutproben wesentliche, dem Anwender nicht bekannte Justierungen beeinträchtigt werden können". Speziell bezogen auf das MCV und den Hämatokritwert kann festgestellt werden, daß für Ringversuche solches Kontrollblut verwendet werden sollte, das "erst wenige Tage vor dem Versuchsbeginn hergestellt (wird) und somit den Forderungen der Richtlinien der Bundesärztekammer nach möglichst großer Ähnlichkeit zwischen Patientenblut und Kontrollmaterial (entspricht)" (Kruse und Thom 1990). Die gleichen Autoren stellen fest: "Kommerzielles Kontrollmaterial, das im Interesse der Langzeitstabilität zumeist mehr oder minder denaturierte, in unphysiologischem Milieu suspendierte Erythrozyten enthält, ist für Ringversuche denkbar ungeeignet."

Für ein qualitätsbewußtes Laboratorium ist die Beachtung sämtlicher oben genannter Punkte eine Selbstverständlichkeit. Im Gruppenlabor niedergelassener Ärzte und der Gemeinschaftspraxis ist jedoch eine konsequente Qualitätssicherung in der Hämatologie nicht überall realisiert. Bisher fehlt eine Gegebenheit, die in der Klinischen Chemie wesentlich zur Förderung der Analysenqualität beigetragen hat: Die Teilnahme an hämatologischen Ringversuchen ist noch freiwillig, und das erfolgreiche Bestehen ist noch keine Voraussetzung zur Abrechnung. Hämatologische Ringversuche sind nicht in den Richtlinien der Bundesärztekammer (RiLiBÄK) enthalten. Die immer noch existierende Situation ist unbefriedigend und führt dazu, daß heute noch Analysensysteme verwendet werden, die "weder zur orientierenden noch zur differentiellen hämatologischen Diagnostik geeignet" sind (Breitsameter 1988).

4.2 Zählgeräte - Funktion und Anwendungen

Zur Geräteklassifizierung können unterschiedliche Kriterien herangezogen werden: einmal die Unterscheidung nach dem Meßprinzip:

Widerstands-Meßprinzip - optisches Meßprinzip

Diese gerätetechnische Klassifizierung wird im Folgenden als übergeordnetes Kriterium verwendet, obwohl für den Anwender u. U. die Art der Handhabung und des Einsatzbereiches der Systeme ein wichtigeres Merkmal sein mag: Hier kann - in Abhängigkeit vom Mechanisierungsgrad - unterschieden werden zwischen

teilmechanisierten Systemen - vollmechanisierten Systemen.

Teilmechanisierte Systeme erfordern das manuelle Zuführen einer Probe oder Probenverdünnung. Hiervon sind die vollmechanisierten Analysatoren abzugrenzen, die selbsttätig größere Serien bereitgestellter Blutproben verarbeiten. Eine weitere Unterscheidungsmöglichkeit ergibt sich aus dem verwendeten Probenmaterial:

Systeme für vorverdünnte Proben - Systeme für Vollblut

Die Zählgeräte mit externer Probenvorbereitung arbeiten stets teilmechanisiert, sie gehören nicht zu den sogenannten "Analysenautomaten".

4.2.1 Geräte nach dem Widerstands-Meßprinzip: Allgemeines

Die ersten Zählgeräte wurden um 1956 nach dem relativ einfachen Widerstands-Meßprinzip gebaut (Abb.4-1a,4-1b). Das von diesen Systemen an dem Meßwandler gelieferte Signal ist volumenproportional, liefert also die hämatologisch wichtige Information über das Zellvolumen (z. B. MCV-Werte von Erythrozyten).

Die eingangs erwähnten grundsätzlichen Limitationen jeder Blutzellmessung (4.1.2) sollen nicht wiederholt werden, diese stellen bei strikter Geräte- und Qualitätskontrolle den Wert der beiden Meßprinzipien für die Routine-Analytik nicht in Frage. Optimiert wird das Widerstands-Meßprinzip durch Messung im "Zentralstrahl": Dabei wird die zu untersuchende Zellsuspension in das Zentrum einer laminar strömenden isotonen Lösung injiziert. Die Zellsuspension wird so in einem feinen Flüssigkeitsfaden, eingehüllt von isotoner Lösung, durch den Detektor des Meßgerätes geführt. Die in der Suspension enthaltenen Zellen passieren den Detektor im

Zentrum (keine Signal-Verfälschung) und einzeln bzw. nacheinander (verringerte Koinzidenzen). Die Einbettung der Zellsuspension in eine Hüllflüssigkeit (Flüssigkeits-Mantel) wird als hydrodynamische Fokussierung, Zentralstrahl-Prinzip oder Mantelstromverfahren bezeichnet. Das Zentralstrahl-Prinzip wird auch in optischen Zähl- und Differenziergeräten angewandt; dort ist für die Hüllflüssigkeit nicht nur die Ionenstärke, sondern auch der Brechungsindex einzuhalten.

Nachteilig im Widerstands-Meßprinzip sind die Länge und der Durchmesser der Meßöffnung: Die Länge - in der Größenordnung von 100 μm - kann wegen der Stabilität des Materials (oft Rubinkristall) nicht unterschritten werden. Der Durchmesser der Meßöffnung - Größenordnung 50 bis 100 μm - kann nicht beliebig klein gestaltet werden, da dann die Verstopfungsgefahr steigen würde. Eine Verstopfung der Meßöffnung macht ein Zählgerät unbrauchbar, ein langsames "Zuwachsen" verändert die Meßsignale der Zellen.

Zur Vermeidung von Verstopfungen werden 2 Prinzipien - oft in Kombination miteinander - angewandt: Rückspülung durch die Meßöffnung mit einer Reinigungslösung nach jeder Messung und "Abbrennen" von Ablagerungen in der Meßöffnung. Das "Abbrennen" mit Gleich- oder Wechselstrom - in Kombination mit einer strömenden Reinigungslösung - führt zu Hitzeentwicklung und damit zu einer Beseitigung von Ablagerungen.

4.2.2 Teilmechnisierte Systeme nach dem Widerstands-Meßprinzip

Zählgeräte mit externer Probenverdünnung gehören zu den teilmechanisierten Systemen. Vor dem Zählvorgang sind manuell zwei Verdünnungen herzustellen. Diese Gegebenheit läßt eine rationelle Routinezählung großer Serien nicht zu. Dieser Einschränkung stehen jedoch Vorteile gegenüber, die sich mit direkt Vollblut ansaugenden Analysengeräten nicht erreichen lassen:

- Die teilmechanisierten Geräte sind einfach im Aufbau und damit preiswert. Sie eignen sich für das kleine Labor und als "Back-up"- oder Notfallgerät auch für das Großlabor.
- Der Probenbedarf ist minimal: Der Inhalt einer Kapillare ist für eine komplette Analyse ausreichend.
- Bei diesen Systemen sind die Schritte der Probenvorbereitung vor der Messung problemlos zu variieren. Hier sind u. a. abgewandelte Verdünnungsverhältnisse, Einsatz verschiedener Reagenzien, unterschiedliche Lysemittel und Reaktionszeiten zu nennen. (Eine Modifikation dieser Parameter ist bei vollmechanisierten Zählsystemen nicht oder nur mit großem Aufwand möglich). Damit sind teilmechanisierte Geräte für unterschiedliche Aufgaben (Blut von Kleinstkindern, Tierblut-Analytik) leicht zu optimieren.

Heute sind Zählgeräte ohne Hb-Kanal (2-Parameter-Geräte für Ery - Leuko) kaum noch vertreten. Bei diesen Systemen ohne Hb-Messung ist eine Plausibilitäts-Kontrolle zwischen der Ery-Konzentration und der Hb-Konzentration - Faktor zwischen den Zahlenwerten ca. 3 (z. B. Hb = ca. 15 g/100 ml, wenn die Ery-Konzentration = 5×10^{12}/l) - nicht möglich.

Wichtig als Fehlerquelle sind bei der manuellen Technik die Probenvorverdünnungen: Wie bei jeder Arbeitstechnik haben Fehler in den einzelnen (hier manuellen) Analysenschritten entsprechende Fehler im Gesamtergebnis zur Folge. Bedeutsam sind der Arbeitstakt, die Pipettierschritte und die Reaktionszeiten: Das Zeitintervall zwischen Zugabe des Hämolysereagenzes und Beginn der Leukozyten- bzw. Hb-Messung ist kritisch und gemäß Arbeitsanleitung sorgfältig einzuhalten.

Auch bei zunehmendem Mechanisierungsgrad werden die teilmechanisierten Systeme ihre Bedeutung behalten. Durch Zusatzgeräte wie Pipettoren können die notwendigen Arbeitsschritte mechanisiert und damit reproduzierbarer gestaltet werden. Teilmechanisierte Geräte mit zwei Meßstellen in Verbindung mit einem automatisch arbeitenden Doppeldilutor reichen in ihrer Leistungsfähigkeit und der Zahl ihrer Parameter an die vollmechanisierten Geräte heran - ohne deren mechanischen und elektronischen Aufwand und deren methodische Starrheit zu besitzen.

Ein hämatologisches Zählgerät, das eine vorgelegte Vollblutprobe direkt zu einer Meßstelle führt, d. h. ohne Verdünnungsschritte arbeitet, gibt es nicht. Eine mechanisierte Zellzählung aus Blutproben setzt immer mindestens zwei Verdünnungen voraus: eine für die Leuko-Zählung (nach Hämolyse) und eine für die Ery- und ggf. simultane Plt-Zählung. Beide Verdünnungen können prinzipiell an der gleichen Meßstelle gemessen werden: Die ursprünglichen Zählgeräte besaßen daher nur einen Meßwandler, an dem nacheinander beide Verdünnungen gemessen wurden. Diese mußten manuell hergestellt und zugeführt werden. Diese Gegebenheit ist bis heute bei vielen teilmechanisierten Zählgeräten anzutreffen.

Eine Blutprobe (z. B. 20 μl) wird mit isotoner Lösung verdünnt (10 ml, Verdünnungsverhältnis 1 : 501 = Ansatz für die Leuko-Zählung). Aus dieser Lösung wird ein Volumen von 100 μl entnommen und mit 10 ml isotoner Lösung weiterverdünnt (Endverdünnung der Blutprobe ca. 1 : 50 000 = Ansatz für die Ery- und ggf. Plt-Zählung). Die Erstverdünnung zur Leukozählung wird jetzt mit einem geringen Volumen (z. B. 3 Tropfen) eines Hämolyse- und Transformations-Reagenzes versetzt und gemischt. Die beiden Verdünnungen werden dann nacheinander an die Meßstelle gebracht und die Ery-Lösung zuerst gemessen, um Verschleppungseffekte durch das Lysemittel auszuschließen. Der Zähl-Parameter (Ery oder Leuko) wird angewählt und der Meßvorgang manuell ausgelöst. Die Leuko-Verdünnung darf nicht unmittelbar nach Zugabe des Hämolyse-Mittels gemessen werden, da der Hämolyse- und Hb-Transformations-Prozeß noch nicht abgeschlossen ist. Ein Zeitraum von mindestens 30 sec ist einzuhalten, s. auch Hersteller-Vorschriften.

Je nach Bauart des Zählgerätes erfolgt die Hb-Messung parallel zur Leuko-Zählung oder getrennt. Bei modernen teilmechanisierten Geräten wird der angesaugte Ansatz im Gerät gleichzeitig photometriert und gezählt.

Auf eine nicht allgemein bekannte Fehlerquelle bei der teilmechanisierten Zähltechnik weist Kuse (1988) hin: Wird die Blutverdünnung in ungeeigneten Bechern hergestellt und bereitgehalten, kommt es zur Anlagerung (Adhäsion) von Erythrozyten an die Wandung und zu fehlerhaften Zählergebnissen. Der zu beobachtende Abfall der Ery-Konzentration bei unbeschichteten Bechern kann z. B. nach einer 30minütigen Verweilzeit bis zu 12 % und bis zu 23 % nach 60 min betragen. Dieser Effekt wird bei Beschichtung der Innenwände der Plastikbecher mit einem hydrophilen Überzug verhindert. In der gleichen Arbeit beschreibt Kuse auch mögliche Meßwertverfälschungen des MCV und Hämatokrits. Diese Fehler können durch solche Verdünnungslösungen verursacht werden, die - obwohl als "isoton" deklariert - offenkundig unbrauchbar sind.

Auf die Besonderheiten, die sich durch Verwendung von Kapillarblut als Probenmaterial ergeben, wird in 4.1.4.1 hingewiesen.

4.2.2.1 Systeme zur Zählung einer Partikelart

Nach dem Widerstands-Meßprinzip wurden Ein-Parameter-Geräte nur für die Plättchen-Zählung gebaut, z. B. der Coulter Thrombocounter C und der Sysmex PL-100. In einer Zeit, in der die Plt-Zählung noch nicht fester Bestandteil der Routine-Hämatologie war, fanden diese Systeme großen Anklang. Sie sind heute nur noch vereinzelt im Programm der Hersteller hämatologischer Analysensysteme zu finden.

Diese Plt-Zählgeräte arbeiten nicht mit Vollblut oder einer Blutverdünnung. Trotz der notwendigen Probenvorbereitung zur Gewinnung eines plättchenreichen Plasmas (PRP) - bestehend aus Verdünnung mit einer Speziallösung definierter Dichte, Zentrifugation, Abheben des Überstandes, Verdünnen des Überstandes für die Plt-Zählung - sind diese Systeme noch heute im Einsatz. Bei der Messung sind die üblichen Matrixeffekte (Gegenwart von Ery und Leuko im Zählansatz) reduziert. Die Größe der Meßöffnung ist im Hinblick auf die Plt-Zählung optimiert.

4.2.2.2 Systeme für numerische Basis-Parameter

Als Basis-Parameter werden hier die Meßgrößen Ery, Leuko, Hb, Hk und die Erythrozyten-Quotienten zusammengefaßt.

Wie oben skizziert, besitzen die Geräte dieser Klasse nur einen Meßwandler für die Zellzählung und erfordern eine zweistufige Probenverdünnung. Diese Geräte gehören heute zu den einfachsten Hämatologie-Zählgeräten; sie erlauben fast ausnahmslos auch eine Hb-Bestimmung. Geräte ohne Möglichkeit zur gleichzeitigen Hb-Photometrie besitzen keine praktische Bedeutung mehr. Damit erstellen heute die am wenigsten aufwendigen Systeme 3 Meßgrößen: Ery, Leuko und Hb. Äußerlich kaum unterscheidbar sind die Zählgeräte, die zusätzlich das mittlere (Ery-)Zellvolumen MCV bestimmen und den Hämatokritwert berechnen.

Diese 3- bis 5-Parameter-Zählgeräte stellen damit die unterste Mechanisierungsstufe dar. Nach "unten" schließt sich die rein manuelle Arbeitstechnik mit der Zählkammer an. Es muß betont werden, daß die von vielen Herstellern angebotenen teilmechanisierten Zählgeräte für die Basisparameter auf keinen Fall mit Kleinphotometern auf eine Stufe gestellt werden dürfen, die nicht in der Lage sind, Zellen zu "zählen" und die für die hämatologische Analytik nicht empfohlen werden können. Es handelt sich hier um eine obsolete Meßtechnik, die der sorgfältig ausgeführten Kammerzählung unterlegen ist, weil "sie im wesentlichen nur den Hb-Wert (ungenau) widerspiegelt" (Breits ...eter 1988).

4.2.2.3 Systeme mit zusätzlichen Parametern und Histogrammen

Wie unten dargelegt wird, geht ein Trend in der hämatologischen Analytik zu 8-Parameter-Geräten mit Angabe der Plättchen-Konzentration und zusätzlichen Volumen-Verteilungskurven (Histogrammen). Die Plt-(Plättchen-bzw. Thrombozyten-)Konzentration wird vielfach als unverzichtbarer hämatologische Meßgröße angesehen. Die Histogramme liefern ergänzende Informationen über das rote und weiße Blutbild sowie über die Plt-Volumenverteilung, aber auch über den Zustand der Probe (Einfluß der Präanalytik, s. 4.1.4). Hierfür sind neuerdings auch teilmechanisierte Geräte

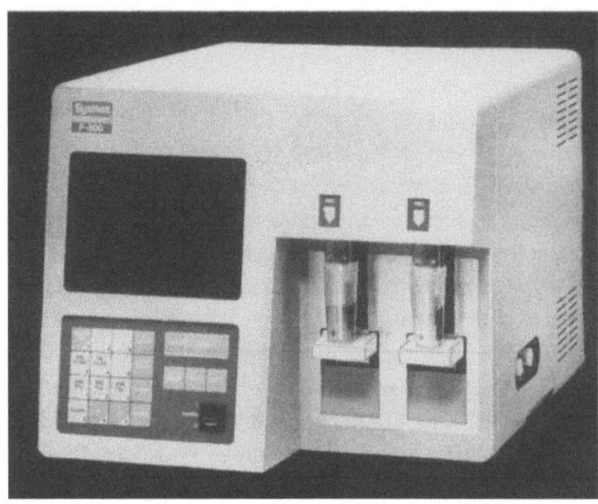

Abbildung 4-4. Sysmex F-800 der TOA Medical Electronics. Teilmechanisiertes Analysensystem für Kapillar- oder Venenblut

mit zwei Zählkanälen lieferbar, die 8 numerische Parameter und zusätzlich Histogramme ausgeben und die damit in ihrem Informationsgehalt an wesentlich aufwendigere Systeme heranreichen (Abb. 4-4). Sie sind durch ihre flexible manuelle Probenvorbereitung und geringes Probenvolumen vielseitig einsetzbar (s.o.).

4.2.3 Vollblut-Systeme nach dem Widerstands-Meßprinzip

Es lag nahe, die bei den ersten Zählsystemen notwendigen Vorrichtungen zur Probenverdünnung in das Zählgerät zu integrieren, so daß die Analyse direkt vom Vollblut aus erfolgen kann. Seit dem ersten entsprechenden Zählgerät dieser Art, dem legendären "Model S" (Fa. Coulter, 1970), wird dieses Prinzip zunehmend für die Routineanalytik von Humanblut eingesetzt.

Die in diesem Abschnitt zusammengefaßten Systeme werden nach der Zahl der Parameter untergliedert und nicht nach dem Mechanisierungsgrad. Viele teilmechanisierte Geräte sind durch Anschluß von Probengebern (Samplern) nachträglich ausbaubar und werden in dieser Weise zu vollmechanisierten Systemen. Während einige dieser Geräte dann nicht mehr für die Zufuhr von Einzelproben verwendbar sind, eignen sich andere für Einzelproben und die große Serie gleichermaßen.

Alle vollmechanisierten Systeme besitzen Probengeber bzw. Probennehmer in Form von Drehtellern oder Zuführungsvorrichtungen für Ketten, Kettenabschnitte oder Kasetten, die die Blutröhrchen aufnehmen. Weiterhin enthalten diese Geräte Mischvorrichtungen für die Blutproben. Bei den Geräten für Einzelzufuhr sind die Röhrchen unmittelbar vor dem Ansaugen zu mischen (mindestens 10faches manuelles Umschwenken oder Mischen über mehrere Minuten auf einem Rollen- oder Über-Kopf-Mischer). Bei neuentwickelten voll- und teilmechanisierten Zählgeräten wird zunehmend die Entnahmemöglichkeit aus geschlossenen Primärgefäßen realisiert bzw. als Alternative angeboten.

Im Vergleich zu den Systemen mit externer Vorverdünnung ist es mit Geräten dieser Art einfacher, unter Routinebedingungen die in der Hämatologie erforderliche hohe Präzision zu erreichen.

4.2.3.1 Vollblut-Systeme für numerische Basis-Parameter

Wegen der technischen Schwierigkeiten der Plt-Zählung - vielleicht auch wegen der damaligen geringen "Nachfrage" - enthielt das erste Vollblut-Gerät nach dem Widerstands-Meßprinzip diesen Parameter noch nicht. Die Situation hat sich gewandelt; heute beinhalten Zählgeräte, die vom Vollblut ausgehen, fast ausnahmslos die Meßgröße Plt. Zugunsten der Plt-Konzentration wird gelegentlich sogar auf so bewährte (und leicht aus den übrigen Parametern erhältliche) Parameter wie MCH und MCHC verzichtet. Als Beispiel für diese Entwicklung sei der Minos STE der Fa. Abx (Levallois, Frankreich) in Abb. 4-5 vorgestellt.

Geräte dieser und ähnlicher Art werden ihre Bedeutung behalten, weil sie kompakt im Aufbau und einfach in der Handhabung sind. Am Einsatzort, dem Bereitschafts- oder Notfall-Labor, wird die einfache Handhabung mehr geschätzt als die Vielzahl der weiteren Parameter, die andere Geräte zusätzlich liefern.

4.2.3.2 Vollblut-Systeme mit zusätzlichen Parametern und Histogrammen

In der Hämatologie wurde mit einer zeitlichen Verschiebung eine Entwicklung nachvollzogen, die in der klinischen Chemie mit dem Begriff "Vielfachanalyse" verbunden ist. Dieser Trend resultiert aus dem Wunsch, aus einer Probe stets mehr

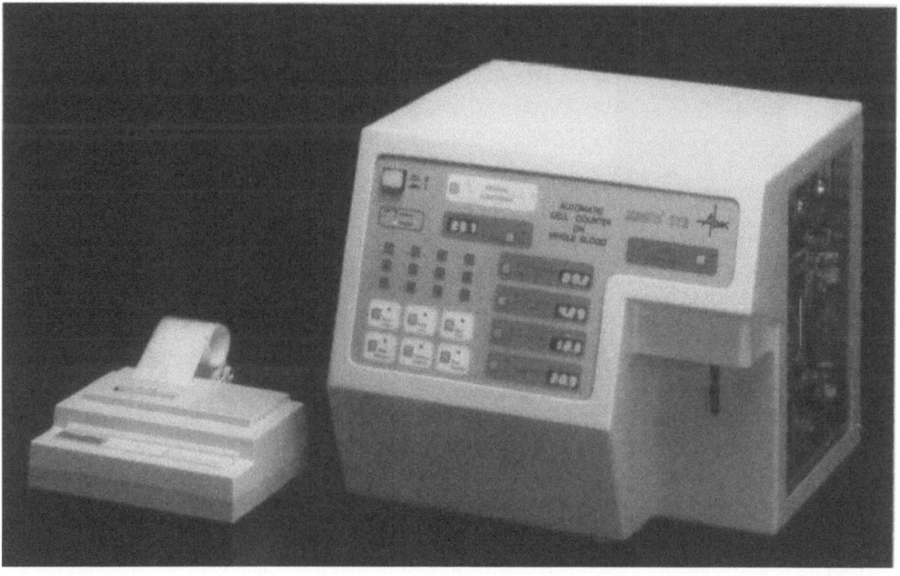

Abbildung 4-5. Minos STE (ABX International, Levallois, Frankreich). Hämatologisches Kleingerät für Vollblut-Proben. Sechs Parameter einschl. Plt-Konzentration

Informationen vollautomatisch zu erhalten. Das erste vollmechanisierte 8-Parameter-Hämatologie-System mit Vollblut als Probenmaterial (Hemalog der Firma Technicon) leitete eine Entwicklung ein, die zu umfangreicheren Analysenergebnissen führte – zunächst mit der Plt-Konzentration als 8. Parameter.

Ein weiterer wichtiger Schritt auf dem Weg zu den heutigen Systemen wurde mit Geräten vollzogen, die neben den numerischen Ergebnissen auch Verteilungskurven und aus diesen Kurven bzw. Histogrammen abgeleitete Werte ausgaben.

Als Beispiele teilmechnisierter Vollblut-Systeme für das erweiterte kleine Blutbild seien der Sysmex K-1000 der TOA Medical Electronics (Abb. 4-6) und der Coulter JS genannt.

Als Beispiele für vollmechanisierte Zählgeräte sollen der STKR der Fa. Coulter (Abb. 4-7), der Sysmex E-5000 und das System 9000 der Fa. Baker erwähnt werden. Auch für die entsprechenden Geräte anderer Hersteller sind hohe Probenfrequenzen (120 Blutproben pro Stunde oder mehr) kennzeichnend. Weitere gemeinsame Merkmale sind die Möglichkeiten zur statistischen Qualitätskontrolle und zur Datenspeicherung, ferner die an Bedeutung gewinnende Möglichkeit, die Blutprobe aus verschlossenen Primärröhrchen direkt zu entnehmen (geschlossenes Probennahme-System).

Alle 8-Parameter-Geräte mit Histogrammen (Abb. 4-8), die vom Vollblut ausgehen, besitzen folgende gemeinsame Merkmale:

Abbildung 4-6. Sysmex K-1000 (TOA Medical Electronics). Kompaktes Zellzählgerät für ein erweitertes kleines Blutbild mit 3 Histogrammen (Ery, Leuko, Plt). 18 numerische Parameter. Teilmechanisierter Betrieb: Angesaugt werden 100 μl Vollblut (manuelle Zuführung). Möglichkeit zur Kapillarblut-Analyse

Abbildung 4-7. Modell STKR der Fa. Coulter Electronics (Hialeah, Florida, USA). Vollmechanisiertes Zählgerät für ein erweitertes kleines Blutbild

- Die Signale der Ery-, Leuko- und Plt-Zählung werden elektronisch "sortiert", größenmäßig klassifiziert und aufgezeichnet. Dieser Vorgang ist in Abb. 4-9 skizziert.
- Die Leukozyten werden in herstellerspezifischen Reagenzien suspendiert. Dabei wird die elektrische Leitfähigkeit der einzelnen Klassen verändert: Die Leukozyten unterscheiden sich dann in der Leitfähigkeit zwar noch vom umgebenden Medium und sind so bei der üblichen Messung im Widerstands-Meßprinzip erfaßbar - die Meßsignale stehen danach jedoch nicht mehr in Relation zu dem Volumen der nativen Leukozyten. Die Femtoliter-(fl-)Einteilung auf der x-Achse im Leukozyten-Histogramm zeigt damit *nicht* das tatsächliche Volumen der dargestellten Leukozytenklassen. Die Skalierung in fl dient nur zu Kontrollzwecken mit Latex-Partikeln im Rahmen des Geräte-Service; diese sind kugelförmig und elektrische Nichtleiter.
- Bei der Messung mit größenmäßiger Sortierung kann so für die Leukozytenverdünnung von Normalblutproben eine 2- oder 3gipfelige Leukozyten-Verteilungskurve erhalten werden ("Vordifferenzierung").
- Wegen der zusätzlichen elektronischen Auftrennung der Leukozyten-Signale eignet sich nicht jedes Kontrollblut zum Nachvollziehen dieses - für Humanblutproben entwickelten - Vorgangs. Inzwischen sind geeignete Kontrollblute verfügbar, die wiederum gerätespezifisch einzusetzen sind (z. T. jedoch nur in einer besonderen Betriebsart).

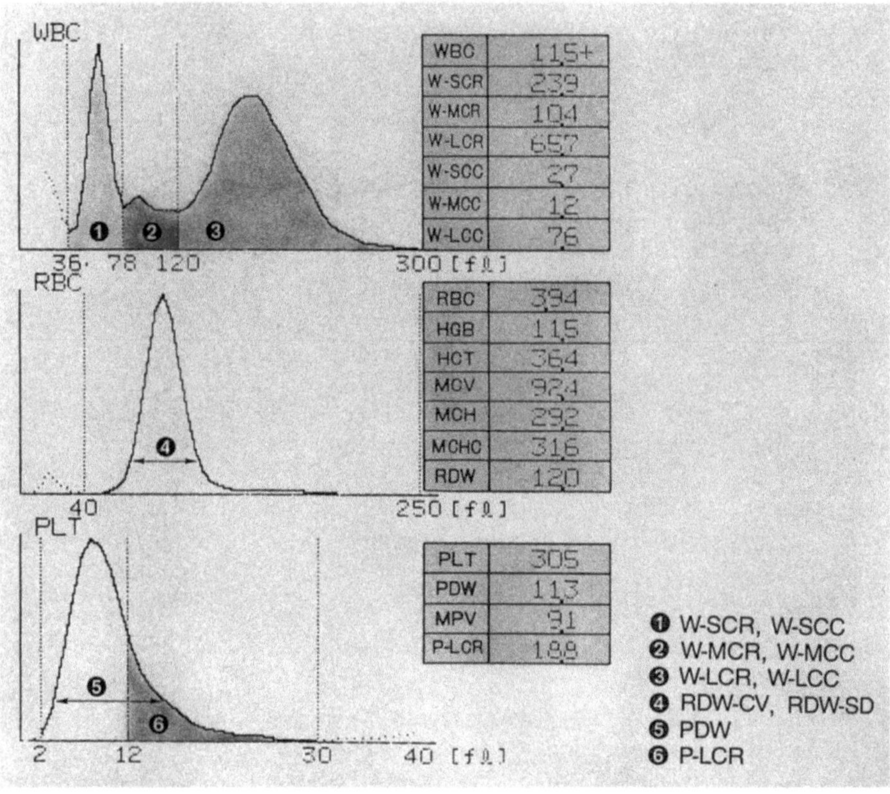

Abbildung 4-8. Analysenergebnis eines Zellzählgerätes (Sysmex E-5000) mit Volumenverteilungskurven (Histogrammen). Zusätzliche Erläuterungen nachträglich eingefügt

-   Manche dieser Modelle besitzen die Möglichkeit zur Kapillarblut-Analyse (Ansaugen einer vorverdünnten Probe). In dieser Betriebsart kann kein Leukozyten-Histogramm erhalten werden, weil die maschinelle Analytik durch einen manuellen, weniger gut reproduzierbaren Schritt unterbrochen ist.

Die vollmechanisierten Geräte besitzen eine Mischvorrichtung für die Blutproben. Bei Systemen für offene Röhrchen wird dabei ein Rührer in die Probe eingetaucht, in Zählgeräten für geschlossene Röhrchen werden diese durch Schwenken oder Über-Kopf-Drehen gemischt.

Abbildung 4-9. Entstehung einer Volumen-Verteilungskurve (Histogramm) aus den Impulsen ▶ in einem Zellzählgerät. Oben: Impulsbild, größere Partikel verursachen einen höheren Impuls. Mitte: Die kumulative Verteilungskurve gibt an, wie hoch die erfaßte Zellzahl ist, wenn die Lage der Schwelle (= elektronischer Diskriminator, senkrechte Linien) variiert wird. Liegt der Diskriminator weiter rechts, würde ein Teil der links davon liegenden Impulse abgeschnitten werden. Die richtige Lage des Diskriminators wäre im linken Bereich: Hier hat die Lage der Schwelle keinen Einfluß auf die Zahl der erfaßten Impulse (Zellen). Unten: Histogramm. Die Hüllkurve des Histogramms ist die Volumenverteilungskurve. Aus der Kurve ist abzulesen, in welchem Volumenbereich mit welcher Häufigkeit Zellen gezählt wurden

Vom Impuls zum Histogramm

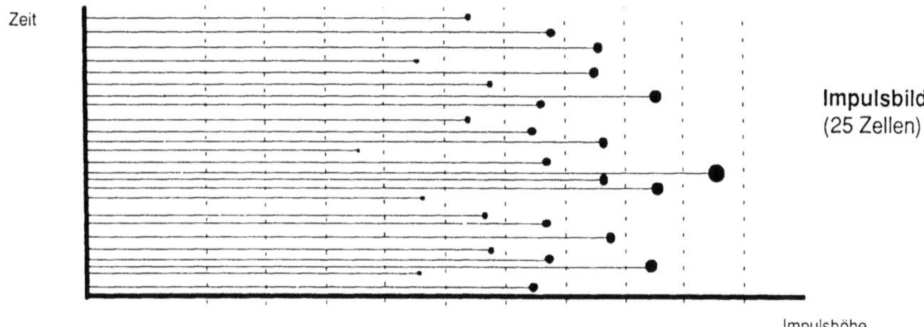

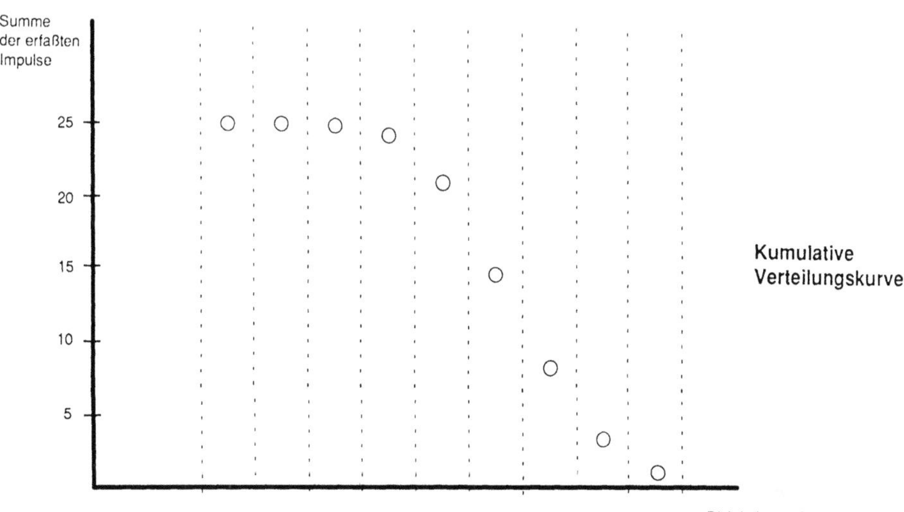

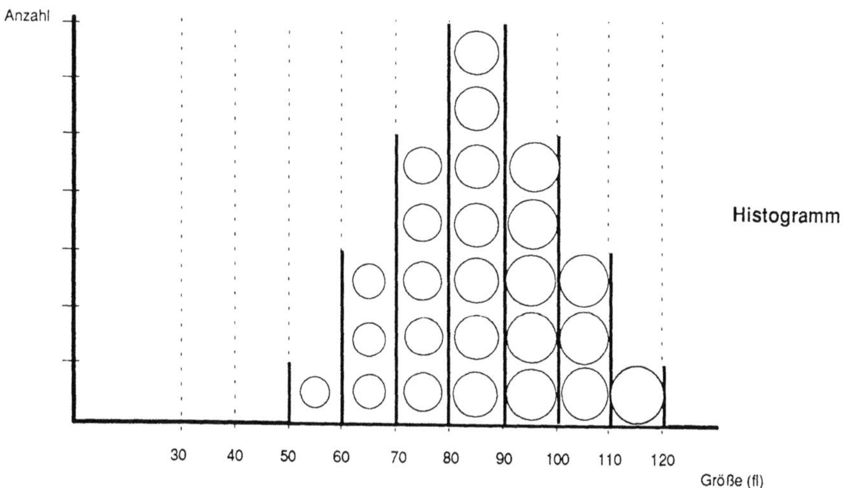

Die hier vorgestellte Geräteklasse ist im Routinelabor mit großer Probenzahl unentbehrlich. Sie liefert ein umfassendes Ergebnis mit Informationen, die über das "kleine Blutbild" im herkömmlichen Sinne hinausreichen. Nicht nur die Histogramme, sondern auch die zusätzlichen Daten erlauben bei sorgfältiger Beachtung wichtige Vorinformationen über das Differentialblutbild (Anteil der Leuko lymphatischer und myeloischer Genese), über Besonderheiten der Probe (Mikrogerinnung, Plt- oder Ery-Aggregate) und über die Ery- und Plt-Morphologie.

Diese Vollblutsysteme können das mikroskopische Differentialblutbild und die Durchflußzytometer zur Differenzierung (Abschnitt 4.3.4) nicht ersetzen. Sie bieten jedoch aufgrund des höheren Informationsgehalts der Ergebnisse eine größere diagnostische Sicherheit als die Modelle mit rein numerischen Werten.

Analysensysteme mit "Vordifferenzierung" erlauben bei sorgfältiger Interpretation aller Parameter auch die Aussonderung "normaler" Blutproben. Darunter sollen Proben verstanden werden, deren Analysenergebnisse innerhalb der Referenzbereiche liegen und für die vom einsendenden Arzt keine Verdachtsdiagnose mitgeliefert wurde bzw. eine weitergehende hämatologische Untersuchung nicht angefordert wurde. Die Anwendung der Vordifferenzierung hat vielfach dazu geführt, die Zahl der Differentialblutbilder einzuschränken, so daß im Labor eine Konzentration auf die pathologischen und fraglichen Proben gegeben ist.

Parameter und Interpretation: In Abb. 4-8 ist das komplette Analysenergebnis eines modernen vollautomatischen 8-Parameter-Systems abgebildet, das für die hier zusammengefaßte Geräteklasse typisch ist.

Als wichtigste Neuerung besitzen derartige Systeme ein 3teiliges *Leukozyten-Histogramm* ("3-Part-Diff"), das eine sogenannte Vordifferenzierung = orientierende Differenzierung erlaubt. Über die Aussagemöglichkeiten dieses Histogramms liegen zahlreiche Veröffentlichungen vor (z. B. Duncan 1987, Bürgi 1989). Heute hat das Leukozyten-Histogramm neben den beiden anderen Verteilungskurven (Ery und Plt) seinen festen Platz in der hämatologischen Analytik.

Die *Erythrozyten-Verteilungskurve* - eine Volumenverteilungs-Kurve - ist heute an die Stelle der Price-Jones-Kurve getreten, die aus dem Durchmesser ausgestrichener und mikroskopisch vermessener Ery erstellt wird. Beide Kurven besitzen bei gleichen Proben eine ähnliche Form und sie erlauben daher die gleichen diagnostischen Aussagen. Durch die feinere Unterteilung bei der elektronischen Volumen-Klassifizierung und die hohe Zählrate von einigen 10.000 Ery zeigt die automatisch erstellte Erythrozyten-Verteilungskurve einen "glatteren" Verlauf. Durch nichts wird die Bedeutung der Verteilungskurven deutlicher unterstrichen als durch die zunehmende Verbreitung dieser Histogramme in Kleingeräten und selbst in teilmechanisierten Systemen (vergl. Teil 4.2.2).

Die *Plt-Verteilungskurve* erlaubt Aussagen über die Plt-Größenverteilung; sehr oft weist die Kurvenform auf das Vorliegen von Plt-Aggregaten hin. Die Aggregation der Plt kann an den Zahlenwerten allein nicht erkannt werden. Plt-Aggregate können u. U. als Leukozyten gezählt werden.

Parallel zu den Histogrammen wurden neue Parameter eingeführt, die aus den Kurven abgeleitet sind. Auf diese soll hier nicht eingegangen werden; es ist jedoch zu berücksichtigen, daß diese Parameter, z. B. die Breite der Erythrozyten-Verteilungskurve, nicht einheitlich definiert sind. Diese Werte besitzen daher nur dann einen Informationsgehalt, wenn sie in Verbindung mit dem geräte- oder herstellerspezifischen Referenzbereich dokumentiert und bewertet werden.

Bei den verschiedenen Fabrikaten ergeben sich wichtige Unterschiede in bezug auf die Auswertung und Interpretation der Histogramme. Manche Hersteller verwenden unzutreffende Begriffe: So wird z. B. eine unsinnige Unterscheidung zwischen Lymphozyten und "mononukleären Zellen" getroffen. Weiterhin ist eine Angabe der absoluten Zahlen von Basophilen, Eosinophilen und Monozyten *nicht* aus der Leukozyten-Größenverteilungskurve herauszulesen oder abzuleiten. Ein Meßergebnis darf grundsätzlich nicht mit höherer Genauigkeit angegeben werden als es die Meßunsicherheit zuläßt.

Es muß auch darauf hingewiesen werden, daß die Histogramme unterschiedlicher Hersteller nicht immer miteinander verglichen werden können. Die Ursachen hierfür sind:

- Unterschiedliche Lysemittel für die Leukozyten-Verdünnung führen zu unterschiedlichen Leukozyten-Histogrammen. Für manche Geräte liegen die Monozyten, Eosinophilen und Basophilen im Mittel-Peak des Leukozyten-Histogramms, bei anderen Systemen im rechten Peak (große Leukozyten).
- Je nach Art des Meßverfahrens werden auch für die Ery und Plt unterschiedliche Verteilungskurven erhalten. Nach Thom (1972) ist die Messung im Zentralstrahl eine Voraussetzung für die Erstellung der unverfälschten (physiologischen) Ery-Verteilungskurven ohne Rechtsschiefe. Die Kurve ist z. B. bei Blutgesunden symmetrisch.
- Je nach Art der Signalaufbereitung und -darstellung werden für die Plt-Kurve unterschiedliche Verläufe erhalten. Diese Kurven werden oft aus wenigen Meßdaten generiert bzw. an einen theoretischen Verlauf angepaßt und spiegeln nicht unbedingt den tatsächlichen (physiologischen) Verlauf wider (ein Zugang zu den "Roh-" oder "Primär-"Daten, die an der Meßstelle direkt anfallen, ist bei den hier besprochenen Routinegeräten nicht gegeben). Nur selten wird in Firmenschriften darauf hingewiesen, daß der linke Teil der Plt-Kurve nicht die Verhältnisse am Meßwandler wiedergibt (Überlagerung von Störimpulsen, s. o.). Zum Teil wird die Zahl der "Meßkanäle" auf der x-Achse des Histogramms als Werbeargument herausgestellt. Die Aussage: Je mehr Kanäle - je mehr Informationen über die Volumenverteilung - ist kritisch zu beurteilen.
- Die Kurvenhöhe läßt bei manchen Systemen keinen Schluß auf die Zellkonzentration zu, weil der Peak (bzw. der jeweils höchste Peak) auf 100 % "hochgezogen" wird.

Aus den vorgenannten Gründen würden solche Zählgeräte optimale Voraussetzungen bieten, in denen die folgenden Kriterien realisiert sind:

- Absolut-Meßverfahren
- Automatische Schwellenfindung
- Messung im Zentralstrahl (Ery und Plt)
- (wahlweises) Ausplotten der unverfälschten Kurven aus Primärdaten
- Berücksichtigung von Verschleppungseffekten und Einflüssen, die durch die Probe selbst verursacht werden (z. B. hohe Leukozyten-Konzentrationen, stark ikterische oder lipämische Proben, Gegenwart von Paraproteinen).

Auf die grundsätzlichen Fehlermöglichkeiten in der hämatologischen Analytik durch: präanalytische und meßtechnische Gegebenheiten, Eigenschaften der Reagenzien und der Analysatoren (Schwellen, Verschleppung usw.) wurde im Teil 4.1 schon hingewiesen. Diese sind grundsätzlich zu berücksichtigen.

Ein spezifisches Problem vollmechanisierter Hämatologie-Analysatoren kann in mangelhafter Durchmischung der Proben bestehen. Die Effektivität der Mischung in einzelnen Systemen wird von Anwendern oft kontrovers beurteilt. Hier sind zur Absicherung eigene Untersuchungen anzustellen, die dazu führen können, daß eine Probenserie bis kurz vor Beginn der Analyse außerhalb des Gerätes vorgemischt werden muß.   Bei Beachtung des Verlaufs der Volumenverteilungskurven sind bestimmte Eigenschaften der Probe bzw. Fehlermöglichkeiten gut zu erkennen, die sich auch auf die Zahlenwerte auswirken können. Genannt seien: Teilgerinnung, Plättchenaggregation, Anisozytose, Ery-Aggregate und Vorliegen kernhaltiger Vorstufen der roten Reihe in hoher Konzentration.

4.2.4 Zählgeräte nach dem optischen Meßprinzip

Aus Abb. 4-2 geht das wesentliche Kennzeichen des optischen Meßprinzips hervor: Das Meßvolumen wird durch die Meßstrahlung definiert, es kann dadurch sehr klein gestaltet werden. Das Meßvolumen entspricht damit nur dem beleuchteten Volumenbezirk innerhalb der Durchflußküvette. Dieses Teilvolumen ist wesentlich kleiner als das Gesamtvolumen, das durch die Küvette strömt. Die Meßstrahlung selbst kann bis auf wenige μm fokussiert werden, d. h. eine Ausdehnung, die dem Durchmesser einer Zelle entspricht. Dieser prinzipielle Vorteil führt zu meßtechnischen Vorteilen jedoch erst dann, wenn im Zentralstrahl (mit umgebendem Mantelstrom) gemessen wird. In diesem Fall ist - im Gegensatz zum Widerstands-Meßprinzip - die Meßstelle nicht der kritischste Punkt in bezug auf eine Verstopfung.

Die Skizze (Abb. 4-2) verdeutlicht, daß die optisch arbeitenden Zählgeräte grundsätzlich aufwendiger konstruiert sind: Eine Lichtquelle muß vorhanden sein, beiderseits der Durchflußküvette sind optische Systeme erforderlich. Das Signal wird indirekt, d. h. über einen Strahlungswandler (Photozelle, Photomultiplier, Phototransistor) erhalten. Das von der Zelle oder dem Partikel gelieferte Streulicht-Signal ist oberflächenproportional.

In den optischen Zählgeräten ist eine präzise Justierung - d. h. ein aufwendiger und stabiler Aufbau - erforderlich: Liegt der Meßstrahl in der Küvette "daneben" - wozu u. U. die Verschiebung um den Durchmesser einer Zelle ausreicht -, wird das Meßsignal verfälscht oder bleibt ganz aus. Diesem Effekt wird durch elliptische Fokussierung des Meßstrahls entgegengewirkt.

Bekannte optische Zählgeräte waren der Hemalog (Technicon) und die ELT Systeme (Ortho Diagnostics); sie werden seit einigen Jahren nicht mehr hergestellt. Auf der Basis des optischen Meßprinzips wurde erst in jüngster Zeit mit dem Hemalaser 2 der Fa. Sebia wieder ein Zählgerät vorgestellt. Es besitzt zwei von außen zugängliche Ansaugvorrichtungen, saugt also zwei außerhalb des Gerätes herzustellende Blutverdünnungen an (teilmechanisierte Arbeitstechnik). Die Verdünnungen müssen manuell zugeführt werden.

Im Rahmen flow-zytometrischer Systeme findet das optische Meßprinzip heute wieder zunehmende Verbreitung.

4.3 Differenziergeräte

4.3.1 Einleitung

Die hier zu besprechenden Analysensysteme werden heute allgemein als *mechanisier-Differenzier-Systeme* bzw. *Differenzier-"Automaten"* bezeichnet. Sie sind heute unentbehrlich, um die Routine im Großlabor abzuarbeiten. Die als Durchfluß-Zytometer (s.u.) konzipierten Systeme erstellen in der Regel nicht nur das Differentialblutbild, sondern auch das erweiterte kleine Blutbild mit allen Parametern, über die im Teil 4.2 berichtet wurde.

Zu Beginn der 70er Jahre - 15 Jahre nach Einführung des AutoAnalyzers® und der ersten mechanisierten Zellzählgeräte - gab es in der Laboratoriumsmedizin nur noch wenige Methoden und Verfahren, für die eine Teilmechanisierung bzw. Automatisierung nicht verfügbar war. Zu diesen Bereichen gehörte die Leukozyten-Differenzierung. Die Differenziersysteme entwickelten sich seinerzeit zunächst auf zwei getrennten Wegen. Einmal wurde versucht, die herkömmliche Arbeit am Mikroskop zu mechanisieren, zum zweiten wurde versucht, die Differenzierung durch Bestimmung charakteristischer Zellinhaltsstoffe zu erreichen. Erst 15 Jahre später gesellten sich weitere Verfahren zur Differenzierung hinzu.

Der gedanklich einfachere Weg ging von dem herkömmlichen gefärbten Blutausstrich aus, der mit Hilfe automatisierter Mikroskope und angeschlossener Bildauswertungs-Computer ausgewertet wurde: sogenannte *Pattern-Recognition- (PR-)Systeme*. Nach Einführung dieser Systeme Mitte der 70er Jahre und hochgesteckten Erwartungen konnten sich diese Geräte am Markt nur begrenzt durchsetzen. Trotzdem sind vor zwei Jahren wieder zwei neue Modelle vollmechanisierter Analysen-"Automaten" nach diesem Funktionsprinzip entstanden, die vom Vollblut ausgehen. Es ist in Anbetracht der rasanten Entwicklung auf dem Gebiet der elektronischen Signalverarbeitung und -speicherung nicht auszuschließen, daß dieses Prinzip bei konsequenter Weiterentwicklung neben den anderen Differenzierprinzipien neue Bedeutung gewinnt und vielleicht sogar weitere Möglichkeiten eröffnet.

Der zweite Weg der Differenzierung basiert auf der kontinuierlichen Durchflußanalyse, die sich wie kein anderes Verfahren dazu eignet, eine Probe auf mehrere Kanäle aufzuteilen, individuellen Reaktions- und Analysenbedingungen zu unterwerfen und im Anschluß daran nach unterschiedlichen Verfahren zu messen. Im ersten Gerät dieser Art - dem *Hemalog D* von Technicon - wurde Vollblut in drei Kanäle aufgeteilt, mit Reagenzien gemischt und anschließend nach dem optischen Prinzip ausgewertet. Dieses Gerät und die folgenden Generationen haben sich in der Routine-Hämatologie und Forschung bewährt. Bis heute liefert nur ein Hersteller Analysensysteme nach diesem Prinzip.

Die beiden vorgenannten Wege zur Differenzierung haben gemeinsame Merkmale: Sie machen sich Eigenschaften der Leukozyten zunutze, die nicht nur die Größe, sondern auch deren "chemische" Eigenschaften betreffen, d. h. die sauer oder basisch reagierenden Zellstrukturen oder den Enzymgehalt der Leukozyten. Alle weiteren Wege zur vollmechanisierten Differenzierung, basieren - neben der Größenmessung - auf *physikalischen Eigenschaften* der Leukozyten. Bei den neuesten Geräteentwicklungen wird hierzu das Verhalten der Leukozyten im Hochfrequenzfeld messend verfolgt. Ein anderer Weg geht von den optischen Wirkungen aus, die Leukozyten auf eine Meßstrahlung ausüben (Lichtstreuung in verschiedene Raumwinkel). Ein weiteres Verfahren kombiniert beide Meßverfahren. Die Entwicklung ist hier im Fluß und die Gerätepalette mechanisierter Vollblut-Analysensysteme, die eine Differenzierung der Leukozyten in fünf Klassen erlauben, wird ständig größer.

Die Ausstrich-Befundung dient neben der Auszählung der Leukozyten-Klassen im wesentlichen dazu, unreife oder veränderte Zellen der weißen oder roten Reihe zu entdecken und in Relation zu den übrigen Zellen zu bewerten. Bei allen Analysensystemen zur Differenzierung wird hierzu etwa das gleiche Probevolumen - ca. 1 μl - ausgewertet. Dieses Volumen ist bei den PR-Geräten auf dem Schleuderausstrich verteilt. Bei den übrigen Systemen wird zwar ein größeres Volumen angesaugt, aber nur ein kleines Aliquot in der Größenordnung von einem Mikroliter wird im analytischen System bzw. in jedem Kanal ausgewertet. Schon aus dieser Zahl ergibt sich eine grundsätzliche Grenze für jede Art der Differenzierung: Nimmt man an, daß das Aliquot von einem Mikroliter repräsentativ für das gesamte Blut des betreffenden Patienten ist - und daß tatsächlich eine unreife Zelle in diesem Mikroliter enthalten ist, wird sofort klar, daß es sehr unwahrscheinlich ist, im Ausstrichpräparat diese Zelle zu finden.

Auch im mechanisierten Analysensystem ist es prinzipiell unmöglich, eine einzige andersartige Zelle zu entdecken, wenn ähnliche Zellen in einer um 2 bis 4 Zehnerpotenzen höheren Anzahl vorliegen. Das heißt aber, daß im Gesamtblut des Patienten in der Größenordnung 100.000.000 unreife oder pathologisch veränderte Zellen vorliegen können, ohne daß es mit Sicherheit möglich ist, mit den hier beschriebenen Geräten oder in der Ausstrich-Mikroskopie auch nur *eine* von diesen zu entdecken.

Die rein statistischen Zählgegebenheiten werden oft in dem Sinne überbewertet, daß differenzierende Analysensysteme dem Mikroskop vom Prinzip her - d. h. durch die große Zahl ausgezählter Zellen - überlegen seien. Während die Präzision der apparativen Differenzierung gegenüber der Mikroskopie in der Tat einen Fortschritt darstellt (vergl. 4.3.2.2), gilt dies nach den obigen Überlegungen für die Sensitivität nicht. Auch Prospekthinweise auf 10.000 ausgezählte Leukozyten ändern nichts daran.

4.3.2   Mikroskopierautomaten

4.3.2.1 Systembeschreibung

Der Bau dieser Bilderkennungs- = Pattern-Recognition-(PR-)Systeme begann, als die für automatische militärische Luftbildaufklärung verfügbaren Programme so weit entwickelt waren, daß sie auch für zivile Anwendungen geeignet schienen. Die mit dem LARC (Leucocyte Automated Recognition Computer) und Hematrac ab 1974 in den USA eingeleitete Entwicklung soll hier nicht nachgezeichnet werden. In den USA werden heute keine Systeme nach dem PR-Prinzip mehr hergestellt. Die Entwicklung hat sich nach Japan verlagert, wo 2 Hersteller neuerdings auch vollmechanisierte Vollblut-PR-Systeme anbieten.

Ein PR-Differenziergerät ist auf einen Ausstrich definierter Qualität angewiesen. Als notwendiges Zubehör zu einem PR-System gehört daher ein "Spinner" zur Anfertigung der *Ausstrich-Präparate.* Dieser - einer Zentrifuge ähnelnde - Spinner besitzt eine Haltevorrichtung für einen Objektträger. Nach Auftropfen einer Blutprobe (20 bis 200 μl) rotiert der Objektträger, bis ein Ausstrich definierter Dicke hergestellt ist. Während der Ausbreitung der Blutprobe durch Zentrifugalkraft wird die Dicke des Ausstriches kontinuierlich über eine photometrische Transmissions-Messung durch den Objektträger hindurch verfolgt. Bei der erforderlichen Dicke des Ausstrichs wird die Zentrifugation selbständig gestoppt.

Die Schleuder-Technik zur Herstellung von Ausstrichen hat sich nur vereinzelt für die herkömmliche Mikroskop-Auswertung einführen können. Die Ausstriche sind zwar homogen über den gesamten Glasträger verteilt, es sind auch manche Besonderheiten der manuell hergestellten Ausstriche - z. B. unterschiedliche Dicke, Monozyten eher am Rande usw. - nicht vorhanden. Als nachteilig wird jedoch angesehen: Der höhere Probenbedarf, die längere Zeitdauer für die Anfertigung der Ausstriche, die starke Verschmutzung der Spinner und die mögliche Bildung infektiöser Aerosole beim Zentrifugations-Vorgang.

Ebenso wie der Ausstrich selbst, muß für die PR-Geräte auch die Färbung des Ausstrichs unter definierten und exakt reproduzierbaren Bedingungen erfolgen. Die übliche Färbetechnik (panoptische Färbung nach Pappenheim) eignet sich nicht; PR-Systeme erfordern eine *Einstufen-Färbung nach Wright,* die über eine automatische Färbevorrichtung (Färbebank o. ä.) vorgenommen werden muß. Die so hergestellten Ausstriche eignen sich auch zur Auswertung unter dem Mikroskop, das Färbeergebnis entspricht jedoch nicht ganz dem von der Pappenheim-Färbung gewohnten Bild.

In der Art der Bereitstellung und Zufuhr der gefärbten Ausstrichpräparate unterscheiden sich die PR-Modelle. Üblich ist das Einordnen der Objektträger in Haltevorrichtungen, aus denen sie dann automatisch dem Mikroskop zugeführt werden. Nach dem selbsttätigen "Ölen" mit Immersionsöl wird der Objektträger mäanderförmig unter dem Objektiv bewegt und der Transport gestoppt, wenn ein Leukozyt gefunden wird. Nach automatischem Fokussieren wird die Zelle mit Hilfe einer angeschlossenen Fernsehkamera ausgewertet. Diese Mustererkennung besteht bei einer zeilenförmigen Abtastung in der Erkennung der Zellgröße und der Helligkeitswerte, der Färbung, der Kern-Plasma-Relation und möglicher Einschlußkörper. Pro Zelle werden ca. 1 Mio bits (Informationseinheiten) erfaßt, die im Computer gespeichert und ausgewertet werden. Die Zahl der zu erfassenden Leukozyten kann festgelegt werden (z. B. 100, 200, 500 oder 1000). Eine hohe Zellzahl ist mit entsprechendem Mehraufwand an Zeit verknüpft.

Der zunehmende Trend zu vollmechanisierten Analysensystemen hat in den letzten Jahren auch zu Differenzier-Automaten nach dem PR-Prinzip geführt: Die japanischen Firmen Omron und Hitachi stellen Systeme her, die vom Vollblut ausgehen.

Das angesaugte Blut wird im System verarbeitet, wobei alle skizzierten Schritte - Ausstrich - Trocknung - Färbung - Mikroskopie mit Ölen - Signalverarbeitung - Speicherung unklassifizierbarer Zellen - selbständig ablaufen.

4.3.2.2 Analytische Leistung der PR-Systeme

Als Hauptvorteil der PR-Geräte wird allgemein die Tatsache hervorgehoben, daß die Funktion verständlich ist und der herkömmlichen (menschlichen) Arbeitstechnik gleicht. Nur die PR-Geräte können vom Prinzip her z. B. Promyelozyten als solche erkennen oder eine Unterscheidung in Stab- und Segmentkernige durchführen.

Aus der kurzen Beschreibung des Funktionsprinzips ist erkennbar, daß die PR-Systeme vergleichbar dem menschlichen Auge und dem "nachgeschalteten" menschlichen Gehirn arbeiten. Der wesentliche Unterschied ist die höhere Flexibilität des Menschen: Wo die Erfahrung noch eindeutige Entscheidungen und Zuordnungen zuläßt, wird der Computer in vielen Fällen überfordert sein. Jedes PR-Gerät wird daher einen gewissen Prozentanteil solcher Zellen angeben, die als "unclassified" eingeordnet werden. Diese muß der Hämatologe oder die hämtatologisch geübte MTA nachklassifizieren. Für diese Aufgabe sind die PR-Geräte unterschiedlich eingerichtet: Einige der urprünglichen Modelle boten dem Kontrolleur lediglich eine ähnlich aussehende Zelle an, andere suchten mechanisch die betreffende Zelle auf. Moderne Systeme speichern die infrage kommenden Zellen auf Videoband und erlauben so ein schnelles und sicheres Aufrufen zur Nachbefundung am Bildschirm.

Die PR-Differenziertechnik stößt vom Prinzip her auf die gleichen Grenzen wie die übliche Mikroskop-Auswertung: Ähnlich aussehende Zellen können miteinander verwechselt werden. Begrenzend wirkt auch die Zahl der ausgewerteten Zellen: Bei leukozytopenischen Proben wird auf dem Ausstrich nur eine geringe Leukozyten-Zahl gefunden, die aus Gründen der Zählstatistik keine eindeutigen Aussagen oder Verlaufskontrollen zuläßt. Auch die begrenzte Probenstabilität wirkt sich bei den PR-Geräten nachteilig aus (s. u.).

4.3.2.3 Anforderungen an das Untersuchungsmaterial

In bezug auf die Präanalytik gelten die in 4.1.4 zusammengefaßten Gesichtspunkte. Zur Blutbilddifferenzierung mit PR-Geräten ist ausschließlich EDTA-Blut geeignet. Wie auch in der herkömmlichen Mikroskop-Auswertung von Ausstrichpräparaten hat das Probenalter entscheidenden Einfluß auf Qualität und Aussagemöglichkeiten. Es gelten die gleichen Voraussetzungen: Eine Blutprobe, die älter als vier Stunden ist, kann nicht mehr im Spinner "ausgestrichen" und (nach Färbung) am PR-Gerät ausgewertet werden. Bei älteren Proben, die entsprechend der vorgeschriebenen Technik ausgestrichen und gefärbt werden, findet ein PR-Gerät im Vergleich zur frischen Probe eine höhere Zahl Stabkerniger, die Zahl der segmentkernigen Neutrophilen ist vermindert: Eine Probe mit 69 % Seg und 4 % Stab zeigt z. B. nach 4 Stunden 60 % Seg bzw. 6 % Stab. Nach 24 Stunden Stehen liefert die Blutprobe folgendes Ergebnis: 37 % Seg, dafür jedoch 28 % Stab (Neumann 1979).

4.3.2.4 Abfallbeseitigung und Umweltschutz

Hier gelten die gleichen Gesichtspunkte wie in der üblichen Mikroskopie: Die Ausstrichpräparate und die verbrauchten Färbelösungen entsprechen denen der herkömmlichen Technik und müssen nach den üblichen Laborrichtlinien beseitigt werden (s. 5.1.5.3).

4.3.2.5 Qualitätssicherungsmaßnahmen

Wegen der speziellen Ausstrich- und Färbetechnik können übliche Ausstrich-Präparate, die zur Qualitätskontrolle verfügbar sind, nicht mit PR-Systemen ausgewertet werden. Zu den Systemen gehören gerätespezifische Objektträger mit Raster-Bildern, die lediglich eine Geräte-Kontrolle erlauben. Eine Kontrollmöglichkeit ist über den parallel zur Differenzierung laufenden Monitor der Systeme möglich: Hier ist jeder einzelne erfaßte Leukozyt zu erkennen. Eine Kontrolle der Auswertungsergebnisse der Maschine mit der eigenen subjektiven Bewertung ist möglich - nicht jedoch im Routinebetrieb. Bei der hohen Geschwindigkeit ist jeder Leukozyt nur Bruchteile von Sekunden auf dem Monitor sichtbar.

4.3.2.6 Derzeitige Geräte

Wie erwähnt, stellen derzeit nur die japanischen Firmen Omron und Hitachi Differenziersysteme nach diesem Prinzip her. Diese PR-Vollautomaten, die vom unabgemessenen Vollblut ausgehen, werden in Deutschland nicht vertrieben. Ergänzend sei darauf hingewiesen, daß in Japan PR-Geräte zur Standard-Ausrüstung klinischer Laboratorien gehören. Diese Geräte arbeiten neben solchen Zählgeräten, die eine Leukozyten-Vordifferenzierung über Histogramme erlauben (4.2.3.2). Beide Systeme kontrollieren sich gegenseitig: Wird eine Probe in beiden als unauffällig (keine flags oder unreife Zellen) klassifiziert, erfolgen bei fehlender Fragestellung keine weiteren Schritte in Richtung einer ergänzenden hämatologischen Analytik.

4.3.3 Durchflußzytometer zur Differenzierung: Allgemeines

Der Begriff *Durchflußzytometer* oder *Flow-Zytometer* kann unterschiedlich definiert werden. Vom Namen her sind alle Zählgeräte nach dem optischen und dem Widerstandsmeßprinzip her Flow-Zytometer, weil sie im Durchfluß Zellparameter messen. Für die ursprünglichen Zählgeräte wurde der Begriff jedoch nicht verwandt. Von Flow-Zytometern sprach man ab Mitte der 70er Jahre erstmals in Verbindung mit solchen Zellmeß-Systemen, die es erlaubten, markierte oder gefärbte Zellen einzeln zu vermessen, wobei alle oder die meisten Messungen nach dem optischen Prinzip erfolgten (z. B. beim FACS = Fluorescence Activated Cell Sorter). Details über Durchflußzytometrie sind bei Raffael (1988) beschrieben. Bei diesen Geräten wird an einer Meßstelle mehr als ein Parameter quantitativ erfaßt; die Darstellung der Parameter in 2- oder 3dimensionalen Punktdiagrammen ist ein weiteres Kennzeichen dieser Systeme. Auch die ersten nach dem optischen Prinzip arbeitenden Differenziersysteme wurden nicht als Flow-Zytometer bezeichnet. Weil der Begriff "Durchflußzytometer" zwischenzeitlich zu einem Leistungsmerkmal geworden ist und zur Unterscheidung von "Zählgeräten" dient, werden heute zunehmend alle komplexen Analysensysteme zur Messung von Zelleigenschaften mit dem gleichen Begriff gekennzeichnet, also auch die Differenziersysteme.

4.3.3.1 Grenzen der Durchflußzytometer

Alle Differenzier-Geräte - mit Ausnahme der Pattern-Recognition-Systeme - sind nicht in der Lage, unreife oder pathologisch veränderte Zellen als solche zu erkennen und quantitative Angaben über diese zu liefern. In den Punktdiagrammen sind jedoch zusätzliche Populationen oder atypische bzw. charakteristisch verformte "Punktwolken" als indirekte Hinweise vorhanden. Der kritische Anwender wird anhand pathologischer Proben eigene Erfahrungen sammeln, um die Grenzen und Möglichkeiten seines Differenzier-Systems zu erkennen.

Die in diesem Zusammenhang gelegentlich erwähnten Zumischversuche, d. h. das Einmischen unreifer Zellen in Normalblut und nachfolgendes maschinelles Testen, ist abzulehnen, weil in solcher Art präparierten "künstlichen" Proben unphysiologische Bedingungen vorliegen. Die unpräparierte Blutprobe eines Patienten mit einer Hämoblastose wird in den meisten Fällen mehrere veränderte Parameter aufweisen und so in einem empfindlichen Differenziersystem zu erkennen sein.

Eine prinzipielle Grenze jeder maschinellen Differenzierung ergibt sich aus der Tatsache, daß zahlreiche Merkmale, die ein erfahrener Hämatologe oder eine hämatologisch geübte MTA im Ausstrichpräparat erkennt, nicht erfaßt werden. Als Beispiele seien genannt: toxische Granulierung, basophile Tüpfelung, Auer-Stäbchen, Jolly-Körper, Plasmodien. Sollen diese und andere Gegebenheiten gezielt bestimmt werden, ist die herkömmliche Mikroskop-Technik unverzichtbar. Pathologische Blutbilder können zweifelsfrei nur mit Hilfe des Mikroskops und ggf. ergänzenden Techniken (Spezialfärbungen, Markierung mit Antikörpern) differenziert werden.

Die Problematik der Differenzierung stab- und segmentkerniger Granulozyten soll hier nicht ausgebreitet werden. Mit der Tatsache, daß keines der folgend dargestellten Geräte explizit beide Zellkategorien zählen kann, haben sich viele Hämatologen abgefunden bzw. abfinden müssen. Die Angabe Linksverschiebung ("Left Shift") o. ä. wird von allen Durchflußzytometern stets indirekt erhalten und nicht über eine gemessene Zell-Konzentration. Um die Aussagemöglichkeit einer vermehrten Stabkernigen-Zahl indirekt zu erhalten, wird in Laboratorien mit Differenzierautomaten der erhöhten Leukozyten- und Neutrophilen-Konzentration sowie anderen Labor-Parametern (z. B. Serum-CRP-Konzentration) besondere Beachtung geschenkt.

In diesem Zusammenhang wird häufig die Zahl der nachzudifferenzierenden Proben diskutiert - leider oft in dem Sinne, daß ein System dann als besonders leistungsfähig angesehen wird, wenn die "Nachdiff-Rate" besonders gering ist. In einer hämatologischen Ambulanz mit nahezu 100 % pathologischen Proben ist bei einer Erstuntersuchung jede Probe mit dem Mikroskop parallel zu differenzieren. Für die Verlaufskontrolle kann dann ein Differenziersystem durchaus ausreichend sein. In einem Krankenhaus mit gemischtem Krankengut wird die Rate nachzudifferenzierender Proben bei 20 bis 30 % der Proben liegen, für die ein Differentialblutbild angefordert wurde. Im Gemeinschaftslabor niedergelassener Ärzte liegt die Zahl der nachzuuntersuchenden Proben bei etwa 5 bis 10 %.

Von größerer Tragweite als die Zahl falsch positiver Proben, d. h. solcher, die vom Analysengerät mit einem "flag" versehen wurden, jedoch bei der manuellen Nachuntersuchung unauffällig sind, ist die Zahl der *falsch negativen* Proben. Hierzu sind solche Proben zu rechnen, die vom Gerät nicht als pathologisch bzw. auffällig markiert wurden, jedoch bei der Nachuntersuchung unreife Zellen oder andere signifikante Merkmale zeigen. Eine generelle Aussage über den Prozentanteil falsch negativer Proben bei der Analyse mit Durchflußzytometern ist nicht möglich - eine solche Angabe würde unter anderem eine eindeutige Definition des "pathologisches Blutbildes" voraussetzen. Ebenso wie bei der manuellen Differenzierung eine vollständige Sicherheit vor falsch negativen Befunden nicht gegeben ist, kann diese Sicherheit auch bei der maschinellen Differenzierung nicht erwartet werden. In diesem Zusammenhang ist allerdings zu berücksichtigen, daß sich eine beginnende Leukämie nur selten an einem einzigen Merkmal zu erkennen gibt. Die ergänzenden Parameter eines automatisch erstellten Blutbildes sind zusätzliche Bewertungskriterien, die bei sorgfältiger Beachtung die Gefahr des Übersehens falsch negativer Befunde vermindern.

Grundsätzlich ist bei Durchflußzytometern zu beachten, daß die Ergebnisse für das Differentialblutbild eines heutigen Modells nicht mit den Ergebnissen älterer Geräte des gleichen Typs übereinstimmen müssen. Durch Weiterentwicklung - besonders der Software - können sich auch bei unveränderter Meßtechnik unterschiedliche Analysenergebnisse ergeben.

4.3.3.2 Vorteile der Durchflußzytometer

Differenzierautomaten sind heute ein integraler Bestandteil großer Laboratorien. Von den folgend vorgestellten Meßtechniken hat sich keine als prinzipiell überlegen herausgestellt. Die gemeinsamen Vorteile der Systeme überwiegen die begrenzenden Faktoren.

Als grundsätzlicher Vorteil ist zunächst die hohe Zahl ausgewerteter Zellen zu nennen: Diese liegt bei allen Durchflußzytometern für Normalblutproben in der Größenordnung von 10.000 Leukozyten, d. h. der Anzahl von Leukozyten, die in dem tatsächlich ausgewerteten Volumen von ca. einem Mikroliter enthalten ist. Damit ist im Vergleich zur manuellen Differenzierung von 100 Zellen aus statistischen Gründen eine um den Faktor 10 höhere Präzision gegeben. Trotzdem kann aus oben genannten Gründen die Mikroskop-Differenzierung nicht ernsthaft in Frage gestellt werden.

Untersuchungen über die Unsicherheit der herkömmlichen Differenzierung legte der Biostatistiker Rümke 1975 vor (vergl. auch 8.1). Seine Untersuchungen werden herangezogen, um die statistische Überlegenheit der mechanisierten Differenzierung zu belegen. Bei der Interpretation der "Rümke-Tabelle" wird die Aufmerksamkeit meist auf jene 5 oder weniger Prozente der Ergebnisse gerichtet, die bei 100facher Wiederholungsmessung gemäß der Bernoulli'schen Binomialverteilung der Einzelergebnisse vorkommen müssen und entsprechend weit vom Mittelwert liegen, d. h. außerhalb des 95 %-Vertrauensbereichs. Wenn dem Analysenergebnis einer Einzeluntersuchung auch nicht "anzusehen" ist, wie nahe es dem wahren Wert kommt, so ist die Wahrscheinlichkeit, daß ein Analysenergebnis dicht an diesem Wert liegt wesentlich größer als die, daß er sehr weit entfernt von diesem liegt. Mit anderen Worten: Nicht der statistisch seltene, sondern der wahrscheinlichere Wert wird (ohne Berücksichtigung anderer Fehlerquellen) bei einer Analyse auch am häufigsten gefunden - oder: Wenn ein Ausstrich fachmännisch ausgewertet ist, sollte die Aussagekraft des manuellen Diffentialblutbildes nicht von vornherein angezweifelt oder abgewertet werden!

Wegen der hohen Zahl erfaßter Zellen sind Differenzierautomaten zur Analyse zytopenischer Proben besonders geeignet. Vorteile ergeben sich z. B. bei Verlaufskontrollen im Rahmen einer Zytostatika-Behandlung, da schon sehr geringe Veränderungen in der Konzentration einzelner Zellklassen erkannt und verfolgt werden können, was mit konventioneller mikroskopischer Technik nicht möglich ist.

Als Vorteil einiger Differenziersysteme ist auch die Ergebnis-"Vorinterpretation" zu nennen, wie sie z.B. vom Sysmex NE-8000 geliefert wird. Hier wird die Vielzahl der Parameter über ein integriertes Rechnerprogramm ausgewertet und zu diagnostischen Hinweisen verdichtet.

4.3.3.3 Anforderungen an das Untersuchungsmaterial

Die hier beschriebenen Systeme verwenden ausschließlich EDTA-Vollblut als Probenmaterial. Die relevanten Stör- und Einflußgrößen der präanalytischen Phase einschließlich der minimalen Einwirkungszeit des zugesetzten EDTA sind im Abschnitt 4.1.4 abgehandelt. Hinsichtlich des maximalen Probenalters kann davon ausgegangen werden, daß die hier zusammengefaßten Geräte zuverlässige Differenzierergebnisse liefern, wenn die Probe am gleichen Tag im Labor analysiert wird, d. h. im Krankenhaus-Routinebetrieb innerhalb von 6 bis 8 Stunden nach der Abnahme. Es gibt jedoch Firmenangaben über wesentlich längere Probenhaltbarkeit. Bei diesen Angaben wird davon ausgegangen, daß sich während der Probenalterung bei den Ergebnissen die numerischen Werte weniger verändern als die qualitativen Warnsignale und Punktdiagramme. Diese Warnhinweise sind jedoch nicht nur Kennzeichen zu alter, sondern oft auch atypischer oder pathologischer Proben. Zur eigenen Urteilsfindung wird der Laborleiter die Firmenangaben durch Wiederholungsmessungen selbst überprüfen müssen. Dazu ist eine Blutprobe in mehrere Aliquots aufzuteilen, die dann zu verschiedenen Zeiten analysiert werden. Wird eine Einzelprobe zur Haltbarkeitsstudie verwendet, können einzelne Leukozyten-Klassen durch das wiederholte Mischen so geschädigt werden, daß die Werte des Differentialblutbildes erheblich vom richtigen Ergebnis abweichen.

Von Proben, die eine Laborpraxis auf dem Postweg erreichen, kann ein aussagekräftiges Differenzier-Ergebnis nicht erwartet werden. Das gilt für alle Differenziersysteme und die herkömmliche Ausstrichtechnik gleichermaßen.

4.3.3.4 Abfallbeseitigung und Umweltschutz

Für die hier skizzierten Geräte gelten die in 4.1.5. beschriebenen Gegebenheiten.

4.3.3.5 Qualitätssicherungsmaßnahmen

Aus der Funktionsbeschreibung der hier zusammengefaßten Systeme geht hervor, daß unterschiedliche und unvergleichbare Eigenschaften der Zellen zur Differenzierung verwendet werden, z.B. Enzymgehalt, Verhalten im Hochfrequenz-Feld und Lichtstreuung. Derzeit ist daher außer humanem Frischblut kein "Material" verfügbar, das in diesen Geräten für alle Parameter ein gleiches Verhalten zeigt, d. h. allgemein für die interne Qualitätskontrolle oder Ringversuche verwendbar wäre. Für mindestens 2 der unten beschriebenen Geräte gibt es firmen- und gerätespezifische Kontrollmaterialien, die sich auch zur Überprüfung der 5 Klassen der Leukozyten eignen. Kontrollblutproben, die von den Ringversuchs-Institutionen versandt werden, sind für das Differenziersystem nur bedingt geeignet: Hier sind in der Regel die Parameter Hämoglobin-, Erythrozyten-, Plättchen- und Leukozytenkonzentration zu erhalten und zu überprüfen, nicht jedoch die Fraktionen des Differentialblutbildes.

Aus den vorgenannten Gründen sollte der Anwender sein Differenziergerät mit eigenen Vorversuchen und Parallel-Analysen kritisch überprüfen, um Aussagen über die Qualität der Differenzier-Ergebnisse belegen zu können. Dazu eignet sich die herkömmliche Mikroskop-Technik, wenn sie sorgfältig von erfahrenem Personal durchgeführt wird. Zur Überprüfung des Differenzierergebnisses eignen sich auch nach anderem Prinzip arbeitende Differenziersysteme, wenn solche Proben parallel untersucht werden, in denen keine Populationen vorhanden sind, die ein Gerät nicht als solche erkennen kann, z. B. Myelozyten, Erythroblasten usw. Es muß auch sichergestellt sein, daß diese Proben innerhalb der zulässigen Zeit (nicht älter als 8 Stunden) analysiert werden. Pathologische Proben mit unreifen oder atypischen Zellen sind für Gerätevergleiche weniger gut geeignet: Wenn das Analysenergebnis eines Differenziersystems mit einem "flag" versehen ist, muß dies als Hinweis darauf gewertet werden, daß die Probe nachzudifferenzieren ist. Die für das maschinelle Differentialblutbild gegebenen Prozentzahlen sind dann von geringerer Relevanz: Die Population der unreifen oder atypischen Zellen wird von den meisten Geräten einer der fünf übrigen Populationen zugeschlagen.

Eine effektive Hilfe zur Qualitätssicherung der Differenzierergebnisse von Durchflußzytometern ist weiterhin die Beobachtung der Serien-Mittelwerte der Zellklassen innerhalb vorgegebener Grenzen. Im Gegensatz zu Kontrollmaterialien erfolgt hier die Überpüfung der Differenzierungs-Funktionen mit nativem Frischblut, d. h. unter jenen Bedingungen, die für die Routine relevant sind. Nicht alle der unten skizzierten Systeme besitzen diese nützliche Kontrollmöglichkeit für die Parameter des Differentialblutbildes.

4.3.4 Differenziergeräte mit ausschließlich physikalischen Meßprinzipien

4.3.4.1 Prinzipien und Meßverfahren

Eine auf R. Thom, Berlin, zurückgehende Entdeckung ist die Basis von zwei der hier skizzierten Differenzier-Systeme. Zu Beginn der 70er Jahre fand er, daß sich Blutzellen bei der Messung in Geräten, die nach dem Widerstands-Meßprinzip arbeiten, nur bis zu einer bestimmten Feldstärke innerhalb der Meßöffnung als Isolatoren verhalten. Seine Anregung, diesen Effekt mit Wechselstrom zu studieren, führte zur Feststellung, daß einzelne Leukozyten-Klassen bei der Widerstandsmessung mit Hochfrequenz unterschiedliche Signale ergeben und sich damit voneinander unterscheiden lassen.

Die Entwicklung zu Differenziersystemen wurde durch weitere Technologien und Methoden gefördert: Fortschritte in der Laser-Technologie erlaubten in den letzten beiden Jahrzehnten die Anwendung des Lasers in optisch arbeitenden Zählgeräten und Flow-Zytometern. Die kohärente, energiereiche und extrem gebündelte Meßstrahlung bietet ideale Voraussetzungen für Messungen an Einzelzellen.

Beide Entwicklungen - Hochfrequenz-Technologie im Widerstands-Meßprinzip und Laser-Technik - führten in Kombination mit herkömmlichen Techniken zu drei unterschiedlichen Differenziersystemen, bei denen folgende Prinzipien kombiniert sind:

- Widerstands-Messung mit Hochfrequenz und Gleichstrom in Kombination mit zwei weiteren Kanälen zur Differenzierung (Widerstands-Messung mit Gleichstrom): Sysmex NE-Serie,
- Widerstands-Messung mit Hochfrequenz und Gleichstrom, simultane Streulichtmessung mit einem Laserstrahl: Coulter STKS,
- Streulichtmessung von polarisiertem Licht unter verschiedenen Raumwinkeln mit Laserlicht: Celldyn 3000, Firma Sequoia Turner.

Es ist zu erwarten, daß weitere Analysensysteme entwickelt werden, die "physikalisch" differenzieren.

Weil diese Geräte das gleiche Probenmaterial verwenden und vergleichbare Ergebnisse liefern, sind gemeinsame Kennzeichen vorhanden:

- Parallel zur Differenzierung erfolgt eine Hämoglobin-Photometrie nach üblicher Methodik (Hämolyse eines Aliquots der Blutprobe).
- Vor der Messung der Leukozyten wird eine partielle oder vollständige Hämolyse der Erythrozyten durchgeführt. Bei diesem Prozeß werden zwangsläufig auch die Leukozyten verändert, so daß diese bei der Messung nicht mehr in physiologischem nativen Zustand vorliegen.
- Weil die Geräte bei der Differenzierung nach unterschiedlichen Prinzipien arbeiten, gibt es kein Kontrollblut oder sonstiges Kontrollmaterial, das für alle Geräte geeignet ist. Die Reagenzien werden vom Hersteller auf die eigenen Geräte abgestimmt. Bei diesen Differenziersystemen handelt es sich also in bezug auf die Reagenzien um "geschlossene" Systeme.
- Befindet sich ein Leukozyt an der Meßstelle des Differenzierungskanals, werden dort stets zwei oder mehr Signale erhalten, die in einem 2- oder 3dimensionalen Punktdiagramm (Scattergramm, Leukogramm) ausgeplottet werden. Solche gewöhnungsbedürftigen Punkt-Diagramme gehören zum festen Bestand der Ergebnisse dieser Systeme. Zur Interpretation ist eine eingehende Beschäftigung erforderlich. Die Punktdiagramme verschiedener Hersteller sind weder identisch, noch miteinander vergleichbar! Die Koordinaten der Einzelpunkte werden durch Kriterien bestimmt, die in keinem oder höchstens einem Parameter übereinstimmen.

4.3.4.2 Grenzen der physikalischen Differenzierung

Für die hier beschriebenen Durchflußzytometer gelten zunächst die oben (4.3.2) zusammengefaßten Gegebenheiten, u. a. die Unmöglichkeit, eine einzelne Zelle oder solche Zellpopulationen zu identifizieren, die in Bruchteilen von Prozenten vorliegen. Das wesentliche Kennzeichen der physikalisch differenzierenden Geräte besteht darin, daß außer der Größenmessung (oberflächen- bzw. volumen-proportionale Signale) solche Merkmale zur Differenzierung herangezogen werden, die mit üblicher Technik (Mikroskop, Färbung) nicht nachvollzogen und überprüft werden können. Bei den derzeit angewandten Technologien handelt es sich um zunächst empirisch gefundene Phänomene. Geeignete Reaktions- und Meßbedingungen - durch systematische Entwicklungen optimiert - erlauben die Anwendung dieser Phänomene zur Differenzierung von Leukozyten. Für keine der angewandten Technologien wurde bisher eine Theorie vorgelegt, aus der hervorgeht, daß sich eine Zelle an der Meßstelle so verhalten muß wie es beobachtet wird. Trotz dieser Gegebenheit sind - wie sich im Routinebetrieb zeigt - diese Geräte dazu geeignet, die 5 Klassen der Leukozyten in Absolutzahlen und Relativprozenten auszugeben und auffällige Proben mit Warnzeichen (flags) zu versehen.

Auf eine Besonderheit, die sich durch die rasche Entwicklung - besonders durch Software-Revisionen - ergibt, wurde hingewiesen (u. U. abweichende Differenzier--Ergebnisse bei unterschiedlichen Auswerte-Programmen). Zu beachten ist ferner das Alter der Blutproben (s.o.). Für jedes Durchflußzytometer ist auch zu überprüfen, in welcher Weise sich ein zu häufiges oder zu langes Mischen der Blutprobe auswirkt, weil durch die mechanische Einwirkung die "Physik" der Zelle verändert werden kann.

4.3.4.3 Derzeitige Geräte und Ergebnisdarstellung

Bei den physikalisch arbeitenden Differenziersystemen zeichnen sich 2 Entwicklungsrichtungen ab: Messung mehrerer Ansätze mit unterschiedlicher Verdünnung an mehreren Meßstellen, um möglichst spezifisch einzelne Zellklassen zu erfassen (TOA Medical Electronics) - Messung eines Ansatzes an einer Meßstelle mit mehreren dort simultan angewandten Meßtechniken (Coulter, Sequoia Turner). Die zur Zeit serienmäßig lieferbaren Differenziergeräte, die eine physikalische Differenzierung ermöglichen, sind im folgenden skizziert. Einleitend wurde bereits festgestellt, daß sich die Zahl der in diese Kategorie fallenden Systeme rasch erweitern dürfte.

a) *Sysmex NE-8000* der TOA Medical Electronics, Kobe, Japan.
Das Gerät ist in mehreren Versionen lieferbar (offene oder geschlossene Primärröhrchen, Einzelzufuhr oder vollautomatische Zufuhr der Proben); ausführliche Beschreibung des Gerätes bei Seeger (1989). Kennzeichen:

- Die Differenzierung erfolgt in 3 getrennten Kanälen.
- Messung nach dem Widerstands-Meßprinzip mit Gleichstrom und überlagerter Hochfrequenz: Lymphozyten, Monozyten und Granulozyten. Darstellung dieser Simultanmessung in Form eines Scattergramms (Abb. 4-10). Meßprinzip siehe Abb. 4-11.
- Widerstands-Meßprinzip nach spezieller Lyse: Zählung der Eosinophilen. Histogramm-Darstellung der Meßergebnisse.
- Widerstands-Meßprinzip nach spezieller Lyse: Zählung der Basophilen (geringere Verdünnung als in den anderen Kanälen). Histogramm-Darstellung der Meßergebnisse.

b) *STKS* der Coulter Corporation, Hialeah, Florida, USA.
Kennzeichen: Vollmechanisiertes System für geschlossene Primärröhrchen. Probendurchsatz bis zu 110/h bei Differenzierung. Die Differenzierung erfolgt in einem Kanal mit 3 Messungen in unmittelbarer Nachbarschaft:

- Widerstands-Meßprinzip mit Gleichstrom
- Widerstands-Meßprinzip mit Hochfrequenz
- Streulichtmessung mit Laserlicht

Von jedem Leukozyten werden derart drei Kenngrößen erhalten, die geräteintern zu einem dreidimensionalen Scatterplot verarbeitet werden (Abb. 4-12). Zwischen die einzelnen Zellpopulationen werden Schwellen gesetzt, die Zellen zwischen den Grenzen ausgezählt. Je 2 Parameter können gegeneinander dargestellt werden und in Form eines Scatterplots parallel zum numerischen Ergebnis ausgedruckt werden. Das

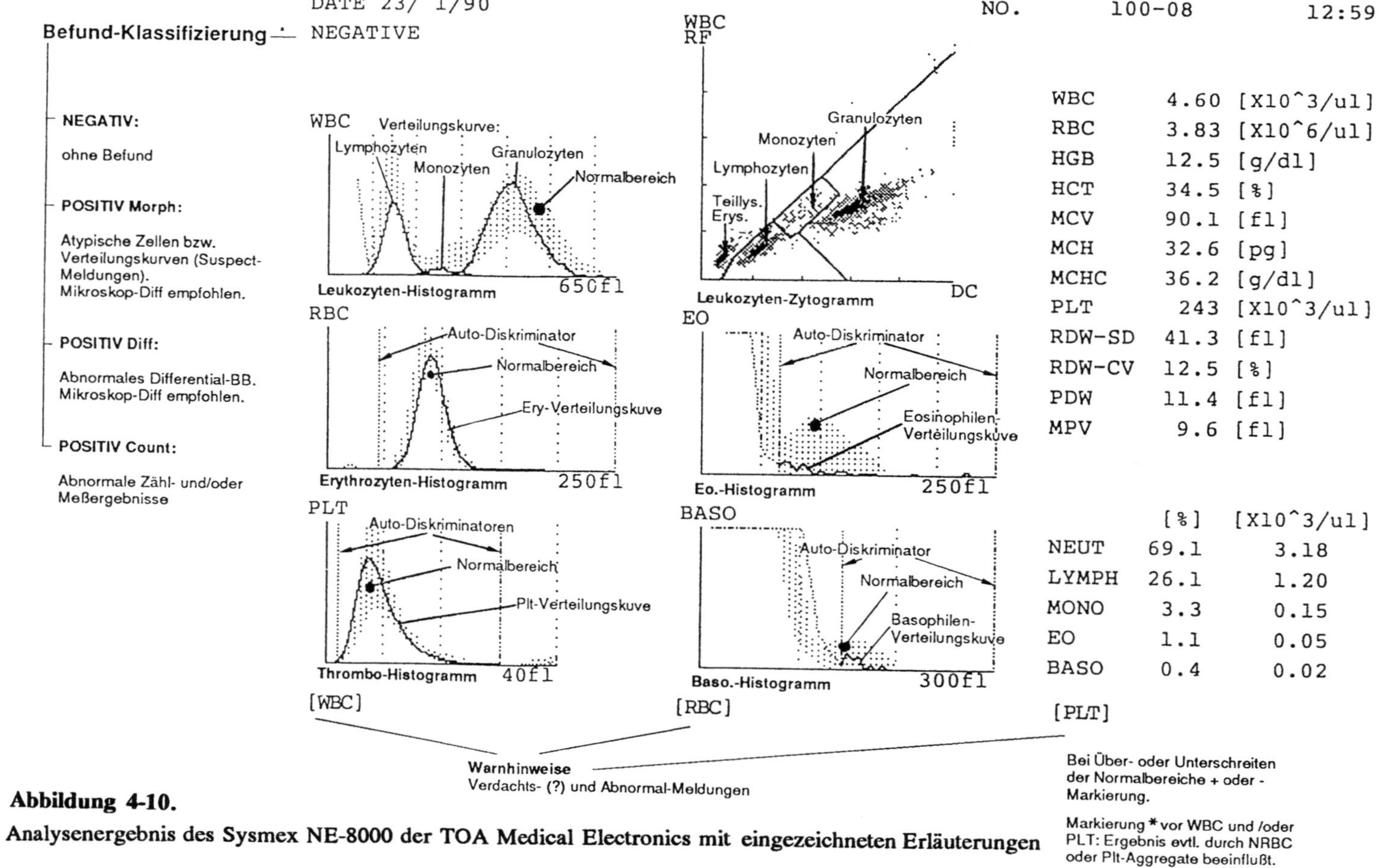

Abbildung 4-10.
Analysenergebnis des Sysmex NE-8000 der TOA Medical Electronics mit eingezeichneten Erläuterungen

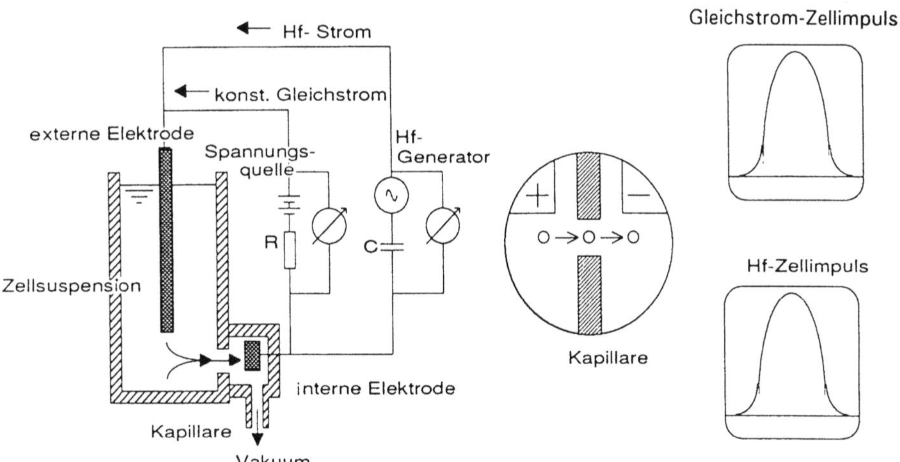

Abbildung 4-11. Funktionsschema des Hf/DC-Kanals im Sysmex NE-8000. Dargestellt ist die Doppelmessung nach dem Widerstands-Meßprinzip mit Gleich- und Hochfrequenzstrom. Vorbehandelte Leukozyten ergeben unterschiedliche Signale, die in ihrer Gesamtheit das Scattergramm (Abb. 4-10) bilden. Mit Gleichstrom wird das Zellvolumen erfaßt. Der Hf-Strom wird durch die Kerneigenschaften beeinflußt. Von jedem Leukozyten werden derart drei Kenngrößen erhalten, die geräteintern zu einem dreidimensionalen Scatterplot verarbeitet werden. Zwischen die einzelnen Zellpopulationen werden Schwellen gesetzt, die Zellen zwischen den Grenzen ausgezählt. Je 2 Parameter können gegeneinander dargestellt werden und in Form eines Scatterplots parallel zum numerischen Ergebnis ausgedruckt werden. Das Analysenergebnis enthält auch Volumenverteilungskurven für Erythrozyten und Plättchen, Warnhinweise sowie interpretierende Angaben

Analysenergebnis enthält auch Volumenverteilungskurven für Erythrozyten und Plättchen, Warnhinweise sowie interpretierende Angaben.

c) *Celldyn 3000* der Sequoia-Turner Corporation, Mountain View, Californien.
Kennzeichen: Teil- oder vollmechanisierter Betrieb, Probevolumen je nach Betriebsart von 125 bis 250 μl. Probenfrequenz: 100 Proben/h. Die Differenzierung erfolgt durch das optische Meßprinzip mit Laserstrahl mittels Messung der Probenverdünnung im Zentralstrahl (Durchflußküvette) an einer Stelle (Abb. 4-13). Das Streulicht wird unter 4 Raumwinkeln, z. T. über optische Polarisationsfilter, erfaßt. Je 2 Parameter sind in Form eines Punktdiagramms gegeneinander darstellbar. Neben einem der wählbaren Diagramme enthält das Ergebnis auch die Erythrozyten- und Plättchen-Volumenverteilungskurve (Abb. 4-13).

4.3.5 Differenziergeräte nach zytochemischem Prinzip

4.3.5.1 Prinzip und Meßverfahren

Mit dem *Hemalog D* (Technicon, Tarrytown, USA) wurde 1973 das erste vollmechanisiert arbeitende Differenziersystem vorgestellt. Der Begriff "zytochemische Differenzierung" war für dieses System mit drei "chemischen" Kanälen zutreffender als für die Nachfolgegeräte, die zunehmend auch physikalische Differenzierprinzipien anwenden. Der Hemalog D - nur zur Leukozytenzählung und -differenzierung entwickelt - war als Ergänzungssystem zum Hemalog 8 gedacht und mit diesem

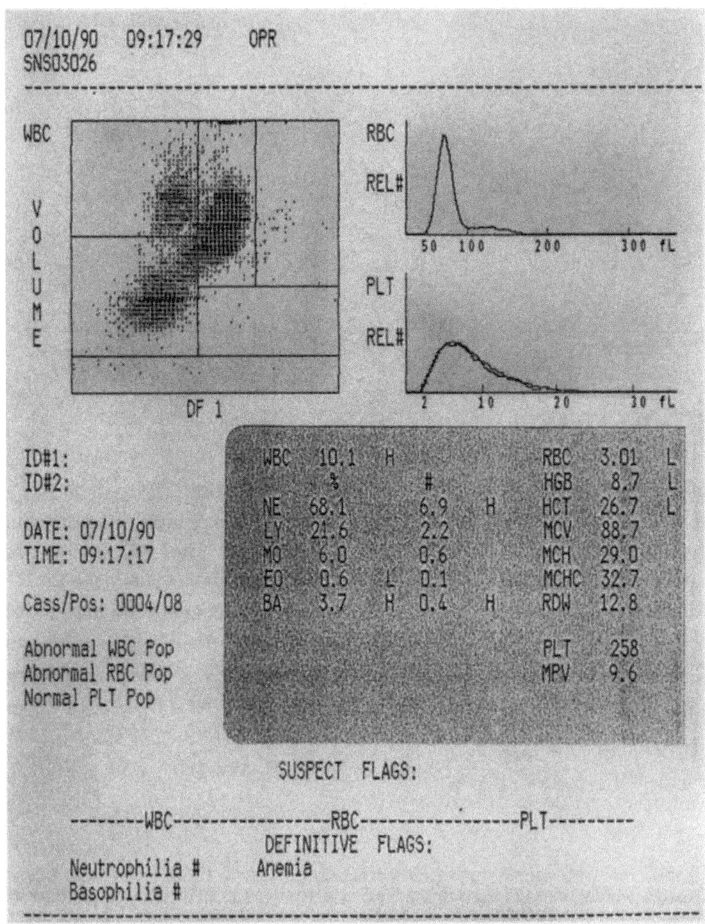

Abbildung 4-12. Analysenergebnis mit Scatterplot des STKS (Coulter Electronics). Von den 3 an einer Meßstelle anfallenden Signalen (Lichtstreu, Hf- und DC-Signal) sind jeweils 2 gegeneinander darstellbar

elektronisch koppelbar. In den folgenden Abschnitten soll nur der *H-1* (Bayer Diagnostic, Technicon) betrachtet werden, da das Vorgänger-Modell (H-6000) nicht mehr aktiv vertrieben wird.

Methodik und Meßverfahren: Die vom Gerät angesaugte Blutprobe (100 μl) wird auf 4 Kanäle verteilt, von denen einer zur üblichen Hb-Photometrie nach der Cyanmethämoglobin-Methode dient. Alle übrigen Messungen werden an 2 Meßstellen durchgeführt, von denen eine doppelt, d. h. zeitlich aufeinanderfolgend für unterschiedliche Ansätze ausgenutzt wird (Schneider 1989).

Hier nur eine stichwortartige Schilderung der Meßvorgänge: Ery-, Plt- und Hämoglobin-Messung im Einzelery nach dem optischen Prinzip mit Laser-Meßstrahlung: Ein Teil der Blutprobe wird mit einer Reagenzlösung verdünnt, deren wesentlicher Bestandteil die Erythrozyten in ihrer Gestalt verändert: Sie werden abgekugelt, behalten jedoch im Vergleich zu den nativen Ery das gleiche MCV. Dieses Verfahren bietet 2 Vorteile:

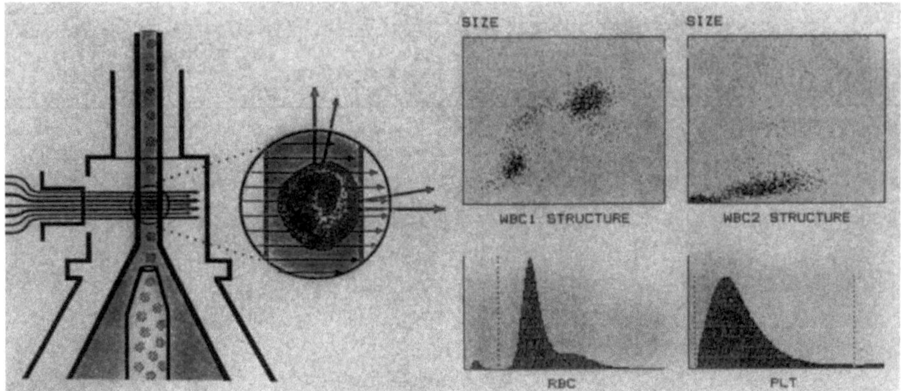

Abbildung 4-13. Links: Prinzip der Differenzierung im Celldyn 3000 (Sequoia Turner Corporation). Ein sogenanntes "TOP HAT Profile" ist die Basis für die "Multi-Angle-Polarized Separation". Vier unter verschiedenen Winkeln aufgefangene Signale führen zur Zuordnung eines Leukozyten in eine der fünf Klassen. Rechts: "Scattergrams" und Volumenverteilungskurven aus dem Analysenergebnis (aus einer Herstellerschrift entnommen)

- Bei der Messung ist das Ery-Meßsignal unabhängig von der Lage der Ery zur Lichtquelle.
- Wird das Streulicht unter 2 Raumwinkeln aufgefangen, können aus beiden simultan erfaßten Streulichtsignalen Informationen abgeleitet werden, die nicht nur Aussagen über das MCV zulassen, sondern auch Angaben über die Hb-Konzentration des Einzel-Ery. Alle einzelnen Konzentrationswerte werden vom H-1 in Form eines Histogramms ausgedruckt. Der Median dieses Histogramms entspricht dem bekannten MCHC, der vom System zusätzlich in üblicher Weise berechnet und angegeben wird.

Basophilen-Messung und Erfassung weiterer Parameter im Laser-Kanal: Ein weiteres Aliquot der Blutprobe wird mit einer Reagenz-Lösung zur Reaktion gebracht, die neben der Hämolyse der Ery ein Zell-"Stripping" bei allen Leukozyten mit Ausnahme der Basophilen bewirkt. In diesem Meßansatz liegen weitgehend unveränderte Basophile und die Kerne der übrigen Leukozyten vor. Nach der Ery-Plt-Messung (s. o.) wird diese Zellsuspension durch die Durchflußküvette bzw. die Laser-Meßstrahlung geschickt, das Streulicht wiederum unter 2 Raumwinkeln aufgefangen. Es resultiert das in Abb. 4-14 dargestellte "Nukleogramm", in dem durch Schwellensetzung Basophile von mononukleären und polymorphkernigen Leukozytenkernen unterschieden werden können.

Differenzierung der Leukozyten in Neutrophile - Monozyten - Lymphozyten - Eosinophile und LUC im Peroxidase-Kanal mit optischer Meßtechnik: Die Tatsache, daß Leukozyten myeloischer Genese Peroxidase in mehr oder weniger hoher Konzentration enthalten und solche lymphatischer Genese nicht, wird im Peroxidase-Kanal des H-1 ausgenutzt: Ein weiteres Aliquot der angesaugten Probe wird mit einem Reagenzgemisch inkubiert, das zunächst eine Hämolyse der Ery bewirkt. Zugesetztes Hydroperoxid wird durch die Leukozyten-Peroxidase gespalten, der freigesetzte Sauerstoff oxydiert eine farblose Verbindung zu einem unlöslichen dunklen Farbstoff, der innerhalb der Zellen an den Orten mit hoher Peroxidase-Aktivität fixiert wird. Im Anschluß an diese zytochemische Reaktion wird die Zellsuspension in einer Durchflußküvette photometriert. Dabei wird gleichzeitig im Durchlicht ein Absorptionssignal (Zellfärbung = Peroxidase--Aktivität) und ein Streulichtsignal für die Zellgröße erfaßt. Beide Signale - gegeneinander dargestellt - ergeben das "Leukogramm". In diesem werden über ein System fester und beweglicher Schwellen einzelne Zellklassen voneinander unterschieden. Die fünf Einzel-Populationen sind: Neutrophile - Eosinophile - Monozyten - LUC (= Large Unstained Cells = große ungefärbte Zellen) - Lymphozyten + Basophile. Aus der im Baso-Kanal erhaltenen Basophilen-Konzentration und der im Perox-Kanal gewonnenen Summe aus Lymph + Baso wird die Lymphozyten-Konzentration errechnet. Leistungskennzeichen: Maximal 80 kleine oder 60 große Blutbilder pro Stunde. Angesaugtes Probenvolumen: 100 μl manuell bzw. 125 μl mit Probennehmer. Option: Probennehmer mit Entnahmemöglichkeit aus geschlossenen Röhrchen. Abb. 4-14

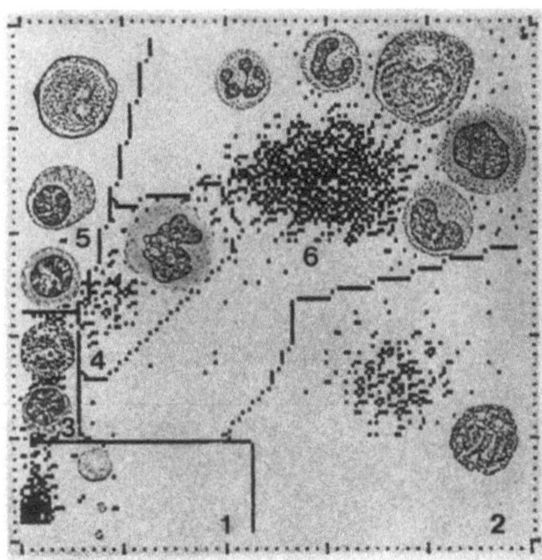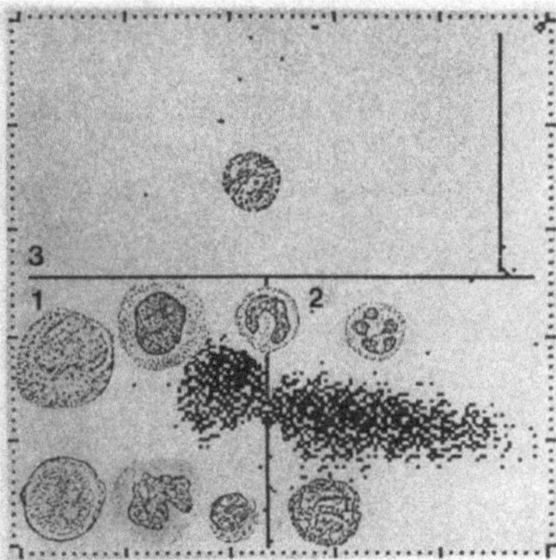

Abbildung 4-14. Leukogramm und Nukleogramm des H-1 (Bayer Diagnostic Technicon). Es bedeuten im Leukogramm: 1 Thrombozyten und lysierte Erythrozyten; 2 Eosinophile; 3 Lymphozyten und Basophile; 4 Monozyten; 5 Große peroxidase-negative Zellen (LUC); 6 reife und unreife Granulozyten. Nukleogramm: 1 Mononukleäre Zellen; 2 Polymorph-nukleäre Zellen; 3 Basophile

zeigt einen Ergebnisausdruck des H-1 und die Zuordnung von Zellen zum Leukogramm bzw. Nukleogramm.

4.3.5.2 Grenzen der zytochemischen Differenzierung

Eine der wesentlichen Voraussetzungen der auf dem Peroxidase-Gehalt basierenden Leukozyten-Differenzierung gilt nicht uneingeschränkt: Nicht immer enthalten die Leukozyten-Klassen der myeloischen Reihe eine etwa gleiche Peroxidase-Konzentration. Es gibt - in der Größenordnung 1 : 1000 bis 1 : 10.000 - Menschen, deren Neutrophile eine verminderte oder fehlende Peroxidase-Aktivität besitzen. Deren Blut ergibt bei der zytochemischen Differenzierung charakteristisch veränderte Leukogramme. Dabei kann in ausgeprägten Fällen die Grenze zu den Monozyten und LUC-Zellen nicht richtig gesetzt werden, und die (durch "flags" markierte) Proben müssen nachdifferenziert werden. Extrem selten werden auch peroxidase-negative Eosinophile beobachtet, die im Bereich der LUC oder Neutrophilen - allerdings in der Regel als separat lokalisierte Population - auftreten. Myeloblasten ohne Progranulation sind noch peroxidase-negativ und sind damit - wie alle großen peroxidase-negativen Zellen (Lymphoblasten, große lymphatische Reizformen, große Erythroblasten) - im LUC-Feld des Leukogramms angesiedelt. Bei einer erhöhten LUC-Zahl muß daher mit manuellen Untersuchungen die Natur dieser Zellen abgeklärt werden. Auf verfälschte Nukleogramme wurde kürzlich hingewiesen (Etavard 1989).

4.3.5.3 Vorteile der zytochemischen Differenzierung

Im Laufe der letzten 15 Jahre sind mehr als 1000 Veröffentlichungen über die auf dem Peroxidase-Gehalt basierende Differenzierung erschienen, in der im wesentlichen über die Vorteile dieses Prinzips berichtet wird.

Die Methodik des H-1 und seiner Vorgänger erlaubt es, neben den fünf Leukozyten-Klassen des Blutes eine zusätzliche Zellklasse (LUC) zu definieren, in der atypische Zellen erfaßt werden. Diese veränderten Zellen beinhalten alle großen peroxidase-negativen Zellen und bestehen in den meisten Fällen aus Zellen der lymphatischen Reihe, können jedoch auch Myeloblasten enthalten. Die LUC-Population wird damit bei der zytochemischen Differenzierung aus den übrigen fünf Klassen der Leukozyten ausgegrenzt. Es wurde mehrfach berichtet (Richards 1982 u. a.), daß die bei Leukämien veränderten Leukogramme Hinweise auf eine der FAB-Klassen erlauben.

4.3.6 Zusammenfassung und Ausblick

Hämoglobin-Photometrie, Zellzählung, Histogramm-Vordifferenzierung, maschinelles Differentialblutbild, mikroskopische Befundung, Spezialfärbung, Knochenmarkbefundung, Identifizierung von Oberflächenantigenen, Analyse des genetischen Materials im Zellkern sind die Stufen, die zu stets weitergehenden Informationen über das normale und veränderte Blutbild führen. In dieser Rangreihenfolge immer aufwendigerer Methoden kommt dem automatisch erstellten Differentialblutbild eine wichtige Funktion zu - zum "Screenen" oder zur Bestätigung bzw. zum Ausschluß einer Verdachtsdiagnose. Es ist erstaunlich, daß sich mit physikalischen und auch zytochemischen Methoden jene fünf Leukozytenklassen des normalen Blutbildes identifizieren lassen, die seit mehr als acht Jahrzehnten morphologisch definiert sind.

Ebenso wie der Mangel eines Meßverfahrens im Einzelfall eine möglicherweise relevante Information beinhaltet, z.B. der atypische Enzymmangel in einer Zellklasse (s. a. 6.1.4.4-23.1), ist es durchaus denkbar, daß künftig mit physikalischen Technologien Zusatzinformationen erhalten werden, die mit den derzeitigen Methoden noch nicht faßbar sind. Damit verwischen sich die Grenzen zwischen den oben angegebenen Techniken - die heute vorwiegend zum Screenen eingesetzten Systeme könnten eine größere und weitergehende Bedeutung erlangen.

Danksagung
Für die kritische Durchsicht des Manuskripts danken wir Herrn Dr. J. Jakschik, Physikalisch-Technische Bundesanstalt Berlin.

5 Zelldifferenzierung

5.1 Differentialblutbild (panoptische Färbung)[1]

K.- M. Koeppen und S. Heller

5.1.1 Einleitung

Mit dem "Kleinen Blutbild" werden die relevanten quantitativen Parameter: Hämoglobinkonzentration, Erythrozyten-, Leukozyten- und Thrombozytenzahl, Hämatokrit und die Erythrozytenindizes erfaßt. Das *Differentialblutbild* hingegen befaßt sich mit den qualitativen Veränderungen der Blutzellmorphologie und der relativen Leukozytenverteilung. Somit wird das kleine Blutbild durch das Differentialblutbild zum "Großen Blutbild" ergänzt. Die Bedeutung des Differentialblutbildes liegt darin, daß mit geringen Mitteln ein großer Teil der hämatologischen Erkrankungen, darunter akute und chronische Leukämien und zahlreiche Formen der Anämien, erkannt werden kann. Bei einigen hämolytischen Anämien wird die Diagnose nur durch Betrachtung der Erythrozytenmorphologie ermöglicht. Für die Differenzierung zwischen bakteriellem und viralem Infekt werden durch die Betrachtung des peripheren Blutausstriches entscheidende diagnostische Hinweise erhalten. Für die Diagnose Malaria ist der Parasitennachweis im peripheren Blutausstrich ausschlaggebend.

5.1.2 Präanalytik I

5.1.2.1 Indikationsstellung und Kostenbetrachtung
Trotz der diagnostischen Vorzüge des großen Blutbildes bleibt eine sorgfältige Fragestellung für ein Differentialblutbild unerläßlich. Die schier unerschöpflich abfragbaren Labordaten verleiten den Kliniker dazu, auch redundante Informationen anzuhäufen, die den Blick für das Wesentliche trüben. Erforderliche Kontrollen von Hämoglobinkonzentration oder Leukozytenzahl sollten nicht zum Laborantrag "Großes Blutbild" verführen. Denn trotz der in Kap. 4 geschilderten Automatisierungsmöglichkeiten bleibt die Erstellung eines Differentialblutbildes in der Mehrzahl der Laboratorien ein manueller Vorgang, der zwar materiell nur geringe Kosten verursacht, jedoch personalintensiv ist. Pro Stunde können von einer geübten MTA 14

---

[1] Die Farbabbildungen 5.1-1 bis 5.1-2 befinden sich im Farbteil am Ende des Bandes

Differentialblutbilder ausgewertet werden, eine niedrige Anzahl gegenüber den Automatenblutbildern (Wejbora 1990). Deshalb sollte ein Differentialblutbild nur bei begründeten klinischen Fragestellungen und, bei maschineller Blutzellanalytik, auch zur Abklärung der hierbei erhaltenen Warnhinweise ("LUC", "HPX", u.a.) herangezogen werden. Im Notfall-Labor ist das "Große Blutbild", von Ausnahmefällen abgesehen, keine erforderliche Parameterkombination.

5.1.2.2 Patientenvorbereitung
Eine besondere Patientenvorbereitung ist nicht erforderlich. Die Blutabnahme zur Verlaufskontrolle sollte unter standardisierten Bedingungen morgens nüchtern oder nach fettarmem Frühstück erfolgen.

5.1.2.3 Spezimennahme
Blutausstriche können hergestellt werden aus

5.1.2.3.1 Kapillarblut: Nach Desinfektion wird durch ausreichend tiefe Stichinzision mittels Lanzette aus der Fingerbeere oder dem Ohrläppchen ein Tropfen Kapillarblut auf einen Objektträger gegeben. Hierbei ist zu beachten, daß nicht der erste austretende Bluttropfen verwendet wird, da dadurch auch Endothelzellen mit auf den Objektträger geraten können, die zu differentialdiagnostischen Problemen führen. Die Fingerbeere oder das Ohrläppchen dürfen bei der Probennahme nicht zu stark gedrückt werden, da hierbei die Verteilung der Leukozyten verändert wird. Der Bluttropfen ist sofort fachgerecht auszustreichen (s. 5.1.3.1.1), die Identität des Objektträgers ist, z. B. durch Beschriften mit einem Bleistift, zu sichern. In der Regel werden drei Präparate angefertigt, von denen der beste gefärbt wird.

5.1.2.3.2 Venenblut: Venös entnommenes Blut wird üblicherweise mit EDTA antikoaguliert, da sinnvollerweise meistens mehrere hämatologische Untersuchungen kombiniert werden und sich EDTA insbesondere für die Parameter des kleinen Blutbildes am besten bewährt hat. Grundsätzlich können auch andere Antikoagulantien, wie Heparin oder Natriumzitrat, zur Herstellung eines Differentialblutbildes, verwendet werden. Sie sind jedoch wegen der morphologischen Veränderungen der Leukozyten für die Herstellung von Blutausstrichen generell nicht zu empfehlen. Auf die Aggregatbildung von Thrombozyten durch EDTA-Einfluß bei der Partikelzählung ist zu achten. Die Aggregate sind im Ausstrich als regelrechte Verbände gut zu erkennen. Jede fragliche Thrombozytopenie ist daher leicht kontrollierbar, und eine Thrombozytenzählung kann vor weiteren diagnostischen Schritten mit frisch gewonnenem, evtl. heparinisiertem Blut, wiederholt werden.

5.1.2.4 Einsendung und Mitteilungen an das Laboratorium
Eine grundsätzliche Voraussetzung für einwandfreie Differentialblutbilder ist der umgehende Transport ins Laboratorium. Bereits ein bis zwei Stunden nach der Blutentnahme treten Vakuolenbildungen an den besonders empfindlichen Monozyten auf. Später sind auch andere Blutzellen von morphologischen Veränderungen betroffen. Als äußerstes Zeitlimit sind 6 Stunden anzusehen. Ein Postversand der Blutprobe ist deswegen nicht möglich.

Außer den üblichen Identitätskriterien (s. 2.1.2.4) sollte eine kurze Fragestellung bzw. Verdachtsdiagnose mitgeteilt werden, wenn Untersucher und behandelnder Arzt nicht identisch sind.

5.1.2.5 Qualitätssicherungsmaßnahmen in der 1. präanalytischen Phase

Neben der Beachtung der Zeitspanne für das Gelingen korrekter Ausstriche ist bei der Blutabnahme wie auch bei der Herstellung der Ausstriche die Infektionsprophylaxe für das Personal dringend zu beachten! Das Tragen von Handschuhen sollte deshalb bei allen Arbeiten, bei denen direkter Blutkontakt nicht ausgeschlossen ist, eine Selbstverständlichkeit sein.

5.1.3 Präanalytik II

5.1.3.1 Spezimenannahme und Weiterbehandlung

Sofort nach Eintreffen im Laboratorium wird die Blutprobe ausgestrichen. Pro Blutprobe sollten üblicherweise drei Präparate angefertigt werden, von denen das beste zur Diagnostik verwendet wird. Bei besonderen Fragestellungen sind entsprechend mehr Präparate anzufertigen, um zusätzliche Färbungen zu ermöglichen. Es stehen mehrere Ausstrich-Methoden zur Verfügung:

5.1.3.1.1 Manuell: Auf staubfreien, entfetteten Objektträgern wird an einer Schmalseite ein ca. 5-10 μl großer Bluttropfen aufgetragen. In einem Winkel von 40° wird ein geschliffenes Ausstrichglas auf den Objektträger aufgesetzt und an den Tropfen herangeführt bis er diesen gerade berührt. Der Tropfen breitet sich sofort im Winkel unter dem Ausstrichglas aus. Der so gefaßte Tropfen wird durch Nachziehen über den Objektträger ausgestrichen. Das Präparat ist gelungen, wenn die Blutfahne nicht das andere Ende und die Seiten des Objektträger erreicht und weder zu dünn noch zu dick ist (Undritz 1972). Die Herstellung zufriedenstellender Ausstrichpräparate erfordert ein erhebliches Maß an Geduld, Geschicklichkeit und Übung.

5.1.3.1.2 Halbautomatisch: Neben der manuellen Ausstrichtechnik können "Minipreps" (Firma Biomed Oberschleißheim) verwendet werden. Es handelt sich dabei um ein einfaches Gerät, bei dem das Ausstrichgläschen im korrekten Winkel mechanisch fixiert ist und so durch einen zu betätigenden Hebel mit gleichbleibendem Druck zwei Ausstriche parallel anfertigen kann. Bei ungeübtem Personal (z.B. im Not- oder Nachtdienst eines Krankenhauses) garantiert das Gerät auswertbare und gleichbleibende Ausstriche, hat aber den Nachteil, relativ teuer zu sein (ca. 1000,-- DM).

5.1.3.1.3 Automatisch: Ausstrichzentrifugen haben sich kaum durchsetzen können. Dem Vorteil der Mechanisierung des Ausstrichvorganges stehen Nachteile wie großer Blutbedarf und Aerosolbildung (Infektionsgefahr!) gegenüber. Zu dem Problem der gleichmäßigen Verteilung der Blutzellen in den Ausstrichpräparaten siehe 8.1.

Streng zu beachten ist die Zuordnung des Blutausstriches zu der Blutprobe des jeweiligen Patienten. Am besten haben sich Objektträger mit einem Mattrand bewährt, auf dem unmittelbar nach Herstellung des Ausstriches der Name, Vorname, Datum und evtl. die Identifikationsnummer des Patienten mit einem Stift notiert werden, die bei der späteren Färbung erhalten bleiben. Dadurch ist das Präparat auch bei späterer Kontrolle dem jeweiligen Patienten irrtumsfrei zuzuordnen.

5.1.3.1.4 Spezielle Verfahren der Blutausstrichtechnik: Der *dicke Tropfen* dient der Anreicherung von Blutparasiten, insbesondere zum Nachweis von Malariaplasmodien. Ein 20 μl großer Tropfen wird auf eine 1 cm^2 große Fläche eines Objektträgers verteilt und unfixiert luftgetrocknet. Die Trocknung kann im Brutschrank bei 37 °C beschleunigt werden. Anschließend wird mit Giemsa-Lösung gefärbt, wobei die wässrige Farblösung zusätzlich Hämolyse hervorruft. Durch eine prolongierte Färbedauer wird eine komplette Lyse der Erythrozytenmembranen erreicht.

Leukozytenkonzentrate dienen der Anreicherung von Blutzellen bei Leukozytopenien und werden aus 5-10 ml Heparinblut nach schonender Zentrifugation (400 x g, 10 min, Raumtemperatur) hergestellt. Leukozyten und Thrombozyten sind anschließend in der zwischen Plasma und Erythrozyten liegenden Schicht (als "buffy coat" bezeichnet) angereichert. Durch vorsichtiges Abpipettieren können diese Zellen gewonnen und in üblicher Art Ausstriche hergestellt werden. Eine Alternative beim Ausgangsmaterial besteht in der Verwendung von 5 ml Natriumcitratblut (Mischung wie bei der Blutsenkungsreaktion, s. 3.2), das schnell verarbeitet werden sollte.

Für die *LE-Diagnostik* ist der Nachweis von LE-Zellen im Ausstrich wegen der schlechten Reproduzierbarkeit und Sensitivität als obsoletes Verfahren anzusehen. Immunologische Techniken haben diese Labormethode verdrängt.

5.1.3.2 Aufbewahrung der Spezimenreste
Das Aufbewahren der Blutprobe erübrigt sich, da nach spätestens 6 Stunden ein Blutausstrich nicht mehr angefertigt werden darf.

5.1.3.3 Qualitätssicherungsmaßnahmen in der 2. präanalytischen Phase
Sie beinhalten die Überprüfung aller im Labor anfallenden Arbeitsschritte vor der eigentlichen Analytik. Die zweifelsfreie Identifizierung, der korrekte Ausstrich und die einwandfreie Färbung sind sicherzustellen. Als häufige Ursache nicht zufriedenstellender Ergebnisse ist hervorzuheben die Verwendung von
- fettigen oder staubigen Objektträgern. Auch als gewaschen oder chemisch gereinigt deklarierte Ware kann diesbezüglich unangenehm überraschen: Zu lange Lagerung von Objektträgern beeinträchtigt ebenfalls u.U. erheblich das Färbeergebnis. Feuchtigkeit und Wärme (Lagerkeller mit Heizungsrohren!) lassen das Glas arbeiten und sich in seinen Oberflächeneigenschaften verändern.
- schartigen Ausstrichgläschen, die Artefakte in der Fahne erzeugen.

5.1.4 Analytik

5.1.4.1 Färbetechniken
Vor der Fixierung und Färbung müssen die Ausstriche unbedingt vollständig durchgetrocknet sein. Bei großer Eile kann dies im Brutschrank bei 37 °C in 30 min erreicht werden. Von den bekannten Färbeverfahren stehen die panoptischen Färbungen nach Pappenheim (kombinierte May-Grünwald-Giemsa-Färbung) und nach Wright in ihrer Aussagefähigkeit gleichwertig nebeneinander, wenn auch die erreich-

ten Anfärbungen der Zellstukturen nicht identisch sind. Zu beachten ist, daß stabile Farblösungen benutzt werden, die der Norm 58 981/1 des DIN-Normenausschusses Medizin (NaMed) entsprechen. Für Färbeautomaten wird die Wright-Färbung, die auch für manuelle Färbungen in den USA am häufigsten verwendet wird, bevorzugt. Sie führt seltener zu Farbniederschlägen und Ausfällungen als die Giemsa-Lösung.

Der Färbevorgang nach Pappenheim wird in zahlreichen Modifikationen beschrieben und von Labor zu Labor unterschiedlich durchgeführt - mit respektablen Ergebnissen. Heckner weist mit Recht darauf hin, daß Idealforderungen selten im Laboralltag erfüllbar sind. Am wichtigsten von allen Störfaktoren ist der pH-Wert der Färbelösungen. Abweichungen vom pH, besonders auch beim Spülwasser, müssen unbedingt erkannt und vermieden werden!

5.1.4.1.1 Pappenheim-Färbung: Folgende Färbeanleitung hat sich bei uns bewährt:
- 3 min May-Grünwald-Lösung (z. B. Merck, Sigma)
- Spülen in Aqua dest.
- 15 min in 1 : 10 verdünnter Giemsalösung (10 ml Giemsa-Lösung (z. B. Merck, Sigma) + 90 ml Aqua dest., täglich frisch ansetzen) oder 6 min in 1 : 5 verdünnter Giemsa-Lösung.
- Spülen in Leitungswasser, bis das Spülwasser farblos bleibt.
- Lufttrocknen.

Färbeergebnis: Die DNA der Kerne färbt sich dunkelviolett, die RNA im Zytoplasma blau, eosinophile Granula braunrot, basophile Granula schwarzviolett, azurophile Granula kirschrot bis violett.

Aqua dest., das häufig stärker sauer ist, kann durch Zusatz von Phosphatpuffer (z. B. Phosphatpuffer nach Weise, Merck) neutralisiert werden. Leichte pH-Abweichungen können auch mit der *Färbedauer* kompensiert werden: gering saurer pH wird durch etwas längere Färbezeit ausgeglichen, basische Tendenzen erfordern eine leichte Verkürzung.

5.1.4.1.2 Supravitalfärbung zur Darstellung der Retikulozyten mit Brilliantkresylblau:

- 1 g Brilliantkresylblau (z.B. Fa. Merck) in 100 ml 0,9 % NaCl lösen.
- Farbe filtrieren.
- 500 μl Färbelösung + 500 μl Blut in Eppendorf-Reaktionsgefäß mit Deckel gut mischen.
- mindestens 15 min bei Raumtemperatur inkubieren lassen.
- dünne Ausstriche anfertigen.
- Lufttrocknen.

Auswertung: Mit Ölimmersion in durch Okularblende verkleinertem Gesichtsfeld auf 1000 Erythrozyten. Die Angabe in °/$_{oo}$ muß mit der Erythrozyten-Anzahl in Absolutwerte umgerechnet werden, um Fehler bei der Anämie-Diagnostik zu vermeiden:

Retikulozyten/l (Partikelkonzentration) = Reti. - Anteil (°/$_{oo}$) x Ery - Zahl/l.

Referenzbereiche:
relativ: 7-15 °/$_{oo}$; absolut: 32-82 x10^9/l   nach Brücher (1986)
relativ: 8-41 °/$_{oo}$ (Frauen), 8-25 °/$_{oo}$ (Männer) nach Deiss und Kurth (1970).

5.1.4.1.3 Alkalische Neutrophilenphosphatase:
- Die trockenen Ausstriche werden 30 sec bei + 7 °C in einem Gemisch bestehend aus 90 Teilen Methanol (100 %) und 10 Teilen Formalin (37 %) fixiert.
- anschließend gründlich in Leitungswasser spülen.
- Inkubation bei + 7 °C im Kühlschrank 2 h in der frisch zubereiteten Substratmischung aus: 70 mg Variaminblausalz B conc. (z.B. Merck) in 70 ml 2 % Veronal-Natrium pH 9,4 und 35 mg Natrium-α-Naphthylphosphat.
- Danach in Leitungswasser spülen.
- 8 min Kernfärbung mit Hämalaunlösung nach Mayer.
- 10 min in fließendem Leitungswasser bläuen.
- Lufttrocknen.

Auswertung: Der Index der alkalischen Neutrophilenphosphatase (ANP), im Laboralltag meistens weniger exakt als alkalische Leukozytenphosphatase (ALP) bezeichnet, wird aus der Intensität des Niederschlags über den neutrophilen Granula nach Kaplow (1955) berechnet. 100 neutrophile Segment- oder Stabkernige werden in 5 Stärkegrade des schwarzbraunen Farbstoff- Niederschlages differenziert (0 = keine Reaktion, 1 = ein bis wenige Granula, 2 = viele Granula lokalisiert, 3 = diffus verteilte Granula, 4 = die Zelle ist ganz mit Granula erfüllt, 5 = die Zelle ist so voll Niederschlag, daß ihr Kern fast nicht mehr zu erkennen ist).

Der ANP-Index liegt normalerweise zwischen 10 und 100. Erniedrigt unter 10 ist der ANP-Index bei der chronisch-myeloischen Leukämie, PNH und Virusinfektionen.

Erhöht über 100 ist der ANP-Index bei Polyzythaemia vera, M. Hodgkin, Osteomyelosklerose und bei bakteriellen Infektionskrankheiten.

5.1.4.1.4 Nilblau-Färbung der Heinz-Innenkörper:
- Gemisch aus 1 Teil 0.5 % Nilblau-Sulfat in 96 % Ethanol und 2 Teilen Blut 40 min in feuchter Kammer inkubieren.
- Farbstoff-Blutgemisch auf fettfreien Objektträgern ausstreichen.
- Lufttrocknen.

5.1.4.1.5 Hb F-Färbung:
- Luftgetocknete dünne Ausstriche 5 min in 80 Ethanol fixieren.
- 20 sec in Elutionslösung tauchen, nicht schwenken (Elutionslösung im Verhältnis 5:1 aus A: 0,75 g Hämatoxilin in 100 ml 96 % Ethanol; B: 2,4 g $FeCl_3$ + 2ml 25 % HCl ad 100 ml mit Aqua dest.) herstellen; 1 Woche haltbar).
- Spülen mit Aqua dest.
- 3 min mit 1 % Ery'' ɔnin färben.
- Spülen mit Aqua dest.
- Lufttrocknen.

Färbeergebnis: Die säureresistenten Hb F-haltigen Erythrozyten erscheinen (bei Mikroskopie mit Trockenobjektiv, gut abgeblendet) leuchtend rot, Hb A-haltige Erythrozyten dagegen blaß.

5.1.4.2 Zelldifferenzierungstechniken
5.1.4.2.1 Technik der mikroskopischen Zelldifferenzierung: Die Auswertung ist durch eine geschulte und zuverlässige Person (MTA, Arzt) durchzuführen, um weitgehend

die Subjektivität der Differenzierungskriterien auszuschalten (s. 8.1). Stundenlanges Mikroskopieren hintereinander ist zu vermeiden, damit Aufmerksamkeit und Konzentration nicht nachlassen.

Die Auswertung des Blutbildes sollte grundsätzlich unter Verwendung eines binokularen Mikroskopes erfolgen. Es hat sich bewährt, einen Blutausstrich nach einer bestimmten Reihenfolge durchzuprüfen (s. Checkliste Tab. 5.1-1). Zunächst erfolgt eine makroskopische Beurteilung hinsichtlich der Qualität der Ausstrichtechnik, der Färbung sowie des Auftretens von Löchern, die bei nicht ordentlich entfetteten Objektträgern oder z. B. auch nach fettreichem Essen, entstehen können.

Tabelle 5.1-1.   Checkliste für die Beurteilung eines Blutausstrichs

---

Makroskopisch:
Beurteilung der Qualität des Ausstrichs, der Färbung und Ausschluß von groben Artefakten

Mikroskopisch:
a) Übersichtsvergrößerung (10faches Objektiv)

- Verteilung der Erythrozyten
- Auftreten von Geldrollen und Aggregaten
- Schätzung von Leukozyten- und Thrombozytenzahl

b) Ölimmersion (40-, 50- oder 100faches Objektiv) zur Beurteilung von

- Erythrozytenmorphologie (Größe, Gestalt, Farbe, Einschlüsse, Vorstufen)
- Leukozytenmorphologie und prozentuale Verteilung
- Qualitative Veränderungen der Granulozyten (Granulation, Einschlüsse)
- Qualitative Veränderungen der Lymphozyten
- Qualitative Veränderungen der Monozyten
- Auftreten von Vorstufen, Blasten oder nicht klassifizierbaren Zellen
- Thrombozytenmorphologie (Verteilung, Aggregate, Größe, Formen)

Beim Mikroskopieren geht man nach folgenden Schritten vor: Zunächst wird ein Überblick über das Präparat mit dem 10fachen Objektiv gewonnen. Er dient zur Orientierung über die Verteilung der Erythrozyten, Bildung von Geldrollen oder Aggregaten und der groben quantitativen Abschätzung der Anzahl von Leukozyten und Thrombozyten. Anschließend wird der Ausstrich mit der Ölimmersion (40/50er und 100er-Objektiv) nach folgendem Schema betrachtet: Beurteilung der Erythrozytenmorphologie nach Größe, Gestalt, Hb-Gehalt und Einschlüssen und dem Auftreten von Vorstufen. Als nächstes Beurteilung von Verteilung, Größe und Form der Thrombozyten, Auftreten von Aggregaten sowie Thrombozytenmorphologie. Diese Veränderungen decken auch falsch zu niedrige Thrombozytenzählungen der Automaten auf! Es folgt die Differenzierung der Leukozyten mit Angabe ihrer prozentualen Verteilung. Neben dem Zählvorgang liegt ein Schwerpunkt auf der Beobachtung von qualitativen Veränderungen der Granulozyten, z. B. toxische Granulation, Einschlüssen bei den Lymphozyten und Monozyten und dem Auftreten von erythrozytären

Vorstufen, Blasten und nicht klassifizierbaren atypischen mononukleären Zellen. Artefakte werden ausgegrenzt.

Wichtig ist, daß mehrere Bereiche des Ausstriches durchmustert werden, um eine mögliche inhomogene Verteilung der Blutzellarten auszugleichen. Bewährt hat sich unter Vermeidung der Ränder ein mäanderförmiges Absuchen des letzten Drittels des Ausstriches (Fahne), in dem die Erythrozyten gut ausgebreitet nebeneinander liegen, weil nur hier die Innenstrukturen der Leukozyten einwandfrei zu erkennen sind (siehe hierzu auch die methodischen Untersuchungen in 8.1).

5.1.4.2.2 Mechanisierte Leukozytendifferenzierung: Neben dieser mikroskopischen Auswertung durch eine erfahrene MTA oder einen hämatologisch ausgebildeten Arzt, bei der 100, 200 oder mehr Leukozyten pro Ausstrich differenziert werden, gibt es heute die Leukozytenklassifizierung durch Automaten, die nach unterschiedlichen Prinzipien arbeiten (vergl. 4.3). Diese neuen mechanisierten Verfahren haben sich bis auf weiteres an den Ergebnissen der mikroskopische Leukozytendifferenzierung im gefärbten Ausstrich zu messen.

5.1.4.3 Morphologie und Beurteilung des peripheren Blutbildes
Die Blutzellen werden beim Menschen außerhalb des Blutgefäßsystems im Knochenmark und im lymphatischen Gewebe gebildet. Normalerweise sind im Ausstrich nur die Endstufen der verschiedenen Zellreihen vorhanden.

5.1.4.3.1 Erythrozyten: Der Bildungsort der Erythrozytopoese ist das Knochenmark. Aus einer morphologisch nicht identifizierbaren pluripotenten Stammzelle entwickeln sich über die erythropoetisch determinierten Stammzellen, den Proerythroblasten und weitere Erythroblasten-Zwischenstufen der Retikulozyt (Proerythrozyt) und der Erythrozyt (s. 6.1.1). Nach der Entkernung der Erythroblasten werden die funktionstüchtigen Zellen der roten Reihe als Retikulozyten (Proerythrozyten) mit Resten von Ribonukleinsäure (RNS) oder als Erythrozyten ins periphere Blut abgegeben.

5.1.4.3.1.1 Darstellung der Erythrozyten im peripheren Blutbild: Für die Beurteilung der Erythrozyten ist es besonders wichtig, Ausstrichstellen mit der Übersichtsvergrößerung auszusuchen, bei denen sie gut ausgebreitet und einzeln nebeneinander liegen. Gleichzeitig muß auf die Bildung von Geldrollen und anderen pathologischen Erythrozytenaggregaten geachtet werden.

Um die Zellgröße eines Erythrozyten abzuschätzen, gibt es mehrere Möglichkeiten. Die exakte Methode mittels Okularmikrometer ist wegen der leichten Verfügbarkeit eines MCV-Wertes weitgehend verlassen, obwohl es das sicherste Maß ist! Die Messung wird praktisch ersetzt durch den Vergleich mit einem normalen Blutausstrich. Innerhalb eines Ausstrichs eignen sich die kleinen Lymphozyten gut zum annähernden Größenvergleich. Die meisten Lymphozyten haben einen Durchmesser von ca. 8 μm und sind daher nur unmerklich größer als der durchschnittlich 7,5 μm große Erythrozyt. Andererseits werden auch die Erythrozyten zum Größenvergleich mit Plättchen und den verschiedenen Leukozyten herangezogen.

Normale Erythrozyten haben die Form runder Scheiben, deren beide Flächen in der Mitte konkav eingedellt sind. Im Blutausstrich imponieren sie daher als rot gefärbte Kreise mit zentraler Aufhellung, die durch den in diesem Bereich in geringerer Schichtdicke vorliegenden Blutfarbstoff bedingt ist.

5.1.4.3.1.2 Veränderungen der Größe der Erythrozyten (Tab. 5.1-2):*Mikrozyten*, d. h. besonders kleine Erythrozyten, treten vermehrt bei Hämoglobinbildungsstörungen, insbesondere beim Eisenmangel auf. Der Durchmesser der Erythrozyten liegt

Tabelle 5.1-2. Veränderungen der Größe der Erythrozyten. Anisozytose = vermehrtes Auftreten von großen und kleinen Erythrozyten (> 10%) wird in unterschiedlicher Ausprägung bei allen Anämieformen gefunden

Bezeichnung	Schematische Form	Größe	Vorkommen, Auftreten
Anisozytose:		vermehrtes Auftreten von großen u. kleinen Erythrozyten (>10%)	Bei allen Anämieformen in unterschiedlicher Ausprägung
Mikrozyten		ø 6 µm	Hämoglobinbildungsstörungen z.B. Eisenmangel
Sphärozyten = Kugelzellen		ø 3-6 µm	Hämolytische Anämien, z.B. hereditärer Sphärozytose; auch bei erworbenen Erythrozytenschäden, z.B. immunhämolytischen Anämien
Elliptozyten = Ovalozyten		längliche ovaläre Erythrozyten ø 4-10 µm	Wenn mehr als 25% Elliptozyten (Ovalozyten): Elliptozytose als angeborene hämolytische Anämie
Makrozyten		ø 10-14 µm	Vitamin B 12 - und /oder Folsäuremangel, Leberkrankheiten, Hypothyreose; hämolytische Anämien, ineffektive Erythropoese, z.B. Raucher, dyserythropoetische Anämien
Sonderform: Megalozyten		ovaläre Makrozyten	Besonders bei Vitamin B 12 - und /oder Folsäuremangel, auch nach Zytostatika - Behandlung

dabei um 6 μm (Abb. 5.1-1a[1]); auch das Volumen der Mikrozyten ist verringert, was am erniedrigten MCV erkennbar ist. Häufig kombiniert sich eine Mikrozytose mit einer verminderten Anfärbbarkeit der Erythrozyten (Hypochromasie) und mit einer Anisozytose.

Sphärozyten = Kugelzellen sind kleine, kompakte, runde, stark angefärbte Erythrozyten ohne zentrale Aufhellung von ca. 5 μm Durchmesser (Abb. 5.1-1b). Bei der hereditären Sphärozytose nehmen die Erythrozyten durch einen Membrandefekt Kugelform an, wodurch sie komplett mit Hämoglobin ausgefüllt sind. Je nach genetischem Defekt liegt ein unterschiedlich hoher Prozentsatz von Kugelzellen vor, der auch bei ein und demselben Patienten, z.B. nach hämolytischen Krisen, erheblich schwankt. Manchmal kommt es auch bei anderen hämolytischen Anämien zur Ausbildung von Kugelzellen.

Elliptozyten (Ovalozyten) sind elliptisch (ovalozytär) geformte Erythrozyten (Abb. 5.1-1c). Diese typische morphologische Veränderung findet man in größerer Menge bei der hereditären Elliptozytose.

Makrozyten = besonders große Erythrozyten mit einem Durchmesser von 10-14 μm kommen besonders bei den megaloblastären Anämien, aber auch bei ineffektiver Erythrozytopoese, Lebererkrankungen und bei einigen hämolytischen Anämien vor (Abb. 5.1-1d).

Megalozyten stellen eine Sonderform unter den Makrozyten dar (Abb. 5.1-1d). Diese ovalär oder unregelmäßig geformten, meist besonders großen Makrozyten, stammen von den pathologischen Megaloblasten im Knochenmark ab. Sie deuten auf Vitamin-B$_{12}$- und/oder Folsäuremangel hin und weisen stärkere Anfärbbarkeit (Hyperchromasie, s. 5.1.4.3.1.4) auf.

Zeigen deutlich mehr als 10 % aller Erythrozyten unterschiedliche Größe, so liegt eine ausgeprägte (pathologische) *Anisozytose* vor, die bei allen Anämieformen auftritt und ein unspezifisches Zeichen ist. Je nach Ausmaß der Anisozytose wird sie mit einem bis drei Kreuzen gekennzeichnet.

5.1.4.3.1.3 Veränderung der Gestalt der Erythrozyten (Tab. 5.1-3): Größere Abweichungen von der runden Scheibenform der Erythrozyten werden mit dem Begriff *Poikilozytose* beschrieben. Darunter faßt man die unterschiedlichsten Gestaltveränderungen der Erythrozyten zusammen. Sie können isoliert vorkommen, sind aber meistens mit Anisozytose kombiniert. Im Gegensatz zur Anisozytose wird die Poikilozytose durch den maschinell bestimmten RDW-Wert nicht erfaßt.

Bei den *Fragmentozyten* (Schistozyten = burr cells) handelt es sich um Teile von Erythrozyten, deren Rand stets ausgefranst ist (Abb. 5.1-1e). Haben Erythrozyten mehr Helmform, so werden sie helmet cells genannt. Daneben kommen noch Keulen-, Hantel- und Birnenformen sowie Tränenformen (teardrop cells = Dakryozyten) vor. Fragmentozyten sind meist Ausdruck einer mechanischen Hämolyse z.B. durch Gefäß- oder Herzklappenersatz. Die anderen Formen findet man als unspezifisches Zeichen bei allen schweren Anämien.

---

[1] Wir danken Frau Annemarie Kehl für die Mithilfe bei der Anfertigung der Abbildungen

Tabelle 5.1-3. Veränderung der Gestalt der Erythrozyten. Poikilozytose wird bei allen schweren Anämieformen, besonders bei ineffektiver Erythropoese, gefunden

Bezeichnung	Schematische Form	Vorkommen, Auftreten
Poikilozytose:		Bei allen schweren Anämieformen, insbesondere bei ineffektiver Erythropoese
Fragmentozyten - Schistozyten - burr cells - helmet cells		Zeichen einer mechanischen Hämolyse, auch bei allen schweren Anämieformen
Tränenformen - tear drop cells - Dakryozyten		Schwere Anämien, Knochenmetastasen, extramedulläre Blutbildung, Osteomyelosklerose
Echinozyten		Artefakte bei pH-Verschiebung
Akanthozyten - Stechapfelformen		Artefakte, aber auch bei Lipidstoffwechselstörungen, Leberzirrhose, hämolytischen Anämien, nach Splenektomie
Sichelzellen Drepanozyten		Sichelzell-Anämie (Hb S), im Test unter O_2-Abschluß
Stomatozyten		Artefakte oder bei Alkoholikern und Stoffwechselstörungen, selten hereditäre Stomatozytose

Echinozyten zeigen einen gezahnten Rand und sind meistens als Artefakte, z.B. bei pH-Verschiebungen der Färbemedien, anzusehen (Abb. 5.1-1f). Auch *Akanthozyten* = Stechapfelformen (Tab. 5.1-3) sind meistens Artefakte durch schlechte Ausstrichtechnik und ungeeignete Lösungen. Sie können aber auch bei Lipidstoffwechselstörungen, bei Leberzirrhose, hämolytischen Anämien und nach Splenektomie auftreten.

Sichelzellen (Drepanozyten) sind ein spezieller Hinweis auf das Vorliegen einer angeborenen hämolytischen Anämie (Abb. 5.1-1h). Im üblichen Blutausstrich sind sie sehr selten zu sehen. Bei Verdacht auf eine Sichelzellanämie muß ein Blutausstrich unter Sauerstoffabschluß angefertigt werden: ein größerer Tropfen Blut wird auf einem Objektträger von Vaseline vollständig umgeben und mit einem Deckgläschen bedeckt; nach 2 Stunden Inkubation bei 37 °C oder über Nacht erfolgt die Beurteilung. Der Sauerstoffmangel führt zu einer Polymerisation der pathologischen Hb-Moleküle, wodurch die Erythrozyten die Form einer Sichel annehmen. Ist der Hämatokrit zu hoch, kann der Tropfen mit physiologischer NaCl-Lösung verdünnt werden, um das Mikroskopieren zu erleichtern.

Stomatozyten sind maulförmige Erythrozyten; sie treten bei der sehr seltenen hereditären Stomazytose auf. Häufiger werden sie bei Alkoholikern und bei Stoffwechselstörungen, selten als Artefakte beobachtet.

5.1.4.3.1.4 Veränderungen der Anfärbbarkeit der Erythrozyten (Tab. 5.1-4): Neben den Veränderungen der Größe und der Gestalt der Erythrozyten kann ihre Anfärbbarkeit parallel zu ihrer Hämoglobinkonzentration verändert sein. Zu beachten ist dabei, daß die unterschiedliche Dauer der Einwirkung von Färbelösungen, aber auch pH-Verschiebungen und Konzentrationsunterschiede der Färbelösungen zu Farbabweichungen des Blutausstriches führen. Deswegen sind Farbabweichungen der Erythrozyten nur innerhalb eines Ausstriches zuverlässig zu bewerten, der Vergleich mit anderen Ausstrichen kann täuschen. Folgende Farbabweichungen werden unterschieden:

Tabelle 5.1-4. Veränderungen der Anfärbbarkeit der Erythrozyten

Bezeichnung	Schematische Form	Größe	Vorkommen, Auftreten
Hypochromasie		wie Mikrozyten	Hämoglobinbildungsstörungen, insbesondere bei Eisenmangel, Thalassämien
Extremform: Anulozyten = Leptozyten		wie Mikrozyten	Eisenmangelanämien
Hyperchromasie		wie Makrozyten	Megaloblastäre Anämien
Target-Zellen = Schießscheibenzellen		wie Normozyten oder Makrozyten	Hämoglobinbildungsstörungen, Thalassämien, nach Splenektomie
Polychromasie		wie Makrozyten	Anämien mit gesteigerter Regeneration, ineffektiver Erythropoese

Bei der *Hypochromasie* sind die roten Blutkörperchen deutlich weniger angefärbt (Abb. 5.1-1a). Die normalerweise vorhandene zentrale Aufhellung wird wesentlich größer, so daß im Extremfall nur noch ein schmaler Hämoglobinsaum am Rand der Zelle erhalten bleibt (*Anulozyten, Leptozyten*). Sie sind pathognomonisch für die Eisenmangelanämie.

Sind die roten Blutkörperchen stärker angefärbt, wie z.B. bei der megaloblastären Anämie, liegt eine *Hyperchromasie* (Abb. 5.1-1d) vor.

Eine Besonderheit in der Anfärbbarkeit der Erythrozyten weisen die *Targetzellen* (*Schießscheibenzellen*, Abb. 5.1-1g) auf. Bei diesen Zellen zeigt das Zentrum des Erythrozyten eine vermehrte Anfärbbarkeit. Im Extremfall erscheinen sogar mehrere Ringe, wodurch die Zellen Schießscheiben ähneln und so benannt wurden. Einzelne Targetzellen treten bei fast allen stark ausgeprägten Anämien auf, häufiger auftretend sind sie ein Hinweis für das Vorliegen einer Thalassämie. Bei der Thalassaemia minor liegt nur ein kleiner Anteil der Erythrozyten als Targetzellen vor, während bei der Thalassaemia major ein höherer Prozentsatz der Erythrozyten in Targetzellen umgewandelt ist. Durch spezielle Färbung (nach vorhergehender Säurebehandlung) können die Hb F-haltigen Zellen nachgewiesen werden (s. 5.1.4.1.5).

Fast alle Anämieformen zeigen eine mehr oder weniger ausgeprägte *Polychromasie*. Dies bedeutet, daß ein Teil der Erythrozyten bläulich = polychromatisch angefärbt ist. In diesen Erythrozyten sind noch Reste von RNS diffus in der Zelle vorhanden. Sie entsprechen meist Retikulozyten (Proerythrozyten), jedoch nicht bei hämatologischen Systemerkrankungen.

5.1.4.3.1.5 Einschlüsse in den Erythrozyten (Tab. 5.1-5): Neben einer Polychromasie sieht man im panoptischen Präparat bei ausgeprägten Anämien auch eine *basophile Punktierung* oder *basophile Tüpfelung* (Abb. 5.1-1i). Hierbei handelt es sich um feine kleine basophile Pünktchen in den Erythrozyten, die Resten von RNS entsprechen. Bei den durch Blei bedingten Anämien kann die Anzahl der Erythrozyten mit basophiler Tüpfelung ein Maß des Schweregrades der Bleiintoxikation sein, aber auch bei den alkoholtoxischen Anämien kommen basophile Punktierungen vor.

Howell-Jolly-Körperchen (Jolly-Körperchen) sind stark basophile bis dunkelviolette runde Körnchen von 1 μm Durchmesser, die meist am Rande des Erythrozyten liegen (Abb. 5.1-1i). Sie sind Kernreste (DNS), die typischerweise nach einer Splenektomie oder bei einer Milzagenesie auftreten, seltener bei jeder sehr starken Neubildung von Erythrozyten.

Cabot-Ringe sehen wie feine rötliche Fäden in Kreisform aus, evtl. auch oval oder verschlungen. Die Schleife mißt 3-4 μm im Durchmesser. Es handelt sich um Reste von Spindelfasern (Bessis 1977), die selten bei pathologisch gesteigerter Erythrozytopoese vorkommen.

Manchmal sind in der Pappenheimfärbung wenige kleine basophile Punkte in den Erythrozyten als sog. *Pappenheimkörperchen* zu finden. Mit der Berliner Blaufärbung lassen sie sich als Siderosome, also Eisenkörnchen nachweisen. Diese roten Blutkörperchen heißen dann Siderozyten und treten vermehrt bei alkoholtoxischen Anämien und bei myelodysplastischen Syndromen, insbesondere bei der refraktären Anämie mit Ringsideroblasten auf.

Tabelle 5.1-5. Einschlüsse in den Erythrozyten

Bezeichnung	Schematische Form	Substanz	Vorkommen, Auftreten
Basophile Punktierung, basophile Tüpfelung		RNS	Bei gesteigerter Regeneration. Grobe Granulation: bei Bleivergiftung, alkoholtoxischer Anämie
Howell-Jolly-Körperchen		DNS (Kernreste)	Nach Splenektomie, bei überstürzter Regeneration
Cabot-Ringe		Zellmembran	schwere Anämie
Siderozyten = Pappenheim-Körperchen		Fe	vermehrt bei: Alkoholikern, schweren Infekten, Sideroachresien, refraktären Anämien mit Sideroblastenvermehrung
Heinz-Innenkörper (Nilblausulfat)		denaturierte Eiweißkörper	Heinz-Innenkörper-Anämien
Retikulozyten (Brilliantkresylblau)		RNS	Vermehrt: bei jeder gesteigerter Erythrozytennachbildung Vermindert: bei ineffektiver Erythrozytopoese
Erythroblasten		Kern	Bei starker Regeneration, akuten und chronischen Leukämien, Knochenmarkkarzinosen und extramedullärer Blutbildung
Plasmodien		Erreger	Malaria

Nur mit den Supravitalfärbungen, mit Brilliantkresylblau oder Nilblausulfat, werden *Heinz-Innenkörper* nachgewiesen (Abb. 5.1-1k). Es handelt sich um denaturierte Eiweißkörper, die bei der gleichnamigen hämolytischen Anämie vorkommen.

Ebenfalls nur mit Supravitalfärbungen werden bei den Proerythrozyten = Retikulozyten RNS-Reste als sog. *Substantia reticulo-granulo-filamentosa* in Körnchen- bis Netzform im Zytoplasma nachgewiesen (Abb. 5.1-1k). Mit Hilfe dieser Färbung läßt sich der Anteil der Retikulozyten (in °/$_{\infty}$, d. h. bezogen auf 1000 Erythrozyten im Ausstrich) bestimmen und in Verbindung mit der gezählten Erythrozytenzahl des kleinen Blutbildes in absolute Retikulozytenwerte umrechnen. Retikulozyten sollten nur noch in Absolutzahlen angegeben werden, da die zwar noch gebräuchliche, aber obsolete Promilleangabe bei schweren Anämien falsch erhöhte Werte vortäuschen kann. Der Referenzbereich beträgt 32-82 x 10^9/l.

Das Auftreten von *Erythroblasten*, d.h. kernhaltige Vorstufen der Erythrozytopoese, ist im peripheren Blut immer ein Zeichen für eine starke Störung der Hämatopoese oder der Ausdruck einer reaktiv überschießenden Erythrozytopoese. Bei leukämischen Prozessen, myeloproliferativen Syndromen, Myelodysplasien, hämolytischen Anämien und auch bei Knochenmarkkarzinosen finden sich im peripheren Blutbild polychromatische oder oxyphile Erythroblasten. Basophile Vorstufen der Erythrozytopoese weisen auf eine Erythrämie di Guiglielmo bzw. eine Erythroleukämie hin.

5.1.4.3.1.6 Erythrozytenartefakte: Praktisch in jedem Blutausstrich können in einigen Abschnitten Artefakte auftreten. Deshalb ist es besonders wichtig, die Erythrozytenmorphologie an verschiedenen Stellen des Ausstriches zu kontrollieren, um sicher zu sein, daß die beobachteten Abweichungen echt sind.

In manchen Ausstrichen erscheinen viele Erythrozyten voll mit Hämoglobin ausgefüllt. Dadurch ähneln sie Sphärozyten, sind aber durch ihre normale Größe von den echten, wesentlich kleineren Sphärozyten zu unterscheiden. Durch eine schlechte Ausstrichtechnik kann weiterhin die Gestalt der Erythrozyten so verändert werden, daß ein Bild wie bei der Poikilozytose entsteht. Diese Veränderungen können als Artefakte erkannt werden, wenn sie nur auf bestimmte Bereiche des Blutausstriches beschränkt sind.

Vereinzelt auftretende Vakuolen von verschiedener Größe im Zentrum der Erythrozyten haben keinen pathognomonischen Wert und sind auf Überalterung der Blutprobe oder schlechte Ausstrichtechnik zurückzuführen.

Störungen bei der Färbung der Blutausstriche können die Erythrozyten besonders rot, blau, olivgrün, dunkel oder blaß aussehen lassen. In der Farbmischung nach Giemsa treten leicht Präzipitate auf. Der Farbstoff ist dann als feinste Granulierung auf *und* um die roten Blutkörperchen zu sehen und muß von echten Einschlußkörpern unterschieden werden. Filtrieren der Farblösung oder frischer Farbansatz helfen diesen Fehler zu vermeiden, der auch für die Beurteilung der Thrombozytenmorphologie äußerst störend ist.

5.1.4.3.2 Thrombozyten: Die Thrombozyten = Blutplättchen sind die Endprodukte der Megakaryozytopoese und werden im Knochenmark sowie in den Blutkapillaren, besonders der Lungen gebildet. Schon im Übersichtspräparat kann eine Schätzung der Thrombozytenzahl anhand des Verhältnisses von Thrombozyten zu Erythrozyten erfolgen (normaler Verhältniswert zur Erythrozytenzahl ca. 1:20 bei der Methode nach Fonio). Auch ist in der Übersicht zu erkennen, ob Thrombozytenaggregate vorliegen (Pseudoagglutination der Thrombozyten, s. Abb. 5.1-1l).

Normale Plättchen sind kernlose kleine Gebilde, die sich aus rötlichem Granulomer sowie schwach basophilem Hyalomer zusammensetzen. Die durchschnittliche Größe beträgt 4 μm, dabei zeigen die Thrombozyten eine weite Variation in ihrer Gestalt von runden bis zu länglichen Formen. In schlechten Ausstrichen können die Plättchen große Aggregate (auch ohne EDTA-Einfluß) formen und erscheinen dadurch in anderen Ausstrichregionen vermindert. Das Auftreten von größeren Formen und Riesenformen gibt häufig Hinweise auf myeloproliferative Syndrome, kann aber auch bei jeder überstürzten Nachbildung und bei Fehlen der Milz auftreten (Abb. 5.1-2e).

Plättchenartefakte/Überlagerung: Ein Plättchen kann auf einem Erythrozyten liegen und dann als Einschlußkörperchen oder als Parasit (z.B. Malaria-Plasmodie, s. Abb. 5.1-2k) fehlinterpretiert werden. Die Differenzierung erfolgt bei Wechsel der Mikroskopierebene mittels Drehen der Mikrometerschraube durch einen schwachen Hof um das Plättchen sowie natürlich durch die typischen morphologischen Charakteristika eines normalen Plättchen bei der fraglichen Inklusion.

5.1.4.3.3 Granulozyten: Von den drei im Knochenmark gebildeten Reihen der Granulozytopoese: der neutrophilen, eosinophilen und basophilen, werden unter physiologischen Bedingungen praktisch nur die stabkernigen und segmentkernigen neutrophilen sowie die eosinophilen und basophilen Granulozyten ins periphere Blut abgegeben.

Im normalen Differentialblutbild des Erwachsenen überwiegen die *segmentkernigen neutrophilen Granulozyten* (vgl. Referenzbereiche, Tab. 5.1-6). Die neutrophilen Segmentkernigen und *Stabkernigen* unterscheiden sich nur durch ihre Kernformen (Abb. 5.1-2a und b). Definitionsgemäß bestehen die reifen Kerne meist aus drei, seltener zwei oder vier Segmenten, die durch schmale Fäden miteinander verbunden sind. Diese sind jedoch häufig durch Drehung und Überlagerung der Kernsegmente unsichtbar, wodurch die Beurteilung erschwert ist. Bei den Stabkernigen darf die Einschnürung nicht weniger als ein Drittel des größten Durchmessers des hufeisenförmigen Stabes betragen. Die Zellgröße beider neutrophilen Granulozyten ist etwa gleich, ca. 10 -12 μm im Durchmesser, sie enthalten die gleiche neutrophile Granulation im schwach rosa gefärbten = azidophilen Zytoplasma.

Eosinophile Granulozyten = Eosinophile haben meist nur zwei Kernsegmente (Kneiferform) und sind angefüllt mit zahlreichen eosinophilen Granula von 0,3 bis 0,8 μm Durchmesser, die in der Pappenheim-Färbung karminrot erscheinen (Abb. 5.1-2c).

Basophile Granulozyten = Basophile enthalten gemischt tief dunkelblaue und auch farblose (degranulierte) Granula von 0,2 bis 1 μm Durchmesser. Die Kernform ist häufig durch Überlagerung mit den Granula schwer zu erkennen. Basophile sind meistens etwas kleiner als die eosinophilen und neutrophilen Granulozyten (Abb. 5.1-2c).

Bei den eosinophilen und basophilen Granulozyten werden Stabkernige und Segmentkernige nicht unterschieden. Bei pathologischen Zuständen treten im peripheren Blut auch unreife granulozytopoetische Zellen und Blasten auf. Auf die Morphologie dieser Zellen wird in 6.1.4.3 eingegangen.

Tabelle 5.1-6. Referenzwerte für Leukozyten und mikroskopische Leukozyten-differenzierung (nach Altman und Dittmer 1961)

Alter	Zellart	Absolute Zellzahl ($\times 10^9/l$)			Relative Zellzahl (%)
		Median	von	bis	Median
Bei Geburt	Leukozyten	18,0	9,0	- 30	
	Neutrophile G.	11,0	6,0	- 26	61
	- Stab	1,6			9
	- Segment	9,4			52
	Eosinophile G.	0,4	0,02	- 0,85	2,2
	Basophile G.	0,1	0	- 0,64	0,6
	Lymphozyten	5,5	2,0	- 11,0	31
	Monozyten	1,05	0,4	- 3,1	5,8
7 Tage	Leukozyten	12,2	5,0	- 21,0	
	Neutrophile G.	5,5	1,5	- 10,0	45
	- Stab	0,83			6
	- Segment	4,7			39
	Eosinophile G.	0,5	0,07	- 1,1	4,1
	Basophile G.	0,05	0	- 0,25	0,4
	Lymphozyten	5,0	2,0	- 17,0	41
	Monozyten	1,1	0,3	- 2,7	9,1
14 Tage	Leukozyten	11,4	5,0	- 20,0	
	Neutrophile G.	4,5	1,9	- 9,5	40
	- Stab	0,63			5,5
	- Segment	3,9			34
	Eosinophile G.	0,35	0,07	- 1,0	3,1
	Basophile G.	0,05	0	- 0,23	0,4
	Lymphozyten	5,5	2,0	- 17,0	48
	Monozyten	1,0	0,2	- 2,4	8,8
12 Monate	Leukozyten	11,4	6,0	- 17,0	-
	Neutrophile G.	3,5	1,5	- 8,5	31
	- Stab	0,35			3,1
	- Segment	3,2			28
	Eosinophile G.	0,30	0,05	- 0,70	2,6
	Basophile G.	0,05	0	- 0,20	0,4
	Lymphozyten	7,0	4,0	- 10,5	61
	Monozyten	0,55	0,05	- 1,1	4,8
4 Jahre	Leukozyten	9,1	5,5	- 15,5	-
	Neutrophile G.	3,8	1,5	- 8,5	42
	- Stab	0,27	0	- 1,0	3,0
	- Segment	3,5	1,5	- 7,5	39
	Eosinophile G.	0,25	0,02	- 0,65	2,8
	Basophile G.	0,05	0	- 0,20	0,6
	Lymphozyten	4,5	2,0	- 8,0	50
	Monozyten	0,45	0	- 0,8	5,0
6 Jahre	Leukozyten	8,5	5,0	- 14,5	-
	Neutrophile G.	4,3	1,5	- 8,0	51
	- Stab	0,25	0	- 1,0	3,0
	- Segment	4,0	1,5	- 7,0	48
	Eosinophile G.	0,23	0	- 0,65	2,7
	Basophile G.	0,05	0	- 0,20	0,6
	Lymphozyten	3,5	1,5	- 7,0	42
	Monozyten	0,40	0	- 0,8	4,7

Tabelle 5.1-6. Referenzwerte für Leukozyten und mikroskopische Leukozytendifferenzierung (nach Altman und Dittmer 1961)

Alter	Zellart	Absolute Zellzahl ($\times 10^9$/l)			Relative Zellzahl (%)
		Median	von	bis	Median
10 Jahre	Leukozyten	8,1	4,5	- 13,5	-
	Neutrophile G.	4,4	1,8	- 8,0	54
	- Stab	0,24	0	- 1,0	3,0
	- Segment	4,2	1,8	- 7,0	51
	Eosinophile G.	0,20	0	- 0,60	2,4
	Basophile G.	0,04	0	- 0,20	0,5
	Lymphozyten	3,1	1,5	- 6,5	38
	Monozyten	0,35	0	- 0,8	4,3
21 Jahre	Leukozyten	7,4	4,5	- 11,0	-
	Neutrophile G.	4,4	1,8	- 7,7	59
	- Stab	0,22	0	- 0,7	3,0
	- Segment	4,2	1,8	- 7,0	56
	Eosinophile G.	0,20	0	- 0,45	2,7
	Basophile G.	0,04	0	- 0,20	0,5
	Lymphozyten	2,5	1,0	- 4,8	34
	Monozyten	0,30	0	- 0,8	4,0

5.1.4.3.3.1 Qualitative Veränderungen der Granulozyten (vergl. Tab. 5.1-7).
Einschlüsse in den Granulozyten: Bei entzündlichen Veränderungen kommt es in den neutrophilen Granulozyten zu einer vergröberten dunkelbläulichen bis bräunlichen Granulation, die man als *toxische Granulation* bezeichnet (Abb. 5.1-2g). Es handelt sich dabei um die Persistenz der azurophilen Granulation der Promyelozyten bei beschleunigter Ausreifung. Neben dieser toxischen Granulation treten bei entzündlichen Prozessen Vakulolen sowie selten *Döhle-Körperchen* (Abb. 5.1-2h) auf. Bei diesen handelt es sich um ovale oder längliche, 1-3 μm große zart basophile Schlieren im Zytoplasma der neutrophilen Granulozyten. Sie sind wahrscheinlich Ausdruck einer partiellen zytoplasmatischen Reifungsstörung und bestehen aus RNS. Sie sind typisch für Scharlach und bakterielle Infekte. Bei starken entzündlichen Prozessen sowie nach Zytostatika oder Strahlentherapie, auch bei zu spät ausgestrichenen

Tabelle 5.1-7. Qualitative Veränderungen der Granulozyten

Bezeichnung	Inhalt	Vorkommen, Auftreten
Toxische Granula-tion	Persistenz der azurophi-len Granulation der Promyelozyten	Überstürzte Nachbildung und/oder be-schleunigte Ausschüttung vorwiegend bei entzündlichen Prozessen
Döhle-Körperchen	RNS	wie oben
Vakuolen	Phagosom	Phagozytose
Auer Stäbchen	Zusammenfluß der Promyelozyten-Granula	bei akuter myeloischer Leukämie (be-sonders M3) und Myelodysplasie

Blutproben, kommt es zu Kernpyknosen der neutrophilen Granulozyten, sog. *Abbauformen* (Abb. 5.1-2i). *Auer-Stäbchen* sind pathognomonisch für akute myeloische Leukämien oder Myelodysplasien. Es handelt sich um rote bis violette Stäbchen unterschiedlicher Länge im Zytoplasma von leukämischen myeloischen Blasten oder Promyelozyten und in seltenen Fällen auch von "reiferen" Zellen der granulozytopoetischen Reihe (s. 5.2).

Hereditäre Leukozytendefekte: Die Kerne der neutrophilen Segmentkernigen sind bei der *Pelger-Huet-Kernanomalie* stabförmig oder vorwiegend bisegmentiert (Zwikker- oder Kneiferform, Abb. 5.1-2l). Bei der sehr seltenen homozygoten Form ist der Zellkern völlig unsegmentiert, bei reifem schwach rosa gefärbtem Zytoplasma (Abb. 5.1-2m). Die Kerne zeigen eine besondere Dichte des grobscholligen strukturarmen Kernchromatins. Zu beachten ist, daß diese Kernanomalie leicht zu Verwechslungen mit Linksverschiebungen im Blutbild führt. Von Differenzierautomaten wird die Anomalie nicht erkannt.

Pseudo-Pelger-Zellen sind erworben und kommen bei Leukämien und bei Myelodysplasien, seltener bei myeloproliferativen Syndromen sowie bei schweren Infekten besonders des Kindesalter vor. Die Zellkerne ähneln den Pelgerzellen, sind jedoch größer und lockerer strukturiert, die Zellen häufiger auch größer als normale Segmentkernige.

Alder-Granulationsanomalie: Die Neutrophilen zeigen eine grobe basophile Granulation, die auch in den Eosinophilen, Basophilen und selbst in einigen Monozyten und Lymphozyten vorkommt. Die Alder'sche Granulationsanomalie muß von der toxischen Granulation abgegrenzt werden. Sie ist wie die folgenden Anomalien äußerst selten.

Chediak-Steinbrinck-Leukozytenanomalie: Im Blutbild finden sich bei einer allgemeinen Granulozytopenie graue Riesengranula in den neutrophilen, eosinophilen und basophilen Granulozyten.

May-Hegglin-Leukozytenanomalie: Im Zytoplasma der Leukozyten finden sich hellblaue, stabförmige, zarte Einschlüsse, ähnlich den Döhle-Körperchen. Außerdem fallen Riesenthrombozyten neben normalen und kleinen Thrombozyten auf.

Davidson-Anomalie: Hier kommt es zum Auftreten von zweikernigen Neutrophilen und bei Frauen zu einer Vermehrung von drumsticks, d.h. der appendixartigen Fortsätze an den Zellkernen.

Alius-Grignaschi-Anomalie: Es handelt sich hier um einen Peroxidasedefekt der granulozytären Reihe, der nur durch Spezialfärbungen nachzuweisen ist, jedoch bei Differenzierautomaten nach zytochemischem Prinzip (4.3.5) erkannt wird . Neben der hereditären Form kommt ein erworbener Peroxidasedefekt bei akuten Leukämien und bei Myelodysplasien vor.

Vakuolisierung der Leukozyten: Diese hereditäre Anomalie kommt extrem selten vor und zeichnet sich durch eine Vakuolisierung der segmentkernigen Neutrophilen und der Monozyten aus.

5.1.4.3.4 Monozyten: Die Bildungsstätte der Monozytopoese ist ebenfalls das Knochenmark. Es bestehen enge Verbindungen zur granulozytopoetischen Reihe. Der Monozyt wird als reife Zelle ins Blut abgegeben. Der daraus entstehende Makrophage findet sich nur im Gewebe.

Die Monozyten sind im peripheren Blutausstrich die größten Zellen und haben einen Durchmesser von 13-20 μm. Ihr Zytoplasma ist rauchgrau bis zartblau, es fallen die gelappten oder eingebuchteten, zart strukturierten Zellkerne auf (Abb. 5.1-2e). Vereinzelt zeigen die Monozyten auch unter normalen Umständen im Zytoplasma einige Vakuolen. Wie unter 5.1.2.3 bereits erwähnt, sind allerdings die Monozyten auch die Zellen, die am schnellsten während der Lagerung der Blutprobe Schädigungszeichen aufweisen.

Atypische monozytäre Formen mit stärker basophilem Zytoplasma und runden Kernen treten bei den akuten und chronischen Leukämien sowie den Myelodysplasien auf. In Zweifelsfällen kann ihre Zugehörigkeit zur monozytären Reihe durch die unspezifische Esterase-Reaktion bestätigt werden (s. 5.2).

5.1.4.3.5 Lymphozyten: Die Bildungsstätte für die Lymphozyten ist das lymphatische Gewebe (Lymphknoten, Milz, Tonsillen, Peyer'sche Plaques) und das Knochenmark. Aus Vorstufen entsteht die B- und T-Zellreihe. Im Differentialblutbild sind die verschiedenen Lymphozyten morphologisch nicht zu unterscheiden, dies bleibt der Markierung mit monoklonalen Antikörpern vorbehalten (s. 5.3).

Die Lymphozyten sind normalerweise im peripheren Blut nur unwesentlich größer als die Erythrozyten. Die kleinen Lymphozyten haben einen Kerndurchmesser bis 8 μm (Abb. 5.1-2d). Der Kern ist von verwaschener, verklumpter, dunkelvioletter, grober Struktur und, wenn überhaupt, nur von einem schmalen, hellblauen Zytoplasmasaum ganz oder teilweise umgeben. Daneben finden sich noch große Lymphozyten, deren Kerne mit einem Durchmesser um 9 μm deutlich größer und lockerer strukturiert sind als die der kleinen Lymphozyten. Sie sind umgeben von einem breiteren hellblauen Zytoplasmasaum, wodurch die Lymphozyten bis zu 13 μm groß werden können.

Unter Reizformen (*Virozyten*) sind große Lymphozyten zu verstehen, die sehr feine, azurophile oder rötliche Granula aufweisen und sich vorzugsweise bei viralen Infekten finden. Eine andere Reizform stellen die Zellen der infektiösen Mononukleose dar. Hierbei kommt es zu einer Umwandlung der meisten Lymphozyten in sog. monozytoid-lymphozytoide Zellen, die uneinheitlich mal großen Lymphozyten, manchmal auch Monozyten sehr ähneln und häufig einen dunkelblauen Zytoplasmasaum zeigen. Man spricht dann von *Pfeiffer-Zellen* (Abb. 5.1-2f).

Bei reaktiven entzündlichen Prozessen sehen wir neben den oben beschriebenen Zellen auch Lymphozyten mit dunkelblauem breiterem Zytoplasma, die dadurch Plasmazellen ähneln (*Türk'sche Reizformen*).

Bei chronisch lymphatischen Leukämien sieht man als Ausdruck einer erhöhten Fragilität der Zellmembran *Gumprecht'sche Kernschatten* auftreten, d.h. zerstörte Zellen der leukämischen Population. Sie werden bei der Prozentauszählung nicht berücksichtigt, ihr Anteil wird mit "wenig - mäßig - reichlich" semiquantitativ angegeben.

Bei der Betrachtung der Morphologie der Lymphozyten ist zu beachten, daß bei schweren Systemerkrankungen (z.B. Tbc oder HIV-Infektion), bei lymphatischen Leukämien und malignen Lymphomen mit einer Vermehrung von atypischen lymphatischen Zellen zu rechnen ist. Hierbei kann es sich um lymphoplasmozytoide Zellen, Zentrozyten, Haarzellen, Zentroblasten, Immunoblasten, Lymphoblasten u.a. handeln (Einzelheiten s. Kap. 6.1).

Artefakte der Leukozyten:
Größe der Zellen: In den dichten Teilen des Ausstriches erscheinen die Granulozyten und Monozyten kleiner, da sie während des Trocknungsprozesses eine sphärische Gestalt annehmen. Keinesfalls darf in diesen Abschnitten mikroskopiert werden, da die Zellen morphologisch nicht eindeutig den verschiedenen Zellklassen zuzuordnen sind.

Zerstörung/Kompression der Zellen: Bei der Herstellung des Ausstriches können durch mechanische Einwirkung Leukozyten stark beschädigt bis zerstört werden. Dadurch ändert sich ihre Gestalt und Anfärbbarkeit. Schon durch die umgebenden Erythrozyten können Leukozyten komprimiert werden, wodurch das Zytoplasma und/oder der Zellkern verzerrt erscheinen. Bei lädierten Leukozyten kann das Zytoplasma noch intakt aussehen, der Zellkern aber vergrößert sein, wobei das Chromatin so verändert wird, daß es homogener und rötlicher erscheint. Solche Zellen haben einen großen blauen Nukleolus und ähneln Histiozyten. Noch stärker betroffene Zellen zeigen eine völlige Kern/Zytoplasma-Dissoziation. Der zerstörte Kern liegt einzeln oder umgeben von Granula. Zerstörte Zellen sind selbstverständlich von der quantitativen Differenzierung auszuschließen.

Vakuolisierung: Beim Stehenlassen einer EDTA-Probe nimmt der Gehalt an Vakuolen in Monozyten und Granulozyten im Laufe der Zeit zu. Vakuolenbildung ist assoziiert mit Anschwellen der Kerne und Verlust von Granula im Zytoplasma. Deswegen ist nochmals zu betonen, daß das Differentialblutbild aus EDTA-Blut auf jeden Fall innerhalb von 6 Stunden ausgestrichen werden muß.

5.1.4.3.6 Quantitative Veränderungen der Leukozyten (zur diagnostischen Bedeutung s. auch 1.2): Unter einer *Linksverschiebung* (Schilling) wird die Vermehrung von Stabkernigen über 6 % und das Auftreten früherer Vorstufen der Granulozytopoese im peripheren Blut verstanden. Man unterscheidet eine reaktive von einer pathologischen Linksverschiebung. Bei der reaktiven Linksverschiebung treten als Antwort auf einen entzündlichen Prozeß außer stabkernigen neutrophilen Granulozyten auch Metamyelozyten vermehrt auf, häufig kombiniert mit toxischer Granulation.

Bei myeloproliferativen Erkrankungen, besonders der CML, fällt eine durchgehende Linksverschiebung bis zum Myeloblasten auf. In den reifen Granulozyten fehlt dabei die toxische Granulation. Bei der pathologischen Linksverschiebung treten häufig neben den neutrophilen Vorstufen der Granulozytopoese auch vermehrt eosinophile und basophile, seltener erythropoetische Vorstufen auf.

In extremen Fällen kann es auch bei reaktiven entzündlichen Prozessen zu einer Linksverschiebung bis zum Promyelozyten kommen. Ist diese kombiniert mit stark erhöhter Leukozytenzahl, spricht man von *leukämoider Reaktion.*

Bei akuten Leukämien fehlt die kontinuierliche Zellreihe, es kommt zum Auftreten einer Blastenpopulation neben reifen Granulozyten, dem *hiatus leukaemicus.*

Das Auftreten von übersegmentierten neutrophilen Granulozyten (5-6, manchmal 7 Segmente) ist Ausdruck einer Reifungsstörung, wie z.B. bei perniziöser Anämie, und wird *Rechtsverschiebung* genannt.

Unter *Neutrophilie* versteht man das vermehrte Auftreten von neutrophilen segmentkernigen Granulozyten. Sie ist meist Ausdruck eines bakteriellen Infektes.

Neutrozytopenie bedeutet eine Verminderung der neutrophilen stabkernigen und segmentkernigen Granulozyten auf unter 1,5 x 10^9/l. Unter *Agranulozytose* wird das Fehlen von neutrophilen Granulozyten verstanden (unter 0,5 x10^9/l).

Eosinophilie bedeutet eine Vermehrung der Eosinophilen über 8 % oder 0,45 x10^9/l, z.B. bei Allergie oder im abklingenden Infekt als "eosinophile Morgenröte".

Eine *Eosinopenie* bedeutet eine Verminderung oder Fehlen der Eosinophilen, z.B. beim M. Cushing oder Cortison-Behandlung.

Unter *Basophilie* ist eine Vermehrung der basophilen Zellen zu verstehen; sie kommt praktisch nur bei Systemerkrankungen vor. Eine Verminderung der Basophilen kommt beim Referenzbereich 0 - 0,2 x 10^9/l nicht zur Beobachtung.

Monozytose = Vermehrung der monozytären Zellen, ist häufig Ausdruck eines überstandenen Infektes, der monozytären Überwindungsphase nach Schilling, oder typisch für einen Virusinfekt. Auch bei myeloischen Leukämien und Myelodysplasien ist manchmal eine Vermehrung von Monozyten, z.T. atypischen, zu sehen.

Eine *Lymphozytose* wird unterteilt in eine absolute (> 4,0 x10^9/l) und eine weniger bedeutungsvolle relative Vermehrung der lymphatischen Zellelemente. Postinfektiös sind die Lymphozyten vorübergehend während der lymphozytäre Heilphase vermehrt.

Eine Lymphozytopenie entspricht einer absoluten Verminderung der Lymphozyten unter 1,0 x10^9/l, einer relativen unter 20 %, wichtig bei der Diagnostik eines M. Hodgkin.

Cave: Bei allen quantitativen Veränderungen der Leukozyten ist die absolute Zellzahl das entscheidende Maß (vergl. Tab. 5.1-6)!

5.1.4.4 Interne Qualitätssicherungsmaßnahmen in der analytischen Phase
Bei den Färbungen ist die Einhaltung konstanter Bedingungen von großer Bedeutung. Die Hauptfehlerquellen bei der Pappenheimfärbung sind:
- Verwendung ungepufferter Färbelösung,
- zu saures Aqua dest. oder zu saures Leitungswasser.

Vermeiden lassen sich diese Fehler durch die Kontrolle des pH-Wertes und die korrekte Einhaltung der Färbezeiten.

Bei Bestimmungen des ANP-Index hat es sich - wie bei allen zytochemischen Färbungen - bewährt, neben der zu untersuchenden Patientenblutprobe regelmäßig solche mit erwartungsgemäß normaler und hoher ANP-Aktivität auszutesten.

Die interne Qualitätssicherung der mikroskopischen Auswertung erfolgt vor allem durch sorgfältige Schulung des Personals. Dazu müssen charakteristische Ausstriche von gut dokumentierten klinischen Fällen zur Einarbeitung zur Verfügung stehen. Zum gemeinsamen Mikroskopieren sollte ein Mikroskop mit Diskussionsbrücke oder mit Kamera und angeschlossenem Monitor verwendet werden. Entfallen diese Hilfsmittel, muß die Kontrolle der Differenzierungsergebnisse durch geübte MTA oder Ärzte erfolgen. Eine wertvolle Hilfe ist eine Präparatesammlung, die jedes Labor anlegen sollte. Seltene Fälle können z.B. aus Ringversuchen mit Werten der hämatologischen Sollwertlaboratorien aufbewahrt und zur Kontrolle und Übung immer wieder herangezogen werden. Ein gefärbter Ausstrich ist jahrelang haltbar. Sollte er aus didaktischen Zwecken oder zur internen Qualitätskontrolle häufig mikroskopiert werden, empfiehlt sich die Eindeckung mit Eukitt.

DIFFERENTIALBLUTBILD-PROTOKOLLBOGEN

Rücksendetermin:

Differenzierte Anteildaten

Myeloblasten		%
Promyelozyten		%
Myelozyten		%
Neutrophile	Metamyelozyten	%
	stabkernige	%
	polymorphkernige	%
Eosinophile		%
Basophile		%
Monozyten	atypische	%
	reife	%
Lymphozyten	atypische	%
	Reizformen	%
	typische	%
Plasmazellen		%
Nicht klassifizierbare Blasten		%
Nicht klassifizierbare Zellen		%
Zusammen (=100%)		%

Erythroblasten

Sonst. Zellen auf 100 Leukozyten

Verdachtsdiagnose (verschlüsselt beantworten)

1. _______________
2. _______________
3. _______________
4. _______________

Weitere Fragen

Hätten Sie diesen Patienten zur Diagnostik überwiesen?

Haben Sie das Präparat neu gefärbt? (wenn ja, ankreuzen)

Wieviele Personen differenzierten das Präparat?

Wieviele Leukozyten wurden insgesamt differenziert?

Der / die Unterzeichnende versichert die Differenzierung selbst und / oder durch ihm / ihr unterstellte Personen in dem von ihm / ihr geleiteten Laboratorium oder in der eigenen Praxis durchgeführt zu haben.

Datum: Unterschrift:

Erythrozytenmorphologie (⁺, ⁺⁺, ⁺⁺⁺)

Nr.		Bezeichnung	
01		unauffällig	
02		Mikrozyten	Veränderungen des
03		Makrozyten	Erythrozytendurchmessers
04		Megalozyten	
05		Anisozyten	
06		Poikilozyten, teardrop cells	
07		Ovalozyten	
08		Elliptozyten	
09		Akanthozyten, Klettenzellen	Veränderungen der
10		Schizozyten / Fragmentozyten	Erythrozytenform
11		Drepanozyten, Sichelzellen	
12		Echinozyten, Stechapfelformen	
13		Targetzellen, Kokardenzellen	
14		Stomatozyten	
15		Anulozyten	
16		Leptozyten, Hypochromasie	Veränderungen der
17		Hyperchrome Erythrozyten	Erythrozytendicke
18		Sphärozyten, Kugelzellen	
19		Polychromatische Erythrozyten	
20		Basophile Tüpfelung	Veränderungen des
21		Howell-Jolly Körperchen, Kernreste	Erythrozyteninhalts
22		Cabot'sche Ringe	
23		Parasitenbefall	
24		Geldrollenbildung oder Veränderung der Erythrozytenlagerung	

Leukozytenmorphologie (⁺, ⁺⁺, ⁺⁺⁺)

Nr.		Bezeichnung	
25		unauffällig	
26		Auer-Stäbchen	
27		Toxische Granulation	
28		Riesenstäbe	
29		Übersegmentierung, Rechtsverschiebung	
30		Döhle Körperchen	
31		Pelger / Pseudopelger	
32		Haarzellen	
33		Lympho / plasmozytoide Zellen	atypische Lymphozyten
34		Zentrozyten	
35		Atypische Plasmazellen	
36		Gumprecht Schollen, beschädigte Leukozyten	
37		Vakuolen	
38		Nekrozyten, Abbauzellen	
39		Verminderte Leukozytenzahl	
40		Vermehrte Leukozytenzahl	

Plättchenmorphologie (⁺, ⁺⁺, ⁺⁺⁺,)

Nr.		Bezeichnung
41		unauffällig
42		Plättchenaggregate
43		Riesenplättchen
44		Verminderte Plättchenzahl
45		Vermehrte Plättchenzahl

Abbildung 5.1-3. Instand-Protokollbogen für das Differentialblutbild

Weiterhin dient das Bildmaterial bewährter hämatologischer Standardwerke (z. B. Undritz 1972, Begemann und Rastetter 1986, Heckner 1986), die in Reichweite des Mikroskopierplatzes aufbewahrt werden, bei der praktischen Differenzierarbeit als Referenz.

5.1.4.5 Externe Qualitätssicherungsmaßnahmen

Die Teilnahme an Ringversuchen für das Differentialblutbild ist je nach den nationalen Richtlinien obligat oder - wie in Deutschland zur Zeit noch - freiwillig. Bei den diagnostischen und therapeutischen Konsequenzen für die Patienten kann nur jedem hämatologisch arbeitenden Laboratorium dringend empfohlen werden, an diesen Ringversuchen teilzunehmen.

In Deutschland werden Ringversuche von INSTAND und der Deutschen Gesellschaft für Klinische Chemie, in anderen europäischen Ländern von den jeweiligen nationalen Ringversuchsorganisationen angeboten. In gefärbten Ausstrichen müssen dabei qualitative Merkmale erkannt und die Leukozyten quantitativ differenziert werden (vergl. den INSTAND-Protokollbogen, Abb. 5.1-3, Ergebnisse dazu vgl. 8.2).

Großer Wert muß ferner auf eine qualifizierte Ausbildung der verantwortlichen Ärzte und der MTA gelegt werden, wobei auch der Nachweis der Qualifikation der Ausbilder sehr wesentlich ist. Sowohl Fachgesellschaften der Hämatologie und Zytologie, als auch MTA-Verband und Lehr-MTA sind hier gefordert. Die in einzelnen Bundesländern bereits gesetzlich verankerte Möglichkeit, durch berufsbegleitende Kurse die staatliche Anerkennung als Fach-MTLA für Hämatologie zu erwerben, muß als sehr probate externe Qualitätssicherunsmaßnahme angesehen werden. Morphologische Schulungskurse werden - der Wichtigkeit der Materie entsprechend, z. Zt. von der Deutschen Gesellschaft für Hämatologie und Onkologie (DGHO) vorbereitet. Vorbildlich für ein Zertifikat erscheinen die Ausbildungsrichtlinien für Zytologie-Assistentinnen: jede Teilnehmerin hat eine definierte Anzahl von Präparaten nachweislich richtig zu beurteilen!

5.1.5 Postanalytik I

5.1.5.1 Befundung und Befundmitteilung

Die Differentialzählung und die morphologischen Beobachtungen werden während des Mikroskopierens notiert. In früherer Zeit klassischerweise mit Strichlisten für die einzelnen Zellklassen und Reifestufen nebeneinander, was zum Begriff der Linksverschiebung beim unreifen Blutbild hinführte - heutzutage meist untereinander sortiert. Vorzuziehen ist eine mechanische Zählhilfe (z.B. Leuko-Diff, Fa. Boskamp), die beim binocularen Mikroskopieren "blind" bedient werden kann. Beim Erreichen der Zahl 100 (wahlweise 200) wird ein akustisches Signal gegeben. Die gezählten Zellen erscheinen als Teilsummen im Display oder die Klassen sind einzeln abrufbar. Bei modernen Gerätetypen der Differenzierhilfen können die Daten auch direkt in die evtl. vorhandene Labor-EDV eingespielt werden. Ein Abschreiben der Zellen mit den bekannten Irrtumsmöglichkeiten der manuellen Werteübermittlung entfällt dabei.

Als Beispiel eines kompletten Differentialblutbild-Befundes sei der Protokollbogen der INSTAND-Ringversuche gezeigt (Abb.5.1-3). Die differente Angabe von Zählergebnissen und morphologischen Beobachtungen nach international empfohlener Nomenklatur ist dabei berücksichtigt.

Die Ergebnisse des kleinen Blutbildes müssen bei der Blutbilddifferenzierung beachtet werden, da sich viele pathologische Abweichungen der Parameter des kleinen Blutbildes qualitativ oder halbquantitativ im Differentialblutbild bestätigen (z. B. Leukopenien, erniedrigte MCV-Werte) oder auch als Zählartefakt (z. B. Pseudo-thrombopenie bei Aggregatbildungen) abklären lassen. Besonders wichtig ist bei Einsatz von automatisierten Systemen der Informationsaustausch zwischen mechanisiertem Zelldifferenzierplatz und der mikroskopierenden MTA. Die quantitativen Zählwerte für Erythrozyten und Leukozyten werden außerdem für die Berechnung der diagnostisch relevanten absoluten Retikulozytenzahl bzw. der absoluten Anzahlen der einzelnen Leukozytenpopulationen benötigt.

Im Praxis- und Klinikalltag empfiehlt sich die Integration von kleinem Blutbild und Differentialblutbild zu einem gemeinsamen Befund. Kombinierte Karten mit Durchschlagverfahren werden dazu von jedem Gerätehersteller angeboten bzw. sind von örtlichen Druckereien oder Papiergroßlieferanten nach eigenen Wünschen zu beziehen. Neben den Standardfeldern sollte auf den Formularen Platz für individuelle Mitteilungen sein.

5.1.5.2 Versorgung der Geräte

Nach Abschluß der täglichen Mikroskopierarbeit ist das Mikroskop sorgfältig zu reinigen. Reste des Immersionsöls sind von den Objektiven mit geeigneten, nicht flusenden Materialien wie z.B. Josephspapier zu entfernen. Bei stärkerer Verschmutzung sind fettlösende Mittel wie Xylol nötig. Es dürfen hierfür keine Benzen- (= Benzol-) haltigen Lösungsmittel verwendet werden, da diese nach der Gefahrenstoffverordnung unter die kanzerogenen Stoffe fallen. Auch die Frontlinsen der Okulare sind von Staub zu befreien.

Außer dieser täglichen Wartung ist die Justierung des Kondensors (Köhlern) regelmäßig zu überprüfen.

Für die jährliche Säuberung der Mikroskope in Bereichen, die dem Benutzer unzugänglich sind, sollte ein Wartungsdienst der Firmen in Anspruch genommen werden.

5.1.5.3 Abfallbeseitigung und Umweltschutz

Da die angefertigten Ausstriche durch die Fixation nicht mehr potentiell infektiös sind, ist eine problemlose Entsorgung über Glascontainer möglich. Die Reste der Färbelösungen sind unter Beachtung der leichten Entflammbarkeit und der Toxizität zu sammeln und als Sondermüll zu entsorgen. Die Reste der verwendeten Blutproben sind wie beim kleinen Blutbild autoklavierbar. Wo diese Möglichkeit besteht, sollte sie zur Kostendämpfung genutzt werden, da autoklaviertes Blut mit dem normalen Hausmüll entsorgt werden kann. Sonst sind Probenreste nach den strengen Abfallbeseitigungsvorschriften entsprechend teurer als Sondermüll zu entsorgen.

5.1.6 Postanalytik II

6.1.6.1 Befundbewertung und weiterführende Untersuchungen

Zusammen mit dem klinischen Bild sowie klinisch-chemischen und serologischen

Untersuchungsbefunden ist oft wegen der großen Aussagekraft des Blutbildbefundes bereits eine ausreichende diagnostische Klärung möglich. Viele pathologische Abweichungen des Blutbildes erfordern jedoch weitere unverzüglich einzuleitende diagnostische Maßnahmen, wobei neben der Knochenmarkuntersuchung (Kap. 6.1) zytochemische (Kap.5.2), immunzytochemische (Kap. 5.3) oder zytogenetische und molekularbiologische Verfahren (Kap. 5.4) oder auch die Untersuchungen auf Enzymdefekte (Kap. 3.2) oder Hämoglobinanomalien (Kap 3.3) in Frage kommen.

5.1.6.2 Qualitätssicherungsmaßnahmen in der 2. postanalytischen Phase

Als überaus wichtige und ausschlaggebene Maßnahme ist in dieser Phase die Sicherstellung der Befundübermittlung und -interpretation zu nennen. Immer wieder gibt es Beispiele, daß pathologische Befunde unberücksichtigt bleiben - je größer die medizinischen Einrichtungen umso eher! Mit Zunahme der Gemeinschaftslaboratorien und auch in Kliniken ist dies ein ernst zu nehmendes Problem. Der Informationsverlust bei mündlicher Übermittlung über mehrere Instanzen oder das Untergehen wichtiger schriftlicher Befunde in einer Datenflut sind bekannte Phänomene. Hier wirksame "Riegel" in den Alltagsablauf einzubauen bleibt ein wesentliches Instrument der Qualitätssicherungsmaßnahmen und muß je nach örtlichen Gegebenheiten individuell phantasie- aber wirkungsvoll gelöst werden. Wegen der zunehmenden Spezialisierung der Medizin sind seltene oder besonders relevante Blutbildbefunde Anlaß für den befundenden Arzt, konsiliarisch aktiv zu werden.

5.2 Zytochemische Methoden[1]

H. Löffler

5.2.1 Einleitung

Zytochemische Methoden bilden neben den panoptischen Färbungen (Giemsa, Pappenheim) die Grundlage der Leukämiediagnostik und -klassifizierung. Wenn auch der Beginn der Histochemie bis in das 19te Jahrhundert zurückzuverfolgen ist, so hat die moderne Zytochemie erst 1946 mit der Anwendung des Verfahrens zum Nachweis von alkalischer Phosphatase in Blutausstrichen durch Wachstein begonnen. In zunehmendem Maße wurden zytochemische Methoden erst in den 60er Jahren in die Routinediagnostik eingeführt. Voraussetzung für die diagnostische Anwendung zytochemischer Methoden in der Klassifizierung und Diagnostik war die Erarbeitung besonderer kennzeichnender Reaktionsmuster für die einzelnen Zellreihen oder die Möglichkeit, anhand eines Reaktionsmusters Zellpopulationen abgrenzen zu können. Ein wesentlicher Unterschied zwischen zytochemischer und biochemischer Analyse liegt in der Möglichkeit, mit zytochemischer Technik Zellkomponenten in situ analysieren zu können und eine Zuordnung zu Strukturen zu erreichen, die mit konventioneller Färbung oder ultrastruktureller Technik erfaßbar sind. Bestimmte

---

[1] Die Farbabbildungen 5.2-1 bis 5.2-26 befinden sich im Farbteil am Ende des Bandes

Kennzeichen (Marker) oder Reaktionsmuster erlauben eine Erkennung gemeinsamer
Merkmale scheinbar heterogener Zellpopulationen und vice versa. Neben der Untersuchung von Blut, Knochenmark und Punktatausstrichen oder Abklatschpräparaten
kommt als weiterer Anwendungsbereich die Analyse von Zellen aus Knochenmark-
bzw. Stammzellkulturen in Betracht.

Der Einsatz von zytochemischen Methoden kann nur dann praktische Bedeutung
haben, wenn zwei Prinzipien berücksichtigt werden:

- Ohne gründliche zytologische Kenntnisse können zytochemische Resultate nicht
  sinnvoll interpretiert werden, ihre Anwendung kann sogar zu Irrtümern oder Fehl-
  interpretationen führen. Die Basis der Diagnostik bleibt die panoptische Färbung.
- Vergleichbare Resultate sind nur durch Standarisierung der Methoden und exakte
  Einhaltung der Versuchsbedingungen zu erreichen.

Für die klinische Routine haben sich Nachweisverfahren für *Substanzen* (Eisen,
Kohlenhydrate, Fette) und *Enzymaktivitäten* bewährt.

5.2.2 Präanalytik I

5.2.2.1 Indikationsstellung

In der klinischen Routineuntersuchung sind die Hauptindikationen für die Durchführung zytochemischer Untersuchungen pathogenetisch unklare Leukozytosen und
ihre Abgrenzung von den chronisch myeloproliferativen Erkrankungen, das Auftreten
von atypischen Zellformen, die allein morphologisch nicht klassifiziert werden
können sowie vor allem die Klassifizierung von akuten Leukämien und myelodysplastischen Syndromen. Bei malignen Lymphomen können zytochemische Reaktionen
immunologische und morphologische Befunde ergänzen. Bei Erkrankungen der
Erythropoese sind insbesondere Eisen- und Kohlenhydratnachweismethoden wichtige
Ergänzungen der Morphologie.

Zytochemische Untersuchungsmethoden reihen sich damit in das heute verfügbare
Arsenal von morphologischen, immunologischen, zytogenetischen und molekularen
Untersuchungsmethoden ein. Sie bilden zusammen mit den panoptischen Färbemethoden die Grundlage des Untersuchungsprogramms, das je nach Bedarf ergänzt werden
kann.

5.2.2.2 Patientenvorbereitung

Zu diesem Punkt wird auf die Kapitel verwiesen, in denen die Entnahme von Blut
und Knochenmark bzw. die Punktion von anderen Körperflüssigkeiten etc. behandelt
werden (5.1, 6.1, 7.1, 7.2).

5.2.2.3 Spezimennahme

Als Untersuchungsmaterial für zytochemische Untersuchungen eignen sich Knochen-
mark- und Blutausstriche, Ausstriche von Zellkonzentraten, Tupfpräparate von
Lymphknoten oder anderen Organen. Bei Zytozentrifugaten von angereichertem und
vorbehandeltem Material können neben Veränderungen der Zellmorphologie auch
Veränderungen des Reaktionsmusters eintreten, so daß die Ergebnisse mit Vorbehalt

zu bewerten sind. Da heutzutage meistens Material für verschiedene Untersuchungen gewonnen werden muß, sind gerinnungshemmende Zusätze unvermeidlich. Für zytochemische Untersuchungen sollten möglichst geringe Mengen verwendet werden, um die Färberesultate nicht zu stören. Besonders ungünstig ist Heparinzusatz, der schon die normale panoptische Färbung, zum Beispiel nach Pappenheim, erheblich stören kann. Besser sind Zusätze von Zitrat oder EDTA in niedriger Konzentration. Das Material sollte möglichst bald nach Gewinnung sachgerecht unter Verwendung fettfreier, gut gereinigter Objektträger ausgestrichen werden. Am besten geeignet sind in normaler Weise angefertigte dünne Blut- und Knochenmarkausstriche. Die sogenannten Knochenmarkquetschpräparate können zu unterschiedlichem Ausfall von Enzymreaktionen Anlaß geben. Besonders störend sind sehr fetthaltige Ausstriche. Diese können nach Fixierung durch kurzes Eintauchen in reinen Diethylether entfettet werden.

5.2.2.4 Spezimenvorbereitung und -einsendung
Die luftgetrockneten Ausstriche sollten bruchsicher in Kunststoff- oder Holzbehältern mit der Post versandt werden, so daß sie möglichst innerhalb von 24 Stunden das Untersuchungslabor erreichen.

5.2.2.5 Mitteilungen an das Laboratorium
Auf den Einsendungsformularen mit den notwendigen Personenangaben sollten die wichtigsten klinischen Angaben in Bezug auf die Fragestellung sowie das Blutbild und andere wichtige Laborwerte mitgeteilt werden. Besondere Wünsche oder Fragestellungen unbedingt angeben, da hiervon unter Umständen spezielle Untersuchungen abhängen!

5.2.3 Präanalytik II

5.2.3.1 Spezimenannahme und -weiterverarbeitung
Sofort nach Eingang des Materials werden die einzelnen Präparate gekennzeichnet, mit einer Abkürzung für die durchzuführende Reaktion versehen und in Objektträgermappen abgelegt, so daß vor der Untersuchung keine Verwechslung möglich ist. Ausstriche, die nicht sofort verarbeitet werden können, werden bei kurzer (weniger als 12 Stunden) Wartezeit lichtgeschützt und trocken bei weniger als 18 °C aufbewahrt. Muß das Material länger aufbewahrt werden, wird es im Gefrierfach eines Kühlschrankes luftdicht verpackt gelagert. Das eingefrorene Material muß vor der Verarbeitung auf Zimmertemperatur erwärmt werden.

5.2.4 Analytik

5.2.4.1 Allgemeines zu den Methoden
Die einzelnen Methoden werden jeweils vollständig hinsichtlich Reagenzien und Durchführung abgehandelt. Einige wenige gemeinsam verwendete Lösungen sind im Anhang des Abschnitts 5.2.4 aufgeführt.

Qualitätssicherungsmaßnahmen (Kontrollen):

- Mitfärben eines Präparates mit bekannter Reaktion, zum Beispiel einen Knochenmarkausstrich ohne Anomalien, einen normalen Blutausstrich,
- Bei Enzymreaktionen Weglassen des Substrates
- Inaktivierung des zu untersuchenden Enzyms in einem Kontrollpräparat durch Hitzeinaktivierung oder Zusatz eines Inhibitors
- Im Untersuchungspräparat selbst überprüfen, ob normale Zellen oder Strukturen regelrecht reagieren.

5.2.4.2 Geräte

Die Auswertung der zytochemischen Reaktionen erfolgt im Lichtmikroskop, bei der TDT-Methode (5.2.4.4.8) ist ein Fluoreszenzzusatz erforderlich. Neben allgemein üblicher Laborausstattung ist zur Überprüfung bzw. Einstellung der genauen pH-Werte der Färbelösungen ein pH-Meter unverzichtbar.

5.2.4.3 Substanznachweismethoden
5.2.4.3.1 Eisen (Berliner Blau-Reaktion).

Reagenzien:
- Methanol
- Kaliumferrozyanid (Kaliumhexazyanoferrat) 2%
- HCl 37 %ig
- Pararosanilin-Lösung 1% in Methanol. Alternativ: Kernechtrot-Lösung.

Analysendurchführung:
1. Fixierung luftgetrockneter Ausstriche 30 min in Formoldampf. Alternativfixierung: 10 bis 15 min in Methanol.
2. Ca. 2 min in destilliertem Wasser waschen und lufttrocknen.
3. Präparate in eine Küvette stellen, die gleiche Teile einer 2 %igen Lösung von Kaliumferrozyanid und einer verdünnten HCl-Lösung (37% HCl 1+ 50 mit Aqua dest. mischen). Dauer: 1 Stunde.
4. Mit destilliertem Wasser waschen.
5. Kernfärbung in Pararosanilinlösung: 300 μl der 1 %igen Pararosanilinlösung in Methanol mit 50 ml Aqua dest. verdünnen. Alternativ: Kernfärbung mit Kernechtrot-Lösung (die Kernfärbung ist schwächer).

Zu beachten ist, daß nur eisenfreies Material verwendet und keine Metallpinzetten in die Lösung eingebracht werden. Man kann nach Pappenheim oder Giemsa gefärbte Ausstriche nachträglich für die Eisenfärbung verwenden: Vor der Eisenfärbung entfärbt man 12 bis 24 Stunden lang mit reinem Methanol. Dabei entfällt die Fixierung der Ausstriche vor der Färbung.

Ergebnis: Eisen erscheint als blauer Farbstoff entweder diffus verteilt oder in Form von Granula oder Schollen im Zytoplasma.

In der Hämatologie existieren zwei Fragestellungen für den Eisennachweis:

1. Der Nachweis von Sideroblasten und Siderozyten.
2. Der Eisengehalt in Makrophagen und Endothelien (Speichereisen).

Zu 1: Sideroblasten bzw. Siderozyten sind Erythroblasten und Erythrozyten, die zytochemisch nachweisbares Eisen enthalten. Dieses Eisen ist in Form von kleinen Granula nachweisbar, die entweder unregelmäßig verteilt im Zytoplasma oder ringförmig um den Kern der Erythroblasten liegen. Die Granula sind normalerweise sehr fein und nur bei sorgfältigem Durchmustern der Ausstriche mit Ölimmersionen *bei guter Abdunklung des Untersuchungsraumes* in den Erythroblasten zu finden. Im Allgemeinen findet man 1 bis 4, selten mehr feine Granula. Bei Eisenmangel ist der Anteil der Sideroblasten unter 15 % vermindert. Sicher pathologisch sind Sideroblasten mit vergröberten Eisengranula, die partiell oder vollständig ringförmig den Kern umgeben (*Ringsideroblasten*). Die praktische Bedeutung des Siderozytennachweises ist gering: sie sind bei denselben Krankheiten vermehrt wie die Sideroblasten, außerdem im peripheren Blut nach Splenektomie, da die Milz normalerweise Eisen aus intakten Erythrozyten entfernt. Unter Eisentherapie kommen extrazelluläre, große blaue Granula vor (Boll 1980).

Zu 2: Zur Beurteilung des Speichereisengehaltes müssen Knochenmarkbröckelchen im Ausstrich oder im Schnitt untersucht werden. In den Makrophagen kann das Eisen fein diffus verteilt, in feingranulärer Form oder in mehr oder weniger grobkörniger bis grobscholliger Form vorliegen, so daß selbst der Kern überlagert sein kann. Bei starker Eisenüberladung kann man gelegentlich auch Eisen in Plasmazellen nachweisen.

5.2.4.3.2 PAS (Periodic Acid-Schiff)-Reaktion.

Reagenzien:
- Formalin
- 1 %ige Perjodsäurelösung in Aqua dest.
- Sulfitwasser: 10 ml einer 10 %igen Natriummetabisulfitlösung ($Na_2S_2O_5$) sowie 10 ml 1 mol/l HCl mit Leitungswasser auf ein Volumen von 200 ml auffüllen. Die Stammlösungen können im Kühlschrank aufbewahrt werden, die Mischung muß stets frisch hergestellt werden.
- Schiff's Reagenz (im Handel käuflich) wird wie folgt hergestellt: 0,5 g Pararosanilin werden in 15 ml 1 mol/l HCl ohne Erwärmen unter Schütteln vollständig gelöst und eine Lösung von 0,5 g Kaliummetabisulfit ($K_2S_2O_5$) in 85 ml Aqua dest. zugesetzt. Die klare, kräftig rote Lösung hellt sich allmählich auf, wird gelblich. Sie wird nach 24 Stunden mit 300 mg Aktivkohle (pulv.) 2 min lang geschüttelt, dann filtriert. Das farblose Filtrat ist gebrauchsfertig und in Schliffstopfenflasche kühl und lichtgeschützt aufbewahrt mehrere Monate haltbar. Sobald Rotfärbung auftritt, darf das Schiff'sche Reagenz nicht mehr verwendet werden!

Analysendurchführung:
1. Fixierung der Ausstriche 10 min in einer Mischung von 10 ml 40 %igen Formalin und 90 ml Ethanol (alternativ auch 5 min in Formoldampf).
2. Ca. 5 min in gewechseltem Leitungswasser waschen.
3. Ausstriche 10 min in 1 %ige Perjodsäure einstellen (jeweils frisch ansetzen).
4. In mindestens zweimal gewechseltem Aqua dest. waschen und trocknen.
5. 30 min in Schiff's Reagenz einstellen (bei Zimmertemperatur im Dunkeln).

6. 2 bis 3 min in einmal gewechseltem Sulfitwasser spülen.
7. 5 min in gewechseltem Aqua dest. waschen.
8. Kernfärbung ca. 10 min mit Hämalaun und anschließend ca. 15 bis 20 min in Leitungswasser bläuen, lufttrocknen.

Anmerkung: Auch ältere Präparate, die nach Giemsa oder Pappenheim gefärbt waren, können nachträglich für die PAS-Reaktion verwendet werden. Allerdings sind mehrfach mit Öl oder Xylol behandelte Präparate nicht brauchbar. Die Ausstriche können ohne Fixierung nach Waschen in Aqua dest. wie bei Punkt 3 in die Perjodsäure eingebracht werden. Durch diese Perjodsäurebehandlung wird die Färbung entfernt.

Ergebnis: Im Zytoplasma der Zellen mit PAS-positivem Material sieht man entweder eine diffuse Rotfärbung oder verschieden große rosa bis burgunderrote Granula oder größere Klumpen oder Schollen, die große Teile des Zytoplasmas bedecken können. Über die Verteilung PAS-positiven Materials in normalen Leukozyten informiert die Tabelle 5.2-1. In geringen Mengen sind auch Plasmazellen, Histiozyten und Osteoblasten positiv, stark positiv sind Megakaryozyten.

Tabelle 5.2-1. PAS-Reaktion in normalen Leukozyten

Zelltyp	PAS-Reaktion
Myeloblast	0
Promyelozyt	(+)
Myelozyt	+
Metamyelozyt	+ +
Stab- und Segmentkernige	+ + +
Eosinophile	+ (intergranuläre Reaktion)
Basophile	+ (granulär!)
Monozyten	(+) - +
Lymphozyten	0 - + (granulär)

5.2.4.3.3 Metachromasie-Nachweis mit Toluidinblau.

Reagenzien:
- Toluidinblau
- Methanol
- Färbelösung: 1 g Toluidinblau wird in 100 ml Methanol gelöst. Diese Lösung ist unbegrenzt haltbar.

Analysendurchführung:
1. Blut- oder Knochenmarkausstriche werden lediglich luftgetrocknet.
2. Fixierung und Färbung erfolgen in einem Arbeitsschritt. Entweder die luftgetrockneten Ausstriche 5 min in die Toluidinblau-Methanol-Lösung einstellen oder die Ausstriche auf der Färbebank 5 min mit der Toluidinblau-Methanol-Lösung überschichten.
3. Gründlich spülen mit Leitungswasser, dann lufttrocknen.

Ergebnis: Die Granula der Blut- und der Gewebsmastzellen (Basophilen) färben sich rot-violett, alle anderen Granula sind ungefärbt. Die Kerne färben sich zart blau. Eine ganz schwache Violettfärbung kann selten in frühen Promyelozyten oder bei der Alderschen Granulationsanomalie auftreten.

5.2.4.3.4 Sudan-Schwarz-B-Färbung.

Reagenzien:
- Formaldehydlösung
- Färbelösung:
  A: Sudan-Schwarz-B 0,3 g und Ethanol abs. 100 ml gut mischen und filtrieren (haltbar)
  B: Pufferlösung a) Phenol crist. 16 g lösen in Ethanol abs. 30 ml; b) Na_2HPO_4 x $12H_2O$ 0,3 g lösen in Aqua dest. 100 ml (bei 4 °C lagern); 15 ml Lösung a) + 50 ml Lösung b) mischen
  C: Lösung A (Farbstoff) 60 ml und Lösung B (Puffer) 40 ml mischen, filtrieren; 2-3 Monate haltbar.

Analysendurchführung:
1. Luftgetrocknete Ausstriche 10 min in Formoldampf fixieren.
2. 10 min spülen in fließendem oder mehrfach gewechseltem Leitungswasser.
3. 60 min in die Gebrauchslösung C einstellen.
4. In 70 %igem, mindestens 3 x erneuertem Alkohol so lange spülen, bis keine Farbwolken mehr abgehen.
5. 2 min in Leitungswasser spülen.
6. Kernfärbung in verdünnter Giemsa-Lösung oder mit Hämalaun.

Ergebnis: Eine positive Reaktion erkennt man an einer schwarzen oder grau-schwarzen Färbung im Zytoplasma. Das Ergebnis entspricht weitestgehend der Peroxidase-Reaktion.

5.2.4.4 Enzymnachweismethoden
5.2.4.4.1 Peroxidase-Reaktion (POX).

Reagenzien:
- Fixierlösung: Methanol + 37 % Formalin (10:1)
- DAB-Lösung: 5 mg Diaminobenzidintetrahydrochlorid in 20 ml 0,05 mol/l Tris-HCl-Puffer (pH 7,6) mit Zusatz von 50 μl 1 % H_2O_2
- Tris-HCl: 50 ml Lösung A (121,14 g Trishydroxy-methyl-aminomethan in 1 l Aqua dest. gelöst) + 40 ml Lösung B (1 mol/l HCl) + 960 ml Aqua dest.
- Mayer's Hämalaun

Analysendurchführung:
1. 15 sec Fixierung der luftgetrockneten Ausstriche bei 4 °C (dickere Knochenmarkausstriche 30 sec).
2. 3 x in Leitungswasser spülen.
3. Ausstriche lufttrocknen.
4. 10 min Inkubation in DAB-Lösung.

5. Kurz in Leitungswasser spülen.
6. 3 min Inkubation in Mayer's Hämalaun.
7. 3 min in Leitungswasser spülen.
8. Ausstriche lufttrocknen.

Ergebnis: Neutrophile und eosinophile Granulozyten zeigen vom Promyelozytenstadium an eine gelbgrüne bis bräunliche Granula-Färbung. Monozyten besitzen nur zum Teil Peroxidaseaktivität, die schwächer ist als die der Granulozyten. Bei Alius-Grignaschi-Anomalie liegt ein POX-Defekt vor.

5.2.4.4.2 Alkalische Phosphatase. Reagenzien und Analysendurchführung sind bei 5.1.4.1.3 für die Darstellung der alkalische Neutrophilenphosphatase im Blutausstrich beschrieben. Falls man eine genauere Lokalisation von Strukturen in Knochenmarkausstrich, Lymphknotentupf- oder -schnittpräparaten wünscht, sollte man Methoden mit den Substraten Naphthol-AS-BI- oder -MX-Phosphat verwenden. Neben den reifen neutrophilen Granulozyten zeigen Gefäßendothelien und Osteoblasten im Knochenmark Enzymaktivität.

5.2.4.4.3 Saure Phosphatase-Reaktion (SPh).

Reagenzien:
- Fixierlösung: s. Anhang des Abschnitts 5.2.4.
- Färbelösung: 0,8 ml hexazotiertes Pararosanilin (gleiche Teile von 4 % Natriumnitrit und 4 % Pararosanilin in HCl frisch vermischen, s. Anhang des Abschnitts 5.2.4).
  + 30,0 ml Michaelispuffer pH 7,4 (58 ml 0,1 mol/l Barbital Natrium + 41,9 ml 0,1 mol/l HCl).
  + 10 mg Naphthol-AS-BI-Phosphat, in 1 ml Dimethylformamid gelöst, zusammengeben. Die Lösung auf pH 4,9 bis 5,1 einstellen und vor Gebrauch filtrieren.
- Mayer's Hämalaun.

Analysendurchführung:
1. 30 sec Fixierung der luftgetrockneten Ausstriche bei 4 °C.
2. 3 x in Leitungswasser spülen.
3. Ausstriche lufttrocknen.
4. 3 Stunden Inkubation in Färbelösung bei Zimmertemperatur.
5. Kurz in Leitungswasser spülen.
6. 3 min in Mayer's Hämalaun.
7. 3 min in Leitungswasser bläuen.
8. Ausstriche lufttrocknen.

Ergebnis: Im Zytoplasma von Zellen mit saurer Phosphatase-Aktivität (T-Lymphozyten, T-Prolymphozyten, Eosinophile, Histiozyten, Megakaryozyten und Plasmazellen) entsteht ein leuchtend roter, teils homogener, teils körniger Niederschlag. Erythroblasten, Myeloblasten und die anderen granulozytopoetischen Zellen haben eine deutliche Reaktion im Zytozentrum. Bei Plasmozytomen haben im allgemeinen die pathologischen Plasmazellen stärkere Aktivität als normale Plasmazellen oder Plasmazellen bei reaktiven Veränderungen. T-Lymphozyten haben eine punktförmige saure

Phosphatase-Reaktion. In den Blasten der T-ALL wird meistens eine umschriebene (fokale) saure Phosphatase-Reaktion paranukleär beobachtet.

5.2.4.4.3.1 Saure Phosphatase-Reaktion mit Tartrat-Hemmung.

Reagenzien: Zu 30 ml Färbelösung (vergl. 5.2.4.4.3) werden 60 mg L-Weinsäure zugesetzt. Die Analysendurchführung erfolgt im übrigen genauso, wie für die saure Phosphatase beschrieben. Man kann anstelle der Pararosanilinlösung als Kupplungs- salz das Fast Garnet GBC verwenden. Hierzu sind folgende Veränderungen der Färbelösung erforderlich: 10 mg Naphthol-AS-BI-Phosphat in 0,5 ml Dimethylforma- mid lösen. Mit 0,1 mol/l Azetatpuffer pH 5,0 auf 10 ml auffüllen. 10 bis 15 mg Fast Garnet GBC in 20 ml 0,1 mol/l Azetatpufferlösung auflösen. Beide Lösungen gut mischen. Filtration ist nicht erforderlich. Inkubation der Ausstriche für 60 bis 90 min bei 37 °C.

Ergebnis: Bei Haarzell-Leukämie sind die meisten Lymphozyten auch nach Tar- trathemmung leuchtend rot.

5.2.4.4.4 Esterasenachweis mit Naphthylazetat oder Naphthylbutyrat ("neutrale Esterase").

Reagenzien:
- 1 Tropfen (0,05 ml) Na-Nitritlösung (4 %ig)
  + 1 Tropfen (0,05 ml) Pararosanilinlösung (4 %ig in 2 mol/l HCl)
  ca. 1 min mischen (ergibt eine leicht gelbliche Lösung),
  dann in 5 ml 0,2 mol/l Phosphatpuffer pH 7,0 - 7,1 (250 ml Na2HPO$_4$ + 130 ml NaH$_2$PO$_4$) lösen.
- 10 mg α-Naphthylazetat in 0,2-0,3 ml chem. reinen Aceton lösen; dazu unter kräftigem Rühren 20 ml 0,2 mol/l Phosphatpuffer pH 7,0 - 7,1 geben.
- Lösung a) und b) mischen und in kleine Küvetten filtrieren.

Analysendurchführung:
1. Dünne, lufttrockene Ausstriche (Lagerung staubgeschützt bis zu 3 Tagen möglich, bei 4-8 °C länger) 4 min in Formoldampf oder 30 sec in der Fixierlösung (s. Anhang des Abschnitts 5.2.4) fixieren.
2. In Leitungswasser spülen.
3. 60 min in Inkubationslösung einstellen.
4. In Leitungswasser waschen.
5. Ca. 8 min in Hämalaun nach Mayer färben.
6. Ca. 15 min in Leitungswasser bläuen.
7. Ausstriche mit Glyzerin-Gelatine oder Aquatex (Merck) eindecken.
8. Nach Lufttrocknen ist auch Eukitt zum Eindecken geeignet.

Ergebnis: Rotbrauner bis brauner Farbstoff, diffus oder granulär. Bei Verwendung von α-Naphthylbutyrat wird der Farbstoff dunkelrot. Das Ergebnis unterscheidet sich nicht wesentlich von der Methode mit α-Naphthylazetat, deshalb wird die etwas andere Methode mit dem Substrat α-Naphthylbutyrat hier nicht im einzelnen aufge- führt. Im peripheren Blut zeigen die Monozyten starke Aktivität, während neutrophile und eosinophile Granulozyten negativ sind, ein Teil der Lymphozyten hat eine umschrieben punktförmige Aktivität. Im Knochenmark zeigen Monozyten, Makrophagen und Megakaryozyten die stärkste Aktivität. Neben Lymphozyten besitzen Plasmazellen eine schwache Aktivität, ebenso Myelozyten und Promyelozyten.

5.2.4.4.5 Saure Esterase-Reaktion (SEst).

Reagenzien:
- Fixierlösung s. Anhang des Abschnitts 5.2.4
- Färbelösung: 50 mg α-Naphthylazetat in 2,5 ml Ethylenglykolmonomethylether lösen
  + 44,5 ml 0,1 mol/l Phosphatpuffer pH 7,6
  + 3,0 ml hexazotiertes Pararosanilin (1,5 ml Pararosanilin 4 %ig in 2 mol/l HCl
  + 1,5 ml Natriumnitrit-Lösung 4 %ig)
  Die Lösung mit 1 mol/l HCl auf pH 6,1 - 6,3 einstellen und vor Gebrauch filtrieren. Die Lösung muß klar sein.
- Mayer's Hämalaun.

Analysendurchführung:
1. Luftgetrocknete Ausstriche 30 sec in Fixierlösung bei 4 °C fixieren.
2. 3 x in Leitungswasser spülen.
3. 10 bis 30 min Ausstriche lufttrocknen.
4. 45 min Inkubation in Färbelösung bei Raumtemperatur.
5. Kurz in Leitungswasser spülen.
6. 3 min in Mayer's Hämalaun.
7. 3 min in Leitungswasser bläuen.
8. Ausstriche lufttrocknen.

Ergebnis: Das Reaktionsprodukt stellt sich als rotbrauner homogener oder granulärer Niederschlag dar. Saure Esterase wird benutzt, um T-Lymphozyten zu identifizieren. Die Methode ist aber nur bei reiferen Formen zuverlässig, die Ergebnisse sind bei akuten lymphatischen Leukämien mit T-Zelleigenschaften inkonstant.

5.2.4.4.6. Chlorazetat-Esterase.

Reagenzien:
- Methanol-Formalinlösung 9:1 (v/v)
- 0,1 mol/l Michaelispuffer pH 7,0
- Naphthol-AS-D-Chlorazetat
- Dimethylformamid
- 4 %ige Natriumnitrit-Lösung
- 4 %ige Pararosanilin-Lösung in 2 mol/l HCl
- Färbelösung:
  A: 0,1 ml Natriumnitrit-Lösung und 0,1 ml Pararosanilin-Lösung mit 30 ml Michaelispuffer mischen.
  B: 10 mg Naphthol-AS-D-Chlorazetat in 1 ml Dimethylformamid lösen
  C: Lösung A und B mischen, pH mit 2 mol/l HCl auf 6,3 einstellen und in eine Küvette filtrieren. Sofort verwenden.

Analysendurchführung:
1. Ausstriche 30 sec in Methanol-Formalin bei Kühlschranktemperatur fixieren, sofort in Leitungswasser gründlich spülen.
2. Ausstriche 60 min in die Färbelösung einstellen, danach gründlich in Leitungswasser spülen.
3. Kernfärbung 5 bis 10 min in Hämalaun, gründlich mit Leitungswasser spülen und etwa 10 min bläuen.
4. Nach Lufttrocken können die Ausstriche entweder direkt ausgewertet oder mit Eukitt eingedeckt werden.

Ergebnis: Positives Ergebnis erkennt man an dem leuchtend roten Farbstoff im Zytoplasma. Normalerweise reagieren die neutrophilen Granulozyten vom Promyelozytenstadium an positiv, wobei die stärkste Reaktion im Stadium des späteren Promyelozyten bis Myelozyten erreicht ist, in Stab- und Segmentkernigen ist die Reaktion etwas schwächer. Auch Monozyten können eine schwache Chlorazetat-Esterase-Reaktion zeigen. Neben den Neutrophilen besitzen Gewebsmastzellen eine sehr starke Aktivität. Bei der mit einer Anomalie des Chromosoms 16 einhergehenden akuten myelomonozytären Leukämie mit pathologischen Eosinophilen besitzt ein Teil dieser Zellen eine positive Chlorazetat-Esterase-Reaktion im Gegensatz zu normalen Eosinophilen, die negativ sind.

5.2.4.4.7 Dipeptidylaminopeptidase IV (DAP IV)-Methode.

Reagenzien:
- Fast blue B (Sigma, München)
- Glyzerin-Gelatine
- Glycyl-alpha-Prolin-4-Methoxy-ß-Naphthylamid
- Phosphatpuffer 0,2 mol/l pH 7,0
    Lsg. A: 13,8 g NaH_2PO_4 x 1 H_2O (sauer) ad 500 ml Aqua dest.
    Lsg. B: 17,8 g Na_2HPO_4 x 2 H_2O (alkalisch) ad 500 ml Aqua dest.
    250 ml Lsg. B + 130 ml Lsg. A mischen, pH 7,0
- Dimethylformamid

Analysendurchführung:
1. 4 sec in Methanol-Formaldehyd (9:1 v/v) oder 30 sec bei +4 °C in Fixierlösung (siehe Anhang des Abschnitts 5.2.4) fixieren, 3 x spülen in Leitungswasser, trocknen.
2. 7,5 mg Glycyl-prolyl-4-methoxy-ß-napthylamid in 1 ml Dimethylformamid lösen.
3. 20 mg Fast blue B in 1 ml Dimethylformamid lösen.
4. Zu 20 ml Phosphatpuffer gibt man erst Lösung 3) hinzu und mischt, dann gibt man Lösung 2) hinzu und mischt.
5. Gemisch filtrieren und sofort verwenden.
6. 45 min inkubieren, dabei mehrfach mischen oder auf elektr. Rüttler stellen, danach kurz in Leitungswasser spülen.
7. 3 min Kernfärbung in Hämalaunlösung.
8. 5 - 10 min in fließendem Leitungswasser wässern.
9. Eindecken mit Glyzerin-Gelatine: auf 60 °C erhitzen, nach Verflüssigung 1 Tropfen auf Objektträger geben und mit Deckglas luftblasenfrei eindecken; oder Aquatex (Merck).

Ergebnis: Das Reaktionsprodukt ist rot. Die Reaktion wird lediglich in einem Teil der T-Lymphozyten, vorwiegend T-Helferzellen positiv. Im Knochenmarkausstrich stellen sich auch Gefäßendothelien schwach dar.

5.2.4.4.8 TDT (Terminal Deoxynucleotidyl Transferase, Immunfluoreszenztechik).

Reagenzien:
- anti-TdT vom Kaninchen
- Kontroll-IgG vom Kaninchen
- TITC (ab')₂ Ziegen-anti-Kaninchen-IgG, zu beziehen bei Bethesda Research Laboratories GmbH, Offenbacher Str. 115, 6078 Neu Isenburg 1, Katalog Nr. 9311 SA
- Phosphatgepufferte Kochsalzlösung (PBS): 6,775 g NaCl
     + 1,429 g Na_2HPO_4 (ca. 98 %)
     + 0,408 g KH_2PO_4
     + Aqua dest. ad 1000 ml, pH auf 7,4 - 7,5 einstellen.

Zusatz: Bei myeloischen Leukämien: 10 min Vorinkubation in 40 ml 0,05 mol/l Tris-HCl-Puffer pH 7,6 + 100 μl 1% H_2O_2.

Analysendurchführung:
1. 2 geeignete Felder auf den Objektträgern markieren.
2. 30 min fixieren in Methanol bei +4 °C.
3. 5 min bei Raumtemperatur in PBS wässern.
4. Bis auf die markierten Felder alles trocken wischen.
5. Auf das Untersuchungsfeld 10 μl anti-TdT geben, auf ein Kontrollfeld 10 μl Kontroll-IgG vom Kaninchen geben. 30 min bei Raumtemperatur in feuchter Kammer inkubieren.
6. 5 min bei Raumtemperatur in PBS wässern, bis auf markierte Felder alles trocken wischen.
7. Auf beide Felder 10 μl TITC-anti-rabbit-IgG geben, 30 min bei Raumtemperatur in feuchter Kammer inkubieren, dabei abdunkeln.
8. 5 min abgedunkelt bei Raumtemperatur in PBS wässern.
9. Eindecken mit PBS/Glycerin 1:1, kühl stellen und möglichst bald ablesen.

Ergebnis: Für die Untersuchung benötigt man eine Fluoreszenzoptik. Positive Zellen zeigen über den Kernen eine positive Fluoreszenz. In der Regel handelt es sich dabei um Lymphoblasten.

Anhang

1. Fixierung (geeignet für: Esterase, saure Phosphatase, DAP IV)
   Die Fixierlösung besteht aus:
   30 ml Pufferlösung (20 mg Dinatriumhydrogenphosphat x 12 H_2O und 100 mg Kaliumdihydrogenphosphat mit 30 ml Aqua dest. lösen. pH-Wert soll 6,6 betragen)
      + 45 ml Aceton p.A.
      + 25 ml Formalin (37 %ig).

In dieser Lösung luftgetrocknete Ausstriche 30 sec bei 4 - 10 °C fixieren, in 3 x gewechseltem Aqua dest. waschen, bei Zimmertemperatur 10 - 30 min trocknen.

2. Natriumnitritlösung, 4 % :
   4 g Natriumnitrit ad 100 ml mit Aqua dest. lösen.

3. Pararosanilinlösung, 4 % :
   2 g Pararosanilin nach Graumann (Merck)
   in 50 ml 2 mol/l HCl durch leichtes Erhitzen lösen.
   Nach Abkühlung Lösung filtrieren.

Lösungen 2 und 3 können im Kühlschrank in dunkler Tropfflasche mehrere Monate aufbewahrt werden.

Die meisten Reagenzien, zum Teil auch fertige Färbesets, können in Deutschland von den Firmen Merck (Darmstadt), Serva (Heidelberg), Sigma (München) bezogen werden. Vor routinemäßiger Anwendung der fertigen Färbesets sollte man eine Vergleichsuntersuchung mit den angegebenen Methoden durchführen.

5.2.5 Postanalytik: Zytologie und Zytochemie der akuten Leukämien

Leukämien werden traditionsgemäß nach morphologischen und zytochemischen Kriterien klassifiiert und entsprechend der vorherrschenden Zellart nach den normalen Vorstufen benannt, denen sie am meisten entsprechen.

Die neuen und ständig fortschreitenden Entwicklungen auf den Gebieten der Immunologie, Zytogenetik und Molekularbiologie haben wichtige zukunftsweisende Einblicke in die Biologie der akuten Leukämien ermöglicht. Einige zytologisch und klinisch beschriebene und definierte Entitäten wurden bestätigt. Es ist weiterhin notwendig, die Grundlagen der Diagnostik möglichst exakt zu beschreiben. Dies gelingt nur mit sorgfältiger Ausstrich- und Färbetechnik, die ständig überprüft werden muß. Grundsätzlich gilt ferner: Die Diagnose einer akuten Leukämie sollte ohne Knochenmarkuntersuchung nicht gestellt werden.

Im folgenden werden zunächst Zytologie und Zytochemie der akuten lymphatischen Leukämie (ALL) einschließlich der kleinen Gruppe akuter undifferenzierter Leukämien (AUL) und in einem zweiten Abschnitt Zytologie und Zytochemie der noch heterogeneren Gruppe der akuten myeloischen Leukämien (AML) beschrieben.

5.2.5.1 Akute lymphatische Leukämien (ALL, s. 6.1.4.4-22)
Die Diagnose der ALL stützt sich auf klinische Befunde, das Blutbild mit Ausstrichuntersuchung, auf die Untersuchung des Knochenmarks und die Untersuchung des Liquor cerebrospinalis. Die Untersuchung des Knochenmarks umfaßt die panoptische Färbung (Pappenheim), zytochemische, immunologische und zytogenetische Untersuchungen (Bennett et al. 1976). Für spezielle, vorerst wissenschaftliche Fragestellungen werden molekularbiologische, selten auch elektronenmikroskopische Methoden angewandt.

Im peripheren Blut findet man einen sehr unterschiedlich hohen Anteil von Blasten, manchmal scheinen sie zu fehlen und man findet fast nur Lymphozyten. Wenn die

Blasten sehr klein sind, fällt allerdings die Unterscheidung schwer, so daß sie leicht übersehen werden.

Bei sehr großer Zelldichte oder einer Faservermehrung im Knochenmark, die histologisch mehrfach nachgewiesen worden ist, kann die Aspiration schwierig sein, so daß scheinbar kein Mark aspiriert und ausgestrichen werden kann. Manchmal gelingt es, durch Ausspritzen des Kanüleninhaltes noch genügend Zellen für eine Diagnose zu erhalten. Das Ausstreichen muß aber vorsichtig wie bei peripherem Blut erfolgen, damit die Zellen nicht zerquetscht werden. Wenn kein oder zu wenig Mark bei der Aspiration gewonnen wird, muß eine Stanzbiopsie mit histologischer Untersuchung durchgeführt werden (s. a. 6.1).

Die morphologische Diagnose der ALL bzw. AUL ist im Knochenmark im wesentlichen eine Ausschlußdiagnose: Die Blasten der ALL oder AUL besitzen keine Differenzierungsscharakteristika der granulozytären, monozytären, erythrozytären und megakaryozytären Reihe. In den meisten Fällen fehlen Granula, der Nachweis von Auer-Stäbchen schließt eine ALL/AUL aus.

Entsprechend der Größe und Form der Zellen sowie nach den Qualitäten der Kernstruktur und des Zytoplasmas hat die FAB-Gruppe die ALL in drei Subkategorien untergliedert. Sie tragen die Bezeichnungen L1, L2 und L3. Tabelle 5.2-2 zeigt die von der FAB-Gruppe definierten Charakteristika dieser drei Subtypen, die kurz folgendermaßen zusammengefaßt werden können: Beim Subtyp L1 handelt es sich

Tabelle 5.2-2. Morphologische Einteilung der Blasten-Typen bei ALL

Merkmal	L1	L2	L3
Zellgröße	vorherrschend kleine Zellen	groß, unterschiedlich	groß, gleichmäßig
Kernchromatin	homogen innerhalb eines Falles	variabel	feinkörnig und homogen
Kernform	gleichmäßig, gelegentlich Einkerbungen	ungleichmäßig, häufig Einkerbungen	gleichmäßig oval bis rund
Nukleolen	unsichtbar oder klein	einer oder mehrere, oft groß	deutlich, einer oder mehrere, bläschenartig
Zytoplasmabreite	schmal	unterschiedlich; meistens mäßig breit	mäßig breit
Basophilie des Zytoplasmas	gering bis mäßig	unterschiedlich; z. T. stark	sehr stark
Zytoplasmavakuolen	unterschiedlich[a]	unterschiedlich[a]	meistens deutlich[a]

[a] nach Boll abhängig vom Ausmaß der Anämie

meistens um eine kleine relativ homogene Zellpopulation mit überwiegend runden Kernen, keinen oder nicht deutlichen Nukleolen und schmalem Zytoplasma (Abb. 5.2-1). Dieser Subtyp kommt am häufigsten bei ALL im Kindesalter vor. L2 ist charakterisiert durch größere und stärker polymorphe Zellen. Die Kernform ist unregelmäßiger, meistens sind ein oder mehrere Nukleolen zu erkennen und das Zytoplasma ist etwas breiter, weswegen Zytoplasmavakuolen vorkommen können (Abb. 5.2-2). Dieser Subtyp kommt häufiger bei Erwachsenen vor. L3 ist die seltenste morphologische Variante der ALL. Die Zelle ist im Durchschnitt mittelgroß bis groß, es besteht keine sehr große Heterogenität der Zellen, die Kerne sind relativ regelmäßig, rund bis oval, meistens mit einem oder auch mehreren Nukleolen. Das Zytoplasma ist mäßig breit, meistens intensiv basophil und enthält deutliche Vakuolen (Abb. 5.2-3).

Mit Ausnahme des L3-Subtyps, der fast ausschließlich bei immunologisch definierter B-ALL gefunden wird, besteht keine Korrelation zwischen der Morphologie (L1 und L2) und dem immunologischen Phänotyp der Zellen. Es muß auch darauf hingewiesen werden, daß die Morphologie der Zellen im peripheren Blut und Knochenmark unterschiedlich sein kann, wobei die Zellen im Knochenmark häufig gleichförmiger erscheinen. Da auch die Reproduzierbarkeit der L1- und L2-Subtypisierung zu wünschen übrig ließ, wurde ein Scoringsystem eingeführt, das eine gewisse Verbesserung gebracht hat. Es beruht auf der Kern-Plasmarelation, der Sichtbarkeit und Zahl der Nukleolen, der Regelmäßigkeit der Zellmembran und der Zellgröße.

Kritisch ist aber anzumerken, daß keine allgemein akzeptierte reproduzierbare Korrelation zwischen den Subtypen L1 und L2 und anderen biologischen oder klinischen Parametern nachweisbar ist, so daß lediglich der Abgrenzung von Subtyp L3 klinische Bedeutung zukommt.

Zytochemische Befunde
Nach panoptischer Färbung allein wird - je nach Erfahrung des Untersuchers - ein unterschiedlicher Prozentsatz von akuten Leukämien den beiden großen Gruppen ALL und AML falsch zugeordnet. Besondere Schwierigkeiten ergeben sich dann, wenn keine eindeutige Zytoplasmadifferenzierung erkennbar ist, wie dies bei wenig differenzierten akuten myeloischen Leukämien (Subtyp M1) oder der Megakaryoblastenleukämie (Subtyp M7) der Fall ist. Dann ist die Unterscheidung von Lymphoblastenleukämien mit etwas größeren und heterogeneren Zellen wie beim Subtyp L2 allein nach Pappenheimfärbung häufig nicht möglich. Die tägliche Erfahrung bei der von uns zentral für die Therapiestudien bei akuten Leukämien durchgeführten Diagnostik hat ergeben, daß auch die akute Monoblastenleukämie (Subtyp M5a) nicht selten fälschlicherweise der ALL-Gruppe zugeordnet wird und daß Knochenmarkmetastasen von kleinzelligen Tumoren gelegentlich verkannt werden. Es handelt sich dabei vorzugsweise um kleinzellige Bronchialkarzinome, bei Kindern wohl auch um Neuroblastome, Rhabdomyosarkome und Ewing-Sarkome. Bei der Abgrenzung von Zellen eines Karzinoms sind heute immunzytochemische Verfahren sehr hilfreich.

Zu den Voraussetzungen der Diagnose ALL oder AUL gehört neben den morphologischen Kriterien das Fehlen von Peroxidase oder Sudan-Schwarz-B-Reaktion in den Blasten. Diese granulozytären Merkmale müssen ausgeschlossen werden.

Daneben gehört zum Routineprogramm der Knochenmarkuntersuchung die Durchführung einer unspezifischen Esterase-Reaktion mit den Substraten α-Naphthylazetat oder α-Naphthylbutyrat, da hiermit der größte Teil der monozytären Leukämien, insbesondere die Monoblastenleukämie mit ihrer sehr starken Reaktion abgegrenzt werden kann. Die Chlorazetatesterase-Reaktion wird von den Pathologen im histologischen Schnitt bevorzugt, sie ist aber weniger empfindlich als Peroxidase-Reaktion und Sudan-Schwarz-B-Färbung.

Eine der ersten Reaktionen, die für die Klassifizierung der akuten lymphatischen Leukämien benutzt wurde, war die Perjodsäure-Schiff-Reaktion (PAS), die in normalen Lymphozyten entweder negativ ist oder eine granuläre Reaktion zeigt. Bei akuten lymphatischen Leukämien findet sich zum Teil eine granuläre bis grobkörnige und grobschollige Reaktion im Zytoplasma (Abb. 5.2-4). Dieser Befund ist eine zusätzliche Information, die nur im Zusammenhang mit negativer Peroxidase- und Sudan - Schwarz-B-Reaktion sowie bei Ausschluß von Monoblasten, Megakaryoblasten und seltenen Tumorzellen verwertbar ist. Innerhalb der immunologischen ALL-Subtypen hat die C-ALL die stärkste PAS-Reaktion und am häufigsten grobschollige Reaktion im Zytoplasma. Es besteht im Kindesalter und bei der deutschen ALL-Studie im Erwachsenenalter ein gewisser prognostischer Vorteil für die Patienten mit typischer granulärer oder scholliger PAS-Reaktion, ohne daß man dies bisher biologisch erklären kann.

Die Esterasereaktion mit dem Substrat α-Naphthylazetat wird heute in der Regel im leicht sauren Milieu durchgeführt (saure Esterase) und erlaubt dann die Erfassung von reifen T-Lymphozyten sowie die Erkennung von Monozyten und Monozytenvorstufen. Bei der Untersuchung von über 1000 ALL-Fällen bei Erwachsenen erwies sich die Esterasereaktion als unzuverlässig für die Abgrenzung von der T-ALL. Ihre entscheidende Bedeutung beruht auf der Möglichkeit, den überwiegenden Teil von monozytären Leukämien abzugrenzen. Dagegen zeigte sich, daß die T-ALL am häufigsten durch eine charakteristische fokale (paranukleäre) Reaktion von saurer Phosphatase charakterisiert ist (Abb. 5.2-5). Allerdings hat etwa ein Drittel der Fälle keine ganz typische oder sogar eine fehlende Reaktion. Dagegen erwies sich der Nachweis der Dipeptidylaminopeptidase IV (DAP IV) als hochspezifisch (Spezifität über 99 %) für einen kleinen Teil der Patienten mit T-ALL, allerdings ist die Sensitivität gering (18 %) (Abb. 5.2-6). Dies bedeutet, daß man bei positiver DAP IV-Reaktion mit nahezu hundertprozentiger Sicherheit eine T-ALL annehmen kann, daß eine typische umschriebene paranukleäre saure Phosphatase-Reaktion ebenfalls mit hoher Wahrscheinlichkeit für T-ALL spricht und daß eine ausgeprägte, grobschollige PAS-Reaktion ohne typische saure Phosphatase- und DAP IV-Reaktion für C-ALL spricht. Da diese Reaktionen ohne großen Aufwand innerhalb weniger Stunden vorliegen, erlauben sie bereits eine recht gute Einordnung und damit auch prognostische Abschätzung des Einzelfalls, ehe immunologische Daten vorliegen.

5.2.5.1.1 Zytologische Varianten der akuten lymphatischen Leukämien.
5.2.5.1.1.1 Akute undifferenzierte Leukämie (AUL):
Morphologisch unterscheidet sich die AUL nicht von der ALL. Zytochemisch ist sie charakterisiert durch Fehlen von typischer PAS-, saure Phosphatase-, Esterase- und DAP IV-Reaktion. Seit systematischer Anwendung immunologischer Methoden ist der Prozentsatz von echten AUL- Fällen stark zurückgegangen. Wenn man als

zusätzliche Kriterien das Fehlen von terminaler Desoxynucleotydiltransferase (TDT) sowie den elektronenmikroskopischen Nachweis von Peroxidase hinzunimmt, liegt der Prozentsatz von sogenannten AUL wohl unter 1 %. Ein Teil der Fälle bleibt unklassifizierbar.

5.2.5.1.1.2 Granulierte ALL (ALL mit prominenten Granula):

Es gilt als Regel, daß die Zellen der ALL keine Granula enthalten. Bei etwa 1 % der Fälle stimmt diese Regel nicht, man kann sogar recht deutliche, meistens purpurfarbene bis dunkelblaurote Granula finden, die größer sind als die Azurgranula der Lymphozyten (Abb. 5.2-7). Diese Granula besitzen häufig deutliche saure Phosphatase- und Esteraseaktivität, sie zeigen keine Peroxidase-Reaktion, keine Sudan-Schwarz-B- und keine Chlorazetatesterase-Reaktion. Damit kann die granulozytäre Natur dieser Zellen ausgeschlossen werden. Wichtig ist die Abgrenzung von frühen basophilen Vorstufen. Dies gelingt durch Toluidinblau-Färbung, die eine echte Metachromasie nachweist oder ausschließt. Auch elektronenmikroskopisch lassen sich die Granula bei der ALL, die sich in der Regel wie Lysosomen verhalten, von frühen basophilen Granula und von den anderen Granula unterscheiden. Die granuläre Variante der ALL kann in jeder Altersgruppe auftreten, in den meisten Fällen, die immunologisch untersucht wurden, wurde der C-ALL-Phänotyp nachgewiesen.

5.2.5.1.1.3 Handspiegel-Leukämie (hand mirror):

Handspiegelartig geformte Blasten sind charakterisisiert durch griffartige Zytoplasmaausläufer (Abb. 5.2-8). Definiert ist dieser Typ durch eine Anteil von mehr als 40 % derartiger Handspiegelzellen. Es wird überwiegend bei ALL beobachtet, allerdings kann er auch bei AML auftreten. Soweit diese Fälle bisher immunologisch untersucht wurden, handelte es sich um C-ALL, AUL, vereinzelt auch um T-ALL. Es ist bisher nicht klar, aber eher unwahrscheinlich, daß es sich hier um eine spezielle klinische Entität handelt; wahrscheinlich ist es nur eine morphologische Variante, die durch Fixierung der Bewegungsform der Zellen entsteht.

5.2.5.1.1.4 ALL mit Hypereosinophilie:

Bei etwa 30 Patienten, meistens Kindern, wurde im Knochenmark und Blut bei ALL eine deutliche Eosinophilie beschrieben. Die Eosinophilen unterscheiden sich dabei nicht von normalen Eosinophilen. Ob die bei bisher vier Patienten beschriebenen Chromosomenaberration t(5;14) regelmäßig dabei auftritt, ist bisher unklar.

5.2.5.1.1.5 Knochenmarknekrose:

Selten wird nach Aspiration und Ausstreichen des Materials keine intakte Zelle, sondern nur violettes Material gefunden, das manchmal noch die Umrisse von Zellen erkennen läßt. Dann ist anzunehmen, daß im punktierten Bereich eine Knochenmarknekrose vorgelegen hat, wie dies gelegentlich bei Erwachsenen, aber auch bei Kindern beschrieben worden ist. Es ist dann notwendig, an einer anderen Region erneut zu punktieren, da sonst der Zelltyp nicht bestimmt werden kann.

5.2.5.1.1.6 Hybride Leukämien:

Entsprechend den Vorschlägen von Ben Bassat und Gale (1984) unterscheidet man biphänotypische Formen, wenn mindestens 10 % der malignen Zellen sowohl lymphatische wie auch myeloische Eigenschaften zeigen, bilineale Formen, wenn nebeneinander leukämische Zellen vorliegen, die entweder lymphatische oder myeloische Eigenschaften besitzen, aber nicht beide Eigenschaften zugleich aufweisen.

Um hybride akute Leukämien erkennen zu können, muß man linienspezifische Zellmarker charakterisieren. In der Tabelle 5.2-3 sind entsprechend den Vorschlägen von Childs und Stass einige Kriterien zusammengestellt, die keineswegs vollständig sind. Zum Teil werden auch linienassoziierte Zellmarker für die Charakterisierung einer hybriden akuten Leukämie mit herangezogen. Es gibt aber bisher keine allgemein akzeptierte Definition von hybriden Leukämien, da durch die stürmische Entwicklung der immunologischen Zellcharakterisierung ständig neue Merkmale entdeckt werden und in zunehmendem Maße bei "typischen" lymphatischen Leukämien myeloische Eigenschaften und bei myeloischen Leukämien lymphatische Eigenschaften gefunden werden.

In seltenen Fällen läßt bereits die panoptische Färbung eine hybride akute Leukämie vermuten. Letztlich wird die klinische Relevanz dieser Befunde darüber entscheiden, ob besondere Subtypen abgegrenzt werden müssen.

Tabelle 5.2-3. Linienspezifische und linienassoziierte Zellmarker[1]

Linienspezifische Zellmarker	Linienassoziierte Zellmarker
Auerstäbchen (MPO+)	Morphologie
Myeloperoxidase (LM oder EM[3]) (Sudan-Schwarz-B)	Chlorazetatesterase
t (8;21)	α-Naphthylazetat (Butyrat)-Esterase
t (15;17)	CD 11b / 13 / 15 / 33
inv/del (16)	Keimlinienkonfiguration von
Plättchenperoxidase (EM[3])	IgH, TCR ß, y, δ

[1] gering modifiziert nach Childs und Stass; Ludwig
[2] LM: Lichtmikroskopie
[3] EM: Elektronenmikroskopie

5.2.5.2 *Akute myeloische Leukämien* (AML, s. 6.1.4.4-12)

Die akuten myeloischen Leukämien umfassen alle Formen mit granulozytärer, monozytärer, erythrozytärer und megakaryozytärer Differenzierung sowie Mischformen mit Beteiligung mehrerer Zellreihen.

Die traditionelle Klassifizierung der AML in granulozytäre, monozytäre, myelomonozytäre und erythroleukämische Mischformen wurden nach konsequenter Anwendung zytochemischer Verfahren in den frühen 60er Jahren und nach Einführung immunologischer Methoden Anfang der 70er Jahre auf eine wesentlich sicherere und damit reproduzierbarere Basis gestellt. In zunehmendem Maße werden Beziehungen zwischen morphologischen, zytochemischen und immunologischen Befunden auf der einen Seite und durch moderne Bandingtechniken erfaßbare zytogenetische Anomalien auf der anderen Seite erkannt (Tab. 5.2.4). Heute stehen wir am Anfang der moleku-largenetischen Ära, die nach Einführung von molekularen Sonden, der Möglichkeit detaillierter DNS-Analysen, der Aufdeckung von Onkogenen und deren Lokalisation an den Chromosomenbruchstellen pathogenetische Zusammenhänge aufzeigen und eventuell auch Ansätze für zukünftige therapeutische Entwicklungen liefern können. Nach wie vor gilt jedoch, daß die Morphologie essentieller Bestandteil jeder Klassifizierung ist und durch andere Methoden ergänzt, aber nicht ersetzt werden kann.

Tabelle 5.2-4. Beziehungen zwischen Morphologie, Zytochemie, Immunologie und Karyotyp bei AML-Subtypen

FAB-Typ	Morpho-logie	Zyto-chemie	Immuno-logie	Veränderungen des Karyotyps	Häufigkeit[a] (%)
M1	+	+ +	+ +	t (9;22)	3,0
M2	+ +	+	+	t (8;21)	12,0
M2 Baso	+ +	+ +	?	t (6;9)	1,0
				t/del (12)	<0,1
M3	+ +	+	+	t (15;17)	10,0[c]
M3 V	+ +	+ +	+	t (15;17)	
M4	+ +	+ +	+	t/del(11)(q23)	6,0[b]
				+4	<0,1
M4 Eo	+ +	+ +	?	inv/del (16)	5,0
M5a	+ +	+ +	+	t/del (11)(q23)	6,0[b]
M5b	+ +	+ +	+	t (8;16)	<0,1
M6	+	+	+	?	?
M7	(+)		+ +	?	?

+ = hilfreiche Kriterien; + + = entscheidende Kriterien.
[a] In Anlehnung an die Second MIC Cooperative Study Group.
[b] Die Häufigkeit von t/del (11)(q23) beträgt 6 %.
[c] Häufigkeit von M3 und M3 V zusammen 10 %.

Die heute am weitesten verbreitete Einteilung der akuten myeloischen Leukämien wurde von der FAB-Gruppe konzipiert. Sie unterschied zunächst sechs Subtypen und erarbeitete eine Definition für die myelodysplastischen Syndrome, wodurch eine schärfere Abgrenzung dieser zum Teil präleukämischen Zustände von den akuten Leukämien ermöglicht wurde. Zusammen mit der MIC-Gruppe führte dies bisher insgesamt zu sieben Kategorien mit weiteren vier Varianten, so daß 11 Subtypen der AML zu berücksichtigen sind (Tabelle 5.2-5).

Tabelle 5.2-5. Prozentzahl der Zellanteile im Knochenmark bei den verschiedenen Typen der akuten myeloischen Leukämie

FAB-Typ	Granulozyten[a]	Monozyten	Erythroblasten
M1	< 10	< 20	< 50
M2	> 10	< 20	< 50
M2 Baso	> 10 Basophile Differenzie- rung	< 20	< 50
M3	Hypergranulär, Auer- Stäbchen	< 20	< 50
M3 V	Mikrogranulär, mono- zytoide Kerne	< 20	< 50
M4	> 20	> 20	< 50
M4 Eo	> 20 abnorme Eosinophile	> 20	< 50
M5a	< 20	> 80 unreif	< 50
M5b	<20	> 80 reif	< 50
M6	variabel > 30 % der NEC	variabel	> 50
M7	variabel > 30 % Megakaryo- blasten	variabel	< 50

[a] Vom Promyelozyten an.

5.2.5.2.1 Allgemeine Voraussetzungen für die Diagnose einer akuten myeloischen Leukämie:

Der erste Schritt in der Diagnostik ist die Untersuchung eines gut gefärbten Knochenmarkausstrichs mit Auszählung des Anteiles von Blasten. Es ist wichtig, daß die Auswertung in einem gut ausgestrichenen Teil des Präparates erfolgt, wo die Erythrozyten nebeneinander liegen und sich nicht überlagern, so daß Kern- und Zytoplasmadetails erkannt werden. Auf eine optimale Färbung ist zu achten. Mindestens 200 Zellen sollten differenziert werden, mehr als 500 Zellen müssen aber durchmustert werden, damit eine verläßliche Beurteilung gelingt. Die Abgrenzung der akuten Leukämie von einer Myelodysplasie erfolgt, wenn mehr als 30 % Blasten im Knochenmark vorkommen. Wie schon bei den akuten lymphatischen Leukämien erwähnt, muß man andere Tumorzellen im Knochenmark ausschließen. Ein wichtiger Hinweis ergibt sich aus der Tatsache, daß Zellen von Karzinomen oder Sarkomen zumindestens an einigen Stellen des Präparates eng aneinander hängen, so daß der Eindruck eines Synzytiums oder von Zellklumpen entsteht.

Für die FAB-Einteilung (Bennett et al. 1985) ist weitere Voraussetzung die Bestimmung des Blastenanteils und die Identifizierung und Quantifizierung von Monozyten im peripheren Blut. Ist dies geschehen, so wird der Anteil der Erythroblasten an den kernhaltigen Zellen des Knochenmarkes ermittelt. Fälle mit 50 % oder mehr Erythoblasten erfordern eine weitere Zählung: Es wird dann der Anteil der Blasten an den "Nicht-Erythroblasten" ermittelt. Liegt er unter 30 % und bestehen weitere Kriterien, die im Kapitel Myelodysplasien (MDS, S. 6.1.4.4-21) erörtert werden, so handelt es sich um eine Myelodysplasie, ist der Anteil der Blasten über 30 %, so liegt eine Erythroleukämie vor (6.1.4.4-13.1). Weitere Mindestvoraussetzungen für die Klassifizierung der akuten myeloischen Leukämien sind die Anwendung von Peroxidase und/oder Sudan-Schwarz-B-Färbung und die Verwendung der Esterasetechnik mit α-Naphthylazetat oder α-Naphthylbutyrat. Sinnvoll ist zusätzlich die PAS-Reaktion und die Chlorazetat-Esterase-Reaktion.

Das entscheidende diagnostische Kriterium der akuten Leukämien sind die leukämischen Blasten. Da die Blasten verschiedener Leukosetypen hinsichtlich Größe, Form, Kern und Zytoplasma sehr unterschiedlich sind, kann eine allgemeine Beschreibung nicht von diagnostischem Nutzen sein, sie muß sich vielmehr auf allgemeine Merkmale unreifer Zellen beschränken. Es handelt sich bei den Blasten um Zellen, die meistens größer als Blutlymphozyten sind, ohne erkennbare oder mit geringen, häufig atypischen Differenzierungszeichen. Das Kernchromatin ist in der Regel fein strukturiert (netzig, strähnig), einzelne oder mehrere Nukleolen werden häufig beobachtet, obwohl die Erkennnung bei der üblichen panoptischen Färbung schwierig sein kann. Der Kern kann rund oder polymorph sein. In der Regel färbt sich das Zytoplasma wegen des relativ hohen pH-Wertes blau, aber auch hier reicht die Skala von zart hellblau über blaugraue Farbtöne bis zu tiefstem Dunkelblau oder rötlichen Farbtönen, die im Zytoplasma ungleichmäßig verteilt sein können. Zytoplasmaeinschlüsse kommen vor und sind dann häufig ein Hinweis auf eine granulozytäre oder monozytäre Differenzierungsrichtung. Selten finden sich auch rundliche Einschlüsse oder Vakuolen.

Die wichtigsten und einzig leukämiespezifischen Einschlüsse sind die Auer-Stäbchen (Abb. 5.2-13) und ihre Varianten, deren Abkunft von den Primär- oder Azurgranula der neutrophilen Promyelozyten inzwischen gesichert ist. Sie entstehen durch Verschmelzung der Primärgranula bzw. deren kristalloider Einschlüsse und besitzen gleiche Enzyme wie sie, also Peroxidase, auch Naphthol- AS-D-Chlorazetat-Esterase und zum Teil saure Phosphatase. Peroxidase-, Sudan- Schwarz-B-Färbung oder Chlorazetat-Esterase-Reaktion erlauben eine exaktere Bestimmung des Anteils von Zellen mit Auer-Stäbchen.

Die FAB-Gruppe hat zwei Typen von Blasten definiert, deren Erkennung Voraussetzung für die Abgrenzbarkeit der Myelodysplasien von akuten Leukämien im Sinne der FAB-Klassifikation ist.

Blastentyp I besitzt folgende Charakteristika: Die Zellen entsprechen den klassischen Myeloblasten oder anderen nicht näher klassifizierbaren Blasten. Zytoplasmagranula fehlen immer. Meistens haben diese Zellen prominente Nucleoli und eine lockere Chromatinstruktur. Die Kern-Zytoplasma-Relation variiert und hängt etwas von der Größe der Zellen ab, in der Regel ist das Zytoplasma sehr schmal (Abb. 5.2-9).

Blastentyp II: Diese Blasten unterscheiden sich vom Typ I durch einzelne azurphile (primäre) Granula im Zytoplasma. Sonst ähneln sie den Blasten Typ I weitgehend, die Kern-Plasma-Relation kann etwas niedriger sein, der Kern liegt aber zentral in der Zelle. Erst wenn der Kern exzentrisch lokalisiert ist, wenn sich eine kernnahe Aufhellung entwickelt hat, wenn das Chromatin dichter oder verklumpter scheint, wenn zahlreiche, meist gröbere Granula im Zytoplasma auftreten und die Kern-Plasma-Relation niedrig ist, werden die Zellen nicht mehr als Blasten sondern als Promyelozyten eingestuft.

Bei AML und MDS können Promyeolozyten ohne Granula oder mit wenigen Granula auftreten, die dann an den anderen oben beschriebenen Kriterien zu erkennen sind.

Zur vollständigen morphologischen Diagnose gehören neben der genauen Charakterisierung der Blasten auch die Beschreibung aller anderen Zellveränderungen. Es müssen daher von der Norm abweichende Kern- und Zytoplasmaveränderungen der ausreifenden Granulozytopoese, der Monozyten, der Erythrozytopoese und der Megakaryozyten sowie der Lymphozyten, der Plasmazellen, ferner quantitative Verschiebungen und Anomalien der eosinophilen und basophilen Granulozyten sowie der Makrophagen registriert werden. Die Veränderungen im peripheren Blute spielen ebenfalls eine Rolle, da in bestimmten Fällen nur Knochenmark- und Blutbefund zusammen die Diagnose ermöglichen.

5.2.5.2.2 Subtypen der FAB-Klassifikation entsprechend der revidierten Fassung von 1985:

M1: Myeloblastenleukämie ohne Ausreifung (Abb. 5.2-9,-10)
Zusammen beträgt der Anteil der Blasten des Typs I und II mindestens 90 % der "Nicht-Erythroblasten", wobei mindestens 3 % dieser Blasten Peroxidase- oder Sudan-Schwarz-B- positiv sein müssen. Die restlichen 10 % können sich auf ausreifende Granulopoesezellen vom Promyelozyten ab oder Monozyten verteilen. Auer-Stäbchen können vorkommen. Manchmal kann man diesen Subtyp überhaupt nur nach Anwendung der Myeloperoxidase und Sudan-Schwarz-B-Reaktion erkennen. Die Naphthol-AS-D-Chlorazetat-Esterase-Reaktion ist häufiger negativ als die Peroxidase-Reaktion und daher weniger zur Klassifizierung dieses Typs geeignet.

M2: Myeloblastenleukämie mit Ausreifung (Abb. 5.2-11,-12)
Entscheidendes Kriterium ist der Anteil der Blasten des Typs 1 und 2, die 30 bis 89 % der "Nicht- Erythroblasten" ausmachen. Der Anteil der Monozyten liegt unter 20 %. Granulozyten vom Promyelozyten an liegen über 10 %.

Es gibt Fälle, bei denen weder die Kriterien des Blastentyps I oder II noch von normalen Promyelozyten oder den hypergranulären Promyelozyten des Subtyps M3 erfüllt sind. Diese Zellen besitzen ein relativ breites, häufig basophiles Zytoplasma mit unterschiedlicher Anzahl von Granula, die manchmal zusammenfließen und ein relativ feines Kernchromatin mit ein oder zwei Nukleolen aufweisen. Wenn diese atypischen Zellen weniger als 10 % der "Nicht-Erythroblasten" ausmachen, bleibt die Diagnose M1, wenn dieser Prozentsatz überschritten wird, ändert sich die Diagnose in M2, selbst dann, wenn wenige Promyelozyten und weiter ausreifende Formen nachzuweisen sind. Häufig findet man beim Subtyp M2 deutliche dysplastische Veränderungen (z.B. Pseudo-Pelger-Anomalien) der ausreifenden Granulozyten, nicht selten einen Myeloperoxidase-Defekt in reiferen Formen. Auer-Stäbchen können auch in reifen Granulozyten gefunden werden. Überwiegend mit dem Subtyp M2 korreliert ist eine spezifische Chromosomenanomalie, t(8;21)(q22;q22). Bei diesem Subtyp finden sich deutlich heterogene Blasten, unter anderem recht große Formen mit breitem Zytoplasma, die gelegentlich ein großes schlankes Auer-Stäbchen oder sehr große Granula enthalten.

Bei etwa einem Drittel der Fälle von M2 wird auch eine deutliche Eosinophilie (> 5%) beschrieben. Diese Eosinophilen zeigen aber keine Chlorazetat-Esterase-Reaktion wie beim später zu beschreibenden Subtyp M4Eo. Zu den Anomalien bei diesem Subtyp gehört ferner abnorm fleckig lokalisierte Peroxidase- oder Sudan-Schwarz-B-Färbung, eine Vermehrung von Gewebsmastzellen oder sogar Auer-Stäbchen in eosinophilen Granulozyten. Die Translokation 8;21 ist aber nicht ausschließlich an den Subtyp M2 gebunden, sondern wurde auch bei M1 beschrieben, woraus sich der fließende Übergang zwischen diesen beiden Subtypen ergibt.

Bei einer weiteren seltenen Variante des Subtyps M2 wurde eine Vermehrung von basophilen Granulozyten beschrieben (M2Baso), die auch zusammen mit der Chromosomenaberration t(6;9) oder t/del 12 gesehen wurde. Es ist bisher nicht sicher, ob diese Verknüpfung konstant nachweisbar ist, so daß weitere Untersuchungen abgewartet werden müssen. Man kann die basophilen Granulozyten nach Pappenheimfärbung nicht immer gut erkennen, so daß die Metachromasie-Reaktion nach Toluidinblau-Färbung gefordert werden muß.

M3: Hypergranuläre Promyelozytenleukämie (Abb. 5.2-14,-15,-16,-17)
Der Haupttyp M3 existiert in mindestens zwei Varianten: 1. Die typische hypergranulierte Form, 2. der Subtyp M3V, die mikrogranuläre Variante.

Die klassische hypergranuläre Variante ist folgendermaßen definiert: Man sieht fast ausschließlich abnorme Promyelozyten, deren Zytoplasma von groben azurophilen Granula übersät ist, zum Teil überdecken die Granula den Kern. Die Granula können stellenweise scheinbar ineinander fließen, der Farbton reicht von ziegelrot bis purpur. In manchen Zellen ist das Zytoplasma von staubfeinen Granula bedeckt, gelegentlich erscheinen die Granula auch sehr zart gefärbt. Ganz charakteristisch sind Zellen, die Büschel oder Bündel von feinen Auer-Stäbchen enthalten, gelegentlich sind die Auer-Stäbchen in der Umgebung von zerquetschten Zellen zu finden. Die Zellen, die Auer-Stäbchen enthalten, besitzen häufig ein sehr helles oder blaß gefärbtes Zytoplasma, können aber auch azurophile Granula enthalten. Die Zellkerne können hinsichtlich Form und Größe wechseln, gelegentlich sind sie eingebuchtet oder sogar gelappt. Bei der M3-Variante haben die meisten Zellen stark eingebuchtete oder bohnenförmige Kerne, so daß sie den Kernen von Monozyten sehr ähneln. Das Zytoplasma enthält meistens nur ganz feine Granula, die bei der panoptischen Färbung kaum zu sehen sind. Allerdings ist die Myeloperoxidase- und Sudan-Schwarz-B-Reaktion sehr deutlich positiv, so daß hierdurch die Diagnose erleichtert wird. Bei längerem Suchen findet man auch bei diesem Subtyp in der Regel einzelne typische hypergranulierte Zellen und Zellen mit reichlich Auer-Stäbchen.

M3 und M3V nehmen deshalb eine besondere Stellung ein, weil dieser morphologische Leukämietyp konstant mit einer Chromosomenanomalie verknüpft ist, die nie bei anderen Leukämien oder einem anderen Tumor gefunden wurde: t(15;17) (q22;q12).

Neben Myeloperoxidase- und Sudan-Schwarz-B-Reaktion ist die Chlorazetat-Esterase-Reaktion bei M3 sehr hilfreich, da die hypergranulierten Promyelozyten und überwiegend auch die Auer-Stäbchen eine deutliche Reaktion zeigen, M3V dagegen ist weniger deutlich positiv. Auffällig ist ferner bei einem Teil der Leukämien eine deutliche diffuse Esterase-Reaktion mit den Substraten α-Naphthylazetat-, α-Naphthylbutyrat und Naphthol-AS-D-Chlorazetat. Nach den bisher durchgeführten Untersuchungen handelt es sich dabei aber nicht um den Monozytentyp der Esterase, sondern diese Aktivität ist wohl Ausdruck der starken Granulierung.

Bei einem Teil der Promyelozytenleukämien sieht man eine leichte, vereinzelt aber auch eine starke Vermehrung von basophilen Granulozyten mit deutlicher metachromatischer Reaktion nach Toluidinblau-Färbung, so daß es sich hierbei im basophile Promyelozytenleukämien handelt. Bisher ist nicht bekannt, ob die gleiche Chromosomenaberration auftritt wie bei den anderen M3-Formen.

M4: Akute myelomonozytäre Leukämie (Abb.5.2-18)
Es handelt sicht dabei - ähnlich wie bei dem Subtyp M2 - um eine akute Leukämie mit recht guter Ausreifung, im Unterschied zum M2-Subtyp sind jedoch die Monozyten mit beträchtlichem Anteil beteiligt. Um den Subtyp M4 abgrenzen zu können, muß man Knochenmarkbefund und peripheres Blut berücksichtigen. Im Knochenmark liegt der Anteil der Blasten über 30 % der granulozytären Reihe, die Summe von Myeloblasten, Promyelozyten, Myelozyten und späteren Granulozyten beträgt 30 % oder mehr, aber weniger als 80 % der Gesamtgranulozyten. Mehr als 20 % sind Zellen der monozytären Reihe in verschiedenen Reifungsstadien, meistens entsprechen sie Promonozyten und Monozyten. Wenn der Anteil der monozytären Zellreihe über 80 % liegt, handelt es sich um den Subtyp M5. Da die Identifizierung der Monozyten allein nach panoptischer Färbung sehr schwierig sein kann, sollte in jedem Falle eine Esterasetechnik angewandt werden, am besten mit α-Naphthylazetat oder α-Naphthylbutyrat. Die Esterase-Reaktion mit Naphthol-AS-D-Azetat erlaubt keine derartig scharfe Abgrenzung. Wenn der Knochenmarkbefund nicht eindeutig ist, aber im peripheren Blut mehr als 5 x 10^9 Monozyten/l gezählt werden, kann trotzdem die Diagnose M4 gestellt werden.

M4Eo: Akute myelomonozytäre Leukämie mit Eosinophilie (Abb. 5.2-19,-20)
Diese Variante von M4 unterscheidet sich durch das Vorkommen von abnormen Eosinophilen im Knochenmark. Ihr Anteil beträgt meistens 5 % oder mehr, sie können sogar in seltenen Fällen mehr als 50 % betragen, so daß man von einer "akuten Eosinophilenleukämie" sprechen könnte. Typisch sind große purpurfarbene und dunkelblaue Granula, manchmal mit zentraler Aufhellung neben normal erscheinenden oder sehr kleinen eosinophilen Granula.

Manche unreife Formen sind nur schwer als Eosinophile zu identifizieren. Im Gegensatz zu normalen Eosinophilen zeigen diese abnormen Zellen zumindest teilweise Chlorazetat-Esterase in den Granula, häufig auch eine deutliche PASReaktion. Bei dem Subtyp M4Eo wurden Veränderungen des Chromosoms 16 gefunden, am häufigsten Inversionen, selten auch Deletionen oder Translokationen. Bei allen Patienten mit diesem Chromosomendefekt fanden sich auch abnorme Eosinophile. Vereinzelt treten abnorme Eosinophile mit der Chromosomenanomalie aber auch bei den Subtypen M2 oder M5 auf. Man kann deshalb davon ausgehen, daß die Anomalien des Chromosom 16 mit Anomalien der Eosinophilen verknüpft sind, die man bereits morphologisch und durch Anwendung der Chlorazetat-Esterase-Reaktion erkennen kann.

M5: Monozyten- bzw. Monoblastenleukämie (Abb. 5.2-21,-22,-23)
Es werden zwei Varianten unterschieden: Eine unreifere Form M5a und eine ausreifende Form M5b. Definiert sind beide Subtypen M5 dadurch, daß 80 % oder mehr aller Zellen der weißen Reihe zur monozytären Reihe gehören. Beim Subtyp M5a sind über 80 % aller monozytären Zellen Monoblasten, beim Subtyp 5b sind weniger als 80 % der monozytären Zellen Monoblasten, der Rest überwiegend Promonozyten oder Monozyten. Während Monoblasten in der Regel Nukleolen in den locker strukturierten Kernen enthalten und ein überwiegend schwach basophiles oder graublaues Zytoplasma besitzen, das nur selten einzelne Azurgranula enthält, sind die Kerne der Promonozyten und Monozyten entweder eingebuchtet oder gefaltet. Das Zytoplasma ist grauer und enthält meistens feine Azurgranula.

Der Subtyp 5a kommt bei Kindern relativ häufig vor, die Zellen sind dann sehr groß und haben ein intensiv blaues bis blaugraues Zytoplasma. Sie können mit Tumorzellen, an dichteren Ausstrichstellen auch mit großen Lymphoblasten verwechselt werden.

Essentiell für die Diagnose M5a oder M5b ist der Nachweis einer deutlichen Esterase-Reaktion, die in der Regel das gesamte Zytoplasma überdeckt und bei einer möglichen Stärkegradskala von 0 bis 4 überwiegend dem Grad 3 und 4 zuzuordnen ist. Zum Nachweis eignet sich am besten α-Naphthylazetat oder α-Naphthylbutyrat. In den Monoblasten ist meistens keine Peroxidase, nur selten schwache Chlor-azetat-Esterase nachweisbar, beim Subtyp M5b findet man meistens eine schwache bis mäßige Peroxidase-Reaktion in den reiferen Formen, ähnliches gilt für die Chlorazetat-Esterase und für die Sudan-Schwarz-B-Reaktion. Einige Zellen können Auer-Stäbchen enthalten.

M6: Erythroleukämie (Abb. 5.2-24,-25)
Wie oben schon beschrieben, besteht Verwechslungsmöglichkeit mit Myelodysplasien, so daß dieser Typ neu definiert wurde: Zunächst wird der Erythroblastenanteil aller kernhaltigen Knochenmarkzellen ermittelt; liegt er über 50 %, dann wird der Anteil der Blasten aller "Nicht- Erythroblasten" ermittelt. Liegt dieser Blastenanteil über 30 %, so handelt es sich um eine Erythroleukämie. Die Erythroblasten zeigen zahlreiche Anomalien wie megaloblastäre Zeichen, Kernlappung, Vielkernigkeit, Kernfragmente. Häufig sieht man in den frühen Vorstufen zahlreiche Vakuolen im gesamten Zytoplasma. Da diese Veränderungen auch bei megaloblastären Anämien, dyserythropoetischen Anämien und anderen Zuständen, z.B. auch nach zytostatischer Therapie auftreten können, müssen diese Möglichkeiten ausgeschlossen werden. Ausdruck der Dyserythropoese ist auch das Auftreten von Ringsideroblasten, abnorm

großen Eisengranula und von PAS-positiven Erythroblasten, die in den reiferen Formen in der Regel eine diffuse, in den unreiferen eine granuläre Reaktion zeigt. Die positive PAS-Reaktion kann aber auch fehlen. In der weißen Reihe finden sich gelegentlich Auer-Stäbchen.

Vereinzelt gibt es auch Fälle, welche die Kriterien der reinen Erythrämie di Guglielmo erfüllen (s. 6.1.4.4.13). Man findet nur abnorme Erythropoese und Blasten, die nicht eindeutig zu klassifizieren sind. Immunzytochemisch können unreife Erythroblasten zum Teil durch Antikörper gegen Glykophorin identifiziert werden.

M7: Megakaryoblastenleukämie (Abb. 5.2-26a und b)
Es handelt sich dabei um eine seltene Form, die erst kürzlich definiert worden ist. Die Diagnose kann dadurch erschwert sein, daß sich nur wenig Material aspirieren läßt, weil im Knochenmark eine Faservermehrung bzw. Fibrose besteht. Morphologisch erscheinen die Blasten undifferenziert, da sie weder Peroxidase- noch Sudan-Schwarz-B-Färbung und eine recht uncharakteristische Esterase- und saure Phosphatase-Reaktion zeigen. Von der Größe her können sie Lymphoblasten des Zelltyps L2 ähneln, da die Kerne meistens rund sind und eine feine retikuläre Kernstruktur besitzen. Allerdings ist die Heterogenität der Zellgröße von Fall zu Fall sehr unterschiedlich und die Zellen können deutlich kleiner oder größer sein. Relativ häufig sieht man pseudopodienartige Zytoplasmaausstülpungen oder Plasmafetzen zwischen den Zellen liegen. Da gelegentlich die Esterase-Reaktion etwas kräftiger ist (meistens fleckförmig im Zytoplasma verteilt) und auch eine unterschiedlich starke, diffus verteilte saure Phosphatase-Reaktion auftreten kann, besteht Verwechslungsmöglichkeit mit Monoblasten. Allerdings ist die Esterase-Reaktion im Gegensatz zu Monoblasten meistens nur lokalisiert fleckförmig und nicht über das ganze Zytoplasma diffus verteilt. Auch mit der PAS-Reaktion kann man häufig an der Zytoplasmaperipherie einzelne Granula finden. Die sichere Identifizierung der Zellen gelingt durch Nachweis von Plättchen- spezifischen Proteinen, die mit Antikörpern immunzytochemisch nachgewiesen werden können. Aufwendiger und als Routinemethode nicht anwendbar ist der Nachweis der Plättchen-Peroxidase-Reaktion, die elektronenmikroskopisch erfolgt. Dagegen hat sich der immunzytochemische Nachweis der Plättchenglykoproteine als Routinemethode durchgesetzt (s. Kap. 5.3).

5.3 Immunzytologie

W.-D. Ludwig, J. V. Teichmann und E. Thiel

5.3.1 Einleitung

Die Einführung der Hybridomtechnologie durch Köhler und Milstein (1975) und die Verfügbarkeit monoklonaler Antikörper (mAk) haben die Kenntnisse über die

Differenzierung normaler hämatopoetischer Zellen und die Physiologie des Immunsystems wesentlich vertieft. Darüber hinaus hat die immunologische Zellcharakterisierung anhand mAK wichtige Fortschritte in der Klassifikation lymphatischer, aber auch myeloproliferativer Neoplasien ermöglicht und gilt heute als etablierte Methode der hämatologischen Diagnostik zur Identifizierung und Charakterisierung pathologischer Zellen bei Leukämien und Lymphomen (Greaves 1988a).

Die Vielzahl der seit Anfang der 80er Jahre hergestellten mAk gegen unterschiedliche Antigenstrukturen hämatopoetischer Zellen hat eine einheitliche internationale Nomenklatur erforderlich gemacht, die auf bisher vier 'International Workshops on Human Leucocyte Differentiation Antigens' entwickelt wurde. Dabei wurde das Reaktionsmuster von weit mehr als 1000 mAK mit normalen Zellen der Hämatopoese, Leukämien/Lymphomen und etablierten Zellinien in Referenzlaboren getestet und zentral analysiert. MAK mit ähnlicher serologischer Reaktivität, die dasselbe Antigen, nicht jedoch unbedingt das identische Epitop erkennen, wurden dann auf den jeweiligen Workshops einem sog. Differenzierungscluster (*CD = Cluster of differentiation*) zugeordnet und fortlaufend numeriert. Bisher wurden auf diese Weise 78 verschiedene hämatopoetische Antigene und mehrere Subcluster definiert und der überwiegende Teil der für die Charakterisierung von Lymphozytensubpopulationen bzw. hämatologischen Neoplasien wichtigen Antigene einer CD Nummer zugeordnet (Knapp 1989). Die inzwischen teilweise von der 'World Health Organization (WHO)/'International Union of Immunological Societies' (IUIS) übernommene Nomenklatur sieht folgende detaillierte Angaben für die jeweiligen Antigene vor: *CD # (Zelle, Molekulargewicht) "verwendeter mAk"*, wobei neben der CD Nummer (#) in Klammern die Zelle bzw. Zellinie, an der das Molekulargewicht des Antigens ermittelt wurde, sowie das Molekulargewicht in Kilodalton (p für Protein, gp für Glykoprotein, gl für Glykolipid, CHO für Kohlehydrat, u für unbekannt) und nach der Klammer der vom Labor verwendete Antikörper angegeben werden. Falls die Clusterzuordnung nur vorläufig erfolgt, wird an die CD-Bezeichnung das Suffix w ('workshop') angehängt (z.B. CDw65).

Die für die immunologische Zelltypisierung wichtigen Antigene, in der Mehrzahl durch mAK identifizierbar, können anhand ihres Reaktionsmusters bzw. ihrer funktionellen Bedeutung unterteilt werden in überwiegend *linienspezifische Differenzierungsantigene* [z.B. CD13/CD33 für die myeloische, CD19/CD20/CD22 für die B- und CD2/CD3 für die T-Zellreihe], *Vorläuferzellantigene* [z.B. terminale Desoxyribonucleotidyl-Transferase (TdT) , CD10, CD34], *Aktivierungsantigene* [z.B. CD25, CD30, CD38, HLA-DR] und *proliferationsassoziierte Antigene* [z.B. CD71, Ki-67] (Stein 1988). Die Funktion der meisten og. Antigene ist noch nicht bekannt und keines dieser Antigene ist leukämie-/lymphomspezifisch, d.h. wird ausschließlich von maligne transformierten Zellen der Hämatopoese exprimiert.

Die große Zahl der inzwischen kommerziell erhältlichen mAK und Fortschritte in der Auswertung immunologischer Markeruntersuchungen (z.B. Durchflußzytometrie) haben zu einer deutlichen Zunahme der Immunphänotypisierung von Zellsuspensionen zur Charakterisierung akuter Leukämien und maligner Lymphome bzw. der Lymphozytensubpopulationen im peripheren Blut (PB) geführt.

Bisher vorliegende Empfehlungen der WHO/IUIS Arbeitsgruppen[1,2,3,4] bzw. des 'International Committee for Standardization in Haematology' (ICSH)[5] zur Indikationsstellung, Probenentnahme, Methode und Analytik immunologischer Markeruntersuchungen wurden in diesem Beitrag berücksichtigt. Verbindliche Qualitätssicherungsmaßnahmen in der Präanalytik, Analytik und Postanalytik, wie sie für klassische hämatologische Untersuchungen inzwischen Standard sind, existieren bisher für die immunologischen Markeruntersuchnugen noch nicht. Auf sinnvolle interne Qualitätssicherungsmaßnahmen in der analytischen Phase wird in 5.3.4.5 eingegangen.

5.3.2 Präanalytik I

5.3.2.1 Indikationsstellung und Kostenbetrachtungen

Die klinischen Indikationen für die Durchführung immunologischer Markeruntersuchungen an Zellsuspensionen sind in Tabelle 5.3-1 zusammengefaßt.

Die Immunphänotypisierung von Zellsuspensionen ergänzt und verbessert die klassischen morphologischen/zytochemischen Analysen und ist inzwischen ein unverzichtbares Routineverfahren, das zur Diagnostik und Klassifikation hämatologischer Neoplasien, insbesondere akuter Leukämien, Blastenkrisen myeloproliferativer Syndrome und leukämisch verlaufender Non-Hodgkin-Lymphome eingesetzt wird. Sinnvolle klinische Indikationen zur Charakterisierung von Lymphozytensubpopulationen im PB sind die quantitative Erfassung von T-, B-Lymphozyten bzw. NK/K-Zellen bei primären oder sekundären Defektimmunopathien und die Charakterisierung der Subpopulationen bei viralen Infekten.

---

[1]Identification, enumeration, and isolation of B and T lymphocytes from human peripheral blood. Report of a WHO/IARC-sponsored workshop on human B and T cells. Scand J Immunol. 3:521-532 (1974)

[2]Immunological diagnosis of leukemia and lymphoma: A World Health Organization/International Union of Immunological Societies technical report. Brit J Haematol 38:85-98 (1978)

[3]Use and abuse of laboratory tests in clinical immunology: Critical considerations of eight widely used diagnostic procedures. Report of a joint IUIS/WHO meeting on assessment of tests used in clinical immunology. Clin Immunol Immunopathol 24:122-138 (1982)

[4]Laboratory investigations in clinical immunology: Methods, pitfalls, and clinical indications. A second IUIS/WHO report. Clin Immunol Immunopathol 49:478-497 (1988)

[5]International Committee for Standardization of Hematology (ICSH): Workshop on the immunophenotyping of leukemias and lymphomas. XXII Congress of the International Society of Hematology, Milan 1988

Tabelle 5.3-1. Klinische Indikationen für Immunphänotypisierung
von Zellsuspensionen

Akute Leukämien
Blastenkrisen bei myeloproliferativen Syndromen
Leukämisch verlaufende Non-Hodgkin-Lymphome

Primäre/sekundäre Defektimmunopathien

Virusinfektionen (z.B. Herpes-/Epstein-Barr-Viren)

Der diagnostische und prognostische Stellenwert von Verlaufskontrollen der
T-Lymphozytensubpopulationen bei Autoimmunopathien vor bzw. während immun-
suppressiver Therapien, nach Organtransplantationen und bei soliden Tumoren ist
unklar und derzeit nur im Rahmen wissenschaftlicher Untersuchungen indiziert.

Anteilige Kosten für Reagenzien, Verbrauchsmaterial und Antikörper sowie
Personalkosten, die bei der unter 5.3.4.1 beschriebenen Auswertung immunologischer
Markeruntersuchungen an Zellsuspensionen mittels indirekter Immunfluoreszenz (IF)
entstehen, sind in Tabelle 5.3-2 zusammengefaßt. Die Kosten für den Nachweis
intrazytoplasmatischer bzw. intranukleärer Antigene an Zytozentrifugenpräparaten
mittels IF betragen etwa DM 4.-/Antigen. Für die Charakterisierung einer akuten
Leukämie oder eines malignen Lymphoms mit 12 mAK (Darstellung von 10 Ober-
flächen- und 2 intrazytoplasmatischen Antigenen) entstehen somit insgesamt Kosten
in Höhe von etwa DM 160.- bis 175.-.

Tabelle 5.3-2. Kosten für indirekte IF-Untersuchungen mit mAk

a. Isolieren und Waschen der mononukleären Zellen

	Knochenmark (2 - 5 ml)	Peripheres Blut (ca. 20 ml)
Flotationsmittel	DM 3,50	DM 10,00
Reagenzien	DM 1,50	DM 2,50
Verbrauchsmaterial	· DM 1,00	DM 3,00
Gesamt	DM 6,00	DM 15,50

b. indirekte IF (Kosten/mAk)

Primärer Antikörper	DM 5,00
Sekundärer Antikörper	DM 0,50
Reagenzien	DM 0,50
Verbrauchsmaterial	DM 0,50
Gesamt	DM 6,50

c. Personalkosten/komplette Untersuchung

Med.-techn. Assistenz	DM 70,00

5.3.2.2. Patientenvorbereitung

Hinsichtlich der Technik und erforderlicher Vorsichtsmaßnahmen bei der Entnahme von Knochenmark, Venenblut bzw. Punktion von Körperhöhlen wird auf 2.1, 5.1 und 6.1 sowie auf die Literatur (Brücher 1986; Bucher 1988) verwiesen.

5.3.2.3 Spezimennahme

Als Untersuchungsmaterial für immunologische Markeruntersuchungen an Zellsuspensionen eignen sich *Knochenmark (KM)* und *peripheres Blut* (abzunehmendes Volumen abhängig vom Prozentsatz an pathologischen Zellen bzw. dem Prozentsatz an mononukleären Zellen, meistens 2-5 ml KM und/oder 10-20 ml PB ausreichend), *Liquor cerebrospinalis* (sollte > 100 Zellen/μl enthalten) sowie verschiedene *andere Körperflüssigkeiten* (z.B. Pleura- oder Aszitespunktat).

Das Untersuchungsmaterial sollte vorzugsweise in *heparinhaltigen Spritzen* (0,02-0,05 ml Heparin/ml Probe, entsprechen 100-250 I.E. Heparin/ml Probe) abgenommen und dazu möglichst stabilisatorfreies Heparin (z.B. Heparin Novo, Novo Industrie GmbH, Mainz) verwendet werden. Es können auch andere Antikoagulantien (z.B. ACD-A = Acidum-Citricum-Dextrose-Adenin; EDTA) benutzt werden. Bei längerem Transport oder Aufbewahrung des Untersuchungsmaterials (> 24 Stunden) kommt es jedoch, insbesondere bei Verwendung von EDTA, zu einer Kontamination der Probe mit Granulozyten und Erythrozyten, die die anschließende Zellseparation und Analyse erschwert (Nicholson 1984).

Einzelzellsuspensionen von mononukleären Zellen (MNZ) können auch aus lymphatischen Geweben (z.B. Lymphknoten, Milz, Thymus) oder Gewebebiopsien isoliert werden. Die Biopsate müssen dazu *unfixiert* in synthetischen Kulturmedien (z.B. RPMI 1640, Terasaki-Park-Medium) oder gepufferten Salzlösungen, denen nach Möglichkeit 10-15 %iges fetales Kälberserum zugesetzt wurde, verschickt werden.

5.3.2.4 Spezimenvorbereitung und Einsendung

Der Versand des Untersuchungsmaterials sollte in bruchsicheren Kunststoffgefäßen erfolgen und die Versandröhrchen nicht mit Naturkorken verschlossen werden. KM, PB, Liquor oder andere Körperflüssigkeiten können auch in gut verschlossenen Punktionsspritzen nach Entfernen der Kanülen verschickt werden.
Das Untersuchungsmaterial sollte möglichst innerhalb von 24 Stunden das jeweilige Labor erreichen und der Versand deshalb unbedingt per Eilboten erfolgen.

5.3.2.5 Mitteilungen an das Laboratorium

Da für die Interpretation der immunologischen Befunde, insbesondere bei Verdacht auf das Vorliegen einer hämatologischen Neoplasie, die Korrelation mit den morphologischen Befunden (z.B. Prozentsatz an pathologischen Zellen im Untersuchungsmaterial) wichtig ist, sollte allen Einsendungen zur immunologischen Typisierung unbedingt ein ungefärbtes Ausstrichpräparat beigefügt werden. Art des Untersuchungsmaterials, die morphologische/klinische Verdachtsdiagnose und wichtige klinische Befunde (z.B. Blutbild einschließlich Differential-Blutbild, monoklonale Vermehrung von Immunglobulinen, Organomegalie, Lymphadenopathie, evtl. vorausgegangene zytostastische oder immunsuppressive Therapie) müssen angegeben werden.

5.3.3 Präanalytik II

5.3.3.1 Spezimenannahme und -weiterarbeitung

Vergleichende Untersuchungen, bisher allerdings nur für die in vitro Quantifizierung der T- bzw. B-Lymphozyten-Subpopulationen im PB durchgeführt, haben ergeben, daß Blut vor der Lymphozytenisolierung bis zu 96 Stunden bei Raumtemperatur gelagert werden kann, ohne daß signifikante quantitative Veränderungen der Lympho-zyten-Subpopulationen auftreten (Shield 1983; Nicholson 1984; Garraud 1984). Proben, die vor Zellseparation längere Zeit aufbewahrt werden (z.B. Versand am Wochenende), sollten möglichst synthetisches Kulturmedium und 10-15 % fetales Kälberserum oder gepufferte Salzlösungen zugefügt werden. Dadurch wird die Ausbeute der später isolierten Zellen verbessert, da die Zellen längere Zeit vital bleiben, und die Kontamination der MNZ mit Granulozyten und Erythrozyten bei der Zellseparation vermieden wird.

Analysen der T-Lymphozytensubpopulationen in Untersuchungsmaterial, das bei 4 °C gelagert wurde, haben eine Abnahme der Gesamt-T-Lymphozyten und der Helfer/Inducer (CD4+)-Subpopulation und dadurch eine Verfälschung des CD4:CD-8-Quotienten (sog. 'refrigerator AIDS') ergeben (Dzik 1983; Weiblen 1984).

5.3.4 Analytik

5.3.4.1 Methoden

Lymphknoten oder Gewebebiopsien werden zunächst mit dem Skalpell in erbsengroße Stücke zerkleinert und die Fragmente vorsichtig durch engmaschige Stahlnetze in phosphatgepufferte Salzlösung (PBS) gedrückt. Die resultierende Zellsuspension wird dann wie KM oder PB (s. unten) weiterverarbeitet.

Die Isolierung der MNZ erfolgt in der Regel nach der Methode von Böyum (1968) mittels Dichtegradentenzentrifugation. Als Trennmedium wird dazu ein Flotations-mittel hoher Dichte (z.B. Ficoll-Paque) verwendet, um Erythrozyten und Granuloyten von den MNZ aufgrund ihrer unterschiedlichen spezifischen Dichte zu separieren. Eine zeitsparende Alternative für die Analyse der Lymphozytensubpopulationen im peripherem Blut ist die sog. Vollblutmethode, bei der nach Markierung der Zellen mit den entsprechenden, direkt markierten mAk ein Reagenz zur Lyse der Ery-throzyten und Fixierung der Leukozyten zugegeben wird. Neuere Untersuchungen haben allerdings signifikante quantitative Unterschiede der T-Lymphozytensubpopula-tionen bei Vergleich der Dichtegradientenzentrifugation bzw. Vollblutmethode ergeben (Renzi 1987; Ashmore 1989; Neubauer 1989). Nach Isolierung der MNZ mittels Dichtegradientenzentrifugation fand sich ein deutlich niedrigerer Prozentsatz an CD8-positiven Zellen als bei der Vollblut-Methode, der vermutlich auf einen selektiven Verlust der CD8-positiven Zellen während der Dichtegradientenseparation zurückzuführen ist. Diese methodischen Einflüsse sind bei der Quantifizierung der

T-Lymphozytensubpopulationen im PB zu berücksichtigen und Referenzbereiche der Lymphozytensubpopulationen müssen, abhängig vom Isolierungsverfahren, von jedem Laboratorium an Kollektiven von Gesunden ermittelt werden.

Die Viabilität der isolierten Zellen, überprüft im Trypanblau-Farbtest (0,5-1 %ige Trypanblaulösung in physiologischer Kochsalzlösung), sollte bei anschließender Auswertung im Fluoreszenzmikroskop wenigstens 50 % bzw. für durchflußzytometrische Analysen 80 % betragen.

Die Bindung der jeweiligen mAk an Zelloberflächenstrukturen bzw. intrazelluläre Antigene kann in verschiedenen Testsystemen analysiert werden, u.a. IF, Rosettierungstechniken, Isotopenmarkierung, immunenzymatische Methoden und komplement-abhängige Zytotoxizität (Janossy 1981).

Im folgenden beschränken wir uns auf eine detaillierte Darstellung der heute als Routinemethode für die Markierung von Zellsuspensionen geltenden indirekten bzw. direkten IF-Techniken. Eine ausführliche Beschreibung immunenzymatischer Methoden (Alkalische Phosphatase-anti-alkalische Phosphatase, Immunperoxidase, Immun-Gold-Silber) findet sich in Kapitel 7 bzw. an anderer Stelle (Mason 1986).

Tabelle 5.3-3 verdeutlicht die wesentlichen *Vorteile* und *Nachteile* der IF-Methode verglichen mit immunenzymatischen Techniken.

IF-Untersuchungen sind technisch einfach, leicht objektivierbar/standardisierbar und rasch durchzuführen. Immunphänotypisierungen, die bei Patienten mit akuten lymphoblastischen Leukämien (ALL) in 3 verschiedenen Laboratorien mittels IF-Techniken durchgeführt wurden, bestätigen die gute Übereinstimmung und Reproduzierbarkeit dieser Methode (Sobol 1986).

Die Analyse einer ausreichend großen Zellzahl (z.B. 10000 Zellen/mAk), die exakte Quantifizierung der Ergebnisse und die Beurteilung der Fluoreszenzintensität (als Maß der Antigendichte) sind bei der Auswertung in der Durchflußzytometrie leicht möglich. Doppel- oder sogar Dreifachmarkierungen können durch Einsatz von direkt, mit verschiedenen Fluoreszenzfarbstoffen (Fluorochromen), z.B. Fluoreszeinisothiozyanat (FITC), Rhodamin B-isothiozyanat (TRITC), Phycoerythrin (PE)

Tabelle 5.3-3. Vorteile/Nachteile der Immunfluoreszenztechnik im Vergleich zur Immunzytochemie

Vorteile
Geringer Arbeits- und Zeitaufwand
Technisch einfach
Leicht objektivierbar/standardisierbar
Ergebnisse exakt quantifizierbar durch Analyse großer Zellzahl
Doppel- (Dreifach-) Markierungen möglich

Nachteile
Höherer Zellbedarf
Zellverlust bei Probenaufbereitung
Morphologische Beurteilung nur im Phasenkontrast möglich
Schnelles Verblassen der Fluoreszenz
Präparate nur für kurze Zeiträume aufbewahrbar
Nachweis intrazellulärer Antigene u.U. schwierig, erfordert geeignete Fixierung

konjugierten mAk bzw. mit kolloidalen Goldpartikeln konjugierten sekundären Antikörpern oder Verwendung mAk unterschiedlicher Isotypen (z.B. IgM-IgG, IgG1-IgG2) mit entsprechenden sekundären Antikörpern durchgeführt werden (van Dongen 1985; Janossy 1986).

Als wesentlicher Nachteil der IF-Technik wird häufig angeführt, daß die morphologische Beurteilung der markierten Zellen nicht im Lichtmikroskop erfolgen kann. Häufig erkennt man jedoch gerade im Fluoreszenzmikroskop mit Phasenkontrastausrüstung Zellcharakteristika (z.B. haarähnliche Ausläufer der Zelloberfläche bei Haarzellenleukämie), die im Standard-Lichtmikroskop schwer erkennbar sind. Die für die Interpretation immunologischer Markeruntersuchungen wichtige Unterscheidung pathologischer Blasten von normalen Lymphozyten bzw. granulierten myeloischen Zellen ist auch im Phasenkontrast in der Regel leicht möglich.

Als weitere Nachteile von IF-Untersuchnungen an Zellsuspensionen gelten der relativ hohe Zellbedarf ($> 1 \times 10^6$/ml), der Zellverlust bei der Probenaufbereitung und die zeitlich begrenzte Konservierbarkeit der Präparate. Das rasche Verblassen (Ausbleichen) der Fluoreszenz bei Auswertung im IF-Mikroskop kann durch verschiedene Chemikalien verzögert werden, wobei p-Phenylendiamin (PPD) (0,002 - 0,007 mol/l, pH 8,5 - 9) in einem Glycerin- (90 %)/PBS- (10 %) haltigem Medium die besten Ergebnisse zeigt (Johnson 1981; Krenik 1989). Trotzdem müssen IF-Präparate rasch ausgewertet werden und können im Unterschied zu immunenzymatischen Färbungen nur kurze Zeit aufgehoben werden.

Die gegenüber immunenzymatischen Techniken etwas geringere Sensitivität der IF-Untersuchungen spielt für die in der Diagnostik von Leukämien/Lymphomen bzw. Charakterisierung der Lymphozyten-subpopulationen wesentlichen Antigene keine entscheidende Rolle.

Die Analyse intrazellulärer Antigene gewinnt in der Diagnostik/Klassifikation akuter Leukämien und maligner Lymphome zunehmende Bedeutung (Janossy 1989). Zum Nachweis intrazytoplasmatischer oder zellkernassoziierter Antigene werden zunächst Zytozentrifugenpräparate der isolierten Zellen hergestellt und vor der Fixierung luftgetrocknet (4-24 Std., 20 °C). Dann erfolgt die Fixierung der isolierten Zellen, um die Zellmembran für den jeweiligen Antikörper permeabel zu machen. Abhängig vom nachzuweisenden Antigen werden verschiedene Fixierungen empfohlen, wobei in der IF für den Nachweis intrazytoplasmatischer Antigene Aceton (5 min, 20 °C) bzw. zellkernassoziierter Antigene (z.B. TdT) Methanol (30 min, 4 °C) eine gute Beurteilung erlauben. Anschließend werden die Zytozentrifugenpräparate in einer feuchten Kammer (jeweils 30 min, 20 °C) mit den primären bzw. sekundären Antikörpern inkubiert. Der intrazytoplasmatische Nachweis intranukleär lokalisierter Antigene (z.B. TdT, Ki-67) ist häufig ein Artefakt, der bei einer verminderten Viabilität der isolierten Zellen (z.B. nach längerem Transport) oder Markierung nicht ausreichend luftgetrockneter Präparate auftreten kann (Campana 1989).

Die Verwendung neuerer Fixiertechniken wie z.B. Paraformaldehyd-Methanol (Drach 1989) oder gepuffertes Formaldehyd-Aceton (Slaper-Cortenbach 1988) bzw. hypotoner Lösungen vor Fixierung (Loftin, 1985) ermöglichen sogar die Analyse intrazytoplasmatischer/intranukleärer Antigene in der Durchflußzytometrie.

Konventionelle immunologische Techniken (z.B. Rosettenteste zum Nachweis von Rezeptoren für FcIgG/IgM-Fragmente, Komplement bzw. Schaf-/Mauserythrozyten)

Tabelle 5.3-4. Auswahl von Antikörpern für die Diagnostik akuter Leukämien

Antigen (CD)[a]	hauptsächliches Verteilungsmuster auf Leukozyten	identifizierte Membranstruktur	Antikörper[b]	Bezugsquelle[c]
CD1[a]	kortikale Thymozyten	gp49	NA1/34	Sera-Lab
CD2	T-Lymphozyten	gp50 (ER)	OKT11	Ortho
CD3	T-Lymphozyten	gp19-29 (TZR-ass.)	Leu4	BD
CD4	T-Helfer/Inducer Zellen	gp59 (MHC II-R.)	Leu3a	BD
CD5	T-Lymphozyten	gp67	Leu1	BD
CD7	T-Lymphozyten	gp40	Leu9	BD
CD8	T-Suppressor/zytotox. Zellen	gp32 (MHC I-R.)	OKT8	Ortho
CD19	B-Lymphozyten	p95	HD37	Dakopatts
CD20	B-Lymphozyten	gp32/37	B1	Coulter
CD24	B-Lymphozyten, Granulozyten	gp42 (?)	OKB2	Ortho
CD13	Granulozyten, Monozyten	gp150	My7	Coulter
CD14	Monozyten	gp55	UCHM1	Sera-Lab
CD15	Granulozyten, Monoblasten	X-Hapten	VIM-C6	Behring
CD33	Granulozyten, Monozyten	gp67	My9	Coulter
CDw65	Granulozyten, Monozyten		VIM-2	Behring
CD41	Thrombozyten	GPIIb/IIIa	J15	Dakopatts
NA[d]	Erythrozyten	Glykophorin A	BMA 0160	Behring
CD10	Prä-B Zellen, Granulozyten	gp100, CALLA	J5	Coulter
CD34	Progenitorzellen	gp105-120	HPCA1	BD
NA	Monozyten, B-Lymphozyten	p28+32 (HLA-DR)	OKIa1	Ortho

[a] Bezeichnung (CD, 'cluster of differentiation') entsprechend '4th International Workshop on Human Leukocyte Differentiation Antigens'. [b] im immunologischen Markerlabor des Klinikum Steglitz verwendete mAK. [c] kommerziell erhältlich bei: Sera-Lab, Crawley Down, Sussex, GBR; Ortho, Neckargemünd; BD, Becton Dickinson, Mountain View, CA, USA; Dakopatts, Hamburg; Coulter, Krefeld; Behring, Frankfurt/Main. [d] CD Bezeichnung nicht anwendbar.

zur Charakterisierung von Lymphozytensubpopulationen bzw. maligner Zellen sind durch die Verwendung mAk größtenteils überflüssig geworden. Ausführliche methodische Hinweise zur Durchführung dieser Untersuchungen finden sich bei Janossy (1981).

5.3.4.2 Geräte und Kalibratoren

Die Auswertung der IF kann im Fluoreszenzmikroskop mit Phasenkontrast oder mittels Durchflußzytometrie erfolgen. Auf technische Einzelheiten der Durchlichtfluoreszenzmikroskopie und Durchflußzytometrie kann im Rahmen dieses Beitrags nicht näher eingegangen werden. Interessierte Leser werden auf entsprechende Monographien verwiesen (Shapiro 1985; Loken 1986).

In der analytischen Durchflußzytometrie stehen inzwischen Systeme zur automatischen Einstellung und Überprüfung der Geräteempfindlichkeit sowie zur automatischen Auswertung von Messungen zur Verfügung (Raffael 1988). Die Überprüfung der Gerätefunktion und -empfindlichkeit erfolgt mittels Mikrokügelchen, die in ihren Streulichteigenschaften und in der Färbung fluoreszenzmarkierten Zellen entsprechen. Anhand von Software-Programmen wird das Durchflußzytometer für die IF-Messungen justiert bzw. die Fluoreszenzkompensation für Zweifarbenanalysen vorgenommen und die aktuelle Geräteempfindlichkeit dokumentiert. Entsprechende Reagenzien stehen auch für die Überprüfung der Sensitivät von Fluoreszenzmikroskopen zur Verfügung.

5.3.4.3 Reagenzien und Kontrollproben

- Negativkontrollen für Immunfluoreszenz: Maus IgG und Maus IgM (Coulter Clone, Krefeld, Kat. Nr. 660397 bzw. 6602400)
- Positivkontrollen für Immunfluoreszenz: z.B. IOT2c (ß2-Mikroglobulin, Dianova, Hamburg, Kat. Nr. 0114), Pan-Leukozyten T 200 (CD45, BMA 010, Behring, Frankfurt/Main, Best. Nr. 7101)
- Sekundärer Antikörper: Ziege F(ab')2 anti-Maus IgG+IgM FITC-konjugiert (Medac, Hamburg, Kat. Nr. M 35201)
- Membranständige Immunglobuline: heterologe Antiseren Ziege anti-human Ig, F(ab')2, FITC-konjugiert (Kallestad Diagnostica, Freiburg, Kat. Nr. IgA 137, IgD 138, IgG 139, IgM 140, polyvalentes Ig 141, kappa 142, lambda 143)
- Cytoplasmatisches Immunglobulin M: mAk gegen humanes IgM (Dakopatts, Hamburg, Kat. Nr. M 702)
- Anti-TdT: Kaninchen anti-Kalb Antiserum; sekundärer Antikörper: Ziege anti-Kaninchen IgG, F(ab')2, FITC-konjugiert (Supertechs, jeweils zu beziehen durch WAK - Chemie, Bad Homburg, Kat. Nr. C1986 bzw. C1975A)
- Ficoll - Paque (Pharmacia, Freiburg, Kat. Nr. 17-0840-02)
- Fetales Kälberserum (Sigma Chemie, Deisenhofen, Kat. Nr. S 0113)
- PBS, Dulbecco (Seromed Produkte, zu beziehen durch Biochrom, Berlin, Kat. Nr. L 1825)
- RPMI 1640-Flüssigmedium (Seromed Produkte, Kat. Nr. F 1215)
- Terasaki - Park - Medium (Gibco/BRL, Eggenheim, Kat. Nr. 045-00014 H)
- Rinderserumalbumin (Behring, Frankfurt/Main, Best. Nr. ORHN 44/45)
- Natriumazid (Merck-Schuchardt, Hohenbrunn, Kat. Nr. 822335)

Immunfluoreszenzuntersuchungen

Direkt mit konjugierten   *Indirekt mit unkonjugierten*
Primärantikörpern   *Primärantikörpern*

Verdünnung des Untersuchungsmaterials mit 0,9 %iger NaCl-Lösung
(1:1 bis 1:3, abhängig von der Zellzahl im Untersuchungsmaterial)

Isolierung der MNZ (Lymphozyten und Monozyten) mittels Dichtegradientenzentrifugation, Flotationsmittel z.B. Ficoll-Hypaque, 15 min, 20 °C, 650 × g

Mit Pasteurpipette MNZ der Interphase entnehmen
2 × in PBS (+ 0,1 % BSA) waschen (5 min, 0 °C, 650 x g)

Zellen durch Resuspendieren in PBS einstellen auf eine Konzentration von:
4×10^6 Zellen/ml → Fluoreszenzmikroskopie; 5×10^5 Zellen/ml → Durchflußzytometrie; 5×10^4 Zellen/ml → Zytozentrifugenpräparate

Bestimmung der Viabilität mit Hilfe von Trypanblau

Inkubation des Zellpellets mit 25 μl   Inkubation des Zellpellets mit 25 μl
konjugiertem Primärantikörper   *unkonjugiertem Primärantikörper*
(30 min, 4 °C)   (30 min, 4 °C)

2 x in PBS (+BSA + 0,2 % Natriumazid) waschen (5 min, 20 °C, 350 x g)

Inkubation mit 25 μl *konjugiertem Sekundärantikörper* (30 min, 4 °C)

2 x in PBS waschen (3 min, 20 °C, 750 x g)

Zellpellet resuspendieren: in 1 % Formaldehyd → Analyse im Durchflußzytometer;
in Einbettungsmedium → Auswertung im Fluoreszenzmikroskop

Abbildung 5.3-1. Übersicht über die verschiedenen Arbeitsschritte zur Charakterisierung von Zellsuspensionen mittels direkter und indirekter Immunfluoreszenz

- p - Phenylenediamine, free base (Sigma Chemie, Deisenhofen, Kat. Nr. P 6001)
- Einbettungsmedium: Entellan, Schnelleindeckmittel (Merck, Darmstadt, Kat. Nr. 7961).

5.3.4.4 Analysendurchführung

Die einzelnen Arbeitsschritte bei der Durchführung der indirekten bzw. direkten IF sind in Abb. 5.3-1 skizziert und ausführlich von Janossy (1981) beschrieben worden.

Die direkte IF wird besonders zum Nachweis membranständiger oder intrazytoplasmatischer Immunglobuline und für Doppelmarkierungen verwendet, setzt jedoch eine hohe Antigendichte voraus und ist insgesamt weniger sensitiv als indirekte Verfahren.

Proben, die nach Markierung mit den mAK nicht sofort analysiert werden, können nach Fixierung mit 1 % Paraformaldehyd für etwa 1 Woche bei 4 °C im Dunkeln aufbewahrt werden (Lanier 1981).

5.3.4.5 Interne Qualitätssicherungsmaßnahmen in der analytischen Phase

Entscheidend für die korrekte Auswertung der IF-Untersuchungen ist die gleichzeitige Anfärbung der Zellen mit geeigneten Negativ- und Positivkontrollen. Als *Negativkontrolle* sollten nicht reaktive Antikörper aller zur Typisierung verwendeten Antikörperisotypen bzw. -subklassen (z.B. IgG1, IgG2a, IgG2b, IgM) eingesetzt werden. Für die *Positivkontrolle* eignen sich Antikörper gegen HLA Klasse I-Antigene (bzw. anti-ß2-Mikroglobulin) oder Antikörper gegen das Pan-Leukozyten Antigen (CD45), das von allen hämatopoetischen Zellen, allerdings in unterschiedlicher Dichte, exprimiert wird.

Unspezifische Bindungen der mAk werden meistens durch FcIgG-Rezeptoren auf der Oberfläche der zu analysierenden Zellen vermittelt und stellen ein besonderes Problem bei der Verwendung von mAk der Subklassen IgG2a und IgG3 dar (Gadd 1983). Es kommt hierbei zur Bindung von löslichen Komplexen aus primärem und sekundärem Antikörper an den Fc-Rezeptor, die bei Auswertung im Mikroskop häufig bereits an dem punktförmigen Fluoreszenzmuster erkennbar sind. Antigene sind normalerweise gleichmäßig auf der Zelloberfläche verteilt und durch ein ringförmiges Fluoreszenzmuster charkterisiert (Janossy 1981).
Unspezifische Bindungen können am wirksamsten durch Zugabe von 5-10 % hitzeinaktiviertem humanem AB-Serum oder heterologen Antiseren (z.B. Pferdeserum, Kaninchenserum) vor bzw. während der Inkubation mit den primären und sekundären Antikörpern vermieden werden.

Als sekundäre Antikörper bei der indirekten IF sollten vorzugweise affinitäts--chromatographisch gereinigte, F(ab')2-Fragmente verwendet werden, die nicht mit humanen Immunglobulinen kreuzreagieren.

5.3.5 Postanalytik I

5.3.5.1 Ergebnisfeststellung

Bei der Auswertung im Fluoreszenzmikroskop wird der Prozentsatz an reagierenden Zellen entweder innerhalb einer gesamten Zellpopulation angegeben oder auf eine vorher anhand gewisser morphologischer Kriterien identifizierten Zellpopulation bezogen. Insbesondere bei der Analyse hämatologischer Neoplasien sollten nur die pathologische, mit dem jeweiligen mAk reagierende Zellpopulation als positiv gewertet werden. Die Trennung zwischen positiv/negativ erfolgt willkürlich, wobei in der Regel der Nachweis des untersuchten Antigens auf > 20 % bzw. eine intrazelluläre Expression in > 10 % der Zellen als positive Reaktion gerechnet wird.

Für die Auswertung der IF-Untersuchungen im Durchflußzytometer muß dem Instrument die Definition für positiv oder negativ eingegeben werden, damit eine gegebene Zelle richtig klassifiziert wird. Dazu wird zunächst eine ungefärbte Probe (Negativkontrolle) gemessen und die höchste Kanalnummer bestimmt, in die die Fluoreszenz (Autofluoreszenz und unspezifische Bindung) einer negativen Zelle noch fallen kann. Es wird dann ein sog. Marker gesetzt und jede Zelle mit einem Kanalwert oberhalb der Negativkontrolle als positiv gewertet. Dieser Kanalwert (Marker) wird für die folgenden Messungen der Probe beibehalten und die Ergebnisse als Prozentwerte positiver und negativer Zellen ausgedrückt (Raffael 1988).

5.3.6 Postanalytik II

5.3.6.1 Befundbewertung und -einordnung

5.3.6.1.1. Akute Leukämien: Die Charakterisierung des Immunphänotyps akuter Leukämien mittels mAk ist inzwischen ein unverzichtbarer Bestandteil in der Primärdiagnostik dieser Erkrankungen geworden und verfolgt drei wesentliche Ziele:

- morphologisch/zytochemisch undifferenzierte akute Leukämien oder Blastenschübe myeloproliferativer Syndrome eindeutig als myeloische oder lymphatische Zellproliferation zu identifizieren,
- den Leukämiesubtyp genauer zu charakterisieren, und
- therapeutisch relevante Entitäten durch Korrelation des immunologischen Subtyps mit weiteren biologischen Eigenschaften der Leukämiezelle (z.B. Karyotyp, Genumlagerung der Antigen-Rezeptoren) bzw. klinischen Merkmalen zu erkennen.

Insbesondere anhand der Immunphänotypisierung und molekularbiologischer Analysen (Umlagerung der Immunglobulin- bzw. T-Zell-Rezeptor Gene) konnte gezeigt werden, daß die biologischen Merkmale der ALL-Subtypen mit denen der normalen B- und T-Vorläuferzellen im KM bzw. Thymus weitgehend übereinstimmen (Greaves 1986a; Greaves 1988b).

Eine genaue Zuordnung akuter Leukämien zur myeloischen bzw. lymphatischen Zellreihe, entscheidend für die Wahl der Remissions- und Postremissionschemotherapie, gelingt mit Morphologie und Zytochemie nur in etwa 80 % der Fälle. Zahlreiche Untersuchungen haben verdeutlicht, daß durch immunologische Phänotypisierung mit einem geeignetem, inzwischen standardisiertem Panel mAk die diagnostische Treffsicherheit wesentlich erhöht und nur etwa 1-3 % aller akuten Leukämien nicht eindeutig als AML bzw. ALL klassifiziert werden können (Greaves 1983; Chan 1985; Herrmann 1986; Janossy 1989). Darüber hinaus ermöglicht nur die immunologische Phänotypisierung eine genauere Charakterisierung sog. akuter hybrider Leukämien (AHL) (s. unten) durch gleichzeitigen Nachweis myeloischer und lymphatischer Antigene.

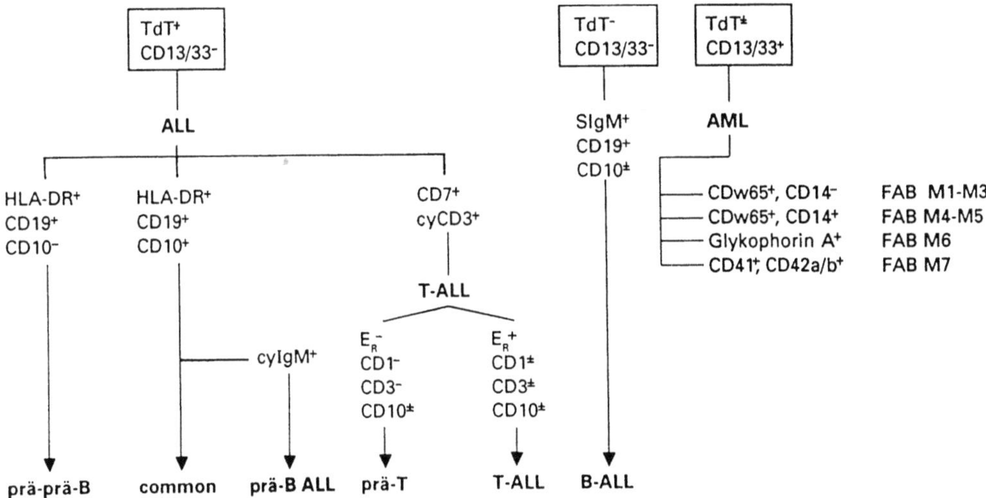

Abbildung 5.3-2. Flußdiagramm zum diagnostischen Vorgehen bei der Immunphänotypisierung akuter Leukämien

Tabelle 5.3-4 faßt die für die Diagnostik akuter Leukämien relevanten Antigene zusammen und in dem Flußdiagramm der Abb. 5.3-2 ist das diagnostische Vorgehen bei Verdacht auf akute Leukämie illustriert. Da der überwiegende Prozentsatz der AML (> 95 %) entweder CD13 und/oder CD33 exprimiert, sollten diese beiden frühen myeloischen Differenzierungsantigene bei allen akuten Leukämien analysiert werden. Die Bedeutung dieser Antigene für die Diagnostik der AUL wird durch neuere Untersuchungen bestätigt, die eine gute Übereinstimmung zwischen Expression von CD13 und/oder CD33 und ultrastrukturellem Nachweis von Myeloperoxidase (MPO) bei morphologisch/zytochemisch unklassifizierbaren akuten Leukämien bzw. CML-Blastenschüben ergaben (Lee 1987; Vainchenker 1988; Matutes 1988). In den seltenen Fällen von AML, die CD13 und CD33 negativ sind, kann durch die Verwendung weiterer mAK gegen myeloische Differenzierungsantigene (z.B. CDw65, plättchen-assoziierte bzw. erythroide Antigene) und seit kurzem erhältliche mAK gegen MPO eine eindeutige Klassifikation der akuten Leukämie meistens erfolgen (Abb. 5.3-3).

Die Identifizierung und Zuordnung der ALL zur B- bzw. T-Zellreihe ist anhand der Antigene CD19, CD7 und cytoplasmatisch CD3 (cyCD3) möglich, die von allen, auch den sehr frühen Differenzierungsstufen der B- (CD19) bzw. T-Vorläuferzellen (CD7, cyCD3) exprimiert werden. Wichtig für die Erkennung unreifer Formen der T-ALL ist die gleichzeitige Analyse von CD7 und cyCD3, da etwa 10 - 20 % der unreifen AML CD7 coexprimieren, wohingegen cyCD3 als weitgehend spezifischer Marker der T-Zellreihe gilt. Für die Unterscheidung AML/ALL ist der Nachweis des intranukleären Enzyms TdT nur von relativer Bedeutung, da 10 - 40 % der AML, abhängig von der Methode (IF bzw. Immunzytochemie), ebenfalls TdT positiv sind (Lanham 1985; Stark 1988).

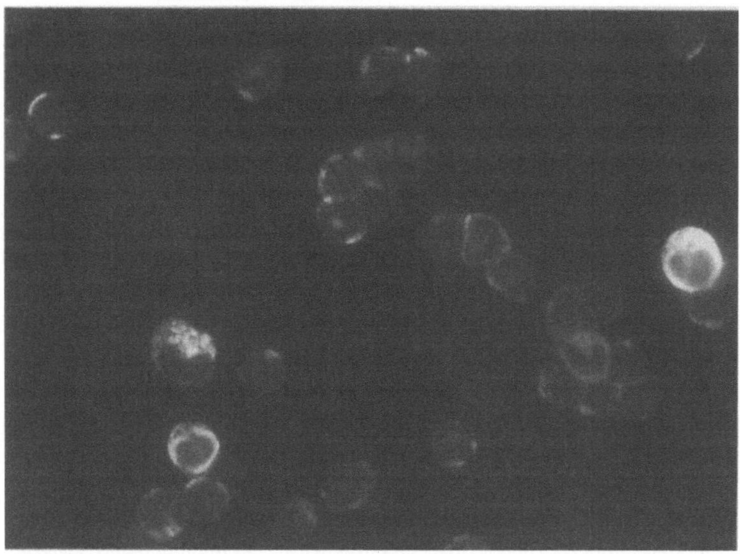

Abbildung 5.3-3. Immunologischer Nachweis von Myeloperoxydase (mAk: DAKO-MPO) mittels indirekter IF-Technik bei unreifzelliger akuter myeloischer Leukämie (HLA-DR⁺, CD34⁺, CD33⁺). Vereinzelt sind auch reifere Vorstufen der Granulopoese mit stärkerer MPO-Positivität erkennbar

Die präzise Charakterisierung des immunologischen Subtyps akuter Leukämien erfolgt in einem zweiten Schritt anhand zusätzlicher Marker, auf die in folgenden Abschnitten näher eingegangen wird.

Zahlreiche, in den letzten Jahren erschienene Übersichtsartikel beschäftigen sich ausführlich mit dem Immunphänotyp akuter Leukämien und sind geeignet, die Kenntnisse über die in diesem Beitrag dargestellte diagnostische und prognostische Relevanz immunologischer Markeruntersuchungen zu vertiefen (Warnke 1983; Thiel 1985; Huber 1985; Thiel 1986; Janossy 1986; Foon 1986; Drexler 1988; Greaves 1988b).

Immunologische Subtypen akuter lymphoblastischer Leukämien: Der Einsatz konventioneller immunologischer Methoden wie der Nachweis von membranständigen Immunglobulinen auf B-Lymphozyten und von Rezeptoren für Schaferythrozyten auf T-Lymphozyten ermöglichte Anfang der 70er Jahre eine Einteilung der ALL in B- (< 5 %), T-ALL (15-20 %) bzw. eine große Gruppe akuter Leukämien, die diese beiden Merkmale nicht aufwies und als non-T/non-B-ALL (70 - 80 %) bezeichnet wurde. Die Entwicklung heterologer Antiseren, insbesondere gegen das zunächst als leukämiespezifisch angesehene "common acute lymphoblastic leukemia-associated antigen" (CALLA, CD10), sowie der Nachweis von intrazytoplasmatischem IgM (cyIgM) in etwa 20 - 30 % der non-T/non-B-ALL führte dann zur Identifizierung weiterer Untergruppen der ALL, die als common ALL (CALLA, CD10 positiv) und prä-B ALL (cyIgM positiv) bezeichnet wurden.

Erst die Herstellung mAk gegen eine Vielzahl B- und T-Zell-assoziierter Differen- zierungsantigene erlaubte seit Beginn der 80er Jahre eine genaue Charakterisierung der Heterogenität der ALL und eine detaillierte, am immunologischen Phänotyp orientierte Klassifikation der ALL.

Abb. 5.3-4 und Tabelle 5.3-5 verdeutlichen die Antigenexpression innerhalb der verschiedenen Subtypen der ALL. Anhand des Immunphänotyps (Expression von B-Zell-assoziierten Differenzierungsantigenen) und molekularbiologischer Befunde (Genumlagerung der schweren Kette des IgM) können 75-85 % der ALL heute sequentiellen Differenzierungsstufen der normalen B-Vorläuferzellen zugeordnet werden, während etwa 15-25 % der ALL in ihrem Antigenmuster Vorläuferzellen der T-Reihe entsprechen.

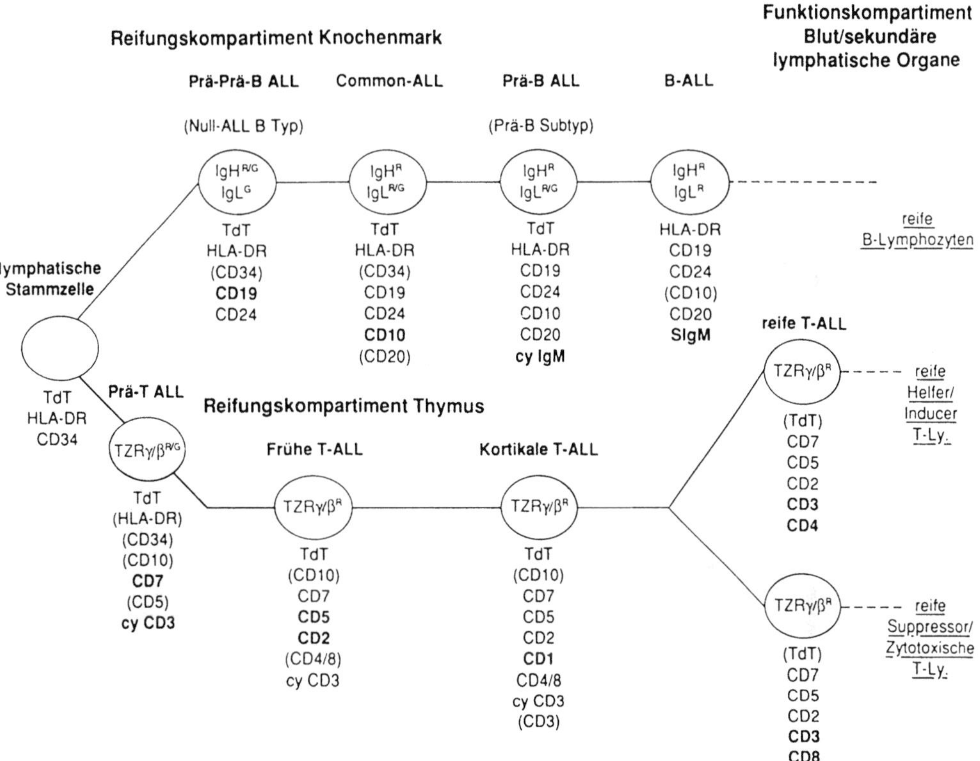

Abbildung 5.3-4. Schematische Darstellung des Immunphänotyps und Genotyps der ALL-Subtypen, die z.T. mit den normalen B- und T-Zell-Entwicklungsstadien korrelieren. Abkürzungen: Bezeichnung der hämatopoetischen Differenzierungsantigene s. Tabelle 5.3-4; IgH, IgL = Immunglobulin-Schwerketten- bzw. Leichtkettenregion; TZR γ/β = γ/β-Ketten des T-Zell-Rezeptors; R = Gen-Rearrangement, G = Keimbahnkonfiguration

Die unreifste Neoplasie der B-Zellreihe exprimiert HLA-DR, CD19, meistens CD24 und cyCD22, und ist TdT und häufig CD34 positiv. Dieser Subtyp wurde früher als 'Null-ALL' bezeichnet. Aufgrund des Nachweises B-Zell-assoziierter Antigene und der og. Genumlagerung für IgM wird dieser Subtyp neuerdings als *Pro-B* oder *Prä-prä-B ALL* bezeichnet. Der kleine Prozentsatz akuter Leukämien, die ausschließlich HLA-DR, CD34, evtl. auch TdT positiv sind und keine Expression der

Tabelle 5.3-5. Immunologisches Reaktionsmuster der ALL Subtypen

Antigen	ALL - Untergruppen					
	Prä-prä-B	Common	Prä-B	B	Prä-T	T
TdT	+	+	+	-	+	+
HLA-DR	+	+	+	+	±	-
CD34[a]	±	±	±	-	±	-
CD10	-	+	+	±	±	±
CD19	+	+	+	+	-	-
cyIgM	-	-	+	-	-	-
CD7	-	-	-	-	+	+
cyCD3	-	-	-	-	+	+
ER	-	-	-	-	-	+
CD1	-	-	-	-	-	±

[a] Bezeichnung (CD, 'cluster of differentiation') entsprechend '4th
International Workshop on Human Leukocyte Differentiation Antigens'.

in Tabelle 5.3-4 dargestellten myeloischen bzw. lymphatischen Marker aufweisen, sollte nicht mehr als Null-ALL sondern als akute undifferenzierte oder unklassifizierbare Leukämie (AUL) bezeichnet werden.

Die größte Gruppe der ALL, die *common ALL*, ist charakterisiert durch die Expression von CALLA (CD10), HLA-DR, CD19, CD22, CD24 und TdT. Reifere B-Zell-Antigene (CD20) bzw. hämatopoetische Vorläuferzell-Antigene (CD34) zeigen eine variable, häufig reziproke Expression. Der Nachweis von cyIgM (> 10 %) kennzeichnet die *prä-B ALL*, die hinsichtlich ihres weiteren Phänotyps der common ALL entspricht. Die seltene *B-ALL* schließlich besitzt membranständige Immunglobuline mit Leichtkettenrestriktion, ist häufig CALLA (CD10) positiv, exprimiert die verschiedenen B-Zell-Differenzierungsantigene (CD19, CD20, CD22, CD24) und ist in der Regel TdT negativ.

Ähnlich den ALL der B-Vorläuferzellen, kann auch die T-ALL anhand ihres Antigenmusters den verschiedenen Reifungsstufen der normalen T-Zell Ontogenese zugeordnet werden. Die unreifste Form, als *Prä-T ALL* bezeichnet, exprimiert CD7, cyCD3 und CD5, häufig hämatopoetische Vorläuferzell-Antigene wie HLA-DR, CD34, CD10 und bildet definitionsgemäß keine Rosetten mit Schaferythrozyten (ER), obwohl gelegentlich bereits das Schaf-Erythrozyten-Rezeptor-assoziierte Antigen CD2 exprimiert wird (Thiel 1989). Die nächste Differenzierungsstufe, die sog. *frühe T-ALL,* ist gekennzeichnet durch die Expression von CD7, CD5, CD2, den Nachweis von ER und selten die Expression von CD10 bzw. reiferer T-Antigene wie CD4 und/oder CD8. Die *kortikale* oder *"common" T-ALL* entspricht im wesentlichen dem Phänotyp der frühen T-ALL, ist jedoch immer CD1 positiv und zeigt ein variables Muster hinsichtlich der reiferen T-Antigene CD4, CD8 und CD3. Die *reife,* nur sehr selten diagnostizierte *T-ALL* ist CD7, CD5, CD2 positiv, CD1 negativ und exprimiert das T-Zell-Rezeptor (TZR)-assoziierte Antigen CD3 sowie entweder CD4 oder CD8. Eine weitere Unterteilung der prä-T/T-ALL anhand der Expression der α-/ß- bzw.

/δ-Polypeptidketten des TZR ist heute mittels mAK möglich, muß allerdings hinsichtlich ihrer klinischen Relevanz noch analysiert werden.

Die Inzidenz der og. immunologischen Subtypen bei Kindern und Erwachsenen mit ALL ist, basierend auf den Ergebnissen der BFM- und BMFT-Studien (Ludwig 1989; Thiel 1989), in Abb. 5.3-5 graphisch dargestellt. Die prognostische Relevanz dieser Subtypen variiert bei Kindern und Erwachsenen. Der Immunphänotyp stellt in der Regel keinen unabhängigen prognostischen Parameter dar, sondern wird ganz wesentlich von der Assoziation mit klinischen Risikofaktoren (z.B. hohe Leukozytenzahlen, Alter) und insbesondere der Qualität der durchgeführten Therapie beeinflußt.

Im Kindes-/Jugendalter hat die common ALL eine signifikant bessere Prognose als die prä-T/T, prä-prä-B und B-ALL (Ludwig 1989a). Auch bei Erwachsenen sind die sehr unreifen Formen der B- und T-Vorläufer ALL (Prä-prä-B bzw. Prä-T ALL) und die B-ALL durch einen ungünstige Prognose gekennzeichnet, während common ALL und T-ALL ein besseres Therapieansprechen zeigen (Hoelzer 1988).

Immunphänotyp akuter myeloischer Leukämien: Im Unterschied zur ALL erfolgt die Klassifikation der AML weiterhin vorwiegend anhand morphologischer Merkmale, zum Teil ergänzt durch zytochemische Befunde, entsprechend den mehrfach modifizierten FAB-Kriterien (Bennett, 1976; 1985a; 1985b).

Die Entwicklung einer Vielzahl mAK gegen myeloische Differenzierungsantigene hat, vergleichbar mit den Befunden bei der ALL, die Charakterisierung verschiedener Reifungsstufen der normalen myeloischen Zellreihen bzw. die Zuordnung der myeloischen Leukämiezellen zu diesen Reifungsstufen ermöglicht (Linch 1986; Foon 1986; Drexler 1987). Die beträchtliche Heterogenität der Antigenexpression bei AML hat jedoch bisher, mit wenigen Ausnahmen, eine exakte Korrelation zwischen FAB--

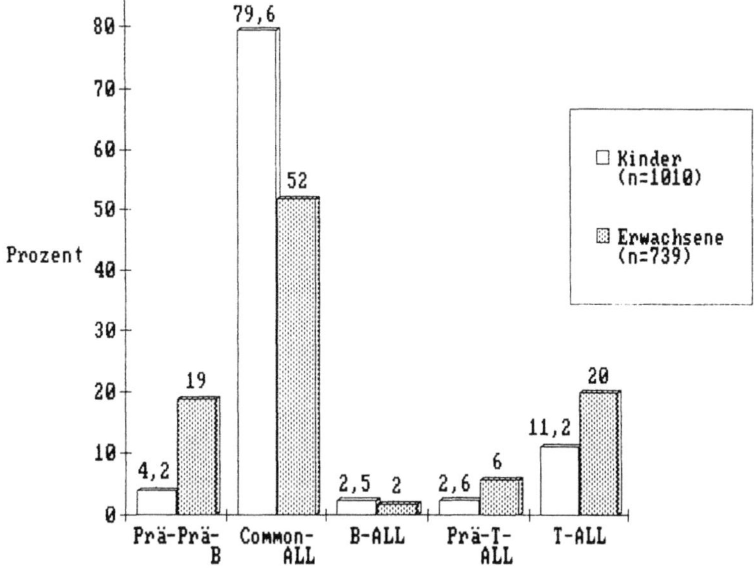

Abbildung 5.3-5. Inzidenz der immunologischen Subtypen der ALL bei Kindern und Erwachsenen

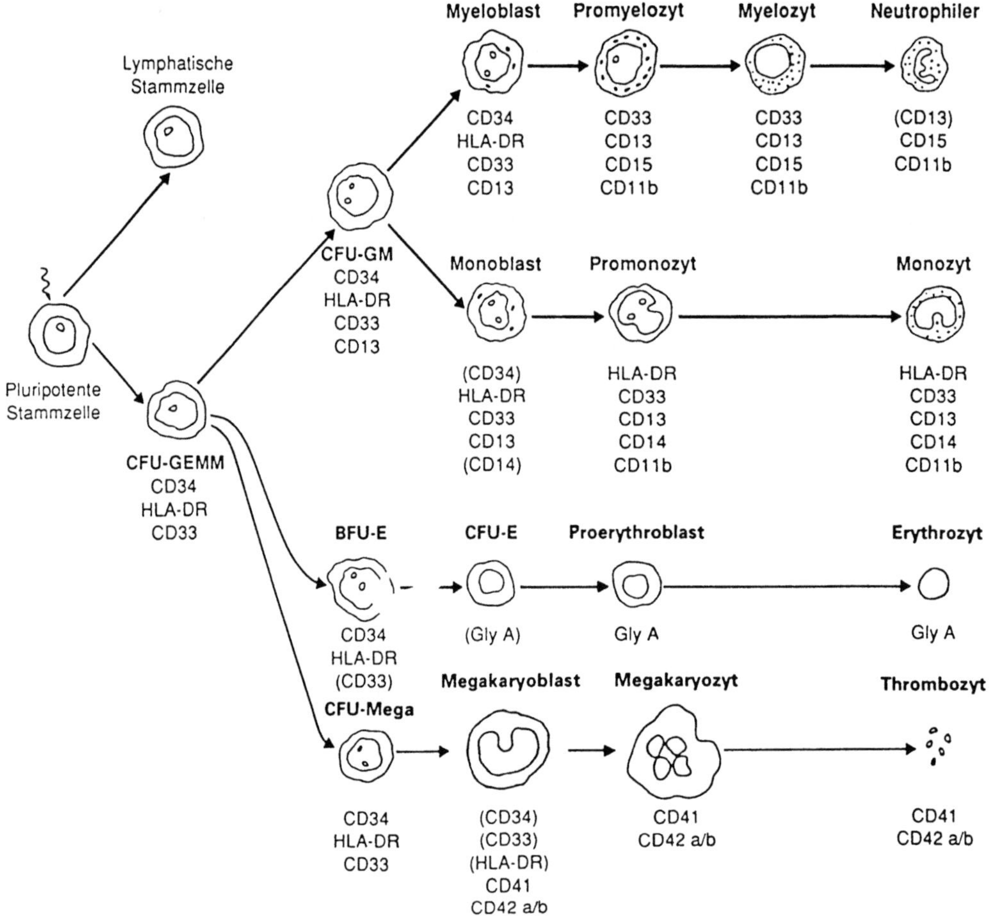

Abbildung 5.3-6. Schematische Darstellung der Antigenexpression auf den verschiedenen Differenzierungsstufen der myeloischen Zellreihen. Abkürzungen: Bezeichnung der hämatopoetischen Differenzierungsantigene s. Tabelle 5.3-4; CFU = 'Colony-Forming-Unit'; BFU-E = 'Burst-Forming-Unit, GEMM = 'Granulocyte Erythrocyte Monocyte/Macrophage Megakaryocyte', GM = 'Granulocyte Monocyte/Macrophage', E = 'Erythroid', Mega = 'Megakaryocyte'

Klassifikation und immunologischem Phänotyp bzw. die Definition immunologischer Subtypen verhindert (Abb. 5.3-6).

Auf die Bedeutung der myeloischen Marker für die Identifizierung undifferenzierter Leukämien bzw. des M0-Subtyps der AML (lichtmikroskopisch MPO negativ, ultrastrukturell MPO positiv und Expression myeloischer Differenzierungsantigene) wurde bereits hingewiesen. Auch die seltenen, gelegentlich morphologisch nicht eindeutig erkennbaren Formen der AML wie akute Erythroleukämie (FAB-M6) oder akute Megakaryoblastenleukeämie (FAB-M7) können mit geeigneten Markern (M6: Glykophorin A; M7: CD41, CD42b) meistens ausreichend genau charakterisiert werden (Peterson 1987).

Da der überwiegende Teil der myeloischen Differenzierungsantigene (mit Ausnahme von CD14 bzw. der erythroiden/megakaryozytären Antigene) sowohl von granulozytären als auch monozytären Vorstufen exprimiert wird, eignen sich mAk gegen diese Antigene nicht für eine Abgrenzung der M1-M5 Formen der AML.

Akute Myeloblastenleukämien (FAB-M1) exprimieren in der Regel frühe Differenzierungsantigene wie CD13 und/oder CD33 sowie hämatopoetische Vorläuferzell--Antigene (HLA-DR, CD34). Häufig findet sich auch eine partielle TdT-Positivität und eine Koexpression des Pan-T Antigens CD7, vermutlich ein Hinweis für die Transformation einer bi-/pluripotenten Vorläuferzelle bei dieser Leukämieform. AML mit granulozytärer Ausreifung (FAB-M2) exprimieren die Pan-myeloischen Antigene CD13/CD33 sowie reifere myeloische Antigene (CD11b, CD15) und zeigen einen zunehmenden Verlust der Vorläuferzell-Antigene (HLA-DR, CD34). Die akute Promyelozytenleukämie, die in den meisten Fällen morphologisch problemlos diagnostiziert werden kann, besitzt einen charakteristischen Phänotyp (CD13/CD33+/-, HLA-DR-, CD14-, CD15-/+), der die Abgrenzung von M2- bzw. M4/5 Formen erlaubt. Myelomonozytäre Formen (FAB-M4) entsprechen in ihrem Antigenmuster dem FAB-M2 Typ, zusätzlich werden monozytäre Differenzierungs-antigene (CD14) exprimiert. Die akute Monoblastenleukämie (M5a-Subtyp) ist häufig immunologisch nicht von M1-Formen zu unterscheiden, da CD14 erst von reiferen monozytären Zellen exprimiert wird und frühe, für die monoblastäre Zellreihe spezifische Antigene bisher nicht bekannt sind. Die reiferen monozytären Formen der AML (FAB-M5b) können anhand der deutlichen Expression von CD14 (> 30 - 40 %) meistens leicht identifiziert werden.

Das Expressionsmuster der verschiedenen myeloischen bzw. Vorläuferzell-assoziierten Antigene in den FAB-Subtypen M1-M7 ist in Tabelle 5.3-6 zusammengestellt. Hinsichtlich der prognostischen Relevanz des immunologischen Phänotyps bei AML liegen bisher nur wenige, z.T. widersprüchliche Befunde vor. In einer 1986 publizierten Studie der "Cancer and Acute Leukemia Group B" (CALGB) (Griffin 1986)

Tabelle 5.3-6. Korrelation Immunphänotyp/FAB-Subtyp bei AML

Antigen	FAB-Subtyp						
	M1	M2	M3	M4	M5	M6	M7
HLA-DR	+	±	-	+	+	±	±
CD34[a]	+	±	-	±	±	±	±
CD13	+	+	±	+	+	±	?
CD33	+	+	+	+	+	±	±
CDw65	+	+	±	+	+	±	±
CD14	-	-	-	+	±	-	-
CD15	-	+	±	+	±	±	-
Glykophorin A	-	-	-	-	-	+	-
CD41/CD42b	-	-	-	-	-	-	+

[a] Bezeichnung (CD, 'cluster of differentiation') entsprechend '4th International Workshop on Human Leukocyte Differentiation Antigens'.

bei insgesamt 196 Jugendlichen und Erwachsenen mit AML fand sich eine signifikant niedrigere komplette Remissionsrate bei Patienten, deren Leukämiezellen CD13 und/oder CD14 exprimierten sowie eine deutlich kürzere Remissionsdauer für HLA-DR und/oder My8 und/oder CD11b-positive AML. Andere Autoren beobachteten bei Erwachsenen mit AML eine Korrelation zwischen Expression reiferer myeloischer Antigene (CD15) und besserem Ansprechen auf die Induktionstherapie sowie längerer Remissionsdauer (Vaughan 1983; Holowiecki 1986), wohingegen der Nachweis hämatopoetischer Vorläuferzell-Antigene (CD34) als prognostisch ungünstig beschrieben wurde.

Eigene Untersuchungen an > 200 Kindern mit AML im Rahmen der multizentrischen pädiatrischen AML-BFM 83/87 Studien haben bisher keine signifikanten Korrelationen zwischen der Expression der og. myeloischen Differenzierungsantigene und dem Ansprechen auf die Therapie oder die Remissionsdauer erkennen lassen (unveröffentlichte Ergebnisse).

Auch die klinische Relevanz der TdT-positiven AML, in früheren Untersuchungen kleiner Patientenkollektive als prognostisch ungünstig beschrieben, ist unklar. Verschiedene prospektive Untersuchungen bei Kindern und Erwachsenen haben die Bedeutung der TdT-positiven AML nicht bestätigen können (Swirsky 1988), z.T. sogar ein besseres Ansprechen auf die Therapie beschrieben (Schachner 1988).

Zusammenfassend kann festgestellt werden, daß die immunologische Phänotypisierung bei AML einen wichtigen Beitrag für die Identifizierung morphologisch/zytochemisch unklassifizierbarer (AUL-/M0-Typ) bzw. schwierig einzuordnender Formen der AML (FAB-M1 mit schwacher MPO-Positivität, FAB-M6/M7) leisten kann. Die Kombination von Morphologie/Zytochemie mit immunologischer Phänotypisierung erhöht die Genauigkeit und Reproduzierbarkeit der FAB-Klassifikation (Neame 1986). Versuche, Morphologie/Zytochemie mit Immunphänotyp und Karyotyp zu korrelieren ('Second MIC Cooperative Study Group' 1988)[6], werden voraussichtlich zur besseren Charakterisierung von Subtypen der AML führen und klinisch/prognostisch relevant sein.

Blastenschub bei myeloproliferativen Erkrankungen: Blastenschübe myeloproliferativer Erkrankungen können morphologisch/zytochemisch und anhand des immunologischen Phänotyps nicht sicher von akuten Leukämien unterschieden werden. Wesentlich für die durchzuführende Therapie ist jedoch die Identifikation der pathologischen Population als myeloische bzw. lymphatische Zellproliferation, die häufig nur mit Hilfe des Immunphänotyps gelingt. Verschiedene Untersuchungen konnten zeigen, daß etwa 60 % der chronischen myeloischen Leukämien im terminalen Blastenschub eine myeloische Differenzierung aufweisen, meistens entsprechend M0/M1-Formen der AML, nicht selten mit Koexpression erythroider und/oder megakaryozytärer Antigene (Griffin 1983; Bettelheim 1985). Etwa 30 % der Blastenschübe zeigen einen lymphatischen Phänotyp, häufig einer common ALL und nur sehr selten einer T-ALL entsprechend (Griffin 1983; Herrmann 1984).

Abb. 5.3-7 vermittelt eine schematische Übersicht über den Phänotyp und Genotyp bei CML-Blastenschüben.

---

[6]Morphologic, immunologic and cytogenetic (MIC) working classification of the acute myeloid leukaemias. Brit J Haematol 68:487-494 (1988)

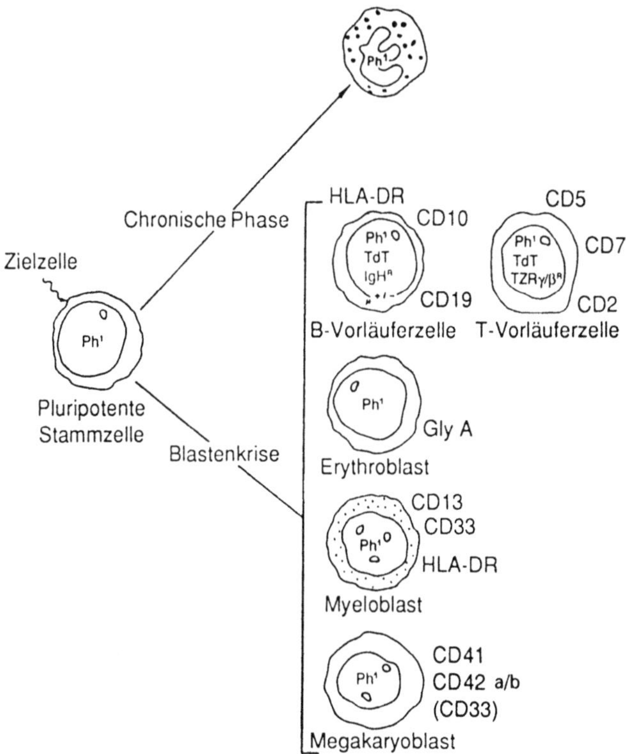

Abbildung 5.3-7. Übersicht über die bei Philadelphia-Chromosom (Ph¹)-positiven Blastenkrisen beobachteten immunologischen Subtypen. Abkürzungen: s. Tabelle 5.3-4 bzw. Abb. 5.3-6

Philadelphia-Chromosom positive AML exprimieren interessanterweise häufiger einen hybriden Phänotyp mit Koexpression myeloischer und B-lymphatischer Differenzierungsantigene (Chen 1988).

Akute hybride Leukämien: Die Zunahme immunologischer Markeruntersuchungen bei akuten Leukämien mit einem breiten Panel mAk gegen myeloische/lymphatische Differenzierungsantigene und methodische Weiterentwicklungen der IF-Techniken (z.B. Doppel- oder Dreifach-Markierungen) haben dazu beigetragen, akute hybride Leukämien (synonym auch als biphänotypische akute Leukämien oder akute "mixed-lineage" Leukämien bezeichnet) besser zu erkennen bzw. genauer zu charakterisieren (Greaves 1986b; Gale 1987a; Mirro 1987; Ludwig 1988; Greaves 1988a). Meistens handelt es sich um akute Leukämien, bei denen die pathologischen Blasten gleichzeitig myeloische und lymphatische Antigene exprimieren (Abb. 5.3-8). Selten ergibt der Immunphänotyp und/oder Morphologie/Zytochemie Hinweise für das Vorliegen von 2 unterschiedlichen Populationen (Abb. 5.3-9).

Die Angaben über Inzidenz derartiger AHL variieren in Abhängigkeit vom untersuchten Patientenkollektiv (Kinder oder Erwachsene), verwendetem Panel mAK, und Art der Auswertung (Einfach- oder Doppelmarkierung) zwischen 1 % bis zu 30 % (Mirro 1987).

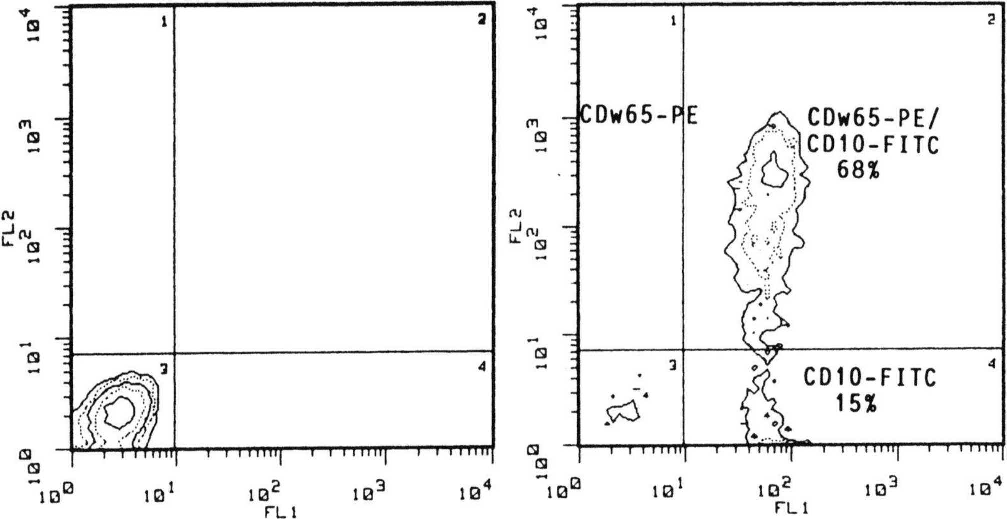

Abbildung 5.3-8a und b. Kontourliniendarstellungen ('contour plot') von durchflußzytometrischen Zweifarben-Immunfluoreszenzmessungenbei common ALL mit Koexpression eines myeloischen Antigens (CDw65). **8a** (oben): Negativkontrolle (IgG₁ FITC, IgG₂ PE), alle (ungefärbten) Zellen im Quadrant 3. **8b** (unten): Zweiparameterdarstellung von Leukämiezellen, die mit anti-CD10 (FITC, FL 1) und anti-CDw65 (PE, FL2) angefärbt wurden. Leukämiezellen mit Koexpression von CD10/CDw65 (68%) sind in Quadrant 2 abgebildet

Aufgrund eigener Erfahrungen findet sich eine Koexpression myeloischer Antigene häufiger bei Erwachsenen (10-15 %) als bei Kindern (5 %) und insbesondere bei sehr unreifen Formen der ALL (z.B. Prä-prä-B ALL, Prä-T ALL), vermutlich als Hinweis für eine Transformation bi-/multipotenter Vorläuferzellen. AML zeigen in etwa 10-20 % eine Koexpression von T-lymphatischen Antigenen (CD2 und/oder CD4 und/oder CD7), wohingegen nur sehr selten B-lymphatische Antigene (CD19, CD20) oder CALLA exprimiert werden (Ludwig in Druck).

Die klinische Relevanz dieser Untergruppe akuter Leukämien ist noch unklar. Erste Studien bei Erwachsenen sprechen für eine geringere Remissionsrate und kürzere Remissionsdauer bei ALL mit Koexpression myeloischer Antigene (Sobol 1987). Die Expression von T-lymphatischen Antigenen auf AML scheint ebenfalls prognostisch ungünstig zu sein (Cross 1988).

Die Korrelation immunologischer Befunde mit klinischen Merkmalen und insbesondere zytogenetischen bzw. molekularbiologischen Befunden ist bei dieser Subgruppe akuter Leukämien sehr wesentlich, da eigene Untersuchungen (Ludwig 1989b) und neuere Ergebnisse von anderen Autoren (Chen 1988) erkennen lassen, daß auf diese Weise klinisch/biologisch relevante Subtypen identifiziert werden können (z.B. 11q23-assoziierte akute Leukämien, Ph1-positive AML), deren ungünstige Prognose andere Therapiekonzepte erfordert.

5.3.6.1.2 Non-Hodgkin-Lymphome: Immunologische und molekularbiologische Untersuchungen von Non-Hodgkin-Lymphomen haben zeigen können, daß diese

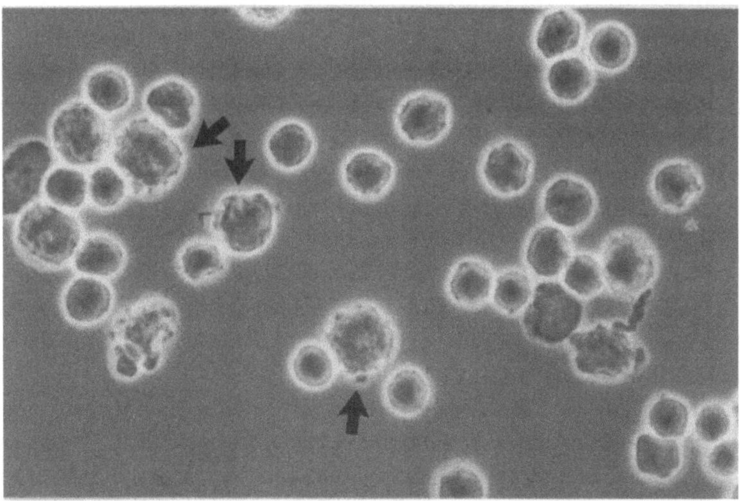

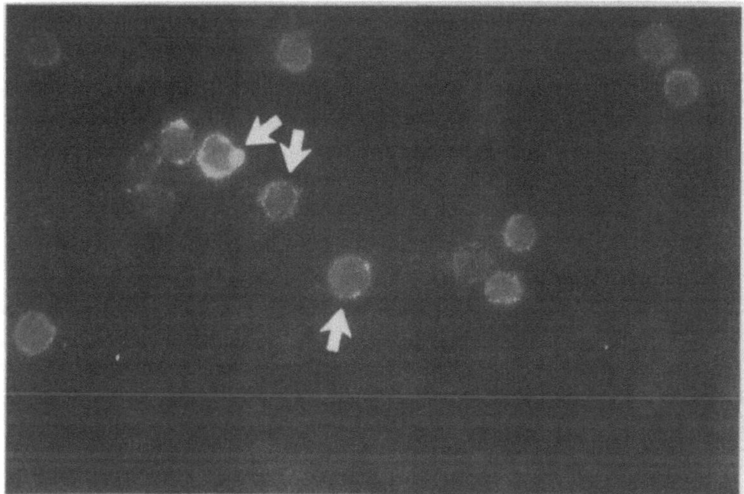

Abbildung 5.3-9a und b. Phasenkontrastaufnahme (**9a**) und Doppelfluoreszenzfärbung (**9b**) bei akuter Leukämie mit myeloischer Population (größere Blasten in der Phasenkontrast- und Fluoreszenzdarstellung z. T. mit Pfeilen markiert, angefärbt mit anti-CDw65-TRITC, rote Fluoreszenz) und lymphatischer Population (kleinere Blasten im Phasenkontrast, angefärbt mit anti-CD10-FITC, grüne Fluoreszenz). Phasenkontrast: Plan-Neofluar 100x/1.3 Öl; Fluoreszenz: Plan-Apochromat/1.4 Öl

Erkrankungen klonale Expansionen relativ reifer Lymphozytenpopulationen darstellen, die in ihrem Phänotyp/Genotyp unterschiedlichen Differenzierungsstufen immunkompetenter (antigen-reaktiver), peripherer B- und T-Lymphozyten entsprechen (Greaves 1986a).

Die immunologische Charakterisierung der NHL ermöglicht in den meisten Fällen eine eindeutige Zuordnung zur B- oder T-Zellreihe und erlaubt häufig darüber hinaus relevante Aussagen über Aktivierungszustand und Proliferationsverhalten der malignen Zellen (Stein 1988), die für eine pathophysiologisch orientierte Klassifikation und den klinischen Verlauf wichtig sind.

Die in Tabelle 5.3-7 dargestellte, kürzlich aktualisierte Kiel-Klassifikation der NHL (Stansfeld 1988) berücksichtigt neben morphologischen Merkmalen den Malignitätsgrad und die Zuordnung zum B- bzw. T-Zell-System. Die meistens leukämisch verlaufenden niedrig-malignen NHL, im angloamerikanischen Schriftum auch als chronische B- oder T-Zell-Leukämien bezeichnet, umfassen die lymphozytischen NHL der B- und T-Zellreihe (chronische lymphatische Leukämie - CLL, Prolymphozytenleukämie - PLL, Haarzellenleukämie - HZL) die lymphoplasmocytischen/-cytoiden NHL (LP-IC), die häufig leukämisch verlaufenden follikulären Lymphome (FL), die adulte T-Zell-Leukämie (ATL), das Sézary-Syndrom und die granulären lymphoproliferativen Erkrankungen (GLPE).

Gemeinsames Merkmal dieser Erkrankungen ist eine Infiltration des Knochenmarks und/oder des peripheren Blutes durch pathologische lymphatische Zellen, wobei in Europa und Nordamerika eindeutig reife B-Zell-Neoplasien (Verhältnis B:T-Neoplasien etwa 8-9:1) überwiegen, wohingegen insbesondere in Japan und der Karibik, verursacht durch das endemische Vorkommen von HTLV-I, häufiger reifzellige T-Zell-Erkrankungen auftreten.

Auf morphologische, biologische und klinische Eigenschaften der chronischen B- und T-Zell Neoplasien, die an anderer Stelle ausführlich beschrieben wurden (Brittinger 1984; Stein 1984; Lipford 1986; Gale 1987b; Greaves 1988), kann im Rahmen dieses Beitrags nicht näher eingegangen werden.

Tabelle 5.3-7. Aktualisierte Kiel-Klassifikation der Non-Hodgkin-Lymphome [a]

B-Zell-Typ	T-Zell-Typ
Niedrigmaligne NHL:	
Lymphozytisch:	Lymphozytisch:
CLL[b] und PLL;	CLL und PLL
HZL	Cerebriform: Mykosis fungoides, Sézary-Syndrom
Lymphoplasmozytisch/-zytoid	Lymphoepitheloid
(LP-Immunozytom)	(Lennert's Lymphom)
Plasmozytisch	Angioimmunoblastisch (AILD, LgX)
Centroblastisch/centrozytisch	T-Zonen-Lymphom
(cb/cc)	
Centrozytisch (cc)	Pleomorph, kleinzellig (HTLV-I $\pm$)
Hochmaligne NHL:	
Centroblastisch (cb)	Pleomorph, mittelgroß- und großzellig (HTLV-I $\pm$)
Immunoblastisch (ib)	Immunoblastisch (HTLV-I $\pm$)
großzellig anaplastisch (Ki-1[+])	großzellig anaplastisch (Ki-1[+])
Burkitt	
Lymphoblastisch	Lymphoblastisch

[a] modifiziert nach Stansfeld (1988). [b] Abkürzungen s. Text.

Tabelle 5.3-8. Auswahl von Antikörpern für die Diagnostik von Non-Hodgkin-Lymphomen

Antigen (CD)[a]	hauptsächliches Verteilungsmuster auf Leukozyten	identifizierte Membranstruktur	Antikörper[b]	Bezugsquelle[c]
CD1[a]	kortikale Thymozyten	gp49	NA1/34	Sera-Lab
CD2	T-Lymphozyten	gp50 (ER)	OKT11	Ortho
CD3	T-Lymphozyten	gp19-29 (TZR-ass.)	Leu4	BD
CD4	T-Helfer/Inducer Zellen	gp59 (MHC II-R.)	Leu3a	BD
CD5	T-Lymphozyten	gp67	Leu1	BD
CD7	T-Lymphozyten	gp40	Leu9	BD
CD8	T-Suppressor/zytotox. Zellen	gp32 (MHC I-R.)	OKT8	Ortho
CD19	B-Lymphozyten	p95	HD37	Dakopatts
CD20	B-Lymphozyten	gp32/37	B1	Coulter
CD23	Subpopulation B-Lymphozyten	gp42-45, FcIgE-RII	Tü1	Biotest
CD24	B-Lymphozyten, Granulozyten	gp42 (?)	OKB2	Ortho
NAd	Subpopulation B-Lymphozyten		FMC7	Sera-Lab
NA	Plasmazellen		PCA1	Coulter
CD11a	Pan-Leukozyten	gp180/95 (LFA-1)	IOT16	Dianova
CD11c	Monozyten, Subpopulation B-Ly.	gp150/95	LeuM5	BD
CD54	aktivierte B-, T-Ly., Monozyten	gp 76-114 (ICAM-1)	84H10	Dianova
CD10	Prä-B Zellen, Granulozyten	gp100, CALLA	J5	Coulter
CD38	Progenitorzellen, akt. Ly.	p45	OKT10	Ortho
NA	Monozyten, B-Lymphozyten	p28+32 (HLA-DR)	OKIa1	Ortho

[a] Bezeichnung (CD, 'cluster of differentiation') entsprechend '4th International Workshop on Human Leukocyte Differentiation Antigens'. [b] im immunologischen Markerlabor des Klinikum Steglitz verwendete mAK. [c] kommerziell erhältlich bei: s. Tabelle 4 bzw. Biotest, Frankfurt; Dianova, Hamburg. [d] CD Bezeichnung nicht anwendbar.

In Tabelle 5.3-8 sind die für die immunologische Phänotypisierung wesentlichen Marker zusammengefaßt. Tabelle 5.3-9 verdeutlicht das Antigenprofil der verschiedenen Entitäten.

Tabelle 5.3-9. Immmunphänotyp chronischer B-Zell Neoplasien

Marker	CLL[a]	PLL	HZL	FL	LP-IC	PZL
SIg	±	+	+	+	+	-
CD5	+	±	±	±	±	-
CD19/20/24	+	+	+	+	+	-
CD23	+	±	-	±	±	-
FMC7	±	+	+	+	±	-
CD10	-	-	-	±	-	±
CD25	-	-	+	-	-	-
CD38	-	-	-	-	+	+
PCA1	-	-	±	-	±	+

[a] Abkürzung s. Text.

Die chronisch-lymphatischen Leukämien sind die häufigste Erkrankung innerhalb der Gruppe der niedrig-malignen Lymphome und leiten sich in > 95 % von der B-Zellreihe (*B-CLL*) ab. Neben der Expression von HLA-DR und den Pan-B Antigenen (CD19, CD20, CD24), die in unterschiedlicher Intensität von allen chronischen B-Zell-Neoplasien exprimiert werden, lassen sich membranständige Immunglobuline mit allerdings geringer Dichte (meistens IgM oder IgM und IgD) und eine klonale Leichtkettenrestriktion sowie häufig auch monoklonales intrazytoplasmatisches Ig nachweisen (Pianezze 1987). Wichtig für die Abgrenzung der B-CLL von anderen reifen B-Zell-Neoplasien ist der hohe Prozentsatz an Rezeptoren für Mauserythrozyten (in der Regel > 40 %), die Expression von CD23 (Scott 1987) und des T-Zell--Antigens CD5. Konventionelle Methoden wie der Nachweis von Fc-Rezeptoren für IgG und Komplement-Rezeptoren (CR2> CR1) haben in der Diagnostik an Bedeutung verloren.

Eine für den klinisch Verlauf möglicherweise relevante morphologische Unterteilung in eine klassische B-CLL (≤ 10 % prolymphozytäre Zellen), die prolymphozytoide Transformation oder CLL/PLL (11-55 % prolymphozytäre Zellen) und die klassische PLL (≥ 55 % Prolymphozyten) wurde von Melo (1986) vorgeschlagen. Die schwache Reaktivität der B-CLL bzw. prolymphozytoiden Transformation mit dem Antikörper FMC7 und die geringe Dichte der membranständigen Ig erlaubt meistens auch immunologisch eine Abgrenzung dieser Entitäten, die für das therapeutische Vorgehen wichtig ist.

Die Analyse der Expression von interzellulären Adhäsionsmolekülen, wie z.B. ICAM-1 ("intercellular adhesion molecule", CD54), dem Liganden von LFA-1 ("leukocyte function-associated antigen-1", CD11a), und der 'lymphocyte homing receptors' (u.a. CD44) (Pals 1989) gewinnen für das Verständnis von Wachstumsmuster, Ausbreitung und klinischem Verhalten der Non-Hodgkin-Lymphomen zunehmende Bedeutung. So konnte z.B. inzwischen gezeigt werden, daß eine schwache ICAM-1 Expression bei B-CLL mit einem diffusen Infiltrationsmuster im Lymphknoten und leukämischer Aussaat korreliert (Boyd 1989).

Die Prolymphozytenleukämien (*PLL*) können bereits morphologisch und klinisch eindeutig von der B-CLL bzw. anderen NHL unterschieden werden. Die Zuordnung zur B- (in etwa 80 %) oder T-Zellreihe (ca. 20 %) ist jedoch erst mittels der Immunphänotypisierung möglich. PLL des B-Zell-Systems (*B-PLL*) sind durch die Expression monoklonaler Immunglobuline in hoher Dichte, der og. genannten Pan-B-Zell Antigene und HLA-DR sowie die Reaktivität mit dem mAk FMC7 gekennzeichnet. Rezeptoren für Mauserythrozyten und CD5 fehlen oder werden nur schwach exprimiert. Ontogenetisch ist die B-PLL der B-CLL eng benachbart, allerdings auf einer etwas reiferen Differenzierungsstufe arretiert.

Die immunologische Charakterisierung pathologischer lymphatischer Zellen im PB leistet einen wesentlichen Beitrag zur Idenfikation von Haarzelleukämien (HZL), insbesondere wenn der Prozentsatz an ausschwemmenden pathologischen Zellen niedrig ist und Morphologie/Zytochemie keine eindeutigen Befunde ergeben. Erst durch den Nachweis von B-Zell Antigenen und monoklonalen Ig Genum-lagerungen konnte in den meisten Fällen dieser Erkrankung die B-Zell-Abstammung bewiesen werden. Neben den verschiedenen Pan-B Antigenen, HLA-DR und der Reaktivität mit FMC7 lassen sich membranständige Ig (häufig mehrere Isotypen), für Haarzellen charakteristische Antigene, wie HC2 (Posnett 1982), CD11c (Schwarting 1985), B-ly 7 (Visser 1989) und CD25 (Interleukin-2 Rezeptor) nachweisen. Rezeptoren für Mauserythrozyten sind vorhanden, jedoch in einem kleineren Prozentsatz als bei der B-CLL. Das CD5 Antigen wird selten exprimiert. Aufgrund des häufigen Nachweises eines Plasmazell-assoziierten Antigens (PCA-1) wird die HZL als relativ reifzellige oder 'prä-Plasmazell' Erkrankung eingestuft (Anderson 1985).

Morphologisch und immunologisch gelegentlich nur schwer von der HZL, der B-PLL oder atypischen Formen der B-CLL abgrenzbar sind seltene Formen der B-Zell-Neoplasien wie die sog. HZL-Variante (Catovsky 1984) bzw. das B-Zell--Lymphom der Milz mit dem Nachweis 'villöser' Lymphozyten im PB (Melo 1987). Häufig gelingt jedoch eine Unterscheidung dieser Entitäten chronischer B-Zell Neoplasien von der typischen HZL anhand der charakteristischen klinische Merkmale und der fehlenden Expression der für HZL typischen Antigene (CD11c, CD25, HC2).

Die differentialdiagnostische Abgrenzung der B-CLL von den lymphoplasmocytischen/-cytoiden Immunozytomen (*LP-IC*), die insbesondere bei deutlicher plasmocytischer Ausreifungstendenz zu den Erkrankungen der sekretorischen B-Zellen gerechnet werden (z.B. Morbus Waldenström), ist häufig immunologisch nicht eindeutig möglich. Der Nachweis von monoklonalem cyIg ist nicht auf die LP-IC beschränkt. Für B-CLL typische Antigene wie CD5 oder CD23 werden häufig schwächer exprimiert, auch der Prozentsatz an Rezeptoren für Mauserythrozyten ist meistens geringer als bei der B-CLL. Bei lymphoplasmocytischen Formen findet sich häufig bereits eine Expression plasmazellulärer Antigene (z.B. PCA-1) und von CD38.

Die follikulären Lymphome (*FL*) sind Neoplasien, die sich von den Keimzentrumszellen ableiten, und relativ häufig (bis zu 50 %) als Folge einer KM-Manifestation leukämisch verlaufen.

Zentroblastische und zentroblastisch-zentrozytische NHL werden als maligne Lymphome aktivierter B-Zellen aufgefaßt und lassen sich immunologisch nicht eindeutig unterscheiden (Stein 1988). Sie exprimieren membranständige Ig in hoher Dichte mit monoklonalem Muster, Pan-B Antigene, HLA-DR und in etwa 70-80 % CD10 (CALLA), sind nur selten CD5 positiv und besitzen keine Rezeptoren für Maus-erythrozyten.

Das zentrozytische Lymphom, das von ruhenden B-Lymphozyten des Primärfollikels und des Follikelmantels ausgeht (Stein 1988), zeigt hinsichtlich des Immunphänotyps eine enge Beziehung zur B-CLL (IgM/IgD+, CD5+, CD10-), ist jedoch aufgrund der Morphologie, der unterschiedlichen Klinik und der CD23 Negativität von der CLL abgrenzbar.

Nicht disseminiert verlaufende FL zeigen eine deutliche Expression von Adhäsionsmolekülen (CD11a, CD54) (Inghirami 1988; Boyd 1989).

Tabelle 5.3-10 gibt eine Übersicht über den Immunphänotyp reifzelliger T-Zell Neoplasien, die zu den peripheren T-Zell-Lymphomen gerechnet werden (Suchi 1987).

Die seltene CLL der T-Zellreihe (*T-CLL*) kann als Proliferation CD4- (Helfer/-Inducer) und häufiger CD8-positiver (Suppressor/zytotoxische) T-Lymphozyten vorkommen.

Die Leukämiezellen bei der CD4-positiven T-CLL sind charakterisiert durch unregelmäßige Kernvorwölbungen ("knobby type"), wohingegen CD8-positive T-CLL einen rundlichen Kern und azurophile Zytoplasmagranulation aufweisen (Suchi 1987). Die CD8-positiven Leukämien werden aufgrund der Expression des Fc-IgG Rezeptors auch als chronische T gamma-lymphoproliferative Erkrankung (*T gamma-LPE*) oder wegen ihrer Morphologie (überwiegend große granulierte Lymphozyten, 'large granular lymphocytes', LGL-Zellen) auch als granuläre lymphatische Leukämien (*GLL*) bezeichnet. Dieser Subtyp der T-CLL zeigt im Unterschied zur CD4-positiven CLL bzw. T-PLL in der Regel einen gutartigen Verlauf und ist meistens mit Anämie und Neutropenie assoziiert. Die Zellen exprimieren neben CD8 für natürliche Killer-/Killerzellen (NK/K) typische Antigene wie CD16 und CD57. Dieser Phänotyp wird sowohl als primäre GLL als auch sekundär bei rheumatoider Arthritis, Virusinfektionen, Tumorerkrankungen und nach Splenektomie beobachtet (Oshimi 1988).

Tabelle 5.3-10. Immunphänotyp chronischer T-Zell Neoplasien

Marker	CLL[a]	PLL	ATLL	Sézary-Syndrom
CD7	±	+	±	-
CD3	+	+	+	+
CD4	±	±	+	+
CD8	±	±	-	-
CD25	-	±	+	-
CD16	±	-	-	-
CD57	±	-	-	-

[a] Abkürzung s. Text.

Sehr selten finden sich klonale Proliferationen von NK-Zellen, die neben CD2 ausschließlich NK-assoziierte Antigene (CD16, CD56), jedoch keine weiteren reifen T-Zell-Antigene (z.B. CD3, CD8) exprimieren und keine Genumlagerung der 4 Ketten des TZR Moleküls aufweisen (Ohno 1988; Imamura 1988). Dieser Phänotyp korreliert mit einem aggressiven klinischen Verlauf.

PLL der T-Zellreihe (*T-PLL*) sind nur immunologisch eindeutig von der B-PLL abzugrenzen und überwiegend CD4 positiv, selten CD8 oder simultan CD4 und CD8 positiv. Im Gegensatz zur T-CLL und zum Sézary-Syndrom findet sich konstant die Expression des Pan-T Antigens CD7.

Adulte T-Zell-Leukämien (*ATLL*) werden durch Infektionen mit HTLV-I verursacht und treten endemisch in Japan, der Karibik und südwestlichen Staaten der USA oder selten auch als nicht-endemische Form auf. Hierbei handelt es sich ebenfalls um eine Proliferation CD4-positiver, Helfer/Inducer T-Lymphozyten, die meistens den Interleukin-2 Rezeptor und CD45R exprimieren (Subpopulation CD4+ Zellen mit Suppressor-Zell induzierender Wirkung). CD7 ist negativ und andere Pan-T Antigene wie CD2 und CD3 zeigen eine variable Expression.

Das Sézary-Syndrom als leukämische Verlaufsform der kutanen T-Zell Lymphome (*CTCL*) ist charakterisiert durch den Phänotyp reifer T-Helfer/Inducer Lymphozyten mit Positivität für CD29 (Subpopulation CD4+ Zellen mit Helferfunktion für B-Lymphozyten) und Negativität für CD7.

Haarzelleukämien (*HZL*) der T-Zellreihe sind extrem selten und unterscheiden sich morphologisch und klinisch nicht vom typischen B-Zell-Typ der Erkrankung. Sie werden vermutlich durch Retroviren (HTLV-II) ausgelöst.

5.3.6.1.3 Immunphänotyp normaler Lymphozytensubpopulationen im peripheren Blut: Neben der phänotypischen Charakterisierung akuter Leukämien und maligner Lymphome werden immunologische Markeruntersuchungen insbesondere zur in vitro Charakterisierung und Quantifizierung der Lymphozyten im peripheren Blut oder anderen Körperflüssigkeiten herangezogen.

Die Entwicklung mAk gegen verschiedene Differenzierungsantigene lymphatischer Zellen hat eine genauere Identifizierung von biologisch unterschiedlichen Lymphozytensubpopulationen ermöglicht und das Verständnis über Mechanismen der Immunregulation wesentlich erweitert.

T-Lymphozyten machen etwa 70 % der MNZ im PB aus und wurden zunächst aufgrund ihrer Eigenschaft identifiziert, mit Schaferythrozyten in vitro spontan Rosetten zu bilden. Sie können jetzt mit mAK, die gegen charakteristische Oberflächenantigene gerichtet sind, in 2 wichtige Subpopulationen aufgetrennt werden. Etwa 60-70 % der reifen T-Lymphozyten reagieren mit Antikörpern gegen die CD4-Struktur und werden als *T-Helfer/Inducer-Subpopulation* bezeichnet. Wichtige Funktionen dieser CD4-positiven Zellen sind die Erkennung von Antigenen sowie Helfer/Inducer-Funktion für T-T, T-B und T-Monozyten/Makrophagen Interaktionen. Ungefähr 30-40 % der reifen T-Lymphozyten exprimieren das CD8 Antigen, werden als *Suppressor/zytotoxische T-Subpopulation* bezeichnet, und sind im wesentlichen für die Suppression der Immunantwort, das Abtöten viral infizierter Zellen und die Transplantatabstoßung verantwortlich. CD4-positive und CD8-positive T-Zellen stellen beim Gesunden zwei sich üblicherweise nicht überlappende Populationen dar und ihr Verhältnis (sog. CD4:CD8-Ratio) beträgt in etwa 2:1. Nur ca. 3 % der reifen T-Lymphozyten zeigen eine simultane Expression von CD4 und CD8 (Blue 1985). Die physiologische Funktion der T-Lymphozyten, die CD3-positiv, CD4- und CD8-negativ sind (sog. 'double negative T cells', 3-5 %) und anstelle des α/β-TZR die gamma /δ-TZR-Moleküle exprimieren, ist noch unklar (Brenner 1986).

Eine zusätzliche, für die Charakterisierung der Immunregulation, aber auch klinische Fragestellungen (z.B. bei Autoimmunopathien) relevante Unterteilung der CD4- oder CD8-positiven T-Lymphozyten ist inzwischen anhand der Expression von CD29 und CD45R möglich. So konnte z.B. gezeigt werden, daß CD29-positive/CD4 positive T-Lymphozyten die Ig-Produktion von B-Lymphozyten unterstützen, wohingegen CD45R-positive/CD4-positive T-Lymphozyten indirekt die Ig-Produktion hemmen, indem sie CD8-positive T-Lymphozyten induzieren. Diese beiden Subpopulationen werden auch als 'Helfer-Inducer'- oder *Gedächtnis-T-Lymphozyten* bzw. 'Suppressor-Inducer'- oder *naive T-Lymphozyten* bezeichnet (Sanders 1988).

B-Lymphozyten machen 5-15 % der im peripheren Blut zirkulierenden Lymphozyten aus und wurden zunächst mittels Antiseren identifiziert, die membranständige Immunglobuline der B-Lymphozyten erkennen. Neben den Oberflächenimmunglobulinen exprimieren B-Lymphozyten eine Reihe linienspezifischer Antigene (z.B. CD19, CD20), die zu ihrer Identifizierung im PB benutzt werden können. Nach Aktivierung reifen B-Lymphozyten zu Plasmazellen aus, verlieren dabei die sog. linienspezifischen Antigene bzw. membranständigen Immunglobuline und können anhand der Expression plasmazellulärer Antigene (z.B. PCA 1), Aktivierungsantigene (z.B. CD38) bzw. des Nachweises intrazytoplasmatischer Immunglobuline erkannt werden.

Zur '3. Population' der Lymphozyten ("third population cells", TPC) werden die *NK/K-Zellen* gerechnet, die sich morphologisch (überwiegend LGL-Zellen), funktionell und im Phänotyp von T- und B-Lymphozyten unterscheiden. NK/K-Zellen verfügen über eine spontane, nicht MHC-restringierte zytotoxische Aktivität gegenüber autologen und allogenen Zielzellen (z.B. Tumorzellen, virusinfizierte Zellen) und besitzen gleichzeitig aufgrund der Expression des niedrig-affinen FcIgG-Rezeptors (CD16) die Fähigkeit, Zielzellen, die IgG gebunden haben, zu lysieren (antikörperabhängige zellvermittelte Zytotoxizität). NK/K-Zellen repräsentieren etwa 10-15 % der MNZ im PB und werden immunologisch anhand der Expression von CD16 und CD56 identifiziert. Neben den zytotoxischen Funktionen gegen Tumorzellen und virusinfizierte Zellen greifen NK/K-Zellen regulierend, überwiegend durch die Sekretion von Lymphokinen, in die Differenzierung von hämatopoetischen Progenitorzellen und B-Lymphozyten ein.

5.3.6.1.4 Immunphänotyp bei angeborenen/erworbenen Defektimmunopathien und Virusinfektionen: Abschließend soll kurz auf einige klinisch relevante Veränderungen, überwiegend der T-Lymphozytensubpopulationen, im Rahmen von angeborenen bzw. erworbenen Defektimmunopathien und Virusinfektionen eingegangen werden.

Die Charakterisierung und Quantifizierung der Lymphozyten-subpopulationen mittels mAk bei immunologischen Defektsyndromen ist nur sinnvoll in Zusammenhang mit funktionellen Untersuchungen der humoralen (Konzentration an Ig, Überprüfung der Antikörper-Produktion nach Immunisierung) und zellulär-vermittelten Immunreaktionen (u.a. Hauttestung mit Recall-Antigenen, in vitro Stimulation mit unspezifischen Mitogenen bzw. Antigenen, Zytotoxizitäts-Testung, s. hierzu auch Empfehlungen der WHO[7])

Angeborene Immundefekte sind gekennzeichnet durch Veränderungen bzw. Fehlen von Lymphozytensubpopulationen oder ungenügende Expression funktionell wichtiger Oberflächenantigene.

Bei der *kongenitalen geschlechtsgebundenen Agammaglobulinämie (Typ Bruton)* sind reife, immunkompetente B-Lymphozyten im PB nicht nachweisbar, vermutlich als Folge eines Defekts in der Ausdifferenzierung von prä-B zu B-Lymphozyten. Die Serumkonzentrationen der Ig-Subtypen (IgA, IgG, IgM) sind dementsprechend stark erniedrigt. Die Zahl der T-Lymphozyten ist absolut eher erhöht, T-Lymphozytensubpopulationen und zellulär-vermittelte Immunität liegen im Normbereich.

Im Unterschied zur kongenitalen Agammaglobulinämie finden sich bei der sog. gewöhnlichen variablen Immundefizienz (*"Common Variable Immunodeficiency"*, *CVI*) eine normale Zahl an Ig-positiven B-Lymphozyten im PB, deren terminale Ausdifferenzierung in Ig-produzierende Plasmazellen jedoch gestört ist. Als dafür verantwortliche Mechanismen werden ein B-Zell-Defekt, eine Störung der Immunregulation durch T-Lymphozyten (Zunahme der CD8-positiven Suppressorzellen) und die Bildung von Autoantikörpern gegen B- und T-Lymphozyten diskutiert (Buckley 1986). Die absolute Zahl der T-Lymphozyten liegt meistens im Normbereich.

Das DiGeorge-Syndrom, ein angeborener Defekt der T-Zellreihe, resultiert aus einer embryonalen Entwicklungshemmung der 3. und 4. Kiemenbogentasche mit fehlender Anlage von Thymus und Nebenschilddrüse. Die Gesamtlymphozytenzahl im PB ist bei diesen Patienten normal, jedoch zeigt die Immunphänotypisierung nahezu ausschließlich B-Lymphozyten. T-Lymphozyten und zellulär-vermittelte Immunmechanismen fehlen vollständig oder sind stark vermindert.

Schwere kombinierte Immundefekte (*"severe combined immunodeficiency"*, *SCID*) sind charakterisiert durch einen heterogenen T-Zell-Defekt, häufig auch eine Abnahme der B-Lymphozyten und Ig-Konzentration sowie das Fehlen von HLA-Antigenen und Adhäsionsmolekülen. Neben Subtypen von SCID mit unzureichender Produktion bzw. fehlender Ausdifferenzierung von Thymozyten bzw. B-Lymphozyten, wurden kürzlich 2 Geschwister mit SCID beschrieben, deren T-Lymphozyten nur eine sehr schwache Expression des TZR-CD3-Komplexes aufwiesen (Alarcon 1988).

Eine quantitative Verminderung bzw. verminderte Funktion von NK/K-Zellen findet sich bei zahlreichen angeborenen/erworbenen Immundefekten. Auch ein vollständiges Fehlen von NK/K-Zellen assoziiert mit schwer verlaufenden Herpesvirusinfektionen ist inzwischen beschrieben worden (Biron 1989).

Defekte in der Expression funktionell relevanter Membranmoleküle können ebenfalls mittels mAk identifiziert werden. So ist die für die Immunantwort wichtige Interaktion zwischen Granulozyten, Monozyten/Makrophagen, Lymphozyten und NK/K-Zellen abhängig von der Anwesenheit der Leukozyten-Adhäsionsmoleküle (z.B. CD11a-c/CD18), deren fehlende Expression zum gehäuften Auftreten bakterieller Infekte führt (Springer 1984).

---

[7]Primary Immunodeficiency Diseases. Report of a World Health Organization Scientific Group. Clin Immunol Immunopathol 40:166-196 (1986)

Die klinischen Symptome des *erworbenen Immundefektsyndroms ("Acquired Immune Deficiency Syndrome", AIDS)* resultieren aus der HIV-1 ("Human Immunodeficiency Virus-1") Infektion von CD4-positiven Zellen des Immunsystems, wobei das CD4 Molekül als Rezeptor für das Virus auf der Zielzelle dient (McDougal 1985). Dieses Antigen wird u.a. von T-Helfer/Inducer-Lymphozyten und antigenpräsentierenden Zellen exprimiert (Levy 1989). Im Rahmen der HIV-Infektion kommt es zu einer Verminderung von CD4-positiven T-Lymphozyten als Ausdruck eines direkten oder indirekten zytopathogenen Effekts von HIV-1 mit entsprechender Abnahme der CD4:CD8 Ratio (Rosenberg 1989). Die absolute Zahl der CD4-positiven T-Lymphozyten korreliert gut mit dem klinischen Verlauf der HIV-Infektion und ist deshalb auch als prognostischer Parameter geeignet (Taylor 1986; Polk 1987; De Wolf 1988; Fahey 1990). CD8-positive T-Lymphozyten sind am Anfang der Infektion, noch vor Abnahme der CD4-positiven Zellen, in der Regel erhöht (De Martini 1988) und erst in fortgeschrittenen Stadien der Erkrankung finden sich normale Werte für CD8-positive Zellen. Die Analyse weiterer T-Lymphozytensubpopulationen hat darüber hinaus ergeben, daß Patienten mit gering ausgeprägter Immundefizienz (CD4+ > 400/μl) eine verminderte Zahl an CD4+/CD29+ T-Lymphozyten (Subpopulation mit Helferfunktion für Immunglobulinproduktion durch B-Lymphozyten), meistens normale Werte für CD4+/CD45R+ T-Lymphozyten (Induktorfunktion für CD8+ Suppressorzellen) und eine erhöhte Zahl an CD8+ Suppressor/zytotoxischen T-Lymphozyten aufweisen (De Martini 1988). Innerhalb der CD8-positiven Zellen läßt sich bereits in den frühen Stadien der HIV-Infektion eine Zunahme der CD8+/- CD11b- Subpopulation mit zytotoxischer Aktivität nachweisen, möglicherweise als Antwort des Immunsystems auf die HIV-Infektion (Stites 1986). Die funktionelle Bedeutung der Vermehrung von CD8+/CD57+ T-Lymphozyten ist unklar (Lewis 1985). Es wird vermutet, daß diese Zellen NK-ähnliche Aktivität besitzen und regulierend in die B-Zell-Differenzierung eingreifen (Gupta 1986). Patienten mit fortgeschrittener Immundefizienz (CD4+ < 400/μl) haben erniedrigte CD4+/CD-29+ und CD4+/CD45R+ Werte sowie erhöhte, bei Auftreten von AIDS evtl. auch normale Zahlen an CD8+ T-Lymphozyten mit Vermehrung von CD8+/CD11b-zytotoxischen Zellen und der CD8+/CD57+ Subpopulation (Gupta 1986; Stites 1986; De Martini 1988). Eine verstärkte Expression von HLA-Klasse II Antigenen auf CD8-positiven T-Lymphozyten wurde besonders in Frühstadien der HIV Infektion beobachtet und ebenso wie die Zunahme der zytotoxischen T-Lymphozyten als Antwort des Immunsystems auf Virusinfektionen bzw. auf eine Exposition gegenüber allogenen HLA Klasse-II Antigenen (z.B. Sperma, Leukozyten) interpretiert (Stites 1986).

Bei Virusinfektionen kommt es häufig im Rahmen der Aktivierung des Immunsystems zu einer Verschiebung der T-Lymphozyten Subpopulationen. Besonders Infektionen mit Viren aus der Herpes-Gruppe (z.B. Herpes simplex, Epstein-Barr--Virus, Cytomegalie) sind charakterisiert durch eine starke Expansion der CD8-positiven T-Lymphozyten mit daraus resultierender deutlicher Erniedrigung der CD4:CD8--Ratio und gelegentlich auch durch eine Vermehrung CD16-positiver NK-Zellen. Die CD8-positiven Zellen exprimieren meistens simultan HLA-DR und CD38 als Ausdruck ihrer Aktivierung und zeigen häufiger auch eine Koexpression von CD57 (Gratama 1988). Im Rahmen chronischer Epstein-Barr-Virusinfektionen, die vermutlich das "Chronic Fatigue-Syndrome" verursachen, kommt es zu einer Abnahme der NK-Aktivität und Verschiebung innerhalb der NK-Zell-Population (Abnahme CD3-/CD56+ Zellen und Zunahme CD3+/CD56+ Zellen) (Caliguri 1987, Hartung 1988).

Weniger signifikante Vermehrungen der CD8-positiven Lymphozyten finden sich auch bei anderen viralen Infekten (z.B. Hepatitis B) und Toxoplasmoseinfektionen.

Danksagung
Die Autoren danken den Mitarbeiterinnen im immunologischen Markerlabor des Klinikums Steglitz der FU Berlin: Frau S. Böttcher, Frau G. Gassner, Frau B. Komischke, Frau M. Martin und Frau A. Sindram, für die technische Assistenz.

5.4 Zytogenetik und Molekulargenetik

R.-D. Wegner und K. Seeger

5.4.1 Einleitung

Die in der Diagnostik hämatopoetischer Erkrankungen eingesetzten genetischen Untersuchungen werden in zwei Bereiche unterteilt: *(1) die Zytogenetik*, mit der Analyse des Erbgutes, genauer der Chromosomen, auf Zellebene, und *(2) die Molekulargenetik*, mit der Analyse direkt auf der DNA- oder RNA-Ebene.

Die zytogenetische Analyse maligner Zellen führte bereits 1960 zur Entdeckung des Philadelphia-Chromosoms (Ph¹-Chromosom), einer für die Diagnose der chronisch myeloischen Leukämie (CML) signifikanten chromosomalen Aberration (Nowell and Hungerford 1960). Die Hoffnung auf weitere, für jeweils einen bestimmten Neoplasietyp spezifische Markerchromosomen wurde jedoch enttäuscht, da die Vielzahl der beobachteten Veränderungen maligner Zellen eher unsystematisch aufzutreten schien.

Den Durchbruch brachte die Entdeckung der Onkogene. Diese Gene steuern im Normalfall als sogenannte Proto-Onkogene essentielle Schritte von Zellwachstum und -differenzierung. Als Folge einer Mutation bzw. einer Dysregulation werden sie zu den eigentlichen Onkogenen (Bishop 1982). Durch den Einsatz neu entwickelter Methoden der molekularen Genetik gelang es im Laufe der 80er Jahre, einen Einblick in ihren Wirkungsmechanismus zu erhalten; ein erster Schritt in Richtung auf ein grundlegendes Verständnis der Tumorinitiation (Zusammenfassung bei Haluska et al. 1987, Bishop 1987 a,b).

Eine wesentliche Beobachtung war dabei, daß die chromosomale Lokalisation bestimmter Onkogene häufig mit den Bruchstellen chromosomaler Aberrationen von Tumorzellen übereinstimmten (Heim und Mitelman 1987, Bishop 1987). So wird beim Non-Hodgkin-Lymphom (NHL) vom Burkitt Typ (BL) als zytogenetische Veränderung ganz überwiegend eine Translokation t(8;14) gefunden, seltener auch

Translokationen t(8;22) und t(2;8) (zur Nomenklatur der chromosomalen Aberrationen s. 5.4.5.1). In allen Fällen lag die Bruchstelle auf dem jeweiligen Chromosom konstant in einer Bande, in: 8q24, 14q32, 2p12 bzw. 22q11. In 8q24 ist das Proto-Onkogen c-myc lokalisiert, das eine wichtige Rolle bei der Zellproliferation spielt, während die anderen Banden Genfamilien für die schwere bzw. die leichten Ketten der Immunglobuline enthalten. Letztere sind gerade in den B-Zellen, von denen sich das BL ableitet, besonders aktiv. Durch die Translokation kommt das Proto-Onkogen unter die genetische Kontrolle dieser aktiven Region und wird demzufolge vermehrt abgelesen. Diese Dysregulation des Gens ist offensichtlich mitverantwortlich für die zelluläre Transformation dieser Zellen.

Ein anderer Mechanismus liegt bei der Translokation t(9;22) der CML vor. Hier entsteht ein Hybridgen mit Teilen des c-abl Proto-Onkogens, dessen Genprodukt wiederum eine entscheidende Voraussetzung für das unkontrollierte Wachstum der Zellen darstellt.

Die Vielzahl unterschiedlicher Chromosomenveränderungen in Tumorzellen deutet auf verschiedene genetischen Ursachen der Tumorentstehung hin (Tab. 5.4-1). Hervorzuheben ist dabei, daß der wissenschaftliche Durchbruch zum heutigen Verständnis der Tumorentstehung erst durch das Zusammenspiel von Zytogenetik und Molekulargenetik zusammen mit den Befunden der Genkartierung ermöglicht wurde.

Auf der praktischen Seite hat die weltweite, umfangreiche Sammlung tumorzytogenetischer Daten (Heim und Mitelman 1987a, Mitelman 1988) dazu beigetragen, Korrelationen zwischen bestimmten Chromosomenaberrationen und dem Typ der

Tabelle 5.4-1. Genetische Aberrationen in Tumorzellen

N a c h w e i s d e r A b e r r a t i o n		Beispiel
Molekulargenetisch	*Zytogenetisch*	
Veränderte Genexpression (Proto-Onkogen-Aktivierung)	reziproke Translokation	NHL vom Burkitt-Typ
Verändertes Genprodukt Genmutation eines Proto-Onkogens	nicht erfaßbar	Blasen- und Kolonkarzinom
Bildung eines Hybridgens	Reziproke Translokation Inversion	CML T-CLL
Zusätzliche Gendosis	Trisomien Duplikationen	ANLL Blasenkarzinom
Genamplifikation	"double minutes" "homogeneously staining region"	Neuroblastom Mammakarzinom
Verlust von Anti-Onkogenen (Suppressorgene)	Deletionen Monosomien	Retinoblastom Wilm's Tumor

neoplastischen Erkrankung sowie klinischen Parametern, wie z.B. Remissionsdauer, Remissionsqualität und Überlebenszeit, zu erkennen. Dabei ist, wie erwähnt, deutlich geworden, daß es in der Regel nicht "die" spezifische Chromosomenaberration für eine bestimmte neoplastische Erkrankung gibt, wohl aber verschiedene charakteristische Veränderungen des Chromosomensatzes vorliegen können. Diese klonalen Aberrationen sind überwiegend struktureller Natur (Translokationen, Deletionen usw.), können aber auch numerischer Art (Verlust oder Gewinn ganzer Chromosomen) sein.

Voraussetzung für den Aufbau der molekulargenetischen Diagnostik waren zu allererst methodische Entwicklungen. Ihr Einsatz ermöglichte unter anderem die Aufdeckung der bereits erwähnten Mutationen der Proto-Onkogene und die Aufklärung der genetischen Prozesse der frühen B- und T-Zellontogenese, wodurch Gensonden für eine immungenotypische Charakterisierung entwickelt werden konnten. Die gebräuchlichen Methoden sind die Southern Blot DNA-Analyse und die Polymerase-Ketten-Reaktion.

Die durch die genetischen Techniken heutzutage eröffneten diagnostischen Möglichkeiten in der hämatologische Onkologie werden im folgenden vorgestellt.

5.4.2 Präanalytik I

5.4.2.1. Indikationsstellung

Eine *Chromosomenanalyse* der Tumorzellen eines jeden Patienten wäre allein aus prognostischer Sicht wünschenswert und sinnvoll (Gebhart 1988), ist allerdings aus Kapazitätsgründen in der Regel nicht realisierbar. Daher kommt der Indikationsstellung ein besonderes Gewicht zu (Tab. 5.4-2). Herausgestellt werden hier die diagnostische und therapeutische Bedeutung der Untersuchungen, auf die prognostische Relevanz wird später allein am Beispiel der akuten nichtlymphatischen Leukämie (ANLL M2, s. 5.4.6.2.3) eingegangen. Eine weitergehende Diskussion der klinischen Signifikanz genetischer Veränderungen findet sich bei Pearson et al. (1983), LeBeau and Rowley (1986) und Heim und Mitelman (1987a).

Generell können zytogenetische Analysen bei folgenden Problemstellungen eingesetzt werden:

- Suche nach monoklonalen/ multiklonalen Tumorzellen mit Chromosomenaberration,
- Suche nach Chromosomenaberrationen von prognostischer Relevanz,
- Suche nach Chromosomenaberrationen von differentialdiagnostischer Relevanz,
- Überprüfung des Therapieverlaufes (z.B. nach Knochenmarktransplantation (KMT)) und
- Erfassung eines Rezidivs, evtl. Differentialdiagnose zur sekundären Leukämie.

Die Indikationen für eine *molekulargenetische Diagnostik* in der hämatologischen Onkologie sind in Tabelle 5.4-2 wiedergegeben. Verallgemeinert können folgende Untersuchungsziele bearbeitet werden:

- Erfassung der Klonalität einer Erkrankung. So kann die Anzahl an Zellklonen und deren Anteile in einer Gewebeprobe (mono-, oligo- oder polyklonal) bestimmt

Tabelle 5.4-2. Indikationen für eine zyto- bzw. molekulargenetische Diagnostik

Erkrankung	Indikation
Zytogenetik	
1. CML	Nachweis des (Ph¹-Chromosom) zur Diagnosestellung
	Differentialdiagnose Ph¹-negative gegen Ph¹-positive CML
2. ALL	Diagnose der prognostisch ungünstigeren Fälle
3. ANLL	Differentialdiagnose des Subtyps M2 gegen M3
4. CLL	Differentialdiagnose B- gegen T-CLL
5. BL	Nachweis einer der charakteristischen chromosomalen Aberrationen zur Diagnosestellung
FL	Nachweis einer der charakteristischen chromosomalen Aberrationen zur Diagnosestellung
Molekulargenetik	
1. CML	Nachweis des bcr-abl-Rearrangements (Hybridgen)
	Differentialdiagnose bcr-abl-positive gegen bcr-abl-negative CML
	Differentialdiagnose zwischen Ph1-positiver CML und ALL
	Therapiekontrolle z.B. bei KMT
	Nachweis residueller Leukämiezellen
2. AUL	Nachweis der Immunglobulin- und T-Zellrezeptor-
ALL	Genrearrangements in den Tumorzellen
CLL	Immungenotypische Klassifikation von Leukämien
	Nachweis des bcr-abl-Rearrangements (Hybridgen)
	Therapiekontrolle
	Nachweis residueller Leukämiezellen
3. ANLL	Untersuchung von ras-Onkogen-Punktmutationen
4. MDS	Untersuchung von ras-Onkogen-Punktmutationen
5. FL	Nachweis des Ig-bcl2-Translokationen
BL	Nachweis der Ig-myc-Translokationen

werden, der neoplastische Befall unterschiedlicher Gewebeproben desselben Patienten (z.B. Blut, Knochenmark, Lymphknoten, Staging bei NHL) untersucht und verglichen werden, und der Befund von Ersterkrankung und Rezidiv desselben Patienten verglichen und möglicherweise ein Unterschied zwischen Rezidiv und Neuerkrankung festgestellt werden.

- Hochsensitiver Nachweis von Tumorzellen. Je nach Methode können entweder 1 bis 2 % neoplastische Zellen in der Gesamtzellpopulation (Southern Blot DNA-Analyse, s. Kap. 5.4.4) oder sogar bis zu eine unter 100000 Zellen (0.001 %) (Polymerase-Ketten-Reaktion, s. Kap. 5.4.4) erfaßt werden.Dies ermöglicht eine ausgezeichnete Therapieverlaufskontrolle, die Beurteilung der Remissionsqualität nach Zytostatika-Therapie, sowie vor und nach Knochenmarktransplantationen (KMT) und die Früherkennung eines Rezidivs.
- Unterscheidung von klonalen und reaktiven/hyperplastischen Veränderungen. Dies hat besondere Bedeutung bei der Differenzierung zwischen residuellen Tumorzellen und reaktivem (regenerierendem) Knochenmark während und nach Chemo-

therapie sowie vor und nach KMT, chronisch rezidivierenden Lymphadenopathien und immunsupprimierten Patienten nach Organtransplantationen.
- Subklassifizierung der Leukämien und Lymphome. Die zunehmende Aufklärung der genetischen Veränderungen von hämatologischen Erkrankungen ermöglicht eine Subklassifizierung der Leukämien und Lymphome durch molekulargenetische Untersuchungen.

5.4.2.2 Kostenbetrachtung

Zytogenetik:
Die Grundausstattung eines zytogenetischen Labors umfaßt:

- Werkbank für steriles Arbeiten,
- Inkubator,
- Zentrifuge,
- Forschungsmikroskop und
- Fotomikroskop.

Für die Ausstattung zweier Arbeitsplätze mit den entsprechenden Geräten müssen heute ca. 80 000 DM veranschlagt werden. Nicht enthalten sind die Kosten einer üblichen Laborausstattung (Mobiliar, Kühlschrank usw.), der fotografischen Dokumentation (Dunkelkammer) und kleinerer Geräte (pH-Meter, Waage usw.).

Die Kalkulation der Personalkosten kann aufgrund der beträchtlichen Unterschiede in der Bearbeitungszeit der einzelnen Fälle nur eine grobe Schätzung sein. Eine TA mit Vollzeitbeschäftigung wird im Jahr ca. 100-120 zytogenetische Untersuchungen mittels differentieller Bandenfärbungen durchführen können. Nicht eingeschlossen ist die Befunderhebung, die zur Qualitätssicherung nur von einem Wissenschaftler mit fundierten zytogenetischen Kenntnissen durchgeführt werden sollte (Wegner 1982) sowie Kosten für Personal, das nicht direkt mit der Analyse befaßt ist, wie Sekretärin und Reinigungspersonal. Auf eine Berechnung der Sachkosten wird hier verzichtet, da sie gegenüber den anfallenden Personalkosten eher in den Hintergrund treten.

An dieser Stelle mögen folgenden Angaben über die Erstattungen nach dem BMÄ (Bewertungsmaßstab für kassenärztliche Leistungen, Stand 01.04.89) von Interesse sein:

- Chromosomenanalyse, ggf. einschl. vorangehender kurzzeitiger Kultivierung, je Untersuchung: 3500 Punkte
- Spezielle Darstellung der Strukturen einzelner Chromosomen durch Anwendung besonderer Techniken, ggf. einschl. fotografischer Dokumentation, je notwendiges Verfahren: 900 Punkte.

Molekulargenetik:
Zur Basisausstattung eines molekulargenetischen Labors werden benötigt:

- ein Abzug,
- ein Autoklav,
- ein Hybridisierungsofen,
- eine Werkbank für steriles Arbeiten,
- ein Kühl/Gefrierschrank,

- eine Tischzentrifuge,
- ein Thermocycler,
- ein UV-Spektrometer sowie eventuell
- ein Schüttelinkubator und
- eine Ultrazentrifuge.

Dazu kommt eine Reihe weiterer Kleingeräte, zum Beispiel ein Elektrophorese-Gerät mit Kammer, ein UV-Transilluminator usw. Der Umgang mit radioaktiven Substanzen erfordert die Zulassung eines Isotopenlabors, die Auswertung und Dokumentation der Ergebnisse ein Fotolabor.

Als Anhaltspunkt für die Erstattungen molekulargenetischer Untersuchungen sei hier der BMÄ (Bewertungsmaßstab für kassenärztliche Leistungen, Stand 01.04.89) angegeben:

- DNA-Extraktion aus Zellen oder Gewebeproben, je Fall: 1500 Punkte,
- DNA-Spaltung mittels eines Restriktionsenzyms einschl. elektrophoretischer Auftrennung, je Restriktionsenzym: 300 Punkte,
- Molekulare Hybridisierung mit markierten Sonden, Southern Transfer und qualitativer Auswertung, je Sonde: 700 Punkte,
- Quantitative densitometrische Auswertung, je Fall: 250 Punkte.

Patientenvorbereitung
entfällt.

5.4.2.3 Spezimennahme

Als Untersuchungsmaterial kommen hauptsächlich Vollblut, Knochenmark (KM) und Lymphknotengewebe in Frage. Auf die Gewebegewinnung selbst wird hier nur in Zusammenhang mit den anstehenden genetischen Untersuchungen eingegangen. Für eine genaue Beschreibung der Lymphknoten- und Knochenmarkbiopsie bzw. -aspiration sei der Leser auf die Kap. 7.1 bzw. 6.1.2.3 verwiesen.

Zytogenetik:
Der für die Zytogenetik bestimmte Anteil einer Blut- oder Knochenmarkprobe muß unter sterilen Bedingungen sofort durch Zugabe eines Heparins, z.B. Liquemin N 25000 (Hoffmann-La Roche), ungerinnbar gemacht werden. Auf keinen Fall darf EDTA zur Gerinnungshemmung eingesetzt werden. Bei einer Knochenmarkaspiration bzw. Blutentnahme sollte die Spritze einmal mit Heparin durchspült werden und ein Volumen von max. 10% des erwarteten Probenvolumens in der Spritze verbleiben. Die Untersuchungen erfordern entweder ca. 1 ml zellreiches Knochenmarkaspirat oder 2 ml Vollblut. Im Fall einer Biopsie muß der Gewebezylinders sofort in ein steriles, pH-stabilisiertes Medium (z.B. RPMI 1640) mit 10% Heparin überführt werden. Das Lymphknotenbiopsat wird in Medium (RPMI) ohne Heparin aufgenommen.

Molekulargenetik:
Für die Molekulargenetik ist die Zugabe von EDTA oder Heparin zum Vollblut oder Knochenmarkaspirat erforderlich. Tumorgewebe muß steril in Medium (z.B. RPMI 1640) verschickt werden. Bei vorgesehener DNA-Analyse kann das Material bis zu

vier Tagen bei +4 °C oder für längere Zeit in flüssigem Stickstoff aufbewahrt werden. Wegen der Einwirkung zellulärer RNasen (RNA verdauende Enzyme) ist für die RNA-Analyse eine sofortige Präparation oder Lagerung in flüssigem Stickstoff nötig.

Für die Analyse mittels des sogenannten *Southern Blot Verfahrens* (s. 5.4.4.1.3) werden etwa 5-10 Mikrogramm DNA pro Ansatz benötigt. Dies entspricht etwa der Materialmenge von einem Milligramm Gewebe oder einem Milliliter Vollblut bzw. Knochenmarkaspirat, entsprechend 10^6 bis 10^7 kernhaltigen Zellen.

Die DNA- oder RNA-Analyse mit dem sehr empfindlichen Verfahren der *Polymerase-Ketten-Reaktion* (s. 5.4.4.1.3) benötigt im Prinzip nur eine einzige Zelle. DNA kann ebenfalls von Zellen auf Objektträgern oder von paraffin-eingebetteten Schnitten isoliert werden.

5.4.2.4 Spezimeneinsendung

Nach der Probengewinnung durch den Kliniker bzw. niedergelassenen Spezialisten muß generell ein sofortiger Versand des Untersuchungsmaterials gesichert sein, um schnellstmöglich optimale Bedingungen für die Kultivierung der Zellen zu schaffen. Dies setzt bei der meist stark begrenzten Kapazität der Laboratorien eine genaue telefonische Absprache voraus. In Tab. 5.4-3 sind einige Laboratorien aufgeführt, die nach Maßgabe der vorhandenen Möglichkeiten zytogenetische Analysen durchführen. Um eine optimale Transportdauer von nicht mehr als 24 Stunden einzuhalten, sollte die Materialentnahme nach Möglichkeit Anfang bis Mitte der Woche durchgeführt und der Versand per Eilboten oder, bei kürzerer Entfernung, per Taxi erfolgen.

Tabelle 5.4-3. Liste einiger zytogenetischer Laboratorien, die nach telefonischer Absprache bereit sind Chromosomenanalysen durchzuführen

Ort	Name	Telefon
Berlin	Priv.Doz. Dr. R.-D. Wegner	030/3035-381
Erlangen	Prof. Dr. E. Gebhart	09131/852405
Gießen	Prof. Dr. F. Lampert	0641/702-4443
	Dr. J. Harbott	
Kiel	Frau Dr. B. Schlegelberger	0431/597-1784
Lübeck	Frau Prof. Dr. C. Fonatsch	0451/5002629
Mainz	Prof. Dr. E. Schleiermacher	06131/392871
München	Dr. J.-U. Walther	089/5996-487
Ulm	Frau Dr. B. Heinze	0731/176-3347

5.4.2.5. Mitteilungen an das Laboratorium

Viele Laboratorien haben eigene Einsendebögen erstellt. Generell werden neben den personenbezogenen Daten Angaben über die Herkunft des Gewebes, über die genaue Fragestellung bzw. Verdachtsdiagnose, über Art und Beginn einer Vorbehandlung und über hämatologische und andere Vorbefunde benötigt.

5.4.3 Präanalytik II

Die präanalytische Phase innerhalb des Laboratoriums umfaßt die Überprüfung des eingesandten Materials und der Begleitscheine, die den in 5.4.2 genannten Anforderungen entsprechen müssen. Praktisch wichtig ist vor allem das zeitgerechte Eintreffen des Materials im Laboratorium nach telephonischer Anmeldung (s. 5.4.2.4), um eine sofortige Weiterverarbeitung (Anlegen von Zellkulturen usw, s. 5.4.4) zu gewährleisten.

5.4.4 Analytik

5.4.4.1 Methoden
Zytogenetik:
Zur Chromosomenanalyse werden je nach Menge des eingesandten Gewebes 2-3 Kulturen angesetzt. Bei Proben aus dem Knochenmark genügen 0,2 - 0,3 ml pro 5 ml Kulturmedium (Ham's F10 oder RPMI 1640), bei Blutproben 0,3 - 0,4 ml pro Kultur. Die Aufarbeitung zur Chromosomendarstellung erfolgt nach 1-2stündiger Inkubation (Direktpräparation) bzw. nach Kultivierung für 24 oder ggf. nach 48 Stunden (Kurzzeitkultur). Die Dauer der Colcemidbehandlung zur Anreicherung von Metaphasen beträgt 30 Minuten bis 2 Stunden. Die Zellen werden mit hypotoner KCl-Lösung behandelt (KCl 0,075 mol/l, 20 min) und anschließend mit einem Gemisch aus Methanol/Eisessig (3:1) fixiert. Nach Herstellung von luftgetrockneten Präparaten erfolgt die Färbung mit Giemsa bzw. die Durchführung einer differentiellen Bandenfärbung der Chromosomen. Danach werden die Metaphasen fotografiert und zum genauen Vergleich eines jeden Chromosoms ein Karyotyp erstellt.

Die Durchführung der Chromosomenpräparation und insbesondere der Färbung kann vielfach modifiziert werden, und fast jedes Labor besitzt sein eigenes Behandlungsprotokoll. Der an Einzelheiten interessierte Leser sei auf die ausführlichen Publikationen von Schwarzacher und Wolf (1974) und Harrison (1986) verwiesen.

Molekulargenetik:
Die molekulare Analyse erfolgt überwiegend mit dem *Southern Blot Verfahren* und/oder mit der *Polymerase-Ketten-Reaktion*. Die dazu benötigte DNA/RNA wird nach Standardmethoden extrahiert (Berger und Kimmel 1987).

Southern Blot Verfahren (Abb. 5.4-1).
Die Methode dient dem molekulargenetischen Nachweis von bestimmten DNA-Sequenzen und erfolgt in folgenden Schritten:

- Reine, hochmolekulare genomische DNA (5-10 Mikrogramm) wird durch Restriktionsenzyme in kleinere Fragmente unterschiedlicher Länge geschnitten ("verdaut"). Die verschiedenen Fragmentlängen kommen dadurch zustande, daß das Restriktionsenzym über das Genom zufällig verteilte spezifische Basenpaar-Sequenzen erkennt und die doppelsträngige DNA nur dort schneidet.
- Die Auftrennung der DNA-Fragmente nach ihrer Länge erfolgt durch Gelelektrophorese.

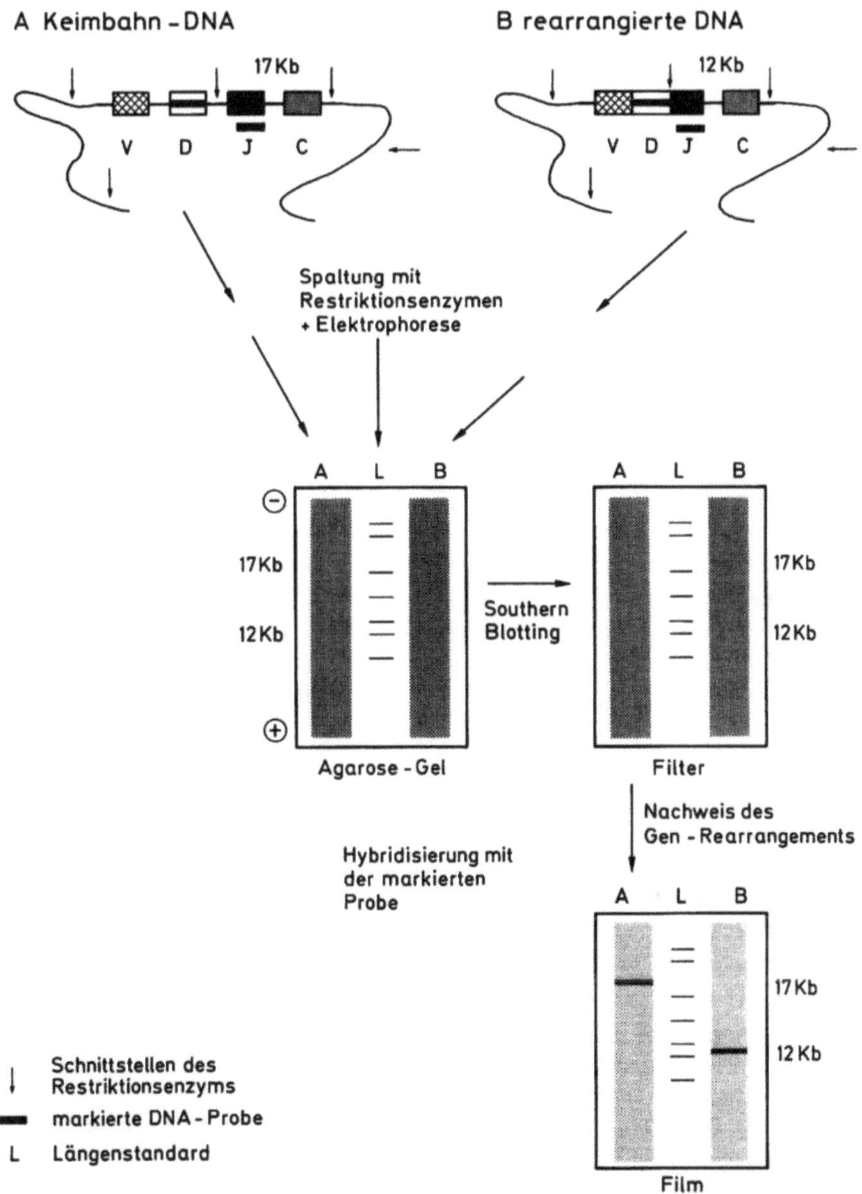

Abbildung 5.4-1. Schematische Darstellung der Southern Blot Analyse. Die extrahierte, hochmolekulare DNA wird mit einem Restriktionsenzym verdaut und die DNA-Fragmente in einem Agarose-Gel elektrophoretisch der Länge nach voneinander getrennt. Die doppelsträngigen DNA-Fragmente werden denaturiert, als Einzelstränge auf einen Filter übertragen und mit der radioaktiv-markierten DNA-Probe aus dem J-Gensegment der schweren Ig-Kette hybridisiert. Der Nachweis der DNA-Fragmente, die die Probe gebunden haben, erfolgt autoradiographisch. Die dunklen Banden geben die Lage und damit die Länge der gesuchten DNA-Sequenz wieder. (A.) Nachweis der Keimbahn-Konfiguration durch Kontroll-DNA (17 kb Fragment) (B.) Nachweis eines DNA-Rearrangements im Genlocus der schweren Ig-Kette (12 kb Fragment) (Für Details des Rearrangements s. Abb. 5.4-5) V, D, J, C: DNA-Segmente mit Genen für die "Variable", "Diversity", "Joining" und "Constant" Region.

- Die DNA wird nach Trennung der doppelsträngigen DNA in Einzelstränge (Denaturierung) durch das nach Southern benannte Verfahren auf eine dem Gel direkt aufliegende Membran (Nylon- oder Nitrocellulose) transferiert und irreversibel gebunden.
- Der Nachweis des DNA-Fragments, das die gesuchte Basenpaar-Sequenz enthält, wird in zwei Schritten durchgeführt:
  a) Zuerst erfolgt eine Anlagerung der DNA-Probe (Gensonde) an die Ziel-DNA (Hybridisierung). Als Gensonden werden DNA-Proben mit einer der gesuchten Basensequenz komplementären Nukleotid-Sequenz benötigt. Die DNA-Probe wird vorher entweder mit radioaktiven oder nicht-radioaktiven Nukleotiden markiert.
  b) Die Lage der DNA-Fragmente auf der Membran wird bei radioaktiv markierten Gensonden mittels eines Röntgenfilms und bei nicht-radioaktiver Markierung immunologisch nachgewiesen. Die Länge des Fragments wird durch Vergleich mit einem DNA-Längenstandard bestimmt.

Veränderungen der Lage des gesuchten DNA-Fragments lassen auf größere DNA-Umbauten, wie z. B. partielle Deletionen, Translokationen oder Gen-Rearrangements schließen. Ebenso können dadurch Punktmutationen, die die spezifischen Schnittstellen des verwendeten Restriktionsenzyms verändern, erfaßt werden. Punktmutationen, die keine Änderung der Schnittstellen hervorrufen, können durch Hybridisierung mit mutations-spezifischen Oligonukleotiden nachgewiesen werden. Die *Intensität der Hybridisierungsbande* läßt z.B Aussagen über Duplikationen von DNA-Segmenten (Genamplifikation), über Deletionen (Fehlen einer Bande) bzw. über den Anteil neoplastischer Zellen an der Gesamtzellpopulation zu.

Für die Southern Blot Analysen werden von der Probenentnahme bis zur Mitteilung des Ergebnisses im Durchschnitt zehn bis vierzehn Tage benötigt. Der Vorteil bei Verwendung von radioaktiv markierten Gensonden ist die hohe Nachweisempfindlichkeit; die Nachteile sind die Strahlenexposition und die kurze Halbwertzeit von ^{32}P. Die nicht-radioaktiven Techniken erreichen noch nicht die Sensitivität der radioaktiven Methoden und sind daher nicht für alle Nachweisverfahren verwendbar. Die markierten DNA-Proben können jedoch lange aufbewahrt werden.

Polymerase-Ketten-Reaktion (Abb. 5.4-2).
Die Polymerase-Ketten-Reaktion (polymerase chain reaction, PCR) ermöglicht, im Idealfall ausgehend von einer einzigen Genkopie, die exponentielle Vervielfältigung (Amplifizierung) eines über 2000 Basen langen DNA-Segments (White et al. 1989, Vosberg 1989). Zur Durchführung der PCR müssen die flankierenden Basensequenzen bekannt sein, damit die hierzu komplementären Startermoleküle (Oligonukleotide) synthetisiert werden können. Eine Amplifizierung von RNA-Sequenzen kann ebenfalls durchgeführt werden, wenn vor Beginn der PCR eine komplementäre DNA (cDNA) durch reverse Transkription synthetisiert wurde. Die methodisch einfache, jedoch hoch selektive PCR-Technik erfordert eine Variation der Temperatur während eines Zyklus:

- Auftrennung der doppelsträngigen DNA in Einzelstränge (DNA- Denaturierung) bei 92 °C,
- Anlagerung der spezifischen Oligonukleotiden (Primer) an die komplentäre

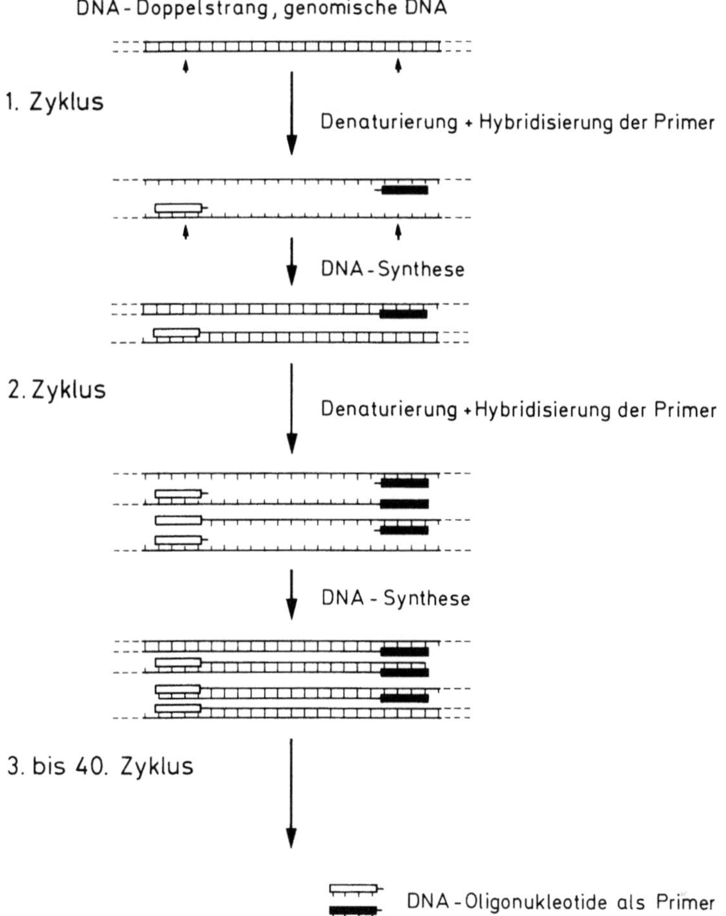

Abbildung 5.4-2. Schematische Darstellung der Polymerase Ketten Reaktion (Polymerase Chain Reaction, PCR). Ein Zyklus besteht aus der Denaturierung der DNA, der Anlagerung der Primer und der DNA-Synthese durch eine DNA-Polymerase. Durch Wiederholung der Zyklen kommt es zur exponentiellen Vervielfältigung des DNA-Abschnittes (Amplifikation).

Sequenz der Ziel-DNA (Hybridisierung) durch Reduzierung der Temperatur auf 45 - 60 °C (abhängig vom Primer),

- Diese doppelsträngigen Abschnitte dienen der hitzestabilen Polymerase als Startpunkt für die DNA-Kettenverlängerung zum Aufbau eines komplementären DNA-Stranges bei 72 °C.

Die DNA-Amplifizierung läuft in einem 'Thermocycler' vollständig automatisch ab. Dabei vervielfältigen 25-30 Zyklen das DNA-Segment innerhalb von Stunden ungefähr um den Faktor 10^6. Die amplifizierten DNA-Produkte können unter anderem wie folgt identifiziert und weiter analysiert werden: Bekannte Punktmutationen werden nach PCR mit Oligonukleotiden, die die Mutationsstelle flankieren, nachgewiesen. Hierzu wird entweder eine Hybridisierung des amplifizierten Produktes mit mutationsspezifischen Oligonukleotiden durchgeführt, oder das Amplifikationsprodukt mit einem bestimmten Restriktionsenzym verdaut, das z.B. nur beim Vorliegen der Mutation im amplifizierten Produkt dieses in zwei Fragmente zerschneidet.

Der Nachweis von chromosomalen Translokationen gelingt 1. direkt, durch Verwendung von Primern, die diese Bruchstelle flankieren, vorausgesetzt die Bruchstellen weisen eine relativ konstante Lokalisation im Genom auf, oder 2. indirekt, bei transkriptionsaktiven Bereichen, nach reverser Transkription der mRNA des neugebildeten Hybridgens in DNA mit anschließender Amplifikation dieser DNA-Sequenz.

5.4.4.2 Interne Qualitätssicherungsmaßnahmen in der analytischen Phase
Zytogenetik:
Für eine ausreichende Qualität des Befundes muß eine differentielle Bandenfärbung erfolgen, da nach einfacher Färbung mit Giemsa kleinere strukturelle Aberrationen vielfach nicht zu erkennen sind. Im allgemeinen wird dafür eine *G*(iemsa)-*Bandenfärbung* nach Trypsinbehandlung der Metaphasechromosomen eingesetzt. Das Austesten der optimalen Bänderungsbedingungen ist dabei besonders zeitaufwendig. Die Dauer der Enzymbehandlung sowie die Konzentration der Lösung sind keine festen Parameter und müssen von Fall zu Fall neu bestimmt werden. Die im allgemeinen stark kondensierten Chromosomen aus Tumorzellen sind grundsätzlich schwer zu bändern, und eine Analyse kann häufig nur auf der Ebene von 200-350 Banden/haploidem Chromosomensatz erfolgen. Nach Darstellung eines hochaufgelösten Bandenmusters - high resolution banding (Yunis 1983) - mit bis zu 850 Banden/haploidem Chromosomensatz steigt die Zahl der Fälle mit pathologischem Chromosomensatz für die ALL von ca. 50% auf 90% und für die ANLL von ca. 50% auf 97%. So wünschenswert diese Art der Analyse auch ist, so begrenzt allein schon die Zahl der für die Austestung benötigten Objektträger ihre Anwendung auf den Teil der Einsendungen mit sehr gutem in vitro Wachstum, also hohem Mitoseindex.

Molekulargenetik:
Beim *Southern Blot Verfahren* wird Kontroll-DNA (z.B. aus Plazenta- oder Fibroblasten) parallel mit der Patienten-DNA behandelt. Dadurch werden alle Arbeitsschritte, vom enzymatischen Verdau über die elektrophoretische Auftrennung bis zur Hybridisierung, gleichzeitig kontrolliert und die Keimbahn-DNA-Konfiguration festgestellt.

Die *Polymerase-Ketten-Reaktion* wird anhand einer positiven und negativen Kontrolle überwacht. In der positiven Kontrolle wird ein DNA-Segment einer bekannten Probe amplifiziert, um die Reaktionsbedingungen und Probenansätze zu überprüfen. In der negativen Kontrolle ist der gleiche Probenansatz ohne DNA enthalten. Damit werden eventuelle DNA-Verunreinigungen des Reaktionsansatzes erkannt.

Die Amplifikationsprodukte der Polymerase-Ketten-Reaktion können durch eine Reihe von Analysen identifiziert werden. Durch das am häufigsten verwendete Verfahren der Gelelektrophorese wird die bekannte Länge des amplifizierten Produkts bestätigt. Zum Ausschluß etwaiger Fehler bei der enzymatischen Kettenverlängerung kann das Amplifikationsprodukt zusätzlich mit einem Restriktionsenzym an einer bekannten Schnittstelle geschnitten oder durch Southern Blot Verfahren mit einer spezifischen Gensonde hybridisiert werden. Eine weitere, allerdings aufwendigere Möglichkeit ist die direkte Sequenzanalyse des amplifizierten Produktes.

5.4.4.3 Externe Qualitätssicherungsmaßnahmen in der analytischen Phase

Übliche Verfahren der externen Qualitätssicherung (Probentausch, Ringversuch) sind auch für zytogenetisch und molekulargenetisch arbeitende Laboratorien theoretisch möglich, sind aber unseres Wissens bisher noch nicht praktisch erprobt.

5.4.5 Postanalytik I

5.4.5.1 Ergebnisfeststellung

Zytogenetik:

Im ersten Schritt wird nach einfacher Giemsafärbung die Chromosomenzahl von 1 - 20 Metaphasen bestimmt, um numerische Abweichungen zu erfassen. Im zweiten Schritt werden differentiell gefärbte Chromosomen zu einem Karyotyp geordnet und analysiert (Abb. 5.4-3). Die paarweise Anordnung der homologen Chromosomen erlaubt den genauen Vergleich von Lage und Intensität der chromosomalen Banden miteinander, damit wird die Erfassung auch kleinerer Aberrationen möglich.

Tritt ein pathologischer Karyotyp auf, werden die Veränderungen entsprechend den Vereinbarungen einer internationalen Nomenklatur (ISCN 1985) angegeben. Dies soll am Beispiel einer bisher nicht beschriebenen Aberration für die essentielle Thrombozythämie näher erläutert werden. Der Karyotyp der pathologischen Zellen lautet: 46,XX,del(2)(p13) (Abb. 5.4-3). Die erste Zahl gibt dabei die Anzahl der vorhandenen Chromosomen an, nach dem Komma erscheint die Geschlechtschromosomenkon-

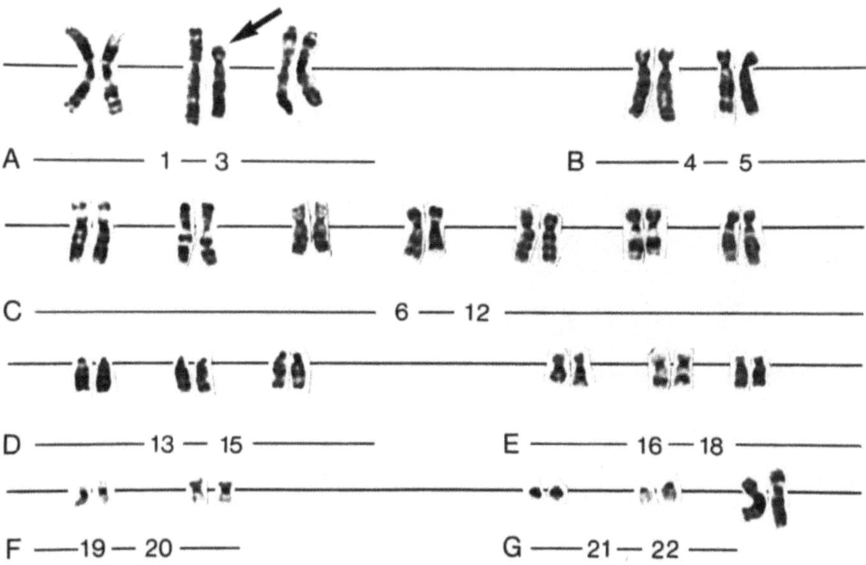

Abbildung 5.4-3. Aberranter Karyotyp einer Patientin mit essentieller Thrombozytopenie nach G-Bandenfärbung. Die Deletion im kurzen Arm eines Chromosoms 2 ist mit einem Pfeil markiert.

stitution, gefolgt von einer Abkürzung für den Typ der Aberration, in diesem Fall steht del für Deletion (Stückverlust). Das betroffene Chromosom wird in der ersten Klammer angegeben, die Bruchstelle in der zweiten Klammer. Dabei steht p für den kurzen und q für den langen Arm. Die Ziffer danach kennzeichnet die betroffene Chromosomenbande.

Die am häufigsten verwendeten Symbole zur Beschreibung von Chromosomenaberrationen und ihre Bedeutung sind im folgenden angegeben:

+   *zusätzliches* Chromosom

-    *fehlendes* Chromosom

t   *Translokation:* ein oder mehrere Chromosomenstücke sind von einem Chromosom auf ein anderes verlagert worden

f   *Fragment*

ins   *Insertion:* ein Chromosomenstück ist in ein anderes Chromosom eingebaut worden

del   *Deletion:* Verlust eines Chromosomenstückes

dup   *Duplikation:* Verdopplung eines Chromosomenstückes

inv   *Inversion:* ein Chromosomenstück eines Chromosoms ist herausgebrochen und um 180° rotiert wieder eingebaut worden

mar   *Markerchromosom:* strukturell verändertes Chromosom, Zuordnung im Karyotyp nicht möglich

mos   *Zellmosaik:* Auftreten zweier oder mehrerer Zellinien mit unterschiedlichem Karyotyp. Eine Zellinie bzw. ein Zellklon liegt vor, wenn mindestens zwei Zellen das gleiche überzählige Chromosom oder strukturelle Aberration aufweisen bzw. wenn mindestens drei Zellen den Verlust eines identischen Chromosoms zeigen.

der   neu entstandenes Chromosom

Im Fall der oben beschriebenen Patientin mit essentieller Thrombozythämie war erst einmal nur der Karyotyp der Zellen mit der Deletion angegeben worden. Tatsächlich ist aber die Situation komplexer: In 80% der untersuchten Metaphasen traten neben den Zellen mit der Deletion im kurzen Arm eines Chromosoms 2 auch völlig normale Mitosen auf. Damit liegt ein Mosaik vor und der vollständige Chromosomensatz des Knochenmarks ist wie folgt anzugeben: mos46,XX/46,XX,del(2)(p13).

Die Befundmitteilung erfolgt im allgemeinen erst einmal telefonisch. In jedem Fall wird dann einige Tage später der schriftliche Befund zugesandt. Während bei einfach zu diagnostizierenden Fällen eine Zeit von ca. 2-3 Wochen zwischen Probeneinsendung und Befundmitteilung anzusetzen ist, kann diese bei problematischen Fällen durchaus 4-6 Wochen betragen.

Eine Analyse der Zellen nach verschieden langer Kulturdauer ist erforderlich - empfohlen wird mindestens eine Direktkultur und eine Kurzzeitkultur -, da Diskrepanzen zwischen den verschiedenen Kulturansätzen auftreten können (Berger et al. 1983, Harrison 1986). Es bleibt zu berücksichtigen, daß die Untersuchung maligner Zellen stets deutlich schwieriger und langwieriger ist, als die von Lymphozyten und anderen "normalen" Zellen. In einigen Fällen ist, bedingt durch eine geringe oder fehlende Zellteilungsaktivität der Probe sowie durch die bekanntermaßen schlechte Morphologie der Chromosomen der Tumorzellen, keine Befunderstellung möglich.

Molekulargenetik:
Ein typisches Ergebnis der *Southern Blot* Analyse im Fall einer c-ALL ist in Abbildung 5.4-4 wiedergegeben. Die Banden repräsentieren Bindungsorte einer spezifischen Gensonde für die schwere Immunglobulin-Kette. Zum Verständnis der Befundung sollen an dieser Stelle einige Grundlagen in vereinfachter Form dargestellt werden.

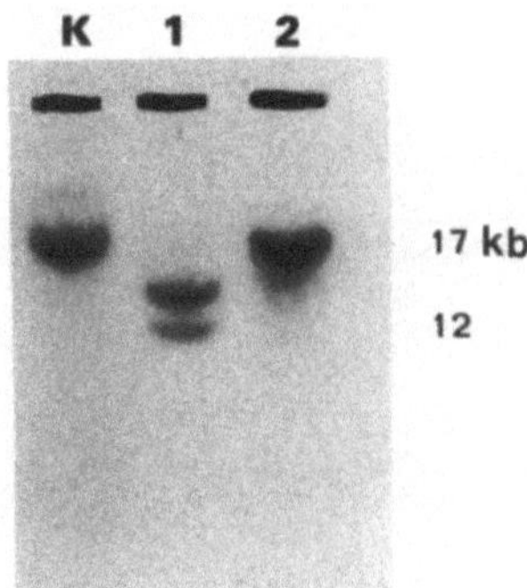

Abbildung 5.4-4. Southern Blot DNA-Analyse zur Untersuchung des Gen-Rearrangements der schweren Immunglobulin-Kette. Die DNA wurde mit dem Restriktionsenzym BAM HI geschnitten und mit einer spezifischen Gensonde der schweren Ig-Kette hybridisiert. Die Kontroll-DNA (Plazenta-DNA) in Bahn K gibt die Lage der Bande in der Keimbahn-Konfiguration (17 kb) an. Die DNA-Analyse eines Patienten mit einer c-ALL in Bahn 1 zeigt zwei rearrangierte Banden. Es liegt eine reine klonale B-Zellvorstufen-Neoplasie vor, bei der beide Allele rekombiniert sind. In der Therapie-Verlaufskontrolle zur Beurteilung der Remissionsqualität (Bahn 2) ist nur die Keimbahn-Konfiguration wieder vorhanden.

Die Immunglobuline (Ig) bestehen aus je zwei identischen schweren (H) und leichten (L) Ketten, die jeweils eine variable (V) und eine konstante (C) Region besitzen. Die variable Region der schweren Ig-Kette setzt sich aus drei Abschnitten, den sogenannten V- (variable), D- (diversity), und J- (joining) Segmenten zusammen, die der leichten Kette nur aus zwei Abschnitten, einem V- und einem J- Segment.

Die Gene, die letztendlich die Struktur jedes Antikörpers kodieren, sind nicht als funktionelle Einheit in der Keimbahn-DNA vorhanden, sondern liegen als getrennte DNA-Segmente vor (Tonegawa 1983). Diese Segmente werden prinzipiell erst während der Differenzierung einer pluripotenten Stammzelle in einen B-Lymphozyten, also zellspezifisch, durch eine Reihe genetischer DNA-Umbauten, sogenannten Rearrangements, zu einem funktionsfähigen Gen zusammengesetzt (Abb. 5.4-5). Jedes dieser Rearrangements führt in dem betreffenden reifen B-Lymphozyten zu einem einzigartigen Gen und dessen Protein-Produkt, dem Antikörper. Damit stellen sie einen individuellen genetischer 'Fingerabdruck' dieser Zelle dar, der an alle ihre Nachkommen weitergegeben wird.

Die Abfolge der Rearrangements erfolgt chronologisch geordnet und erlaubt daher Rückschlüsse auf das Differenzierungsstadium eines jeden Lymphozyten. Dabei lassen sich die DNA-Rearrangements in vier Stadien einteilen. Der erste Schritt ist

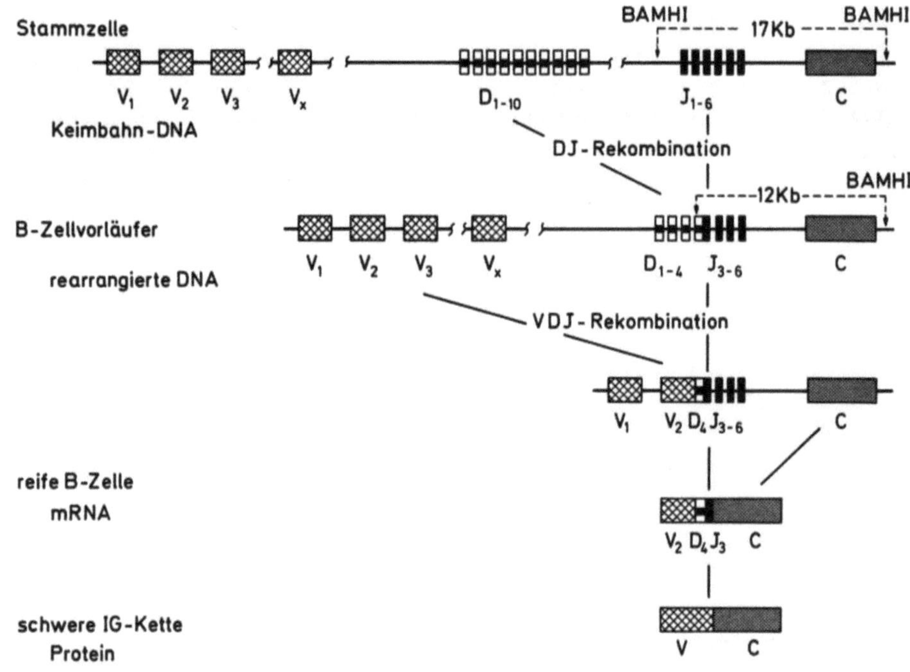

Abbildung 5.4-5. Schematische Darstellung der Gen-Rearrangements der schweren Immunglobulin-Kette mit anschließender Transkription und Translation zu einem Polypeptid als fertige
Untereinheit eines Immunglobulins. Die variable Region der schweren Ig-Kette wird von
verschiedenen V-, D- und J-Genen kodiert, die durch nichtkodierende Sequenzen voneinander
getrennt sind. Zuerst wird im vorliegenden Beispiel das D4-Gen an das J3-Gen gekoppelt und
darauf das V2-Gen an die entstandene D4J3-Einheit. Nach der VDJ-Rekombination (V2D4J3)
wird die neu-arrangierte DNA einschließlich des C-Gens in RNA transkribiert und die m-RNA
durch Heraustrennen ("Splicing") der nichtkodierenden Bereiche gebildet. Diese mRNA dient
als Vorlage zur Synthese der schweren Ig-Kette. Durch die DJ-Rekombination wird eine
Schnittstelle des Restriktionsenzyms Bam HI entfernt, wodurch sich die Fragmentlänge
verändert. Diese Veränderung läßt sich im Southern Blot nachweisen. (V: "Variable", D:
"Diversity", J: "Joining" und C: "Constant" Segmente)

eine D-J-Rekombination im Genlocus der schweren Ig-Ketten (Bande 14q32), die
somit den frühesten immungenotypischen Marker der B-Zellreifung darstellt (s. Abb.
5.4-5). Der zweite Schritt beruht auf einer V-D-J-Rekombination und Ankopplung
eines C-Gensegments, wodurch das Auftreten von zytoplasmatischer mRNA und
schweren Ig-Ketten möglich wird. Der dritte Schritt, nach erfolgreicher Synthese
einer schweren Immunglobulin-Kette, führt zur V-J-Rekombination der kappa Ig-
Kette (Bande 2p12) und Bildung eines zytoplasmatischen und membranständigen
Immunglobulin-Moleküls (IgM, IgD). Der vierte Schritt, die Gen-Rearrangements der
leichten lambda Ig-Ketten (Bande 22q11), findet nur nach erfolgloser Zusammensetzung der kappa Gene statt (Isotyp-Exklusion) (Korsmeyer et al. 1983). Die Abbildung 5.4-6 zeigt nochmals die Reihenfolge der Immunglobulingen-Rearrangements

während der B-Zelldifferenzierung, diesmal in Korrelation mit dem Auftreten von immunphänotypischen Markern.

Nach dieser kurzen Darstellung der Immunglobulingen-Rearrangements kann die in Abbildung 5.4-4 wiedergegebene Southern Blot Analyse in folgender Weise interpretiert werden. Die Lage der Bande der Kontroll-DNA in Bahn K (17 kb) gibt die Keimbahn-Konfiguration wieder. In der Bahn 1 sind zwei in der Lage veränderte Banden (14 und 12 kb) erkennbar, die auf Gen-Rearrangements beider Allele der schweren Ig-Ketten zurückzuführen sind. Damit liegt eine klonale B-Zellvorstufen-Neoplasie vor, die wegen des Fehlens einer Keimbahn-Bande die Gesamtzellpopulation ausmacht. In einer Therapie-Verlaufskontrolle (Bahn 2) sind keine rearrangierten Banden mehr vorhanden, d.h. es ist kein maligner Zellklon mehr nachweisbar und alle Zellen weisen die Keimbahn-DNA-Konfiguration auf.

Prinzipiell sind die Mechanismen, die zur Bildung eines funktionsfähigen T-Zellrezeptor-(TZR-)Gens führen, vergleichbar mit denen der Immunglobuline. Mehr als 90 % der peripheren T-Lymphozyten besitzen einen TZR aus einer alpha- und beta-Kette, die restlichen einen aus einer gamma- und delta-Kette (Loh et al. 1989). Alle vier Ketten haben einen variablen und einen konstanten Teil. Zur Bildung eines funktionsfähigen Gens erfahren die Genloci der beta- (Bande 7q35) und delta-Kette (Bande 14q11) zuerst eine D-J- und anschließend eine V-D-J-Rekombination. Die T-Zellrezeptor alpha (Bande 14q11) und gamma Genloci (Bande 7p15) werden über eine direkte V-J-Rekombination aktiviert. Der Genlocus der delta Kette liegt in dem der alpha Kette zwischen dessen V- und J-Segmenten (Takihara et al. 1988).

Im allgemeinen ergibt sich, daß die T-Lymphozyten mit einem alpha/beta-Rezeptor ein gamma/delta-Rearrangement aufweisen (Pardoll et al. 1987). Demnach bilden T-Vorläuferzellen zuerst gamma/delta-Heterodimere. Sind diese nicht funktionsfähig,

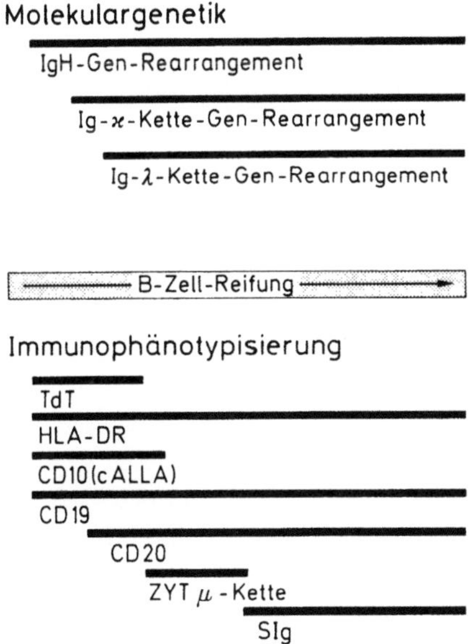

Abbildung 5.4-6. Zeitliche Abfolge der Immunglobulingen-Rearrangements in Korrelation mit dem Auftreten von immunphänotypischen Markern

erfolgt das DNA-Rearrangement einer beta-Kette und nachfolgend einer alpha-Kette. Das ontogenetische Auftreten der T-Zellrezeptorgen-Rearrangements während der T-Zellentwicklung kann mit dem Erscheinen von immunologischen Markern korreliert werden (Abb. 5.4-7).

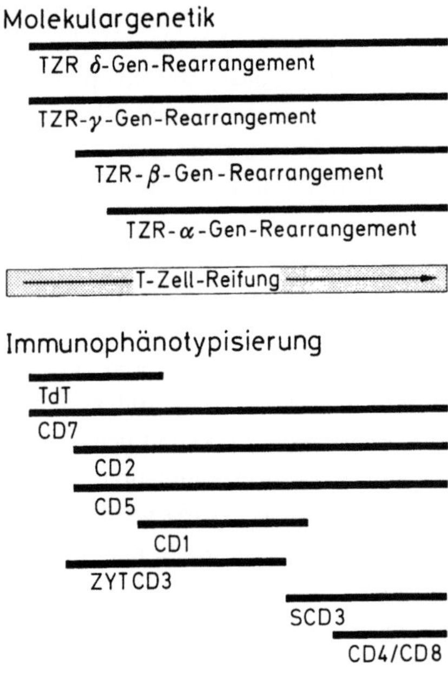

Abbildung 5.4-7. Zeitliche Abfolge der T-Zellrezeptogen-Rearrangements in Korrelation mit dem Auftreten von immunphänotypischen Markern

Beispiele für den Nachweis klonaler T-Zell-Neoplasien nach Hybridisierung mit einer Gensonde für die beta-Kette des TZR sind in der Abbildung 5.4-8 wiedergegeben. Die Bahn K zeigt die Lage der Keimbahn-DNA-Konfiguration. In den Bahnen 1 und 2 sind neben einer intensiven Keimbahnbande noch zwei schwächere rearrangierte Banden aus den Tumorzellen zu erkennen. Der Anteil neoplastischer Zellen in der Gesamtzellpopulation kann aus dem Verhältnis der Intensität der rearrangierten Bande zur Keimbahnbande bestimmt werden. Beim Patienten mit einer prä-T-ALL in Bahn 1 macht der Blastenanteil ungefähr zwanzig Prozent aus, bei dem in Bahn 2 etwa fünf Prozent. Hieran wird auch die Sensivitätsgrenze der Southern Blot Methode deutlich. Wenn der Zellklon weniger als ein Prozent der Gesamtzellpopulation ausmacht, kann er trotz eines rearrangierten Gens nicht mehr nachgewiesen werden. In einigen Fällen kann seit neuem durch die PCR-Technik die Empfindlichkeit des Nachweises residueller Leukämiezellen bei lymphoiden Neoplasien erhöht werden (D'Auriol et al. 1989, Hansen-Hagge et al. 1989).

Polymerase-Ketten-Reaktion:
Die Ergebnisse einer PCR-Analyse sollen am Beispiel der CML dargestellt werden (Abb. 5.4-9). Die für die CML charakteristische Translokation t(9;22) vereint Teile

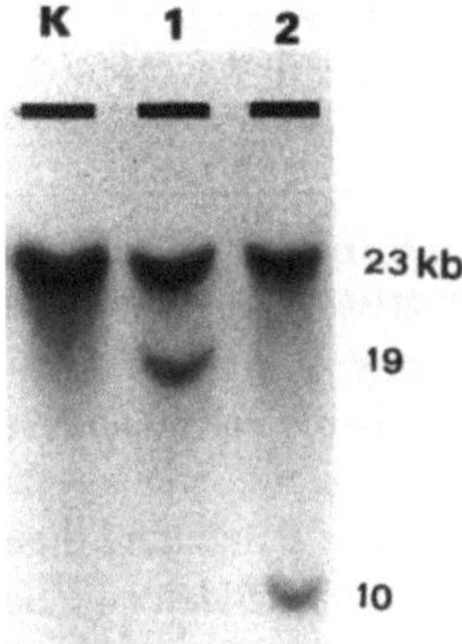

Abbildung 5.4-8. Southern Blot DNA-Analyse zur Untersuchung des Gen-Rearrangements der ß-Kette des T-Zellrezeptors (TZR). Die DNA wurde mit dem Restriktionsenzym BAM HI geschnitten und mit einer spezifischen Gensonde der ß-Kette des TZRs hybridisiert. Die Bahn K gibt die Lage der Bande in der Keimbahn-DNA-Konfiguration an. Die schwächeren Banden in den Bahnen 1 und 2 beweisen das Vorliegen einer klonalen T-Zellpopulation. Der Anteil neoplastischer Zellen in der Gesamtzellpopulation kann aus dem Verhältnis der Intensität der rearrangierten Bande zur Keimbahnbande bestimmt werden.

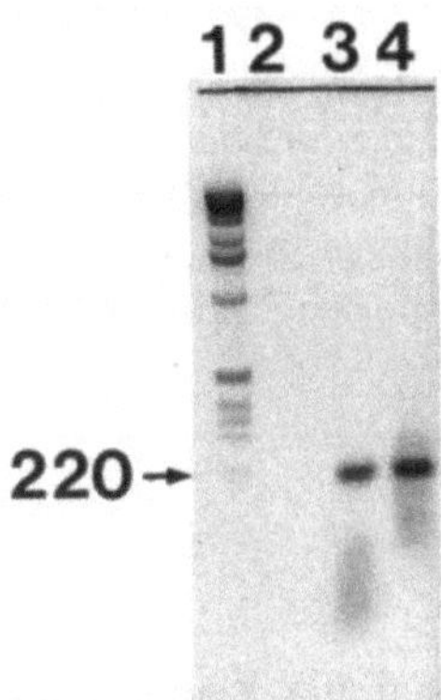

Abbildung 5.4-9. PCR-Analyse zum indirekten Nachweis des bcr-abl Hybridgens bei Verdacht auf CML. Aus der leukämie-spezifischen m-RNA wird durch die reverse Transkriptase eine c-DNA hergestellt. Danach erfolgt die Amplifikation dieser c-DNA und die Gelelektrophorese zur Bestimmung der Länge des Amplifikationsproduktes mittels eines DNA-Längenstandards. Bahn 1: DNA-Längenmarker, Bahn 2: Negativkontrolle, Bahn 3: Patient, 4: Positivkontrolle; Zellinie (K562) mit bcr-abl Hybridgen

der *bcr*-Sequenz (*b*reakpoint *c*luster *r*egion) auf Chromosom 22 mit denen des c-abl-Onkogens (Chromosom 9) und führt zur Bildung eines Hybridgens mit Expression einer leukämie-spezifischen mRNA. Zum Nachweis des Hybridgens wird zuerst eine komplementäre DNA-Kopie (cDNA) der mRNA hergestellt (reverse Transkription), die aus den Blut- oder Knochenmarkzellen isoliert wurde. Die Bruchstelle flankieren-den DNA-Regionen werden von beiden Seiten durch spezifische Oligonukleotide amplifiziert. Zur Analyse des Amplifikationsprodukts erfolgt eine elektrophoretische

Auftrennung (Bestimmung der Fragmentlänge) und, nach Southern Blotting, eine Hybridisierung mit einer Oligonukleotid-Sonde zum Nachweis der Bruchstelle.

5.4.5.2 Versorgung der Probenreste und Geräte

Alle Proben, die lebende Zellen enthalten, werden autoklaviert, bevor sie entsorgt werden. Dies gilt ebenso für die Kulturgefäße aus Plastikmaterial. Sind dagegen fixierte Zellen enthalten, wird sofort über den üblichen Klinikweg entsorgt. Glasgeräte werden mit 80%igem Alkohol gespült, bevor sie dem üblichen Reinigungsverfahren in der Spülmaschine unterworfen werden. Für die Großgeräte, wie sterile Werkbank und Einlegebleche der Inkubatoren, gilt, daß nach jeder Benutzung eine Desinfektion mit 80%igem Alkohol erfolgen muß. In monatlichen Abständen ist eine Grundreinigung vorzusehen. Eine jährliche Wartung der Geräte durch einen entsprechenden Kundendienst ist in Erwägung zu ziehen.

Feste und flüssige radioaktive Abfälle sind nach Isotopenart (^{3}H, ^{12}C, ^{32}P) streng getrennt zu sammeln und den erforderlichen Vorsichtmaßnahmen entsprechend aufzubewahren. Die Entsorgung geschieht nach den in der Umgangsgenehmigung festgelegten Richtlinien.

5.4.5.3 Abfallbeseitigung und Umweltschutz

Hierbei sind zum einen die verwendeten Mutagene zu berücksichtigen, wie z.B. Methotrexat zur Darstellung eines hochaufgelösten Bandenmuster oder Ethidium-Bromid zur Sichtbarmachung der DNA bei der Elektrophorese. Diese Substanzen bzw. deren Lösungen sollten klar gekennzeichnet und getrennt von anderen Substanzen aufbewahrt werden und müssen über die Sondermüllentsorgung der Klinik abgegeben werden. Zum anderen müssen die radioaktiven Abfälle den Strahlenschutzvorschriften entsprechend entsorgt werden.

5.4.6 Postanalytik II

5.4.6.1 Befundbewertung und -einordnung

Zytogenetik:

Die Bewertung einer chromosomalen Aberration setzt generell die Kenntnis der Verdachtsdiagnose, einschließlich aller Vorbefunde, voraus. Für eine eindeutige Aussage muß einmal die Chromosomenveränderung charakteristisch für die vermutete Erkrankung sein, zusätzlich müssen eventuell andere, mit dieser Veränderung assoziierte Neoplasien differentialdiagnostisch ausgeschlossen werden. Beispiele von Chromosomenanomalien, die als klonale Aberrationen bei der ALL oder der ANLL auftreten, sind in den Tabellen 5.4-4 und 5.4-5 aufgeführt. Eine vollständige, umfangreiche Auflistung der zur Zeit bekannten typischen Aberrationen bestimmter Neoplasien gibt der Bericht der 10. Konferenz für Genkartierung (HGM 10, 1989) neben dem schon erwähnten Werk von Mitelman (1988).

5.4.6.2 Diagnostische und differentialdiagnostische Möglichkeiten

5.4.6.2.1 CML

Zytogenetik:

Der Verdacht einer CML kann bei 85-90% der Patienten durch den Nachweis des

Tabelle 5.4-4. Korrelationen von häufigen strukturellen Chromosomenaberrationen in ALL mit zytologischer und immunologischer Klassifikation (Modifiziert nach Heim und Mitelman 1987a).

Zytogenetische Aberration[1]	Typische Morphologie[2]	Typischer Immunphänotyp
t(1;11)(p32;q23)	L1	Prä-B-ALL
t(1;19)(q23;p13)	L1	Prä-B-ALL
t(2;8)(p12;q24)	L3	B-ALL
t(4;11)(q21;q23)	L1,L2	Frühe B-Vorläufer ALL, Mischphänotyp
del(6q)	L1,L2	c-ALL
t(8;14)(q24;q11)		T-ALL
t(8;14)(q24;q32)	L3	B-ALL
t(8;22)(q24;q11)	L3	B-ALL
t(9;22)(q34;q1)	L1,L2	Frühe B-Vorläufer ALL, c- oder Prä-B- LL
del(9p) oder t(9p)	L1,L2	Frühe T-Vorläufer ALL, T-ALL
t(10;14)(q24;q11)	L1;L2	T-ALL
t(11;14)(p13;q11)	L1;L2	T-ALL
del(12p) oder t(12p)	L1,L2	c-ALL
del(14q) oder t(14)		T-ALL

[1]Abk.: t = Translokation, del = Deletion.
[2]Abk. nach der FAB-Klassifikation (Bennett et al. 1976).

Tabelle 5.4-5. Frequenzen der häufigstens primären chromosomalen Aberrationen in den FAB Untergruppen der ANLL (modifiziert nach Heim und Mitelman 1987a)

FAB Untergruppe	Chromosomale Aberration	Frequenz (%)[a]
M1	-7	17
	+8	13
	t(9;22)(q34;q11)	9
M2	t(8;21)(q22;q22)	38
	-7	11
	-11	11
M3	t(15;17)(q22;q11/12)	92
M4	inv/del/t(16)(p13;q22)	30
	+8	15
	-7	11
M5	del/t(11)(q13/14;q23)	30
	+8	26
M6	-7	26
	+8	14
	del(5q)	15
	-5	11
M7	Zu wenig analysierte Fälle	

[a]Frequenz unter allen aberranten Fällen einer FAB-Untergruppe

Philadelphia-Chromosoms (Ph[1]-Chromosom), das in der Regel durch eine Translokation zwischen den Chromosomen 9 und Chromosom 22 zustande kommt, zytogenetisch bestätigt werden (Übersichten bei Rowley 1986, Sandberg et al. 1986, Heim und Mitelman 1987a).

Diese für die CML als klassisch bekannte Translokation wird auch bei Patienten mit ALL gefunden (Tab. 5.4-4). Sie tritt bei 17-25 % der Erwachsenen und 2-6 % der Kinder mit ALL auf (Erikson et al. 1986, Kawasaki et al. 1988) und ist damit strenggenommen kein differentialdiagnostisches Kriterium mehr. Dies unterstreicht die Notwendigkeit einer genauen Indikationsstellung und damit einer klaren Fragestellung für den Untersucher. Für eine Differentialdiagnose zwischen Ph[1]-positiver CML und ALL ist hingegen eine molekulare Diagnostik indiziert (s. unten).

Keine eindeutigen Aussagen liegen über die prognostische Bedeutung des Nachweises einer Ph[1]-negativen CML vor. So wurde in einer Reihe von Untersuchungen festgestellt, daß CML-Patienten mit einem normalen Karyotyp (Ph[1]-negativer CML) eine schlechtere Prognose haben als diejenigen mit Ph[1]-positiver CML (Rowley 1973, Sandberg 1980). Wie sich erst kürzlich herausstellte, ist dies allerdings z.T. auf Fehldiagnosen zurückzuführen, da Nachuntersuchungen morphologisch diagnostizierter, Ph[1]-negativer CML-Patienten ergaben, daß die meisten dieser Erkrankungen nach heutigen Kriterien den myelodysplastischen Syndromen zuzuordnen sind (Pugh et al. 1985, Travis et al. 1986).

Die zytogenetische Therapiekontrolle nach KMT ist im Fall einer Ph[1]-positiven CML im Prinzip einfach: der Nachweis eines normalen Chromosomensatzes bestätigt die erfolgreiche Transplantation. Liegt eine Ph[1]-negative CML vor, erlaubt dagegen nur eine gegengeschlechtliche Transplantation eine unproblematische Analyse. Bei einer gleichgeschlechtlichen Transplantation ist die Chromosomenanalyse aufwendig und zudem gelingt es in einem Teil der Fälle nicht, eine Unterscheidung zwischen Zellen des Spenders und des Empfängers zu treffen. Somit ist heute der molekulargenetische Nachweis mittels "DNA Fingerprinting" die Methode der Wahl, da sich damit praktisch sämtliche Individuen - ausgenommen eineiige Zwillinge - unterscheiden lassen (Jeffreys et al. 1985).

Molekulargenetik:
Die reziproke Translokation t(9;22) ist Ausdruck einer molekular diagnostizierbaren Verlagerung des c-abl Proto-Onkogens von Chromosom 9 auf Chromosom 22 (de Klein et al. 1982). Der Bruchpunkt auf Chromosom 22 liegt innerhalb einer engbegrenzten, 5.8 kb großen Genregion eines Gens (bcr-Gen) unbekannter Funktion, die 'major breakpoint cluster region' (bcr) genannt wird (Groffen et al. 1984, Heisterkamp et al. 1985). Durch die Translokation werden distale Teile des c-abl-Onkogens mit proximalen Anteilen des bcr-Gens (5'-Ende) zu einem Hybridgen verbunden, während distale bcr-Segmente (3'-Ende) vom Chromosom 22 zum Chromosom 9 überwechseln.

Als Folge dieser DNA-Rekombination entsteht das Philadelphia Chromosom und in den Leukämiezellen wird neben den normalen c-abl und bcr-Transkripten eine leukämie-spezifische bcr-abl Hybrid-mRNA (8,5 kb), aus 5' bcr- und 3' c-abl-Sequenzen, und letztendlich dessen Protein-Produkt (210 kDa) gebildet (Shtivelman et al. 1985, Clark et al. 1987 und 1988, Kawasaki et al. 1988). Dieses Protein (p210) hat im Gegensatz zum normalen p145-(abl)-Protein eine Tyrosinkinase-Aktivität, die nicht der physiologischen Kontrolle unterliegt.

Eine mögliche klinische Relevanz der Lage des Bruchpunktes des bcr-Gens auf Chromosom 22 deutet sich an. Die Daten dreier unabhängiger Studien lassen den Schluß zu, daß Patienten mit einem Bruchpunkt im proximalen Teil der bcr-Region (5'-Ende) eine längere Lebenserwartung als Patienten mit einem Bruchpunkt im distalen Teil (3'-Ende) besitzen (Schaefer-Rego et al. 1987, Mills et al. 1988, Grossman et al. 1989).

Für die Ph^l-negativen CML gilt, daß in einem Drittel der Fälle ebenfalls eine Fusion des zellulären Onkogens c-abl mit der bcr-Region auf molekularer Ebene nachweisbar ist (Bartram und Carbonell 1986, Morris et al. 1986, Ganesan et al. 1986, Price et al. 1988). Damit entspricht das DNA-Rearrangment dem der Ph^l-positiven Patienten und offensichtlich liegt der für die CML angenommene pathogenetische Mechanismus auch in einem Drittel der zytogenetisch nicht erkennbaren Fälle vor.

Eine Differentialdiagnose zwischen Ph^l-positiver CML und ALL ist in einigen Fällen molekulargenetisch möglich. Bei der Ph^l-positiven akuten lymphoblastischen Leukämien treten zwei molekulargenetisch unterschiedliche Translokationen auf: eine mit einem Bruchpunkt in der bcr-Region (bcr-positiv), identisch mit der der CML, und eine andere mit einem Bruchpunkt außerhalb der bcr-Region (im ersten Intron des bcr-Gens), mit der Bildung einer 7.0 kb langen mRNA und eines 190 kDa Proteins (Erikson et al. 1986, Kurzrock et al. 1987, Denny et al. 1989, Hooberman et al. 1989, Chen et al. 1989).

Das bcr-abl-Rearrangement kann durch Southern Blot Analyse und, wesentlich schneller, durch PCR (s. Abb. 5.4-9) nachgewiesen werden. Der Nachweis der Hybridgene durch PCR erfolgt über die cDNA der mRNA (Kawasaki et al. 1988, Lee et al. 1988). Die molekulargenetischen Untersuchungen unterstützen weiterhin die Festlegung der Remissionsqualität unter medikamentöser Therapie und ermöglichen den Nachweis residueller Leukämiezellen nach KMT sowie die Früherkennung eines Rezidivs (Morgan et al. 1989).

5.4.6.2.2 ALL

Zytogenetik:

Die nicht zufälligen strukturellen Aberrationen bei der ALL sind in Tab. 5.4-4 aufgeführt. Patienten mit den Translokationen t(4;11) und t(9;22) weisen als Gruppe gesehen eine noch ungünstigere Prognose als das restliche Kollektiv auf (Bloomfield et al. 1986). Trotz kompletter Remission sind die mittlere Remissionsdauer und Überlebenszeit nur kurz. Dies führte zur Überlegung, bei Vorliegen einer dieser Translokationen in der ersten Remission frühzeitig eine KMT zu erwägen (Pearson et al. 1983).

Interessanterweise korrespondieren bei der T-ALL die Bruchstelle in 14q11 mit den Genorten der alpha- und delta-Kette des T-Zellrezeptors (Croce et al. 1985, Erikson et al. 1985, Rabbitts et al. 1988) und bei der B-ALL die Bruchstelle in 14q32 mit dem Genort für die schwere Kette des Ig (Erikson et al. 1984). Die molekularen Untersuchungen haben einen ersten Einblick in den pathogenetischen Mechanismen geben können.

Die differentialdiagnostischen Probleme der zytogenetischen Unterscheidung zwischen ALL und CML beim Auftreten eines Ph^1- Chromosoms wurden bereits im Abschnitt 5.4.6.2 angesprochen.

Molekulargenetik:
Mittels der Southern Blot Analyse der Ig- und TZR-Genloci kann eine immungenotypische Klassifizierung der ALL erfolgen, die bei den reiferen ALL gut mit dem Immunphänotyp korreliert. Dabei zeigen die B-Zell-Leukämien im allgemeinen ein Gen-Rearrangement einer Ig-Kette, während die T-Zell-Leukämien ein TZR-Gen-Rearrangement aufweisen (Hieter et al. 1981, Korsmeyer et al. 1983, Foroni et al. 1987, Davey et al. 1986, Aisenberg et al. 1987, Waldmann 1987, van Dongen et al. 1989). Einschränkungen in der Zuordnung zeigten sich bei ca. 10% der B- bzw. T-ALL, da ebenfalls ein der anderen Zellreihe zugehöriges DNA-Rearrangement auftrat (Waldmann et al. 1985, Pelicci et al. 1985).

Die unreiferen, immunologisch klassifizierten ALL sind genotypisch sehr heterogen. So werden bei den B-Zellvorläufer-Leukämien (prä-B- ALL, c-ALL) neben den Ig-Gen-Rearrangements auch solche der TZR-Gene gefunden (ca. 30-40% der ß-, 70% der gamma- und bis zu 100% der delta- Kette (Pelicci et al. 1985, Minden et al. 1985, Griesser et al. 1986, Raghavachar et al. 1987, Schütt et al. 1989, Nosaka et al. 1989, Dyer 1989)). Ebenso zeigen T-Zellvorstufen-Leukämien rearrangierte Ig-Gene (Korsmeyer et al. 1983). Bei akuten Hybrid-Leukämien treten Ig- und TZR-Gen-Rearrangements auf (Ludwig et al. 1988). Eine Hypothese der Entstehung dieser dualen Genotypen ist das inkorrekte Rearrangement während der Zelldifferenzierung durch ein vermutetes Enzym, die Rekombinase (Yancopoulos et al. 1986).

Eine im Zuge der Ig- bzw. TZR-Gen-Rearrangements auftretende inkorrekte Rekombination dieser Gensequenzen mit DNA-Abschnitten auf anderen Chromosomen ist als Ursache der chromosomalen Translokationen in den B- und T-Zellen anzusehen (Haluska et al. 1987b, Baer et al. 1987, Rabbitts et al. 1988). So ergab die molekulargenetische Untersuchung der chromosomalen Translokationsbruchpunkte fehlerhafte Rearrangements der Immunglobulin-Genloci bei B-Zellerkrankungen bzw. der TZR-Gene bei T-Zellerkrankungen. Über Mechanismen der Beteiligung derartiger Aberrationen am Tumorgeschehen wurde bereits in der Einleitung gesprochen.

Die molekulargenetischen Möglichkeiten zum Nachweis der Ph^1-positiven ALL und zur Unterscheidung von der Ph^1-positiven CML wurden im Kapitel 5.4.6.2.2 beschrieben.

5.4.6.2.3 ANLL

Zytogenetik:
Patienten mit akuter promyelozytärer Leukämie (APL bzw. ANLL M3), die eine Chromosomenaberration aufweisen, zeigen in 92% eine Translokation t(15;17) (Heim und Mitelman 1987a). Diese Translokation ist spezifisch, da sie in keinem anderen FAB-Subtyp der ANLL auftritt (Tab. 5.4-5). Von gleichem diagnostischen Wert ist die Translokation t(8;21), die 38% aller pathologischen Befunde der ANLL M2 ausmacht. Die morphologisch nicht immer einfache Unterscheidung zwischen der APL und der mikrogranularen Variante von M2 wird durch den Nachweis der entsprechenden Aberration möglich.

Hinsichtlich der Kultivierungstechnik ist bemerkenswert, daß in Kurzzeitkulturen die Translokation t(15;17) häufiger gefunden wird als in Direktpräparationen (Berger et al. 1983).

Charakteristische Karyotypveränderungen der sekundären ANLL (s-ANLL) sind Monosomien 5 und 7 sowie die partiellen Monosomien in 5q und in 7q. Sie können wertvolle Hilfe bei der Unterscheidung zwischen "de novo" und sekundärer ANLL leisten.

Die prognostische Bedeutung spezifischer klonaler Chromosomenveränderungen soll wie erwähnt nur am Beispiel der ANLL M2 aufgezeigt werden. Eine typische Aberration für diesen Subtyp ist die Translokation t(8;21), die allein oder gekoppelt mit weiteren Chromosomenveränderungen auftritt (Tab.5.4-6). Die mittlere Lebenserwartung erwachsener Patienten korreliert klar mit dem Karyotyp der Tumorzellen. Tritt die Translokation allein bzw. zusammen mit autosomalen Aberrationen auf, so ist die mittlere Lebenserwartung 14 bzw. 16 Monate. Liegt dagegen ein zusätzlicher Verlust eines Geschlechtschromosoms vor, so ist die Lebenserwartung mit 6 Monaten deutlich reduziert.

Tabelle 5.4-6. Remissionshäufigkeit und mittlere Überlebensdauer von 48 Patienten mit ANLL M2 und Translokation t(8;21) mit und ohne zusätzliche Aberrationen (2. Workshop Chromosomes and Leukemia 1980)

Karyotyp	Komplette Remission (%)	Mittlere Überlebensdauer (Monate)
t(8;21)	72	14
t(8;21),-X,-Y	63	6
t(8;21), + andere Aberrationen	85	16

Molekulargenetik:
Bei 30% der ANLL werden Punktmutationen in bestimmten Positionen (Kodon 12, 13 und 61) der ras-Onkogengruppe (N-ras, H-ras, K-ras) gefunden werden. Bei Tumoren des hämatopoetischen Systems zeigte sich eine Präferenz für N-ras-Mutationen (Needleman et al. 1986, Bos et al. 1987). Nach wie vor offen ist die Frage, ob es sich um ein frühes, an der Tumorauslösung beteiligtes Ereignis handelt. Der Nachweis der Punktmutationen kann durch Southern Blot Verfahren oder Polymerase-Ketten-Reaktion und anschließender Hybridisierung mit mutationsspezifischen Oligonukleotiden erfolgen (Farr et al. 1988, Padua et al. 1988).

In einigen Fällen werden aberrante DNA-Rearrangements der Immunglobulin- und TZR-Gene ebenfalls bei immunologisch klassifizierten ANLL gefunden (Rovigatti et al. 1984, Bartram et al. 1986, Seremetis et al. 1987), so daß diese Erkrankungen offensichtlich subklassifiziert werden können.

5.4.6.2.4 Chronisch lymphoproliferative Erkrankungen

Diese Erkrankungen werden weiter nach ihrer Zugehörigkeit zur B- oder T-Zellreihe unterteilt. Zu den ersteren gehören die B-CLL, das follikuläre B-Zell-Lymphom, das histiozytäre Lymphom, das Zentroblastom, das Immunozytom, der Morbus Waldenström und das Plasmozytom, zu den letzteren die T-CLL, das T-Zell-Lymphom, das Sézary-Syndrom und die Mycosis fungoides.

Zytogenetik:
Das Auftreten spezifischer klonaler Aberrationen erlaubt die Unterscheidung zwischen B-CLL und T-CLL. So wird bei der B-CLL mit pathologischem Chromosomensatz die Trisomie 12 in 30% gefunden, dagegen nicht bei der T-CLL oder einer anderen Gruppe der chronisch lymphoproliferativen Neoplasien (Pittman und Catovsky 1984, Sadamori et al. 1984, Juliusson et al. 1985).

Typischerweise liegt bei einem Patienten die Trisomie 12 nur in den B-Zellen, nicht aber in seinen T-Zellen vor (Knuutila et al. 1986). Zum erfolgreichen Nachweis der Aberration muß ein B-Zell-Mitogen eingesetzt werden, da diese Leukämiezellen eine sehr niedrige spontane Mitoseaktivität aufweisen.

Von besonderer Bedeutung, auch mit Hinblick auf die primären zur Malignität führenden Ereignisse, sind offensichtlich die Aberrationen des Chromosoms 14. So zeigen 25% der B-CLL mit pathologischem Chromosomensatz eine Translokation, bei der immer die Bande 14q32 involviert ist. Dagegen liegt in 40% von etwa 50 untersuchten T-CLL eine Inversion im Chromosom 14 mit den Bruchpunkten in q11 und q32 vor (Heim und Mitelman 1987a).

Zusammengefaßt kann somit aufgrund obengenannter Chromosomenveränderungen eine Differenzierung in B- und T-CLL erfolgen.

Molekulargenetik:
Bei den reifen B-Zell-Neoplasien sind sowohl die Gene der schweren als auch die der leichten Immunglobulinketten rearrangiert und es kommt zur Expression von Immunglobulinen (Korsmeyer et al. 1983). Die Zuordnung zur B-Zellreihe ist beim Nachweis eines Gen-Rearrangements der leichten Ig-Ketten eindeutig, da bei ungefähr 10% der T-Zell-Neoplasien zwar ebenfalls die schweren aber nicht die leichten Ig-Gene rearrangiert waren (Foroni et al. 1987). Die reifen T-Zell-Neoplasien haben klonale Rearrangements der TZR-Gene der delta-, gamma- und beta-Kette (Rabitts et al. 1985, Pelicci et al. 1985, Aisenberg et al. 1985, Waldmann et al. 1985, van Dongen et al. 1989).

Die Korrelation von einigen Bruchpunkten mit bestimmten Genen bei B- bzw. T-Zellneoplasien wurde in Kapitel 5.4.6.2.2 erwähnt. An dieser Stelle sei nur die t(11;14)(q13;q32) Translokation erwähnt, die bei einem Teil der B-CLL, diffusen B-Zell-Lymphomen und multiplen Lymphomen zu finden ist und den Genlocus der schweren Ig-Kette (Bande 14q32) mit dem des vermuteten bcl-1 Proto-Onkogens verbindet (Tsujimoto et al. 1984).

5.4.6.2.5 Maligne Lymphome
Aus der Gruppe der malignen Lymphome soll an dieser Stelle nur auf die zu den Non-Hodgkin-Lymphomen gehörenden Burkitt Lymphom (BL) und das follikuläre Lymphom (FL) eingegangen werden.

Zytogenetik:
Nahezu alle Patienten mit BL zeigen in ihren Tumorzellen eine Translokation mit Beteiligung eines Chromosoms 8. In diesem Kollektiv findet sich in 75 - 85% eine

Translokation t(8;14)(q24;q32). 15 - 25% weisen eine von zwei varianten Translokationen auf: t(2;8)(p12;q24) und t(8;22)(q24;22q11).

In 85% der Fälle mit FL wird eine Translokation t(14;18)(q24;q32) beobachtet, die ebenfalls bei ca. 30% der diffus großzelligen Lymphome zu finden ist (Weiss et al. 1987). Das zusätzliche Vorkommen einer Trisomie 2 oder dup(2p) weist auf ein fortgeschrittenes Stadium der Erkrankung und eine schlechte Therapierbarkeit hin.

Molekulargenetik:
Beim BL, einer vor allem bei Kindern auftretenden, immunglobulin-exprimierenden B-Zellneoplasie (Ziegler 1981) und dem FL sind, wie aus dem zytogenetischen Befund zu vermuten, die Immunglobulin-Genloci an den chromosomalen Translokationen beteiligt.

Beim BL mit der Translokation t(8;14) kommt es zur Verlagerung des c-myc Gens (Bande 8q24) direkt in den Genlocus der schweren Ig-Kette, während es in den Varianten t(2;8) und t(8;22) proximal zu einem der Gene der leichten Ig-Ketten vorliegt (Croce et al. 1985). Weiterhin können bei der t(8;14) anhand der Lage der Bruchstellen das endemische (afrikanischen) Burkitt Lymphom vom sporadischen NHL vom Burkitt Typ (BL) unterschieden werden: während im ersten Fall der Bruchpunkt in einer großen Distanz vom 5'-Ende des c-myc Gens lokalisiert ist, findet er sich im letzteren Fall innerhalb des c-myc Onkogens (Pelicci et al. 1986). Beide Formen haben auch unterschiedliche Bruchpunkte im Immunglobulin-Genlocus (Neri et al. 1988). Neben der Dysregulation der c-myc Expression durch die Verlagerung des c-myc Gens sind strukturelle Defekte im c-myc Gen bekannt, die zur funktionellen Veränderung des Gens führen (Cesarman et al. 1987)

Die t(14;18)(q32;q21) Translokation führt zum Rearrangement des vermutlichen bcl-2 Proto-Onkogens auf Chromosom 18 (Bande 18q21) (Tsujimot et al. 1985, Weiss et al. 1987).), dessen Protein-Produkt eine unbekannte Funktion hat (Cleary et al. 1986a). In den meisten Fällen (ca. 70%) liegen die Bruchpunkte auf Chromosom 18 in einer kurzen mbr-Region ('major breakpoint region') und in 30% der Fälle in der mcr-Region ('minor breakpoint cluster region') (Cleary et al. 1985/1986b). Diese Rearrangements lassen sich durch Southern Blot (Weiss et al. 1987) oder durch PCR nachweisen (Lee et al. 1987, Crescenzi et al. 1988).

5.4.6.2.6. Chronisch myeloproliferative Erkrankungen
Zu den chronisch myeloproliferativen Erkrankungen (MPS) gehören die Polycythämia vera, die idiopathische Myelofibrose/Myelosclerose und die primäre Thrombozytose. Der vierte Subtyp, die CML wurde bereits ausführlich besprochen (s. 5.4.6.2.1).

Zytogenetik:
Chromosomenaberrationen finden sich in 38% der Fälle mit einem myeloproliferativen Syndrom (Nowell 1981). Mit Ausnahme des Ph[l]- Chromosoms treten hier keine spezifischen zytogenetischer Marker auf, allerdings sind bestimmte Chromosomenaberrationen häufiger vertreten, z.B. Deletionen am langen Arm von Chromosom 20 und 5 (Gebhart 1988, Wegner 1988).

5.4.6.2.7 Myelodysplastisches Syndrom
Das myelodysplastische Syndrom (MDS) ist eine hämatologische Erkrankung mit dysplastischen Blutzellen und Panzytopenie. Darunter fallen die refraktäre Anämie

(RA), die RA mit vermehrten Blasten (RAEB), die RAEB in Transformation (RA-EBt), die sideroblastische Anämie (AISA) und die chronisch myelomonozytäre Leukämie (CMML) (s. Kap. 6.1).

Zytogenetik:
Die genannten klinischen Entitäten zeigen zwar gehäuft bestimmte klonale Aberrationen wie Trisomie 8, Monosomie 7 und partielle Monosomie 5q, diese Veränderungen treten aber nicht spezifisch nur in einer der genannten Erkrankungen auf (2nd Intern. Workshop 1980, Heim und Mitelman 1987a, Wegner 1988).

Molekulargenetik:
Patienten mit MDS entwickeln in 30% der Fälle eine akute Leukämie. Aufgrund dieser häufigen malignen Transformation wurden genetische Veränderungen gesucht, die frühzeitig in der Entstehung der Leukämie auftreten und eine Aussage über den Verlauf der Erkrankung erlauben. Die prognostische Relevanz der beobachteten Mutationen der Onkogene N-ras bzw. K-ras bei 42% der Patienten mit MDS (23% der RARS, 30% der RA, 37% der RAEB und 69% der CMML) ist bisher jedoch noch nicht geklärt (Hirai et al. 1987 und 1988, Padua et al. 1988).

Danksagung
Hiermit danken wir Prof. Dr. K. Sperling für die konstruktive Diskussion und Frau S. Schütt für die Unterstützung bei der Anfertigung der Arbeit.

6 Knochenmarkuntersuchungen

I. Boll

6.1 Knochenmark-Zytologie[1]

6.1.1 Einleitung

Zum besseren Verständnis der krankhaften Veränderungen der Hämatopoese wird in kurzen Zügen die *Kinetik der normalen Blutbildung* dargestellt, wie sie sich nach mikrokinematographischer Dokumentation der einzelnen Umwandlungsschritte in den Zellreihen des Knochenmarkes darstellt. Für den mit den farbigen Abbildungen der Blutzellvorstufen in der Momentaufnahme des Punktates vertrauten Hämato-Morphologen fällt es immer wieder schwer zu realisieren, daß die Differenzierung von einer Vorstufe in die nächste - morphologisch im nach Pappenheim gefärbten Ausstrich gut zu unterscheidende - weniger als einen Tag in Anspruch nimmt. Die Kolonietechniken (Cline und Golde 1979, Ogawa 1983), auch nach mikromanipulatorischer Vereinzelung von Zellvorstufen (Suda 1984), haben zu denselben Ergebnissen geführt.

Im *Knochenmark* entsteht aus einer pluripotenten hämatopoetischen Stammzelle (PHSC) durch Zellwachstum und Mitosen in allen Zellgrößen mit Kerndurchmessern von 6 bis 13 μm ein *Klon* von Blasten oder Stammzellen (Boll 1980, Ogawa 1983, Suda 1984). Die PHSC ähnelt in Größe und Morphe dem Lymphozyten zum Verwechseln und kann von ihm nur durch ihre fehlenden Marker unterschieden werden. Die Stammzelle durchläuft während der Vergrößerung die in die verschiedenen Zellreihen determinierbaren Stadien. Nach ihrer spezifischen Stimulation mit Kolonie stimulierenden Faktoren (CSF), Interleukinen, besonders IL 3, Erythropoetin u.a., wachsen die determinierten Stammzellen (Myeloblast - Monoblast - BFU E, Abb. 6-1) nun weiter zum achtmal so großen Promyelozyten, Promono- oder Proerythroblasten (Boll 1976, 1980). Darüber hinaus können kleine sowie auch größere Stammzellen endomitotisch, amitotisch oder durch postmitotische Zytoplasmafusion zu Megakaryoblasten werden (Boll 1981), aus denen die viel größeren Megakaryozyten durch weitere endomitotische oder amitotische Polyploidisierungen ohne Zytokinese entstehen. Von dieser Ausnahme der Riesenzellbildung abgesehen, werden aus den obengenannten größten Vorläuferzellen der verschiedenen Blutzellreihen (Promyelozyten, Promonozyten und Proerythroblasten) durch mehrfache sukzessive Mitosen ohne Zellwachstum wieder kleinere Knochenmarkzellen, die Myelozyten, Monozyten

---

[1]Die Farbabbildungen 6-6 bis 6-10 befinden sich im Farbteil am Ende des Bandes

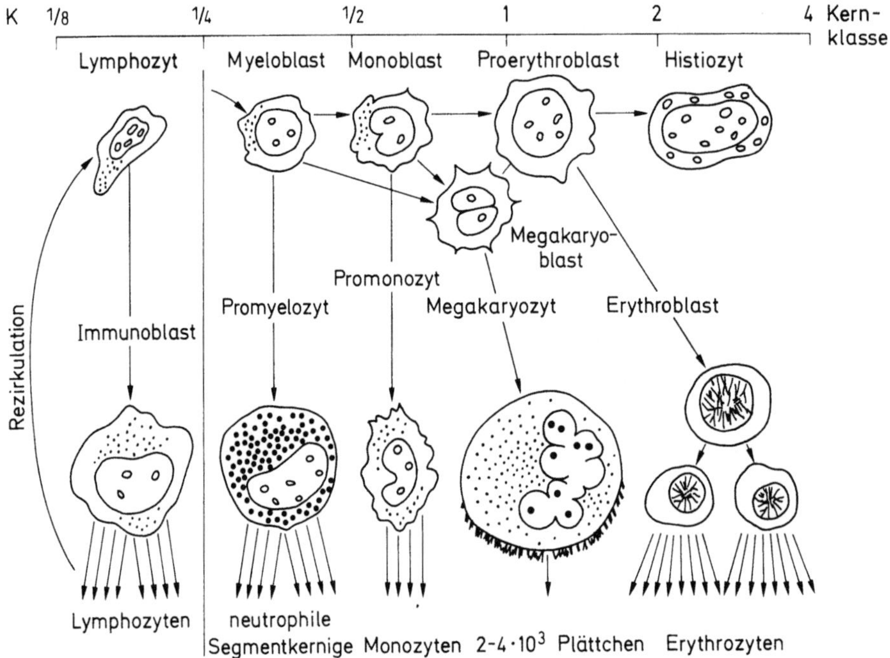

Abbildung 6-1. Myelopoetische Stammzell-Familie nach Phasenkontrast-Beobachtungen von menschlichen Knochenmarkzellen. Die pluripotente hämatopoetische Stammzelle *(PHSC)* wächst zum *Myeloblasten* (Pfeil links oben unter Kernklasse 1/4 = 6,5 μm Kerndurchmesser). Durch stimulierende Faktoren kann er sich innerhalb von 20 Std. zum siebenmal größeren Promyelozyten, später zu einem Klon Segmentkerniger differenzieren *oder* er wird mehrkerniger (tetraploider G 1-) Megakaryoblast *oder* er wächst weiter zum *Monoblasten* des Kerndurchmessers 8,2 μm (Kernklasse 1/2). Dieser kann sich durch andere stimulierende Faktoren zum Promonozyten und zu einem Klon Monozyten, später Makrophagen differenzieren *oder* zum Megakaryoblasten *oder* zum Proerythroblasten (CFU E mit Kerndurchmesser 10,3 μm, Kernklasse 1) und erweist sich damit wie der Myeloblast als BFU E der Kolonieversuche. Der *Proerythroblast* differenziert unter Erythropoetinstimulation zu einem Klon von Erythroblasten, später Erythrozyten *oder* er wird durch Mitose-Anomalien auch Megakaryoblast, der zum Megakaryozyten differenziert und in Thrombozyten zerfällt *oder* er wächst zum Histiozyten, dessen Kerndurchmesser mit 13 μm, Kernklasse 2, achtmal so groß wie der des Myeloblasten ist und der auch viel mehr Zytoplasma besitzt. Bei ineffektiver Erythropoese entstehen Übergangsformen zwischen Proerythroblasten und Histiozyten, die *Hämozytoblasten*. Links in der Abbildung ist die entsprechende Stimulation des Lymphozyten zum Immunoblasten aufgezeichnet, der sich zu einem Klon von Lymphozyten vermehrt. Die T-Lymphozyten können nach Rezirkulation erneut stimuliert werden. Die oben waagerecht aufgezeichnete Vermehrung der myelopoetischen Stammzellen oder "Blasten" führt bei ihrem Wachstum zuerst auch zu einem Klon von Stammzellen oder Blasten.

und polychromatische Erythroblasten. Da diese in die jeweilige Zellreihe differenzierenden Vorstufen im gleichen zeitlichen Abstand (rhythmisch) ihre Reifeteilungen absolvieren, entstehen Kolonien oder Klone von Zellen, die dann nicht mehr vermehrungsfähig sind. Durch Differenzierung, also Änderung der Granulation und anderer Zytoplasmasubstanzen, mit veränderter Anfärbbarkeit reifen in knapp einer Woche je 60-100 Granulozyten, Monozyten, ca. 50 Erythrozyten und 2-4000 Plättchen heran. Die basophilen und eosinophilen Granulozyten entstehen wie die neutrophilen, nur in geringerer Menge, aus einer dem Myeloblasten ähnlichen Stammzelle, die Undritz Basophiloblast nannte.

Die früher als Ursprungszelle des hämatopoetischen Systems angesehenen Histiozyten oder Sinusendothelien sind nach den Kolonieversuchen und den in vitro Zeitrafferfilm-Dokumentationen als das Ende der hämatopoetischen Stammzellreihe anzusehen (Abb. 6-1).

Fassen wir noch einmal das *Prinzip der hämatopoetischen Proliferation* zusammen:

- Die Voraussetzung für jede Zellvermehrung ist die *Stimulation* mit Kern- und Zellvergrößerung, z.B. der Lymphozyten zum Immunoblasten, der pluripotenten G 0-Stammzelle zur G 1-Stammzelle und weiter zum Myeloblasten, Monoblasten, CFU E, Proerythroblasten, später zum Histiozyten. Die Stimulation entsteht durch Lym-phokine, Monokine und andere Zellprodukte. Die stimulierten Zellen vergrößern sich bis auf das Achtfache, die Megakaryozyten durch Polyploidisierung noch mehr. Ein Wachstum auf die doppelte Kern- und Zellgröße in 8 - 12 Stunden wurde mehrfach dokumentiert (Boll 1980).
- Die so entstandenen größten Zellen des Knochenmarkes (abgesehen von den Megakaryozyten) *differenzieren* und vermehren sich in sukzessiven *Reifeteilungen* in festgelegten Abständen zu den nächst kleineren Reifungsstufen ihrer Zellreihe und bilden endgültig Klone nicht mehr teilungsfähiger Zellen: Segmentkernige, Monozyten oder nach Entkernung der reifen Erythroblasten über Retikulozyten die Erythrozyten.
- Im lymphatischen System bildet sich aus dem Mitogen stimulierten achtmal so großen Immunoblast durch dieselben Reifeteilungen ein Klon von kleinen T- oder B-Lymphozyten, die aber im Gegensatz zu den Zellprodukten des Knochenmarkes erneut stimulierbar sind (Abb. 6-1 links).
- Die Monozyten sind erst im Gewebe zu Makrophagen und anderen verschiedenen Zellarten erneut stimulierbar (Boll 1976 u.a.).
- Bei den hämatopoetischen Stammzellen - weniger während des Wachstums stimulierter Lymphozyten - kommen auch während der Kern- und Zellvergrößerung mehrere *Mitosen* vor, so daß zuerst ein Klon myelopoetischer Stammzellen oder Blasten gebildet wird.
- Zweikernige und gelapptkernige Zellen entstehen durch *postmitotische Zytoplasma-Fusion* oder durch *Endomitosen* mit nachfolgender Amitose und bilden so die megakaryozytopoetische Reihe (Boll 1981). Selten und nur unter pathologischen Bedingungen kommt die Entstehung solcher tetraploider Zellen auch in der granulozytopoetischen Reihe vor, dann entstehen Riesenmetamyelozyten (Boll 1965), die zu Hypersegmentierten ausreifen. Bei Erythroblasten können so mehrkernige Makroblasten und in der lymphatischen Zellreihe zweikernige Immunoblasten entstehen.

Das *Fließgleichgewicht* zwischen Blutbildung und Zellverbrauch ist im normalen Knochenmark so fein reguliert, daß die Werte im peripheren Blut in engen Grenzen konstant bleiben.

Pathologische Veränderungen in der numerischen Zusammensetzung des Knochenmarks entstehen durch:

- *Verstärkte Proliferation* einzelner Zellreihen durch *vermehrten Bedarf* an einzelnen Blutzellen. Die betreffende Reihe wird so verstärkt, daß das numerische Verhältnis der Zellzusammensetzung, z.B. der G/E-Index, erheblich gestört wird: der Erythrozyten bei Blutung (D 2 des Entscheidungsbaumes der Abb. 6-17), Hämolyse (D 1) oder kardiopulmonaler Insuffizienz (D 17) als sog. *effektive Erythropoese*, der Granulozyten bei bakteriellem Infekt (D 19), Immungranulozytopenie, chronischem Infekt (D 18) oder Leberzirrhose (D 15), der Thrombozyten bei verkürzter Lebensdauer = ITP (D 8), der Monozyten und Makrophagen bei Virusinfekten, Kollagenosen, Morbus Hodgkin u.a., der Baso- und Eosinophilen durch Allergien gegen Fremdeiweiß, Parasiten u.a.,
- *Verstärkte Proliferation* durch *genetische Stammzelldefekte*: chronisch-myeloische Leukämie (D 20), Polyzythämia vera (D 9), chronische megakaryozytäre Myelose (CMM, D 7), refraktäre Anämie (D 5/6).

Im Gegensatz zu diesen *positiven Fehlsteuerungen* der Regulation steht eine ganze Reihe von *negativen Fehlsteuerungen*. Dabei können sich durch einen Reifungsstop Zellarten, die normalerweise unter 0,1 % vorhanden sind, vor der Blockade so vermehren, daß sie scheinbar neu auftreten und das Zellbild beherrschen:

- *Hemmung der Differenzierung durch genetische Defekte:* Mangelnde Differenzierung von kleinen Stammzellen läßt akute, undifferenzierte Leukämien, Myeloblastenleukämien (D 22), refraktäre Anämien mit Blastenexzeß oder in Transformation entstehen,
  mangelnde Differenzierung von größeren Stammzellen läßt Monoblastenleukämien, Monoblastensarkom, Erythrämie Di Guglielmo (D 4), bzw. Histiozytosis X entstehen,
  mangelnde Differenzierung von weiter differenzierten Zellen läßt akute Promyelozyten-Leukämie (D 21), myelomonozytäre Leukämie (D 23), Erythroleukämie (D 10) entstehen,
  fehlerhafte Differenzierung von Knochenmarklymphozyten läßt akute und chronisch-lymphatische Leukämien (D 14), M. Waldenström (D 12) Plasmozytom (D 13) und Non-Hodgkin-Lymphom entstehen.
- *Hereditäre genetische Defekte:* Dyserythropoetische Anämie, Leukozytenanomalien.
- *Verminderte Proliferation*, genuin oder toxisch: Panmyelophthise, Agranulozytose (D 24), Erythroblastopenie, pure red cell aplasia, Osteomyelofibrose und -sklerose.
- *Fehlerhafte Differenzierung der Erythrozytopoese*, die sogenannte *ineffektive Erythropoese* durch: Vitamin B_{12} oder Folsäuremangel führt u.a. zur perniziösen Anämie (D 3),
  Erythropoetinmangel führt zu fehlerhafter Regulation des Erythrozytennachschubs als renale Anämie (D 11),
  Eisenmangel bewirkt mangelhafte Reifung der Erythroblasten zur hypochromen mikrozytären Anämie (D 2),
  Übermäßiges Eisenangebot oder Störung der Eisenaufnahme führt zur refraktären Anämie mit Ringsideroblasten (D 6).

- *Gegenregulation der Granulozytopoese:*
Vergrößerter marginaler Blutspeicher bei Splenomegalie (D 16), Erschöpfbarkeit
bei zyklischer Neutropenie.
- *Fremdbesiedlung des Knochenmarkes* durch Karzinomzell-Metastasen, Melanom
u.a., maligne Lymphome.

6.1.2 Präanalytik I

6.1.2.1 Indikationsstellung und Kostenbetrachtung
Eine *Indikation* zur Knochenmarkuntersuchung ist gegeben bei:

- Verdacht auf Leukämie (bei chronisch myeloischer Leukämie auch für den genetischen Nachweis des Ph^1-Chromosoms),
- Verdacht auf myelodysplastisches Syndrom,
- evtl. normochrome und hyperchrome Anämien,
- Nichtinfektiöse Leukozytosen,
- ungeklärtes Fieber, u.a. zum Erregernachweis,
- Atypien des Differentialblutausstriches,
- Leukozytopenie,
- Lymphknotenschwellungen,
- ungeklärte Splenomegalie,
- ungeklärte Thrombozytopenie,
- Thrombozytose,
- ungeklärte Blutsenkungsbeschleunigung,
- ungeklärte Plasmaproteinverschiebung,
- Verdacht auf Karzinose, Speicherkrankheiten oder Parasitosen,
- ungeklärte Knochenschmerzen,
- vor Behandlung mit Immunsuppressiva oder Zytostatika bei Zytopenie im peripheren Blut,
- lokalisierte Knochenmarkveränderungen, z.B. das multiple Myelom und maligne
Lymphome, können sich dem Nachweis aus *einer* Biopsie entziehen. Für den Ausschluß eines Knochenmarkbefalls bei malignen Lymphomen wird deswegen die
Punktion beider Beckenkämme gefordert.

Absolute Kontraindikation:
Vor jeder Knochenmarkpunktion ist festzustellen, ob der Entnahmeort nicht im Felde
einer ionisierenden Tiefenbestrahlung liegt, da in diesem Bezirk dauerhaft zellarmes
Fettmark entsteht.

Relative Kontraindikation:
Nichtkompensierte Koagulopathien, Hämophilie und Antikoagulantien-Therapie.
Schwerste Thrombozytopenien (s. auch 6.1.4.4-16) sind jedoch keine Kontraindikation, wenn ohne sie gezielte therapeutische Maßnahmen nicht möglich sind.
   Die zytologische Knochenmarkuntersuchung ist wesentlich wirtschaftlicher und
auch schneller - bei einigen Indikationen wie perniziöser Anämie und akuter Leukämie von großer therapeutischer Bedeutung - als die histologische Knochenmarkunter-

suchung. Die Zytodiagnostik reicht bei vielen Fragestellungen allein zur Diagnosefindung aus.

Nur eine sorgfältige Ausbildung der Befunder ermöglicht das richtige Erkennen der hämatopoetischen Zellen im Pappenheim-Ausstrich und in den zytochemischen Reaktionen. Der Nachweis erfolgt durch die Anerkennung als "Internist, Teilgebietsbezeichnung Hämatologie" einer Ärztekammer oder durch erfolgreiche Teilnahme an hämatologischen Kursen für Laborärzte und medizinisch-technische Assistentinnen. Nur durch regelmäßige Übung und praktischen Gebrauch, besser jahrelange Erfahrung, werden die Kenntnisse der Zellmorphologie gefestigt. Zweifelhafte oder seltene Befunde sollten einem bekannten Referenzlaboratorium vorgelegt werden. Besuch von Fortbildungsveranstaltungen ist ratsam. Ein hierfür anzusetzender Kostenfaktor ist schwer abschätzbar.

Für die Punktion mit Lokalanästhesie entstehen ebenso *Kosten* wie für die Färbung der Präparate nach Pappenheim und Berliner Blau-Reaktion, häufig auch Zytochemie, seltener Immunzytologie. Letztere erhöht die Kosten besonders stark (s. 5.1 bis 5.3).

6.1.2.2 Patientenvorbereitung

Ein aufklärendes Gespräch unter Vermeidung des Ausdruckes "Punktion" verhindert angstbedingte Schmerzen. Eine mündliche Einverständniserklärung des Patienten oder seines Vormundes muß eingeholt werden.

Vor der Entnahme von höchstens 0,5 ml Knochenmark ist außer der internen Durchuntersuchung folgende Diagnostik durchzuführen:

- sorgfältige Anamnese zu Blutungen,
- Blutsenkungs-Reaktion,
- Eiweißparameter,
- Blutbild einschl. Thrombozyten und Retikulozyten, Differentialblutbild, Erythrozytenmorphologie,
- Hämolyseparameter (LDH, Bilirubin, Haptoglobin, Coombstest),
- Parameter des Eisenstoffwechsels (Eisen, Ferritin, Transferrin),
- ggfs. Zytochemie des Blutausstriches,
- ggfs. alkalische Neutrophilenphosphatase,
- ggfs. Nilblausulfat-Färbung für Heinz-Innenkörper (s. 5.1)

wodurch sich die KM-Untersuchung erübrigen kann.

Prämedikation mit einem Kurznarkotikum durch den Anästhesisten oder mit bis zu 10 mg Diazepam i.v. muß von Patient zu Patient entschieden und kann auch unterlassen werden. Sie ist nur im Hinblick auf evtl. erforderliche Verlaufskontroll-Untersuchungen zweckmäßig.

6.1.2.3 Spezimenentnahme

Entnahmestellen bei der Knochenmarkpunktion sind:

- Sternum in Höhe des 2. oder 3. Zwischenrippenraumes oder im Manubrium
- Spina iliaca superior posterior des Beckenkammes
- medialer Tibiakopf nur bei Kleinkindern
- an röntgenologischen oder palpatorischen Knochen-Veränderungen.

Nach Bekanntwerden von Komplikationen bei der Sternalpunktion geht man heute immer mehr dazu über, auch für die Zytologie den Beckenkamm zu punktieren. Bei dieser Lokalisation kann es Schwierigkeiten durch ausgeprägte Adipositas geben.

Nach Desinfektion der Haut mit Sepso- oder Kodan-Tinktur erfolgt die Lokalanästhesie: Infiltration der Kutis, der Subkutis und des Periostes mit 2-5 ml 2 % Xylocain mit Adrenalin. Die Höchstdosis beträgt für Erwachsene 25 ml Lidocain oder bei Kindern 7 mg/kg. Frühestens nach 3 Minuten kann die Punktion erfolgen.

Die *Beckenkamm-Punktion* wird nur noch an der Spina ilica superior posterior durchgeführt (Abb. 6-2). Sie kann entweder zur Zytologie mit einer ca. 10 cm langen Nadel nach Klima und Rosegger (Abb. 6-3) durchgeführt werden oder zur kombinierten Untersuchung von Zytologie und Histologie mit der Nadel nach Jamshidi (Abb. 6-4). Über die Vorteile der kombinierten Untersuchung gibt Kap.6.1.6.4, über die Vorteile der Knochenmarkhistologie Kap. 6.2 Auskunft.

Der Patient wird in Lebensretterlage gebettet. Wegen des größeren Anteils subkutanen Fettes werden zur Lokalanästhesie 5-10 ml Anästhetikum benötigt. Bei Verwendung der Nadel nach Klima und Rosegger mit Außendurchmesser 1 mm wird die Arretierungsplatte entfernt, da sie nur am Sternum sinnvoll ist und die Nadel mit dieser manchmal zu kurz wird.

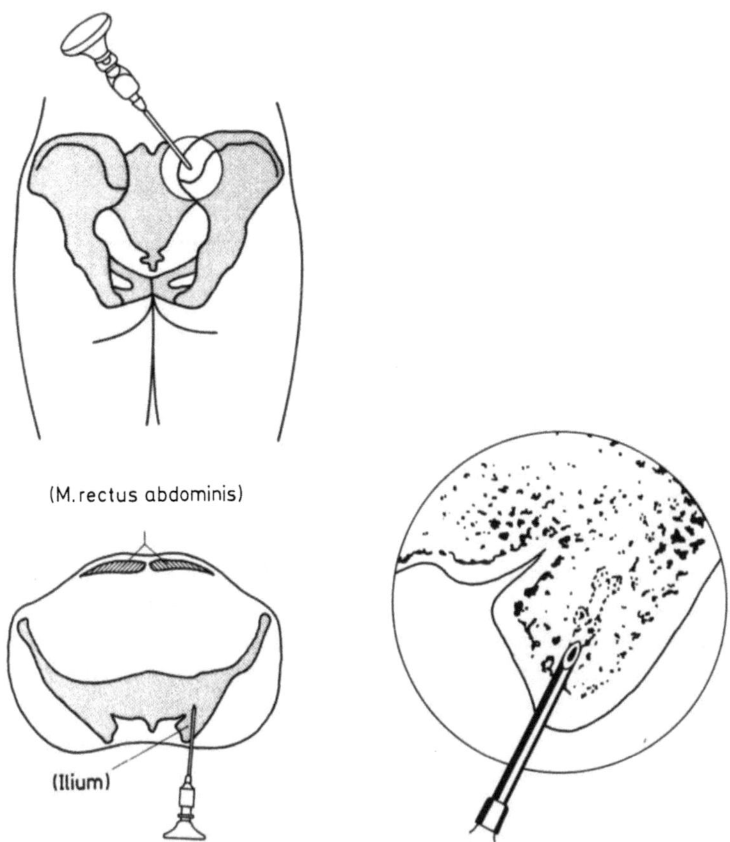

Abbildung 6-2. Punktionsort an der Spina ilica posterior superior

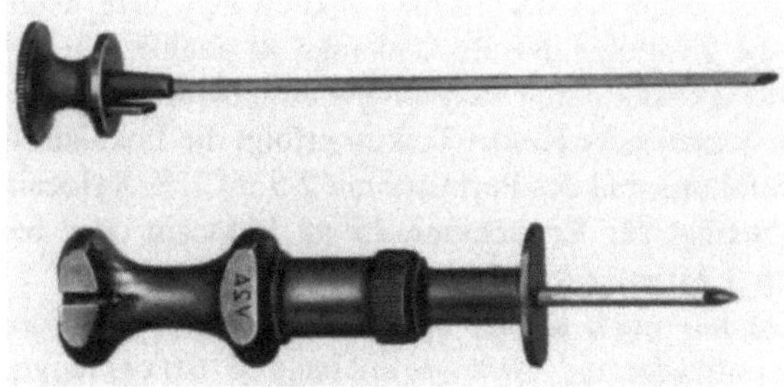

Abbildung 6-3. Nadel nach Klima und Rosegger

Nach sorgfältiger Tastung der Spina ilica superior posterior mit desinfiziertem Finger wird mit einem spitzen Skalpell ein Einstich durch Haut und Subkutis gemacht und die Nadel in Richtung auf die Spina ilica ventralis zuerst durch die Haut und das Unterhautfettgewebe bis zum Periost, dann etwa 1 cm tief mit Druck in den Knochen gestochen. Als Zeichen, daß sie im Markraum liegt, bleibt die Nadel nach Loslassen fest stehen. Nun kann nach Entfernung des Mandrins eine 20 ml-Spritze, in die 1 ml Luft oder 0,5 ml EDTA- oder Heparin-Lösung (Liquemin Roche) aufgezogen war, angesetzt werden. Nach Warnung des Patienten, daß ein kurzer Schmerz entstehen könnte, zieht man den Stempel plötzlich ruckartig an und läßt sofort nach, sobald Knochenmark in die Spritze quillt. Einmal wird durch weitere Aspiration von Knochenmarkblut das Material zur Diagnose verdünnt, zum anderen wird der Schmerz unnötig verlängert. Ist rotes Knochenmark in die Spritze gequollen, wird sie schnell abgenommen und einer Hilfsperson zum sofortigen Ausstreichen überreicht. Dann wird der Mandrin in die Nadel eingesetzt, um diese zu entfernen. Nach Desinfektion der Einstichstelle mit Kodan oder Sepsotinktur wird sie mit Schnellverband für einen Tag geschützt.

Läßt sich bei der Punktion jedoch kein Material in die Spritze aspirieren, kann durch Drehen der Nadel und nochmaliges Anziehen des Stempels Material gewonnen werden. Möglicherweise ist Knochenmarkmaterial nur in der Nadel, die dann sehr schnell direkt auf einen Objektträger ausgespritzt werden muß, um sein Gerinnen zu vermeiden: Die Spritze wird von der Punktionsnadel abgenommen, diese aus dem Patienten entfernt und schnell mit der voll mit Luft aufgezogenen Spritze senkrecht über einem Objektträger entleert. Das sofort ausgestrichene Blut enthält oft noch genug Knochenmarkzellen für die Diagnose. Diese Technik bewährt sich besonders bei gepackt zellreichem Knochenmark, wie bei CLL und ermöglicht noch eine befriedigende Diagnose.

Bei schweren Thrombozytopenien oder Thrombozytopathien, auch bei Thrombozythämie wird durch kräftigen Druck und Verschieben der Gewebspartien um die Punktionsstelle mit dem Daumenballen soviel *Gewebsthrombokinase* ausgepreßt, daß eine Nachblutung bald zum Stehen kommt. Für einige Stunden wird Rückenlage angeordnet, um das Gewicht des Patienten zum Druck auf die Punktionsstelle am Beckenkamm auszunutzen.

Der Knochenwiderstand bei der Punktion gibt dem geübten Untersucher auch eine Aussage über die *Knochenbeschaffenheit*. Die Punktion ist sehr leicht bei Osteoporose durchzuführen, wie oft beim Myelom, sehr schwer bei Osteosklerose, wie sie u.a. bei der Osteomyelosklerose vorkommt.

Hat man sich entschlossen, sowohl zytologisches als auch histologisches Material aus der Punktion zu gewinnen, wird die *Nadel nach Jamshidi* (Abb. 6-4) verwendet. Anästhesie und Einstich wie oben beschrieben. Nach dem Einstich in den Knochenmarkraum und Prüfung des Feststehens der Nadel wird der Mandrin entfernt und zuerst Material zur Zytologie aspiriert, das von einer Hilfsperson sofort ausgestrichen wird. Anschließend wird die Nadel etwas zu rückgezogen und ihr eine andere Richtung gegeben, ohne sie ganz aus dem Knochen zu entfernen. Ohne Mandrin wird jetzt die Knochenstanze durch weiteres Vorschieben der Nadel gewonnen. Sie muß mindestens 1 (-5) cm lang sein. Der Zylinder bricht vorne ab, wenn die Nadel zur Verkantung hin und her bewegt wird. Sie wird dann mit dem Zylinder entfernt und dieser aus der Nadel durch einen kleinen zum Besteck gehörigen Stab in ein Röhrchen mit der vorbereiteten Fixierlösung (s. 6.2) gestoßen. Nun betupft der Arzt die Einstichstelle mit antiseptischer Lösung und verschließt sie mit einem Schnellverband, der nach einem Tag entfernt werden kann.

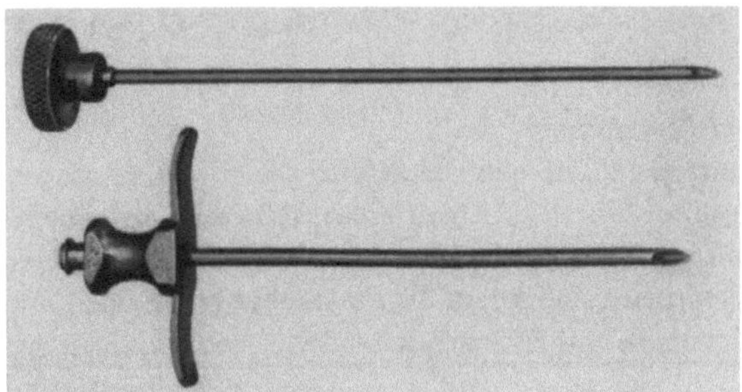

Abbildung 6-4. Nadel nach Jamshidi

Cave: Tupfpräparate vom Zylinder sind für die zytologische Untersuchung kaum zu verwerten, da zu wenig und zerstrichenes Material gewonnen wird. Auch die Stanze leidet. Das zytologische Aspirat *nach* der Entnahme der Knochenstanze aus dem Punktionsort zu gewinnen, ergibt zuviel Blut und zuwenig Knochenmarkmaterial, damit schlechtere Ausstriche.

Zur *Sternalpunktion* wird die *Nadel nach Klima und Rosegger* (Abb. 6-3) mit Mandrin und Arretierungsplatte verwendet. Sie muß häufiger frisch geschliffen werden und darf keine Widerhaken haben. Es ist zweckmäßig, die Augen des Patienten mit einem Tuch aus Leinen oder Zellstoff abzudecken. Gegebenenfalls ist die Haut zu rasieren.

Nach Lokalanästhesie (s.o.) wird die Nadel genau in der Mittellinie bis auf das Korpus sterni im 2. oder 3. Interkostalraum oder im Manubrium bis zum Knochen eingestochen. Nun wird die Arretierungsplatte 8 mm über der Haut eingestellt und festgeschraubt. Unter Druck mit dem Daumenballen und mit drehenden Bewegungen wird die Lamina externa durchbohrt. Bei Nachlassen des Widerstandes muß sofort der Druck aufhören, weil die Nadel in der Markhöhle liegt. Durchstoßen der Lamina interna des Sternums kann tödliche Folgen haben, weil direkt hinter dem Knochen die großen Hohlvenen und das Herz liegen. Nun wird eine 20 ml Injektionsspritze, in die vorher 1 ml Luft oder 0,5 ml EDTA- oder Heparin-Lösung aspiriert wurde, aufgesetzt. Ein kurzes ruckartiges Anziehen des Stempels bis zum Ende mit Nachlassen des Vakuums, direkt nachdem Material in die Nadel quillt, ist zweckmäßig, um zusammenhängende Gewebspartien zu gewinnen und den Vakuumschmerz möglichst gering zu halten. Größere Mengen Blut aus dem Knochenmark zu aspirieren, erbringt keinen Gewinn. Es bewährt sich, den Patienten vorher über die nur einen Augenblick dauernden Beschwerden zu orientieren.

Quillt kein Material in die Spritze, wird die Lage der Nadel im Knochen verändert. Durch Drehen oder leichtes Vor- oder Zurückziehen läßt sich oft doch noch Knochenmark erhalten. Ist man bei fehlendem Aspirat über die richtige Lage der Nadel einigermaßen sicher, wird sie schnell entfernt und der Nadelinhalt auf einen Objektträger mit vollem Spritzenvolumen despiriert. Wenn dies auch erfolglos bleibt, kann die Entnahme an einem anderen Ort versucht werden, zuerst im nächsten Zwischenrippenraum des Sternums.

Bei verschiedenen Erkrankungen der Hämatopoese, z.B. der bei chronisch-lymphatischer Leukämie, Knochenmark-Karzinose, Osteomyelofibrose, gewinnt man höchstens Material in die Kanüle.

6.1.2.4 Spezimenvorbereitung und Einsendung

Das gewonnene Material wird umgehend auf eine Glasplatte ca. 8 mal 8 cm, ein Uhrglas- oder Petrischälchen ausgespritzt, das 1-2 ml einer schwach gerinnungshemmenden Lösung enthält. Wenn irgend möglich, wird es sofort von einer anderen geübten Person zu Ausstrichen verarbeitet, nachdem die Bröckchengröße und -zahl geschätzt wurde. Normales Knochenmark enthält überraschend viel Fett zwischen den hämatopoetischen Zellen.

Nur in Ausnahmefällen sollte das Material in dieser Lösung ins Labor gebracht werden, um dort spätestens nach 30 min ausgestrichen zu sein. Spätere Verarbeitung bringt deutliche Qualitätseinbuße!

Hat die Punktion kein diagnostisch auswertbares Material erbracht, was besser erst nach Mikroskopieren der gefärbten Ausstriche entschieden wird, handelt es sich um eine *Punctio sicca.* Nun ist eine Wiederholung der Punktion an anderer Stelle angezeigt, eine Knochentrepanation nach Jamshidi oder eine Fräse nach Burkhardt.

Postmortal können Knochenmarkzellen zur Diagnostik nur in den ersten zwanzig Minuten entnommen werden. Später ändert sich die Differentialverteilung durch Autolyse der Segmentkernigen und anderer Zellen. Auch verändert sich die Färbbarkeit der Zellen durch die zunehmende Gewebsazidose. 24 h post mortem können die hämatopoetischen Zellen kaum noch zytologisch differenziert werden.

6.1.2.5 Mitteilungen an das Laboratorium

Aus dem Begleitschein für das Untersuchungsmaterial muß neben den Patientendaten und der Diagnose unbedingt die Fragestellung zur Knochenmarkuntersuchung hervorgehen. Ein vollständiger Blutbildbefund mit Differentialzählung ist beizufügen.

Notwendige Zusatzfärbungen können dadurch parallel eingeleitet werden. Der Mikroskopierende kann zeit- und arbeitssparend vorgehen, indem er sich der speziellen Fragestellung zuwendet. Deswegen sollte im Labor kein Material ohne einen sorgfältig ausgefüllten Begleitschein zur Untersuchung angenommen werden.

Der Analysenantrag für einen zytologischen Befund aus dem Knochenmark muß folgende Angaben enthalten:

- Patientendaten wie Name, Vorname, Geburtsdatum und Aufnahme-Nr.,
- Station,
- Datum der Untersuchung,
- Klinische Diagnose,
- Fragestellung,
- Milzgröße,
- Blutbild,
- Blutsenkungsreaktion,
- alle früheren Knochenmark - Untersuchungsdaten,
- histologische Befunde des Knochenmarkes, der Lymphknoten, Milz und Leber, soweit vorhanden,
- Vorbehandlung mit Eisen, Vitamin B_{12}, Kortikoiden, Chemotherapeutika, ionisierender Bestrahlung, Bluttransfusionen.

6.1.2.6 Qualitätssicherungsmaßnahmen in der 1. präanalytischen Phase
Vorbereitung des Patienten zur Knochenmarkpunktion: Abgesehen von Bluttransfusionen aus vitaler Indikation bei einer Anämie um 40 g/l Hämoglobin, sollten keine auf eine Beeinflussung des Blutbildes gerichteten therapeutischen Maßnahmen durchgeführt sein, insbesondere weder Vitamin B_{12}, z.B. beim Schilling-Test, noch Eisen verabreicht werden, um die konkrete Ausgangssituation nicht zu verschleiern.

Einschränkung der Aussagefähigkeit: Die Schwierigkeit, aus der einen Knochenmarkpunktionsstelle Rückschlüsse auf die gesamte Hämatopoese zu ziehen, liegt darin, daß nicht alle Veränderungen im Knochenmark gleichzeitig, diffus, einheitlich und gleichförmig vorhanden sein müssen. Angefangen von dem nur bei chronischen Infekten häufiger gesehenen Lymphonodulus bis hin zum multiplen Myelom finden sich Beispiele.

6.1.3 Präanalytik II

6.1.3.1 Spezimenannahme und -weiterverarbeitung
Herstellung der zytologischen Ausstriche: Alle Glassachen müssen sorgfältig entfettet sein (s. 5.1). Die Punktatausstriche sollten am Patientenbett erfolgen, nur ausnahmsweise und unter besonderen Vorsichtsmaßnahmen können sie kurze Zeit später im Labor angefertigt werden.

Durch Schräghalten des Glases läßt man das Blut abfließen und überträgt die Knochenmark-Bröckchen, die krankheitsabhängig sehr verschieden groß sein können, mit einer Objektträgerecke oder einem kleinen Skalpell auf die entfetteten Objektträger. Der Ausstrich erfolgt zwischen zwei planparallel verschobenen Objektträgern mit mäßigem Druck, der geübt werden muß. Zu starker Druck erzeugt viele nackte Kerne, die leicht fälschlich der Lymphozytopoese zugeordnet werden. Zu schwacher

Druck läßt die zu feuchten Zellen schrumpfen, wodurch sie kleiner werden und ihre Innenstrukturen verlieren.

Wenn Knochenmarkbröckchen vorhanden waren, erhält man beim Ausstreichen ein ovales Feld von Knochenmarkzellen mit einem dichteren Anteil retikulärer Elemente und Fett im Zentrum sowie besser ausgebreitete hämatopoetischen Zellen und Erythrozyten in der Peripherie (Abb. 6-5). Diese eignet sich vorzugsweise zur Beurteilung der hämatopoetischen Vorstufen. Die Innenteile der Quetschpräparate erlauben eine Aussage über die Formation der retikulären Anteile, evtl. der Gefäße, sind aber wegen der größeren Zelldichte schlechter zu beurteilen. Nur wenn selbst feinste Bröckchen im abfließenden Blut nicht zu erkennen sind, müssen Ausstriche aus dem Knochenmarkblut hergestellt werden, am besten mit der Zytozentrifuge.

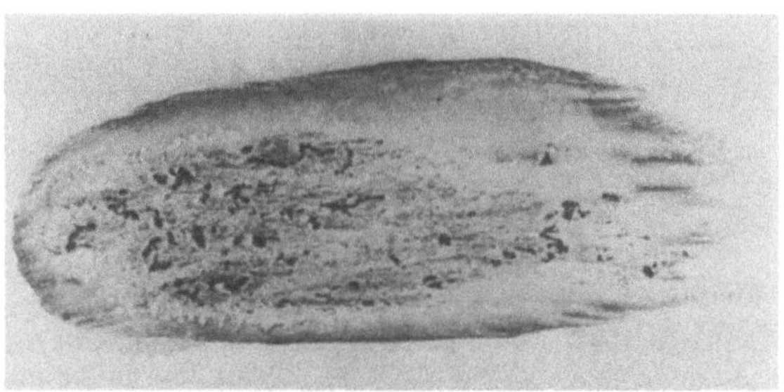

Abbildung 6-5. Bröckchenausstrich vom Knochenmark

Sollte das Ausstreichen nicht schnell genug gelingen, z.B. weil keine geübte Hilfsperson zur Verfügung steht, kommt noch eine andere Technik in Frage, das Punktat aufzufangen: es wird schnell in ein Gefäß, z.B. ein Zentrifugenröhrchen, mit 4 ml 9 g/l NaCl und 1 ml 3,8 % Natriumzitrat-Lösung oder mit 5 ml 9 g/l NaCl + 1 Tr. Liquemin-Lösung (5000 E/ml) injiziert. Man hat nun Zeit, die Bröckchen mit einem Starmesserchen oder einer Metallnadel zu entnehmen und wie oben evtl. auch noch nach einigen Stunden auszustreichen. Für die Befundung ist wichtig, daß diese Ausstriche fast keine Erythrozyten mehr enthalten.

Mit dieser Methode hat man den Vorteil, daß der Fettgehalt des Punktates durch die *Schwimmprobe* grob geschätzt werden kann: Wenn das Knochenmark schwimmt, ist es fettreich und zellarm; wenn es schwebt, sind der Fett und Zellgehalt etwa gleich, wenn es sedimentiert, ist es fettarm und zellreich. Der normale Zellgehalt beträgt etwa 750 000/μl. Bei gesunden Menschen werden relativ wenige hämatopoetische Zellen in Verbindung mit viel Fett aspiriert.

Wenn kein histologisches Präparat vorliegt, ist der Zellgehalt besser aus der Schwimmprobe als aus der Ausstrichdichte, die nachweislich stark abweichen kann, abzuschätzen.

Tupfpräparate von Stanzzylindern: Zur Knochenmarkhistologie wird ein Stanzzylinder gewonnen, der mit der Myelotomie-Fräse größer als mit der Nadel nach Jamshidi u.a. wird.

Hängt ein Tropfen am vorderen Ende des Zylinders, wird dieser auf einen Objektträger abgetupft und ausgestrichen. Werden alle Seiten des Stanzzylinders vorsichtig auf den Objektträger getupft, können notfalls Zytologieausstriche gewonnen werden. Streicht man ihn ab, werden alle Zellen beschädigt und sind nicht mehr erkennbar. Sogar die Stanze leidet durch dies Verfahren und kann unbrauchbar werden.

Die zytologische Beurteilung soll jede Knochenmarkhistologie ergänzen (s. 6.2.1). Durch die Punktatzytologie ergeben sich auch genügend Präparate für die Zytochemie u.a. Zusatzuntersuchungen.

Vitalpräparat: Das aufgefangene Knochenmark kann unbearbeitet für 30 min bei 37 °C lebend mit Phasenkontrastoptik beobachtet und durch Fotos und Zeitrafferfilm dokumentiert werden. Sind kinetische Untersuchungen gewünscht, lassen sich die Zellen über Stunden bis Tage auf einem flachen Plasma- oder Agarkoagulum mit einem Deckgläschen bedeckt und mit Hartparaffin, das durch Erhitzen flüssig gemacht wurde, gegen Austrockung geschützt, kultivieren (Boll in Queisser 1978).

Das Agarklot wird aus 1/4 Agar-Tablette für Immunelektrophorese (Code BR 27 der Fa. Oxoid, 4230 Wesel 1) = 125 mg in 12,5 ml RPMI-1640 (Fa. Seromed, München) bis zur Auflösung unter Umrühren erhitzt, das sind 0,1 g/l als Stammlösung. Zur Herstellung der Koagula wird die Stammlösung 1 : 1 mit RPMI 1640 Medium oder Serum verdünnt.

Fehlermöglichkeiten bei Ausstrichzytologie:
Ausstrichfehler sind:

- zerquetschte Zellen,
- pyknotische Zellen durch zu nasse Ausstriche,
- zu große Blutbeimengungen,
- Glas- und Färbefehler.

Durch pfleglose Behandlung können alte Präparate so zerkratzt sein, daß sie nicht mehr beurteilt werden können. Nekrobiotische Abbauformen können in Quetschpräparaten bei allen Zellarten vorkommen. Andererseits können die leicht vulnerablen Histiozyten als Ausstrich-Artefakte verkannt werden, wodurch eine Histiozytosis und andere Speicherkrankheiten übersehen werden.

6.1.4 Analytik

6.1.4.1 Färbungen

Die Knochenmarkausstriche dürfen erst nach 3 Stunden Lufttrocknung, bei Eile im Wärmeschrank auch eher, nach Pappenheim gefärbt werden. Technik s. 5.1.

Die Berliner Blau-Reaktion ist einfach durchzuführen und darf bei keiner Knochenmarkbeurteilung zur Anämie-Diagnose fehlen (s. 5.2). Die Beurteilung des Eisengehaltes ist essentiell für die Eisenmangel- sowie für die Sideroblasten-Anämie. Zytochemische Reaktionen, wie Peroxidase und unspezifische Esterase sind bei allen myeloischen, saure Phosphatase auch bei allen lymphatischen Leukämien und Lymphomen zur Diagnostik unerläßlich, Technik s. 5.2.

6.1.4.2 Mikrokopische Untersuchung des gefärbtes Ausstrichs

Bei der beschriebenen Ausstrichtechnik (s. 6.1.3.1) finden sich in den dunkelvioletten, dichten Bezirken viele Histiozyten, Fasern und Fett, gelegentlich auch Kapillarendothelien mit manchmal palisadenartigen Plasmazell-Ansammlungen. Diese Partien eignen sich wegen ihres hohen Anteils an Histiozyten und Lymphozyten wenig zur Auswertung. Dazwischen und weiter außen finden sich die hämatopoetischen Zellen, die differenziert werden sollen.

Nun zum Vorgehen bei der Betrachtung des Knochenmarkausstriches: Sind die Zellen im nach Pappenheim gefärbten Knochenmarkbröckchen-Ausstrich erkennbar, werden zuerst die Zelldichte und der Fettgehalt mit 10fachem Übersichtsobjektiv beurteilt.

Die *Zelldichte* kann vermindert, normal oder stark vermehrt sein. Erythrozyten können das Bild beherrschen, wenn die Bröckchen nicht vor dem Ausstreichen gewaschen wurden. Rückschlüsse aus der Zelldichte des Ausstriches auf die des Knochenmarks sind bedenklich. Besser wird hierzu ein histologisches Präparat verwendet. *Fett* kann als wichtiges diagnostisches Kriterium fehlen, vermindert oder stark vermehrt sein.

Die Knochenmarkzellen können *quantitativ* und - immer pathologisch - *qualitativ* verändert sein.

Bei *qualitativen Veränderungen der Knochenmarkzellen* sind im Extremfall die Veränderungen uniform und die normalen Knochenmarkzellen stark vermindert. Dann genügt

ein Blick

durch das Mikroskop, um schon eine Stunde nach der Punktion die Diagnose zu stellen. Das kommt vor, wenn das Knochenmark durch eine Zellart beherrscht wird wie beim Megaloblastenmark, allen akuten Leukämien, chronisch lymphatischen Leukämien u.a. diffusen Lymphomen und beim Plasmozytom. Auch bei Tumorzellmetastasen ist die "Ein-Blick-Diagnostik" möglich. Seltene oder pathologische Zellen können auch in geringerer Anzahl schnell zur Knochenmarkdiagnose führen, wie Gewebsmastzellen bei M. Waldenström, Speicherzellen bei Histiozytosen, Mikrokaryozyten bei chronischer myeloischer Leukämie und myelodysplastischem Syndrom. Die Berliner Blau Reaktion führt schnell zur Diagnose refraktäre Anämie mit Sideroblasten oder zur Eisenmangelanämie. Ein großer Teil der möglichen Knochenmarkdiagnosen beruht somit auf qualitativen Veränderungen.

Ebenfalls ohne Differentialzählung lassen sich die Diagnosen des extrem zellarmen Knochenmarkes, wie Agranulozytose und aplastische Anämie vermuten, müssen aber wohl meist durch Histologie bestätigt werden.

Die anderen, zudem meist weniger relevanten Diagnosen gewinnt man durch die Feststellung *quantitativer Veränderungen* qualitativ *normaler Knochenmarkzellen*. Weicht die Zusammensetzung der normalen Knochenmarkzellen erheblich von der Norm ab, kann die Diagnose durch *Schätzung* gestellt werden. Bestehen jedoch Zweifel über die Abweichung der numerischen Zusammensetzung der Zellen von der Norm, ist eine *Differentialzählung* erforderlich. Sie muß an einer repräsentativen Ausstrichstelle erfolgen. Dabei genügen 500 differenzierte Zellen, um ein Ergebnis zu erhalten. Manchmal genügt schon die Differenzierung von 200 Zellen, um geschätzte Befunde zu bestätigen. Die Differentialzählung des Knochenmarkes wird wesentlich beschleunigt durch ein elektronisches Zählgerät mit etwa 20 Tasten.

Als Anhaltspunkte für die Beurteilung von Knochenmarkpunktaten dienen die Referenzwerte, die aus Knochenmarkpunktaten bei hämatologisch Gesunden gemittelt wurden (Tab. 6-1 und 6-2). Die Prozentzahlen für die Granulo- und Erythrozytopoese getrennt sind übersichtlicher als die Angaben für alle Knochenmarkzellen zusammen. Für die Pädiatrie sind noch die Normalwerte des Knochenmarkes beim Kind angefügt, die auch für die Frühgeborenen gelten (Nathan u. Oski, 1981).

$$\text{Der G/E-Index} = \frac{\text{Granuloblasten und -zyten}}{\text{Erythroblasten}}$$

erlaubt eine schnelle Übersicht über das Verhältnis der granulozytopoetischen Reihe zu allen Erythroblasten.

Die Zahl der teilungsfähigen granulozyto- und monozytopoetischen Zellen, den Myeloblasten, Promyelozyten, Myelozyten, Monoblasten, Promonozyten, im folgenden *Granuloblasten* genannt, und den nicht mehr teilungsfähigen Zellen: Granulozyten, Stabkernige und Monozyten ist etwa gleich groß. Nach unseren Vitalbeobachtungen sind zwei Drittel der Metamyelozyten noch teilungsfähig. Deswegen haben wir sie zu den Granuloblasten gerechnet, wodurch deren Anteil an der granulo-monozytopoetischen Reihe auf etwas über die Hälfte (56 %) erhöht ist.

$$\text{Als Mitoseindex ist der Quotient: } \frac{\text{Zahl der Mitosen}}{\text{Zahl der teilungsfähigen Zellen}}$$

definiert. Er wird in % angegeben. Bei der Granulozytopoese (Gr-MI) beträgt er bei Gesunden etwa 1 %. Myeloblasten und Monoblasten teilen sich am häufigsten. Da diese Zellen aber sehr selten vorkommen, finden sich die meisten Mitosen bei den Promyelozyten, Myelozyten und Promonozyten.

Der Mitoseindex der Erythrozytopoese (Ebl-MI) liegt bei Gesunden höher (1,4 %). Teilungsfähig sind in der erythrozytopoetischen Reihe alle Erythroblasten mit Ausnahme der reifen, d.h. der mit pyknotischen, unstrukturierten Kernen. Obgleich die Proerythroblasten und basophilen Erythroblasten mehr mitotische Teilungen durchmachen, findet man auch mehr Mitosen bei den polychromatischen Erythroblasten, weil ihre Prozentzahl die weitaus größere ist. Bei den Histiozyten, Makrophagen und Lymphoblasten kommen fast nie Mitosen im Knochenmark vor.

Bei der Knochenmarkuntersuchung kommt es nicht nur auf die Erkennung *qualitativer und/oder quantitativer Veränderungen einzelner Zellen* sowie des Fettgehaltes an, sondern auch das bei den verschiedenen Erkrankungen zu erwartende *komplexe Befundmuster* muß dem Untersucher bekannt sein. Deswegen werden nachfolgend sowohl die Zellmorphologie im einzelnen (6.1.4.3) als auch die bei den verschiedenen "Knochenmarkdiagnosen" möglichen Befundkonstellationen (6.1.4.4) ausführlich geschildert.

6.1.4.3 Beschreibung der Zellmorphologie und ihrer Nomenklatur

Die Morphologie der hämatopoetischen Zellen im nach Pappenheim gefärbten Knochenmarkausstrich kann den vorzüglichen Atlanten von Undritz (1972), McDonald (1972, in englisch 5. ed. 1988), Hayhoe und Flemans (1969, in englisch 2. ed. 1988), Stobbe (1970, Neuauflage in Vorbereitung), Sun (1983) Heckner (1986), Begemann und Rastetter (1988), Zucker-Franklin (1988 u. 1990) u.a. entnommen werden. Die normalen und pathologischen Zellen sind in den Abb. 6-6 bis 6-10 dargestellt, die leukämischen speziell in den Farbtafeln zu Kap. 5.2.

Tabelle 6-1. Referenzwerte der Zellverteilung im Knochenmark von Patienten ohne hämatologische Erkrankungen

Zellart	% der Gesamtzahl	% der Reihe
Retikulum und Lymphopoese		
Histiozyten = Makrophagen	1,0	
Gewebsmastzellen	0,4	
Lymphozyten	13,0	
Plasmazellen	0,6	
Summe Gruppe	14,0	
Granulozytopoese		
Myeloblasten und Monoblasten	2,6	4
Promyelozyten	9,2	14
neutrophile Myelozyten	13,1	20
eosinophile Myelozyten	1,3	2
basophile Myelozyten	0,3	0,5
Promonozyten	0,3	0,5
Metamyelozyten	9,8	15
= teilungsfähige Granuloblasten[a]	36,6	56
Stabkernige	9,2	14
Neutrophile Segmentkernige	16,5	25
Eosinophile Segmentkernige	1,3	2
Basophile Segmentkernige	0,7	1
Monozyten	1,3	2
= nicht mehr teilungsfähige Zellen	29,0	44
Summe Gruppe	65,6[c]	100
Erythrozytopoese		
Proerythroblasten	1,0	5
Basophile Erythroblasten	3,0	15
Polychromatische Erythroblasten	13,0	65
Oxyphile Erythroblasten	0,6	3
Reife Erythroblasten, nicht teilungsfähig	2,4	12
Summe Gruppe[b]	20,0[c]	100
Thrombozytopoese		
Megakaryoblasten	0,1	25
Promegakaryozyten	0,1	25
Megakaryozyten	0,2	50
Summe Gruppe ·	0,4	100
Summe aller Zellen	100,0	

[a]Mitosen/Granuloblasten = 1,0 %. [b]Mitosen/Erythroblasten = 1,4 %.
[c]G/E-Index ca. 3,0.

Tabelle 6-2. Referenzwerte der Zellverteilung im Knochenmark von Kindern. Angaben nach Wintrobe und Opitz/Weicker

Zellart	Geburt		1. Woche		Ende der Neugeborenenperiode		Kleinkindesalter		Schulalter	
	Wintrobe	Opitz/ Weicker	Wintrobe	Opitz/ Weicker	Wintrobe	Opitz/ Weicker	Wintrobe	Opitz/ Weicker	Wintrobe	Opitz/ Weicker
Neutrophile Granulozytopoese gesamt	54 (31-77)	52,5	65 (21-79)	60	37 (22-52)	43	50 (32-68)	52	52 (35-69)	58,5
Myeloblasten Promyelozyten Myelozyten Metamyelozyten Stabkernige Segmentkernige		2,5(0,2-5) 3,0(0,2-5) 6,0(2-20) 12,5(5-25) 12,5(5-25) 15(10-30)		2,0(0,2-5) 3,5(0,5-7,5) 10,5(5,0-20) 12,5(5,0-25) 15,0(10-25) 15,0(10-25)		1,5(0,2-5) 2,5(0,8-10) 10(5-15) 10(5-15) 8(5-15) 7(1-15)		1,0(0,2-5) 2,5(0,5-7,5) 12,5(5-20) 12,5(5-20) 10(5-15) 8,5(1-15)		1(0,2-5) 3(0,5-10) 15(5-25) 15(5-25) 12,5(5-20) 8(1-15)
Basophile		0,05(0-0,5)				0,05(0-1)		0,1		0,2(0-1)
Eosinophile	3 (1-3)	1,0(0-5)	3 (1-5)	2,5(0,5-7)	3 (1-5)		6 (2-10)	5(1,5-7,5)	3 (1-5)	4(1-7)
Monozyten				5(2-10)		2,0(0,5-5)		3(1-5)		1,5(0,5-4)
Lymphozyten	6 (2-10)		13 (7-19)		36 (18-54)		22 (8-36)		18 (12-28)	20 (10-35)
Retikulumzellen		5(0-10)		25(10-40)		35 (15-50)		27,5(15-40)		0,5(0,2-2,8)
Plasmazellen		0,1		0,1		0,5(0-2)		0,5		0,5(0,2-2,5)
Megakaryozyten		0,1		0,1		0,5		0,5		0,5
Erythrozytopoese insgesamt	34 (18-50)	35	15 (5-25)	10	17 (7-27)	20	19 (11-27)	17,5	21 (11-31)	20
Basophile Ebl.		5(0,5-10)		1(0-3)		2,5(0,5-5)		2,5(1-6)		3(1-8)
Polychromatische Ebl.		15(7,5-30)		3(0-10)		10(5-20)		5(2-10)		6(3-10)
Oxyphile Ebl.		15(7,5-30)		6(2-20)		7,5(5-12,5)		10(5-20)		11(5-20)

Eine international einheitliche Nomenklatur konnte bisher in der Hämatologie nicht erreicht werden (s. a. 8.4). Für die praktische Durchführung der Routinebefundung werden hier die Zellbezeichnungen etwas vereinfacht. Sie dienen als Grundlage bei den nachfolgend beschreibenen Knochenmark-Diagnosen.

6.1.4.3-1. Der *Myeloblast* (mittlerer Kerndurchmesser 9,8 μm) als determinierte Stammzelle der granulozytär neutrophilen Reihe fällt durch die fein ziselierte, verwaschene Kernstruktur - wie durch Milchglas gesehen - und den schmalen, mäßig basophilen und scharf begrenzten Zytoplasmasaum auf (Kern/Plasma-Relation ca. 0,8).

6.1.4.3-2. Der *Basophiloblast* als determinierte Stammzelle der basophilen und eosinophilen Reihe ist etwas kleiner als der Myeloblast und hat einen besonders dunkelblauen und schmalen Zytoplasmasaum. Diese kleinen dunkelbasophilen Stammzellen nach Fliedner et al. 1964 treten bei der Regeneration des Knochenmarkes nach akuter Agranulozytose oder beim Nadir als erste hämatopoetische Zellen auf.

6.1.4.3-3. Der *Monoblast* als determinierte Stammzelle der monozytopoetischen Reihe ist größer als der Myeloblast (mittlerer Kerndurchmesser 11,4 μm), hat einen gekerbten Kern und einen schwach basophilen, etwas breiteren Zytoplasmasaum. Er reagiert granulär mit α-Naphthylazetat-Esterase.

6.1.4.3-4. Als *Promyelozyten* bezeichnen wir alle Zellen mit der markanten rot-violetten azurophilen Granulation. Normalerweise haben nur wenige Promyelozyten die Größe von Myeloblasten = Promyelozyt I, meistens sind sie erheblich größer und haben relativ viel Zytoplasma um den dicht strukturierten ovalen Kern, so daß die Kern/Plasma-Relation von 0,8 auf 0,3 fällt: Promyelozyt II (mittlerer Durchmesser des Kerns 12,4 μm, der Zelle 16,4 μm). Bei stimulierter Granulozytopoese sind beide Durchmesser kleiner (Boll et al. 1970).

6.1.4.3-5. Der *neutrophile Myelozyt* ist kleiner als der Promyelozyt II, hat aber die gleiche Kernplasma-Relation. Er weist keine azurophilen Granula (Heilmeyer 1968, Schulten 1953) und keine Basophilie im Zytoplasma mehr auf (Stobbe 1970). Der Kern ist oval oder bohnenförmig wie der des Promyelozyten, aber von gröberer Struktur. Das Zytoplasma ist azidophil, d.h. hellgrau bis zartrosa und enthält die neutrophile, d.h. bei der Pappenheim-Färbung nicht anfärbbare Granulation. Der Myelozyt ist dadurch sehr hell, kann aber als Zeichen toxischer Granulation durch Persistenz der azurophilen Granula auch braun-rötlich getüpfelt aussehen. Die Zell- und Kerngrößen sind als Merkmal für die Zuordnung der Zellen insofern unbrauchbar, als im granulozytopoetischen Proliferationsspeicher mehrere Mitosen in einem Zellklon aufeinanderfolgen. Dabei halbieren sich die Zell- und Kerngrößen, um bis zur nächsten Zellteilung wieder um zwei Drittel anzuwachsen (Boll 1965).

6.1.4.3-6. *Eosinophile* bzw. *basophile Myelozyten* sind eosinophil oder basophil granulierte runde Zellen derselben Größe, Kernstruktur und Kern-/Plasma-Relation wie die neutrophilen. Finden sich neben der ziegelroten groben, sog. eosinophilen Granulation, noch grobe, dunkelviolette sog. basophile Granula, werden die Zellen als *eosinophile Promyelozyten* bezeichnet, weil die groben dunkelvioletten als eosinophile Programula aufgefaßt werden. *Basophile Promyelozyten* erreichen selten die Größe der neutrophilen und eosinophilen Promyelozyten. Wegen ihres seltenen Vorkommens werden eosinophile bzw. basophile Promyelozyten, Myelozyten und Metamyelozyten nicht differenziert, sondern alle teilungsfähigen Vorstufen der eosinophilen bzw. basophilen Reihe zusammengefaßt.

6.1.4.3-7. Der *Promonozyt* ähnelt dem Myelozyten in der Größe von Zelle und Kern. Er unterscheidet sich von ihm durch das blassblaue statt des schwach azidophilen Zytoplasmas und durch seine positive α-Naphthylazetat-Esterase-Reaktion. Er kann fein azurophil granuliert sein. Sein Kern ist stärker eingebuchtet und etwas feiner strukturiert als der Myelozytenkern.

6.1.4.3-8. Der *Metamyelozyt* oder *Jugendliche* nach Schilling unterscheidet sich in Zellgröße und Zytoplasmafärbung nicht vom kleineren Myelozyten. Der Kern ist stärker gebuchtet als der Myelozytenkern oder unregelmäßig geformt und in der Struktur dichter und grob scholliger.

6.1.4.3-9. Der neutrophile *Stabkernige* ist etwas kleiner und hat einen hufeisenförmigen dichter strukturierten Kern bei gleicher Zytoplasmabeschaffenheit.

6.1.4.3-10. Der *segmentkernige neutrophile Granulozyt* ist eine Zelle von 10 bis 12 μm Durchmesser. Der dunkelfleckig strukturierte Kern wird durch meist mehrere, mindestens jedoch eine fadenförmige Brücke oder durch eine Verschmälerung des Kernes auf ein Drittel segmentiert, oder es ist eine Überlagerung der Segmentierung durch Drehung der Kernsegmente vorhanden (s. 5.1). Drei Kernsegmente kommen am häufigsten (50 %), vier und zwei Kernsegmente kommen etwa gleich oft vor. Das Zytoplasma ist schwach azidophil bis farblos. Eine violett bis braunrote Granulation wird als toxische bezeichnet und entsteht durch Persistenz der azurophilen Granula bei beschleunigter Ausreifung.

6.1.4.3-11. *Eosinophile Granulozyten* haben meist nur zwei Kernsegmente und sind angefüllt mit ca. 800 großen eosinophilen Granula von 0,3 bis 0,8 μm Durchmesser. Sie sind wie die neutrophilen Granulozyten Peroxidase positiv. Daneben kommen noch kaum zu erkennende saure Phosphatase positive Tertiärgranula vor. Bei den Eosinophilen und Basophilen werden Stab- und Segmentkernige nicht unterschieden, da durch die dichte Granulation der Kern oft nicht ausreichend abgegrenzt werden kann.

6.1.4.3-12. *Basophile Granulozyten* oder *Blutbasophile* haben gemischt dunkelbasophile, oft auch farblose (weil entleert) Granula von 0,2 bis über 1 μm Durchmesser und unregelmäßig geformte Kerne, die häufig durch Überlagerung mit den Granula schwer zu erkennen sind. Sie reagieren nicht mit Peroxidase.

6.1.4.3-13. Der *Monozyt*, mit 12 bis 14 μm Zelldurchmesser die größte der normalen Zellen im peripheren Blut, hat zum rauchgrauen oder schwach basophilen Zytoplasma einen gelappten oder stark gebuchteten fein zisilierten Kern. Er stammt vom Promonozyt wie dieser vom Monoblasten ab. Er wird als *Makrophage* oder *Phagozyt* bezeichnet, wenn er Zelleinschlüsse oder Vakuolen enthält. Dagegen ist ein *Mikrophage* ein neutrophiler Granulozyt mit erkennbarem phagozytiertem Material.

6.1.4.3-14. Der *Proerythroblast* hat einen großen runden Kern (Durchmesser 10 bis 17 μm) mit dichter netziger Chromatinstruktur und einigen Nukleolen. Das schmale dunkelbasophile Zytoplasma ist gleichmäßig um den Kern angeordnet, häufig mit einer perinukleären Aufhellungszone. Über die runde Zirkumferenz der Zelle ragen manchmal Zytoplasmafortsätze von 1 bis 2 μm Breite hervor. Der *Makroblast* hat die Morphologie eines Proerythroblasten, ist aber kleiner.

Paraerythroblasten sind besonders große Proerythroblasten mit atypischer, grober Kernstruktur und großen Nukleolen, aber auch kleinere Erythroblasten kommen mit solcher Kernstruktur vor.

6.1.4.3-15. Der *basophile Erythroblast* ist mit einem Kerndurchmesser von 7 bis 10 μm erheblich kleiner. Der Kern ist grobschollig mit manchmal radiär angeordneter Chromatinstruktur (Radspeichenkern). Der schmale Zytoplasmasaum ist intensiv basophil. Die basophilen Erythroblasten werden an ihrer dichten Kernstruktur von den Makroblasten mit netziger Kernstruktur unterschieden.

6.1.4.3-16. Der *polychromatische Erythroblast* ist meist kleiner und sein Kern von 6 bis 8 μm Durchmesser dichter als der des basophilen Erythroblasten. Er läßt mehr Zytoplasma frei, das homogen in allen Schattierungen von bläulich über violett bis grauorange getönt sein kann.

6.1.4.3-17. Beim *oxyphilen Erythroblasten*, auch orthochromatisch genannt, ist die Kernstruktur noch dichter, sein Durchmesser 5-7 μm. Das Zytoplasma hat die Farbe der umgebenden Erythrozyten. Im peripheren Blut wird der oxyphile oder polychromatische Erythroblast auch *Normoblast* genannt.

6.1.4.3-18. Der *reife Erythroblast* hat einen pyknotischen, dunkelvioletten, kleinen Kern ohne erkennbare Struktur (Durchmesser unter 6 μm). Das Zytoplasma hat meistens die orange Farbe der Erythrozyten, kann aber bei Kern-Plasma-Reifungsdissoziation auch polychromatisch oder sogar basophil sein. Bei überstürzter Ausreifung sieht man bei den reifen Erythroblasten *Entkernungsfiguren*, d.h. der Kern überragt die Zelloberfläche, oder nackte Kerne. Letztere werden bei gehäuftem Auftreten gesondert vermerkt.

6.1.4.3-19. *Megaloblasten* werden in dieselben Reifungsstufen eingeteilt wie die normalen Erythroblasten, von denen sie sich in allen Reifungsklassen durch größere Zellen und größere, sehr locker netzig oder grobschollig strukturierte Kerne, häufig mit noch erkennbaren Nukleolen, unterscheiden. Besonders charakteristisch sind die polychromatischen Megaloblasten als viel zu große Zellen mit zu großen getigert strukturierten Kernen (Kern-Plasma-Reifungsdissoziation) und die Kerndegenerationen bei den reifen Megaloblasten: Karyorrhexis oder Kerntrümmer entsprechen zerbrochenen Kernen, Gänseblümchenkerne sind gelappte Kerne, Erythrokonten, ähnlich den Jollykörperchen nach Splenektomie, kleine Kerntrümmer.

6.1.4.3-20. Als *Megaloblastoide* (= Übergangsformen), wieder in dieselben Reifungsklassen eingeteilt, werden Zellen bezeichnet, die aufgrund ihrer morphologischen Charakteristika zwischen den normalen Erythroblasten und den Megaloblasten stehen.

6.1.4.3-21. Der *Megakaryoblast* hat dunkelbasophiles Zytoplasma und kann sogar kleiner als der Myeloblast mit einem Kerndurchmesser ab 7 μm sein. Als Charakteristikum ist der Kern gekerbt oder es sind zwei Kerne in der Zelle vorhanden. Die netzige Kernstruktur ist dunkler als die des Proerythroblasten. Feinste Zytoplasmafortsätze überragen häufig die Zelloberfläche des sehr schmalen Zytoplasmasaumes, Granulation gibt es nicht. Die kleinsten Megakaryoblasten, die noch einkernig sind, werden als *Promegakaryoblasten* bezeichnet.

Mehrkernige *Gigantoblasten* sollten wie alle mehrkernigen Stammzellen der megakaryopoetischen Reihe zugeordnet werden, obgleich sie besonders bei pathologischer Erythrozytopoese auftreten. Sie haben außer den gut abgegrenzten meist 4 Kernen mehr und heller basophiles Zytoplasma als die Megakaryoblasten und auch als die Proerythroblasten.

6.1.4.3-22. *Promegakaryozyten* sind größer als Megakaryoblasten. Sie haben einen großen runden oder gelappten Kern, selten auch mehrere Kerne. Sie haben schwach basophiles Zytoplasma und eventuell etwas azurophile Granulation. Die Kern/Plasma-Relation ist zugunsten des Zytoplasmas verschoben. Ist ihr Zytoplasma stärker basophil oder vakuolisiert, wird die megakaryozytäre Ausreifung als pathologisch bezeichnet.

6.1.4.3-23. Der *Megakaryozyt*, die Knochenmark-Riesenzelle, enthält noch wesentlich mehr Zytoplasma, das mit seiner typischen Felderung ausschließlich azidophil - rosa bis bräunlich - ist. Die Kern/-Zytoplasma-Relation beträgt 0,2 bis 0,3. Der Megakaryozyt kommt sehr vielgestaltig vor und übertrifft an Größe die anderen Knochenmarkzellen um ein Vielfaches. Der Kern ist stark gelappt oder auch segmentiert. Selten ist er oder ein Teil von ihm in Mitose. Zerfallende Megakaryozyten und in Fahnen oder Haufen zusammengelagerte Thrombozyten sind wie nackte Megakaryozytenkerne im Knochenmark als Zeichen eines erhöhten Thrombozytenumsatzes anzusehen.

Sehr kleine reife Megakaryozyten in der Größe von Promyelozyten oder etwas größer mit einem runden Kern, aber sehr niedriger Kern/Plasma-Relation werden als *Mikrokaryozyten* bezeichnet und sind an ihrer typischen Zytoplasmafelderung zu erkennen (Trautmann 1961). Außer bei Erkrankungen durch genetische Defekte (5q-Syndrom) kommen sie selten auch bei überstürzter Ausreifung vor.

Atypische Riesenzellen verschiedener Morphe und Kern/Zytoplasma-Reifungsdissoziation kommen bei M. Hodgkin oder bei Knochenmark-Karzinose vor.

6.1.4.3-24. *Osteoklasten* sind mehrkernige Zellen ähnlicher Größe wie die Megakaryozyten mit azidophilem, selten schwach basophilem Zytoplasma.

6.1.4.3-25. Der kleine *Lymphozyt* mit Kerndurchmesser bis 8 μm ist die kleinste kernhaltige Blutzelle (Yoshida 1984). Der Kern ist von verwaschener oder verklumpter Struktur und meist nur von einem dreieckigen Häubchen hellblauen Zytoplasmas bedeckt. Zytochemisch reagiert er häufig granulär mit saurer Phosphatase, nur z.T. mit PAS (s. 5.2). Häufig sind Zelle und Kern als Zeichen ihrer Beweglichkeit deformiert als Handspiegel- oder Spindelform.

Knochenmarklymphozyten, früher auch kleine Retikulumzellen genannt, sind morphologisch von den Blutlymphozyten nicht sicher zu unterscheiden. Die Immunzytologie (s. 5.3) weist sie als B- oder Prä-B-Zellen aus. Die T-Lymphozyten des Blutes kommen, wenn auch seltener und je nach Blutbeimengung unterschiedlich häufig im Knochenmark vor. Sie wirken beim Stammzellwachstum als Helferzellen.

Zentrozyten und Zentroblasten, die von anderen B-Zellen durch ihren gekerbten Kern bzw. feine retikuläre Kernstruktur zu unterscheiden sind, werden im Knochenmark außer bei pathologischer Anreicherung kaum gefunden (s. a. 6.1.4.4-22.1.2).

6.1.4.3-26. *Große Lymphozyten* können stimulierte T-Lymphozyten, B-Lymphozyten oder 0-Zellen, "natural killer cells" sein. Ihre Kerne sind größer, bis über 9 μm Durchmesser und lockerer strukturiert, als die der kleinen Lymphozyten. Sie sind umgeben von einem breiten hellblauen Zytoplasmabezirk, selten dunkelblau (basophile Reizform), der den Lymphozyten weiter vergrößert (nach Bennett 1989 über 15 μm Durchmesser). Enthalten sie azurophile, sehr feine rötliche Granula, werden sie *Virozyten* genannt, weil sie als 'natural killer cells' für lymphotrope Virusinfekte typisch sind. Die *Lymphoidzellen* der infektiösen Mononukleose gehören auch in diese Zellgruppe.

6.1.4.3-27. *Lymphoblasten* sind im Knochenmark sehr selten. Bei ähnlicher Zellgröße wie Myeloblasten haben sie mehr und schwächer basophiles Zytoplasma und einen stärker strukturierten Kern. In Zweifelsfällen gibt die PAS-Reaktion Auskunft, die bei Lymphoblasten granulär positiv ausfällt. Pathologische Lymphoblasten enthalten mehr und gröbere PAS-Granula als die normalen (s. 5.2).

6.1.4.3-28. *Immunoblasten* sind wesentlich größer und haben oft unregelmäßige Zellgrenzen, dunkelbasophiles Zytoplasma und eine lockere netzige Kernstruktur mit mehreren Nukleolen. Sie kommen im normalen Knochenmark kaum vor.

6.1.4.3-29. *Plasmazellen* sind charakterisiert durch einen kleinen, dichten, exzentrisch gelegenen Kern mit Radspeichenstruktur und dunkelbasophiles Zytoplasma in großer Menge (mittlere Kern/Plasma-Relation 0,23). Eine ca. 1 μm große Vakuole im Zytoplasma ist obligat, die perinukleäre Aufhellungszone im Zentrum der Zelle meist gut zu erkennen. Mehrkernige Plasmazellen kommen relativ häufig vor. Als *flammende Plasmazellen* werden solche mit rotem Zytoplasma bezeichnet, als *Mottzellen* solche mit Sekretkügelchen, meistens zart bläulicher Färbung von 1-3 μm Durchmesser, sie sind gespeicherte Immunglobuline. *Plasmoblasten* s. 6.1.4.4-23.1.

6.1.4.3-30. *Osteoblasten* ähneln den Plasmazellen besonders durch ihren exzentrisch gelegenen Kern und ihre niedrige Kern/Plasma-Relation. Der Kern ist aber meistens etwas größer und lockerer strukturiert. Die Zelle hat nur schwach basophiles oder azidophiles Zytoplasma.

6.1.4.3-31. *Histiozyten*, Stromazellen, Fibroblasten oder Sinusoidzellen (Heckner (1986), früher große lymphoide Retikulumzellen nach Rohr (1960), haben große runde oder ovale locker netzig strukturierte Kerne mit großen oft basophilen Nukleolen. Häufig ist das azidophile Zytoplasma nicht mehr zu erkennen, oder es ist so zerflossen, daß seine Grenzen nicht deutlich sind. Mehrere Kerne in einer Zytoplasmafahne sind nicht selten. Mitosen kommen vor. Das Zytoplasma ist stark α-Naphthylazetat-Esterase und saure Phosphatase positiv, bei fibroblastischen oder dendritischen Retikulumzellen alkalische Phosphatase positiv.

Die Fettzellen oder *Adipozyten* entstehen aus den Histiozyten. Der Kern liegt wie bei einem Siegelring um den durch die Fixation ausgewaschenen Fettropfen.

6.1.4.3-32. *Makrophagen* sind Histiozyten, die im meist besser erkennbaren Zytoplasma Partikel oder Zelltrümmer enthalten. *Sideromakrophagen* enthalten Eisenkörnchen, die mit der Berliner Blau-Reaktion anfärbbar sind.

Pathologische Makrophagen: Gaucher-Zellen haben bei der hereditären Sphingolipidose (s. 6.1.4.4-20.3.4.1) viel bläuliches, mit unzähligen Vakuolen durchsetztes Zytoplasma, das oft auch den kleinen Kern überlagert (Boll 1974, Zucker-Franklin 1988).

Die *Pseudo-Gaucherzellen* der chronischen myeloischen Leukämie u.a. Blutkrankheiten haben auch einen kleinen dichten Kern. Die Zytoplasmasstruktur ist aber streifig wie zerknittertes Seidenpapier durch gespeicherte, nicht ganz abgebaute Glykolipide aus phagozytierten Granulozyten, die in den Mitochondrien gespeichert werden, weil ihr Abbau gestört ist. Sie sind PAS, Eisen, alkalische, saure Phosphatase und α-Naphthylazetat-Esterase positiv und sudanophil (Keyserlingk 1972).

Schaumzellen sind stark speichernde Makrophagen mit wolkiger Zytoplasmastruktur, die u.a. bei Niemann-Pick'scher-Krankheit vorkommen. Sie sind α-Naphthylazetat-Esterase positiv.

Seeblaue Histiozyten enthalten 3 μm große, blaugrüne Granula, die elektronenmikroskopisch Myelinfiguren sind. Sie haben einen exzentrisch gelegenen schOLLIGEN

Kern. Die Granula enthalten PAS, seltener Peroxidase, alkalische oder saure Phosphatase, sind sudanophil und zeigen Autofluoreszenz (s. 5.2).

Epitheloidzellen haben längsovale, netzig strukturierte, große Kerne mit großen Nukleolen, umgeben von viel schwach azidophilem Zytoplasma, meist auch oval angeordnet.

6.1.4.3-33. *Hämozytoblasten* sind Übergangsformen zwischen Histiozyten und Proerythroblasten. Sie haben besser abgegrenztes, schwach basophiles Zytoplasma als die Histiozyten, aber deren lockere Netz- struktur der Kerne mit großen Nukleolen. Sie kommen nur bei ineffektiver Erythrozytopoese und schwerer Anämie (Vitamin-B_{12}- oder Eisenmangel, Erythrämie di Guglielmo, Boll 1972)) vor.

6.1.4.3-34. *Gewebsmastzellen* unterscheiden sich von basophilen Myelozyten durch ihre dichtere und dunkler violette, grobe Granulation, die selten durch die Alkoholfixation ausgewaschen ist. Oft ist der Kern durch die fast schwarze Granulation nicht mehr zu erkennen. Die Gewebsmastzellen sind häufig sehr groß und deformiert durch ihre bizarren Bewegungsformen.

Zweikernige kommen, abgesehen von 6.1.4.3-21 und -24, bei anderen Zellarten gelegentlich vor, gehäuft bei myelodysplastischen Syndromen, bei Megaloblasten und nach Schädigung durch ionisierende Bestrahlung.

Mitosen werden bei allen teilungsfähigen Zellen beobachtet. Wir unterscheiden 6 Phasen (Abb. 6-11):

- Prophase = festes Spirem
- frühe Metaphase = lockeres Spirem
- späte Metaphase = Monaster oder Äquatorialplatte
- Anaphase = Diaster
- Telophase = Zytokinese
- Rekonstruktionsphase = zwei Tochterzellen mit je einem festem Spirem.

In basophilen Zellen zeichnet sich häufig eine paramitotische Granulation während der Karyokinese, selten auch die Spindeln ab (Abb. 6-6f).

Spindelgifte verursachen eine besondere Zerstreuung der sehr kurzen Chromosomen in der frühen Metaphase, die dann als *Colchicinmitose* bezeichnet wird (Abb. 6-12), später eine Verklumpung der Chromosomen, die sog. *Ballmitose.*

Endomitosen, Kernamitosen und *postmitotische Zytoplasmafusion* sind für die megakaryozytopoetische Reihe Nr. 6.1.3-21 bis -23 typisch, können aber im fixierten Präparat nicht erkannt werden.

6.1.4.4 Beschreibung ᵈᵉʳ möglichen Knochenmark-Diagnosen
Die Diagnosen D 1 bis D 24 entsprechen der Systematik des in Abbildung 6-17 gezeigten Entscheidungsbaumes. Quantitative Angaben über Verschiebungen der Zellarten im Knochenmark beruhen auf der Auswertung des eigenen Krankengutes.

6.1.4.4-1 *Angeregte Erythrozytopoese durch verkürzte Erythrozyten-Lebensdauer (D 1): hämolytische Anämien*

Hierzu gehören hereditäre Sphärozytose, Enzymopathien, z.B. G-6-PDH-Mangel, Hämoglobinopathien, PNH, erworbene autoimmun-hämolytische Anämien, Mikroangiopathien, Erythrozyten-Lebenszeitverkürzung durch Herzklappenersatz oder durch Malariaparasiten.

- *Knochenmark:* Punktat sedimentiert im Röhrchen. Ausstriche zellreich, fettarm. Histiozyten vermehrt (im Mittel auf 3,8 %), auch Erythrozyten-phagozytierende Histiozyten. Bei Autoantikörper-Anämie sind die Knochenmarklymphozyten (Schubothe et al. 1966) oder Lymphonoduli vermehrt. Schaumzellen sind beim Zieve-Syndrom vermehrt.

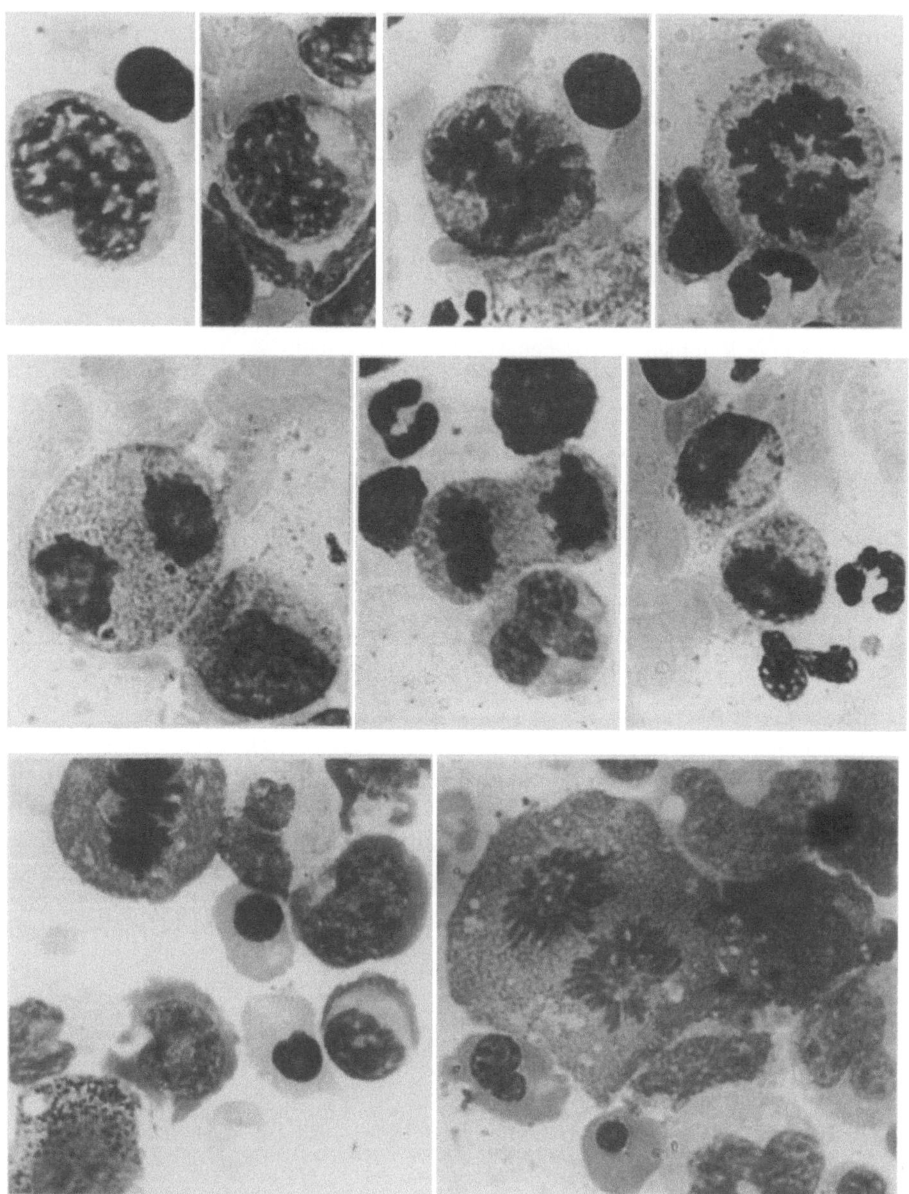

Abbildung 6-11. Mitosephasen.
1. Reihe: Prophase eines Metamyelozyten, daneben eines Myelozyten, frühe Metaphase und Monaster eines Myelozyten; 2. Reihe: Äquatorialplatte, Anaphase und Rekonstruktionsphase von Myelozyten; 3. Reihe: Äquatorialplatte und Anaphase von Erythroblasten.

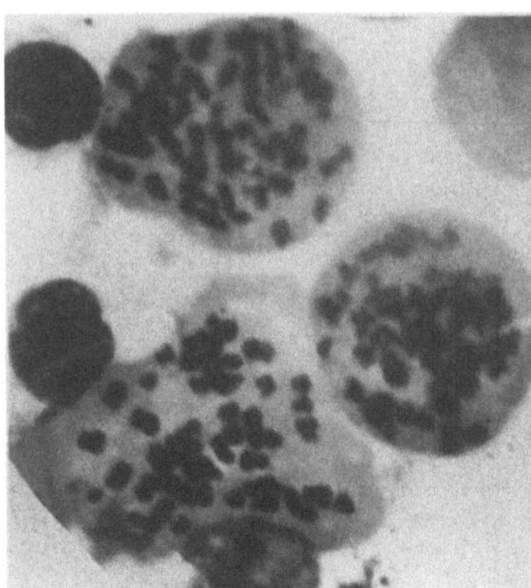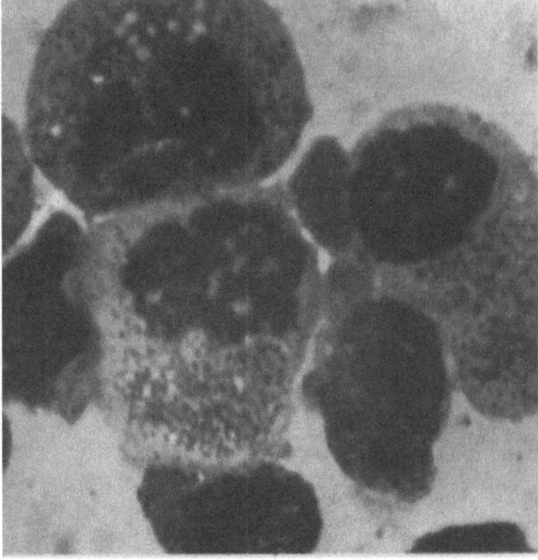

Abbildung 6-12. Durch Spindelgift gehemmte sog. Colchicinmitosen: links 3 Erythroblasten-Colchicin-Mitosen, rechts 3 Promyelozyten-Colchicin-Mitosen, eine davon als Ballmitose.

G/E-Index erniedrigt in Abhängigkeit von der Schwere der Anämie auf unter 2 (0,5 bis 2,0).

Granulozytopoese unauffällig bis angeregt, rechtsverschoben, Eosinophile vermehrt. Mitosen vermehrt (mittlerer Gr MI 2,0 %). Besonders sind die Mitosen der Myeloblasten vermehrt von normal 2 auf 10 %! Alle Mitose-Indices haben große Streubreiten, die Mittelwerte dienen nur zur groben Orientierung.

Erythrozytopoese vermehrt, linksverschoben in Abhängigkeit von der Anämie. Die Proerythroblasten und basophilen Erythroblasten sind kleiner als normal. Megaloblasten nur bei langdauernder überstürzter Regeneration. Bei Zieve-Syndrom und schwerem akuten Alkoholismus kommen im Zytoplasma der Proerythroblasten 1 bis 2 μm große Vakuolen vor, die drei Tage nach Alkoholkarenz nicht mehr nachweisbar sind. Mitosen stark vermehrt, besonders bei Proerythroblasten und basophilen Erythroblasten, mittlerer Ebl-MI 3,2 %. Berliner Blau-Reaktion: vermehrte Eisenspeicherung und vermehrte Sideroblasten, aber nicht obligatorisch, z.B. bei Kugelzellanämie nach Splenektomie nicht mehr.

Thrombozytopoese unauffällig.

- *Blutbild:* meist normochrome Anämie. Retikulozytose bis 0,4 x 10^{12}/l. Leukozytopenie nur bei PNH, sonst meist auch Leukozytose. Thrombozyten unauffällig. Fragmentozyten wie Schistozyten, Helmzellen, Anisozyten, Polychromasie, basophile Tüpfelung. Sphärozyten und Leukozytose bei kongenitaler Kugelzellanämie.
- *Differentialdiagnose der hämolytischen Anämien: basophile Punktierung* der Erythrozyten bei Blei- und anderen Intoxikationen, auch bei schweren regeneratorischen Anämien und Tumoren, leichter im Knochenmark als im Blut zu finden. *Heinz-Innenkörper*, am besten durch Spezialfärbung mit Nilblausulfat darstellbar, werden durch instabile Hämoglobine oder durch Enzymopathien hervorgerufen, u.a. durch Sulfonamide, ionisierende Bestrahlung, Phenylhydrazin. Sie treten häufiger im Blut als im Knochenmark auf. *Akanthozyten* sind Stechapfel-Erythrozy-

ten, die im hyperosmolaren Milieu oder durch schlechte Ausstrichtechnik entstehen. Sie sind durch ihre schmaleren Fortsätze und Übergangsformen zu den eingestreuten normalkonfigurierten Erythrozyten zu unterscheiden. Akanthozytose findet sich bei beta-Lipo-proteinämie mit Retinapigmentation, Kleinhirndysfunktion und intermittierender Steatorrhoe. *Stomatozyten* kommen bei Alkoholismus, hereditärer Stomatozytose und Rh- oder ABO-Anämie vor. *Schistozyten* entstehen durch Turbulenzen bei Zustand nach Klappenersatzoperationen. Sehr schmale stabförmige *Elliptozyten* der dominant erblichen Elliptozytose unterscheiden sich von den häufigeren *Ovalozyten*, die ohne Krankheitswert sind, durch ihren noch kleineren Querdurchmesser. Ovalozyten kommen bei kompensiertem hämolytischem Syndrom vor. Die bei Schwarzafrikanern vorkommende, erbliche *Sichelzellkrankheit* (Drepanozytose) kann durch Nachweis des Sichelzellphänomens unter O_2-Mangel in der feuchten Kammer, durch den Nachweis des Hb S, neuerdings auch durch Genanalyse gestellt werden.

Target-Zellen oder *Schießscheiben-Zellen* sind typisch für die verschiedenen Formen der Mittelmeeranämie: *Thalassämia major*, die wegen der Lebenszeitverkürzung nur bei Kindern und Jugendlichen angetroffen wird; Thalassämia minor, die auch bei Erwachsenen, oft nur als Anomalie ohne Krankheitswert, auftritt. *Knochenmark:* Hyperplasie der Erythrozytopoese mit besonders vielen polychromatischen Erythroblasten. Die Mitosen sind nicht vermehrt, aber ihre Ana-, Telo- und Rekonstruktionsphasen. Reichlich Sideromakrophagen, auch wenn der Eisenspiegel im Blut erniedrigt ist. Die Promyelozyten sind stark vermehrt (Astaldi et al. 1951). Bei Thalassämia major kommen auch Paraerythroblasten und PAS-positive Erythroblasten vor. *Blutbild:* sehr erniedrigter MCH bei sogar erhöhtem Erythrozytengehalt. Keine Retikulozytose. Außer Schießscheibenzellen kommen Schistozyten, Fragmentozyten, Poikilozyten, Mikroerythrozyten und Erythroblasten vor. Das fetale Hämoglobin kann im Blutausstrich nachgewiesen werden, weiterhin elektrophoretischer Nachweis des Hb F oder des Hb A_2 (s. 3.3).

Cave: Passagere Knochenmark-Aplasie (Owren) oder nur eine aregeneratorische, erythroblastopenische Krise mit Gigantoblasten (= mehrkernige Riesenerythroblasten) kommen durch akute Infektionen, besonders durch Parvoviren, bei angeborener hämolytischer Anämie vor (Gasser in Heilmeyer/Hittmair 1960, Band III, S.298).

6.1.4.4-2 *Angeregte Erythrozytopoese bei hypochromer, mikrozytärer Anämie (D 2):* entsteht durch chronische Blutungsanämie - u.a. bei hämorrhagischer Diathese - oder Eisenmangelanämie anderer Genese, wie Resorptionsstörung, alimentärem Fe-Mangel, Gravidität, Stillzeit oder chronischem Infekt. Sie kommt auch bei idiopathischer pulm
onaler Hämosiderose vor.

- *Knochenmark:* Punktat sedimentiert im Röhrchen, meist aber sehr kleine Bröckchen. Ausstriche zellreich. Histiozyten vermehrt (im Mittel auf 5 %), Lymphozyten und Plasmazellen normal.
G/E-Index erniedrigt in Abhängigkeit von der Schwere der Anämie auf unter 2 (0,7 bis 2,0).

Granulozytopoese unauffällig bis auf das gelegentliche Vorkommen von Riesenmetamyelozyten, Riesenstabkernigen und Übersegmentierten. Gr-MI etwa normal, im Mittel 1,4 %.

Erythrozytopoese mäßig linksverschoben, nur bei hochgradigen Anämien stärker mit Auftreten von Hämozytoblasten. Die Proerythroblasten und basophilen Erythroblasten sind bis über 35 % vermehrt. Außerdem besteht eine Rechtsverschiebung, da die oxyphilen und reifen Erythroblasten stark vermehrt sind. Viele Mikroerythroblasten mit oxyphilem Zytoplasma entsprechen den Mikrozyten im Blut. Mitosen vermehrt auf im Mittel 2.2 %, besonders bei den oxyphilen Erythroblasten. Keine Megaloblasten. Berliner Blau-Reaktion als entscheidende Bestätigung *keine* Eisenspeicherung im Retikulum, *keine* Sideroblasten oder -zyten. Besteht eine Eisenspeicherung bei Eisenmangelanämie, meistens ohne Sideroblasten, und bei erniedrigtem Serumeisen, spricht das für Anämie bei chronischem Infekt oder Tumor. *Cave*: Nach Beginn einer Eisenbehandlung finden sich freie Eisen kügelchen zwischen den Zellen.

Thrombozytopoese unauffällig, außer bei chronischer Blutungsanämie infolge Thrombozytopenie (s. 6.1.4.4-16). Übersegmentierte Megakaryozyten kommen vor.

- *Blutbild:* hypochrome, mikrozytäre Anämie. Leukozytose nach zusätzlich frischer Blutung, ebenso wie Thrombozytose. Anulozyten, Leptozyten, Mikrozyten.

- *Differentialdiagnose*: gegen hämolytische Anämie aus dem Pappenheim-Ausstrich nicht immer möglich. Hier ist die Berliner Blau-Reaktion beweisend, im Zusammenhang mit dem Blutausstrich und der Retikulozytenzählung. Die Retikulozyten sind bei Eisenmangelanämie nur eine Woche nach Beginn der Eisenbehandlung oder kurz nach großem Blutverlust vermehrt. Die *Anämie bei chronischem Infekt* unterscheidet sich wie die *Tumoranämie* im Knochenmark von dem Erscheinungsbild der Eisenmangelanämie durch die reichliche Eisenspeicherung im Retikulum ohne Sideroblastenvermehrung, eine Linksverschiebung bis 30 % Proerythroblasten und basophile Erythroblasten bei über 50 % oxyphilen und reifen Erythroblasten, einen auf 3,5 % erhöhten MI der Erythroblasten bei einem G/E-Index von 1 bis 4. *Cave*: Die "Schwangerschaftsanämie" beruht oft nur auf vermehrter Hydratation.

6.1.4.4-3 *Refraktäre Anämie mit Ringsideroblasten (RARS, D 6):*

Eine Sideroblastenanämie kann sehr selten x-chromosomal vererbt sein oder sie entsteht durch Pyridoxin-Mangel, durch Alkoholismus u.a. Sonst handelt es sich um eine refraktäre Anämie mit Ringsideroblasten (RARS des myelodysplastischen Syndroms, auch AISA = aquired idiopathic sideroblastic anaemia). Charakteristisch sind folgende Befunde:

- *Knochenmark:* Punktat sedimentiert im Röhrchen. Ausstriche haben mittlere bis vermehrte Zelldichte. Histiozyten und Lymphozyten nicht vermehrt.

G/E-Index erniedrigt auf 1,2 (0,4 bis 10). Verlaufskontrollen bei einem Patienten schwankten zwischen 1,5 und 10, bei einem anderen zwischen 0,4 und 3,6.

Granulozytopoese stark linksverschoben, neutrophile Segmentkernige vermindert. Sind die Myeloblasten über 5 % vermehrt, geht die RARS in eine refraktäre Anämie mit Blastenexzess über (RAEB, s. 6.1.4.4-21.3). Mitosen etwa normal vertreten (mittlerer Gr-MI 1,4 %).

Erythrozytopoese stark linksverschoben (30 % Pro- und basophile Erythroblasten), aber auch oxyphile und reife Erythroblasten vermehrt bis auf 45 %. Megaloblastoide kommen wie andere Atypien der Erythroblasten vor. Erythroblastenmitosen entsprechend der Linksverschiebung vermehrt (mittlerer Ebl-MI 2,8 %). Keine PAS-positiven Erythroblasten. Berliner Blau-Reaktion als entscheidender Befund: sehr reichlich Eisenspeicherung im Retikulum, viele *Ringsideroblasten*, das sind Sideroblasten mit einem Ring blauer Körnchen um den Kern durch Eisenspeicherung in den Mitochondrien, viele Sideroblasten, viele Siderozyten.
Thrombozytopoese unauffällig, Mikrokaryozyten kommen vor.
Cave: Vorbehandlung mit Eisen oder gehäuften Erythrozytentransfusionen lassen reichlich blaue Kügelchen zwischen den Zellen erscheinen, auch etwas vermehrt Sideroblasten.

- *Blutbild:* normochrome oder hyperchrome Anämie, relativ wenige Retikulozyten. Leukozytopenie und Thrombozytopenie häufig. Häufig toxische Granulation der Segmentkernigen und bis 1 % Myeloblasten im Differentialblutbild. Basophile Tüpfelung der Erythrozyten kommt besonders bei den anderen Formen der sideroblastischen Anämien vor und bei Blei-Intoxikationen.

- *Differentialdiagnose*: Ringsideroblasten kommen nach gehäuften Bluttransfusionen, bei Bleiintoxikation, in geringerer Zahl bei der Thalassämia major (nicht minor), bei Hämoglobinopathien, Osteomyelofibrose, Hämochromatose, Alkoholismus und auch bei Infektionen und hämatopoetischen Systemerkrankungen vor. Bei gehäuften Atypien und Polyploidie der Erythroblasten nebst Ringsideroblasten muß auch eine Erythrämie di Guglielmo diskutiert werden (s. 6.1.4.4-13).

6.1.4.4-4 *Megaloblasten-Anämie (D 3):*
Dekompensierte perniziöse Anämie, agastrische Anämie, Malabsorption und andere symptomatische Vitamin B_{12}- oder geringer ausgeprägt bei Folsäure-Mangelzuständen, wie chronische Lebererkrankungen und Alkoholismus, Graviditätsperniziosa, Fischbandwurmbefall, Behandlung mit Hydantoin, Metothrexat, seltener auch Cytosin-Arabinosid und Hydroxyurea, bei chronischer lymphatischer Leukämie u.a. lymphatischen Systemerkrankungen, s.a. Tabelle 2-8. Die Knochenmarkpunktion zeichnet sich durch *geringen Knochenwiderstand* aus.

- *Knochenmark:* Punktat enthält besonders große Bröckchen und sedimentiert im Röhrchen. Ausstriche zellreich, fettarm. Histiozyten und Hämozytoblasten bei schwerer Anämie reichlich. Lymphozyten und Plasmazellen immer selten, außer bei hepatogener Anämie D 15 (s. 6.1.4.4-10).
G/E-Index stark erniedrigt auf 1,0 (0,5 bis 2.8).
Granulozytopoese relativ vermindert. Reichlich Riesenmetamyelozyten und Riesenstabkernige. Mitosen bei den Myelozyten vermehrt, aber im ganzen normal häufig.
Erythrozytopoese je nach Schwere der Anämie mehr oder minder zur *Megalozytopoese* pathologisch umgewandelt und linksverschoben. Der Anteil der Megaloblasten und der Megaloblastoiden von allen Erythroblasten beträgt bei 3 x 10^{12}/l Erythrozyten im Blut etwa 40 %, bei 1 x 10^{12}/l Erythrozyten im Blut etwa 75 %. Nicht nur der Anteil an Megaloblasten und die Linksverschiebung der Erythrozytopoese nehmen mit der Schwere der Anämie zu, auch die Hämozyto-

blasten und Histiozyten. Bei 3 x 10^{12}/l Erythrozyten im Blut sind noch viele normale Proerythroblasten = Pronormoblasten vorhanden neben wenigen Promegaloblasten. Bei 1×10^{12}/l Erythrozyten im Blut sind vorwiegend Promegaloblasten und Hämozytoblasten zu finden, aber auch noch Proerythroblasten. Mit Verschlechterung der Anämie werden zuerst die späteren Reifungsstufen zu Megaloblasten. Am leichtesten sind die polychromatischen Megaloblasten von den polychromatischen normalen Erythroblasten zu unterscheiden, da ihre Kerne sehr groß und getigert strukturiert sind und die Zellen weit über doppelt so groß wie die normalen polychromatischen Erythroblasten sein können. Kernabsprengungen sind typisch für reifere Megaloblasten. Sehr viele Mitosen kommen bei allen Reifeklassen, auch den polychromatischen und oxyphilen Megaloblasten vor (mittlerer Ebl-MI 2,9 %). Berliner Blau-Reaktion: viel Eisenspeicherung und mäßig viele Sideroblasten und Siderozyten. *Thrombozytopoese:* Megakaryozyten reichlich und oft hypersegmentiert.
- *Blutbild:* hyperchrome Anämie mit Megalozyten, Makrozyten, Polychromasie. Leukozytopenie mit hypersegmentierten Granulozyten (6 bis 8 Segmente) und relativer Lymphozytose, Thrombozytopenie. Der Index der alkalischen Neutrophilenphosphatase soll erniedrigt sein. Die Peroxidaseaktivität der Granulozyten ist erhöht, was sich zytochemisch bei der Durchflußzytometrie nachweisen läßt (Galley 1990).

  Cave: Schon einen Tag nach einer Vitamin B_{12}-Injektion findet man kaum noch Megaloblasten, am dritten Tag sind auch die Megaloblastoiden fast verschwunden. Deswegen muß die Knochenmarkpunktion *vor* dem Schilling-Test wie *vor* jeder Vitamin B_{12}- Therapie erfolgen. Eine genuine perniziöse Anämie kann nicht allein durch einen erniedrigten Vitamin B_{12}-Spiegel im Serum diagnostiziert werden, ein Schilling-Test evtl. mit Intrinsic-Faktor-Gabe muß die Diagnose bestätigen. Bei noch geringgradigen perniziösen Anämien ist wegen der nur mäßigen megaloblastischen Umwandlung der Erythrozytopoese das Auffinden von Riesenstäben, Riesenmetamyelozyten und übersegmentierten Megakaryozyten ein Hinweis auf das Vorliegen eines Vitamin B_{12}-Mangels.
- *Differentialdiagnose:* Hypersegmentierte und Riesenstäbe kommen auch bei Eisenmangel, Tuberkulose, Lepra und Strahlenschäden vor.

6.1.4.4-5 *Nephrogene Anämie (D 11):*
Bei chronischen Nierenkrankheiten wird zwischen a) Infektanämie bei Pyelonephritis (s. 6.1.4.4-2), b) hämolytischen Anämien (s. 6.1.4.4-1) und c) Anämien nur bei renaler Insuffizienz wie bei Hämodialyse-Patienten u.a., unterschieden. Letztere beruhen auf einer Produktionsstörung von Erythropoetin. Dadurch ist der positive Rückkopplungsmechanismus bei erhöhtem Erythrozytenverbrauch durch Mikrohämaturie, bei Infekt oder bei Hämolyse gestört. Hier wird der Knochenmarkbefund bei renaler Anämie und chronischer Niereninsuffizienz geschildert:

- *Knochenmark:* Punktat sedimentiert im Röhrchen. Ausstriche zellreich.Histiozyten vermehrt (im Mittel auf 3,4 %), Lymphozyten vermehrt (im Mittel auf 2,3 %). Plasmazellen und Gewebsmastzellen können auch vermehrt sein.
  G/E-Index im Mittel normal 2,7 (1 bis 5). Es fehlt also eine der Anämie entsprechende Steigerung der Erythrozytopoese.

Granulozytopoese unauffällig, bei Pyelonephritis jedoch vermehrt und toxisch
granuliert.

Erythrozytopoese: Differentialverteilung normal. Einige Megaloblasten kommen
häufig vor, vereinzelt auch PAS-postive Erythroblasten (Klein 1967). Mitosen
normal häufig (mittlerer Ebl-MI 1,5 %). Berliner Blau-Reaktion zeigt normale
Eisenspeicherung, normaler Sideroblastengehalt.

Thrombozytopoese unauffällig.

- *Blutbild:* die Anämie ist meistens normochrom. *Burr-Zellen* und *Helm-Zellen* sind
  kleiner und unregelmäßiger geformt als Stechapfelformen. Sie kommen vor bei
  Urämie, Karzinomen, Infektionskrankheiten, nach Splenektomie und bei Gefäßer-
  satz. *Pyknozyten* sind stark gefärbte Burr-Zellen und können bei Neugeborenen,
  insbesondere mit schwerer hämolytischer Anämie, vorkommen.
- *Differentialdiagnose:* Die *Eiweißmangelanämie* bis zum *Kwashiorkor* und bei
  Anorexia nervosa (Lampert 1977) verursacht keine typischen morphologischen
  Veränderungen im Knochenmark, sie kann hypozellulär sein mit erhöhtem G/E-In-
  dex (Ghitis u. Vitale 1963). In der Auffütterungsphase der Kinder verschlechtert
  sich die Anämie für zwei Wochen (Finch 1968), während die Erythrozytopoese im
  Knochenmark schon hyperplastisch wird.

6.1.4.4-6 Hypoplastische aregenratorische und aplastische Anämien:

*6.1.4.4-6.1 Isolierte Erythroblastopenie = Erythroblastophthise = pure red cell
aplasia (PRCA)* kommt familiär angeboren als *Typ Blackfan-Diamond* mit Skelett-
und Organmißbildungen, erworben bei Thymom, nach Virusinfekt oder im Beginn
einer Leukämie, toxisch oder allergisch bedingt, auch transitorisch bei hämolytischer
Anämie als *Owren-Syndrom* vor (Gasser 1960).

- *Knochenmark:* meist zellarm. Neben einer Vermehrung der Knochenmarklympho-
  zyten finden sich ein stark erhöhter G/E-Index wegen der isolierten Schädigung der
  Erythrozytopoese und den Megakaryoblasten ähnliche mehrkernige *Gigantoblasten*
  mit Zytoplasmavakuolen am Golgi-Apparat.
  Cave: Beim transitorischen *Owren-Syndrom* kann die Regeneration der
  Erythrozytopoese innerhalb von zwei Wochen erfolgen.
- *Blutbild:* normochrome, normozytäre hochgradige Anämie mit Fehlen der Retikulo-
  zyten. Anisozytose. Leuko- und Thrombozytopenie kommen vor.

6.1.4.4-6.2 Hypoplastische Anämien sind die wenigen Anämien mit Verminderung
der Erythroblasten im Knochenmark durch Intoxikationen, z.B. akut mit Alkohol, bei
Phenylalanin-Mangel, Schilddrüsenunterfunktion, Leberinsuffizienz u.a., auch
sekundär bei akuten Leukämien, Plasmozytomen und malignen Lymphomen, Stadium
IV.

- *Knochenmark* meist zellreich. Es finden sich wieder vermindert Erythroblasten.
  Das Zytoplasma von Proerythroblasten, basophilen Erythroblasten, auch Myeloblas-
  ten und Promyelozyten enthält bis mehrere 1 - 3 μm große Vakuolen, die auch bei
  hochgradiger Anämie, z.B. akuten Leukämien, vorkommen können (Boll 1977).
- *Blutbild* zeigt eine meist normochrome Anämie mit Retikulozytopenie. Leuko- und
  Thrombozytopenie sind häufig.

6.1.4.4-6.3 *Panmyelopathie = Knochenmarkinsuffizienz = aplastische Anämie* im englischen Schrifttum. Entsteht durch Benzen- u.a. Intoxikationen, Strahleneinwirkung, autoimmun, viral, endokrin oder genuin als *Fanconi-Syndrom* mit Mißbildung bei Kindern, durch PNH, Osteopetrosis, Septikämie, Miliartuberkulose, Malaria, Speicherkrankheiten, auch bei schwerer Kachexie, Anorexia nervosa u.a.

- *Knochenmark* schwimmt im Röhrchen. Im Knochenmarkausstrich viel Fett, Fasern, Kapillaren. Die Histiozyten enthalten gelegentlich bläuliche hyaline Substanzen und sind wie die Knochenmarklymphozyten, Plasmazellen und Gewebsmastzellen oft vermehrt.
  G/E-Index unter 1 (0,1 - 0,7) erniedrigt.
  Granulo-, Erythro- und Megakaryozytopoese sind mehr oder weniger vermindert, meist auch linksverschoben. Die Verminderung aller hämatopoetischen Reihen stellt sich je nach dem zeitlichen Abstand vom Absetzen der Noxe, u.a. zytostatischer Chemotherapie unterschiedlich dar. Die Granulo- und Megakaryozytopoese regenerieren oft zuerst, die Erythrozytopoese erst nach Vermehrung der Histiozyten und Hämozytoblasten. Polyploide Gigantoblasten und Proerythroblasten treten danach auf, später die anderen Erythroblasten und zuletzt die Retikulozytenkrise im Blut.
- *Blutbild:* zeigt Verminderung aller drei Blutzellarten = *Panzytopenie* oder nur *Bizytopenie*. Nach Chemotherapie wird der niedrigste Wert der Leukozyten und Thrombozyten *Nadir* genannt. Normochrome oder makrozytäre Anämie mit Retikulozyten unter 20 x 10^9/l, Granulozytopenie unter 1,5 x 10^9/l, Thrombozyten unter 20 x 10^9/l. Im Ausstrich Anisozytose, Makrozyten, relative Lymphozytose, gelegentlich Linksverschiebung.

6.1.4.4-6.4 *Panmyelophthise* als schwerste Form der aplastischen Anämie (s. a. 6.1.4.4-6.3), häufig letal endend, ist idiopathisch oder wie bei 6.3 bedingt.

- *Knochenmark:* besteht fast nur aus Fettgewebe, Histiozyten, Kapillaren und Plasmazellen. Oft nur "punctio sicca".
- *Blutbild:* Panzytopenie einschl. Fehlens der Retikulozyten. Thrombozyten unter 20 x 10^9/l, Granulozyten auf unter 0,5 x 10^9/l stark vermindert = *myeloische Insuffizienz*. *Cave:* Lokale Panmyelophthise ist nach Tiefentherapie mit ionisierenden Strahlen des punktierten Knochens obligatorisch, läßt aber Blutbildveränderungen bis auf eine Lymphopenie meistens vermissen.

6.1.4.4-6.5 *Refraktäre Anämie (RA)*
des myelodysplastischen Syndroms (MDS), kann sich auch aus PNH mit Panzytopenie entwickeln (das Knochenmark wird erst hyperzellulär, dann entsteht eine CMML - s. 6.1.4.4-21.5 -, später eine AML - s. 6.1.4.4-12.2 und 5.2).

- *Knochenmark:* Punktat sedimentiert im Röhrchen. Ausstriche zellreich. Histiozyten und Plasmazellen vermehrt.
  G/E-Index vermindert auf im Mittel 1,5.
  Granulozytopoese linksverschoben mit normalem Mitose-Index. Gelegentlich Dysgranulopoese s. 6.1.4.4-21.3. *Cave:* Bei Vermehrung der Myeloblasten über 5 % liegt ein RAEB des MDS vor.

Erythrozytopoese vermehrt, besonders die Proerythroblasten. Als Dyserythropoese werden Atypien wie Zweikernigkeit, Kernkerben, Färbedefekte der abnorm strukturierten Kerne und des Zytoplasmas bezeichnet, früher als Kern-Zytoplasma-Reifungsdissoziation bezeichnet.
Thrombozytopoese: Megakaryozyten vermindert, Mikrokaryozyten vermehrt. Dysmegakaryopoese möglich, s. 6.1.4-21.3. Beim 5 q-Syndrom fehlt besonders die Segmentierung der Megakaryozytenkerne.
- *Blutbild:* Meistens ist die Anämie normochrom, Retikulozytopenie. Im Ausstrich Aniso-, Poikilo- und Megalozytose. Leuko- und Thrombozytopenie selten.
- *Differentialdiagnose:* Dyserythropoetische Anämie (s. 6.1.4.4-6.6), PNH (s. 6.1.4.4-1).

6.1.4.4-6.6 *Kongenitale dyserythropoetische Anämie*
Die seltene, hereditäre, hämolytische Anämie hat einen protrahierten Verlauf, beginnend in früher Kindheit, und verkürzt ohne Splenektomie die Lebenserwartung.

- *Knochenmark:* Punktat sedimentiert im Röhrchen. Ausstriche zellreich, fettarm.Histiozyten etwas vermehrt, häufig Erythroblasten, nackte Kerne und Erythrozyten phagozytierend. Gaucher-Zellen oder seeblaue Histiozyten kommen gelegentlich vor.
G/E-Index unter 1. *Granulozytopoese* unauffällig, Mitose-Index im Mittel auf 0,8 % erniedrigt.
Erythrozytopoese vermehrt und linksverschoben. Kern-Plasma-Reifungsdissoziation. Als Zeichen der Ineffektivität Megaloblastoide und andere erythroblastische Zellatypien, wie Zytoplasmaeinschlüsse, basophile Punktierung und Kernatypien, wie Karyolyse, Karyorrhexis, Zwei- und Mehrkernige häufig. Außerdem finden sich beim:

- *Typ I:* Kernchromatinbrücken zwischen zwei Erythroblasten,
- *Typ II:* Doppelkernige gehäuft, im Mittel auf 5 %, beide autosomal-rezessiv vererbt,
- *Typ III:* mit mehrkernigen Gigantoblasten, dominant vererbt.

Ebl-MI erhöht, bei drei Patienten im Mittel auf 3,6 %. PAS-positive Erythroblasten kommen nicht vor. Berliner Blau-Reaktion: vermehrte Eisenphagozytose, Ringsideroblasten nur vereinzelt.
Thrombozytopoese unauffällig. Lebend zeigen sich die pathologischen Erythroblasten im Phasenkontrast wie elektronenoptisch durch die Starre der getigerten Kerne und die Einschlüsse im Zytoplasma als pathologisch.
- *Blutbild:* normochrome Anämie mit Erythroblasten, erheblicher Poikilozytose, Cabot-Ringen und basophiler Tüpfelung im Ausstrich. Retikulozyten über 75 x 10^9/l vermehrt.

6.1.4.4-6.7 *Makrozytäre Anämie* als eine Form der Präleukämie zeigt eine Deletion des langen Armes an Chromosom 5.

- *Knochenmark:* hinweisendes Symptom Vermehrung der Megakaryozyten und Mikrokaryozyten.
- *Blutbild:* der MCV ist auf 110 fl erhöht, Riesenplättchen kommen vor.

6.1.4.4-7 *Agranulozytose (D 24):*
Nach Medikamentenintoxikationen (Diclofenac, Thiamazol, Phenothiazinen, Pyrazolon-Derivaten, u.v.a.). *Cave:* Bei obiger Medikation ist bei Auftreten von Mund- und Racheninfekten *sofort* eine Leukozytenzählung durchzuführen.

- *Knochenmark:* Die Ausstriche können sehr zellarm sein, außer Erythroblasten und Megakaryozyten nur Histiozyten, Lymphozyten, Plasmazellen enthalten. Die Ausstriche können aber auch durch starke Vermehrung von Promyelozyten sehr zellreich - hyperplastisch - sein . *Cave:* Akute Promyelozytenleukämie, FAB M 3. *G/E-Index* bis unter 0,1 erniedrigt.

- Erfolgt keine Erholung der Granulozytopoese, kommt es zu einer deutlichen Vermehrung der Histiozyten und Plasmazellen. Einmal sahen wir sogar einen Mitoseindex der Plasmazellen von 5 % statt normal unter 0,1. Bei stark erniedrigtem G/E-Index (bis 0,1) finden sich in der Granulozytopoese vorwiegend Myeloblasten. Infauste Prognose.

- Kommt es zu einer Erholung der Granulozytopoese oder ist die Schädigung zum Zeitpunkt der Punktion nicht so weitgehend, ist im zellreichen Knochenmark der G/E-Index mehr oder weniger erniedrigt oder sogar erhöht (bis 12, Abb. 6-13).

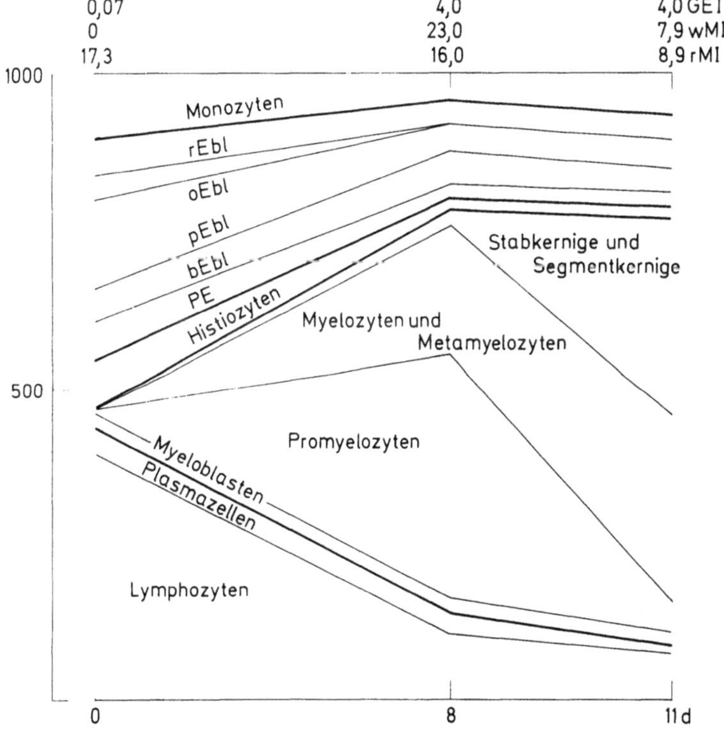

Abbildung 6-13. Verlauf der Differentialverteilung im Knochenmark bei einer durch Phenothiazin verursachten Agranulozytose. Auf der Ordinate sind die Zellzahlen additiv aufgetragen, auf der Abszisse die Zeit in Tagen nach Absetzen des Medikaments. Der G/E-Index in % und die Mitoseindices in °/_∞ sind oben aufgetragen. Die Zelldichte der Ausstriche, die am 1. Tag viel geringer war, mußte unberücksichtigt bleiben.

Bei stark erniedrigtem G/E-Index finden sich in der *Granulozytopoese* vorwiegend Myeloblasten oder gar keine Zellen. Bei etwa normalem G/E-Index sind die Promyelozyten stark vermehrt. Bei etwas erhöhtem G/E-Index sind die Myelozyten und Metamyelozyten relativ vermehrt. Neben der Differentialverteilung ist die Höhe des Gr-MI und die Reifungsstufe, in der die Mitosen vorkommen, ein guter Hinweis auf die Reparation der Schädigung. Die Erholung erfolgt durch Absetzen der Noxe ohne Verabfolgung von Prednisolon außer bei Autoimmun-Genese.
- Während der reaktiven Leukozytose im Blut, ein bis drei Wochen nach Beendigung der Intoxikation, ist das Knochenmark sehr zellreich mit einer fast normalen Differentialverteilung der Granulozytopoese und einem niedrigen Gr-MI. Eine Verminderung der Promyelozyten zeigt, daß die ruhende Population noch nicht wieder voll aufgebaut ist.

Erythrozytopoese entsprechend dem G/E-Index vermehrt oder etwas vermindert, nicht verschoben.
Thrombozytopoese unauffällig.
- *Blutbild:* Leukozyten unter 2,5 x 10^9/l mit Granulozytopenie unter 1 x 10^9/l bis auf 0 = *myeloische Insuffizienz*, dabei finden sich im Ausstrich nur Lymphozyten. 5 - 25 Tage nach Absetzen des leukotoxischen Medikamentes kommt es zum Ansteigen der Leukozytenzahlen mit nachfolgender transitorischer Leukozytose bis über 30 x 10^9/l. Keine Anämie, keine Thrombozytopenie. Während der leukopenischen Phase sind die Monozyten nicht, jedoch die Lymphozyten relativ bis über 90 % vermehrt.

6.1.4.4-8 *Neutropenie:* (s.a. Tabelle 2-14)
6.1.4.4-8.1 *Hereditäre Neutropenie.*
bei Kleinkindern mit Hyperglobulinämie und Monozytose (Hitzig) oder mit Anisozytose (Kostmann).

- *Knochenmark:* In der Granulozytopoese läßt sich eine Reifungsstörung zwischen den Metamyelozyten und den Stabkernigen durch eine extreme Linksverschiebung nachweisen.

6.1.4.4-8.2 *Zyklische Neutropenie*
durch rhythmische Schwankungen der Neutrophilenproduktion im Knochenmark infolge Störung des Regelkreises, vermutlich durch eine erhöhte Reizschwelle mit Kippmechanismus ca. alle 21 Tage, gelegentlich auch bei den anderen Blutzellreihen.

- *Knochenmark:* Ausstriche meist zellreich. Histiozyten und Lymphopoese unauffällig.
G/E-Index je nach Stadium verändert.
Granulozytopoese: Am Anfang der max. Granulozytopenie im Blut zeigt sich eine Verminderung aller Zellen. Kurz danach kommt es zu einer starken Linksverschiebung mit Vermehrung der teilungsfähigen Vorstufen und vielen Mitosen, die während der Remission im Blut anhält. Erst am Ende des Zyklus tritt eine starke Rechtsverschiebung mit relativer Verminderung der teilungsfähigen Vorstufen der Granulozytopoese auf (Meuret u. Fliedner 1970).

- *Blutbild:* die Granulozytopenie mit relativer Monozytose wechselt mit Phasen unauffälliger Differentialverteilung etwa im dreiwöchentlichen Rhythmus. Keine Anämie, keine Thrombozytopenie. *Cave:* Der Nachweis der Erkrankung gelingt nur durch Leukozytenzählung mit Differenzierung im Ausstrich alle zwei bis drei Tage über einen Zeitraum von einem Monat.

6.1.4.4-8.3 *Erworbene Neutropenie.*

Kommt besonders bei chronischen Infekten, wie Tuberkulose, Lues, Osteomyelitis, Typhus abdominalis, Virusinfekten und bei Aethiocholanolon-Fieber vor. Durch antibiotische Therapie wird ihr Auftreten seltener. Toxisch kommt sie auch durch Alkoholismus mit Reduktion der T-Lymphozyten vor.

- *Knochenmark:* ähnelt dem bei Infekt-Leukozytose (s. 6.1.4.4-10.1) oder zeigt eine relative Monozytose (s. 6.1.4.4-20.1).
- *Blutbild:* neutrophile Granulozyten unter 2 x 10^9/l, sonst unauffällig.

Cave: Hypersplenismus oder splenogene Markhemmung (s. 6.1.4.4-9.1)

6.1.4.4-8.4 *Autoimmun-Neutropenie*

durch verkürzte Granulozyten-Lebensdauer, gekoppelt mit anderen Autoimmun-Erkrankungen (Urtikaria u.a.), sehr selten.

- *Knochenmark:* Punktat sedimentiert im Röhrchen. Ausstriche zellreich, fettarm. Histiozyten und Lymphozyten deutlich vermehrt.
  G/E-Index etwa 4.
  Granulozytopoese linksverschoben mit besonders kleinen Myelozyten (wir konnten in einem Fall eine sukzessive mitotische Generation mehr nachweisen). Gr-MI erhöht.
  Erythro- und Thrombozytopoese unauffällig.
- *Blutbild:* Neutropenie, sonst unauffällig.

6.1.4.4-8.5 *Hämorrhagische Aleukie*

Neben der Granulozytopoese ist auch die Thrombozytopoese vermindert, sowohl im Knochenmark die Megakaryozyten, als auch im Blutbild die Thrombozyten.

6.1.4.4-9 *Verteilungs- oder Pseudoneutropenie:* Granulozytopenie bei Splenomegalie (D 16).

6.1.4.4-9.1 *Pseudo-Neutropenie*

oder splenogene Knochenmarkhemmung, ist unabhängig von der Ätiologie bei allen Milztumoren möglich, am reinsten bei isolierter Milz-Venen-Thrombose, am häufigsten sekundär bei Leberzirrhose (80 % der Milztumoren sind hepatogen). Sie kommen auch bei vielen Infektionskrankheiten, Tropenkrankheiten, Speichererkrankungen, Osteomyelosklerose, malignen Lymphomen wie chronisch lymphatischer Leukämie, besonders Haarzellen- und Prolymphozytenleukämie und chronisch hämolytischer Anämie vor. *Pathogenese:* Bei Splenomegalie nimmt die Menge der Granulozyten in den Milzsinus entsprechend der marginale Granulozyten-Speicher zu, wie auch die Erythrozyten und Thrombozyten gespeichert werden. Die Abgabe von Granulozy-

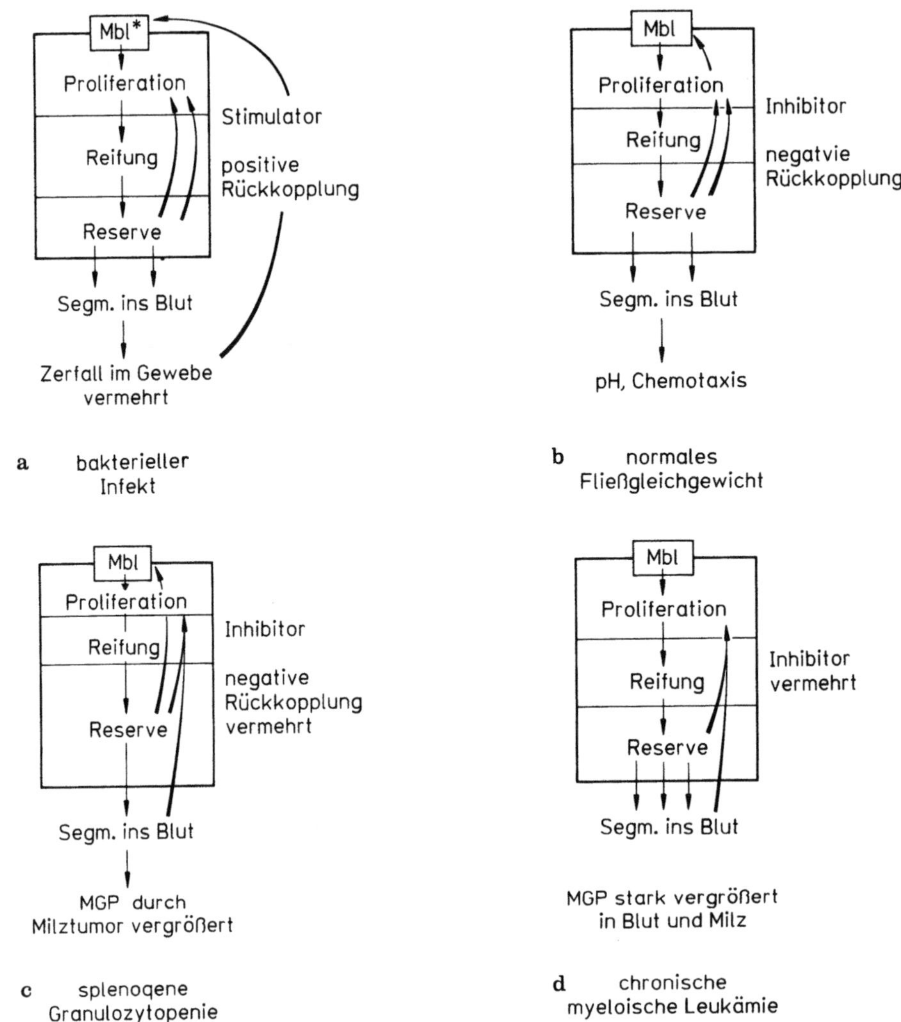

Abbildung 6-14. Schematische Darstellung der Granulozytopoese im Knochenmark beim bakteriellen Infekt, im normalen Fließgleichgewicht, bei splenogener Granulozytopenie und bei chronischer myeloischer Leukämie. In dem Kasten der Granulozytopoese sind die Proliferations-, Reifungs- und Reservespeicher entsprechend ihres prozentualen Anteiles eingezeichnet. Die Pfeile geben die Faktoren für die Rückkopplungsmechanismen durch Stimulatoren oder Inhibitoren aus den reifen Granulozyten an. Mbl = Myeloblast. MGP = marginaler Granulozyten-Pool.

ten aus der Knochenmarkreserve vermindert sich (s. Abb. 6-14), weil sie nur auf den totalen Granulozytenspeicher reagiert. Die granulozytopoetische Reihe wird rechtsverschoben. Eine Rückkopplung vermindert die Zellverdoppelung im Proliferationsspeicher der Granulozytopoese im Knochenmark, wodurch der Gr-MI sinkt.

- *Knochenmarkpunktat* schwebt oder schwimmt im Röhrchen. Ausstriche sind zellarm bis mäßig zellreich. Histiozyten, Lymphozyten und Plasmazellen sind vermehrt.

G/E-Index etwa normal, im Mittel 2,0 (0,8 - 3,1).
Granulozytopoese rechtsverschoben, d.h. unter 45 % teilungsfähige Granuloblasten.
Gr-MI vermindert auf 0,6 (0,08 - 1,4) %.
Erythrozytopoese vermehrt, linksverschoben bis auf 40 % Proerythroblasten und basophile Erythroblasten. Ebl-MI vermindert auf 1,1 (0,3 - 2,6).
Thrombozytopoese rechtsverschoben.

- *Blutbild:* Leukozytopenie mit relativer Lymphozytose, Thrombozytopenie, normochrome Anämie nicht obligatorisch. Bei funktionellem Ausfall der Milz kommen, ebenso wie nach Splenektomie, Howell-Jolly-Körperchen in den Erythrozyten vor. Bestätigung der Verteilungs-Neutropenie durch *Leukozyten-Provokationstest* zweckmäßig: mit dem pflanzlichen Pyrogen Echinacin (1 Amp. i.v.) werden die Granulozyten aus dem marginalen Blutspeicher und aus der Knochenmarkreserve mobilisiert. Nach 5 Stunden kommt es zur Leukozytose mit Linksverschiebung. Der Absolutwert der Granulozyten soll um 2 x 10^9/l oder bei höheren Ausgangswerten um mindestens ein Drittel des Ausgangswertes ansteigen. Prednisolon (1 mg/kg Körpergewicht p.o.) regt auch noch den Proliferationsspeicher der Granulozytopoese an, verwischt also die Aussage und ist unwirtschaftlicher (Boll 1976, S. 286/87).

6.1.4.4-9.2 *Neutrozytopenie bei Hypersplenismus*

Pathogenese: phagozytieren die Milzhistiozyten vermehrt nicht nur Erythrozyten, sog. splenogene hämolytische Anämie und Thrombozyten, sog. splenogene Thrombozytopenie, sondern auch Granulozyten, kommt es zum Hypersplenismus: aus der scheinbaren Granulozytopenie mit erhöhtem Randspeicher im peripheren Blut wird eine echte. Die Knochenmarkreserve an reifen Granulozyten wird aufgebraucht, der Proliferationsspeicher dadurch anregt (Abb. 6-14).

- *Knochenmark:* Punktat sedimentiert im Röhrchen. Ausstriche mittel bis zellreich, fettarm. Histiozyten unauffällig, Lymphozyten meist, besonders bei Lebererkrankungen wie Plasmazellen vermehrt.
G/E-Index im Mittel 2,1 (1,5 - 3,0).
Granulozytopoese linksverschoben, oft Promonozyten vermehrt. Gr-MI 2,2 (0,6 - 5,5) %.
Erythrozytopoese wechselnd, meist linksverschoben. Bei Lebererkrankungen auch Megaloblastoide und vereinzelt Megaloblasten. Ebl-MI 2,0 (1,1 - 3,1) %.
Thrombozytopoese rechtsverschoben, evtl. vermehrt.

- *Blutbild:* zeigt neben der Neutrozytopenie oft eine Anämie und Thrombozytopenie, d.h. Panzytopenie. *Cave:* Abgrenzung gegen die Veränderungen bei schwerer Lebeninsuffizienz (D 15) ist schwer, diese geht häufig mit Anämie, Leukozytose, Monozytose und Thrombozytopenie einher. Alkoholismus führt auch ohne enzymchemischen Nachweis einer Leberinsuffizienz zur Leukozytopenie und Thrombozytopenie um 80 x 10^9/l.

6.1.4.4-10 *Entzündliche Leukozytose:*

Bei bakteriellen Infekten, schwerer Leberinsuffizienz, exulzerierenden Tumoren u.a. (s.a. Tab. 2-10)

6.1.4.4-10.1 *Akuter Infekt (D 19)*

bei allen entzündlichen und bakteriellen Erkrankungen, auch bei Leberzirrhose oder Diabetes mellitus im Endstadium, nicht bei Virusinfekten.

- *Knochenmark:* Punktat sedimentiert meistens im Röhrchen. Ausstrich zellreich, fettarm. Histiozyten, Lymphozyten und Plasmazellen vermindert.
  G/E-Index im Mittel 4 (2-8).
  Granulozytopoese je nach dem Stadium, das von Tag zu Tag wechseln kann, kommen alle Übergänge vor: nach Vermehrung der Segmentkernigen werden sie vermindert mit Vermehrung der Myelozyten und Promyelozyten über 56 % = Linksverschiebung. Oft fällt die braunrote toxische Granulation von den Myelozyten bis zu Segmentkernigen auf. Gr-MI im Mittel 1.6 %, je nach Stadium wechselnd. POX und PAS gut positiv, aber nicht verstärkt wie die ALP im Blut und auch im Knochenmark bei den Stab- und Segmentkernigen.
  Erythrozytopoese vermindert bis normal, ebenso die Berliner Blau-Reaktion.
  Thrombozytopoese unauffällig.
- *Blutbild:* Leukozytose, Linksverschiebung, toxische Granulation, relative Lymphozytopenie. Im Verlauf einer akuten Infektion kommt es in der biologischen Leukozytenkurve erst zur Neutrophilie mit Linksverschiebung, der neutrophilen Kampfphase nach V.Schilling, danach zur monozytären Überwindungsphase, später zur lymphozytären Heilphase mit Eosinophilie, der Morgenröte der Genesung. ANP-Index oft weit über 100 erhöht. Döhle-Körper bei Scharlach, Sepsis und Pneumonie sind schwer zu erkennen. Eosinopenie bei Typhus abdominalis. Makrophagen (= phagozytierende Monozyten) im 1. Kapillarbluttropfen aus dem Ohr bei subakuter bakterieller Endokarditis, bei Typhus abdominalis, Tuberkulose wie auch bei Parasiten, Hämolyse, Leukämie und Karzinomen. Bis zu 50 % Stabkernige und Pseudo-Pelgerzellen bei Salmonellosen (Heckner 1948). Neutrophilie am Anfang jedes akuten Infektes möglich.
- *Differentialdiagnose:* Beginnende chronische myeloische Leukämie, dabei aber im Blutausstrich die ANP erniedrigt (s. 6.1.4.4-12.1). Die sog. leukämoide Reaktion ist eine Erhöhung der Leukozytenzahl bis 80 x 10^9/lmit starker Linksverschiebung bei schwersten Infekten oder Karzinosen, ohne daß eine Leukämie vorliegt. Leukozytose auch bei Krampfanfällen, Muskelarbeit, Streß, Rauchern, Behandlung mit Glukokortikoiden, Lithium, Antikonzeptiva, Adrenalin u.a., lediglich durch Verschiebung der Granulozyten aus dem Randspeicher in den zirkulierenden Blutspeicher. Kommt auch vor bei akuter Blutung, Myokardinfarkt, traumatischer Gewebsdestruktion, Leberzirrhose, Karzinomen und Zustand nach Splenektomie.

6.1.4.4-10.2 *Chronischer Infekt (D 18)*

bei Tuberkulose, rheumatoider Arthritis u.v.a., ähnlich auch als sekundäre Tumorzeichen bei Karzinomen.

- *Knochenmark* sedimentiert oder schwebt im Röhrchen. Ausstriche normal bis zellreich mit mittlerem oder erhöhtem Fettgehalt. Histiozyten, Lymphozyten und Plasmazellen vermehrt. Lymphozyten häufig auch als Lymphonoduli zu Tausenden zusammenliegend, besonders bei rheumatischen Prozessen. Hier auch Granulationsknötchen und nekrotische Bezirke möglich, die viele atypische und speichernde Histiozyten, selten auch Epitheloidzellen enthalten.

G/E-Index im Mittel 3,5.

Granulozytopoese: Die teilungsfähigen Granuloblasten sind wie beim akuten Infekt vermehrt auf über 56 %, aber die Promyelozyten sind kleiner als normal und zahlenmäßig relativ vermindert, die Myelozyten und Metamyelozyten vermehrt, die reifen Granulozyten vermindert (s. Abb. 6-14d). Der Gr-MI kann erhöht sein entsprechend einer verminderten ruhenden Granuloblasten-Population. Häufiger ist er sogar eher erniedrigt auf im Mittel 0,9 %. POX und PAS gut positiv aber nicht verstärkt.

Erythrozytopoese normal oder bei Infekt-Anämie gering vermehrt, aber deutlich linksverschoben. Berliner Blau-Reaktion: die Eisenspeicherung ist stark vermehrt, jedoch Sideroblasten und Siderozyten selten vorhanden.

Thrombozytopoese unauffällig oder etwas vermehrt und Megakaryozyten übersegmentiert.

- *Blutbild:* Oft hypochrome, hier sog. Infektanämie. Die Leukozyten können vermehrt oder auch vermindert sein, eine Linksverschiebung ist selten, aber oft eine relative Monozytose und Lymphozytose.

- *Differentialdiagnose:* Bei Karzinomen kommen Knochenmarkbefunde wie beim chronischen Infekt vor: sog. sekundäre Tumorzeichen (s. 6.1.4.-25). An Erregernachweis ist zu denken.

6.1.4.4-11 *Hereditäre Leukozytendefekte:*

6.1.4.4-11.1 *Pelger-Huet-Kernanomalie*
Heterozygot, ohne Krankheitswert. Ganz vereinzelt wurden schon homozygote erwachsene Pelger-Merkmalsträger, vergesellschaftet mit Mißbildungen, beobachtet.

- *Knochenmark:* Retikulum und Lymphopoese unauffällig.
  Granulozytopoese: wenig strukturierte, dichte, fast runde Myelozytenkerne. Auch die Monozyten haben solche verklumpten Kerne.
  Erythrozytopoese und *Thrombozytopoese* unauffällig.
- *Blutbild:* Die neutrophilen Segmentkernigen sind nur zweisegmentiert wie sonst die Eosinophilen, oft mit breiter Verbindung und haben ebenso wie die auch vermehrten Stabkernigen besonders dichte, schollige, strukturarme Kerne. *Cave:* Differenzierautomaten erkennen die Anomalie nicht. Die Anomalie wird leicht mit Linksverschiebung im Blutbild verwechselt. Besonders starke Linksverschiebungen kommen bei Salmonellen-Enteritis vor (bis über 50 % Stabkernige) und können so zur Verwechslung mit der Pelger-Anomalie führen (Heckner 1948).
- *Differentialdiagnose: Pseudo-Pelger-Zellen* sind erworben und kommen bei allen Leukämien in Remission, bei MDS, bei Benzolintoxikationen und bei Mongoloismus vor. Erworben ist auch das Syndrom des abnormen Chromatinklumpens in Leukozyten, s. a. 6.1.4.4-21.5.

6.1.4.4-11.2 *Alder Granulationsanomalie der Leukozyten* vergesellschaftet mit Gargoylismus, Skelettanomalien bei Kinderm.

- *Knochenmark:* grobe basophile Granulation aller granulozytopoetischen Vorstufen. Die Granulationsreifungsstörung ist auch ohne Blutbildveränderung möglich. Gewebsmastzellen sind atypisch und die Plasmazellen granuliert.

- *Blutbild:* grobe basophile Granulation der Neutrophilen, Eosinophilen, Basophile und auch einiger Monozyten, Lymphozyten und Plasmazellen. *Cave:* Toxische Granulation.

6.1.4.4-11.3 *Chediak-Steinbrinck-Leukozytenanomalie* vergesellschaftet mit oculocutanem Albinismus, neurologischen Defekten, Lymphomen. Neigt zu schweren Infektionen.

- *Knochenmark:* Alle Zellen der granulozytären Reihe können Lysosomen von 1 - 4 μm Durchmesser enthalten = *Granula-Gigantismus.* Außerdem kommen Vakuolen und azidophile Einschlußkörper im Zytoplasma und deformierte Kerne bei den granulozytopoetischen Vorstufen vor (Borsai et al. 1969; Blume et al. 1968).
- *Blutbild:* Granulozytopnie. Graue, Peroxidase positive Riesengranula in Neutrophilen, Eosinophilen, Basophilen, Monozyten und Lymphozyten.

6.1.4.4-11.4 *May-Hegglin Leukozytenanomalie*
Infektgefährdung, oft mit Thrombozytopenie und hämorrhagischer Diathese vergesellschaftet.

- *Knochenmark:* Basophile Einschlußkörper in den Myelozyten und mangelhafte Fragmentierung der Megakaryozyten.
- *Blutbild:* zartblaue, stabförmige, zarte Einschlüsse im Zytoplasma aller Leukozyten. Riesenthrombozyten kommen neben normalen und kleinen Thrombozyten vor. *Cave: Döhle-Körperchen* in den Neutrophilen bei Infektionskrankheiten, insbesondere Scharlach, Sepsis, Pneumonie.

6.1.4.4-11.5 *Davidson-Anomalie* mit Mißbildungen einhergehend.
Auftreten von zweikernigen Neutrophilen mit Vermehrung von drumsticks bei Frauen (normal bis 6 %).

6.1.4.4-11.6 *Alius-Grignaschi-Anomalie.* Es handelt sich um einen Peroxidasedefekt der granulozytären Reihe und der Monozyten. Die Resistenz gegen Mykosen ist herabgesetzt. *Cave:* Erworben kommt der POX-Defekt bei MDS und akuten Leukämien vor, meist aber nicht total.

6.1.4.4-11.7 *Vakuolisierung der Leukozyten*
Bei Segmentkernigen und Monozyten kommt diese hereditäre Anomalie vor, besonders bei Dystrophia musculorum progressiva, Typ ERB.

6.1.4.4-11.8 *Vakuolisierung der Lymphozyten*
Homozygot bei amaurotischer Idiotie.

6.1.4.4-12 *Myeloische Leukämien*

6.1.4.4-12.1 *Chronische myeloische Leukämie (CML, CGL) (D 20)*
Erworbener genetischer Stammzelldefekt mit Differenzierungsstörung der Granulo- und Thrombozytopoese.

- *Knochenmark:* Punktat sedimentiert im Röhrchen. Knochenmarkausstriche sehr zellreich und fettarm. Histiozyten, Lymphozyten und Plasmazellen deutlich vermindert. *Pseudo-Gaucher-Zellen* (Albrecht 1966) kommen besonders bei langen Krankheitsverläufen vor. Sie geben eine positive PAS-, Berliner-Blau-, α-Naphthylazetat-Esterase-, alkalische und saure Phosphatase-Reaktion. *Seeblaue Histiozyten* sind seltener und verschlechtern die Prognose.
  G/E-Index meist auf über 10 (4 - 53) erhöht.
  Granulozytopoese stark vermehrt, nicht verschoben, nur die Myeloblasten können bis auf das Doppelte vermehrt sein, seltener auch die Promyelozyten. Eine weitere Zunahme der Myeloblasten ist prognostisch ungünstig: *Akzelleration,* ebenso wie die Vermehrung von basophilen und eosinophilen Myelozyten und von Promonozyten. Gr-MI erniedrigt im Mittel auf 1,0 %. Pseudo-Pelgerzellen kommen gelegentlich vor.
  Erythrozytopoese normal verteilt mit gering vermehrten oxyphilen Erythroblasten. Ebl-MI erhöht im Mittel auf 2,7 %.
  Thrombozytopoese: Besonders charakteristisch kleine rundkernige mononukleäre Megakaryozyten mit erniedrigter Polyploidiestufe = *Mikrokaryozyten* (Trautmann 1961; Franzén 1961). Sie sind manchmal nur so groß wie Promyelozyten, haben aber bereits das typische azidophile gefelderte Zytoplasma. Normalgroße und übersegmentierte Megakaryozyten kommen auch vor.
- *Blutbild:* Hohe Leukozytose erfordert oft eine Verdünnung wie für Erythrozytenzählung. Dies ist auch erforderlich, wenn die elektronischen Geräte 99,999 x 10^9 ausdrucken. Linksverschiebung bis zu Promyelozyten. Basophile sind häufiger vermehrt als Eosinophile. Sind nur Segmentkernige vermehrt, kann die prognostisch günstige *Neutrophilen-Leukämie* angenommen werden. Zu Beginn der CML besteht häufig eine Polyglobulie, oder die Erythrozytenwerte sind im Blut normal.Die Thrombozyten sind bei zwei Drittel der unbehandelten Patienten vermehrt oder an der oberen Referenzgrenze, nur in einem Drittel vermindert (Mason 1974). Ein Anstieg der Thrombozyten unter Therapie ist prognostisch ebenso ungünstig wie eine Thrombozytopenie. Auftreten von vermehrten Myeloblasten oder von basophilen Granulozyten ist ein Merkmal der prognostisch sehr ungünstigen therapieresistenten *Akzelleration.* Meist erst nach Monaten geht diese Phase in einen *Blastenschub* über. Es kann sich um jede Blastenart der akuten Leukämie handeln, auch lymphatische mit besonders schlechtem Ansprechen auf die Polychemotherapie. ANP-Index auf unter 10 vermindert. *Cave:* Der ANP-Index ist z. B. auch bei Virusinfekten vermindert.
- Ergänzendes diagnostisches Kriterium ist das durch die Chromosomen-Analyse aus dem Knochenmark (aus dem Blut nur bei extremer Linksverschiebung) dargestellte Philadelphia-Chromosom (s. 5.4) und die Vitamin-B_{12}-Bestimmung im Serum (stark erhöht). *Cave:* Es soll vereinzelt CML-Patienten ohne Ph^1-Chromosom geben. Ob es auch ohne Therapie molekulargenetisch (s. 5.4) negative CML-Patienten gibt, bleibt zur Zeit noch dahingestellt.
- *Differentialdiagnose:* Die *chronische myelomonozytäre Leukämie* des MDS (s. 6.1.4.4-21) hat keine so hohen Leukozytenwerte im Blut wie die CML und viele Monozyten. Im Knochenmark sind monozytäre Vorstufen stark vermehrt. Lysozym wird im Serum und im Urin vermehrt nachgewiesen. Es kommen gelegentlich auch

monozytäre Reaktionen bei Ph_1-Chromosom-positiven CML vor. An eine *leukämoide Reaktion* bei Karzinose, Tuberkulose oder chronischen Eiterungen muß gedacht werden! Sie hat einen erhöhten ANP-Index, keinen Milztumor und kein Ph^1-Chromosom. Im Knochenmark kommen bei ihr mehr Atypien und im Blut nur eine Leukozytose bis 80 x 10^9/l mit Linksverschiebung und toxischer Granulation vor. Ein beginnendes hypertrophes Vorstadium der Osteomyelosklerose (s. 6.1.4.4-19) kann der CML ähneln. Der ANP-Index ist aber erhöht und das Ph^1-Chromosom immer negativ.

6.1.4.4-12.2 *Akute unreifzellige myeloische Leukämien (AML, ANLL, s. a. 5.2)*

Erworbene genetische Stammzelldefekte mit Differenzierungsblock nach den frühesten myeloischen Vorstufen. Einteilung nach der FAB (French-American-British) Nomenklatur.

6.1.4.4-12.2.1 *Akute Myeloblasten-Leukämie FAB M 1 und FAB M 2 (D 22)*

Eine progressive, unbehandelt in wenigen Monaten tödlich verlaufende maligne Erkrankung der Myelopoese (Bennet et al. 1976, 1985).

- *Knochenmark:* große Bröckchen sind selten zu gewinnen, meistens nur sehr feine Bröckchen oder nur Knochenmarkblut. Ausstriche fettarm, von sehr verschiedener Zelldichte: Normozelluläres oder hyperzelluläres, mit Zellen vollgepacktes Mark ist typisch, hypozelluläres Mark ist als Rarität anzusehen, erweckt den Verdacht auf RAEBT (s.a. 6.1.4.4-21). *Cave:* vorangegangene Polychemotherapie. Histiozyten, Lymphozyten und Plasmazellen sind vermindert.

G/E-Index im Mittel 70 (3 - 500).

*Granulozytopoese:*Im Vordergrund stehen die atypischen Blasten, früher Parablasten genannt, bei jedem Patienten von einem anderen Typ. Meistens sind die leukämischen Myeloblasten größer (mittlerer Kern-Durchmesser 11 μm statt 9,8 μm, manchmal auch kleiner als die normalen, oft liegt eine Anisozytose vor. Die reiferen Zellen der Granulozytopoese sind stark vermindert. Mindestens 90 % aller Knochenmark-Zellen müssen Myeloblasten sein, um die Diagnose einer FAB M 1 zu stellen. Sonst handelt es sich um eine FAB M 2, die aber auch über 50 % Myeloblasten und Promyelozyten I haben muß.Bei noch weniger Myeloblasten liegt eine *RAEBT* = refraktäre Anämie mit Blastenekzess des Myelodysplastischen Syndroms (s.a. 6.1.4.4-21) vor. Außerdem zeichnet sich die FAB M 2 durch mehr Reifezeichen in den Myeloblasten aus: etwas azurophile Granulation und häufigere POX-Positivität, Auer-Stäbchen. Ein Subtyp von M 2 mit Basophilenvermehrung hat eine besondere Chromosomen-Translokation (s. 5.4).

6.1.4.4-12.2.2 *Promyelozyten - Leukämie FAB M 3 (D 21)*

- *Knochenmark:* Ausstriche sehr zellreich. Hier sind über 50 % der granulozytopoetischen Zellen stark azurophil granulierte Promyelozyten mit einer Kern/Plasma-Relation von 0,3. *Auer-Stäbchen* sind recht häufig, besonders gut in der POX - Färbung zu erkennnen. Sie kommen auch bei FAB M 1 oder M 2, bei Erythroleukämie und bei RAEBT vor. Bei Kindern sind Auer-Stäbchen ein günstiger prognostischer Parameter. Enthalten über 30 % der Blasten Auer-Stäbchen, soll die

Überlebensdauer bei jedem zweiten Kind über 5 Jahre betragen. *Cave:* Bei Verdacht auf Basophilen-Leukämie durch besonders große Granula ist die Toluidinblau Färbung anzuwenden. Mittlerer Gr-MI bei FAB M 1 - 3 liegt bei 1,4 (0 - 4 %). Er hängt von der aktuellen Proliferationsphase ab. Unter Vernachlässigung der bei myeloischen Leukämien verlängerten Mitosedauer (2,5 anstatt 1,3 Stunden) gibt er ein Maß für die Proliferationsaktivität der leukämischen Blasten zum Zeitpunkt der Punktion.

Erythrozytopoese: nicht verschoben, aber stark vermindert, wie der G/E-Index anzeigt. Sie ist manchmal megaloblastisch umgewandelt und kann Kernatypien aufweisen wie Polyploidie und Karyorrhexis. Ebl-MI im Referenzbereich oder erhöht.

Thrombozytopoese: ebenfalls mehr oder minder stark vermindert.

- *Blutbild:* Etwa 1/3 der Patienten ist aleukämisch, d.h. mit erniedrigten Leukozytenwerten, 1/3 hat Werte bis 20 x 10^9/l und nur 1/3 hohe Leukozytosen. Der *Hiatus leukämicus* im Blutausstrich ist der wichtigste diagnostische Hinweis bei akuten Leukämien, d.h. der hohe Prozentsatz an Myeloblasten bzw. Promyelozyten bei fehlender Vermehrung von Myelozyten, Metamyelozyten und Stabkernigen. Die pathologischen unreifen Blasten können vor der genauen Zuordnung mittels Zytochemie (s. 5.2) unter dem Oberbegriff der "atypischen mononukleären Zellen" (AMZ) geführt werden, der Begriff Parablasten ist überholt. Der Blutausstrich ist für die Diagnose ebenso wichtig wie der Knochenmark-Ausstrich, wenngleich die Zellen in der Peripherie oft verändert, meist kleiner sind (Gavosto 1967). Fast immer findet sich eine Anämie und eine Thrombozytopenie als weitere wichtige Hinweise auf die akute Leukämie. Bei bestimmten akuten Leukämien kommen typische Chromosomen-Konstellationen vor (s. 5.4).
- *Differentialdiagnose:* Die Abgrenzung von den akuten monozytären Leukämien ist besonders wichtig, weil diese anders behandelt werden. Die Unterscheidung von den akuten lymphatischen und undifferenzierten Leukämien erfolgt durch die Zytochemie (s. 5.2) und durch die Markierung mit monoklonalen Antikörpern (s. 5.3). *Cave:* Sog. Doppel-Leukämien kommen in einem geringen Prozentsatz vor, d.h. akute Leukämien mit zwei verschiedenen Zellarten. Sogar myeloische mit lymphatischen Leukämien kommen kombiniert vor.

6.1.4.4-12.3 *Definition des Therapie-Effektes*

Zur Erfolgsbeurteilung der Therapie sind bei allen Formen der akuten Leukämien wiederholte Knochenmark-Untersuchungen erforderlich. 1-2 Wochen nach Beendigung der Induktions-Therapie erfolgt die erste Knochenmark-Untersuchung, die gegebenenfalls vor jedem neuen Therapiezyklus wiederholt werden muß, um den richtigen Zeitpunkt für ihn abzupassen. Der niedrigste Wert der Leuko- und Thrombozyten nach Polychemotherapie wird *Nadir* genannt. Gleichzeitig sind ein Blutbild mit Ausstrich-Differenzierung und evtl. eine Liquor-Zytologie erforderlich.

6.1.4.4-12.3.1 *Komplette Remission (CR)*

- *Knochenmark:* Zelldichte hypo- bis normozellulär. *Granulozytopoese:* Blastenanzahl unter 5 % , das sind dann immer noch 10^9 Zellen! Bei einer Leukämie FAB M 1 ist die Abgrenzung gegen normale Myeloblasten schwierig, evtl. ist eine Kerngrößen-Messung zuhilfe zu nehmen. *Erythrozytopoese* kann relativ stark vermehrt sein.

Cave: Bei der histologischen Knochenmark-Biopsie finden sich gelegentlich auch dann noch Inseln von leukämischen Blasten, wenn die Ausstrich-Zytologie kaum noch Blasten aufweist = *minimal* oder *residual disease.* Über die Zweckmäßigkeit, außer der zytologischen gleichzeitig eine histologische Knochenmarkuntersuchung durchzuführen, s. 6.1.6.3!

- *Blutbild:* Hämoglobin bei Frauen über 110 g/l, bei Männern über 120 g/l, Neutrophile Granulozyten über 2 x 10^9/l, Blasten 0 %, Thrombozyten über 100 x 10^9/l, Pseudo-Pelgerzellen kommen relativ häufig vor.

6.1.4.4-12.3.2 *Partielle Remission (PR)*

- *Knochenmark:* Zelldichte hypo- bis hyperzellulär. *Granulozytopoese:* Blasten-Anzahl 5-25 %.
- *Blutbild:* Hämoglobin über 90 g/l, neutrophile Granulozyten über 1 x 10^9/l Blasten bis 5 %, Thrombozyten 50-99 x 10^9/l. Pseudo-Pelgerzellen möglich.

6.1.4.4-12.3.3 *Keine Remission (NR)*

- *Knochenmark:* hyperplastisch oder hypo-aplastisch. *Granulozytopoese:* über 25 oder sogar über 50 % Myeloblasten bzw. Promyelozyten I bzw. II bei FAB M 3.
- *Blutbild:* Hämoglobin unter 90 g/l, neutrophile Granulozyten unter 1 x 10^9/l, Blasten über 5 %, Thrombozyten unter 49 x 10^9/l.

Cave: weitere Wiederholungsuntersuchungen sind erforderlich, um einen Übergang in die partielle, evtl. sogar komplette Remission festzustellen.

6.1.4.4-13 *Erythroleukämie und Erythrämie Di Gugielmo*

6.1.4.4-13.1 *Erythroleukämie (FAB M 6) (D 10),* den akuten myeloischen Leukämien eng verwandt.

- *Knochenmark:* Punktat sedimentiert im Röhrchen, besteht meist aus ganz feinen Bröckchen. Ausstriche zellreich. Lymphozyten und Plasmazellen vermindert.
G/E-Index normal bis unter 1 erniedrigt.
Granulozytopoese linksverschoben bis über 50 % Myeloblasten oder Promyelozyten, auch mit Auer-Stäbchen.
Erythrozytpoese meist über 50 % vermehrt, stark linksverschoben, Megaloblastoide, Gigantoblasten, Karyorrhexis, Polyploidie u.a. Anomalien kommen vor. Ebl-MI stark schwankend, im Mittel 1,5 %. Die Erythroblasten sind z.T. PAS-positiv, Sideroblasten und Siderozyten kommen vor, ebenso wie reichliche Eisenspeicherung in der Berliner Blau-Reaktion. *Cave:* Mehrere Vakuolen von 1-2 μm im Zytoplasma von Proerythroblasten wie auch anderen leukämischen Myeloblasten können bei allen Leukämien mit Anämie unter 100 g/l vorkommen.
Thrombozytopoese unauffällig, eventuell Megakaryozyten vermindert.
- *Blutbild:* Anämie meist normochrom, Retikulozyten normal, selten absolut ver-

mehrt. Im Ausstrich kommen Erythroblasten aller Reifestufen vor, Poikilozytose, Anisozytose und Linksverschiebung der Granulozyten. Leukozyten meist im Referenzbereich, aber Thrombozytopenie. Der ANP-Index ist erniedrigt. Das Ph¹ Chromosom kann bei chronischen Formen nachgewiesen werden.

- *Differentialdiagnose:* erythroleukämoide Reaktionen kommen bei Knochen-Karzinose, chronischen Osteomyeltiden, miliarer und Milz- sowie Knochenmark-Tuberkulose vor. *Cave:* bei behandelten und auch unbehandelten akuten und chronischen Leukämien können vorübergehend erniedrigte G/E-Indices und im Blut eine Anämie mit Erythroblasten-Ausschüttung vorkommen. Deswegen ist es fraglich, ob die Abgrenzung einer Erythroleukämie von den myeloischen Leukämien gerechtfertigt ist. Die Prognose wird jedoch durch sie schlechter.

6.1.4.4-13.2 *Akute Erythrämie di Guglielmo (D 4)* ist eine äusserst seltene und therapieresistente akute, der Leukämie äquivalente Entartung der Erythropoese mit hochgradiger Ineffektivität und mit chromosomalen Störungen bei über der Hälfte der untersuchten Patienten (Huhn 1980).

- *Knochenmark:* Punktat sedimentiert im Röhrchen. Ausstriche meist zellreich, fettarm. Histiozyten und Hämozytoblasten sind stark vermehrt, in einem Fall auf über 20 % ! Phagozytose von Erythroblasten, nackten Kernen und Erythrozyten häufig. Lymphozyten vermindert.
  G/E-Index auf etwa 1 erniedrigt.
  Granulozytopoese zurückgedrängt, rechtsverschoben.
  Erythrozytopoese vermehrt und stark linksverschoben. Gigantoblasten, Proerythroblasten mit multiplen, vergrößerten Nukleolen = *Paraerythroblasten*, zwei- und mehrkernige Erythroblasten, teilweise als Riesenformen. Karyorrhexis, Kernabsprengungen, Nebenkerne, gelappte und pyknotische Kerne. Kern-Zytoplasma-Reifungsdissoziation, Megaloblastoide und Megaloblasten. Zytoplasmafortsätze und Wanderformen kommen vor. Ebl-MI normal bis erniedrigt. In den Histiozyten und Hämozytoblasten kommen auch Mitosen vor. Pathologische Mitosen wie multipolare, Brückenbildung in der Anaphase, Chromosomenpyknosen wie nach Colchicin bis zu Ballmitosen werden beobachtet. Die Histiozyten, Hämozytoblasten und Proerythroblasten haben schollige oder granuläre *PAS-Positivität*, die reiferen Erythroblasten werden durch das Schiff'sche Reagenz teilweise diffus rot angefärbt. Die α-Naphthyl-Esterase kann eine diffuse oder granuläre Reaktion von den Histiozyten bis zu den reifen Erythroblasten geben. Die saure Phosphatase ist am Zytozentrum der Erythroblasten stark positiv. Eisenphagozytose ist in der Berliner Blau-Reaktion reichlich nachzuweisen und Ringsideroblasten kommen vor. Bei der Lebendbeobachtung im Phasenkontrast wandern die Erythroblasten in vitro (Boll 1972).
  Thrombozytopoese: unauffällig bis vermindert.
- *Blutbild:* Schwerste, meist normochrome Anämie mit hochgradiger Anisozytose und Poikilozytose, basophiler Punktierung, Howell-Jolly-Körperchen, Cabot-Ringen und unreifen Erythroblasten im Ausstrich. Retikulozytopenie oder normale Absolutwerte der Retikulozyten. Leukozytenzahl unterschiedlich. Thrombozytopenie.
- *Differentialdiagnose:* Schwer abgrenzbar gegen die großzellige, undifferenzierte Leukämie (s.a.6.1.4.4-22.1), die hereditäre Normoblasten-Polyploidie = *Väster-*

botten Anomalie (Undritz 1972). Häufiger kommt die Erythrämie di Guglielmo erworben als Finalstadium bei der Osteomyelosklerose mit extrem zellarmem Knochenmark, bei der Thalassämie und bei der chronischen myeloischen Leukämie vor (Aust u. Boll 1974). Zu allen Krankheitsbildern gehört ein Milztumor.

6.1.4.4-14 *Eosinophilie und Eosinophilen-Leukämie*

6.1.4.4-14.1 *Eosinophilie bei Allergie gegen Fremdeiweiß u.a.*
Als Ursache kommen in Frage (s. auch Tab. 1.2-12):

- Nahrungsproteine (Eiklar u.a.)
- Infestation mit allen Parasiten. Wenn das Knochenmark befallen ist, gelingt der Erregernachweis im Knochenmark morphologisch, z.B. der Leishmaniosis (= Kala-Azar), Trypasonomiasis, Filariasis (Abb.6-15), Schistosomiasis, Bartonellose; bei der Malaria im Blut
- Medikamente, u.a. gegen Eisen- und Vitamin B_{12}-Präparate
- Kontaktstoffe, ionisierende Strahlen
- Favismus, Chorea, Aspergillose, Scharlach u.a.
- Pankreas- und Colon-Karzinom, hervorgerufen durch die autologen Proteine des Gewebszerfalls, Ovarial-Karzinom
- bei M. Boeck, Wegener Granulomatose, Churg-Strauss-Syndrom (Kroegel 1988), M. Hodgkin, T-Zonen-Lymphom, Osteomalazie, Sklerodermie
- Autoaggressionskrankheiten, Serumkrankheit
- Thrombose, Periarteriitis nodosa
- eosinophiles Granulom, Mastozytose, Speicherkrankheiten
- bei Asthma bronchiale, Rhinitis allergica u.a. Allergien.

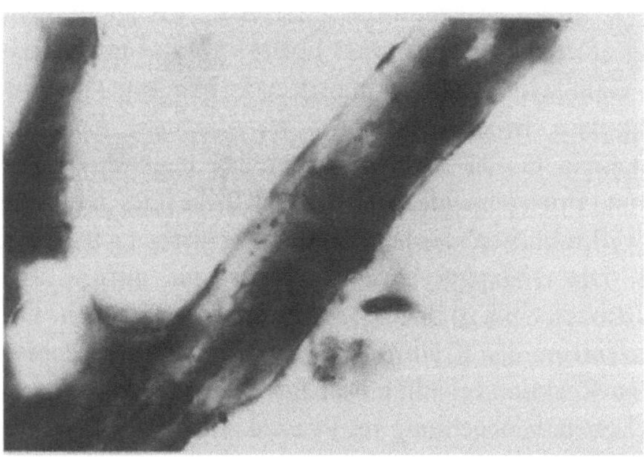

Abbildung 6-15. Teil einer Filarie aus einem Knochenmarkausstrich

Typische Befunde:

- *Knochenmark:* Punktat sedimentiert im Röhrchen. Ausstriche zellreich. Histiozyten und Lymphozyten vermindert.
  G/E-Index etwas erhöht, im Mittel 4 (3 - 6,7).

Granulozytopoese: Die eosinophilen Zellen beherrschen das Bild. Der Anteil an eosinophilen Promyelozyten, Myelozyten und Metamyelozyten ist gleich dem an eosinophilen Stab- und Segmentkernigen. Der Gr-MI ist stark erniedrigt, im Mittel 0,7 %, da nicht nur die eosinophilen Promyelozyten und Myelozyten, sondern auch die noch nicht eosinophil granulierten Promyelozyten kaum Mitosen aufweisen. Der Mitoseindex nur der eosinophilen Vorstufen beträgt bei Eosinophilie 0,9 % entgegen normal 1,0 %, bei Leukozytose 2,0% und bei hämolytischen Anämien 3,5%!

Erythrozytopoese und *Thrombozytopoese* unauffällig.
- *Blutbild:* Die Eosinophilen, normal bis 0,45 x 10^9/l oder bis 4 %, können bis 80 % der Leukozyten betragen. Bei hoher Leukozytose von über 15 x 10^9/l, die 6 Monate anhält, spricht man von *hypereosinophilem Syndrom* häufig mit Myocardinfiltration oder von eosinophilem Leukämoid. Keine Anämie, keine Thrombozytopenie.
- *Differentialdiagnose:* Bei Auftreten von eosinophilen Myelozyten im Blut muß an eine Eosinophilen-Leukämie gedacht werden.

6.1.4.4-14.2 *Eosinophilen-Leukämie* ist viel seltener als die allergische Eosinophilie, hat einen Milztumor und Organ-Infiltrate in Milz, Leber, Myokard, Nieren, Lymphknoten.

- *Knochenmark:* Die unreifzellige Eosinophilen-Leukämie geht mit Vermehrung der Basophiloblasten und eosinophilen Promyelozyten einher, die reifzellige mit Vermehrung der eosinophilen Segmentkernigen. Der Gr-MI ist im ersten Fall normal, im zweiten erniedrigt. Mit der Naphthol-AS-D-Chlorazetat-Esterase färben sich die Granula stärker rot an als bei den normalen Eosinophilen.
- *Blutbild:* Anämie. Hohe Leukozytose mit sehr hohem Anteil an Eosinophilen, meist auch von deren Vorstufen. Thrombozytopenie. Ph^1-Chromosom kommt vor.
- *Differentialdiagnose:* Die *akute Monozyten-Leukämie FAB M 4 mit Eosinophilie* zeigt im *Knochenmark* viel weniger Eosinophile als die Hypereosinophilie und die Eosinophilen-Leukämie. Die eosinophilen Promyelozyten sind vermehrt und atypisch granuliert. Hypereosinophile und übersegmentierte Segmentkernige kommen vor und Phagozytose von Eosinophilen in den Makrophagen. Pathogenetisch steht eine Reifungsstörung der eosinophilen Granula im Vordergrund. *Blutbild:* keine oder geringe Eosinophilie, aber Monozytenvermehrung.

6.1.4.4-15 *Basophilie und Basophilen-Leukämie*

6.1.4.4-15.1 *Basophilie*
sehr selten bei Jugendlichen, bei allergischen u. a. Reaktionen, bei Hyperlipidämie, bei chronischer interstitieller Myelitis (Rohr 1960),kommt ebenso wie bei Panmyelophthise (6.1.4.4-6.4), bei Osteomyelosklerose (s.6.1.4.4-19) und bei M.Waldenström (s. 6.1.4.4-24.2) vor.

- *Knochenmark:* mäßige Vermehrung von Gewebsmastzellen.
- *Blutbild:* Vermehrung der Basophilen über 3 %.

6.1.4.4-15.2 *Reifzellige oder unreifzellige Basophilen-Leukämie*
meistens im Endstadium der chronischen myeloischen Leukämie oder seltener als
Basophilentyp der akuten Leukämie FAB M 2 oder M 4 mit einer spezifischen Chromosomen-Translokation (s. 5.4) oder extrem selten primär.

- *Knochenmark* Vermehrung von Basophiloblasten, basophilen Promyelozyten und
  basophilen Myelozyten.
- *Blutbild:* Leukozytose oder normale Leukozytenwerte mit über 40 % basophilen
  Granulozyten und/oder auch ihren Vorstufen. Anämie, Thrombozytopenie.

6.1.4.4-15.3 *Mastzellen-Leukämie*
sehr selten die generalisierte *Mastozytose* mit Organbefall; bräunliche Efflorezenzenz
bei der *Urtikaria pigmentosa.*

- *Knochenmark:* Vermehrung von Gewebsmastzellen und Eosinophilen. *Cave:* kommt
  auch bei älteren Frauen mit Osteoporose vor.
- *Blutbild:* kann normal sein, aber auch die Gewebsmastzellen im Ausstrich zeigen
  oder eine hohe Leukozytose = Mastozytose. Häufig Anämie, Thrombozytopenie.
  Der Heparin- und der Histamin-Blutspiegel sind erhöht. *Cave:* Durch die Färbung
  können alle Granula ausgewaschen sein, wodurch die Gewebsmastzellen leicht
  übersehen werden, weil sie nun den Schaumzellen ähneln. Der Beweis ist durch die
  Spezialfärbung mit *Toluidinblau* zu erbringen.

6.1.4.4-16 *Primäre oder essentielle Thrombozythämie (ET) (D 7)*
Synonym für die primäre Thrombozythämie (PTH) wird die genuine Erkrankung des
höheren Lebensalters mit langen Verläufen auch *chronische megakaryozytäre Myelose
(CMM)* genannt (s. a. Tab. 1.2-15).

- *Knochenmark:* Punktat schwebt oder sedimentiert im Röhrchen. Ausstriche zellreich. Histiozyten deutlich, Lymphozyten wenig vermehrt, Plasmazellen vermindert.
  G/E-Index normal oder seltener bei sekundärer Blutungsanämie erniedrigt.
  Granulozytopoese etwas rechtsverschoben. Eosinophile gering vermehrt. Gr-MI
  1,0 (0,6-1,3) %.
  Erythrozytopoese gegebenenfalls wie bei Blutungsanämie (s. 6.1.4.4-2), sonst
  unauffällig. Ebl-MI 1,3 (0,7-2,4) %. Bei sekundärer Blutungsanämie ist die Eisenspeicherung in der Berliner Blau-Reaktion vermindert.
  Thrombozytopoese: Der zellreiche Knochenmarkausstrich wird schon bei schwacher Vergrößerung deutlich beherrscht von oft in Gruppen liegenden Megakaryozyten, Promegakaryozyten und Megakaryoblasten. Die Megakaryozyten sind
  häufig vergrößert und haben stark gelappte, ebenfalls vergrößerte, auch nackte
  Kerne, oft zerfallen sie in Thrombozyten. Dazwischen liegen Thrombozytenfahnen. Atypische Riesenformen kommen ebenso wie Mikrokaryozyten vor, auch
  Zytoplasmavakuolen besonders in den basophilen Promegakaryozyten. Die Polyploidiestufe ist bis auf 64 erhöht. Die PAS-Reaktion ist unverändert stark. Mitosen
  sind trotz der Vermehrung und Hyperploidie selten.
- *Blutbild:* Die Thrombozyten sind auf über 600 x 10^9/l, in ausgeprägten Fällen über
  1000 x 10^9/l vermehrt. Im Ausstrich kommen Riesenplättchen und Megakaryozy-

tenfragmente vor, bei Blutungsanämie auch Leptozyten wie ein erniedrigtes MCH und eine hypochrome Anämie. Ein Drittel der Patienten hat jedoch hochnormale Erythrozytenwerte. Die Leukozyten sind normal bis vermehrt, die ist Differentialverteilung unauffällig. Der Übergang in einen akuten Blastenschub kommt allerdings bei ET selten vor.

- *Differentialdiagnose: Sekundäre Thrombozytosen* mit Thrombozytenwerten im Blut bis über 1500 x 10^9/l kommen reaktiv vor und sind im Knochenmark von obigem Krankheitsbild durch geringere Ploidie und weniger Atypien der Megakaryozyten zu unterscheiden. Sie kommen vor bei Zustand nach Splenektomie, bei Knochenmark - Karzinose, nach akuter Blutung, Infektionen u.a. Bei Polyzythaemia vera kommt eine besonders thrombozytenreiche sog. trilineare Form vor. Auch die Osteomyelofibrose und die Osteomyelosklerose können mit einer Thrombozythämie einhergehen. Der Übergang in einen Blastenschub kommt bei der CMM extrem selten vor, ebenso das Ph^1-Chromosom, das nach Stoll et al. (1988) besonders mit Mikrokaryozyten im Knochenmark und Basophilenvermehrung im Blut einhergeht.

6.1.4.4-17 *Thrombozytopenien* (D 8)
durch vermehrten Plättchenzerfall, d.h. deren verkürzte Lebensdauer (normal 11 Tage) (s.a. Tab. 1.2-4, 1.2-16).

6.1.4.4-17.1 *Akute idiopathische Thrombozytopenie*, (aITP) vorwiegend bei Kindern und *chronische Thrombozytopenie = idiopathische thrombozytopenische Purpura (cITP) = M. Werlhof*
Die Lebensdauer der Thrombozyten wird durch Antikörper verkürzt, die durch Viren (HIV, Hepatitis u.a.) oder durch Medikamente (Chinin, Chinidin, Gold, Diuretica, Sulfonamide u.a.) entstehen. Sepsis, Malaria, Typhus abdominalis und andere Infektionskrankheiten können Thrombozytopenien auslösen. Auch bei Sphärozytose und G-6-PDH-Mangel gibt es Thrombozytopenien.

- *Knochenmark:* Punktat sedimentiert meistens im Röhrchen. Ausstriche zellreich. Histiozyten und Lymphozyten unauffällig.
  G/E-Index normal bis erniedrigt.
  Granulozytopoese uauffällig.
  Erythrozytopoese meist wie bei Blutungsanämie.
  Thrombozytopoese: Vermehrung der Megakaryoblasten, Promegakaryozyten und Megakaryozyten, auch mit überreifen Zerfallsformen, ist nicht obligat. Mikrokaryozyten bis hyperploide Megakaryozyten als Zeichen überstürzter Ausreifung kommen vor, ebenso Atypien wie runde Riesenkerne ohne Polyploidisierung und Zytoplasmavakuolen, bes. bei basophilen Promegakaryozyten. Mitosen sind selten. Die PASReaktion ist in den Megakaryozyten verstärkt.
- *Blutbild:* Thrombozytopenie unter 30 x 10^9/l. Leptozyten und andere Zeichen der Eisenmangelanämie. Eosinophilie wegen Allergie möglich. Immunkomplexe können nachgewiesen werden. *Cave:* Pseudo-Thrombozytopenien bei Benutzung von Partikelzählgeräten müssen durch Überprüfung im Differentialblutbild und/oder in der Kammerzählung ausgeschlossen werden (Schneider 1986).

- *Differentialdiagnose:* Hypersplenie-Syndrom (s.6.1.4.4-9), Verbrauchskoagulopathie und Moschcowicz-Syndrom = *thrombotische thrombozytopenische Purpura* mit fragmentierten Erythrozyten im Blutausstrich und hyalinen Zylindern in der Knochenmark-Histologie.

6.1.4.4-17.2 *Thrombozytopenie mit Megakaryozytopenie*

durch schwere Intoxikationen, bes. durch Zytostatika mit Nadir nach ca. 2 Wochen, bei Behandlung mit alkylierenden Substanzen (BCNU) oder durch ionisierende Strahlen nach 5 Wochen. Auch durch die Grundkrankheit Leukämie oder Knochenmark-Karzinose kommt es zu derselben Störung. Chronischer Alkoholismus führt zu einer mäßigen Thrombozytopenie (ca.80 x 10^9/l).

- *Knochenmark:* Megakaryozytopenie besonders der reifen Formen. Eine Verminderung der PAS-Reaktion kann auf eine Reifungsstörung hinweisen. *Cave:* Korrekt kann die Anzahl der Megakaryozyten nur gegen die gesamte Zellzahl, nicht gegen die Ausstrichfläche beurteilt werden. Dies ist besser histologisch möglich, s.a. 6.2, nur gehen dabei die Mikromegakaryozyten verloren.
- *Differentialdiagnose:* Thrombozytopenie ist ein Leitsymptom bei den zur Zeit nur noch selten vorkommenden Patienten mit Thorotrast-Ablagerungen in den Makrophagen. Autoradiographisch kann die α-Strahlung, die von ihrem Zytoplasma ausgeht, nachgewiesen werden (Abb. 6-16, Pape 1973).

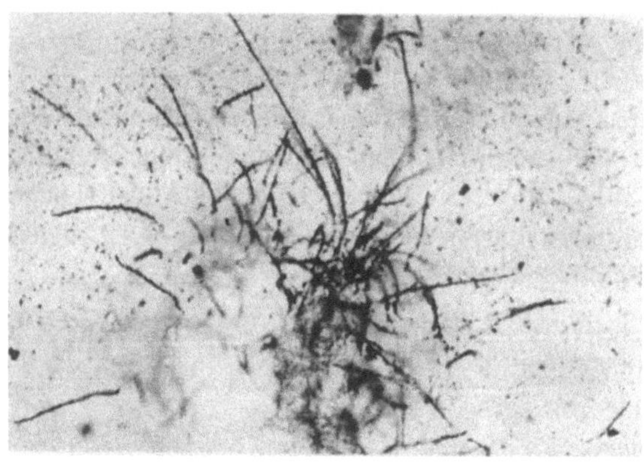

Abbildung 6-16. Alphastrahlen von einem Makrophagen ausgehend, 30 Jahre nach Thorotrast-Applikation.

6.1.4.4-17.3 *Amegakaryozytose*

essentiell, erworben. Trotz schwersten therapieresistenten Thrombozytopenien kommen jahre- bis jahrzehntelange Verläufe - ohne Thrombozyten-Transfusionen - vor, gelegentlich mit finalem Blastenschub.

- *Knochenmark:* isoliert völliges Fehlen von Megakaryoblasten und Megakaryozyten.
- *Blutbild:* Thrombozytopenie unter 20 x10^9/l. Später tritt eine Blutungsanämie auf.

6.1.4.4-18 *Polyzythaemia vera und symptomatische Polyglobulie*

18.1 Polyzythaemia vera = Erythrozytose (D 9)
ist eine erworbene genetische Erkrankung der hämatopoetischen Stammzelle.

- *Knochenmark:* Punktat sedimentiert im Röhrchen. Ausstriche sehr zellreich, fettfrei bis -arm. Sie müssen sehr schnell angefertigt werden, da das gewonnene Material wegen des hohen Hämatokrits sehr leicht gerinnt und sich dann nicht mehr ausstreichen lässt. Evtl. 0,5 ml Heparin in die Spritze vorgeben. Histiozyten, Lymphozyten und Plasmazellen relativ vermindert.
  G/E-Index stark erniedrigt, im Mittel auf 1,4 (0,8 - 2,6).
  Granulozytopoese in der Differentialverteilung normal, Eosinophile etwas vermehrt, evtl. auch die Basophilen. Gr-MI erhöht, im Mitttel auf 2,1 %. Die ruhende Granuloblasten- Population ist stark vermindert, was durch kleinere Promyelozyten evident wird (Boll 1970).
  Erythrozytopoese vermehrt, etwas linksverschoben. Ebl-MI erniedrigt auf im Mittel 1,1 %. Besonders bei den basophilen und polychromatischen Erythroblasten kommen wenig Mitosen vor. Die Produktiosrate ist schon auf der Stammzellebene erhöht: Die Erythrozytopoese ist effektiv. Keine Eisenspeicherung in der Berliner Blau-Reaktion.
  Thrombozytopoese: Megakaryozyten sind stark vermehrt, vergrößert und ihre Kerne stark gelappt (bis 64 ploid). Mikrokaryozyten kommen gelegentlich vor (Albrecht 1974).
- *Blutbild:* Erythrozyten über 6 x 10^{12}/l, Hämatokrit erhöht, Hb meist weniger vermehrt, sodaß das MCH erniedrigt wird, besonders nach Aderlaßbehandlung durch den Eisenverlust. Leukozytose über 12 x 10^{9}/l mit Linksverschiebung im Ausstrich, oft Vermehrung von Eosinophilen und Basophilen. Thrombozyten über 400 x 10^{9}/l, dies ist die *trilineare Form.* Sonst wird von Bi- oder Unilinearität gesprochen. Dabei wird ein Milztumor oder Sauerstoff-Sättigung des arteriellen Blutes über 92 % für die Diagnose von der polycythemia vera study group (1975) gefordert. Blutsenkungsreaktion stark erniedrigt bis auf 0/0 mm nach 1 u. 2 Std. Der Index der ANP ist deutlich erhöht, der Erythropoetin-Spiegel nicht erhöht.
- *Differentialdiagnose:* zur Osteomyelosklerose (s.6.1.4.4-19), gelegentlich auch zur chronischen myeloischen Leukämie (s.6.1.4.4-12.1) und besonders zur chronischen megakaryozytär-granulozytären Myelose erforderlich. Hier kann die Histologie wegen der Anordnung der Zellen im Gewebe Klärung schaffen. Bei Übergang in Osteomyelofibrose werden Gefäße und Fibroblasten nebst Fasern vermehrt, ebenso wie Plasmazellen und Lymphozyteninfiltrate.

6.1.4.4-18.2 *Symptomatische Polyglobulie*

= *dysregulatorische = regulative Erythrozytose,* im englischen Schrifttum: sekundäre Polyzythämie. Sie kann hervorgerufen sein durch Nierenerkrankungen wie *Forssell-Syndrom,* meist mit erhöhter Erythropoetinkonzentration, Lebererkrankungen wie Zirrhose, Karzinom, Endophlebitis hepatica, zentrogen durch Hirntumor u.a. diencephalen Störungen wie subdurales Hämatom u.a., Hämangiome, M. Cushing mit Eosinopenie, essentiell als juvenile Polyglobulie mit Milztumor, Hämoglobinopathien, Ovarial-, Mamma-Karzinom, Uterusfibrom, Phäochromozytom, Leber- und Milzzysten wie Echinokokkose, Milz - Tuberkulose, nach Androgen-, Kortikoid-, Kobalt - Therapie, durch gewerbliche Intoxikationen (P, Mg, Cu, Pb, Co, Hg, As).

- *Knochenmark:* ähnlich wie 6.1.4.4-18.1, aber Ausstriche zellärmer,
  G/E-Index eher normal,
  Granulozytopoese Gr-MI etwa normal,
  Erythrozytopoese nicht verschoben,
  Thrombozytopoese: Megakaryozyten nicht vermehrt.
- *Blutbild:* Polyglobulie, meistens keine Leukozytose, keine Thrombozytose, ANP-Index normal.
- *Differentialdiagnose:* kompensierte Thalassaemia minor.

6.1.4.4-18.3 kompensatorische Polyglobulie (D 17)
cardiopulmonaler Genese durch chronischen Sauerstoffmangel.

- *Knochenmark:* Punktat schwimmt im Röhrchen. Ausstriche: normaler oder verminderter Zellgehalt. Histiozyten und Lymphozyten unauffällig.
  G/E-Index etwa normal, im Mittel 3,2.
  Granulozytopoese nicht vermehrt, nicht verschoben. Gr-MI etwas erhöht, im Mittel 1,9 %.
  Erythrozytopoese rechtsverschoben zugunsten der oxyphilen und reifen Erythroblasten. Ebl-MI etwas erniedrigt, im Mittel 1,4 %. Besonders die basophilen Erythroblasten haben weniger Mitosen.
  Thrombozytopoese unauffällig.
- *Blutbild:* Erythrozyten über 5 x 10^{12}/l, Hb-Gehalt und Hämatokrit erhöht. Mikroerythrozyten. Keine Leukozytose, keine Thrombozytose. Der ANP-Index ist normal, falls kein Infekt vorliegt. Blutsenkungsreaktion normal bis erhöht.
- *Differentialdiagnose:* Häufig Hämokonzentration bei Exsikkose, seltener Streßpolyglobulie. Höhenpolyglobulie bei längerem Aufenthalt über 2500 m Höhe. Raucherpolyglobulie mit Granulozytose, Erythroblastenkern-Anomalien und Dysmyelopoese = ineffektive Granulo- und Erythrozytopoese (Schaefer 1985).

6.1.4.4-19 Osteomyelofibrose und Ostemyelosklerose
genuin mit oft ekzessivem Milztumor vielleicht aus Myelitis verschiedener Genese hervorgehend, chronifizierend mit langer Überlebensdauer. Oft auch als Endzustand anderer Entitäten des *myeloproliferativen Syndroms* (s. 6.1.4.4-12.1, -16, -18.1), selten akut in Blastenschub übergehend.

- *Knochenmark:* Bei der Osteomyelosklerose verursacht die Punktion wegen der Härte des Knochens oft erhebliche technische Schwierigkeiten. Charakteristisch ist, daß die Punktion an verschiedenen Knochen kein aspirierbares Mark fördert, sogenannte *Punktio sicca.* Die konventionelle Röntgen-Untersuchung der Knochen stellt die Sklerose nicht immer dar. Die Expansion der Hämatopoese in die langen Röhrenknochen kann neuerdings mit der *Knochenmark*-Scintigraphie mit Technetium nachgewiesen werden. Knochenmarkblut aus der Nadel muß schnell auf bereitgehaltene Objektträgern ausgestrichen werden. Im aspirierten Markblut sind Megakaryozyten fast als einzige Knochenmarkzellen und Thrombozyten-Agglomerate neben Osteoblasten, Osteoklasten und Gewebsmastzellen typisch. Alle anderen hämatopoetischen Zellen sind stark vermindert. PAS-positive Erythroblasten und Ringsideroblasten sollen vermehrt sein. *Cave:* Im *hypertrophen Vorstadium* können einzelne Zellreihen noch gut vertreten sein. Dadurch entstehen differentialdiagnostische Schwierigkeiten bei der Abgrenzung zur chronischen myeloischen Leukämie und zur Polyzythaemia vera. Das Blutbild mit seinen Zusatzuntersuchungen hilft hier entscheidend weiter.

- *Blutbild:* Anämie, Leukozytose und Thrombozytopenie liegen häufig vor, aber auch Polyglobulie und Thrombozythämie. Im Ausstrich Erythroblasten, die akzidentell gezählt werden, oft Linksverschiebung der weißen Reihe = *Leukoerythroblastose*, Tränentropfen-Erythrozyten (tear drop cells), Poikilozyten, Schistozyten, basophil punktierte Erythrozyten, Polychromasie, Riesenthrombozyten, Megakaryozyten und deren nackte Kerne. Eosinophile und basophile Segmentkernige sind vermehrt, ebenso die myeloischen Stammzellen im Blut, die von den Lymphozyten nur durch immunologische Marker, nicht morphologisch unterschieden werden können. In Suspensionskulturen wachsen sie im RPMI-Medium zu erkennbaren hämatopoetischen Zellen aus und bilden viele Mitosen.
- *Histologie:* Das histologische Präparat bringt den Beweis der Diagnose durch die Färbung der Retikulin- und kollagenen Fasern, bei der Osteomyelosklerose auch der Knochenumbauzonen und die für die Erkrankung typische Konstellation der Knochenmarkzellen: Die Granulozytopoese wächst paratrabekulär, die Erythrozytopoese und die Megakaryozyten sind parasinuidal angeordnet (Frisch 1985).
- *Differentialdiagnose:* Ähnliche Knochenmarkbefunde liegen bei der *Osteopetrose = Marmorknochenkrankheit, Typ Albers-Schönberg* vor. Hierbei fehlt aber der große Milztumor und der Nachweis ist leicht durch die Röntgendarstellung der Knochen zu erbringen.

6.1.4.4-20 *Erkrankungen des monozytären Systems*
6.1.4.4-20.1 *Reaktive Monozytosen*

kommen vor bei Virusinfekten, z.B. Hepatitis, Lymphadenopathie bei AIDS, infektiöse Mononukleose (M. Pfeiffer), bei allen chronischen Infekten, bei primär chronischer Polyarthritis u.a. Kollagenosen, transitorisch bei abklingendem Infekt, bei Streß, auch bei Karzinom. Bei Kleinkindern und Greisen können auch bei bakteriellen Infekten monozytäre Reaktionen auftreten (s. Tab. 1.2-11).

- *Knochenmark:* Ausstriche zellreich bis normal. Knochenmark-Lymphozyten, teilweise von vermehrt Zytoplasma umgeben als Virozyten oder "killer cells" sind häufig, ebenso Plasmazellen und Gewebsmastzellen. Auch sind die *Lymphonoduli* gehäuft (Hashimoto 1963). Retikuläre Knötchen mit phagozytierenden und anderen Histiozyten, Epitheloidzellen und Speicherzellen können bei M. Bang, Knochenmark-Tuberkulose u.a. chronischen Infekten vorkommen (Marchal et al. 1966, Finkel et al. 1968). *Epitheloidzellen* haben längsovale, retikulär netzig strukturierte Kerne mit großen Nukleolen, umgeben von viel schwach azidophilem Zytoplasma, meist auch oval angeordnet.

G/E-Index normal.

Granulozytopoese: Promonozyten und Monozyten sind einschließlich ihrer Mitosen vermehrt. Die granulozytären Reihen sind unauffällig.

Erythrozytopoese und *Thrombozytopoese* unauffällig.

- *Blutbild:* Keine Anämie, keine Thrombozytopenie. Die Leukozyten können vermindert, normal oder vermehrt sein, aber nicht ekzessiv. Im Ausstrich sind die Monozyten und/oder atypischen mononukleären Zellen (AMZ) vermehrt über 0,6 x10⁹/l. Virozyten sowie Verminderung des ANP-Index sprechen für Virusinfekt, Blutplasmazellen für Röteln. Die *Lymphoidzellen* der Mononukleose stehen morphologisch zwischen den Knochenmark-Lymphozyten, den Prolymphozyten und den Monozyten.
- *Differentialdiagnose:* beginnender M. Waldenström. *Cave:* Monozytosen werden im Knochenmark übersehen, wenn die mikroskopische Vergrößerung oder die Qualität der Pappenheim- Färbung zu wünschen übrig lassen. Die rauchgraue, bläuliche Färbung des Zytoplasmas der Promonozyten und Monozyten kann mit der azidophilen der Myelozyten und Metamyelozyten verwechselt werden. Bei Verdacht kann die Monozytose durch die α-Naphthylacetat-Esterase-Reaktion bestätigt werden.

6.1.4.4-20.2 *Lymphogranulomatose = M. Hodgkin*

Knochenmarkbefall ist das Indiz des Stadiums IV und kommt in etwa 15 % der Fälle vor.

- *Knochenmark:* Histiozyten, z.T. phagozytierend, und Promonozyten häufig in Granulationsknötchen liegend, sind ebenso wie Plasmazellen und Eosinophile (diese auch schon im klinischen Stadium III) vermehrt. Beweisend sind *Hodgkin--Zellen* mit großen, netzig strukturierten Kernen, auffälligen großen, basophilen Nukleolen und dunkelbasophilem, relativ breitem Zytoplasmasaum. Sie sind im Knochenmark schwer zu erkennen, weil sie den Proerythroblasten ähneln. Die *Reed-SternbergZellen* haben im Knochenmark oft nicht die typischen gelappten Kerne wie im lymphatischen Gewebe (s. 7.1), vielmehr nur entrundete Kerne, sodaß sie leicht mit Promegakaryozyten verwechselt werden können.
Cave: Das *Hodgkin-Sarkom* (histologisches Stadium IV) kann im Knochenmark morphologisch kaum vom Immunoblastom (s.6.1.4.4-23.2.3) unterschieden werden. Die Differenzierung ist nur durch Immunzytologie (s. 5.3) möglich.
Granulo-, Erythro- und Thrombozytopoese etwa normal.

6.1.4.4-20.3. *Histiozytosen*
6.1.4.4-20.3.1 *Reaktive Histiozytose*

kommt vor nach Virusinfekten (Diarrhoe) und *Kala-Azar*, einer Leischmaniase. Diese fieberhafte Tropenkrankheit mit Splenomegalie kann leicht durch die Knochenmarkzytologie erkannt werden.

- *Knochenmark:* In den phagozytierenden Histiozyten sind die Leishmanien massenhaft zu sehen (Abb. 6-9k). Plasmazellen sind vermehrt. Sonst ist das Knochenmark unauffällig. Bei AIDS kommen außer der Plasmazell-, Monozyten- und Eosinophilenvermehrung gelegentlich Epitheloidzellen oder Immunoblasten, wie bei AILD (s. 6.1.4.4-22.5.2) vor.
- *Blutbild:* Monozytose kann vorkommen, auch Agranulozytose.

6.1.4.4-20.3.2 *Maligne Histiozytose = Histiozytosis X*

genetisch bedingt, vorwiegend bei Kindern, selten auch bei Erwachsenen (Boll 1974, Huhn 1976), eventuell auch reaktiv.

- *Knochenmark:* Ausstriche von mittlerer Zelldichte. Das Bild kann völlig beherrscht werden von großen, polyedrischen Histiozyten mit kleinen, dichten Kernen. Das Zytoplasma ist voller sekundärer Lysosomen mit Lipoproteiden gefüllt, die durch die Alkoholfixation ausgewaschen werden, sodaß die Zellen von massenhaft kleinen Vakuolen durchsetzt erscheinen. Der Kern wird häufig durch die Speichergranula deformiert und das Zytoplasma bildet nur ein feines Netzwerk zwischen den Vakuolen (s. Abb. 6-9e). Die Folge ist, daß das Präparat von morphologisch weniger Geübten als Ausstrichartefakt mißdeutet wird. Im Vitalpräparat sind die Zellen im Phasenkontrast leicht als intakt, sogar mit Pinozytose und Lokomotion zu erkennen. Dazwischen liegen große leicht lädierbare Zellen mit hellbasophilem Zytoplasma und runden oder ovalen netzig strukturierten Kernen und großen Nukleolen. Sie sind ähnlich den Monoblasten, oft aber ohne gekerbten Kern und mit sehr dunkelbasophilem Zytoplasma. Sie werden als Prohistiozyten bezeichnet. Die *Speicherzellen,* wie die Histiozyten sind α-Naphthylazetat-Esterase und saure Phosphatase positiv. Zwischen den Speicherzellen können auch Blasten vorkommen.
  Granulozytopoese stark vermindert.
  Erythrozytopoese stark vermindert. *Paraerythroblasten* = sehr große Proerythroblasten mit riesigen Nukleolen und besonders dunkelbasophilem Zytoplasma kommen vor. Gelgentlich erhebliche Erythrozyten-Phagozytose.
  Thrombozytopoese stark vermindert.
- *Blutbild:* Panzytopenie. Die hämorrhagische Diathese wird häufig zur Todesursache. Hierbei spielt außer der Verminderung der Megakaryozyten im Knochenmark noch die verkürzte Thrombozytenüberlebenszeit durch Phagozytose der Thrombozyten in den Speicherzellen des Milztumors eine Rolle und kann durch Splenektomie gebessert werden (Green 1971).
- *Differentialdiagnose:* Schaumzellen sind beim Zieve-Syndrom, bei schwerem Alkoholismus im Knochenmark vermehrt (s. 6.1.4.4-1), ebenso wie bei angeborenen und erworbenen Hyperlipoproteinämien, bei kongenitaler Oxalose, juveniler Zystinose, bei Patienten mit Anthrakosilikose und solchen, die Hydroxyethylstärke (Plasmaexpander) erhalten hatten (Schaefer 1985). Die Erythrämie di Guglielmo (s. 6.1.4.4-13) kann mit ihren Paraerythroblasten, pathologischen Histiozyten und Hämozytoblasten der Histiozytose ähneln.

6.1.4.4-20.3.3. *Eosinophiles Granulom*

kommt bei Kindern und jungen Erwachsenen vor, generalisiert wird es *Schüller-Christian-Hand-Kran____it* genannt. Am Ort des Tumors punktiert oder bei Generalisierung im *Knochenmark* kommen neben aufgelockerten Histiozyten Nester von Eosinophilen, Riesen- und Schaumzellen vor.

Differentialdiagnose: stehen die Riesenzellen im Vordergrund, wird die Krankheit *Riesenzellen-Retikulose* genannt. Hiervon wird noch eine *Langerhanszell-Histiozytose,* bei Kleinkindern generalisiert in vielen Organen, unterschieden (Komp 1987). Langerhanszellen sind einkernige dendritische Retikulumzellen in der Epidermis.

6.1.4.4-20.3.4 *Hereditäre Speicherkrankheiten mit Splenomegalie*

entsteht bei Kindern durch einen genetisch bedingten Enzymdefekt. Die hier beschriebenen morphologisch gut definierten Speicherkrankheiten sind nur ein Teil der vielen andern, wie Hurler's disease, Hunter's disease, Morquio-Syndrom, M.Farquhar, Mucolipidosen u.a.

6.1.4.4-20.3.4.1 *M. Gaucher*
Durch ß-Glukuronidase-Mangel kann der phagozytierte Zelldebris nicht in den Histiozyten katabolisiert werden.

- *Knochenmark:* sowie die *Milz* zeigen große Histiozyten mit deformierten Kernen durch das vakuolisierte Zytoplasma. Sie werden Gaucher-Zellen genannt (s. 6.1.-4.3.32).
- *Blutbild:* meist Panzytopenie. Im Ausstrich *Leukoerythroblastose*, d. h. Erythroblasten und Linksverschiebung, gelegentlich kommen auch vakuolisierte Lymphozyten vor. Die Leukoerythroblastose kommt auch bei Osteopetrose, rheumatischem Fieber der Kinder u.a. vor.
- *Differentialdiagnose:* Pseudo-Gaucherzellen kommen bei chronisch myeloischer Leukämie in fortgeschrittenen Stadien vor, bei Thalassämie, bei ITP oder auch bei der dyserythropoetischen Anämie. Sie sind nur schwierig von den echten Gaucherzellen zu unterscheiden.

6.1.4.4-20.3.4.2 *M. Niemann-Pick*
Die Schaumzellen im Knochenmark sind besonders groß, polyedrisch, ähnlich der Histiozytosis X, enthalten aber Sphingomyelin.

6.1.4.4-20.3.4.3 *M. Fabry*
Ähnliche Schaumzellen, die aber infolge eines Defektes der α-Galaktosidase Ceramid-Trihexosid enthalten.

6.1.4.4-20.3.4.4. *Seeblaue Histiozytose*
kommt hereditär oder erworben bei Leberzirrhose mit Milztumor und hämorrhagischer Diathese vor (Quattrin 1978). Knochenmark: mittelgroße Histiozyten mit einem exzentrischen Kern mit scholliger Struktur und im Zytoplasma 3 μm große blaugrüne Granula. Sie sind PAS und Sudan Schwarz positiv.

6.1.4.4-20.4 *Monozytäre Leukämien* (s.a. 5.2)
Von der monozytären Stammzelle ausgehend gibt es die
akute Monoblasten-Leukämie (FAB M 5a),
akute Promonozyten-Leukämie (FAB M 5b),
akute myelomonozytäre Leukämie (FAB M 4),
chronisch myelomonozytäre Leukämie (MDS FAB 4, D 24),
aleukämisches Monoblasten-Sarkom.

6.1.4.4-20.4.1 *Akute Monoblasten-Leukämie (AMoL, FAB M 4, 5a, 5b)*
entspricht im Entscheidungsbaum D 22 mit α-Naphthylazetat-Esterase positiven Monoblasten. Typische Chromosomen-Konstellationen bei einem Teil der Fälle.

- *Knochenmark:* selten in großen Bröckchen zu gewinnen, meist sehr fein verteilt, gelegentlich nur Knochenmarkblut. Ausstrich von verschiedener Zelldichte, fett-

arm. Histiozyten, Lymphozyten und Plasmazellen vermindert.
G/E-Index erhöht.
Granulozytopoese: über 80 % der Zellreihe sind bei FAB M 5a Monoblasten, bei
FAB M 5b über 80 % auch Promonozyten und Monozyten (Bennett et al.1985),
die alle α-Naphthylazetat-Esterase positiv sind (s 5.2). Bei *FAB M 4* sind über 30
% aller Knochenmarkzellen Monoblasten, über 20 % Promonozyten und Monozyten und über 20 % Granuloblasten einschließlich Myeloblasten. In seltenen Fällen
kommt auch *FAB M 4 mit Eosinophilie* vor: dabei sind zusätzlich bis 50 % Eosinophile vorhanden, häufig große eosinophile Promyelozyten (s. 6.1.4.3.6) mit
atypischen Granula und Färbeanomalien. Die Reaktion mit Chlorazetat-Esterase
und mit PAS fällt schwächer aus als bei den normalen Eosinophilen. Phagozytose
von Eosionophilen in Promonozyten u. a. ist häufig. Eosiophilie im Blut fehlt. Die
leukämischen Monoblasten wechseln von Patient zu Patient sehr in ihrer Größe:
Kerndurchmesser 10-13 μm, da es Leukämien mit sehr kleinen Monoblasten
(früher Typ Schilling) und solche mit sehr großen (früher Typ Naegeli) gibt. Die
leukämischen Promonozyten unterscheiden sich von den normalen (s. 6.1.4.3.7)
höchstens durch ihre Größe, Atypien sind selten. Der mittlere Gr-MI ist 1,5 %,
aber mit Schwankungsbreiten von stark erniedrigt bis 3,0 %.
Erythrozytopoese nicht verschoben, vermindert. Megaloblastoide kommen vor.
Thrombozytopese: Megakaryozyten vermindert und mit Atypien = Dysmegakaryopoese.
- *Blutbild:* Meist hohe Leukozytose mit über 5 x 10^9/l Monoblasten und Promonozyten. Kommt dies auch bei FAB M 2 (s. 6.1.4.4-12.2) vor, wird diese dadurch zur
  M 5a umfunktioniert (Bennett et al. 1985), wenn auch das Lysozym im Blut und
  Urin vermehrt ist. Die auf bis zu 80 % im peripheren Blut vermehrten monozytä-
  ren Zellen werden, wenn sie nicht entsprechend der α-Naphthylazetat-Esterase-
  Reaktion als Monoblasten oder Promonozyten einzuordnen sind, als atypische
  mononukläre Zellen (AMZ), nicht als Monozyten gezählt.
- *Differentialdiagnose:* zur chronischen myelomonozytären Leukämie (CMML des
  MDS, s. 6.1.4.4-21.5) und monozytäre Reaktionen bei CML (s. 6.1.4.4-12.1),
  sogar zur AML und zur ALL erforderlich. Zur Abgrenzung erweisen sich Verlaufskontrollen und der Lysozym-Nachweis als günstig. Im älteren Schrifttum
  werden auch subchronische Monozyten-Leukämien beschrieben, bei denen nur
  reife Monozyten vermehrt sind. *Cave:* Monozytäre Leukämien FAB M 4 können
  aus Plasmozytomen entstehen.

6.1.4.4-20.5 *Aleukämisches Monoblasten- oder Stammzell-Sarkom*
vorwiegend bei Kindern und Jugendlichen.

- *Knochenmark:* angefüllt mit α-Naphthylazetat-Esterase-positiven Monoblasten oder
  mit zytochemisch negativen Stammzellen. *Granulozytopoese:* mehr oder weniger
  vermindert. *Erythrozytopoese:* mehr oder weniger vermindert. *Thrombozytopoese:*
  mehr oder weniger vermindert. Diagnostik mit monoklonalen Antikörpern ist
  angezeigt.
- *Blutbild:* kann normal sein. Die Blasten sind höchstens im Anreicherungsverfahren
  zu finden.
- *Differentialdiagnose:* Lymphoblastom (s.a. 6.1.4.4-23.2.2).

6.1.4.4-21 *Myelodysplastisches Syndrom (MDS)*
genuin, meistens bei Patienten über 60 Jahre. Folgende Entitäten werden hier von der
FAB-Gruppe zusammengefaßt (Bennett 1982):

1. refraktäre Anämie (RA, s. 6.1.4.4-6.5, D 3)
2. refraktäre Anämie mit Ringsiderblasten (RARS, s. 6.1.4.4-6.3, D 6)
3. refraktäre Anämie mit Blastenekzess (RAEB)
4. chronische myelomonozytäre Leukämie (CMML)
5. refraktäre Anämie mit Blastenekzeß in Transformation (RAEBT).

Früher wurden die drei letzten Diagnosen als *smouldering leukemia* oder *oligoblasti-*
sche Leukämie zusammengefaßt. Der Ausdruck Präleukämie sollte für solche Formen
reserviert bleiben, die in kurzer Zeit zur offenen Leukämie werden. Die Besonderheit
der im folgenden zu besprechenden Leukämieformen ist ihr jahrelanger Verlauf ohne
nennenswerte Progredienz und ihr schlechtes Ansprechen auf die zytostatische
Therapie der akuten Leukämien. Als *sekundäre MDS* werden die Krankheitsbilder
bezeichnet, wenn sie nach Chemotherapie oder ionisierender Bestrahlung auftreten.

6.1.4.4-21.3 *Refraktäre Anämie mit Blastenekzess (RAEB, MDS FAB 3)*
- *Knochenmark:* Ausstriche normal dicht bis zellreich. Histiozyten und Plasmazellen
  unauffällig, Lymphozyten vermehrt.
  G/E-Index erniedrigt im Mittel auf 1,8 (0,8 - 3,6).
  Granulozytopoese stark linksverschoben mit einem Blastenanteil von 5 - 20 % aller
  kernhaltigen Zellen. Die Myeloblasten haben normale Größe. Die reiferen granulo-
  zytopoetischen Zellen, insbesondere die Myelozyten können Pelger-ähnliche dichte
  Kernstruktur haben. Monozytose und Zellen mit großen Nukleolen, bei denen die
  Unterscheidung in Promyelozyten und Promonozyten schwerfällt, kommen vor.
  Hypogranuläre Promyelozyten werden als M 3-Blasten beschrieben in Anlehnung
  an die akute Promyelozyten-Leukämie M 3, sog. *Dysgranulopoese*. Gr-MI erniedrigt auf im Mittel 1,1 %.
  Erythrozytopoese linksverschoben und durch Atypien wie bei refraktärer Anämie
  (s. 6.1.4.4-6.5), auch Megaloblastoide gekennzeichnet, sog. *Dyserythropoese*.
  Ebl-MI wechselnd, aber im Mittel erhöht auf 2,2 %.
  Thrombozytopoese eher vermindert, Mikrokaryozyten kommen vor, ebenso wie
  riesige Einzelkerne oder übersegmentierte bzw. sogar mehrkernige Megakaryozy-
  ten = *Dysmegakaryopoese*.
- *Blutbild:* Anämie, oft hyperchrom und makrozytär. Leukozytopenie mit bis zu 5 %
  Myelo- oder Monoblasten ohne sonstige Linksverschiebung. Verminderte Granula-
  tion der Neutrophilen und POX-Defekt kommen vor wie vermehrt basophile
  Granulozyten. Thrombozytopenie, Riesenthrombozyten. Nach dem *Bornemouth-*
  Score (Mufti 1985) gelten Hb unter 100 g/l, Granulozyten unter 2,5 x 10^9/l,
  Thrombozyten unter 100 x 10^9/l und über 5 % Blasten im Knochenmark als je 1
  Punkt. Bei 2-3 Punkten verkürzt sich die mittlere Überlebensdauer von 5 auf 2
  Jahre, bei 4 Punkten auf 9 Monate. Zur Zeit läuft eine EORTC-Studie, die fest-
  stellen soll, ob bei unter oder über 10 % Blasten im Knochenmark eine unter-
  schiedliche Prognose gilt. Selten kommt Thrombozythämie vor. MDS mit hypopla-
  stischem Knochenmark hat eine bessere Prognose (Schrappe-Bacher 1990).

- *Differentialdiagnose:* zur *sekundären Myelodysplasie,* die nach Radio- und Chemotherapie, z.B. auch von akuten Leukämien auftreten kann. Sie kann hypozelluläres Knochenmark haben, vermehrte Fibrose in der Histologie bei Punctio sicca oder vermehrt Ringsideroblasten. *Cave:* RAEB sowie RAEBT können wie aus der RA, seltener aus der RARS hervorgehen. Die Abgrenzung zur Erythroleukämie (s. 6.1.4.4-13.1) kann Probleme aufwerfen (Flandrin 1989). Da der Blastenanteil auf die Gesamtzellzahl bezogen wird, ist er bei einem Erythroblastenanteil von über 50 % (= G/E-Index unter 1) falsch zu niedrig. Betragen dann die Blasten mehr als 30 % der granulozytopoetischen Reihe, lautet die Diagnose Erythroleukämie.

6.1.4.4-21.4 *Refraktäre Anämie mit Blastenekzeß in Transformation RAEBT, MDS FAB 5)*

- *Knochenmark:* Ausstriche fettarm, zellreich. Histiozyten vermindert, Lymphozyten und Plasmazellen vermehrt.
  G/E-Index leicht erhöht.
  Granulozytopoese stark linksverschoben, fast ohne stab- und segmentkernige Granulozyten mit 20 bis 30 % Myelo- und Monoblasten, bezogen auf alle Knochenmarkzellen, meistens mit Auer-Stäbchen. Über 30 % Blasten werden als akute myeloische Leukämie diagnostiziert (Bennett et al. 1982).
  Erythrozytopoese vermindert mit Atypien wie bei refraktärer Anämien (s. 6.1.4.4-6.5), sog. Dyserythropoese, auch Megaloblastoide.
  Thrombozytopoese: Megakaryozyten mehr oder weniger vermindert und rechtsverschoben mit besonders vielen Mikrokaryozyten.
- *Blutbild:* Meist erhebliche Anämie, hypo- bis hyperchrom. Leukozytopenie, nur selten Leukozytose und Blasten bis über 5 %. Thrombozytopenie möglich.

6.1.4.4-21.5 *Chronische myelomonozytäre Leukämie (CMML, MDS FAB 4, D 23)*
früher auch subakute oder oligoblastische myelomonozytäre Leukämie (Mende 1977).

- *Knochenmark:* Ausstriche normal dicht bis zellreich, fettarm. Histiozyten und Lymphozyten normal.
  G/E-Index erhöht im Mittel auf 12 %.
  Granulozytopoese stark vermehrt und linksverschoben mit Überwiegen der Promonozyten und Monozyten auf im Mittel 26 bzw. 16 % der granulozytären Reihe. Die Myeloblasten und Monoblasten betragen dabei etwa zu gleichen Teilen 8 %; sie können aber nach Bennett (1986) auch unter 5 % oder bis 20 % aller Knochenmarkzellen betragen. Monozyten rechnen dabei nicht zu den Blasten. Die *Dysgranulopoese* zeichnet sich durch verminderte Granulation und Pelger-Struktur der Kerne aus. Der Gr-MI ist im Mittel normal.
  Erythrozytopoese vermindert, nicht verschoben, Ebl-MI erhöht auf im Mittel 2,2 %. Dyserythropoese kann vorkommen.
  Thrombozytopoese: Megakaryozyten vermindert, Mikrokaryozyten kommen vor.
- *Blutbild:* normochrome Anämie nicht immer vorhanden, absolute Retikulozytenvermehrung. Leukozytose bis 60 x 10^9/l mit über 1 x 10^9/l Monozyten, im Differentialwert bis 70 %, während die Blasten über 5 bis 20 % betragen dürfen. Die Thrombozytenzahl ist meist noch normal.

- *Differentialdiagnose:* Das *Syndrom der abnormen Chromatinverklumpung der Leukozyten* wurde kürzlich bei einigen Patienten beschrieben und hat eine sehr schlechte Prognose, obgleich es sich nicht in Blastenschübe umgewandelt hat (Felman 1988). *Knochenmark:* sehr zellreich. Die Granulozytopoese ist linksverschoben mit vielen Myelozyten, die eine noch gröbere Kernstruktur als bei Pelger-Anomalie haben (s. 6.1.4.4-11.1). Auch die neutrophilen Segmentkernigen haben diese grobe Kernstruktur. Eine Chromosomen-Anomalie ist nachgewiesen (12p). *Blutbild:* Zuerst Leukozytose mit denselben Granulozytenveränderungen, später Panzytopenie.

6.1.4.4-22 *Lymphatische Leukämien*

6.1.4.4-22.1 *Akute lymphatische Leukämien (ALL) (s. a. 5.2)*
Morphologisch werden folgende *Lymphoblasten-Leukämien* unterschieden, deren Bestätigung durch Markierung mit monoklonalen Antikörpern (s. 5.3) unerläßlich ist.

1. c-ALL =   common acute lymphocytic leukemia
2. T-ALL =   T cell acute lymphocytic leukemia
3. B-ALL =   B cell acute lymphocytic leukemia
4. O-ALL =   0 cell acute lymphocytic leukemia, auch genannt: AUL = akute undifferenzierte Leukämie. Dazu gehört die
5. FAB M 7 = Megakaryoblasten - Leukämie (Megakbl.L.).

6.1.4.4-22.1.1 bis -22.1.3 *Akute lymphatische Leukämien FAB L1 bis L3 (Bennett et al. 1976).*

- *Knochenmark:* Selten sind Bröckchen zu gewinnen, meist nur Knochenmarkblut. Ausstriche von sehr verschiedener Zelldichte, fettarm. Histiozyten und meist auch Plasmazellen vermindert.Das Bild wird beherrscht von den Lymphoblasten, die von der FAB-Klassifikation eingeteilt werden in kleine, mittlere und große als L1, L2 und L3. L1 Lymphoblasten kommen vorwiegend bei der c-ALL vor, L2 Lymphoblasten ähneln am ersten den Myeloblasten der FAB M 1 und die L3 Lymphoblasten den Burkitt-Tumorzellen (s. 6.1.4.4-23.2.2.1). Die L3 Lymphoblasten sind meistens B-Zellen, die anderen Lymphoblasten zu etwa 25 % T-Zellen mit gelappten Kernen. Im Einzelnen sind die L1 Lymphoblasten kaum größer als normale Lymphozyten und haben wie diese auch kaum Zytoplasma um den dichten, fein netzig strukturierten Kern meist ohne Nukleolen. Die L2 Lymphoblasten sind größer und haben einen unregelmäßigen, oft eingekerbten Kern mit deutlichen Nukleolen, umgeben von mehr und mal hellerem, mal tief dunkelblauem Zytoplasma. Feine azurophile Granulation kommt selten vor, die POX-Reaktion fällt höchstens in 3 % der Lymphoblasten positiv aus. Die L3 Lymphoblasten sind noch größer mit rundem oder ovalem, fein gezeichnetem Kern und bläschenförmigen Nukleolen, der umgeben ist von mehr dunkelbasophilem Zytoplasma. Häufig enthält es viele kleine Vakuolen, die aber auch bei den anderen Lymphoblasten vorkommen, wenn die Patienten eine Anämie unter 100 g/l haben. Der Mitoseindex ist sehr niedrig, im Mittel 0,4 %. Alle 3 Typen der ALL, L1, L2 und L3 können als B-ALL vorkommen und PAS granulär positiv sein, als T-ALL vorkommen und saure Phosphatase positiv sein und als 0-ALL negative Reaktionen aufweisen (s.

5.2 und 5.3). *Cave:* Die Erythrämie di Guglielmo (s. 6.1.4.4-13.2) hat granulär und schollig PAS positive Proerythroblasten, die den PAS- positiven L2 und L3 Lymphoblasten ähneln können.

G/E-Index etwa normal.

Granulozytopoese und *Erythrozytopoese* vermindert. Häufig finden sich Megaloblastoide oder auch Megaloblasten als Ausdruck eines sekundären Vitamin B_{12} Mangels.

Thrombozytopoese vermindert.

- *Blutbild:* Anämie und Thrombozytopenie häufig. Die Leukozyten können vermindert und bis über 50 x 10^9/l vermehrt sein, was die Prognose verschlechtert. Lymphoblasten fehlen in etwa 5 % der Patienten, kommen sonst bis zu über 50 % vor (Cancer 1987).
- *Differentialdiagnose:* infektiöse Mononukleose (M. Pfeiffer, s. 6.1.4.4-20.1). Bei CML (s. 6.1.4.4-12.1) kann ein Blastenschub auch von Lymphoblasten auftreten. Die Unterscheidung von akuten myeloischen Leukämien (s. 6.1.4.4-12.2) kann oft ohne Immunzytologie unmöglich sein, ist aber wegen der unterschiedlichen Therapie von entscheidender Bedeutung. Die Lymphoblastenleukämie hat meistens größere Lymphknotenpakete und eine größere Milz und kommt vorwiegend bei Kindern und Greisen vor. Die T-ALL hat in vielen Lymphoblasten einen gyriformen Kern und am Zytozentrum eine granuläre Reaktion von saurer Phosphatase. Sie geht oft mit einem Thymom einher.

6.1.4.4-22.1.4 *Akute unreifzellige Leukämie (AUL oder 0-ALL)*
Wird z. Zt. wie die anderen ALL behandelt.

- *Knochenmark:* Die Zellen entsprechen den L1 Zellen in Größe und Morphologie, meist aber mit erkennbaren Nukleolen. Sie sind zytochemisch und immunzytologisch negativ. Durch die Entwicklung immer neuer monoklonaler Antikörper ist die Häufigkeit der AUL in den letzten Jahren geringer geworden. In Ausnahmefällen kommen auch große, den Histiozyten ähnliche Zellen in über 50 % der Zellen vor, die zur Diagnose *großzellige undifferenzierte Leukämie* führen, wenn sie auch zytochemisch und immunzytologisch negativ sind.
- *Differentialdiagnose:* Erythrämie di Guglielmo ist durch die Zytochemie von der großzelligen Form abzugrenzen (s. 6.1.4.4-13.2).

6.1.4.4-22.1.5 *Akute Megakaryoblasten Leukämie (FAB M 7, Megakbl.L.)*

- *Knochenmark:* Die Megakaryoblasten sind 7-20 μm groß und zeichnen sich durch sehr schmales, dunkelblaues Zytoplasma mit feinen Fortsätzen aus. Ihr Kern ähnelt den L2 Zellen durch feine Struktur und Nukleolen. Abgesehen von granulärer PAS-Reaktion und diffuser Reaktion mit saurer Phosphatase sind sie zytochemisch und immunzytologisch negativ. Bei Verdacht auf diese sehr seltene Variante müssen die Markierung mit Antikörpern gegen die Plättchen-Glykoproteine IIb/IIIa und IIIa und/oder die Elektronenmikroskopie mit Plättchen-Peroxydase (PPO) oder Kulturtechniken herangezogen werden (Mirchandani et al. 1983, Bennett et al. 1985).
- *Blutbild:* Thrombozytopenie, meist auch Blutungs-Anämie. Leukozytose sowie

Leukozytopenie können vorkommen. Im Differentialblutbild kommen die Blasten meist nur sehr selten vor.

6.1.4.4-22.2 *Prolymphozyten-Leukämie (PL-L)*

Sehr selten, meist bei älteren Männern mit großem Milztumor ohne Lymphome, therapieresistent.

- *Knochenmark:* entspricht der B-CLL (s. 6.1.4.4-22.3). Es enthält aber in entsprechender Menge die im folgenden beschriebenen Prolymphozyten.
- *Blutbild:* Hohe Leukozytose, meist über 100 x 10^9/l. Das Bild wird beherrscht von *Prolymphozyten*, ähnlich den "großen Lymphozyten" des Kap. 6.1.4.3-26, aber mit auffälligem solitären, bläschenartigen Nukleolus im verklumpten Kern im reichlichen, hellbasophilen Zytoplasma. Typischerweise sind über 50 % der Lymphozyten Prolymphozyten, bis 10 % dürfen auch bei der CLL vorkommen (s. 6.1.4.4-22.3). Bei 11 bis 55 % Prolymphozyten spricht man von einer intermediären CLL/PL-Gruppe (Melo et al. 1986). Meistens handelt es sich um B-Zellen (s. 5.3), die PAS positiv sind (s. 5.2).

6.1.4.4-22.3 *Chronische lymphatische Leukämie (B-CLL, D 14)*

Vorwiegend bei älteren Erwachsenen mit langen Krankheitsverläufen.

- *Knochenmark:* Bei der Aspiration erhält man selten Markbröckchen, obgleich das Mark mit Zellen angereichert ist, meist nur Knochenmarkblut aus der Kanüle, das schnell verarbeitet werden muß, bevor es gerinnt. Ausstriche fettarm, manchmal reichlich Erythrozyten. Im Vordergrund stehen massenhaft Knochenmark-Lymphozyten mit retikulärer, netziger Kernstruktur (Abb. 6-9). Lymphoblasten und Prolymphozyten sind auch regelmäßig vorhanden, oft auch Wanderformen der kleinen Lymphozyten. Etwa 20 % der Zellen sind PAS granulär positiv, über 80 % α-Naphthylazetat-Esterase diffus oder granulär positiv. Es kommen fast keine Mitosen vor (MI < 0,1 %). Plasmazellen sind immer vermindert, anderenfalls besteht der Verdacht auf M. Waldenström (s. 6.1.4.4-24.2).
G/E-Index etwa normal.
Granulozytopoese mehr oder weniger verdrängt, rechtsverschoben. *Erythrozytopoese* mehr oder weniger verdrängt. Häufig finden sich Megaloblasten und Megaloblastoide (als Ausdruck eines sekundären Vitamin B_{12}-Mangels). *Thrombozytopoese* mehr oder weniger verdrängt. Das gelbe Knochenmark der langen Röhrenknochen wird durch hämatopoetisches Gewebe ersetzt. Es besteht extramedulläre Hämatopoese in Milz und Leber, durch Knochenmarkszintigraphie (Hotze A.et al. 1984) und Ferrokinetik erfaßbar.
Cave: ein Herd von einigen tausend Lymphozyten ist keine beginnende CLL, vielmehr ein zufällig getroffener Lymphonodulus, der in 3 % normaler Ausstriche vorkommt, häufiger bei chronischen Infekten bzw. Immunerkrankungen.
- *Blutbild:* Anämie mit Hb-Werten unter 110 g/l und/oder Thrombozytopenie unter 100 x 10^9/l gelten als Indikation zur Behandlung (= Rai Stadium II). Die Leukozytose beträgt oft über 100 x 10^9/l. Im Ausstrich finden sich über 80 % Lymphozyten bei den einzelnen Patienten von sehr unterschiedlicher Größe und Kernmorphologie. *Gumprecht-Kernschatten* sind als Diagnostikum von Bedeutung. Sie kommen besonders in dünnen Ausstrichstellen vor. Die Umrechnung der Granulozyten in

Absolutwerte ist zweckmäßig, um eine Panzytopenie zu diagnostizieren. Die Verdoppelung der Leukozytenzahl innerhalb eines Jahres verschlechtert die Prognose. Die Erniedrigung des IgG im Serum verursacht Infektanfälligkeit. *Cave:* Kinder haben normalerweise einen großen Relativanteil an Lymphozyten, oft über 50 %, im Blutbild. Die B-CLL mit bis 40 x 10^9/l Leukozyten im Blut und weniger hohem Prozentsatz an Lymphozyten im Ausstrich und im Knochenmark kann jahrelang andauern, ohne daß sich eine behandlungsbedürftige CLL im Rai-Stadium II entwickelt. Hier sollte der Ausdruck Leukämie vermieden und durch Lymphadenose ersetzt werden !

- *Differentialdiagnose:* Die benigne *infektiöse Lymphozytose* muß besonders bei Kindern gegen die CLL abgegrenzt werden. Mit viraler Genese geht sie symptomlos oder mit Lymphknotenschwellungen einher (s. Tab. 1.2-13). Es gibt auch aleukämische, chronische lymphatische Leukämien, die durch Lymphknoten- oder Milzhistologie diagnostiziert werden. Das *Immunozytom* ist durch die Immunzytologie (s. 5.3) und die Lymphknoten-Histologie mit Zytochemie (s. 5.2) gegen die B-CLL abgrenzbar. Gegen andere kleinzellige Lymphome (s. 6.1.4.4-23.1) und M. Waldenström (s. 6.1.4.4-24.2) sind klinische Parameter, die Serumproteinanalyse und die Immunzytologie (s. 5.3) hilfreich. Selten kommt es zur Transformation in akute lymphatische oder myeloische Leukämien, jedoch auch zu transitorischen Blastenschüben durch Virusinfektion.

6.1.4.4-22.4 *Haarzellen-Leukämie*

kommt meist bei jüngeren Erwachsenen vor mit großem Milztumor und fehlenden Lymphknotenschwellungen.

- *Knochenmark:* Aspiration und Ausstriche wie 22.3, oft Punctio sicca.
- *Blutbild:* Anämie, selten Thrombozytopenie. Die Leukozytenanzahl ist oft vermindert und selten bis über 20 x 10^9/l erhöht. Das Differentialblutbild wird beherrscht von meist größeren Lymphozyten, die reichlich schwach basophiles Zytoplasma haben. Manchmal ist es ausgefranst und hat damit den *Haarzellen* ihren Namen gegeben. Dies ist besonders gut an lebenden Zellen im Phasenkontrast zu sehen (Technik s. 6.1.4.2). Die Haarzellen haben B-Zell-Rezeptoren (s. 5.3), phagozytieren aber und haben andere Eigenschaften der Monozyten wie FC-Rezeptoren, sodaß sie wie die Lymphoidzellen der infektiösen Mononukleose (s. 6.1.-4.4-20.1) zwischen den großen Lymphozyten und den Monozyten anzusiedeln sind. Ihre wichtigste zytochemische Eigenschaft ist der Ausfall der Tartrathemmung der sauren Phosphatase in 60 % der Lymphozyten. Die α-Naphthylazetat-Esterase fällt positiv, die PAS negativ aus.

6.1.4.4-22.5 *T-Zell-Leukämien und T-Zell-Lymphome*

6.1.4.4-22.5.1 *T-Zell-Leukämie*

hervorgerufen durch das HTLV-1 Retrovirus (Gallo 1983) kommt in Europa selten vor.

- *Knochenmark:* Befall wie bei der B-CLL (s. 6.1.4.4-22.3).
- *Blutbild:* Hohe Leukozytose. Die T-Lymphozyten sind durch Immunzytologie nachweisbar (s. 5.3) und besitzen saure Phosphatase (s. 5.2, Huhn 1976).

6.1.4.4-22.5.2 *Sézary-Syndrom*
eine Hauterkrankung wie die Mykosis fungoides.

- *Knochenmark:* meist normal, selten auch von den T-Zellen befallen.
- *Blutbild:* normal oder mit mäßiger Leukozytose. Im Ausstrich kommen vermehrt Lymphozyten mit stark eingekerbten Kernen oder sogar zweikernige Lymphozyten vor. Es handelt sich um T-Helfer-zellen.
- *Differentialdiagnose:* T-Zonen-Lymphom, Lennert's Lymphom und *Angio-immuno-blastisches Lymphom (AILD)* = *Lymphogranulomatosis X* mit herdförmigen Infiltrationen, ähnlich wie bei AIDS. *Knochenmark:* Außer der Lymphozytenvermehrung evtl. Eosinophilie. *Blutbild:* Anämie, Leukozytose mit Lymphozytopenie und oft erheblicher Eosinophilie, auch Panzytopenie wegen Zellphagozytose durch die T-Blasten. Auch Killerzell-Leukämien wurden schon beschrieben (Oertel 1990).

6.1.4.4-23 *Maligne Non-Hodgkin-Lymphome*
nach der Kiel Klassifikation (Stansfeld et al. 1988).
Sie befallen das Knochenmark häufiger als der M. Hodgkin (s. 6.1.4.4-20.2) und zeigen damit ihre Generalisierung an, Stadium IV. Seltener schütten sie pathologische Zellen ins Blut aus: *leukämische Verlaufsform*. Die typischen leukämischen malignen Lymphome und das Immunozytom sind unter B-CLL (6.1.4.4-22.3) abgehandelt.

6.1.4.4-23.1 *Non-Hodgkin-Lymphome von niedrigem Malignitätsgrad* (s.a. Tabelle 5.3-7)
6.1.4.4-23.1.1 *Zentrozytisches Lymphom = Zentrozytom*
wurde früher lymphozytäres Lymphosarkom genannt, kommt mit Milztumor vorwiegend bei älteren Männern vor.

- *Knochenmark:* ist im häufigen Stadium IV (70%) befallen. Es herrscht ein uniformer Typ kleiner oder mittelgroßer Lymphozyten vor, die *Zentrozyten*. Oft haben sie unregelmäßig begrenzte, gekerbte (cleaved) Kerne mit feiner, netziger Kernstruktur, die heller ist als die der Knochenmark-Lymphozyten (s. 6.1.4.3.25) und mit angedeuteten Nukleolen. Ihr Zytoplasma ist hell-basophil oder fehlt. Mitosen sind relativ häufig. Eine Durchsetzung der Ausstriche mit Kernschatten als Zeichen der Vulnerabilität der Zellen ist charakteristisch. Fermentchemisch sind sie bis auf schwache saure Phosphatase-Reaktion negativ. Sind die Zentrozyten von sehr unregelmäßiger Konfiguration, wird die Entität *anaplastisches Zentrozytom* genannt. *G/E-Index* normal.
Granulo-, Erythro- und Thrombozytopoese mehr oder weniger vermindert.
- *Blutbild:* zeigt nur in 30 % als leukämische Verlaufsform die charakteristischen Zentrozyten, die immunzytologisch nachgewiesen werden sollten (s. 5.3). Dann auch häufiger mehr oder weniger hohe Leukozytose. Anämie und Thrombozytopenie kommen vor.
- *Differentialdiagnose:* Die B-CLL (s. 6.1.4.4-22.3) zeigt im Knochenmark ein polymorpheres Bild durch das Vorkommen von Prolymphozyten und Lymphoblasten. Die Abgrenzung gegen die kleinzelligen AUL und ALL 1 (s. 6.1.4.4-22.1.1) gegen die Prolymphozyten-Leukämie (s. 6.1.4.4-22.2) oder gegen die kleinzellige Monoblasten-Leukämie FAB M5a (s. 6.1.4.4-20.4) ist nur immunzytologisch

möglich (s. 5.3). Beim *polymorphen* und beim *lymphoplasmozytoiden Immunozytom* nach Lennert 1985 kommen im Knochenmark auch viele Zentrozyten vor. Der *M.Waldenström* als Subtyp des Immunozytoms befällt vorwiegend das Knochenmark und wird deswegen mit dem Plasmozytom zusammen unter 6.1.4.4-24.2 abgehandelt.

6.1.4.4-23.1.2 *Zentroblastisch-zentrozytisches Lymphom (cB/cC)*

früher M. Brill-Symmers oder großfollikuläres Lymphom, ist das häufigste maligne Non-Hodgkin-Lymphom, besonders bei Frauen vorkommend. Histologisch zeichnet es sich im Lymphknoten durch große Tertiärfollikel, die auch bei entzündlichen Erkrankungen wie Lues vorkommen, und durch Durchbrechung der Lymphknotenkapsel aus.

- *Knochenmark:* Befall ist auch beim Stadium IV selten. Lymphonoduli und Histiozyten können vermehrt sein. Zentrozyten kommen wie *Zentroblasten*, größere Zellen mit sehr schmalem dunkelbasophilem Zytoplasmasaum um einen fein netzig strukturierten helleren Kern mit Verdichtungen der Kernmembran und mehreren kleineren randständigen Nukleolen vor. Zytoplasma-Absprengungen = *Klasmatozytose* = englisch *shedding* sind typisch wie PAS positive Einschlüsse als Ausdruck der IgG-Synthese. Zytochemisch sind auch die Zentroblasten fast negativ (s. 5.2).
- *Blutbild:* Bei fortgeschrittenen Erkrankungen kommt es zur Panzytopenie. Selten (13 %) ist eine leukämische Variante mit Ausschüttung von Zentroblasten und Zentrozyten ins Blut.
  Cave: Übergang in die hochmalignen Lymphome wie Zentroblastom und Immunoblastom kommen vor. Kombinationen mit M. Hodgkin, Tuberkulose oder Karzinom sind nicht selten.

6.1.4.4-23.2 *Non-Hodgkin-Lymphome mit hohem Malignitätsgrad*

6.1.4.4-23.2.1 *Zentroblastisches Lymphom = Zentroblastom*

früher Retikulosarkom, kann nach neuerer Erkenntnis auch mit den beiden zuvor beschriebenen Entitäten als Lymphom von mittlerem Malignitätsgrad klassifiziert werden.

- *Knochenmark:* Befall ist mit 23 % als Stadium IV relativ häufig. Zentroblasten von mittlerer Größe (s. 6.1.4.4-23.1.2) kommen mehr oder weniger häufig vor, dazwischen liegen anaplastische = anisozytotische Zentrozyten. Auch Immunoblasten kommen vor.
  G/E-Index etwa normal.
  Granulo-, Erythro- und Thrombozytopoese mehr oder weniger zurückgedrängt.
- *Blutbild:* Zentroblasten und -zyten sind nur selten zu finden (6 %) = leukämische Verlaufsform, nicht immer mit Leukozytose. Anämie häufig. Thrombozytopenie kommt ebenso wie vermehrte Thrombozytenzahlen vor.
- *Differentialdiagnose:* Abgrenzung gegen das anaplastische Zentrozytom nicht immer einfach.

6.1.4.4-23.2.2 *Lymphoblastische Lymphome, Lymphoblastome*

vorwiegend bei Kindern und alten Menschen.

6.1.4.4-23.2.2.1 *Burkitt-Lymphom*

hervorgerufen durch das Epstein-Barr Virus tritt es vorwiegend bei Kindern im tropischen Afrika auf. Es befällt die Lymphknoten und das umliegende Gewebe im Kiefer-Hals-Bereich (s. 7.1).

6.1.4.4-23.2.2.2 *Lymphoblastome im engeren Sinne*

kommen selten aleukämisch vor. Leukämisch werden sie eingeordnet unter die akuten lymphozytären Leukämien (s. 6.1.4.4-22.1). Wie diese werden die Immunoblastome in die häufigeren vom B-Typ, in die vom T-Typ und in die unklassifizierbaren Lymphoblastome mit dem common-ALL-Antigen eingeteilt (s. 5.3).

- *Knochenmark:* Veränderungen bei leukämischem Verlauf s. 6.1.4.4-22.1. Sonst mehr oder weniger normal.
- *Blutbild:* s. Knochenmark. Bei aleukämischem Verlauf charakteristisch eine Anämie und Blutsenkungsreaktion über 100 mm/h.

6.1.4.4-23.2.2.3 *Immunoblastisches Lymphom, Immunoblastom*

früher Retothel-Sarkom, das histiozytische Lymphom Rappoport's. Fast immer sind die Immunoblasten vom B-Typ, sonst vom T- Typ. Sie sind gelegentlich Endstadien niedrig maligner Lymphome.

- *Knochenmark:* in 30 % beteiligt, Stadium IV. Mehr oder weniger häufig sind die Immunoblasten (s. 6.1.4.3.27) zu sehen. Sie sind oft noch größer als die normalen Immunoblasten, die in Mitogen stimulierten Blutkulturen reichlich vorkommen, mit hell- oder dunkel basophilem Zytoplasma und großen netzig strukturierten Kernen mit großen bis riesigen Nukleolen. Dadurch ähneln sie den Histiozyten, besonders in durch Anisozytose gekennzeichneten *anaplastischen Immunoblastomen*, durch Ki 1 Marker charakterisiert (s. 7.1). Nackte Kerne und Mitosen kommen dann häufig vor. Oft liegen die riesigen polymorphen Immunoblasten zwischen Erythrozyten, phagozytierenden Histiozyten, Plasmoblasten und Kerntrümmern. Epitheloidzellen (s. 6.1.4.4-20.1.) und Fasern können vorkommen. Die B-Immunoblasten sind PAS granulär positiv und können in sekundären Lysosomen saure Phosphatase enthalten. Die T-Immunoblasten sind saure Phosphatase positiv. α-Naphthylazetat-Esterase positiv sind nur die dazwischen liegenden Histiozyten. *Cave:* Der Zelltyp im Knochenmark stimmt oft mit dem im Lymphknoten nicht überein.
  G/E-Index etwa normal.
  Granulo-, Erythro- und Thrombozytopoese mehr oder weniger vermindert.
- *Blutbild:* Je nach Krankheitsstadium Anämie, Leuko- und Thrombozytopenie. Nur in etwa 10 % werden Immunoblasten ins Blut ausgeschüttet, oft nur mit Anreicherung nachweisbar. Mit Leukozytose als sog. *leukämisches Immunoblastom* sehr selten.
- *Differentialdiagnose:* Abgrenzung gegen das *anaplastische Karzinom* nur mit histologischen Markern möglich (s. 7.1), da sie mit ihren entrundeten netzig strukturierten Kernen und fehlenden Zytoplasmagrenzen nicht immer morphologisch vom anaplastischen Immunoblastom abzugrenzen sind. Auch der *Schminke-Tumor*, das Nasopharyngeal-Karzinom mit positivem Antikörpertiter gegen Ep-

stein-Barr-Virus, das Hodgkin-Sarkom (s. 6.1.4.4-20.2), das Melanom und das Seminom können ähnlich zytologische Bilder hervorrufen. Die Abgrenzung gegen das aleukämische Monoblasten-Sarkom (s. 6.1.4.4-20.5) gelingt durch die α-Naphthylazetat-Esterase-Reaktion.

6.1.4.4-24 *B-Zell-Erkrankungen des Knochenmarkes*
6.1.4.4-24.1 *Plasmozytom = multiples Myelom (D 13)*
ist eine monoklonale Gammopathie durch Überwiegen von langlebigen, IgA, IgG, selten auch IgM, IgD, IgE oder leichte Ketten sezernierenden Knochenmarkplasmazellen. Nur selten sezernieren Plasmozytome ihre monoklonalen Antikörper nicht in das Blut und nicht in den Urin. Bei Produktion von leichten Ketten (light chains), die von den Nieren ausgeschieden werden, entsteht die *Leichtketten-Krankheit*, Bence--JonesPlasmozytom. Auch bei den anderen Plasmozytomen werden gelegentlich BenceJones-Eiweißkörper im Urin ausgeschieden. Typisch für das Plasmozytom ist neben der sehr hohen Blutsenkungsreaktion der "Myelom-Gradient" in der Eiweißelektrophorese. Schmerzen bei Knochenbefall sind ein führendes klinisches Symptom.

- *Knochenmark* zeigt kaum Widerstand beim Durchstoßen des Knochens. Das Punktat sedimentiert meistens im Röhrchen. Ausstriche zellreich. Meistens wird das Bild beherrscht von oft atypischen Plasmazellen (s. 6.1.4.3.29) und/oder den prognostisch ungünstigen *Plasmoblasten*. Sie haben mittelständige, locker netzig strukturierte Kerne mit Nukleolen in hell basophilem Zytoplasma, sodaß die Kern/Plasma-Relation höher ist (etwa 0,3). Drei prognostische Zelltypen werden unterschieden: 1. reifzellig plasmazellulär oder lymphozellulär mit der relativ besten Prognose, 2. mäßig differenziert, 3. undifferenziert, anaplastisch (Ludwig 1982).
Es gibt auch Plasmozytome mit monoklonalen Paraproteinen, die kleine Knochenmark-Lymphozyten (s. 6.1.4.3.25) statt Plasmazellen, oft auch in rasenartiger Besiedelung aufweisen - s. Typ 1, oder mit Plasmazellen gemischt sind. Morphologischer Typenwandel kommt vor ohne die Prognose zu verbessern. Die atypischen Plasmazellen wie mehrkernige Plasmazellen sind häufig. Speicherung von Protein-Kügelchen in den Mottzellen, von kristalloiden Einschlüssen im Zytoplasma oder Vakuolen im Kern = Dutcher-bodies sind, wie die flammenden Plasmazellen, selten und ohne Bedeutung. Die PAS-Reaktion und die α-Naphthylazetat-Esterase sollen in den Plasmazellen des Plasmozytoms verstärkt sein. Mittlerer Mitoseindex der Plasmozytomzellen 0,2 %, der normaler Plasmazellen unter 0,1 % außer bei extremer Stimulation (einmal gesehen in aplastischem Knochenmark bei letal verlaufender Agranulozytose).
G/E-Index normal.
Granulozytopoese mehr oder weniger durch die Plasmozytomzellen verdrängt, gelegentlich rechtsverschoben. Monozytenvermehrung soll schlechte Prognose haben.
Erythrozytopoese auch mehr oder weniger verdrängt, gelegentlich linksverschoben und Megaloblasten.
Thrombozytopoese auch mehr oder weniger verdrängt.
Cave: Plasmazellen über 7 % lassen an Plasmozytom denken, kommen aber in solcher Häufigkeit auch bei reaktiven Vermehrungen, z.B. bei chronischen Leber-

erkrankungen, ulcerierenden Karzinomen des Gastrointestinaltraktes, AIDS, Amyloidose u.a. vor. Andererseits ergibt etwa ein Drittel der Plasmozytome am Punktionsort keine Plasmazellvermehrung. Sind Knochenauftreibungen oder rötgenologische Herde vorhanden, kann es sich um ein unilokuläres oder *multiples Myelom* handeln. Die Diagnose ist durch Punktion an diesem Ort zu sichern. Deren Prognose ist etwas besser als die des diffusen Plasmozytoms. Mit der Knochmark-Szintigraphie sind "cold leasions" zu erfassen. Ebenso kann sie die Expansion des Knochenmarks erfaßen, die in den langen Röhrenknochen die Hämatozytopoese aufrechterhält, weil sie im roten Knochenmark durch das Plasmozytom verdrängt ist.

- *Blutbild:* Anämie unter 100 g/l und Thrombozytopenie sind ebenso wie Knochendestruktionen und -schmerzen eine Indikation zur zytostatischen Therapie. Die häufige Leukozytopenie sollte daran nicht hindern. Nur selten kommt es zur Ausschwemmung vieler Plasmazellen ins Blut = *Plasmazellen-Leukämie.* Im Anreicherungsverfahren laßen sich die Plasmazellen häufiger nachweisen. *Cave:* Die Plasmazellen der Plasmazell-Leukämie haben nichts mit den basophilen Reizformen (s. 6.1.4.3.- 26) zu tun, die den großen Lymphozyten und den Immunoblasten ähneln und bei Virusinfekten, insbesondere der infektiösen Mononukleose aus dem lymphatischen Gewebe ins Blut gelangen.

- *Differentialdiagnose:* Vermehrung von Lymphozyten ohne wesentliche Plasmazellvermehrung, mit PAS positiven Kristallen gefüllte Makrophagen und Eosinophilie kann bei der *Schwerketten-Krankheit* (heavy chain disease) vorkommen, die durch Proteinurie und immunelektrophoretischen Nachweis der schweren Ketten bei fieberhaften Erkrankungen mit Lymphknotenschwellung diagnostiziert werden kann. Bei *M. Pompe*, hereditärer Mangel an saurer Maltase mit Muskeldystrophie kommen auch Mottzellen vor (Pralle et al. 1974). Die benigne *monoklonale Gammopathie* mit Vermehrung von Plasmazellen im Knochenmark typischerweise um die Kapillaren angeordnet, oder von Lymphozyten, phagozytierenden Histiozyten und Gewebsmastzellen kommt idiopathisch oder symptomatisch bei chronischen, insbesondere rheumatischen Infekten, Tuberkulose, Hakenwurmbefall, Leberzirrhose, AIDS und auch als sekundäres Tumorzeichen vor. Die häufigere idiopathische monoklonale Gammopathie bleibt jahrzehntelang stationär und geht nur in etwa 10 % der Fälle in ein Plasmozytom über.

6.1.4.4-24.2M. Waldenström (D 12)

= lymphoplasmozytisches Immunozytom (Lennert 1975).Es entsteht durch Überhandnehmen der sekretorischen IgM oder schwere Ketten produzierende B-Lymphozyten. Hohe Blutsenkungsgeschwindigkeit und das Vorkommen von monoklonalen Makroglobulinen des Typs IgM im Serum sind kennzeichnend.

- *Knochenmark:* Punktat schwebt im Röhrchen. Ausstriche mäßig bis zellreich.Es kommen gehäuft kleine nacktkernige Lymphozyten vor, manchmal mit gekerbtem Kern als Zentrozyten (s. 6.1.4.4-23.1), manchmal mit breiterem, hellbasophilem Zytoplasmasaum als große Lymphozyten; seltener sind große, manchmal epitheloidzellähnliche Histiozyten. Plasmazellen und besonders Gewebsmastzellen sind als Charakteristikum vermehrt. Die Knochenmarklymphozyten sind granulär α-Naphthylazetat-Esterase positiv und häufig auch im Kern PAS-positiv. PAS-Granula und

Schollen sind pathognomonisch als Ausdruck der IgM-Produktion, auch kristalline Strukturen und Russel-Körperchen sind PAS-positiv. Ebenso freie PAS-Kugeln als Zeichen der hohen IgM-Sekretion kommen zwischen den Zellen vor.

G/E-Index etwa normal.

Granulo-, Erythro- und Thrombozytopoese mehr oder weniger vermindert.

- *Blutbild:* Normochrome Anämie und Thrombozytopenie erfordern Therapie. Leukozytose gelegentlich mit allen möglichen atypischen mononukleären Zellen (AMZ) wie große Lymphozyten, Knochenmarklymphozyten, Blutplasmazellen. Die Segmentkernigen sind toxisch granuliert.

- *Differentialdiagnose:* Das leukämische Zentrozytom (s. 6.1.4.4-23.1) und die chronische lymphatische Leukämie (s. 6.1.4.4-22.3) haben weniger Plasmazellen und keine Gewebsmastzellen im Knochenmark. Wichtiger ist das Fehlen der Makroglobulinerhöhung im Serum, vielmehr ist bei der CLL meist eine IgM-Verminderung vorhanden. Das polymorphe sowie das lymphoplasmozytoide Immunozytom nach Lennert zeigen keine Makroglobulinämie, keinen Knochenmarkbefall und eine schlechtere Prognose. Auch das IgM-Plasmozytom und benigne IgM-Vermehrungen (s. 6.1.4.4-24.1) müssen ausgeschlossen werden.

6.1.4.4-25 *Knochenmark-Karzinose*

- *Knochenmark:* Punktat oft nur Material aus der Kanüle, schwebt im Röhrchen. Bei osteoblastischen Metastasen ist der Knochenwiderstand erhöht, bei osteolytischen erniedrigt. Eventuell sollten gezielt röntgenologische oder palpable Herde punktiert werden. Ausstriche haben normale Zelldichte oder sind zellreich. Karzinomzellen können als fremde Zellen das Knochenmark flächenhaft besiedeln, in größeren oder in kleineren Verbänden oder einzeln vorkommen. Bei Karzinomverdacht müssen mehrere Ausstriche meanderförmig durchmustert werden; sonst ist die Histologie überlegen. Durch teilweise nekrotische und durch den Ausstrich lädierte Metastasen kann ein sog. "leeres Mark" vorgetäuscht werden. Die Tumorzellen fallen durch große ovale oder unregelmäßig geformte Kerne von auffällig netziger Struktur, oft mit Nukleolen, auf, die in keine Reihe der Hämatopoese einzuordnen sind (Abbildung 6-10). Einzeln liegend haben sie meist einen schmalen, schwach basophilen Zytoplasmasaum. Häufiger liegen die Kerne im Verband oder im Symplasma, oder das Zytoplasma ist gar nicht zu erkennen. Ein Mikroverband reicht für die Diagnose Knochenmark-Karzinose aus, eine einzelne Tumorzelle sollte nur zu weiterem Suchen anspornen. Ihr Zytoplasma ist PAS-positiv, α-Naphthylazetat-Esterase negativ. Mitosen sind selten. Osteoblasten und Osteoklasten können bei osteoblastischen bzw. -klastischen Metastasen vorkommen, ebenso wie bei Osteopathien und selbstverständlich bei Kindern.

Als *sekundäre Tumorzeichen im Knochenmark* werden Plasmazell-, Eosinophilen- und Megakaryozyten-Vermehrung mit vielen nackten Kernen beschrieben, ebenso Sideromakrophagen. Es entsteht ein ähnliches Bild wie bei chronischem Infekt (s. 6.1.4.4-10.2).

Eine Diagnose des Primärtumors aus dem Knochenmarkausstrich ist selten möglich; meistens liegen solide Metastasen vor, vereinzelt fanden wir aber auch drüsenähnliche Verbände. Das *Hypernephrom* ist durch große hellbasophile Zellen mit relativ kleinem Kern zu erkennen. Polygonale, dunkelbasophile große Zellen mit relativ kleinen zentral liegenden Kernen und erheblicher Anisozytose erwecken den Verdacht auf *Plattenepithel-Karzinom*, bei dem als besonderes morphologisches Merkmal auch Vogelaugenzellen vorkommen können. Das verhornende Plattenepithel-Karzinom kann durch die Papanicolaou-Färbung bestätigt werden oder neuerdings durch die APAAP-Technik, die besonders bei der schwierigen Differentialdiagnose zum Non-Hodgkin-Lymphom mit Ki 1 oder Ki 67 sehr hilfreich ist (s. 7.1). Das *kleinzellige Bronchial-Karzinom* (oat cells) kann mit kleinzelligem Non-Hodgkin-Lymphom verwechselt werden ebenso wie das *großzellige Bronchial-Karzinom* mit hochmalignem Non-Hodgkin-Lymphom, wenngleich hier die Zellen meistens nur in Nestern, nicht wie bei den Lymphomen diffus vorkommen. Melaninpigment läßt *Melanome* erkennen. *Osteosarkome* ähneln der Histiozytosis X (s. 6.1.4.4-20.3.2), aber mit erheblicher Anisonukleose, oft ohne Zytoplasmagrenzen.

G/E-Index etwa normal.

Granulo-, Erythro- und Thrombozytopoese im allgemeinen normal, evtl. durch Eisenmangel oder Infektanämie verändert (s. 6.1.4.4-2).

- *Blutbild:* Ausgedehnte Besiedlung des Knochenmarkes mit Tumorzellen führt, wenn viele Knochen befallen sind, im Blut zur Panzytopenie und beim Patienten zur hämorrhagischen Diathese. Leukozytose kommt selten vor, eine Thrombozytose weist besonders auf das metastasierende Prostata-Karzinom hin. Im Ausstrich kommen basophile Punktierung, Polychromasie, Erythroblasten und Linksverschiebung der Granulozyten mit Lymphozytopenie (Leukoerythroblastose) als Hinweis auf die extramedulläre Hämatozytopoese vor. Der ANP-Index soll erniedrigt sein (Lefkowitz 1977).

- *Differentialdiagnose* zum chronischen Infekt ist bei "sekundären Tumorzeichen" selten möglich. *Cave:* Lupus erythematodes visceralis geht außer mit Leukopenie auch mit Leukozytose einher.

6.1.5 Postanalytik

6.1.5.1 Ergebnisfeststellung

Vom Zellbefund zur Knochenmarkdiagnose ist es für den Anfänger ein weiter Weg, muß er doch zuerst die Morphologie der 30 Zellarten beherrschen und weiterhin die Abweichungen der Morphe unter pathologischen Bedingungen erkennen. Bei Kenntnis des normalen Knochenmarkbefundes stößt der Befunder auf zwei grundsätzlich verschiedene Situationen:

- das Knochenmark ist qualitativ massiv und meist uniform verändert, z.B. bei akuten und chronisch lymphatischen Leukämien, Plasmozytomen, Histiozytosen, megaloblastären Anämien oder

- das Knochenmark weicht nur quantitativ vom normalen ab, z.B. bei Anämien mit erheblicher Vermehrung der Erythroblasten und mit entsprechender Veränderung des G/E-Indexes. Ebenso wie bei massiven qualitativen Zellveränderungen kann die Schätzung zur Knochenmarkbeurteilung ausreichen. Geringere Abweichungen von der Norm lassen sich jedoch erst durch Differentialzählung nachweisen. Hierzu eignet sich ein Zählvordruck (Tab. 6-3).

Tabelle 6-3. Vordruck für Knochenmarkdifferentialzählung

Zellart	Zellzahl (absolut)	Zellzahl (%)
Histiozyten	....	....
Makrophagen	....	....
Gewebsmastzellen	....	....
Lymphozyten	....	....
Plasmazellen	....	....
Gesamt:	....	100
Myeloblasten *	....	....
Promyelozyten	....	....
Myelozyten	....	....
Eosinophile Myelozyten	....	....
Basophile Myelozyten	....	....
Promonozyten	....	....
Metamyelozyten	....	....
Granuloblasten-Zwischensumme für Gr-MI:	....	....
Stabkernige	....	....
Segmentkernige	....	....
Eosinophile	....	....
Basophile	....	....
Monozyten	....	....
Zwischensumme der nicht teilungsfähigen Granulozyten:	....	....
Gesamte granulozytopoetische Zellreihe:	....	100
Proerythroblasten	....	....
Basophile Erythroblasten	....	....
Polychromatische Erythroblasten	....	....
Oxyphile Erythroblasten	....	....
Reife Erythroblasten	....	....
Gesamte Erythroblasten:	....	100
Megakaryoblasten	....	....
Promegakaryozyten	....	....
Megakaryozyten	....	....
Gesamte megakaryozytopoetische Reihe:	....	100
Gesamtsumme:	....	

* Einschließlich Monoblasten, Basophiloblasten und Lymphoblasten

6.1.5.2 Befundung und Befundmitteilung

Um den Entscheidungsprozeß bei der Knochenmarkdiagnostik zu erleichtern, haben wir ein einfaches Flußdiagramm entwickelt. In unserem *Entscheidungsbaum* zur Diagnosefindung aus der Knochenmarkzytologie (Abb. 6-17) sind links sieben

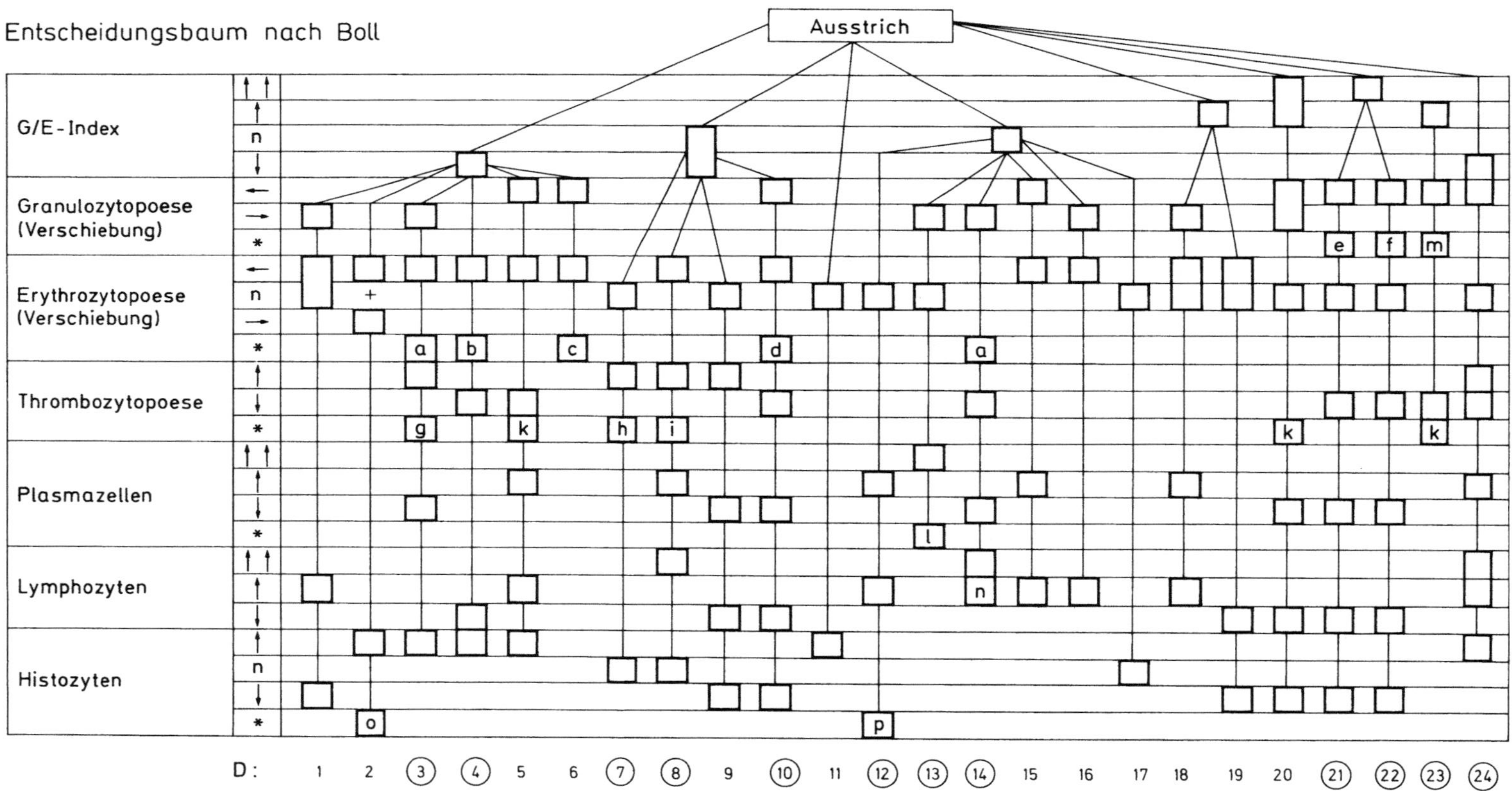

Entscheidungsbaum nach Boll
Ausstrich
G/E-Index
Granulozytopoese (Verschiebung)
Erythrozytopoese (Verschiebung)
Thrombozytopoese
Plasmazellen
Lymphozyten
Histozyten
D:

Abbildung 6-17. Entscheidungsbaum für die Befundung des gefärbten Knochenmarkausstrichs.
Die besonders gekennzeichneten Diagnosen (O) bedeuten, daß schon die qualitativen Veränderungen für die Entscheidungsfindung ausreichen

Diagnosen:

D 1 = Angeregte Erythrozytopoese bei Hämolyse
D 2 = Angeregte Erythrozytopoese bei hypochromer, mikrozytärer Anämie bei chronischer Blutung oder Eisenmangel
D 3 = Megaloblastenanämie
D 4 = Erythrämie di Guglielmo
D 5 = Refraktäre Anämie (RA als MDS FAB 1)
D 6 = Refraktäre Anämie mit Ringsideroblasten (RARS, MDS FAB 2)
D 7 = Chronische megakaryozytäre Myelose (CMM, PTH)
D 8 = Thrombozytopenie (ITP)
D 9 = Polyzythämia vera
D 10 = Akute Erythroleukämie (FAB M 6)
D 11 = Nephrogene Anämie
D 12 = Morbus Waldenström
D 13 = Diffuses Plasmozytom
D 14 = Chronische lymphatische Leukämie (CLL)
D 15 = Splenogene Markhemmung bei Lebererkrankung
D 16 = Splenogene Markhemmung
D 17 = Kardiopulmonale kompensatorische Polyglobulie
D 18 = Entzündliche Leukozytose bei chronischem Infekt
D 19 = Entzündliche Leukozytose bei akutem Infekt
D 20 = Chronische myeloische Leukämie (CML)
D 21 = Akute Promyelozytenleukämie (FAB M 3)
D 22 = Akute Myeloblastenleukämie (FAB M 1 + M 2)
D 23 = Chron. myelomonozytäre Leukämie (CMML, MDS FAB M 4)
D 24 = Agranulozytose

Qualitative Merkmale:

a = Megaloblasten, Megaloblastoide
b = Paraerythroblasten
c = reichlich Eisenspeicherung, Ringsideroblasten und Siderozyten
d = Gigantoblasten, Karyorrhexis, Polyploidie, Megaloblastoide
e,f = Vorherrschen der charakteristischen pathologischen Zellarten
g = hypersegmentierte Megakaryozyten
h = Megakaryoblasten und Promegakrayozyten vermehrt
i = Zerfallsformen der Megakaryozyten, auch bei OMS, die wegen extremer Zellarmut hier nicht aufgeführt wurde
k = Mikrokaryozyten
l = atypische Plasmazellen und/oder Plasmoblasten
m = Promonozyten und Monozyten stark vermehrt
n = Lymphoblasten, pathologische B-Zellen und/oder Wanderformen
o = keine Eisenspeicherung im Retikulum
p = histiozytäre oder epitheloidzellige Markmetaplasie und vermehrte Gewebsmastzellen.

Bedeutungsklassen aufgeführt:
- G/E-Index
- Granulozytopoese
- Erythrozytopoese
- Megakaryozytopoese
- Plasmazellen
- Lymphozyten
- Histiozyten = Makrophagen.

Die insgesamt 25 Einzelmerkmale in der 2. Spalte umfassen quantitative Veränderungen wie Vermehrung, Verminderung, Links- oder Rechtsverschiebung, d.h. Vermehrung /Verminderung der teilungsfähigen Vorstufen oder die normale, d.h. nicht wesentlich veränderte Ausprägung. Qualitative Veränderungen und Atypien sind mit a bis p weiter definiert.

Vom betrachteten Ausstrich kommt man über die numerische Zusammensetzung der verschiedenen Zellreihen zu den unten aufgeführten 24 Diagnosen. Sie stehen noch für einige weitere Diagnosen, die durch Zytochemie (z.B. die akute lymphatische oder die Monoblastenleukämie von D 22) oder Immunzytologie (z.B. die B- und T-Zell-Leukämien und die Lymphome von D 14) abgegrenzt werden müssen. Jedes quadratisches Feld bezeichnet eines der links stehenden obligaten Einzelmerkmale, das die untenstehende Diagnose mitbestimmt. Hinzu treten die in einzelnen Kästchen aufgeführten qualitativen Veränderungen a bis p. Die nicht durch Felder markierten Gebiete in der Merkmals-Matrix sind für die Entscheidung bedeutungslos. Die *eingekreisten* Diagnosen sind prinzipiell schon durch qualitative Zellveränderungen zu erkennen.

In der obersten Reihe des Entscheidungsbaumes ist als wichtiger Parameter zur Diagnosefindung der G/E-Index, das Verhältnis aller Zellen der granulozytären Reihe und der Monozytopoese zu allen Erythroblasten, aufgeführt. Normalerweise beträgt dieser 2,5 bis 3,0. Bei fast allen Anämien ist er erniedrigt, weil das Knochenmark den Erythrozytenmangel auszugleichen sucht. Die hypoplastischen Anämien und die "pure red cell aplasia" mit erhöhtem G/E- Index sind Raritäten. Über 5 erhöht ist der G/E-Index bei Leukämien.

Die granulozytopoetische Reihe in der nächsten Zeile des Entscheidungsbaumes kann nach links oder nach rechts oder nicht verschoben sein. Entsprechend sind die teilungsfähigen Vorstufen, die Myeloblasten + Promyelozyten + Myelozyten + Metamyelozyten + Monoblasten + Promonozyten, deutlich über 56 % vermehrt bzw. vermindert.

Dasselbe betrifft die erythrozytäre Reihe in der nächsten Gruppe. Hier betragen die stark teilungsfähigen Proerythroblasten und basophilen Erythroblasten zusammen normalerweise 22 %. Es kommt wieder Links- und Rechtsverschiebung vor; bei Eisenmangelanämie ist die Linksverschiebung mit einer Vermehrung der oxyphilen Erythroblasten und deren Mitosen kombiniert (s. 6.1.4.4-2). Vermehrung oder Verminderung der Erythrozytopoese sind ebenso wie die der granulo-monozytopoetischen Reihe im G/E-Index verankert.

In der Thrombozytopoese betragen die Megakaryozyten und -blasten normalerweise nur 0,4 % aller Knochenmarkzellen. Wegen ihrer Seltenheit und ihrer Größe wird die Zahl der Megakaryozyten zuerst mit der Übersichtsvergrößerung beurteilt.

Die Plasmazellen dürfen normalerweise bis 6 % der Gesamtzellzahl betragen. Sie können vermindert bis stark vermehrt sein. Lymphozyten sowie Histiozyten sind je nach Ausstrichstelle in unterschiedlicher Menge vorhanden, so daß nur erhebliche Abweichungen von der Norm (s. Referenzwerttabellen 6-1 und 6-2) bedeutungsvoll sind. Die qualitativen Merkmale a-p geben oft die entscheidende Diagnose (s. oben).

Für die praktische Arbeit erweist sich ein Auswertbogen (Tab. 6-4) als sehr nützlich. Insbesondere wird der Befunder durch ihn angehalten, zu allen Zellarten Stellung zu nehmen. Ohne an die Reihenfolge - wie beim Diktat erforderlich - gebunden zu sein, werden die nacheinander ins Auge springenden Befunde angestrichen, bis zu jeder Zeile Stellung genommen ist. Zellatypien sowie das Aussehen leukämischer Blasten werden ggfs. vor der Diagnose eingehend beschrieben. Bei weitgehenden Abweichungen der Zellzusammensetzung kann die Befundung unabhängig vom Auswertbogen durchgeführt werden.

Nach dem vom Befunder ausgefüllten Auswertbogen kann von einer Schreibkraft leicht der Bericht gefertigt werden. Tabelle 6-5 gibt ein Beispiel eines solchen Befundberichtes wider.

6.1.5.3 Aufbewahrung der Präparate

Das Knochenmarklabor benötigt eine nach Datum geordnete Registratur, eine Befundablage nach fortlaufender Numerierung und zusätzlich eine Handkartei, die alphabetisch nach Patientennamen geordnet ist, um alte Vergleichsbefunde hinzuziehen zu können.

Die Präparate sind mindestens 10 Jahre zu archivieren, um Vergleichsmöglichkeiten beim selben Patienten oder mit früheren seltenen Diagnosen zu haben.

Durch Aufbewahrung der Präparate unter Luftzutritt, z.B. in früher üblichen Präparatekästen, verliert die Färbung nach Jahren ihre Brillanz. Dies kann auch durch Eindeckmaterial wie Eukitt passieren. So erweisen sich dicht bei dicht gelagerte Ausstrichobjektträger ohne Luftzutritt durch Einwickeln in Papier oder in "Lab-aid-slide-file"-Schränken von Technicon o.ä. noch als die am längsten haltbaren.

Von großem Vorteil ist eine Sammlung von charakteristischen und von seltenen Präparaten und eine Dia-Sammlung zu Lehr- und Fortbildungszwecken. Hierzu eignet sich die Aufbewahrung in Sichtplatten für 20 Stück oder in "Abodia-Schränken", die 3000 - 5000 Dias aufbewahren und es erlauben, gleichzeitig 100 Dias vor einer beleuchteten Mattglasscheibe vergleichend zu betrachten, um geeignetes Lehr- oder Vergleichsmaterial auszusuchen. Fotomikroskope mit automatischer Belichtungseinstellung erleichtern die Herstellung solcher Dias.

6.1.5.4 Abfallbeseitigung und Umweltschutz

s. 5.1.5.2 und 5.1.5.3.

6.1.5.5 Qualitätssicherungsmaßnahmen der Postanalytik I

Von jeder Knochenmarkpunktion sollen mindestens drei Ausstriche nach Pappenheim gefärbt werden, um seltene Vorkommnisse wie Tumorzellen, Lymphonoduli u.a. zu suchen. Außerdem ist *immer* eine Berliner Blau-Reaktion durchzuführen und in vielen Fällen Enzym-Zytochemie (s. 5.2). Deswegen sollten möglichst 10 Ausstriche angefertigt werden, um für weitere Spezialfärbungen noch ungefärbte Präparate

Tabelle 6-4. Zytologischer Befunderhebungsbogen für Knochenmarkpunktate

Name	Vorname	Geburtsdatum
Station	Punktionsort	Datum der Punktion
Klinische Diagnose		Vorpunktat

Makroskopischer Befund: Knochenmark schwimmt - schwebt - sedimentiert
Bröckel groß - mittel - klein - fein - keine

Färbungen: Pappenheim, Peroxidase, PAS, Berliner Blau, α-Naphthylazetat-Esterase,
saure und alkalische Phosphatase

Ausstriche: zellreich - mittlere Zelldichte - zellarm - fast nur Blut
fettreich - mittlerer Fettgehalt - fettarm

Retikulum und Lymphopoese: Histiozyten reichlich - vermehrt - normal - vermindert
α-Naphthylazetat-Esterase positiv - negativ; ANP positiv - negativ
Makrophagen reichlich - vermehrt - keine
Gaucherzellen, Schaumzellen, seeblaue Histiozyten vorhanden - keine
Gewebsmastzellen vermehrt - vorhanden - keine
Lymphozyten massenhaft - reichlich - vermehrt - normal - vermindert
Azurgranulierte Lymphozyten vorhanden, Lymphoblasten vermehrt - vorhanden
Saure Phosphatase positiv - negativ
PAS granulär - schollig - positiv - negativ
Plasmazellen massenhaft - vermehrt - normal - vermindert
Zweikernige Plasmazellen, flammende Plasmazellen, Mottzellen
Plasmoblasten reichlich - keine, Mitosen vorhanden - keine

Granulozytopoese: vermehrt - normal - wenig - stark vermindert
Myeloblasten - Promyelozyten - Myelozyten - Metamyelozyten: vermehrt - normal -
vermindert; Mitosen vermehrt - vorhanden - keine
Riesenstäbe - toxische Granulation; POX - gut - mäßig - fehlend;
PAS gut - mäßig - fehlend
Eosinophile stark - wenig - vermehrt - normal - vermindert
Monoblasten, Promonozyten, Monozyten: vermehrt - normal - vermindert
α-Naphthylazetat-Esterase granulär - diffus - positiv - negativ

Erythrozytopoese: stark vermehrt - vermehrt - normal - wenig - stark vermindert
Proerythroblasten und basophile Erythroblasten vermehrt - normal - vermindert
Mitosen reichlich - vorhanden - keine. Normoblastisch - Megaloblasten zu ca. ....%
Megaloblastoide reichlich - vorhanden - keine
Hämozytoblasten reichlich - vorhanden - keine
Erythroblasten granulär - diffus ; PAS positiv - negativ
Eisenspeicherung in Histiozyten reichlich - normal - kaum - keine
Sideroblasten reichlich - wenig - keine; Ringsideroblasten stark vermehrt - vorhanden -
keine; Siderozyten reichlich - wenig - keine

Thrombozytopoese: Megakaryoblasten vermehrt - vorhanden - keine
Megakaryozyten in allen Reifestufen reichlich - vorhanden - keine
Übersegmentierte Megakaryozyten - Riesenkerne - Solitärkerne
basophile Riesenformen - vakuolisierte Riesenformen - Mikrokaryozyten
PAS gut - mäßig - positiv - negativ

Knochenmarkfremde Elemente: Tumorzellen vorhanden - keine
Osteoblasten - Osteoklasten vorhanden - keine

Diagnose:

Tabelle 6-5. Befundbericht der Knochenmarkzytologie (Beispiel)

Name	Vorname	Geburtsdatum
Station	Punktionsort	Datum der Punktion
Klinische Diagnose		Fragestellung
Blutbildbefund		

Ausgewertet wurden die Pappenheim-Färbung, Berliner Blaureaktion, Peroxidase-, PAS- und α-Naphthylazetat-Esterase-Reaktion.

Feine Knochenmarkbröckchen kamen zur Auswertung.

Mittlere Zelldichte der Ausstriche, mittlerer Fettgehalt.

Histiozyten und Lymphozyten normal vertreten, keine Lymphoblasten. Plasmazellen kommen normal vor, keine atypischen Plasmazellen. Gewebsmastzellen kommen vereinzelt vor.

G/E-Index etwa 3. Granulozytopoese normal, nicht verschoben, vorwiegend Myelozyten. Eosinophile, Promonozyten und Monozyten nicht vermehrt.Mitosen vorhanden. Peroxidase- und PAS-Reaktion gut positiv.

Erythrozytopoese normal vertreten, nicht verschoben, Mitosen vorhanden. Keine Megaloblasten oder Megaloblastoide. Eryhthroblasten nicht PAS-positiv. Berliner Blaureaktion zeigt Eisenspeicherung im Retikulum, keine Sideroblasten, keine Siderozyten.

Thrombozytopoese: Megakaryozyten kommen in allen Reifestufen vor, nicht übersegmentiert. PAS-Reaktion gut positiv.

Keine Osteoblasten, keine Osteoklasten, keine knochenmarkfremden Elemente.

Diagnose: Normaler Knochenmarkbefund.

bereitzuhalten, evtl. auch zum Versand an Experten oder für die Lehre. Monatelang brauchen diese ungefärbten Präparate allerdings nicht aufbewahrt zu werden, da sie sich dann nicht mehr richtig anfärben lassen.

Vor jeder Befundung sollen mindestens 6 Ausstriche durchmustert werden, um seltene Vorkommnisse nicht zu übersehen. Günstig ist ferner, wenn mehrere Befunder ihre Meinung zu jedem Knochenmarkpunktat abgeben, schon weil durch entstehende Diskussionen über die Wertigkeit der verschiedenen Beobachtungen das Ergebnis substantieller wird, z.B. ob wenige oder viele Megaloblastoide in den Präparaten vorkommen.

Zur *externen Qualitätssicherung* veranstaltet INSTAND e.V. Ringversuche, bei denen gefärbte Knochenmarkbröckelausstriche den Teilnehmern zur Befundung zugesandt werden (s. 8.3).

6.1.6 Postanalytik II

6.1.6.1 Befundbewertung und -einordnung
Dem Befunder obliegt es, bei der Festlegung auf eine Diagnose das vollständige Blutbild in die Überlegungen mit einzubeziehen. Falls er Zugang zu weiteren Labor-

befunden wie Serum-LDH, Serum-Eisen, Coombs-Test unter vielem anderen hat, sollte er auch auf diese Daten zurückgreifen, bevor der Befund ausgefertigt wird.

Andererseits ist es nicht nur erlaubt sondern vernünftig, weitere Untersuchungen nach der Knochenmark-Diagnose vorzuschlagen, um diese zu erhärten oder weiter zu spezifizieren. Zu chemischen Untersuchungen wie Bence-Jones-Eiweiße im Urin u.a. kommen zusätzliche hämatologische Untersuchungen, wie die nicht obligatorischen Retikulozyten oder Nilblausulfatfärbung und auch röntgenologische oder nuklearmedizinische.

Die *Einordnung* der Befunde ist Aufgabe des Klinikers, des Internisten oder Hämatologen. Zum Beispiel ist ein Normalbefund auch bei schwersten hämatologischen Erkrankungen möglich, nur weil das Knochenmark an dieser Stelle nicht affiziert ist. Ob eine zweite Knochenmarkpunktion an einem anderen Ort oder eine Biopsie mit Histologie angeschlossen werden soll und darf, kann nur er zusammen mit dem Patienten entscheiden. Der Laborarzt sollte sich hüten, solche Entscheidungen vorwegzunehmen, ohne den Patienten und sein Krankheitsbild zu kennen und mit ihm gesprochen zu haben.

6.1.6.2 Weiterführende Untersuchungen

Nuklearmedizinische Zusatzuntersuchungen speziell bei hämatologischen Fragestellungen sind:

- Knochenmarkszintigraphie mit [99]Technecium
- Schilling-Test mit radioaktivem Vitamin B_{12}, evtl. auch Intrinsic-Faktor
- Untersuchungen zur Eisenresorbtion und -kinetik mit [59]Eisen
- Bestimmung des Gesamt-Erythrozytenvolumens mit [51]Chrom
- Bestimmung der Erythrozyten-Überlebenszeit und der Abbauorte mit [51]Chrom
- Bestimmung der Thrombozyten-Überlebenszeit mit [191]Indium.

Die Frage, ob die vorliegende Knochenmarkprobe repräsentativ für das ganze im Körper verstreute Knochenmark ist, läßt sich neuerdings durch die Knochenmarkszintigraphie beantworten. Erstmalig kann man beim Erwachsenen die Ausdehnung des hämatopoetischen Knochenmarks in das Fettmark der langen Röhrenknochen, die sog. *Knochenmarkexpansion*, feststellen ebenso wie die Verdrängung des blutbildenden Knochenmarks durch Fremdbesiedlung als *cold lesions* (Hotze 1984). Genauere Erhebungen über diese Frage verspricht zur Zeit die Kernspin-Tomographie. Röntgenuntersuchung des Skeletts sind bei knochendestruierenden oder -bildenden Erkrankungen indiziert und bei den betreffenden Krankheitsbildern erwähnt.

6.1.6.3 Qualitätssicherung in der Postanalytik II

Auf diagnostische und differentialdiagnostische Möglichkeiten bei den einzelnen Krankheitsbildern wurde in 6.1.4.4 über die Systematik der Knochenmarkdiagnosen eingegangen.

Zur Abschätzung der diagnostischen Wertigkeit der Knochenmarkzytologie bietet sich der Vergleich mit der gleichzeitig durchgeführten Knochenmarkhistologie und der klinisch gestellten Diagnose an (s. 6.2). Schon immer war die Gewinnung eines Stanzzylinders erforderlich, wenn das Aspirat ungenügendes Zellmaterial erbracht hatte (punctio sicca). Für bundesdeutsche Studien über hochmaligne Lymphome u.a. wird die Histologie gefordert. Essentiell ist sie beim myeloproliferativem Syndrom

(MPS), beim myelodysplastischen Syndrom (MDS) zur Feststellung von ALIPs. Bei Immunerkrankungen, z.B. Lupus erythematodes visceralis, bringt sie mehr Information als die Zytologie, weil die Markgefäße und entzündliche Reaktionen besser beurteilt werden können, ebenso wie bei Verdacht auf andere Granulomatosen (s.a. 6.2.2.1).

Um den Wert beider Methoden festzustellen, haben wir kürzlich 1000 Doppeluntersuchungen mit der Jamshidipunktion statistisch bearbeitet (Lignau 1989). Da Tupfpräparate von Stanzzylindern häufig unbefriedigendes Zellmaterial erbringen, aspirierten wir durch die Jamshidinadel (Abb. 6-4) ein Punktat für die Ausstriche zur Zytologie und zur Zytochemie, bevor wir einen Stanzzylinder für die histologische Aufarbeitung entnahmen. Die zytologische Befundung wurde in der Regel von einem Hämatologen und von einem Arzt in der Ausbildung vorgenommen. Die histologische Aufarbeitung mit der Methacrylat-Methode und Befundung wurde von Professor Dr. E. Pfannkuch und Dr. H.J. Scholman, Pathologisches Institut im Klinikum Charlottenburg der Freien Universität Berlin durchgeführt.

Nur 12 Punktate waren weder zytologisch noch histologisch verwertbar, während 8 bis 10 % der Doppelpunktate zytologisch *oder* histologisch nicht auswertbar waren. Dies lag bei der histologischen Aufarbeitung entweder an zu kurzen bzw. zerbrochenen Stanzzylindern oder an Einblutung in die Knochenmarkräume, bei der Zytologie an Zellarmut der Ausstriche, der sog. punctio sicca. Von den restlichen 807 Doppeluntersuchungen ergaben sich in 74 % der Fälle übereinstimmende Diagnosen mit beiden Methoden (Tab. 6-6). Der Rest wurde häufiger zytologisch (14 %) als histologisch (10 %) richtig erkannt.

Fast die Hälfte der Diagnosen (46,6 %) war nicht pathologisch. Hierzu sei angemerkt, daß der Knochenmarkbefund mit Blutleukozytose und Linksverschiebung durch bakterielle Infekte sich von der Normalverteilung selbst bei Differentialzählung von 2000 Knochenmarkzellen kaum unterscheidet. In die meist nur geschätzten Normalbefunde dieser Studie wurden also geringe Links- und Rechtsverschiebungen der Granulo- oder Erythrozytopoese mit einbezogen. In die Bezeichnung Normalbefund gingen auch Diagnosen wie Remission nach malignem Lymphom oder nach akuter Leukämie ein. Die bearbeiteten Diagnosen sind in der Tabelle 6-6 nach der Häufigkeit ihrer übereinstimmenden Befunde aufgetragen. Es zeigt sich, daß in einem Krankenhaus der Maximalversorgung primäre Erkrankungen des Knochenmarkes fast ebenso häufig zur Punktion kamen wie primäre Erkrankungen des lymphatischen Gewebes.

Speziell sei auf die hoch malignen Lymphome hingewiesen: Nur in 25 Punktaten waren mit beiden Methoden positive Ergebnisse erbracht worden, während 41 weitere Patienten mit einer der beiden Untersuchungstechniken positiv wurden. Es wären also viele Patienten nicht in das Stadium IV - mit Knochenmarkbefall - eingeordnet worden, wenn nur eine der beiden Techniken verwendet worden wäre.

Es ergibt sich also eindeutig, daß durch die doppelte Untersuchung aus einer Punktion mit der Jamshidinadel wesentlich mehr Ergebnisse erbracht wurden, als mit einer der beiden Methoden allein.

Um die klinische Relevanz zu erfassen, verglichen wir die Punktat-Ergebnisse mit den klinischen Diagnosen (Tab. 6-6). Hierbei ergaben sich übereinstimmende Ergebnisse

Tabelle 6-6. Vergleich der Richtigkeit von zytologischem und histologischem Befund nach Knochenmarkpunktion mit der Jamshidi-Nadel. Von 1000 Punktaten konnten 807 gleichzeitig mit beiden Techniken untersucht werden[*]. In 1,2 % der Fälle waren beide Diagnosen falsch

Diagnose	Übereinstimmend erkannt	nur zytologisch erkannt	nur histologisch erkannt
Normalbefund	279	21 (300)	16 (295)
CLL	69	7(76)	0(69)
Malignes Lymphom	25	27(52)	14(39)
AML und ALL	37	12(49)	10(47)
CML	31	7(38)	7(38)
MPS (OMS u. CMM)	25	3(28)	7(32)
Plasmozytom	22	7(29)	2(24)
Aplastische Anämie	17	1(18)	1(18)
Chronischer Infekt	15	5(20)	1(16)
Polyzytämia vera	12	1(13)	11(23)
Hämolytische Anämie	12	3(15)	0(12)
Eisenmangelanämie	12	3(15)	3(15)
Tumormetastasen	12	0(12)	6(18)
Perniziöse Anämie	6	0(6)	0(6)
Lipomatöse Markatrophie	5	0(5)	1(6)
M. Waldenström	5	3(8)	0(5)
Toxische Markschädigung	5	1(6)	0(5)
M. Hodgkin	3	1(4)	3(6)
Agranulozytose	3	0(3)	0(3)
Sideroblastenanämie	2	2(4)	0(2)
ITP	0	4(4)	0(0)
Osteopathie	2	0(2)	1(3)
Erythroleukämie	0	3(3)	0(0)
Hypereosinophiles Syndrom	0	2(2)	0(0)
Summen	599	113	83
Prozent	74,2	14,0	10,3

[*] Die histologische Auswertung verdanken wir Herrn Prof. Dr. Sigurd Blümcke, Pathologisches Institut, Universitätsklinikum Rudolf Virchow der Freien Universität Berlin

- mit der Zytologie bei 712 Befunden = 88,2 % richtig positiv und
- mit der Histologie bei 682 Befunden = 84,5 % richtig positiv.

Falsch positiv in unserem Beobachtungsgut waren 45 zytologische Befunde = 5,6 % und 77 histologische Befunde = 9,5 %.

Die *Spezifität*, die Zuordnung der zytologischen und histologischen Aussage, wurde von Lignau in diesem Krankengut für einige wichtige hämatologische Diagnosen bestimmt (Tab. 6-7) und erwies sich für beide Verfahren bei den bearbeiteten Diagnosen als ausgezeichnet.

Tabelle 6-7. Spezifität der Knochenmarkbefundung

Untersuchungs-technik	CML	CLL	Plasmo-zytom	AML
Histologie	99,7	100,0	99,7	99,2
Zytologie	99,7	99,9	99,9	99,6

Tabelle 6-8. Sensitivität der Knochenmarkbefundung

Untersuchungs-technik	CML	CLL	Plasmo-zytom	AML
Histologie	95,0	97,2	88,9	94,0
Zytologie	95,0	100,0	96,7	89,0

Die *Sensitivität* beider Verfahren wurde ebenfalls geprüft (Tab. 6-8). Falsche Diagnosen wurden histologisch beim Plasmozytom in 11 % und zytologisch bei der AML in 11 % der Fälle gegenüber histologisch nur 4 bzw. 6 % ermittelt. Letzteres verwundert den Kliniker, hat er doch bisher bei dieser Diagnose meistens auf die Histologie verzichtet. Die häufigere Erkennung durch das histologische Präparat betrifft vorwiegend die Wiederholungspunktionen, bei denen die sorgfältige Erkennung der "minimal residual disease" eines Rückfalls die Therapie für den Patienten und dessen Überleben entscheidet. Nach unserer Studie ist hier also ein Umdenken erforderlich. Die Doppeluntersuchung mit der Zytologie und der Histologie optimiert bei Verlaufskontrollen der akuten Leukämien die Diagnostik, insbesondere da die Sensitivität der histologischen Beurteilung auch nur 94 % beträgt.

Die Studie zeigt also, daß bei gleichzeitiger Anwendung von Knochenmarkzytologie und Knochenmarkhistologie die Aussage der Knochenmarkuntersuchung verbessert werden kann.

6.2 Knochenmark-Histologie

6.2.1 Einleitung

Die Knochenmarkhistologie ist für viele hämatologischen Fragestellungen eine wertvolle Ergänzung zur Knochenmarkzytologie. Während des letzten Jahrzehntes hat sich deswegen in hämatologischen Spezialabteilungen die Doppeluntersuchung eingebürgert. Die gleichzeitige Gewinnung beider Verarbeitungsmaterialien: Bröckchenausstriche und Knochenstanze sind der konsekutiven, fakultativen Gewinnung vorzuziehen, um dem Patienten bei ungenügender Aussage der Ausstrichzytologie eine erneute Punktion zu ersparen. Diese verursacht ihm zwar mehr Angst als Schmerzen, erfordert aber eine zweite Einwilligung. Nicht speziell ausgerichtete Abteilungen bevorzugen oft noch die alleinige Aspiration für Knochenmarkzytologie mit der Nadel nach Klima & Rosegger. Wegen der Möglichkeit tödlicher Komplikationen bei versehentlichem Durchstoßen der Lamina interna des Corpus sterni ist jedoch die Materialentnahme auch nur für Zytologie am hinteren Beckenkamm empfehlenswert (s. 6.1.2.3). Der alternative Einsatz der zytologischen und histologischen Knochenmarkuntersuchung verfehlt nach unserer Studie 10 bzw. 14 % der relevanten Diagnosen (s. 6.1.6.4). Dieses Risiko möchte kein verantwortungsbewußter Arzt auf sich nehmen, wenn auch die Sensivität und die Spezifität bei beiden Verfahren hoch ist (Heimpel 1983, Lignau 1989). Beide Methoden der Knochenmarkuntersuchung ergänzen sich somit auf das Vorteilhafteste. Nur zur Anämie- und Thrombozytopenie-Diagnostik kann auf die Histologie verzichtet werden.

Das Befunden der Knochenmarkhistologie muß erlernt werden und kann einem Pathologen nur gelingen, wenn er über genügend Kenntnisse in der Hämatologie verfügt. Dem mit vieler Routinebefundung beschäftigten Pathologen fehlt oft die Zeit zur Einarbeitung in das hämatologische Spezialfach. Schneller gelingt es einem in der Hämato-Zytologie eingearbeiteten Kliniker oder Laborarzt, sich zusätzlich noch in die Knochenmarkhistologie einzudenken, wenn er gute Atlanten wie den von Burkhardt (1970) zur Hand nimmt. Anderenfalls ist eine enge Zusammenarbeit beider Befunder eine conditio sine qua non, um optimale Ergebnisse zu erreichen, am besten unter gegenseitiger Vorlage von Referenzschnitten bzw. -ausstrichen und sorgfältiger Mitteilung der Fragestellung. Unter solchen Umständen gibt die Doppelbefundung weit bessere Ergebnisse (s.o.).

6.2.2 Präanalytik

6.2.2.1 Indikationsstellung
Der histologische Schnitt ist geeignet zur Beurteilung der Zelldichte, des Fettgehaltes, der Topographie der hämatopoetischen Zellvorstufen (z.B. bei MDS von ALIPs, bei akuter Leukämie von "minimal residual disease"), von Speicherzellen, von Gefäßen, des Fasergehaltes und von Knochenumbauzeichen. Hingegen entstehen Probleme bei der Erkennung vieler Zellarten wie Megaloblasten, Sideroblasten, Mikrokaryozyten, der azurophilen Granula der Promyelozyten u.a. Zellinnenstrukturen (Schaefer 1985, Boll 1986). Auch basophile, polychromatische und oxyphile Erythroblasten können nicht unterschieden werden.
Absolute Indikationen zur Entnahme einer Knochenstanze sind:

- Osteopathien,
- fehlende Aussage aus der Zytologie, sog. Punktio sicca,
- Panzytopenie mit zellarmem Knochenmark, aplastische Anämien,
- Verdacht auf Osteomyelofibrose bzw. -sklerose (Fasergehalt),
- Zur Beurteilung der Zelldichte, des Fett- und Megakaryozyten-gehaltes bei MPS
  = CMPD,

- Verdacht auf Amyloidose, Vaskulopathien, wenn nicht aus anderen Geweben
  diagnostiziert.

Relative Indikationen zur Entnahme einer Knochenstanze neben der Durchführung
einer Aspirationszytologie sind:

- Stadieneinteilung der malignen Lymphome,
- Vermeidung einer doppelten Punktion bei vielen Indikationen zur Zytologie
  (s. 6.1.2.1),
- Myelodysplastisches Syndrom zum Nachweis des "abnormal clustering of immature
  precursors" = ALIPs (Tricot 1984),
- Therapiebeurteilung akuter Leukämien zur Feststellung der sog. minimal residual
  disease,
- bei Verdacht auf Granulomatosen, wie LE, Tuberkulose, M. Boeck, rheumatoide
  Arthritis zur Darstellung von Infiltraten und Gefäßveränderungen oder zur Bestätigung der granulomatösen Myelitis,
- zur Beurteilung der Knochenbeteiligung beim Plasmozytom,
- Verdacht auf Knochenmarkkarzinose,
- Verdacht auf metabolische Störungen,
- zur Diagnose der angioimmunoblastischen Lymphadenopathie,
- zur Bestätigung der Haarzell-Leukämie, die fokal auftreten kann, durch Faser-Ver-
  silberung,
- Prognose-Beurteilung bei B-CLL: diffus ungünstiger als follikulär.

Bei der Planung der Knochenmarkdiagnostik sollten auch nicht auf Hämatologie
spezialisierte medizinische Abteilungen bei der ersten Punktion die Indikationen für
die histologische Untersuchung bedenken, um dem Patienten unnötige Wiederholungspunktionen zu ersparen.

6.2.2.2 Kostenbetrachtung

Die Einrichtung und Unterhaltung eines Knochenmark-Histologie-Laboratoriums
rentiert sich nur, wenn eine hohe Frequenz an Anforderungen bearbeitet werden soll.
Sonst ist es zweckmäßiger, sich die Aufarbeitung der Knochenmarkhistologie im
benachbarten pathologischen Institut durchführen zu lassen.

Zur histologischen Aufarbeitung eines Knochenstanzzylinders mit der Semi-Dünn-
schnitttechnik nach Einbettung in Kunststoff (Methacrylat) oder nach spezieller
Paraffineinbettung sind teure Geräte und eingearbeitetes Personal erforderlich. Die
Sachkosten dieses aufwendigen Verfahrens betragen mehr als das Doppelte einer einfachen histologischen Untersuchung aus einem Paraffinblock. Dieser gibt für hämatologische Fragestellungen auch nach Entkalkung jedoch völlig ungeeignete Voraussetzungen.

Viele im hämatologischen Labor nicht übliche Färbungen, wie Hämatoxylin-Eosin,
Mason Goldmann, Silberimprägnation nach Gomori, Gallaminblau-Giemsa werden
neben der Eisen- und PAS-Reaktion angewandt, neuerdings auch die APAAP-Technik mit monoklonalen Antikörpern.

Die aufeinanderfolgenden Arbeitsgänge sind Fixieren, Entwässern, Einbetten im
Exsikkator, Dünnschneiden mit dem Spezial-Gefriermikrotom, Färben und Ein-

decken. Schon geringe Fehler in diesen Arbeitsgängen vermindern die Qualität der Präparation und erschweren die Beurteilung. Das sich über mehrere Tage hinziehenden Verfahren ist weit aufwendiger als die Aufbereitung des Punktatausstriches mit zwei (bei Anämien) oder fünf Färbungen (bei Leukämien und Lymphomen u.a.).

6.2.2.3 Patientenvorbereitung und Spezimenabnahme

Zur Patientenvorbereitung s. 6.1.2.2. Die Entnahme des Knochenstanzzylinders mit der Jamshidinadel von 0,7 oder 0,9 mm Durchmesser ist unter 6.1.2.3 geschildert. Sie erfolgt an der Spina ilica dorsalis superior des Beckenkammes rechts oder links.

Die Entnahme eines dickeren Stanzzylinders von 2-8 mm Durchmesser mit dem *Myelotomiegerät nach Burkhardt* (mit Elektromotor) erfolgt nach Freilegung des Knochens an der Crista des Beckenkammes. Dazu sind sterile Bedingungen eines Operationssaales mit Prämedikation und ausgiebiger Lokalanästhesie erforderlich (Frisch 1985).

Eine alleinige Knochenmark-Histologie ohne gute zytologische Ausstriche-Tupfpräparate des Stanzzylinders (s. 6.1.3.1) werden sehr selten gut - ist nur für die Diagnostik von Osteopathien sinnvoll einzusetzen, s. absolute Indikationen. Für alle hämatologischen Fragestellungen sind zytologische Präparate ebenfalls anzufertigen (Boll 1986). Nur die Synopsis beider Methoden bietet eine optimale diagnostische Sicherheit.

6.2.2.4 Spezimenbearbeitung und Einsendung

Der Stanzzylinder, unabhängig von der Art der Punktionsnadel, ist zur Fixierung in ein Reagenzglas mit Lösung nach V. Schaffer zu geben:

Methanol zur Analyse (Merck Art. 6009)	96,0 ml
Isotone Phosphat-Glucose-Puffer pH 7,4 (Kühlschrank)	4,0 ml
Formaldehydlösung min. 37 % (Merck Art. 4003)	50,0 ml

neutralisieren mit Calciumcarbonat.

Die Schaffer'sche Lösung kann im Kühlschrank bis 3 Wochen aufbewahrt werden, wenn sie nicht ausflockt.

Das Reagenzglas wird nach Einbringen der mindestens 1 cm langen Knochenmarkstanze in die Schaffer-Fixier-Lösung verschlossen, gut gemischt und mit Namen und Datum beschriftet. Das Röhrchen ist baldigst in das verarbeitende Laboratorium zu bringen. Dort wird nach 5-24 Stunden mit der Kunststoffeinbettung nach Burkhardt (1970) begonnen (Frisch 1985). Die Biopsie wird eventuell zur Entkalkung oder zur Enzymhistochemie halbiert.

6.2.2.5 Mitteilungen an das Laboratorium

s. 6.1.2.5.

6.2.2.6 Qualitätssicherungsmaßnahmen

Gelingt es nur, einen zerbrochene Stanzzylinder oder einen unter 5 mm Länge zu gewinnen, ist ebenso wie bei starker Einblutung in denselben eine Aussage der Histologie nur von zweifelhaftem Wert oder kann überhaupt nicht erfolgen. Je ungeübter der Punkteur ist, desto häufiger kommen solche Ereignisse vor und können über 10 % betragen. Ggfs. sollte lieber gleich eine zweite Punktion angeschlossen werden.

Das Weitersenden von Präparaten an spezialisierte Fachkollegen hat sich wegen der Vielfalt neuer Techniken im pathologischen Fach immer mehr eingebürgert. Jedoch kann dies zu keiner diagnostischen Verbesserung führen, wenn nicht genügend Information über Klinik und zytologische Präparate mitgeliefert werden, ggfs. mit Zytochemie und Immunzytologie, um die Zusammenschau aller dieser Ergebnisse zu ermöglichen.

7 Zytologie anderer Organe

7.1 Lymphknoten[1]

J. Oertel und I. Boll

7.1.1 Einleitung

Die Lymphknotenpunktion ist eine einfache Methode, die in kurzer Zeit zu einer zytologischen Diagnose führt. Die Belästigung des Patienten ist sehr gering. Die Punktion kann deshalb auch wiederholt durchgeführt werden. Die aspirierten Zellen werden auf einem Objektträger fixiert. Dadurch wird eine optimale Darstellung der zellulären Einzelheiten möglich. Neben diesen Vorteilen hat die Lymphknotenpunktion jedoch einen gewichtigen Nachteil: Durch die Punktion werden die Zellen des Lymphknotens aus ihrem Zusammenhang im Gewebe herausgelöst. Die Gewebsstruktur kann deshalb im Aspirat nicht beurteilt werden. Durch immunzytologische Untersuchung der Aspirate ist es teilweise möglich, diesen Nachteil auszugleichen.

7.1.2 Präanalytik I

7.1.2.1 Indikationsstellung

Im Prinzip ist bei jeder nicht akut entzündlichen Lymphknotenschwellung eine Lymphknotenpunktion angebracht. Nur bei einer offensichtlichen Lymphknotenmetastase eines malignen Melanoms ist eine Lymphknotenpunktion nicht indiziert. Wichtiger ist die Frage, in welchen Fällen die Lymphknotenpunktion die Biopsie eines Lymphknotens ersetzen kann. Bei uns hat sich folgendes Vorgehen bewährt:

- Ergibt die Lymphknotenpunktion eine maligne Lymphknotenerkrankung, so wird anschließend eine Biopsie durchgeführt. Vom Biopsiematerial können Tupfpräparate hergestellt und die zytologische Diagnose nochmals überprüft werden. In der Zeit bis zum Vorliegen der Biopsie kann die weitere Diagnostik (Stadieneinteilung) durchgeführt werden. Mit dem Vorliegen des histologischen Ergebnisses wird die zytologische Diagnose entweder bestätigt oder revidiert.

---

[1]Die Farbabbildungen 7-25 bis 7-27 befinden sich im Farbteil am Ende des Bandes

- Bei Verdacht auf ein Lymphknotenrezidiv einer bekannten malignen Erkrankung reicht in vielen Fällen eine zytologische Untersuchung aus.
- Ergibt die Lymphknotenpunktion eine reaktive Lymphknotenerkrankung, so kann auf eine Biopsie nur dann verzichtet werden, wenn der Zytologe erfahren ist und eine Verlaufskontrolle beim Patienten gesichert ist. Bei Zunahme der Lymphknotengröße oder Auftreten neuer Lymphknotenschwellungen ist dringend eine Lymphknotenbiopsie angezeigt.

Die Kosten für eine Lymphknotenpunktion mit Routinefärbung nach May-Grünwald/-Giemsa sind minimal. Eine anschließende immunzytologische Untersuchung verbessert zwar die diagnostische Aussagekraft, erhöht aber auch die Kosten wesentlich.

7.1.2.2 Patientenvorbereitung

Eine schwere hämorrhagische Diathese sollte durch Bestimmung der Thrombozytenzahl, der Thromboplastinzeit nach Quick und der partiellen Thromboplastinzeit ausgeschlossen werden.

7.1.2.3 Durchführung der Lymphknotenpunktion

Für die Punktion tastbarer Lymphknoten verwenden wir eine Kanüle Nr. 2 und eine 5 ml Spritze. Bei dickeren Kanülen besteht die Gefahr, daß dem Aspirat zuviel Blut beigemischt wird. Mit dünneren Kanülen wird meist nicht genügend Aspirat gewonnen. Nach Desinfektion der Haut fixiert man den tastbaren Lymphknoten mit der linken Hand und sticht die Kanüle mit der anderen Hand in Richtung auf den Lymphknoten durch die Haut und das Unterhautgewebe. Mit der rechten Hand wird ein Vakuum von etwa 3-4 ml in der Spritze durch Zurückziehen des Spritzenstempels erzeugt. Dieses Vakuum wird weiter aufrechterhalten und die Kanüle mehrmals in verschiedener Richtung in den Lymphknoten gestochen. Die aspirierten Zellen sind nun in der Kanüle. Das Vakuum in der Spritze wird aufgehoben, indem man den Spritzenstempel langsam wieder in die Spritze gleiten läßt. Dies ist notwendig, damit die Zellen nicht beim Herausziehen der Kanüle aus dem Gewebe in die Spritze gesaugt werden und damit verlorengehen.

Die Spritze mit aufgesetzter Kanüle kann nun aus dem Gewebe herausgezogen werden. Nach Entfernen der Spritze sind die aspirierten Zellen in der Kanüle enthalten und können durch erneutes Aufsetzen der wieder luftgefüllten Spritze auf mehrere Objektträger gespritzt werden. Die Zellen werden anschließend mit der Kanülenspitze auf dem Objektträger verteilt. Sie können auch mittels eines Deckglases wie ein Blutausstrich ausgestrichen werden. Für die Färbung nach Papanicolaou ist eine sofortige Fixierung in 95 % Ethanol für 10 min notwendig. Zur Gewinnung von Material für die Immunzytologie führt man eine zweite Lymphknotenpunktion durch. Die aspirierten Zellen sind dann wieder in der Kanüle enthalten. Daraufhin wird eine Spritze mit 1-2 ml einer phosphatgepufferten Kochsalzlösung (siehe 7.1.4.1.3.2) auf die Kanüle aufgesetzt und die Zellen aus dieser in ein Reagenzglas gespült.

Innere Organe können durch Ultraschall- oder CT-gezielte Feinnadelpunktion untersucht werden. Dabei muß mit einer Komplikationsrate von ca. 0,5 % gerechnet werden. Bei 66397 Punktionen wurden 5 Komplikationen mit Todesfolge beobachtet. In erster Linie traten diese tödlichen Komplikationen (Blutungen) bei Punktionen mit Schneidbiopsienadeln zur Gewinnung histologischen Materials auf (Weiss et al. 1988).

7.1.2.4 Einsendung des Punktats an ein zytologisches Labor

Ungefärbte Ausstriche sollten für eine Routinefärbung (May-Grünwald/Giemsa, Papanicolaou) innerhalb von 1-3 Tagen in ein Labor gebracht werden, das zytologische Untersuchungen durchführt. Die Suspension aspirierter Zellen in phosphatgepufferter Salzlösung muß innerhalb weniger Stunden ein entsprechendes Labor erreichen. Sie kann bei +4 °C über Nacht aufbewahrt werden, falls eine unmittelbare Weiterverarbeitung nicht möglich ist.

7.1.2.5 Mitteilungen an das Laboratorium

Es sollte mitgeteilt werden, welcher Lymphknoten punktiert wurde. Angaben zu Fragestellung, Anamnese, Lymphknotenstatus und Milzgröße sind notwendig. Blutbild und Differentialblutbild sollten angegeben werden.

7.1.2.6 Qualitätssicherungsmaßnahmen in der 1. präanalytischen Phase

Es sind nur solche Punktate geeignet, die genügend aspirierte Zellen enthalten. In den Ausstrichen müssen die Zellen gut verteilt sein, damit eine optimale Weiterverarbeitung möglich ist.

7.1.3 Präanalytik II

7.1.3.1 Punktatverarbeitung im Labor

Ungefärbte Ausstriche und eine Suspension der aspirierten Zellen in phosphatgepufferter Salzlösung werden in einem zytologischen Labor weiterverarbeitet. Die Routinefärbungen (May-Grünwald/ Giemsa, Papanicolaou) sollten innerhalb von 24-48 Std. erfolgen.

Die immunzytologischen Untersuchungen können am besten an Zytozentrifugenpräparaten durchgeführt werden. Zur Herstellung dieser Präparate wird die Zellsuspension bei 200 x g (entsprechend 2000 Umdrehungen/min in einer Zentrifuge mit einem Durchmesser von etwa 30 cm) 3 min zentrifugiert. Nach Abgießen des Überstandes wird das Sediment mit einigen ml phosphatgepufferter Salzlösung mit 1-5 % Rinderserumalbumin-Zusatz aufgeschüttelt. Die Zellsuspension soll etwa $1-3 \times 10^3$ Zellen/μl enthalten. Mit einer Zytozentrifuge werden von dieser Zellsuspension 3-10 Zytozentrifugenpräparate hergestellt. Geeignet ist z.B. das Gerät der Fa. Shandon, 6000 Frankfurt 50, Postfach 501029.

Nach Lufttrocknen können diese Zytozentrifugenpräparate am nächsten Tag direkt für die immunzytologischen Untersuchungen verwendet werden. Es ist aber auch möglich, diese Präparate bei -20 °C über mehrere Monate aufzubewahren. Die beschrifteten Präparate werden dazu einzeln in Alufolie eingewickelt.

7.1.3.2. Aufbewahrung der Spezimenreste

Siehe Kapitel 5.1.3.2

7.1.3.3 Qualitätssicherung in der 2. präanalytischen Phase

Bei der Herstellung der Zytozentrifugenpräparate können verschiedene Fehler unterlaufen. Es wird empfohlen, die Zellen in phosphatgepufferter Salzlösung zu suspendieren. Wenn die Zellen erst nach einigen Stunden verarbeitet werden können, sollte eine äquilibrierte Elektrolytlösung (z.B. Hank's Lösung) verwendet werden. Die Zellzahl muß eingestellt werden. Bei Feuchtfixierung müssen die Präparate sofort nach Ende des Zentrifugierens fixiert werden.

Durch das Einfrieren der Zytozentrifugenpräparate bei -20 °C wird eine Konservierung der Zellantigene erreicht. Zur Kontrolle, ob die Kühlung der Präparate ausreichend war, sollten ungefärbte Blutausstriche eines gesunden Probanden mit eingefroren werden. Durch immunzytologische Untersuchungen eines solchen Ausstriches mit geeigneten monoklonalen Antikörpern, (z.B. CD3, CD19 oder CD45) kann demonstriert werden, daß die Antigenstruktur konserviert wurde.

7.1.4 Analytik

7.1.4.1 Routinefärbungen
May-Grünwald/Giemsa Färbung: Klinische Zytologen, die meist in der Hämatologie tätig sind, bevorzugen die May-Grünwald/Giemsa-Färbung (Kap. 5.1.3.1.5).
Die in den folgenden Kapiteln beschriebenen Punktate wurden routinemäßig nach May-Grünwald/Giemsa gefärbt.

Papanicolaou-Färbung: Zytologen, die an pathologischen Instituten arbeiten, verwenden meist diese Färbung. Sie eignet sich besonders zum Nachweis einer Verhornung bei Plattenepithelkarzinomen. Die folgende Modifikation der Papanicolaou-Färbung eignet sich für Aspirate (Koss et al. 1984):

- Ausstriche oder Zytozentrifugenpräparate müssen sofort nach Herstellung in feuchtem Zustand 10 min in Ethanol (95%) fixiert werden.
- 10 sec fließendes Wasser.
- 2 min Hämatoxylin (z.B.Sigma HHS-1).
- 10 sec fließendes Wasser.
- 1 min Scottlösung (4 g $MgSO_4$, 2 g $NaHCO_3$, 1 l H_2O, z.B. Sigma S 5134).
- 10 sec fließendes Wasser.
- 2 x 10 sec Ethanol (95%)
- 2 min OG-6 (z.B. Sigma HT 40-1).
- 2 x 10 sec Ethanol (95%).
- 2 min EA 65 (z.B. Sigma HT 40-4).
- 2 x 10 sec Ethanol (absolut).
- 3 x 10 sec Xylol; eindecken.

Die Papanicolaou-Färbung färbt Zellen mit Verhornung im Zytoplasma rot an und führt zu einer exzellenten Darstellung der Kernstruktur. Bei der May-Grünwald/-Giemsa-Färbung werden demgegenüber Granula im Zytoplasma gut dargestellt. Durch die Lufttrocknung können Artefakte entstehen.

7.1.4.2 Zytochemische Färbungen
Bei der zytologischen Untersuchung von Lymphknotenpunktaten sind nur noch wenige zytochemische Färbungen von Bedeutung. Die Mucicarmin-Färbung führt zu einer roten Anfärbung von epithilialem Schleim. Geeignet ist ein Kit der Firma

Sigma Chemie GmbH, Grünwalder Weg 30, D-8024 Deisenhofen, der aus Mucicarmin-Basislösung (HT 30-1-8), Tartrazin-Lösung (HT 30-2-4) und Weigerts Eisenhämatoxylin-Set (HT 10-79) besteht. Der Nachweis fokaler saurer Phosphatase in den Lymphoblasten des T-Lymphoblastoms ist ebenfalls von Bedeutung, wenn keine immunozytologischen Methoden zur Verfügung stehen. Die Methode ist in 5.2 beschrieben.

7.1.4.3 Immunzytologische Methoden

Für die Untersuchung von Aspiraten sind nach unserer Erfahrung die drei folgenden Methoden geeignet. Das Prinzip dieser Methoden besteht darin, daß sich zunächst ein primärer (meist monoklonaler) Antikörper (meist von der Maus) entsprechend seiner Spezifität an die Zellen bindet, die das entsprechende Antigen tragen. Von den anderen Zellen wird der Antikörper wieder abgewaschen. Die Bindung des ersten Antikörpers wird durch die folgenden Reaktionen sichtbar gemacht. Es wird mit einem zweiter Antikörper inkubiert. Dieser ist gegen Immunglobuline der Spezies des ersten Antikörpers gerichtet. Er kann sich nur an die Zellen binden, an die sich der erste Antikörper gebunden hatte. Bei der Immunogoldsilbermethode ist der zweite Antikörper an Goldpartikel gebunden, die anschließend durch Anlagerung von Silber vergrößert und im Mikroskop sichtbar gemacht werden. Bei der Immunperoxidase und der APAAP-Methode wird nach einem weiteren Waschvorgang ein dritter Antikörper an den zweiten gebunden. Dieser dritte Antikörper ist mit Peroxidase bzw. alkalischer Phosphatase markiert. Diese wird anschließend durch eine zytochemische Methode sichtbar gemacht. Als spezifische primäre Antikörper stehen eine große Zahl von monoklonalen Antikörpern zur Verfügung. Tabelle 7-1 gibt eine Übersicht über *monoklonale Antikörper*, die bei der immunzytologischen Untersuchung von Lymphknotenaspiraten von Bedeutung sind. Leider hat sich gezeigt, daß nicht alle monoklonalen Antikörper gegen Leichtketten zum Nachweis der Leichtkettenrestriktion geeignet sind (Tetu et al. 1986). Uns haben sich nur die Antikörper der Firma Immunotech (Nr. 0173 und 0174) bewährt.

Herstelleradressen:
Dakopatts Postfach 700407; 2000 Hamburg 13
Ortho Diagnostic Systems Karl-Landsteiner-Str. 1; 6903 Neckargemünd
Coulter Electronics GmbH Gahlingspfad 53; 4150 Krefeld
Becton Dickinson Tullastr. 8-12; 6900 Heidelberg
Immunotech über Dianova Michstr. 3; 2000 Hamburg 13
+Molecular Genetic Resources über Paesel+Lorei Borsigallee 6; 6000 Frankfurt 63.

Zur Darstellung der Leichtketten kappa und lambda sind *polyklonale Antikörper* vom Kaninchen (z.B. Dako A 192 und A 194) sehr geeignet. Bei Verwendung der APAAP-Methode muß danach mit einem Verbindungsantikörper (z.B. Maus-anti-Kaninchen monoklonal Immunotech 0364) inkubiert werden, bevor Brückenantikörper und APAAP-Komplex angeschlossen werden.

7.1.4.3.1 *Alkalische Phosphatase-antialkalische Phosphatase (APAAP)*

Methode: (Erber et al. 1984, Cordell et al. 1984).

Prinzip: Nach Fixierung wird zunächst ein monoklonaler Antikörper von der Maus mit einer bestimmten Spezifität an die Zellen gebunden, die das entsprechende

Tabelle 7-1. Spezifische primäre Antikörper (monoklonal Maus-anti-human) zur immunologischen Untersuchung von Lymphknotenaspiraten

CD-Antigen	Dako	Ortho	Coulter	Becton-Dickinson	Immunotech	Expression
CD 2	Dako-T11	OKT 11	T11	Leu 5	0395	T-Zellen
CD 3	Dako-T3	OKT 3	T3	Leu 4	0178	T-Zellen
CD 4	Dako-T4	OKT 4	T4a	Leu 3	0115	T-Helferzellen
CD 7				Leu 9	0179	T-Zellen
CD 8	Dako-T8	OKT 8	T8a	Leu 2	0102	T-Suppressor-Zellen
CD 10	Calla	Calla	J5	Calla	0112	C-ALL
CD 15	Dako-M1	OKM 15		Leu-M1	0165	Sternberg-Reed-Zellen, Granulozyten
CD 19	Dako-CD 19	B4		Leu 12	0315	B-Zellen
CD 30	Dako-Ber-H2				0252	Sternberg-Reed-Zellen, pleomorphe T-Lymphome
CD 45	Dako-LC				0393	Leukozyten
-					0173	Kappa-Leichtketten
-					0174	Lambda-Leichtketten
-	Dako-DRC-1				0418	Dendritische Retikulumzellen
-	Dako-CK1			7650	0128	Cytokeratin
CD 71	DakoTfR	OKT9			0159	Transferrin-Rezeptor
-					0420	Melanom (S 100 Protein)
-	Dako-PSA					Prostataspezifisches Antigen
-	Dako-TdT					ALL (außer B-ALL)
-	+Anti-TdT				0376	Schilddrüsenzellen (Thryreoglobulin)

Antigen tragen. Nach einem Waschvorgang wird an den ersten Antikörper ein Brückenantikörper als zweiter Antikörper gebunden. Er ist vom Kaninchen gewonnen und richtet sich gegen Mauseiweiß. Nach einem weiteren Waschvorgang wird der APAAP-Komplex vom Brückenantikörper gebunden, da er Mauseiweiß enthält. Der APAAP-Komplex besteht aus einem monoklonalen Antikörper von der Maus, der an alkalische Phosphatase vom Rind gebunden ist. Diese alkalische Phosphatase wird anschließend durch eine zytochemische Reaktion sichtbar gemacht (Abb. 7-1).

APAAP

a. Bei Verwendung eines primären monoklonalen Antikörpers von der Maus:

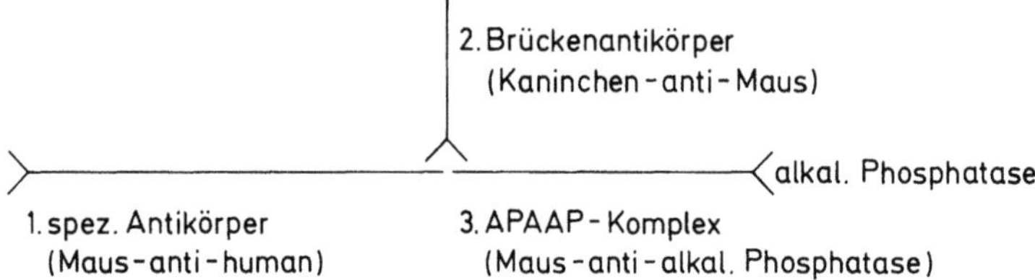

b. Bei Verwendung eines primären polyklonalen Antikörpers vom Kaninchen:
(z.B. zum Nachweis der Kappa- und Lambda-Leichtketten)

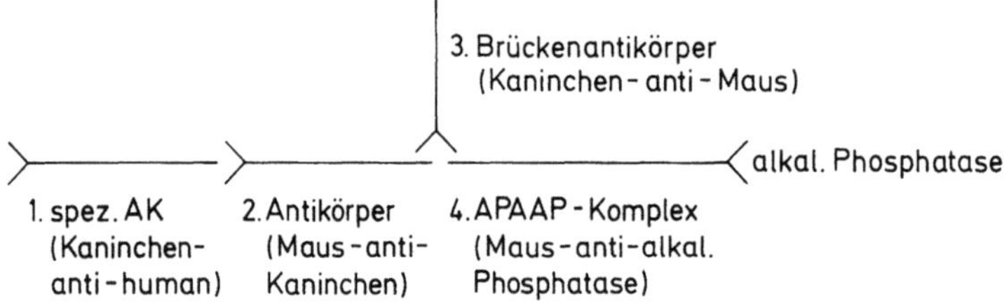

Immunperoxidase

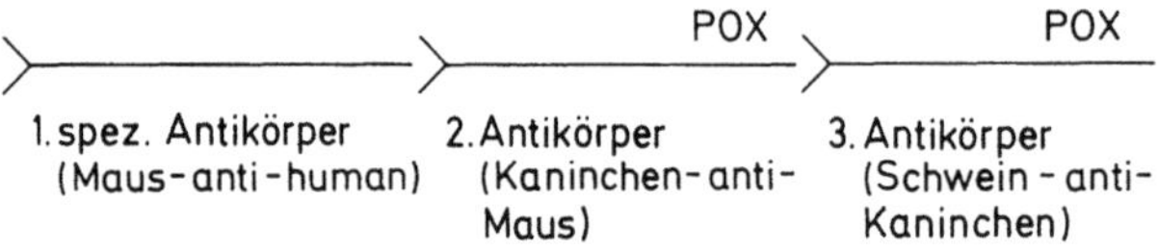

Abbildung 7-1. Schematische Darstellung von APAAP- und Immunperoxidase-Methode

Reagenzien:

- TBS (trisgepufferte Salzlösung): 0,9 % NaCl-Lösung mit 0,05 mol/l Tris-HCl (pH 7,6).
- monoklonale Antikörper: siehe Tab. 7-1.
- Kaninchen-anti-Maus-Ig-Antiserum, z.B. Dako Nr.Z 259 (bei primärem Antikörper von der Maus).
- Maus-anti-Kaninchen-Antikörper: z.B. Immunotech Nr. 0364 (bei primärem Antikörper vom Kaninchen).

- Humanserum (30 min bei 56° C hitzeinaktiviert) Behring Nr.ORVD 14/15
- APAAP-Komplex: z.B. DAKO Nr. D 651
- Alkalische Phosphatase-Substrat: 2 mg Naphtol AS-MX-Phosphat (z.B. Sigma Nr. N4875) werden in 200 μl Dimethylformamid gelöst und mit Trispuffer (0,1 mol/l pH 8,2) auf 10 ml aufgefüllt. 10 μl 1 mol/l Levamisol zur Blockierung der endogenen alkalischen Phosphatase werden zugesetzt. Unmittelbar vor Gebrauch werden 10 mg Fast-Red TR Salz (z.B. Sigma Nr. F 1500) gelöst und die Lösung direkt auf die Objektträger filtriert.
- Wäßriges Einbettungsmedium. z.B. DAKO Glycergel Nr. C 563.

Untersuchungsmaterial: Am besten sind Zytozentrifugenpräparate geeignet, die aus den Aspiraten entweder frisch hergestellt worden sind oder bei -20 °C aufbewahrt wurden. Mit Einschränkung können auch Ausstriche mit bestimmten Antikörpern (CD3, CD4, CD8, CD19) gefärbt werden. Die Untersuchung der Leichtketten von Immunglobulinen ist an Ausstrichen nicht möglich, weil auch zwischen den Zellen Immunglobuline aus dem Plasma liegen. Nur Zytozentrifugenpräparate sind geeignet.

Fixierung: Die Präparate werden 10 min in Aceton fixiert und anschließend kurz luftgetrocknet. Durch diese schonende Fixierung bleiben fast alle Antigene in den Zellen aktiv. Die Morphologie der Zellen bleibt teilweise nicht optimal erhalten. Eine Fixierung mit Aceton/Methanol (1:1) oder Aceton/Methanol/40 % Formaldehyd (19:19:2) (v/v) für 90 sec mit direkter Überführung in Tris-gepufferte Salzlösung (TBS) führt zu einer besseren Konservierung der Morphologie der Zellen. Dabei bleiben jedoch nicht alle Zellantigene aktiv. Die Antikörper CD2, CD3, CD4, CD8 und CD19 reagieren meist noch ausreichend mit den entsprechenden Zellantigenen.

APAAP-Färbung:

- In einer feuchten Kammer werden die Zytozentrifugenpräparate bei Zimmertemperatur 30 min mit einem Panel monoklonaler Antikörper von der Maus beschichtet, das entsprechend den Ergebnissen der Routinefärbung zusammengestellt wird (Tab. 7-1). Auch polyklonale Antikörper (z.B. vom Kaninchen) können als primärer spezifischer Antikörper verwendet werden. An ihn muß dann ein Antikörper von der Maus gegen Kaninchen (z.B. Immunotech 0364) gebunden werden. Die weiteren Bindungen erfolgen wie üblich über einen Brückenantikörper und den APAAP-Komplex. Die passende Verdünnung des primären Antikörpers mit TBS muß für jeden Antikörper ermittelt werden. Dazu eignen sich Präparate mit Zellen, die das entsprechende Antigen enthalten. Es wird diejenige Verdünnung ermittelt, mit der der Antikörper gerade noch zu einer positiven Reaktion führt. Häufig liegt die passende Verdünnung bei 1:40.
- Waschen in TBS für 2 min.
- 30 min Inkubation mit einem Kaninchen-Anti-Maus-Immunglobulin Brückenantiserum (1:25 verdünnt mit einem Gemisch aus 4 Teilen TBS und 1 Teil hitzeinaktiviertem Humanserum).
- Waschen in TBS für 2 min.
- 30 min Inkubation mit dem APAAP-Komplex (1:50 verdünnt mit TBS).
- Waschen in TBS für 2 min.

- Wiederholung der Schritte 3-6, wobei nur 10 min mit den Antikörpern inkubiert wird.
- 20 min Inkubation mit frischem alkalische Phosphatase-Substrat. Die positiven Zellen werden rot gefärbt.
- Waschen mit TBS.
- Gegenfärbung mit Hämatoxylin.
- Eindecken der Präparate mit einem wäßrigem Medium, das durch Erwärmen auf 37 °C flüssig gemacht wird.

7.1.4.3.2 *Immunperoxidase-Methode* (Woods et al. 1982)

Prinzip: Zunächst wird ein spezifischer Antikörper (z.B. von der Maus) an die Zellen gebunden, die das entsprechende Antigen tragen. Anschließend erfolgt die Bindung eines sekundären peroxidasemarkierten Antikörpers (z.B. vom Kaninchen gegen Maus) und eines tertiären peroxidasemarkierten Antikörpers (z. B. vom Schwein gegen Kaninchen).

Reagenzien:

- Inkubationspuffer: Phosphatgepufferte Salzlösung (PBS): 8 g NaCl, O,2 g KCl, 1,44 g $Na_2HPO_4 \cdot 2H_2O$, 0,2 g KH_2PO_4 in einem Liter H_2O lösen, pH 7,2) mit 10 % fötalem Kälberserum und 10 % Rinderserumalbumin.
- Monoklonale Antikörper siehe Tab. 7-1.
- Kaninchen-anti-Maus-Antikörper (peroxidasemarkiert), z.B. Dako Nr. P 161.
- Schwein-anti-Kaninchen-Antikörper (peroxidasemarkiert), z.B. Dako Nr. B 217.
- Diaminobenzidinlösung: 50 mg Diaminobenzidintetrahydrochlorid (Sigma) und 1 ml 0,3 % H_2O_2 werden in 100 ml PBS gelöst.

Untersuchungsmaterial: Zytozentrifugenpräparate sind am besten geeignet, weil an den gewaschenen Zellen auch die Immunglobuline untersucht werden können. Bestimmte Antikörper (CD3, CD4, CD8, CD19) können auch an Ausstrichen eingesetzt werden.

Fixierung: Die Präparate werden 10 min in kaltem Aceton fixiert und luftgetrocknet.

Färbung:

- In einer feuchten Kammer werden die Zytozentrifugenpräparate bei Zimmertemperatur 60 min mit einem Panel spezifischer Antikörper (von der Maus) beschichtet. Die Verdünnung des Antikörpers mit Inkubationspuffer muß an Zellpräparaten ermittelt werden, die die entsprechenden Antigene enthalten.
- Waschen in Inkubationspuffer für 3 x 5 min.
- 30 min Inkubation mit dem peroxidasemarkierten Kaninchen-anti-Maus-Antikörper (1:50 verdünnt mit Inkubationspuffer mit 5 % humanem AB-Serum).

- Waschen in Inkubationspuffer für 3 x 5 min.
- 30 min Inkubation mit einem peroxidasemarkierten Schwein anti-Kaninchen-Antikörper (1:50 verdünnt mit Inkubationspuffer mit 5 % humanem AB-Serum).

- Waschen in Inkubationspuffer für 3 x 5 min.
- 5 min Inkubation mit Diaminobenzidinlösung (frisch angesetzt).
- Gegenfärbung mit Hämalaun.
- Eindecken mit Eukitt.

Färbeergebnis: Zellen, die das vom primären spezifischen Antikörper erkannte Antigen tragen, werden gelb angefärbt. Zellen mit endogener Peroxidase (Eosinophile und andere Zellen der Granulozytopoese) werden immer angefärbt. Da diese Zellen im Lymphknoten kaum vorkommen, wird die Auswertung dadurch nicht wesentlich gestört. Makrophagen können ebenfalls etwas endogene Peroxidase-Aktivität enthalten. Sie sind jedoch morphologisch gut zu erkennen.

7.1.4.3.3 *Immuno-Gold-Silber-Methode* (de Waele et al. 1986)

Prinzip: Nach unserer Erfahrung sollten am besten frisch aspirierte Lymphknotenzellen in Suspension für die Inkubation mit dem spezifischen Antikörper verwendet werden. Damit werden nur Oberflächenantigene erfaßt. Nach mehrmaligem Waschen der Zellen in der Zentrifuge werden über einen zweiten Antikörper (von Ziege gegen Maus) kleine Goldpartikel daran gebunden. Nach der Herstellung von Zytozentrifugenpräparaten wird Silber an die Goldpartikel angelagert, die damit im Lichtmikroskop als kleine braune Granula sichtbar werden. Der Vorteil der Methode liegt wohl in erster Linie darin, daß anschließend eine May-Grünwald/Giemsa-Färbung der Zellen möglich ist. Damit wird eine exzellente Darstellung der Zellmorphologie erreicht, die bei APAAP und Immunperoxidase nicht möglich ist. Für die routinemäßige Untersuchung von Lymphknotenaspiraten ist die Methode bisher nicht so geeignet, weil die frisch aspirierten Zellen innerhalb von einigen Stunden verarbeitet werden müssen. Genaue Angaben zu dieser Methodik können Anleitungen der Firmen entnommen werden.

Reagenzien:

- Immuno-Gold-Reagenz, z.B. Auro Probe LM (Janssen Biotech N.V. B-2430 Olen, Belgien Nr. 23.712.44)
- Silberverstärkungsreagenz: z.B. Intense M Kit (Janssen Nr. 30.115.45).

7.1.4.4 *Interne Qualitätssicherungsmaßnahmen in der analytischen Phase*
7.1.4.4.1 *Qualitätssicherung der Routinefärbungen:*
Siehe Kapitel 5.1.4.5

7.1.4.4.2 *Qualitätssicherung der immunzytologische Methoden*

Reaktionsfähigkeit des immunzytologischen Systems: Die immunzytologischen Methoden sind besonders störanfällig, weil schon der Ausfall eines Antikörpers oder der zytochemischen Reaktion das System unwirksam macht. Da meist ein Panel von Antikörpern eingesetzt wird, muß an sich die Aktivität jedes primären Antikörpers sowie die Reaktionsfähigkeit des sekundären bzw. tertiären Antikörpers und des zytochemischen Systems bei jedem Untersuchungsgang überprüft werden. Dazu müssen jeweils Zellen oder Zellgemische verwendet werden, die das entsprechende Antigen exprimieren. Wegen des hohen Arbeitsaufwandes ist dies bei einem großen

Panel primärer Antikörper meist nicht möglich. Bei der Untersuchung von Lymphknotenaspiraten hat sich uns deshalb das folgende Vorgehen bewährt. Die Funktionsfähigkeit des Antikörperpanels CD2, CD3, CD4, CD8, CD19, CD45, Anti-lambda und Anti-kappa wird am zu untersuchenden Lymphknotenaspirat überprüft. Dabei wird darauf geachtet, daß zumindest einige Zellen in jedem Präparat positiv reagieren. Kommt es in allen Präparaten mit den verschiedensten primären Antikörpern zu keiner Anfärbung von Zellen, so liegt eine Störung des sekundären oder tertiären Antikörpers, des Puffers oder des Enzymnachweises vor. Auch eine Störung der Aktivität der Zellantigene ist möglich, z.B. durch vorübergehenden Temperaturanstieg. Ist in den Präparaten mit einem bestimmten primären Antikörper keine Zellanfärbung zu sehen, so ist wahrscheinlich dieser Antikörper inaktiv. Findet man in den Präparaten mit einem bestimmten Antikörper fast alle Zellen angefärbt, so ist die Verdünnung des primären Antikörpers nicht richtig ausgetestet. In manchen Fällen sind alle Zellen schwach und die positiven stärker gefärbt. Auch eine Beschädigung der Zellen bei der Herstellung der Präparate kann zur Anfärbung fast aller Zellen führen.

Richtigkeits- und Präzisionskontrollen: Eine Richtigkeitskontrolle ist leider bei der quantitativen Auswertung von Lymphknotenpunktaten nicht möglich, da keine entsprechenden Kontrollproben zur Verfügung stellen.

Eine Präzisionskontrolle ist im Prinzip möglich, indem bei -20 °C eingefrorene Zellausstriche eines gesunden Spenders (z.B. von Blutzellen oder Knochenmarkzellen) bei jeder immunzytologischen Untersuchung als Kontrollprobe mitgeführt werden. Dabei muß der Prozentsatz der positiven Zellen für jeden primären Antikörper ermittelt werden. Nachdem in einer Vorphase zunächst der Mittelwert und die Standardabweichung für jeden primären Antikörper ermittelt wurde, kann dann bei jeder weiteren Untersuchung festgestellt werden, ob das immunzytologische System noch unter Kontrolle ist.

Bevor die bei -20 °C aufbewahrten Kontrollpräparate aufgebraucht sind, können neue Präparate eingefroren und bei den folgenden Untersuchungen in einer parallel laufenden neuen Vorphase ein neuer Mittelwert mit Standardabweichung festgelegt werden. Doppelbestimmungen sind mit jedem primären Antikörper zu empfehlen.

7.1.4.5 Externe Qualitätssssicherungmaßnahmen

Ringversuche an Lymphknotenpräparaten werden bisher nicht angeboten. Die immunzytologischen Untersuchungsergebnisse können durch das Ergebnis der immunhistologischen Untersuchung eines Lymphknotens kontrolliert werden, wenn Punktion und Probexzision am gleichen Lymphknoten durchgeführt worden sind. In Großbritannien wurde eine Ringstudie unternommen, wobei die Ergebnisse mehrerer Labore mit der APAAP-Methode an Blutausstrichen überprüft wurden (Forrest et al. 1989). Dabei zeigte sich, daß die Schwankungsbreite der Ergebnisse mit der Zeit geringer wurde.

7.1.5 Postanalytik I

7.1.5.1 Ergebnisfeststellung

Bei der Auswertung von Lymphknotenaspiraten, bei denen eine Routinefärbung angewendet wurde, ist es üblich, den Anteil der verschiedenen Zellen im Aspirat halbquantitativ anzugeben. Bei den immunzytologischen Färbungen werden die positiven Zellen in % aller Zellen einer bestimmten Zellart angegeben.

Normale Lymphknoten lassen sich wegen ihrer geringen Größe nicht punktieren. Unsere Kenntnisse von nichtmalignen Lymphknoten stammen deshalb meist von reaktiv vergrößerten Lymphknoten. Im histologischen Schnitt zeigt der reaktiv vergrößerte Lymphknoten eine typische Gewebestruktur. Am Rande des Lymphknotens sind die Follikel mit den Keimzentren zu erkennen. In der Markzone fallen Sinus und Markstränge auf. Bei der Lymphknotenpunktion geht diese Gewebsstruktur verloren. Die aspirierten Zellen stellen eine Mischung der im Lymphknoten vorkommenden Zellen dar. Bei der Färbung nach May-Grünwald/ Giemsa werden im Zytozentrifugenpräparat folgende Zellarten gefunden, wobei die Nomenklatur der Kiel-Klassifikation verwendet wurde (Lennert 1978):

Kleiner Lymphozyt. Diese Zellen sind zytoplasmaarm. Der Kern ist meist nicht ganz rund und besitzt eine dichte Kernstruktur ohne Nukleolus.

Großer Lymphozyt. Das leicht basophile Zytoplasma ist mäßig breit und besitzt keine Granula. Der Kern zeigt eine schollige Chromatinstruktur ohne Nukleolus. Im Zytozentrifugenpräparat sind die Kerne teilweise nierenförmig.

Prolymphozyt. Diese Zelle ist etwas größer als der Lymphozyt. Im groben Kernchromatin fällt ein deutlicher heller Nucleolus auf.

Lymphoplasmazytoide Zelle. Im Vergleich zum Lymphozyten ist das hellblaue Zytoplasma exzentrisch ausgeweitet, so daß der Kern randständig liegt.

Plasmazelle. Sie ist etwas größer als der Lymphozyt. Auffallend ist der breite Saum von dunkelblauem Zytoplasma mit perinukleärer Aufhellung. Der Kern ist randständig.

Immunoblast. Der Durchmesser dieser Zelle ist mindestens doppelt so groß wie der Durchmesser des Lymphozyten. Auffällig ist das dunkelblaue Zytoplasma, das meist eine perinukleäre Aufhellung zeigt. Der Kern ist rund oder nierenförmig und besitzt ein feines Kernchromatin, das jedoch etwas gröber ist als beim Myeloblast. Zentrale Nukleoli sind im Aspirat nicht immer gut zu erkennen.

Zentrozyt. Diese Zelle ist etwas größer als der Lymphozyt und fast ohne Zytoplasma. Der Kern zeigt eine unregelmäßige Begrenzung oder schmale Einkerbungen. Durch diese Merkmale läßt sich der Zentrozyt morphologisch eindeutig von Lymphozyten unterscheiden.

Zentroblast. Diese Zelle ist etwas kleiner als der Immunoblast. Der Kern ist meist nierenförmig und das Kernchromatin ist etwas gröber als beim Immunoblast. Nukleoli sind klein und nicht immer gut zu erkennen. Das Zytoplasma ist schmal und von hellblauer Farbe.

Makrophage (histiozytische Retikulumzelle, Histiozyt). Diese Zelle gehört zu den größten Zellen im Lymphknoten (Abb. 7-2). Sie besteht überwiegend aus Zytoplasma mit blauen Einschlußkörpern. Der kleine ovale Kern liegt randständig. Diese Zellen besitzen eine starke Aktivität an α-Naphthylazetat-Esterase und saurer Phosphatase. Immunzytologisch ergibt sich die folgende Markerkonstellation; CD14+, R4/23-, S100-, C3 B-Rezeptor+ (Ralfkiaer et al. 1984).

Dendritische Retikulumzelle. Diese Zelle ist oft ebensogroß wie der Makrophage (Abb. 7-2). Der ovale Kern besitzt eine körniges Chromatin, in dem ein oder zwei Nukleoli zu erkennen sind. Das helle Zytoplasma ist meist nur ganz schwach oder garnicht zu erkennen. Der Kern ist jedoch in der Regel von einem großen zellfreien Gebiet umgeben. Der monoklonale Antikörper R4/23 dient zum Nachweis dieser Zellen (Wood et al. 1985). Es läßt sich nur schwache Aktivität von α-Naphthylazetat-Esterase nachweisen.

Interdigitierende Retikulumzelle. Diese Zelle ist morphologisch von der dentritischen Retikulumzelle nicht zu unterscheiden. Entscheidend ist der immunzytologische Nachweis von S 100 (Wood et al. 1985). Esteraseaktivität wird nicht gefunden.

Fibroblastische Retikulumzelle. Auch diese Zelle ist aufgrund von morphologischen Kriterien nicht von den beiden vorigen abzugrenzen. Entscheidend ist die hohe Aktivität an alkalischer Phosphatase. Es wird nur wenig α-Naphthylazetat-Esterase nachgewiesen.

Epitheloidzelle. Diese Zellen liegen meist in Gruppen. Sie besitzen ein blasses unscharf begrenztes Zytoplasma und einen länglich-ovalen Kern mit feinnetzigem Chromatin.

Langhans'sche Riesenzelle. Es handelt sich um eine sehr große Zelle mit vielen ovalen Kernen gleicher Größe, die sich überlappen. Das Zytoplasma ist hell-blau. Die Chromatinstruktur entspricht der von Epitheloidzellen.

7.1.5.2 Befundmitteilung

Der Befund sollte Name, Vorname und Geburtsdatum des Patienten enthalten. Die Zellen des Lymphknotenpunktats werden beschrieben. Abschließend wird eine zytologische Diagnose angegeben. Sie sollte kritisch bewertet werden.

7.1.5.3 Versorgung der Probenreste und Geräte

Siehe Kapitel 5.1.5.3.

7.1.5.4 Abfallbeseitigung und Umweltschutz

Siehe Kapitel 5.1.5.4.

7.1.6 Postanalytik II

7.1.6.1 Befundungbewertung und Einordnung der möglichen Diagnosen
7.1.6.1-1 Reaktive Lymphadenopathie

Bei der histologischen Untersuchung finden sich verschiedene Reaktionsmuster (Koss 1984). Am häufigsten ist die *follikuläre Hyperplasie*, bei der die Follikel mit den Keimzentren vergrößert sind. Zytologisch überwiegen im Aspirat die Lymphozyten (Abb.7-2, 7-25). Dabei handelt es sich um eine Mischung aus kleinen Lymphozyten mit dichtem Kernchromatin und wenig Zytoplasma und mittelgroßen Lymphozyten mit mäßig breitem Zytoplasma und gröberem Kernchromatin. Diese Lymphozyten haben überwiegend runde Kerne, einige Kerne sind jedoch auch nierenförmig. Wenige Zentrozyten fast ohne Zytoplasma und mit unregelmäßiger oder gekerbter Kernbegrenzung werden gefunden. Immer fallen einzelne Immunoblasten, Zentroblasten, lymphoplasmozytoide Zellen, Plasmazellen, Makrophagen, dendritische und interdigitierende Retikulumzellen auf. Vereinzelt finden sich Zellen, die schwierig von Hodgkinzellen zu unterscheiden sind. Sie sind größer als Immunoblasten mit

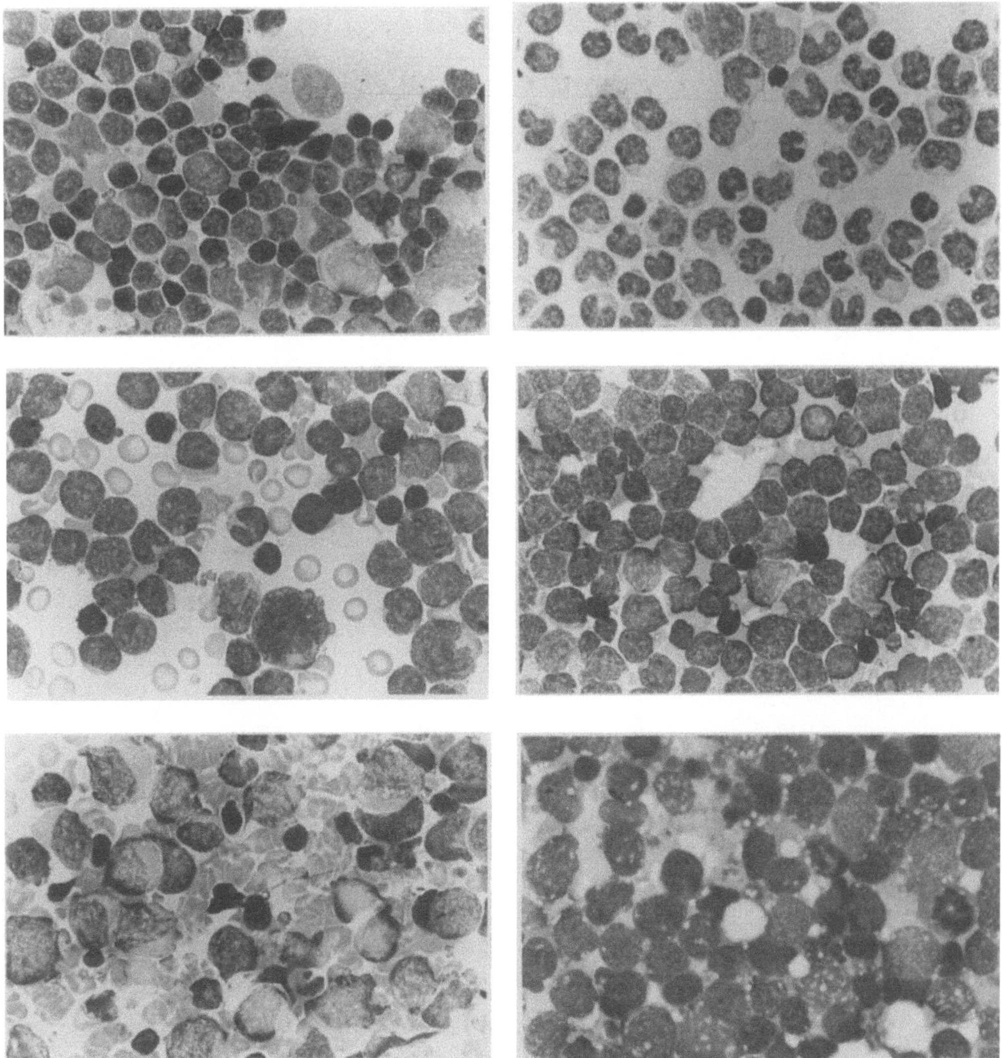

Abbildung 7-2. Lymphknotenaspirat (Zytozentrifugenpräparat) bei follikulärer Hyperplasie bei Toxoplasmoseinfektion; May- Grünwald/Giemsa 800 x; rechts oben dendritische Retikulumzelle, links unten Makrophage

Abbildung 7-3. Lymphknotenaspirat (Zytozentrifugenpräparat) bei der häufigsten Form der chronischen lymphatischen Leukämie; May- Grünwald/Giemsa 800 x

Abbildung 7-4. Lymphknotenaspirat (Zytozentrifugenpräparat) bei zentroblastisch-zentrozytischem Lymphom; May- Grünwald/Giemsa 800 x

Abbildung 7-5. Lymphknotenaspirat (Zytozentrifugenpräparat) bei zentrozytischem Lymphom; May-Grünwald/Giemsa 800 x

Abbildung 7-6. Lymphknotenaspirat (Zytozentrifugenpräparat) bei zentroblastischen Lymphom; May-Grünwald/Giemsa 800 x

Abbildung 7-7. Lymphknotenaspirat (Ausstrich) bei Burkitt-Lymphom; May-Grünwald/-Giemsa 800 x

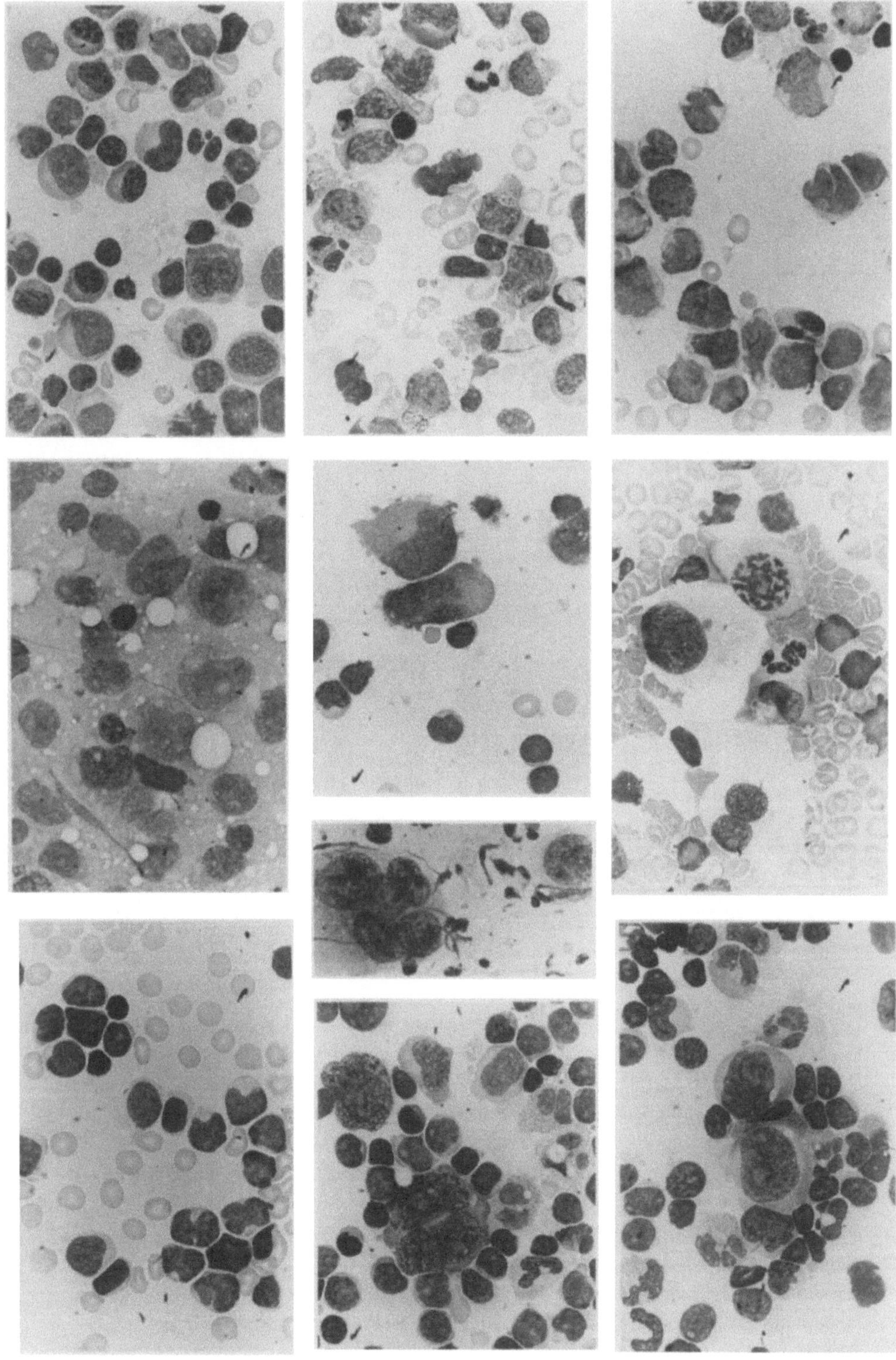

breitem hellblauen oder grauen Zytoplasma und einem runden oder vielgestaltigen Kern. Nukleoli, die sehr klein sind, kommen vor. Eine follikuläre Hyperplasie wird in erster Linie bei frischer Toxoplasmoseinfektion beobachtet. Dabei findet man dann zusätzliche Epitheloidzellkluster. Besonders ausgeprägt kann die Vermehrung der Immunoblasten auf bis zu 50% der Lymphknotenzellen bei der follikulären Hyperplasie bei HIV-infizierten Patienten im Rahmen des Lymphadenopathiesyndroms und bei Mononucleosis infectiosa sein. Seltener wird die follikuläre Hyperplasie bei rheumatoider Arthritis, Erythematodes visceralis, dermatopathischer Lymphadenopathie, Lues und Katzenkratzkrankheit beobachtet.

Bei der *Sinushistiozytose* sind histologisch die Lymphsinus erweitert und mit Makrophagen gefüllt. Zytologisch überwiegen Lymphozyten. Daneben sind vermehrt Makrophagen zu erkennen. Diese Sinushistiozytose wird im Abflußgebiet von Tumoren und Infektionen beobachtet. Selten findet man eine *diffuse lymphatische Hyperplasie*, die überwiegend aus Lymphozyten besteht. Bei der *granulomatösen Lymphadenitis* überwiegen die Lymphozyten und nekrotisches Material. Daneben sind Epitheloidzellverbände zu erkennen. Langhans'sche Riesenzellen mit vielen ovalen Kernen werden in erster Linie bei der Lymphknotentuberkulose beobachtet. Diese Diagnose muß durch Färbung der Tuberkelbakterien nach Ziehl-Neelsen gesichert werden. Ähnliche Bilder werden bei Sarkoidose beobachtet.

Immunozytologie reaktiver Lymphknotenerkrankungen: Die immunhistologische Untersuchung von Lymphknotenschnitten zeigt, daß die meisten Lymphozyten in den parakortikalen und interfollikulären Gebieten CD3 und CD4 exprimieren. Es handelt

---

Abbildung 7-8. Lymphknotenaspirat (Zytozentrifugenpräparat) bei Lennert's Lymphom; in diesem Präparat vemehrt Plasmazellen auffällig; May-Grünwald/Giemsa 800 x

Abbildung 7-9. Lymphknotenaspirat (Zytozentrifugenpräparat) bei AILD-Typ eines peripheren T-Lymphoms; in diesem Präparat auffällig viele große granulierte Lymphozyten; May- Grünwald/Giemsa 800 x

Abbildung 7-10. Lymphknotenaspirat (Zytozentrifugenpräparat) bei pleomorphen großzelligem T-Lymphom; May-Grünwald-Giemsa 800 x

Abbildung 7-11. Lymphknotenaspirat (Ausstrich) bei anaplastischem großzelligem Ki-1-Lymphom; May-Grünwald-Giemsa 800 x

Abbildung 7-12. Lymphknotenaspirat (Zytozentrifugenpräparat) bei anaplastischem großzelligem Ki-1-Lymphom. Der Ausschnitt zeigt die immunblastenähnlichen Zellen des Lymphoms. May-Grünwald-Giemsa 800 x

Abbildung 7-13. Lymphknotenaspirat (Zytozentrifugenpräparat) bei anaplastischem großzelligem Ki-1-Lymphom. Der Ausschnitt zeigt die für das Lymphom typischen einkernigen (links) und doppelkernigen Zellen (rechts). May-Grünwald/Giemsa 800 x

Abbildung 7-14. Lymphknotenaspirat (Zytozentrifugenpräparat) bei T- Lymphoblastom; May-Grünwald/Giemsa 800 x

Abbildung 7-15. Lymphknotenaspirat (Zytozentrifugenpräparat) bei Morbus Hodgkin mit Sternberg-Reed-Zelle; May-Grünwald/Giemsa 800 x

Abbildung 7-16. Lymphknotenaspirat (Ausstrich) bei Morbus Hodgkin mit Sternberg-Reed-Zelle; May-Grünwald/Giemsa 800 x

Abbildung 7-17. Lymphknotenaspirat (Zytozentrifugenpräparat) bei Morbus Hodgkin mit Hodgkin-Zellen; May-Grünwald/Giemsa 800 x

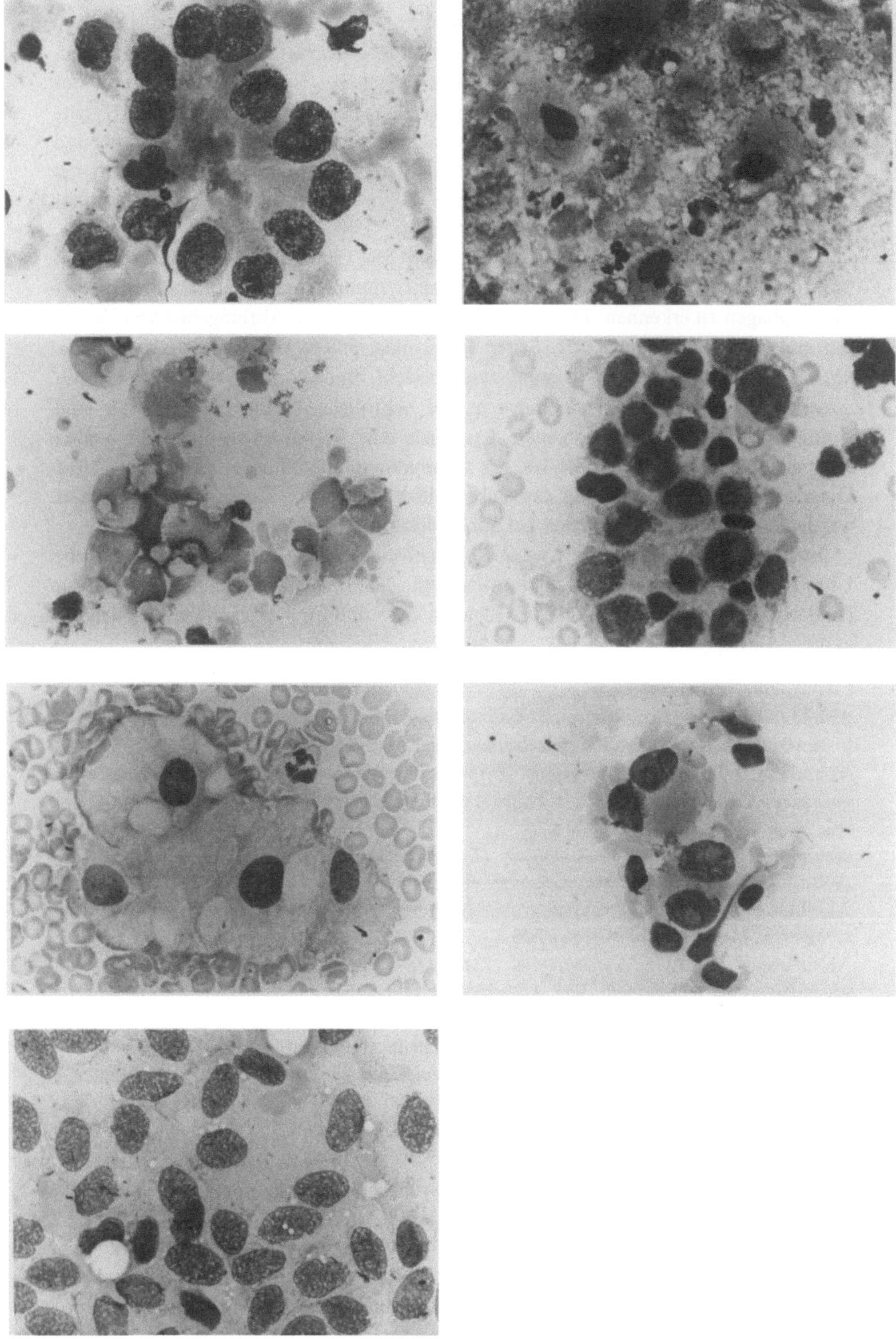

sich also überwiegend um T-Zellen. Die Mantelzone der Follikel besteht in erster Linie aus CD19+ Ig+ B-Zellen. Die Keimzentren enthalten B-Zellen, die keine Immunglobuline tragen (Hsu et al. 1983). Werden aus exstirpierten Lymphknoten Zellsuspensionen hergestellt und durch Immunfluoreszenz untersucht, so sind zwischen 40 und 80 % der Zellen CD3 positiv. Die B-Zellen zeigen keine Leichtkettenrestriktion (Knowles et al. 1983, Habeshaw et al. 1983).

Bei der Lymphknotenpunktion entsteht ein Gemisch von Zellen aus verschiedenen Bereichen des Lymphknotens, weil die Nadel in verschiedener Richtung in den vergrößerten Lymphknoten gestochen wird. Meist überwiegen die CD3+ CD4+ T-Zellen, seltener die CD19+Ig+B-Zellen. Eine Restriktion der Leichtketten fand sich in keinem Fall. Dies bedeutet, daß etwa die Hälfte der B-Zellen auf der Oberfläche Immunglobuline mit der Leichtketten kappa tragen. Die andere Hälfte besitzt die Leichtkette lambda (Abb. 7-25) Oertel et al. 1988). Der Antikörper OKT 9 reagiert mit dem Transferrin-Rezeptor, der auf sich teilenden Zellen anzutreffen ist.

Er wird von Immunoblasten und Zentroblasten exprimiert. Die Makrophagen sind stark esterasepositiv und reagieren mit dem Antikörper CD14. Die dendritischen Retikulumzellen sind nur schwach esterasepositiv und exprimieren das Antigen R4/23. Sie sind in den Follikeln des Lymphknotens lokalisiert. Die interdigitierenden Retikulumzellen reagieren mit dem Antikörper S100 und finden sich zwischen den Follikeln.

7.1.6.1-2 Maligne Non-Hodgkin-Lymphome
7.1.6.1-2.1 B-Non-Hodgkin-Lymphome niedriger Malignität
Hierbei handelt es sich um kleinzellige Lymphome.

B-chronische lymphatische Leukämie (B-CLL): Diese Diagnose kommt prinzipiell nur in Frage, wenn ein leukämisches Blutbild vorliegt. Im Blutausstrich findet man meist eine Vermehrung von kleinen Lymphozyten mit wenig Zytoplasma. Das Lymphknotenaspirat zeigt im Gegensatz dazu bei Präparation mit der Zytozentrifuge in erster Linie mittelgroße Lymphozyten mit mittelbreitem Zytoplasmasaum (Abb. 7-3). Die Kerne sind überwiegend nierenförmig. Es handelt sich jedoch nicht um

---

Abbildung 7-18. Lymphknotenaspirat (Zytozentrifugenpräparat) mit Lymphknotenmetastase eines Adenokarzinoms; May-Grünwald/Giemsa 800 x

Abbildung 7-19. Lymphknotenaspirat (Ausstrich) mit Lymphknotenmetastase eines Plattenepithelkarzinoms; May-Grünwald/Giemsa 800 x

Abbildung 7-20. Lymphknotenaspirat (Zytozentrifugenpräparat) mit Lymphknotenmetastase eines undifferenzierten Karzinoms; May-Grünwald/Giemsa 800 x

Abbildung 7-21. Lymphknotenaspirat (Zytozentrifugenpräparat) eines kleinzelligem Bronchialkarzinoms; May-Grünwald/Giemsa 800 x

Abbildung 7-22. Lymphknotenaspirat (Zytozentrifugenpräparat) mit Lymphknotenmetastase eines Nierenkarzinoms; May-Grünwald/Giemsa 800 x

Abbildung 7-23. Lymphknotenaspirat (Aussrich) mit Lymphknotenmetastase eines malignen Melanoms. Es sind nur wenige Melanin-Granula zu erkennen. May-Grünwald/Giemsa 800 x

Abbildung 7-24. Lymphknotenaspirat (Ausstrich) mit Lymphknotenmetastase eines Sarkoms; May-Grünwald/Giemsa 800 x

Zentrozyten. Nur wenige Paraimmunoblasten kommen vor. Sie sind kleiner als Immunoblasten. Ihr Zytoplasma ist viel weniger basophil. Makrophagen und dendritische oder interdigitierende Retikulumzellen findet man nicht. Nur selten beobachtet man bei der B-CLL im Aspirat in erster Linie Prolymphozyten, wobei die Kerne ebenfalls meist nierenförmig sind (prolymphozytische CLL nach Schwarze 1986). Dabei muß der Blutausstrich keinen deutlichen Anteil von Prolymphozyten zeigen. Ebenfalls selten ist eine Form der CLL, die im Lymphknotenaspirat überwiegend mittelgroße Lymphozyten mit runden Kernen zeigt (basophile CLL nach Schwarze 1986). Dabei finden sich immer wieder Paraimmunoblasten und Prolymphozyten.

Zentroblastisch-zentrozytisches malignes Lymphom: In den meisten Fällen sind diese Patienten nicht leukämisch. Im Lymphknotenaspirat, das mit der Zytozentrifuge hergestellt wurde, finden sich mittelgroße Zellen fast ohne Zytoplasma. Ein großer Teil der Kerne hat unregelmäßige oder gekerbte Kerngrenzen. Diese Zellen sind Zentrozyten (Abb. 7-4). Man findet immer einige große Zentrozyten, die fast kein Zytoplasma besitzen und im reaktiven Lymphknoten in dieser Form nicht vorkommen. Eindeutige Zentroblasten und Immunoblasten, wie sie im reaktiven Lymphknoten zu sehen sind, werden beim zentroblastisch-zentrozytischen maligem Lymphom kaum beobachtet. Einige dendritische Retikulumzellen findet man in den meisten Aspiraten.

Zentrozytisches malignes Lymphom: Die Abgrenzung zwischen zentroblastisch-zentrozytischem und zentrozytischem malignem Lymphom ist im Lymphknotenaspirat nicht immer möglich (Abb. 7-5). Im histologischen Präparat spricht das Fehlen von Zentroblasten für ein zentrozytisches Lymphom.

Immunozytom: Die mittelgroßen Lymphozyten haben meist einen mittelbreiten Zytoplasmasaum und runde oder nierenförmige Kerne. Die meisten Aspirate zeigen einige Immunoblasten. Lymphoplasmozytoide Zellen (beim lymphoplasmozytoiden Typ) und Plasmazellen (beim lympho-plasmozytischen Typ) sind nicht so häufig wie man das nach der Beschreibung der Histologie erwarten würde (Abb. 7-26). Einige kleine Zentrozyten kommen oft vor. Eindeutige große Zentrozyten werden nicht gefunden. Wenige dendritische Retikulumzellen können auftreten. Die Abgrenzung von einer reaktiven Lymphknotenerkrankung ist im May-Grünwald/Giemsa-Präparat ohne Immunzytologie kaum möglich.

Immunzytologie der B-Non-Hodgkin-Lymphome niedriger Malignität: Die morphologische Abgrenzung dieser Lymphome von der reaktiven Lymphadenopathie ist besonders beim Immunzytom schwierig. Die immunzytologische Untersuchung von Lymphknotenaspiraten in Form von Zytozentrifugenpräparaten erlaubt jedoch in den meisten Fällen eine sichere Abgrenzung (Oertel et al. 1988, Tani et al 1988). In diesen Aspiraten sind fast immer über 70% der Zellen CD19+ B-Zellen. Entscheidend ist jedoch der Nachweis der Leichtkettenrestriktion in fast allen Aspiraten. Im Gegensatz zur reaktiven Lymphadenopathie tragen bei den B-Lymphomen fast alle B-Zellen Immunglobuline des gleichen Leichtkettentyps (Abb. 7-26). Entsprechend der niedrigen Proliferationsrate dieser Lymphome liegt der Anteil der Transferrinrezeptor (OKT 9)+ Zellen bei der Mehrzahl der Aspirate unter 15%. Ein kleinerer Anteil der Aspirate zeigt über 15% OKT 9+ Zellen. Es hat sich gezeigt, daß diese Patienten im Durchschnitt eine kürzere Überlebenszeit haben. Eine Differenzierung zwischen B-

CLL und Immunozytom im Aspirat ist möglich durch den Nachweis von zytoplasmatischem Immunglobulin in den lymphoplasmozytoiden Zellen unter Verwendung der Immunofluoreszenztechnik. Dieser Befund ist jedoch nicht spezifisch für das Immunozytom. Auch beim zentroblastisch-zentrozytischen malignen Lymphom können zytoplasmatische Immunglobuline gefunden werden.

7.1.6.1-2.2 B-Non-Hodgkin-Lymphome hoher Malignität

Zentroblastisches Lymphom: Über 50% der Lymphknotenzellen sind polymorphe Zentroblasten (Abb. 7-6). Die restlichen Zellen sind Immunoblasten und nicht klassifizierbare Blasten. Auch einige Lymphozyten können vorkommen.

B-Immunoblastisches Lymphom: Über 50% der Lymphknotenzellen sind Immunoblasten. Die restlichen Zellen sind nicht klassifizierbare Blasten, Zentroblasten und Lymphozyten (Abb. 7-27). Eine Differenzierung zwischen Zentroblastom und Immunoblastom ist nicht immer möglich.

Lymphoblastom vom Burkitt-Typ: Bei diesem Lymphom herrschen Blasten vor, die morphologisch den Immunoblasten ähnlich sind. Sie besitzen jedoch ein hyperbasophiles Zytoplasma mit vielen Vacuolen (Abb. 7-7). Meist finden sich zusätzlich Makrophagen in den Aspiraten.

Prä-B-Lymphoblastom: Es herrrschen kleine bis mittelgroße Blasten mit feinem Kernchromatin vor. Nukleolen sind meist nicht deutlich. Es findet sich ein schmaler Saum von meist basophilem Zytoplasma ohne Granula. Beim Erwachsenen tritt dieses seltene Lymphom fast nur im Rahmen einer akuten lymphatischen Leukämie (C-ALL, O-ALL) auf.

Immunzytologie der B-Non-Hodgkin-Lymphome hoher Malignität: Wie sich schon aus der Beschreibung der Morphologie ergibt, macht die Unterscheidung zwischen reaktiver Lymphadenopathie einerseits und Zentroblastom, Immunoblastom und Burkitt-Lymphom andererseits im allgemeinen keine Schwierigkeit. Problematischer ist manchmal die Differenzierung von soliden undifferenzierten Tumoren. Die immunzytologische Untersuchung erlaubt eine sichere Abgrenzung durch den Nachweis des common leukocyte antigen (CD45) bei diesen Lymphomen. Außerdem findet sich ein hoher Prozentsatz (über 80%) von CD19+ Zellen. Bei Zentroblastom, Immunoblastom und Burkitt-Lymphom läßt sich in fast allen Fällen eine Restriktion der Leichtketten nachweisen (7-27), während die histologische Untersuchung von B-Non-Hodgkin-Lymphomen hoher Malignität nur bei 2/3 der Fälle eine Restriktion der Leichtketten zeigt (Tubbs et al. 1983, Stein et al. 1984). Die Immunzytologie von Aspiraten ist also bei diesen Lymphomen offensichtlich sensibler als die Immunhistologie. Als Zeichen der hohen Proliferationsrate findet man bei allen B-Non-Hodgkin-Lymphome hoher Malignität einen hohen Prozentsatz (meist über 60%) von transferrinrezeptorpositiven (OKT9+) Zellen. Beim Prä-B-Lymphoblastom kann die morphologische Abgrenzung der Lymphoblasten von den Lymphozyten schwierig sein. Die immunzytologische Untersuchung ermöglicht jedoch eine eindeutige Differen-zierung. Die Lymphoblasten sind in einem hohen Prozentsatz CD19+ und TdT+. Sie tragen jedoch keine Immunglobuline. Das Antigen CD10 ist bei C-All nachweisbar und fehlt bei 0-ALL.

7.1.6.1-2.3 T-Lymphome niedriger Malignität

Wir folgen der Einteilung der T-Lymphome entsprechend der erweiterten Kiel-Klassifikation (Stansfeld et al. 1988).

Es handelt sich ausschließlich um periphere T-Lymphome, die von postthymischen Zellen ausgehen. Eine ausführliche Beschreibung der Histologie dieser Lymphome findet sich bei Suchi et al. 1987.

Das *pleomorphe kleinzellige T-Lymphom* besteht überwiegend aus Lymphozyten, die zum Teil unregelmäßig gestaltete Kerne besitzen. Der Prozentsatz solcher Lymphozyten mit pleomorphen Kernen ist in den meisten Aspiraten etwas höher (über 15%) als bei reaktiver Lymphadenopathie. Daneben zeigen die meisten Aspirate wenigstens eine der folgenden Veränderungen: Lymphozyten mit breitem Zytoplasmasaum, Vermehrung der Plasmazellen, Eosinophilen oder großen granulierten Lymphozyten auf über 5%. Zu den peripheren T-Zell Lymphomen gehören auch das *Lennert's Lymphom* (lymphoepitheloides Lymphom)(Abb. 7-8), das T-Lymphom vom *angioimmunoblastischen Typ* (AILD-Typ, Abb. 7-9) und das *T-Zonen-Lymphom*. Im Lymphknotenaspirat sind diese Lymphomarten nicht vom pleomorphen kleinzelligen Lymphom zu unterscheiden. Histologisch ist das Lennert's Lymphom durch kleine Cluster von Epiteloidzellen und der AILD-Typ durch eine große Zahl von Gefäßproliferationen gekennzeichnet. Das beginnende T-Zonen-Lymphom ist histologisch durch eine Proliferation der T-Zell-Regionen (Paracortex) charakterisiert. Die immunzytologische Untersuchung der Aspirate erweckt den Verdacht auf ein T-Zell-Lymphom niedriger Malignität, wenn sich ein niedriger Prozentsatz von CD19+ Zellen (<15%) bei Fehlen von TdT ergibt (Oertel et al. 1988). Die B-Zellen werden durch die Proliferation der malignen T-Zellen zurückgedrängt. Leider gibt es keine einfache immunozytologische Untersuchung zum Nachweis der Monoklonalität bei T-Zell-Lymphomen. Ein B-Non-Hodgkin-Lymphom niedriger Malignität kann immunzytologisch mit Sicherheit ausgeschlossen werden. Die definitive zytologische Diagnose eines T-Zell-Lymphoms niedriger Malignität kann jedoch nur dann gestellt werden, wenn ein abnormer Immunotyp der T-Zellen nachgewiesen wird. Immunzytologisch manifestiert sich dies meist durch mehr CD4+ oder selten CD8+ Zellen als CD3+ Zellen. Es liegt also ein Verlust von Pan-T-Markern vor. Durch Einsatz mehrerer Pan-T- Marker (CD2, CD3, CD5, CD7) kann der Nachweis eines abnormen Immunotyps sicherlich verbessert werden. Der Prozentsatz der Transferrinrezeptor (OKT 9)+ Lymphozyten ist bei den T-Zell-Lymphomen niedriger Malignität höher als bei B-Non-Hodgkin-Lymphomen niedriger Malignität. Dies weist auf eine höhere Proliferationsrate hin. Ähnliche Befunde ergaben sich bei der immunhistologischen Untersuchung dieser Lymphome (Grogan et al. 1985, Lennert et al. 1985, Weiss et al. 1985, Weis et al. 1986, Picker et al. 1987). Für die Diagnose der leukämischen peripheren T-Zell-Lymphome (T-chronische lymphatische Leukämie, T-Prolymphozyten-Leukämie, T-γ-Lymphozytose) hat die Lymphknotenzytologie keine Bedeutung. Ihre Diagnose erfolgt einfacher aus dem Blut. Mycosis fungoides und Sézary-Syndrom sind periphere T-Zell-Lymphome, die mit einer Hautbeteiligung und beim Sézary-Syndrom außerdem mit typischen Zellen im Blut einhergehen.

7.1.6.1-2.4 T-Zell-Lymphome hoher Malignität

Es handelt sich um eine morphologisch heterogene Gruppe von Lymphomen, die beim Erwachsenen überwiegend periphere T-Zell-Lymphome sind. Die Unterscheidung von einer reaktiven Lymphadenopathie ist meist einfach wegen ihres überwiegend großzelligen Charakters. Das *T-Immunoblastom* ist aber morphologisch nicht vom B-Immunoblastom zu differenzieren. Bei der immunzytologischen Untersuchung zeigt sich jedoch dann, daß die meisten Zellen Pan-T-Marker (CD2, CD3) tragen. Das *pleomorphe großzellige T-Zell- Lymphom* besteht zytologisch aus großen Blasten. Auffälligster Befund ist die überwiegend sehr unregelmäßige Kernform bei feiner Chromatinstruktur. Nucleoli können vorkommen (Abb. 7-10). Immunzytologisch lassen sich Pan-T-Marker (CD2, CD3) nachweisen, wobei jedoch ein abnormer Immunotyp vorliegen kann. Es können also einzelne Pan-T-Marker geringer ausgeprägt sein als andere. Beim *großzelligen anaplastischen (Ki-1 +) Lymphom* findet sich histologisch ein pleomorphes Infiltrat in erster Linie im Sinusbereich. Plasmazellen und Sternberg-Reed-ähnliche Zellen werden beobachtet (Agnarsson et al. 1988). Die Punktate sind oft zellarm. Im Lymphknotenausstrich kann die morphologische Unterscheidung von einem undifferenzierten Karzinom schwierig sein (Abb. 7-11). Die aspirierten Zellen bestehen aus Lymphozyten und einem unterschiedlich hohen Anteil von großen Zellen. Es handelt sich dabei einmal um große Zellen (ca. 20 μm Durchmesser) mit großen runden oder irregulären Kernen mit granulärem Chromatin und breitem mäßig basophilen Zytoplasma (Abb. 7-12). Außerdem findet man sehr große Zellen (20-50 μm Durchmesser) mit ein oder zwei runden Kernen (15-20 μm Durchmesser) mit körnigem oder grobscholligem Chromatin und breitem hellen oder basophilen Zytoplasma (Abb. 7-13). Meist ist ein Nucleolus auffällig. Das Zytoplasma kann auch fehlen. Diese großen Zellen exprimieren die Antigene CD30 (Ki-1), common leucocyte antigen (CD45) und meist Pan-T-Antigene. Der Antikörper CD15 (Leu M1) wird im Gegensatz zum Morbus Hodgkin meist nicht gebunden (Chittal et al. 1988).

Beim *T-Lymphoblastom* (convoluted cell type) findet man im Lymphknotenaspirat kleine und mittelgroße Lymphoblasten. Die runden Kerne besitzen z.T. einen gefalteten (gyriformen) Rand und eine feines Chromatin meist ohne Nukleoli. Der Zytoplasmasaum ist schmal oder fehlt ganz (Abb. 7-14). Zytochemisch findet man fast immer eine fokale Aktivität der sauren Phosphatase Das Lymphom tritt vorwiegend bei Knaben auf und geht oft mit einem Mediastinaltumor einher. In vielen Fällen ist die Erkrankung leukämisch, so daß eine akute lymphatische Leukämie (T-ALL) vorliegt. Immunzytologisch gehört dieses Lymphom zu der Gruppe mit sehr niedrigem Prozentsatz (unter 15%) von CD19+ Zellen. Die B-Zellen sind durch T-Zellen verdrängt. Dabei handelt es sich um sehr unreife Zellen, die wie das Prä-B-Lymphoblastom TdT-positiv sind. Der T-Zell-Charakter läßt sich mit den Antikörpern CD7 oder CD3 erkennen.

7.1.6.1-3 Morbus Hodgkin

Zytologisch finden sich in diesen Lymphknotenaspiraten überwiegend Lymphozyten und alle Zellen, die auch bei reaktiver Lymphadenopathie auftreten. Fast immer findet man einige eosinophile Granulozyten. Häufig sind dendritische und interdigitierende Retikulumzellen und Makrophagen zu erkennen. Entscheidend für die zytologische Diagnose ist der Nachweis der mehrkernigen Sternberg-Reed-Zellen (Abb 7-15 und 7-16). Wegen ihrer geringen Zahl ist die Untersuchung von Lymphknotenausstrichen und von mehreren Zytozentrifugenpräparaten zu empfehlen. Es handelt sich um zweikernige oder mehrkernige große Zellen. Der breite Zytoplasmasaum hat eine blasse Farbe ohne Granulation. Die Kerne haben ein feines Chromatin und besitzen z. T. auffällig große Nukleoli. Neben diesen diagnostisch entscheidenden Sternberg-Reed-Zellen kommen auch Hodgkin-Zellen vor (Abb. 7-17). Dabei handelt es sich um auffallend große Zellen mit breitem Saum von hellem Zytoplasma. Der runde oder gebuchtete Kern hat ein feines Kernchromatin, in dem große Nukleoli zu erkennen sind. Ähnliche Zellen können auch vereinzelt im reaktiven Lymphknoten vorkommen. Degenerationsformen dieser Hodgkin-Zellen haben ihr Zytoplasma verloren, fallen aber durch ihre großen Nukleoli auf. Daneben werden auch vereinzelt Zellen beobachtet, die großen lymphoplasmazytoiden Zellen ähneln.

Eine Differenzierung zwischen den verschiedenen Subtypen des Morbus Hodgkin ist zytologisch nicht möglich. Immunzytologisch verhalten sich die Lymphozyten beim Morbus Hodgkin wie Lymphozyten bei reaktiver Lymphadenopathie. Die Hodgkin- und Sternberg- Reed-Zellen sind Ki-1 (CD30) positiv, Leu M1 (CD15) positiv und common leukocyte antigen (CD45) negativ (Chittal et al. 1988). Dieser Befund verliert allerdings dadurch an Bedeutung, daß auch bei peripheren T-Zell-Lymphomen CD30+ Zellen auftreten. Auch bei reaktiver Lymphadenopathie werden einige größere CD30+ Zellen beobachtet. Besonders schwierig ist zytologisch die Abgrenzung vom großzelligen anaplastischen Ki-1-Lymphom. Die malignen Zellen dieses Lymphoms sind allerdings meist common leukocyte antigen (CD45) positiv und Leu M 1 (CD15) negativ.

Trotz immunzytologischer Untersuchung von Lymphknotenaspiraten ist die Diagnose des Morbus Hodgkin weiterhin das größte Problem für den Zytologen. Dies liegt daran, daß die Diagnose von der Erkennung der relativ seltenen Sternberg-Reed-Zellen abhängig ist.

7.1.6.1-4 Lymphknotenmetastasen

Das Auftreten von lymphknotenfremden Zellen in einem Lymphknoten ist ein eindeutiges Kriterium malignen Wachstums. Allerdings muß man sicher sein, daß tatsächlich ein Lymphknoten punktiert wurde. Branchiogene Zysten und gutartige Tumoren der Speicheldrüsen und der Schilddrüse müssen von einer Lymphknotenmetastase differenziert werden. Als Zeichen maligner Zellen gelten Hyperchromasie der Kerne und Polymorphie von Kernen und Zytoplasma, sowie Vermehrung und Vergrößerung von Nukleolen.

Adenokarzinom: Am auffälligsten in diesen Aspiraten sind Zellverbände. Diese sind manchmal drüsenähnlich um ein zentrales Lumen angeordnet. Daneben kommen einzelne Zellen vor. Die Zellen sind beim Adenokarzinom zylinderförmig oder quadratisch mit randständigem ovalem Kern und prominenten Nukleoli. Oft findet man Vakuolen im Zytoplasma. Das Kernchromatin ist körnig (Abb. 7-18). In den Zellverbänden liegen die Kerne oft übereinander. Sichere Zeichen eines Adenokarzinoms sind drüsenähnliche Strukturen, zylinderförmige Zellen oder Schleim, der durch die Mucicarminfärbung nachgewiesen werden kann.

Plattenepithelkarzinom: Eine Identifizierung dieses Karzinomtyps ist dann möglich, wenn eine Verhornung vorliegt. Diese Zellen besitzen ein scharf begrenztes Zytoplasma und pyknotische Kerne (Abb. 7-19). Zellschatten werden beobachtet. Vogelaugenzellen, Schwanzzellen und Spindelzellen kommen vor. Hornperlen können entstehen.

Daneben können jedoch auch nicht verhornende Zellen vorkommen, die den Zellen bei Adenokarzinom ähneln. Selten finden sich Zellverbände, die lose strukturiert sind. In der Papanicolaou-Färbung fallen die verhornenden Zellen durch ihr rotes Zytoplasma auf. Branchiogene Zysten können einer Metastase eines verhornenden Plattenepithelkarzinoms außerordentlich ähnlich sehen.

Undifferenziertes (anaplastisches) Karzinom: Unter dieser zytologischen Diagnose werden Aspirate zusammengefaßt, die keine eindeutigen Merkmale eines Adenokarzinoms oder eines Plattenepithelkarzinoms zeigen. Damit ist jedoch nicht ausgeschlossen, daß bei histologischer Untersuchung eine Differenzierung zu erkennen ist. Die Aspirate bestehen überwiegend aus einzelnen Zellen, die oft nicht gut erhalten sind und wenig oder mäßig viel Zytoplasma besitzen (Abb. 7-20).

Differentialdiagnostisch kommen Non-Hodgkin-Lymphome hoher Malignität und das amelanotische Melanom in Frage. Beim oat cell-Karzinom stehen kleine Zellen mit wenig Zytoplasma im Vordergrund. Die runden Kerne ohne Nucleoli haben ein körniges Chromatin, können aber auch pyknotisch sein (Abb. 7-21). Diese Zellen sind oft ineinandergeschachtelt. Differentialdiagnostisch muß ein Non-Hodgkin-Lymphom niedriger Malignität abgegrenzt werden.

Spezielle Lymphknotenmetastasen: Metastasen eines Nierenkarzinoms im Lymphknoten bieten meist ein typisches Bild. Die großen Zellen haben ein breites klares Zytoplasma mit deutlichen Zellgrenzen. Die verhältnismäßig kleinen runden Kerne zeigen einen deutlichen Nukleolus (Abb. 7-22). Lymphknotenmetastasen eines Melanoms sind meist daran zu erkennen daß feine braune Granula im Zytoplasma gefunden werden. Sie können jedoch nur in wenigen Zellen vorkommen oder ganz fehlen (Abb. 7-23). Lymphknotenmetastasen eines Sarkoms sind selten und zeigen ovale spindelförmige Kerne mit lockerem Chromatin und oft fehlenden Zellgrenzen (Abb. 7-24).

Immunzytologie der Lymphknotenmetastasen: Differenzierte Karzinome (verhornendes Plattenepithelkarzinom und Adenokarzinom) sind meist schon in der May-Grünwald/Giemsa-Färbung eindeutig von malignen Lymphomen abzugrenzen. Bei undifferenzierten Karzinomen bereitet dies jedoch oft Schwierigkeiten. Hier erlaubt die Immunzytologie eine eindeutige Entscheidung. Maligne Lymphome sind common leukocyte antigen (CD45) positiv (Kurtin et al. 1985). Karzinome färben sich mit diesem Antikörper nicht an. Außerdem beweisen natürlich auch die B- und T-Cell-Marker einschließlich des Nachweises einer Restriktion der Leichtketten ein malignes Lymphom. Bei einem großen Teil der Karzinome läßt sich außerdem Zytokeratin nachweisen. In einigen Fällen hilft die Immunzytologie sogar bei der Identifizierung des Primärtumors. Der Nachweis des prostataspezifischen Antigens oder der prostataspezifischen sauren Phosphatase mittels Antikörper ist ein guter Hinweis auf ein Prostatakarzinom. Der Antikörper S 100 weist auf ein Melanom hin, wobei allerdings eine gewisse Unspezifität berücksichtigt werden muß. Thyreoglobulin läßt sich meist beim follikulären oder papillären Schilddrüsenkarzinom nachweisen. Beim undifferenzierten Schilddrüsenkarzinom fällt es jedoch auch negativ aus. Vimentin wird bei malignen Lymphomen und beim Melanom in den Zellen angefärbt.

7.1.6.2 Zusammenfassung der immunzytologischen Diagnostik des Lymphknotens

Die May-Grünwald/Giemsa-Färbung des Lymphknotenaspirates erlaubt in vielen

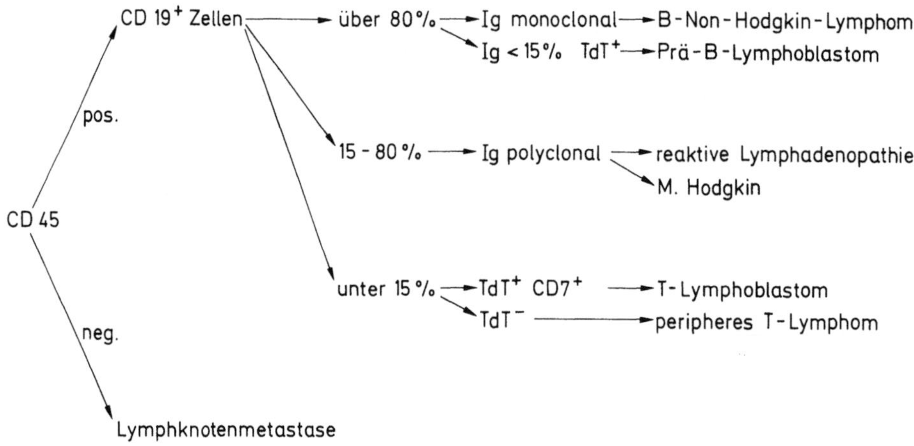

Abbildung 7-28. Immunzytologische Diagnostik von Lymphknotenaspiraten

Fällen eine sichere Abgrenzung zwischen lymphatischen und lymphknotenfremden Zellen. Zur eindeutigen Unterscheidung zwischen Non-Hodgkin-Lymphomen hoher Malignität und undifferenzierten Karzinomen ist jedoch eine immunzytologische Untersuchung mit dem Antikörper gegen das common leucocyte antigen (CD45) zu empfehlen. Dieser Antikörper färbt lymphatische Zellen. Enthält das Lymphknotenaspirat in erster Linie lymphatische Zellen, so führt die Bestimmung des Prozentsatzes der CD19+B-Zellen weiter.

Bei einem hohen Anteil (über 80%) von B-Zellen mit Restriktion der Leichtketten liegt ein B-Non-Hodgkin-Lymphom vor. Die Morphologie der Zellen erlaubt eine Differenzierung in Lymphome niedriger und hoher Malignität. Läßt sich jedoch keine Restriktion der Leichtketten nachweisen und besitzen die Zellen TdT, so ergibt sich das seltene Prä-B-Lymphoblastom, das meist im Rahmen einer akuten lymphatischen Leukämie (C-ALL oder O-ALL) auftritt.

Bei einem Prozentsatz der CD19+ B-Zellen zwischen 15 und 80% ohne Restriktion der Leichtketten kann eine reaktive Lymphadenopathie oder ein Morbus Hodgkin vorliegen. Eine intensive Suche nach Sternberg-Reed-Zellen und Eosinophilen erlaubt eine Differenzierung. Findet man nur wenige CD19+B-Zellen (unter 15%), so liegt bei Expression von TdT und CD7 ein seltenes T-Lymphoblastom vor. Bei Fehlen von TdT wird man ein ganzes Panel von T-Markern (CD2, CD3, CD5, CD4, CD8, CD7) einsetzen zur Erkennung eines peripheren T-Zell-Lymphoms.

7.1.6.3 Qualitätssicherungsmaßnahmen in der 2. postanalytischen Phase
Die wichtigste Qualitätskontrolle bei Lymphknotenpunktionen ist die Bestätigung der zytologischen Diagnose durch die histologische Diagnose, die sich aus dem exstirpierten Lymphknoten ergibt. Auf diese Maßnahme darf nur unter bestimmten Bedingungen verzichtet werden. So kann bei jungen Patienten mit der zytologischen Diagnose einer reaktiven Lymphadenopathie zunächst auf eine Lymphknotenexstirpation verzichtet werden, wenn eine Verlaufskontrolle sichergestellt ist. Dies setzt jedoch voraus, daß der Zytologe Erfahrung in der Beurteilung von Lymphknotenaspiraten hat. Sicherheit in der Diagnostik von Lymphknotenaspiraten kann nur durch jahrelan-

ges Training an einer ausreichend großen Anzahl von Punktaten gewonnen werden. Ein Zytologielehrbuch kann nur eine unvollkommene Anleitung für erste Schritte in diese Richtung sein. Ebenso wie ein Blutausstrich oder ein Knochenmarkausstrich von einem Anfänger nicht verläßlich ausgewertet werden kann, so setzt auch die richtige Auswertung eines Lymphknotenaspirats ein dauerndes zytologisches Training voraus. Die Deutsche Gesellschaft für Zytologie empfiehlt Zertifikatsprüfungen, um den Ausbildungsstand in der gynäkologischen Zytologie zu verbessern. Es hat sich gezeigt, daß solche Prüfungen eher bestanden werden, wenn der Zytologe an Kliniken mit vielen Untersuchungsfällen ausgebildet wurde (Wagner 1990).

Plausibilitätskontrollen der Serie und der Einzelergebnisse sind möglich. Die Kontrolle der Untersuchungsserien ist zu empfehlen. Zeigt sich eine auffällige Veränderung der Häufigkeit von Diagnosen, so muß das insbesondere für den befundenden Zytologen ein Anlaß zur kritischen Überprüfung seiner Tätigkeit sein. Eine Plausibilitätskontrolle der Einzelergebnisse ist möglich durch Vergleich mit den klinischen Befunden, die bei einem Patienten erhoben werden. Mononucleosis infectiosa und Toxoplasmose treten bei älteren Patienten kaum auf, da diese meist schon früher Antikörper erworben haben. Die Zellen des Blutausstriches und der serologische Nachweis einer Infektion mit Toxoplasmose, Lues oder HIV helfen in vielen Fällen bei der Diagnose. Aus der Größe und Lage eines Lymphknotens, sowie der Schnelligkeit seiner Entstehung ergeben sich oft Hinweise zur Differenzierung zwischen benigner und maligner Lymphknotenerkrankung.

Die Lymphknotenpunktion bewährt sich in den Händen eines erfahrenen Zytologen als Methode, die in vielen Fällen ohne große Belästigung des Patienten in kurzer Zeit zur verläßlichen Diagnose führt. Durch die immunzytologischen Verfahren hat sie eine Verbesserung ihrer Aussagekraft erfahren.

7.2 Milz

I. Boll

7.2.1 Einleitung

Ein Milzpunktat kann mit feiner Nadel leicht bei jeder Staging- Laparoskopie gewonnen werden. Die zytologische Untersuchung eines davon angefertigten Ausstriches klärt oft schnell die Ursache eines Milztumors und trägt damit zur Diagnose des Krankheitsbildes entscheidend bei. Die Punktion unter Sicht ist der Blindpunktion durch die Bauchdecke vorzuziehen, weil die Möglichkeit der Blutstillung durch Kauterisation gegeben ist. Wenn keine Fibrose vorliegt, zerfällt das weiche Milzgewebe und eignet sich damit weniger zur histologischen Aufarbeitung. Für sie wäre eine dickere Nadel erforderlich, um einen Stanzzylinder zu gewinnen. Damit entsteht aber die Gefahr, daß auch durch die Kauterisation die Blutstillung nicht mehr zu bewerkstelligen ist.

7.2.2 Präanalytik I

7.2.2.1 Indikationsstellung und Kostenbetrachtung
Indikationen zur laparoskopischen Milzzytologie = *Splenogramm:*

- Splenomegalie = Milztumor unklarer Genese
- Stadieneinteilung bei M. Hodgkin
- Stadieneinteilung bei hochmalignen Lymphomen
- Verdacht auf Osteomyelosklerose
- Verdacht auf entzündliche oder tropische Erkrankungen der Milz
- zum Erregernachweis
- Speicherkrankheiten.

Kontraindikationen sind hämorrhagische Diathese, ein Quickwert unter 50 %, eine Thrombozytopenie unter 50-70 x 10^9/l, eine Hämophilie und andere allgemein für die Laparaskopie geltenden Kontraindikationen.

Da die Milzzytologie lediglich eine May-Grünwald/Giemsa-Färbung wie für Blutausstrich erfordert, entstehen kaum Sachkosten im Laboratorium. Bei Bedarf kann ein zweiter Ausstrich für Zytochemie (s. 5.2) angefertigt oder das Punktat mit der Zytozentrifuge ausgestrichen werden, um außer der Pappenheim-Färbung noch die APAAP-Technik für die spezielle Fragestellung des vorliegenden Krankheitsbildes durchzuführen.

7.2.2.2 Patientenvorbereitung
Eine *Blindpunktion* kommt nur bei Riesenmilzen oder bei bestehenden Kontraindikationen zur Laparoskopie in Frage. Außer Infiltration der Bauchdecke bis zum Peritoneum mit ca. 10 ml 2 % Xylocain®-Lösung verlangt sie keine Vorbereitungen.
Für die Durchführung der Laparoskopie wird auf die einschlägigen Monographien, z.B. laparoskopische Atlas von Beck (1968) oder Henning (1985) verwiesen. Der Eingriff kann nach Abwarten der Lokalanästhesie an den Einstichstellen der Bauchhaut mit 2 % Xylocain® in 15 Minuten beendet sein einschl. der Inspektion des Oberbauchraumes.

Eine Prämedikation mit 1 ml SEE i.m. (bei reduziertem oder untergewichtigen Patienten 0,8 ml) 40 Minuten vor dem Eingriff ist am besten, da der Patient ansprechbar bleibt, aber meistens eine Amnesie für das Geschehen eintritt.

Je nach der palpierten Milzgröße, die vorher sonographisch bestätigt werden kann, wird die Einstichstelle für die Laparoskopie 2 cm links ober- oder unterhalb des Nabels gewählt oder sogar rechts vom Nabel. Auch ohne Vergrößerung kann die Milz fast immer eingesehen werden, evtl. nach Beiseiteschieben des fettreichen Netzes mit einem Taststab (Müller 1967) oder durch Umlagerung des Patienten mittels Rechtsdrehung und Anhebung des Oberkörpers auf dem Operationstisch.

7.2.2.3 Durchführung der Milzpunktion
Bei der *Blindpunktion* wählt man - eventuell sonographisch- eine Stelle der Milz, die weit genug vom Rand entfernt ist und achtet darauf, nicht tiefer als 3 cm in das Organ einzustechen. Verwendet wird eine 10 ml Spritze mit feiner Kanüle von höchstens 0,7 mm Durchmesser und ca. 10 cm Länge.

Bei der *Punktion unter Sicht* kann eine 10 ml-Spritze mit entsprechend langer Spezialnadel durch den Operationskanal des Laparoskopes leicht eingeführt und mit dem Gerät zusammen unter guter Beleuchtung auf die Milz gerichtet werden. Durch eine Verstärkung der Nadel 3 cm hinter der vorderen Öffnung von 0,9 mm Durchmesser (Abb. 7-29) wird ein tieferes Einstechen erschwert. Dadurch bewährt sich diese Nadel, wenngleich eine Menghini-Nadel bis 1,2 mm auch verwendet werden kann. Sie wird am Margo crenatus etwa 3 cm tief in die Milz eingestochen und unter Vakuum zurückgezogen. Beim Einstechen gewinnt man eine Aussage über die Festigkeit = Fibrose der Milz. Erhält man nicht genug Material, kann an einer mindestens 1 cm entfernten Stelle noch einmal punktiert werden.

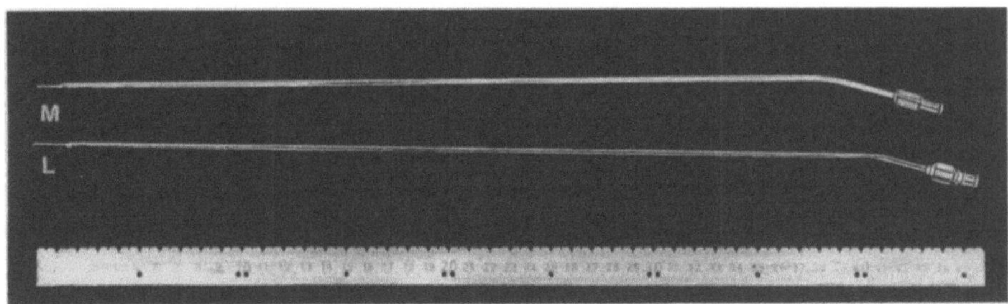

Abbildung 7-29. Nadel zur laparoskopischen Milzpunktion

7.2.2.4 Spezimenvorbereitung und Einsendung
siehe 7.1.2.4

7.2.2.5 Mitteilungen an das Laboratorium
siehe 7.1.2.5 und 6.1.2.5

7.2.2.6 Qualitätssicherung in der Präanalytik
siehe 7.1.2.6

7.2.3 Präanalytik II
siehe 7.1.3

7.2.4 Analytik
siehe 7.1.4

7.2.5 Postanalytik I

7.2.5.1 Ergebnisfeststellung
Wie beim Lymphknotenaspirat werden im Splenogramm die verschiedenen Zellen halbquantitativ angegeben, nur bei immunzytologischen Färbungen für jede Zellart die positiven in %.

Die Zellmorphologie der lymphatischen Zellen ist in 7.1.5.1 und bei Moeschlin (1947) im einzelnen beschrieben. Die Zellmorphologie der histiozytären Zellen (Stutte 1967) spielt in der Milz eine größere Rolle als im Lymphknoten. Sie entsprechen den unter 6.1.4.3-31 und -32 beschreibenen Histiozyten und Makrophagen.

7.2.5.2 Befundung und Befundmitteilung

Die Befundmitteilung muß Patientendaten, Untersuchungsdatum, Zellbeschreibung und die Diagnose enthalten.

7.2.5.3 Versorgung der Probenreste und Geräte und 7.2.5.4 Abfallbeseitigung und Umweltschutz siehe 5.1.5.3 und siehe 5.1.5.4.

7.2.6 Postanalytik II

7.2.6.1 Befundbewertung und Einordnung

Aus der Milz können im Prinzip dieselben Diagnosen erstellt werden wie aus dem Lymphknoten (s. 7.1.6.1). Hinzu kommen die wichtigen Diagnosen der Osteomyelosklerose und der Speicherkrankheiten.

Die in der Milz, wie in der Leber, seltener im Lymphknoten als *myeloische Metaplasie* oder *extramedulläre Hämatopoese* bezeichnete Besiedlung mit Knochenmarkzellen der Granulo-, Erythro- und Thrombozytopoese ist von besonderer diagnostischer Bedeutung für die Osteomyelofibrose und -sklerose, kommt aber auch bei der CML und seltener bei anderen myeloproliferativen Syndromen vor.

Die Besiedlung mit lymphatischen Zellen wie bei der CLL ist viel schwieriger zu erkennen, weil im Milzpunktat normalerweise schon 90 % der Zellen Lymphozyten sind. Zur Diagnose der niedrig malignen Lmphome muß daher die APAAP-Technik (s. 7.1) zu Hilfe genommen werden.

Dagegen ist die Erkennung eines M. Hodgkin oder eines großzelligen malignen Lymphoms durch die ungewöhnlichen Zellen nicht schwierig. Das gilt auch für die Langerhans-Riesenzellen und Epitheoidzellen zur Erhärtung der Diagnosen Sarkoidose und Tuberkulose.

7.2.6.2 Qualitätssicherungsmaßnahmen in der Postanalytik II

Hierzu dienen die Aufbewahrung der Präparate und Befundberichte für mindestens 10 Jahre, um gegebenenfalls Verlaufskontrollen beim Patienten durchführen zu können.

Die Dokumentation und Befundablage sollte gemeinsam mit der Lymphknoten- und Knochenmarkzytologie geführt werden und erlaubt so auch Vergleiche der verschiedenen Organpräparate beim gleichen Patienten.

8 Anhang

8.1 Probleme der Ausstrichdifferenzierung

I. Wolf und K.-G. v. Boroviczény

8.1.1 Vorbemerkung

Für zuverlässige Ergebnisse bei der Ausstrichdifferenzierung müssen Fehler bei der Herstellung des Präparates und bei dessen Auswertung und Beurteilung vermieden werden. Wir haben zwei Teilaspekte dieser komplexen Problematik durch eigene Experimente, Ringstudien sowie durch Auswertung der Ergebnise von INSTAND-Ringversuchen untersucht:

- den Einfluß verschiedener Blutausstrichtechniken auf die Homogenität der Zellverteilung im Präparat
- die subjektive Komponente bei der Klassifizierung von Zellen an Hand des sog. Stab-/Segmentkernige-Problems.

Die Ergebnisse werden vor allem in Hinblick auf mögliche Verbesserungen der praktischen Laborarbeit diskutiert. Bei der Versuchsplanung hat uns Herr Professor Martin Hengst (Berlin) entscheidend beraten und die statistische Auswertung größtenteils selbst vorgenommen. An allen experimentellen Arbeiten nahmen die Mitarbeiter vom Zentrallabor-Nord im Krankenhaus Spandau, an der Stab/Segment-Ringstudie auch zahlreiche externe Kolleginnen und Kollegen mit viel Engagement teil. Allen, die uns geholfen haben, möchten wir an dieser Stelle danken.

8.1.2 Präparationstechnik und Homogenität der Zellverteilung

8.1.2.1 Statistische Grundlagen

Hämatologische Untersuchungen werden an Stichproben durchgeführt. Eine Stichprobe soll so genommen werden, daß durch die an ihr gewonnenen Erkenntnisse Rückschlüsse auf die Grundgesamtheit, d.h. auf Eigenschaften der gesamten Blutmenge gezogen werden können. Dies kann mit den Methoden der schließenden Statistik

erreicht werden, indem eine Zufallsstichprobe gezogen wird, was besagt, daß jede
Einheit der Grundgesamtheit mit der gleichen oder einer wohldefinierten Wahrscheinlichkeit in die Stichprobe gelangen kann. Bei einer Zufallsstichprobe mit
mehreren Elementen (z B. Leukozytenarten) muß jedes Element die gleiche Wahrscheinlichkeit haben, in die Stichprobe zu gelangen.

Für das Blutbild erfolgt aus dem venösen Blut eine dreifache, aus Kapillarblut eine
zweifache Stichprobenziehung: als primäre Stichprobe werden mehrere ml Blut venös
aus der gesamten zirkulierenden Blutmenge entnommen. Die sekundäre Stichprobe ist
der kleine Bluttropfen, der ausgestrichen wird. Die tertiäre Stichprobe bilden jene
Leukozyten, die einzeln differenziert werden. Durchführung und die Fehlermöglichkeiten der primären und sekundären Stichprobenziehung sind früher behandelt worden
(Boroviczény 1971, Boroviczény et al.1987). Die Problematik der tertiären Stichprobenziehung, d.h. der Einfluß der Präparationstechnik und die Auswahl jener
Ausstrichareale, an denen differenziert werden soll, wird auf Grund experimenteller
Untersuchungen im Folgenden behandelt.

8.1.2.2 Material und Methoden

Eine venöse Blutprobe eines gesunden Probanden wurde ausgestrichen:

- manuell. Diese Präparate wurden für den INSTAND-Ringversuch April 1977 verwendet.
- mit dem mechanischen Ausstreichgerät Miniprep (Fa. Geometric Data), das den
  mechanischen Ausstreichvorgang eines nachgezogenen Tropfens reproduzierbarer
  macht.
- mit der Spezialzentrifuge ("LARC-Spinner") der Fa. Corning (Rogers 1973). Auf
  dem Kopf der Spezialzentrifuge wird ein Objektträger festgeklemmt; in die Mitte
  des Objektträgers werden 0,2 ml Blut getropft. Der Zentrifugendeckel wird
  geschlossen, die Zentrifuge läuft etwa 45 sec hochtourig, wobei Blut sich in einer
  monozellulären Schicht ausbreitet. Der Überschuß wird abgeschleudert und in
  einem Einweg-Plastikbehälter gesammelt. Der in der Zentrifuge entstehende,
  potentiell infektiöse Blutspray wird von einem Filter aufgefangen. Ohne eine
  effiziente Filteranlage darf eine Blutausstrichzentrifuge nicht betrieben werden.

Färbung nach Pappenheim, Einritzen von Linien in bestimmte Bereiche einiger der
Präparate b) und c) mit spitzer Nadel als Orientierungshilfe (Abb. 8.1-1). Lückenlose
Mikrophotographie der Zellen mit je 256 Aufnahmen bei den Präparaten b) und c)
entlang den Hilfslinien A-J (Vergrößerung 680 x). Auszählung der Zellen/Flächen-
einheit in verschiedenen Bereichen der Präparate b) und c) in 20 bzw. 25 Ausschnitten von konstanter Fläche an Hand der Papierbilder, wobei die Erythrozyten in 4
Ausschnitten vollständig, bei den übrigen nur in einer aliquoten Teilfläche ausgezählt
wurden; Zählung sämtlicher Leukozyten in allen Papierbildern.

Zur mikroskopischen Differenzierung wurden alle photographisch erfaßten Leukozyten im Originalpräparat aufgesucht und mit Diskussionsbrücke von zwei Untersuchern klassifiziert. Hierbei wurde speziell auch auf Zell-Läsionen geachtet.

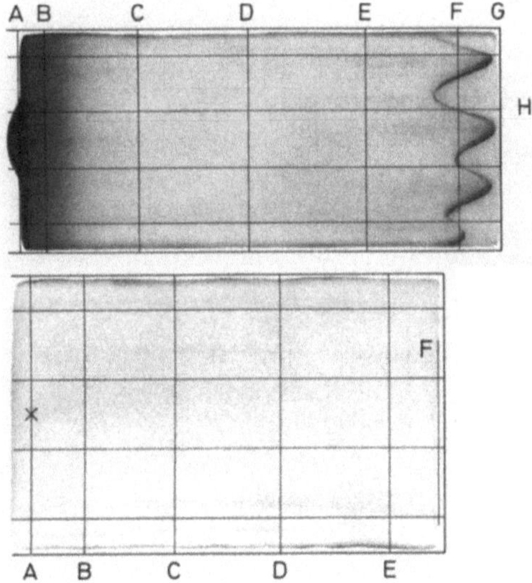

Abbildung 8.1-1. In die Ausstrichpräparate zur Unterteilung gezogene Linien

8.1.2.3 Ergebnisse

Dichte der Erythrozyten und Leukozyten in den Ausstrichen: Im "homogenen" Bereich des Miniprep-Ausstrichs nahm die Erythrozytendichte zwischen der auftragsnahen Linie B nach E um etwa 30 % ab (Abb. 8.1.-2). Dagegen fand sich im Schleuderausstrich eine konstante Erythrozytendichte im gesamten Präparat.

Die durchschnittliche Leukozytendichte fiel im Miniprep-Ausstrich von 94/mm² bei Linie A auf Werte um 10/mm² zwischen D und E ab und lag zwischen B und E im Durchschnitt bei 18/mm² (Abb. 8.1-3). Auch beim Schleuderausstrich fiel mit zunehmendem Abstand von der Auftragsstelle die Leukozytendichte ab, jedoch nur um ungefähr 30%. Der durchschnittliche Quotient Leukozyten/Erythrozyten betrug beim Miniprep-Ausstrich im Bereich B-E 1:658 und beim Schleuderausstrich zwischen den Linien A-E 1:313 (p < 0.01). Die inkonstante Relation zwischen der Dichte von Erythrozyten und Leukozyten ist in der Abb. 8.1-4 gezeigt.

Leukozytenverteilung in den Ausstrichen: Die Differenzierung der Leukozyten beim Miniprepausstrich entlang der verschiedenen Linien im Präparat ergab die größten Schwankungen der einzelnen Leukozytenklassen in homogenen Bereich (Linien B-E), die aber statistisch nicht signifikant sind, weil die Zahl der in diesen Bereichen liegenden Zellen gering ist (z. T. < 100, s. Tab. 8.1.-1).

Im informationsstatistischen Test nach Kullback ergaben sich zwar Hinweise, daß die Verteilungen der Leukozyten im Bereich der Linien A und FGH einer anderen Grundgesamtheit angehörten als in den übrigen Bereichen, eine eindeutige Vermehrung oder Verminderung bestimmter Zellen am Beginn oder Ende des Ausstrichs ist

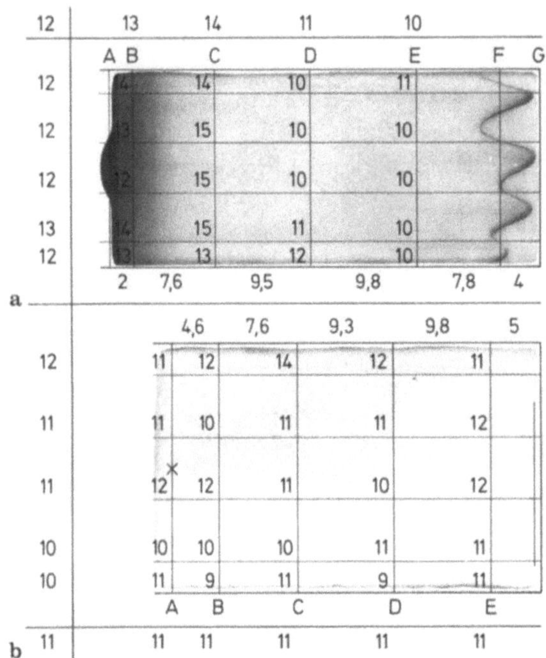

Abbildung 8.1-2. Erythrozytendichte in Miniprep- und Schleuderausstrich

jedoch bei Betrachtung der Tabelle 8.1-1 nicht zu ersehen. Dies sollte jedoch auf keinen Fall zu der Konsequenz führen, routinemäßig in diesen Bereichen, wo die Zellen wegen unzureichender Ausbreitung oder vermehrten Läsionen schwieriger zu klassifizieren sind, zu differenzieren (s.8.1.2.4).

Beim Schleuderausstrich waren die Differenzierergebnisse in den einzelnen Spuren gleichbleibender, da infolge der höheren Zelldichte immer mindestens 200 Zellen beurteilt werden konnten (Tab. 8.1-1). Statistisch signifikante Unterschiede der Zellverteilungen in den Spuren A-F fanden sich bei dieser Ausstreichtechnik nicht. Wir beobachteten im Miniprep-Ausstrich einen größeren Teil beschädigter Lymphozyten, während im Schleuderausstrich vermehrt lädierte neutrophile Granuzyten zu vermerken waren, die aber noch klassifiziert werden konnten.

8.1.2.4 Diskussion

Unsere Untersuchung über die Erythrozytendichteverteilung im mechanisierten Ausstrich mit nachgezogenem Tropfen (Miniprep) zeigt, daß auch in dem relativ homogenen, für die Zellbeurteilung gut geeigneten Bereich des Präparates die Erythozytendichte zwischen den Linien B und E um 30 % abnimmt (Abb. 8.1-2). Dagegen ist im Schleuderausstrich die Erythrozytendichte weitgehend konstant. Die Leukozytendichte fällt im Miniprep-Präparat zwischen den Linien B und D stärker ab als die

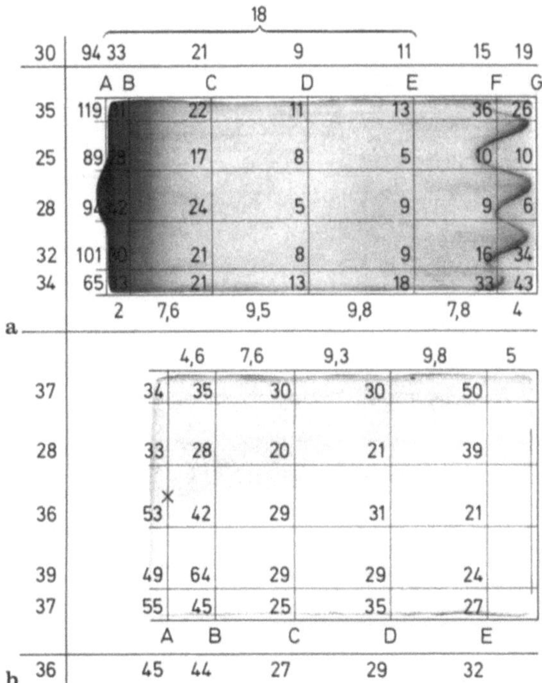

Abbildung 8.1-3. Leukozytendichte in Miniprep- und Schleuderausstrich

der Erythrozyten (Abb. 8.1-3). Sie ist in den zentralen Partien des Präparates minimal und nimmt tendenziell zu den Längsseiten und der "Bürste" hin wieder zu. Vor allem ist bemerkenswert, in welchem Ausmaß sich die Leukozyten beim Ausstreichen des nachgezogenen Tropfens anders verhalten als die Erythrozyten (Abb. 8.1-4). Beim Schleuderausstrich ist ebenfalls eine Abnahme des Leuko/Ery-Quotienten mit zunehmender Entfernung von der Auftragsstelle zu beobachten. Dieser Effekt ist aber wesentlich schwächer als beim Miniprep-Ausstrich ausgeprägt, die höhere Dichte der Leukozyten im gesamten Präparat ist für das praktische Differenzieren sehr günstig.

Wegen des deutlich unterschiedlichen Verhaltens von Erythrozyten und Leukozyten beim Ausstrichvorgang mußte sorgfältig geprüft werden, ob sich dabei auch die einzelnen Leukozytenarten unterschiedlich verhalten. Um die Aussagekraft der Differenzierergebnisse zu erhöhen, wurden beim Miniprep- und beim Schleuderausstrich 1019 bzw. 1514 Leukozyten, deren Position im Präparat fotographisch dokumentiert war, differenziert. Um subjektive Fehlklassifikationen zu vermindern, erfolgte die Beurteilung durch zwei Untersucher (Hämatologe und Fach-MTLA für Hämatologie), die gleichzeitig mikroskopierten. Eindeutige Hinweise darauf, daß bestimmte Zellarten in bestimmten Partien des Ausstrichpräparates angereichert bzw. vermindert sind, konnten in dieser Studie weder für den Miniprep-, noch den Schleuderausstrich erhalten werden. Ebensowenig hat sich nachweisen lassen, daß die

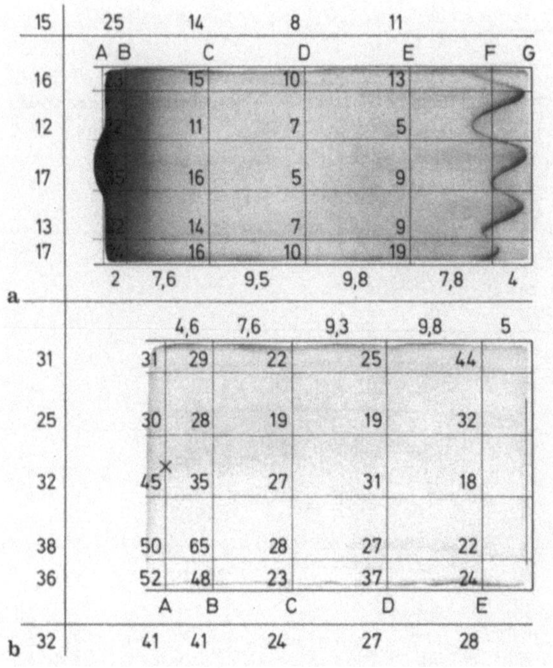

Abbildung 8.1-4. Leukozytendichte bezogen auf Erythrozyten in den Ausstrichen

Differenzierergebnisse bei mechanischem Ausstreichen und Schleuderausstrich sich unterscheiden. Im Vergleich zu den manuell ausgestrichenen Präparaten der gleichen Blutprobe, die von 10 Referenzlaboratorien und 245 Teilnehmern des Ringversuchs April 77 erhalten wurden, scheinen unsere Monozytenwerte mit beiden mechanisierten Ausstrichtechniken etwas höher zu liegen. Wir vermuten, daß hierbei unter Routinebedingungen unterlaufende Fehler der Auswertetechnik (z. B. Differenzierung nicht voll ausgebreiteter Zellen) eine Rolle spielen. Sogar einige Referenzlaboratorien lieferten bei diesem Ringversuch signifikant abweichende Leukozytenverteilungen. Es kann hier nur die Gültigkeit der bekannten Regel betont werden, daß nur dort im Präparat differenziert werden darf, wo die Erythrozyten dicht beeinander, aber nicht übereinander liegen.

Für den LARC-Spinner ergibt sich nach unseren Ergebnissen eine positive Einschätzung. Der Schleuderausstrich ist gleichmäßiger und seine Leukozytendichte ist doppelt so groß wie im Falle des konventionell angefertigten Ausstriches (s. Abb.8.1-4). Außerdem kann am Schleuderausstrich auf der gesamten Objektträgeroberfläche differenziert werden, im Gegensatz zu der konventionellen Technik, bei der bei einem tadellosen Ausstrich auf etwa 2/3 der Fläche, bei einem weniger gut gelungenen auf höchstens 1/3 des Ausstriches differenziert werden darf. Die Klassifizierung der Leukozyten kann im Schleuderausstrich zuverlässiger vorgenommen werden, weil

Tabelle 8.1-1. Differenzierergebnisse bei unterschiedlichen Ausstrichtechniken. Erläuterung s. Text

Miniprep-Ausstrich

Linie	A	B	C	D	E	FGH	J
Abs. Zahl	734	252	147	56	63	330	171
%							
Stab	1	2	1	0	0	1	0
Poly	56	61	65	71	51	55	67
Eo	5	5	4	2	5	4	2
Baso	1	1	0	2	0	0	0
Mono	10	9	9	9	14	5	6
Lympho	24	22	17	13	29	18	22
Reizf.	0	0	0	2	2	1	0
Plasmaz.	0	0	0	0	0	0	0
Sonst.	2	0	1	2	0	14	4
Lädierte	6	2	13	9	6	36	14

Schleuderausstrich

Linie	A	B	C	D	E	F
Abs. Zahl	379	356	217	241	256	92
%						
Stab	1	1	0	2	0	0
Poly	60	60	54	59	57	52
Eo	4	5	6	6	7	3
Baso	1	1	1	0	1	0
Mono	12	9	15	9	7	7
Lympho	20	25	24	23	27	36
Reizf.	0	0	0	0	0	1
Plasmaz.	0	0	0	0	0	0
Sonst.	0	0	0	0	0	1
Lädierte	5	7	13	13	21	13

Handausstrich

Kollektiv	Referenzlabors	Teilnehmer
Anzahl der Laboratorien	10	245
%		
Stab	3,3	4,3
Seg	57,3	56,8
Eo	4,8	4,5
Baso	0,6	0,5
Mono	7,6	5,3
Lympho	25,7	26,8
Reizf.	0,5	0,8
Plasmaz.	0,0	0,0
Sonstige	0,3	0,9

sie sich optimal ausbreiten. Die Zahl der nicht klassifizierbaren Leukozyten ist beim Schleuderausstrich deutlich geringer. Auch die Erythrozyten- und Plättchenmorphologie sind wegen der gleichmäßigeren Verteilung im Schleuderausstrich besser beurteilbar. Trotz einiger praktischer Nachteile (40-fache Blutmenge und 7-facher Zeitaufwand, unästhetische Reinigungsarbeiten) wurde der LARC-Spinner von den MTA unseres Labors spontan bevorzugt, 'weil es sich damit besser differenzieren läßt'. Leider sind Blutausstrichzentrifugen eine lange Zeit nur zusammen mit einem Blutbilddifferenzierautomaten (Abbott ADC-500, Corning LARC, Coulter Diff-3,- usw.) erhältlich gewesen. Das hinderte wegen des hohen Preises dieser Geräte die verbreitete Anwendung der Blutausstrichzentrifugen. In diesem Zusammenhang ist von Interesse, daß kürzlich ein deutscher Hersteller (Hettich) eine eigene Entwicklung abgeschlossen und angekündigt hat, einen preiswerten Spinner auf den Markt zu bringen.

8.1.3 Die Subjektivität der Zellbeurteilung

8.1.3.1 Einleitung
Wenn dieselbe Person einen Blutausstrich mehrmals differenziert, werden allein aus statistischen Gründen unterschiedliche Ergebnisse erhalten (Rümke 1960, Rümke 1975, vergl. Abb. 8.1-5). Noch größer sind die Unterschiede, wenn derselbe Ausstrich von verschiedenen Untersuchern differenziert wird. Die Unterschiede sind bei

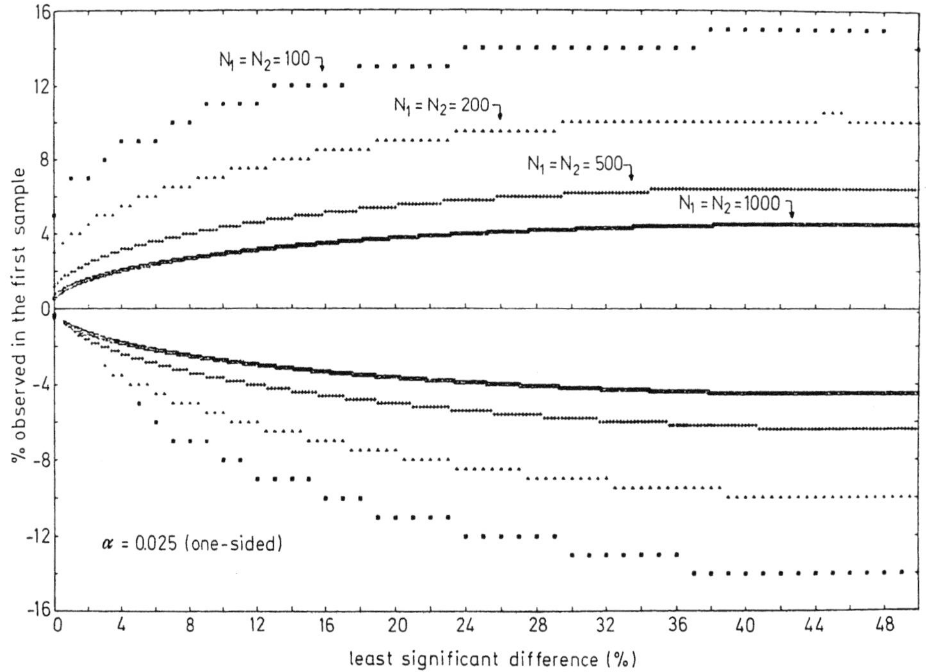

Abbildung 8.1-5. Rümke-"Projektil"

bestimmten Zellkategorien besonders ausgeprägt. Dies hängt damit zusammen, daß die Unterschiede, z.B. zwischen einem jugendlichen, einem stabförmigen und einem polymorphkernigen neutrophilen Granulozyten, oder zwischen einem normalen Lymphozyten und einer lymphatischen Reizform, in vielen Fällen gering und in einigen Fällen fließend sind. Um den Einfluß der tertiären Stichprobenziehung (s. 8.1.2.1) auszuschalten, haben wir an Hand von Mikrophotogrammen versucht, die durch die Subjektivität der Beurteilung bedingte Unschärfe der Leukozytendifferenzierung am Beispiel des sog. Stab-Segmentproblems zu erfassen.

8.1.3.2 Material und Methoden
Als Bildmaterial stand der von der Firma Corning zu Beginn der 70 er Jahre herausgebrachte Stab-Segment-Atlas zur Verfügung[1]. Dieses leider kommerziell nicht erhältliche Bildwerk umfaßt 215 schwarz-weiße Mikrophotogramme von neutrophilen segmentkernigen, stabkernigen oder nicht eindeutig einzuordnenden neutrophilen Granulozyten (s. Abb. 8.1-6). Es sollte ursprünglich dem Gerätehersteller dazu dienen, aus der Diskussion mit Hämatologen die Kriterien für die Klassifizierung reifer neutrophiler Granulozyten in stab- und segmentförmige Zellen zu erhalten, um den seinerzeit bei Corning in Entwicklung befindlichen Mikroskopierautomaten LARC (Leukocyte Automatic Recognition Computer, (Bacus 1973)) entsprechend programmieren zu können.

Um eine möglichst objektive Beurteilung vorzunehmen, haben wir die abgebildeten Zellen mit der Meßlupe vermessen und nach den in Tabelle 8.1-2 zusammengestellten Definitionen verschiedener Autoren in sechs Klassen eingeordnet. Die Ergebnisse der karyometrischen Untersuchungen sind in Tabelle 8.1.3 widergegeben. Die Zuordnung von 63 nach karyometrischen Daten nicht eindeutig klassifizierbaren Zellen (Klassen 3 und 4) spiegelt die Mehrheitsmeinung von über 100 Hämatologen, anderen Ärzten und MTA wider. Um die Unschärfe der Beurteilung dieser Zellbilder zu erfassen, ist der Stab-Segment-Atlas im Rahmen einer Ringstudie zahlreichen Ärzten, Naturwissenschaftlern und MTA zur Klassifizierung vorgelegt worden. Die von diesen Untersuchern angegebenen Anzahlen der stabkernigen Granulozyten sind in Tab. 8.1-4 widergegeben. Bei 16 Mitarbeitern unseres Laboratoriums wurde diese Ringstudie mehrmals in zweimonatigen Abständen wiederholt, wobei zwischenzeitlich in abteilungsinternen Fortbildungsveranstaltungen die Kriterien für die Stab-Segment-Klassifizierung erörtert wurden. Die Ergebnisse dieser wiederholten abteilungsinternen Ringstudie sind graphisch dargestellt (Abb. 8.1-7).

8.1.3.3 Ergebnisse
Tabelle 8.1-5 zeigt die Beurteilungsunsicherheit von 105 Untersuchern, die sich nur bei 42 Segmentkernigen völlig, und bei keinem einzigen Stabkernigen zu 95-100% einig waren. Völlige Unsicherheit, d.h.eine Übereinstimmung von geringer als 65%, hat bei 13 Zellen bestanden.

---

[1] Den Stab/Segment-Atlas der Fa.Corning haben uns die Herren D.A. Cotter und G.K. Megla zur Verfügung gestellt.

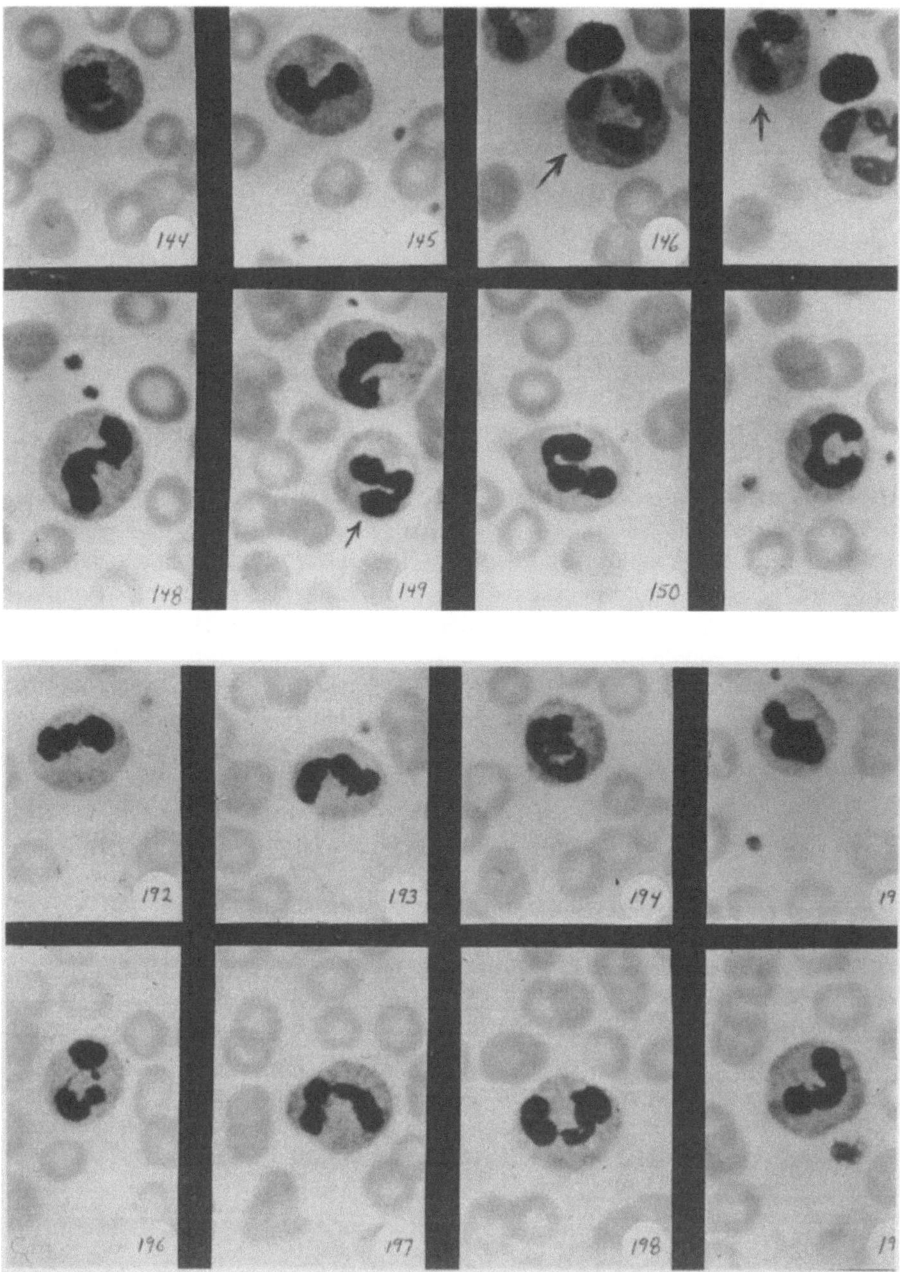

Abbildung 8.1-6. Klassifizierung von reifen neutrophilen Granulozyten (Beispiele aus dem Corning-Atlas), Klasse 1

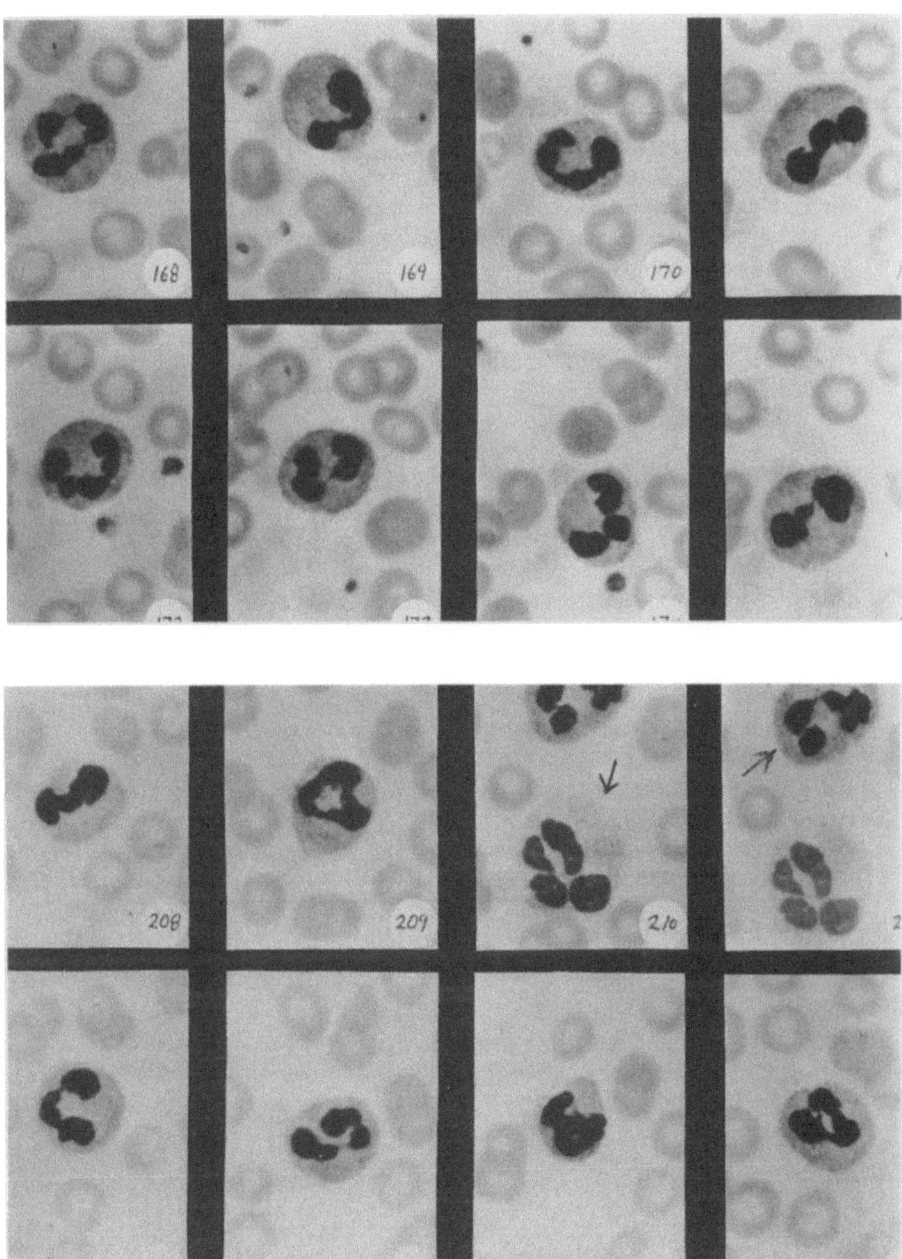

Tabelle 8.1-2. Definitionen und Vorschriften zur Stab-Segment-Differenzierung

---

Veröffentlichte Definitionen des stabkernigen neutrophilen Granulozyten:

- die Brücke zwischen Kernteilen besitzt mindestens die 1/2 Dicke des übrigen Kernleibes (Schulten 1948)
- der Kern ist ohne erkennbare Schnürfurchen (Heckner 1965)
- die Kernbrücke zwischen den Kernsegmenten beträgt mehr als 1/3 der breitesten Stelle (Begemann Rastetter Kaboth 1970)
- der Kern ist nirgends unterbrochen (Undritz 1972)
- der Kern ist tief eingebuchtet, hufeisenförmig (Boll 1973)
- die Kernränder verlaufen parallel zueinander (Lewis 1975)
- nichtsegmentierter Neutrophiler, der kein Myelozyt oder Metamyelozyt ist (Wintrobe 1975)

Veröffentlichte Definitionen des segmentkernigen neutrophilen Granulozyten:

- die Chromatinfäden zwischen den Segmenten sollten stes weniger als 1/3 eines Segmentdurchmessers betragen (Stobbe 1959)
- es gibt mindestens eine Fadenfömige Verbindung (Miale 1962, Boll 1966)
- der Kern ist bis zum gegenüberliegenden Rand eingekebt (Undritz 1972)

Mitgeteilte Verfahrensweisen in Zweifelsfällen:

- zweifelhafte Kerne rechne man stets zu der reiferen Gruppe (Schilling 1959)
- wenn kein Faden ausmachbar, zu den stabkernigen zählen (Miale 1962)
- man soll sich die Zelle 3-dimensional vorstellen und zu den Segmentkernigen zählen (Mathy u.Koepke 1974)
- Zellen die nicht eindeutig klassifizierbar sind, abwechselnd zu den stab- bzw. segmentkernigen zählen (Kaplow 1975)

Tabelle 8.1-3. Klassifizierung der neutrophilen Granulozyten im Corning-Atlas.
Klassen 1, 2, 5 und 6 gemäß Karyometrie; 3 und 4 gemäß mehrheitlicher Beurteilung durch Teilnehmer der Ringstudie.

Klasse, Merkmal	Anzahl der Zellen, auf die das Merkmal zutrifft
1 Polymorphkernig, Faden eindeutig sichtbar	107
2 Polymorphkernig, Einkerbung enger als 1/3 der dicksten Stelle	31
3 Nicht eindeutig polymorphkernig	57
4 Nicht eindeutig stabkernig	5
5 Stab, Einbuchtung geringer als 1/3	9
6 Stab, Einbuchtung geringer als 1/2	6
1-6 zusammen	215

Tabelle 8.1-4. Anzahl der von verschiedenen Untersuchergruppen klassifizierten Stabkernigen von 215 reifen Granulozyten des Corning-Atlanten (karyometrisch 15 eindeutig stabkernig, 5 nicht eindeutig stabkernig).

Gruppe	Probandenzahl	Median (min - max)
Hämatologen	24	23 (9 - 68)
Laborärzte	12	20 (3 - 40)
Assistenzärzte	26	14 (2 - 69)
MTA	14	35 (12- 72)
Labormitarbeiter nach "Schulung"	9	11 (7 - 18)
Technische Labormitarbeiter	20	22 (7 - 68)

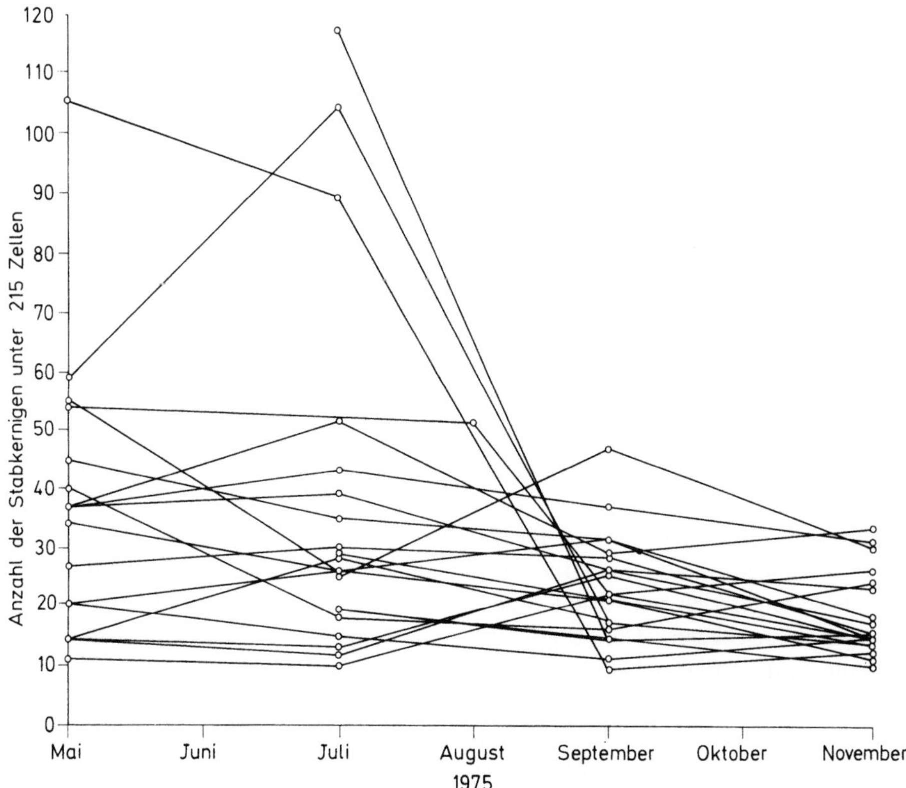

Abbildung 8.1-7. Wiederholte Differenzierung von Stab- und Segmentkernigen durch Labormitarbeiter bei zwischenzeitlicher Schulung

Tabelle 8.1-5. Beurteilungsunsicherheit bei der Differenzierung von stab- und segmentkernigen Granulozyten in Mikrophotogrammen. Erstmalige Beurteilung durch 105 Teilnehmer der Ringstudie.

Stabkernige angegeben	Segmentkernige angegeben	Zusammen	Übereinstimmung (%)
0	42	42	100
1	88	89	95-99
2	16	18	90-94
3	9	12	85-89
3	7	10	80-84
1	9	10	75-79
1	7	8	70-74
3	3	6	65-69
2	1	3	60-64
3	4	7	55-59
1	2	3	50-54

Das Ausmaß der interindividuellen Unsicherheit ist aus Tab. 8.1-4 ersichtlich: 105 Untersucher (mit allerdings völlig unterschiedlichem Erfahrungs- und "Trainings"-zustand) fanden 2 bis 72 Stabkernige unter 215 insgesamt beurteilten Granulozyten. Bei wiederholter Beurteilung der Zellbilder durch Labormitarbeiter mit dazwischen-liegender Schulung ging der Streubereich von anfänglich 11-105 Stabkernige auf 10-33 zurück (Abb. 8.1-7).

Auch in den Instand-Ringversuchen ergeben sich Hinweise, daß Unsicherheiten in Bezug auf die Abgrenzung von Stab- und Segmentkernigen Granulozyten bestehen. Bei dem Ringversuch April 77 lag eine erhebliche Zahl der Ergebnisse außerhalb der zu erwartenden Poisson-Verteilung. Nach Abb. 8.1-8 fand ein größerer Teil der Teilnehmer zu wenige oder zu viele Stabkernige.

8.1.3.4 Diskussion

Die Subjektivität der Zellbeurteilung wird durch unterschiedliche Differenziervor-schriften, unterschiedliche persönlichen Auffassungen und durch psychologische Einflüsse verursacht.

Unterschiedliche Vorschriften für die Stab-Segmentdifferenzierung sind in Tab. 8.1-2 zusammengestellt. Mit Mikrofilmaufnahmen wurde bewiesen (Boll 1966), daß ein Stabkerniger sich wiederholt segmentieren und im Laufe von Minuten wieder entsegmentieren kann. Der Übergang vom stabkernigen zum segmentkernigen Granulozyten ist fließend, die übliche Einteilung also willkürlich, ein Versuch zur Anpassung an die Bedürfnisse der Klinik. Es wurden zahlreiche Versuche unter-nommen, die verbreiteten Klassifizierungsregeln zu ergründen und zu vereinheitli-chen. Peirson (1975) sandte 24 Bilder des Stab/Segment-Atlanten der Fa. Corning an die Laboratorien in 1000 große US-Krankenhäusern, mit der Bitte, bei jeder Zelle anzukreuzen, ob es sich um eine Stab- oder Segmentkenige handelt. Ein weiterer Hersteller eines Mikroskopierautomaten (Perkin-Elmer) sammelte in einer Firmen-

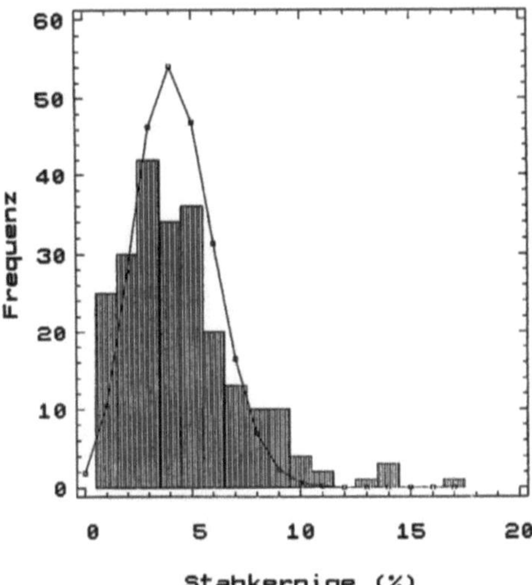

Abbildung 8.1-8. Reale und theoretische Verteilung der Stabkernigen-Anteile bei 245 Teilnehmern im Ringversuch April 1977

umfrage (1975) ausführlichere Stellungnahmen führender Hämatologen aus aller Welt. Wir veranstalteten eine Fragebogenaktion geringeren Umfanges, deren Ergebnisse wir in Beratungen des Arbeitskreises für Qualitätssicherung und Normung der Dtsch. Ges. für Hämatologie und des Arbeitsausschußes Hämatologie des Fachnormenausschußes Medizin im DIN einbrachten. Aufgrund dieser und weiterer Vorbereitungen kam dann die Empfehlung der Nomenklatur- und Glossarkommission der Internationalen Gesellschaft für Hämatologie (Tab. 8.1-6) zustande (s. auch Kap. 8.4, Tab. 8.4-1). Alternativ wurde vorgeschlagen, segmentierte und nichtsegmentierte neutrophile Granulozyten zu unterscheiden, wobei nur solche Zellen als segmentiert bezeichnet werden dürfen, bei denen dieser Umstand zweifelsfrei erkennbar ist. Man erhält dann bei Gesunden Probanden bis zu 16% Nichtsegmentierte (Rohr 1961). Brecher (1975) und Soulier (1975) meinten andererseits, eine Linksverschiebung sei nur anzugeben, wenn im Ausstrich Metamyelozyten zu sehen sind. Keine dieser Vorschläge hat sich bisher durchsetzen können, ein Umstand, der für sich spricht.

Es ist für jedes Laboratorium wichtig zu wissen, ob und wie unterschiedlich die Differenzierungsgewohnheiten der Mitarbeiter sind. Man kann dies, wie hier gezeigt, objektivieren und die Unterschiede durch laborinterne Schulung verringern (Abb. 8.1-7). Wenn kein geeigneter Atlas zur Verfügung steht, kann man Diapositive erstellen, die eindeutig und schwierig zu klassifizierende Zellen zeigen. Diese Diapositive werden bei Laborbesprechungen projiziert, und die Mitarbeiter protokollieren ihre Meinung in Formblättern, die anschließend ausgewertet und kritisch besprochen werden. In jedem klinischen hämatologischen Laboratorium sollte ein Mikroskop vorhanden sein, an dem zwei Personen gleichzeitig mikroskopieren können (Diskussionsbrücke oder Projektionsaufsatz).

Psychologisch bedingt ist möglicherweise, daß bei unserer Ringstudie Assistenzärzte der Inneren Abteilung signifikant weniger Stabkernige fanden als Assistenzärzte

Tabelle 8.1-6. Definitionen des 'Nomenclature and Glossary Committee of the International Society of Hematology' (1975)

Neutrophiler Myelozyt (Myelo): Neutrophiler Granulozyt mit reifem Plasma und einem runden oder ovalen Kern. Das Verhältnis der Achsen eines ovalen Kernes darf nicht mehr als 1:2 betragen.

Neutrophiler Metamyelozyt (Meta) (Syn.: Jugendlicher): Neutrophiler Granulozyt mit reifem Plasma und nierenförmigem Kern. Die Einbuchtung des Kernes darf nicht tiefer sein, als die Hälfte der kürzeren Achse des zu einem Oval ergänzten Kernes.

Neutrophiler stabkerniger Granulozyt (Stab): Neutrophiler Granulozyt mit reifem Plasma und einem hufeisenförmigen oder wurstförmigen Kern. Der Kern weist eine klar erkennbare Bandform auf. Der Durchmesser der dünnsten Stelle des Kernes muß mehr als 1/3 der Durchmesser der beiderseits befindlichen, jeweils dicksten Stellen des Kernes betragen.

Neutrophiler polymorphkerniger Granulozyt (Poly) (Syn.: Segmentkerniger; Filamentkerniger): Neutrophiler Granulozyt mit reifem Plasma und einem Kern der mehr oder weniger deutlich zwei oder (meistens) drei, oder mehrere Kernteile (Segmente) aufweist, oder mit einem Kern, der den oben genannten Definitionen des Myelozyten, Metamyelozyten bzw Stabkernigen nicht entspricht.

Die Reihenfolge der Dokumentation: Das Ergebnis der Differenzierung eines peripheren Blutausstriches soll in der folgenden Reihenfolge geschehen: Neutrophile Metamyelozyten, neutrophile Stabkernige, neutrophile Polymorphkernige, eosinophile und basophile Granulozyten, Monozyten, Lymphozyten und andere Leukozyten in Prozenten; Erythrozytenvorstufen und andere, bzw. nicht einzuordnende Zellen auf 100 Leukozyten.

---

der operativen Abteilungen. Bei einer Linksverschiebung müßte ein Patient eventuell von der Inneren auf die operative Abteilung verlegt werden. Den Einfluß psychologischer Faktoren sahen wir auch bei einem Ringversuch, bei dem 420 Teilnehmer den unauffälligen Blutausstrich eines MTA unseres Laboratoriums zur Beurteilung erhielten. Da wir angaben, daß er ein Schwarzafrikaner ist und nach einer hämatologischen Erkrankung fragten, fanden 12 Teilnehmer Malariaparasiten, 17 andere Anzeichen eine Hämoglobinopathie, wieder andere dachten an Amöbiasis, Bernard-Soulier-Syndom, Burkitt-Tumor, CLL, Haarzell-Leukämie usw. Es wurde sogar eine extramedulläre Erythrozytopoese gefunden. Es sind seither 8 Jahre vergangen, der MTA erfreut sich noch immer bester Gesundheit.

Seitdem während der beiden ersten Jahrzehnten unseres Jahrhunderts das Differenzieren der Blutausstriche eingeführt und zu einer wichtigen Routineuntersuchung wurde, ist die Abgrenzung der stab- von den segmentkernigen neutrophilen Granulozyten umstritten. Mathy (1974) hat, zusammen mit dem bekannten amerikanischen Hämatologen Koepke, die altbekannte Erkenntnis in einer groß angelegten Studie erneut nachgewiesen, daß eine diskrete Linksverschiebung das sicherste Symptom einer beginnenden Entzündung sei. Es ist verständlich, daß auch intensiv nach objektiven Möglichkeiten zur Erkennung der Linksverschiebung gesucht wird. Die in den 70-Jahren eingeführten Mikroskopierautomaten, die mit eigenen, aber immer gleichbleibenden Einteilungskriterien programmiert waren, sind bedauerlicherweise vom Markt durch Durchflußzytometer weitgehend verdrängt worden, die für die Stab-Segmentdifferenzierung untauglich sind (vergl. Kapitel 4.3).

Subjektive Einflüsse bei der mikroskopisch-visuellen Arbeitsweise bedingen hochsignifikante Unterschiede beim Differenzieren von Blutausstrichen und können in der Klinik zu Fehldiagnosen führen. Dies betrifft in besonderem Maße die klinisch bedeutungsvolle Linksverschiebung. Es ist eine wichtige Maßnahme der Qualitätssicherung, solche Klassifizierungsprobleme aufzudecken und auf ein Minimum zu reduzieren. Das ist durch Schulung an Referenzpräparaten und regelmäßig durchgeführten laborinternen Ringstudien möglich. Das mikroskopisch beurteilte Differentialblutbild kann so seiner Einschätzung als eines der bedeutsamsten diagnostischen Hilfsmittel gerecht werden. Durch konsequenten Einsatz der geschilderten Qualitätssicherungsmaßnahmen können kleine und große Laboratorien gleichermaßen dem Kliniker verläßliche Befunde mitteilen, ihren Auftrag zufriedenstellend lösen.

8.2 Die INSTAND Blutbildringversuche 1968 bis 1989

S. Heller und K.-G. v. Boroviczény

8.2.1 Einleitung

1968 veranlaßte die Deutsche Gesellschaft für Hämatologie, in ihrer Eigenschaft als Gründungsmitglied des Institutes für Standardisierung und Dokumentation im medizinischen Laboratorium (INSTAND), die Durchführung von Ringversuchen auf dem Teilgebiet der Hämatologie durch INSTAND. Nach mehreren Vorversuchen Ende der 60-er Jahre sind seit 1970 von INSTAND im Auftrag der Bundesärztekammer und zahlreicher wissenschaftlichen Gesellschaften jährlich mehrmals Ringversuche, - insgesamt bis Ende 1989 81-mal -, angeboten worden. Die INSTAND-Ringversuche entsprechen den Anforderungen der Richtlinien der Bundesärztekammer (RiLiBÄK 1974, 1988). Bei allen 81 Ringversuchen wurden Proben mit den Analyten des kleinen Blutbildes, in 69 Ringversuchen gleichzeitig auch Blutausstriche zum Differenzieren ausgesandt. Zusätzlich wurden zwecks Evaluation des Probenmaterials 9 Ringstudien und über 85 Ringstudien zur Zielwertermittlung in Ringversuchsproben und kommerziellen Richtigkeitskontrollproben veranstaltet. Die Daten dieser Ringversuche werden im Folgenden in Tabellenform, exemplarische Ergebnisse auch graphisch dargestellt und kommentiert.

Die Deutsche Gesellschaft für Klinische Chemie veranstaltet seit 1972 Ringversuche auf dem Gebiet der klinischen Chemie, seit 1981 auch für das kleine Blutbild und seit 1984 auch für das Differentialblutbild.

Auf Grund seiner Erfahrung konnten von INSTAND unter Mitarbeit von kompetenten Fachleuten aller zuständigen wissenschaftlichen Gesellschaften, Behörden und Hersteller Vorschläge für Richtlinien der internen und externen Qualitätssicherung des Blutbildes erarbeitet und den zuständigen Stellen (BÄK, CEC) vorgelegt werden.

Die Ergebnisse unserer bis 1978 abgeschlossenen hämatologischen Ringversuche wurden von H. Kadir unter der Anleitung von Prof. M. Hengst statistisch ausgewertet. Die Einzelwerte der Ringversuche seit Nov. 1980 sind auf Magnetbändern gespeichert und wurden von St. U. Neumann nach Vorgaben der Fachberater ausgewertet. Wir möchten den genannten Herren auch an dieser Stelle danken.

8.2.2 Material und Methoden

Nach Vorversuchen mit selbst abgenommenen und konfektioniertem Spenderblut werden seit 1970 für die Analyte des kleinen Blutbildes in den Ringversuchen kommerzielle Kontrollblute verwendet. Da zwischen Kontrollblut und Verdünnungsflüssigkeiten Inkompatibilitätserscheinungen auftreten können, sind in den Jahren 1976-1977 und erneut 1986-1987 alle erhältlichen Kontrollblute in Ringstudien systematisch untersucht (Wolf u. Boroviczény 1985; Heller u. Boroviczény 1988) und aufgrund dieser Ringstudien für die Ringversuche geeignete Kontrollblute ausgewählt worden.

Die zum Differenzieren ausgesandten Blutausstriche sind seit 1973 immer in den Laboratorien der INSTAND Fachberater für morphologische Hämatologie, d.h. den Autoren dieses Kapitels, als Massenausstrich angefertigt worden. Es werden von acht bis zehn eingeübten MTA mit 10 ml Blut eines Probanden binnen 20 Minuten nach der Entnahme 600-700 Ausstriche angefertigt und anschließend gefärbt. Ungefärbte Blutausstriche überstehen den in der Bundesrepublik unvermeidbaren Transport per Luftpost nicht unbeschadet: sie werden aus nicht genau bekannten Ursachen schlecht anfärbbar.

Die Kenndaten aller Ringversuche wurden in einem PC gespeichert und mit dem Programm 1-2-3 von Lotus ausgewertet bzw. graphisch dargestellt.

8.2.3 Ergebnisse

Die Ergebnisse können den Tabellen 8.2-1 bis 8.2-7 und den Abbildungen 8.2-1 bis 8.2-7 entnommen werden. Weitere Einzelheiten sind an anderer Stelle veröffentlicht (Wolf u. Boroviczény 1985; Heller u. Boroviczény 1988; Boroviczény 1990). Die Tabellen 8.2-2, 8.2-3 und die Tabelle 8.2-5 sind zwecks besserer Übersichtlichkeit jeweils in die Teile a) und b) gegliedert: in Teil a) stehen die Ergebnisse der ersten 40, in den Jahren 1968 bis 1979 veranstalteten Ringversuche, im Teil b) die Ergebnisse der 80-er Jahre.

Die Tabelle 8.2-1 enthält die Angaben über die Ringversuche mit den Analyten des kleinen Blutbildes außer den Blutplättchen (Thrombozyten). Es sind neben dem Datum und der Teilnehmerzahl die durch die Referenzlaboratorien festgestellten Zielwerte beider Proben, der für das Bestehen vorgegebene Variationskoeffizient und der Prozentsatz jener Teilnehmern angegeben, die den betreffenden Analyten in beiden Ringversuchsproben mit der geforderten Genauigkeit bestimmt haben (Spalte

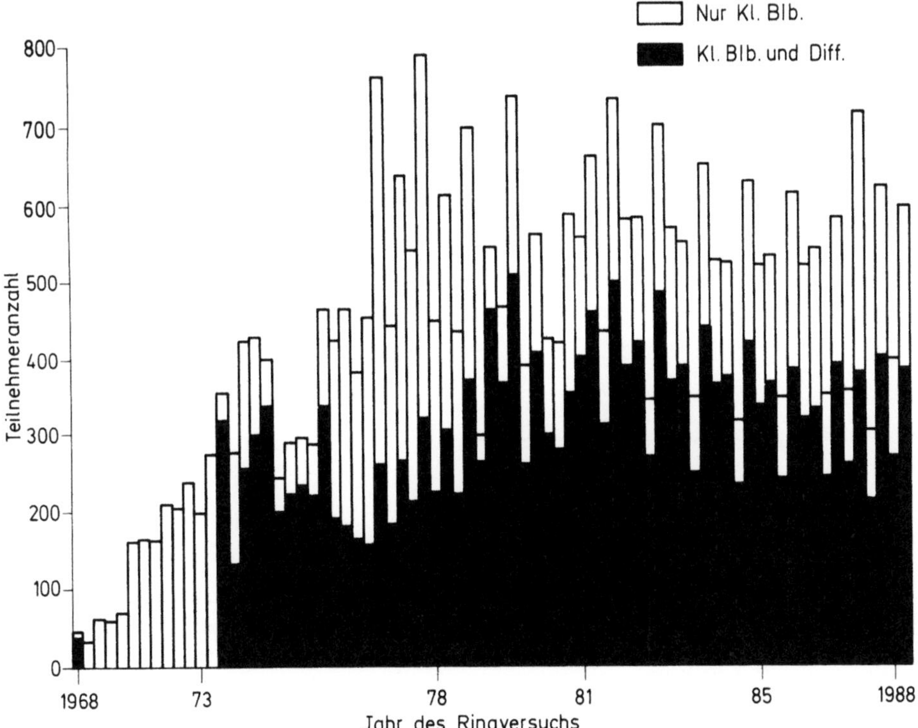

Abbildung 8.2-1. Teilnehmerzahlen bei den INSTAND-Blutbildringversuchen

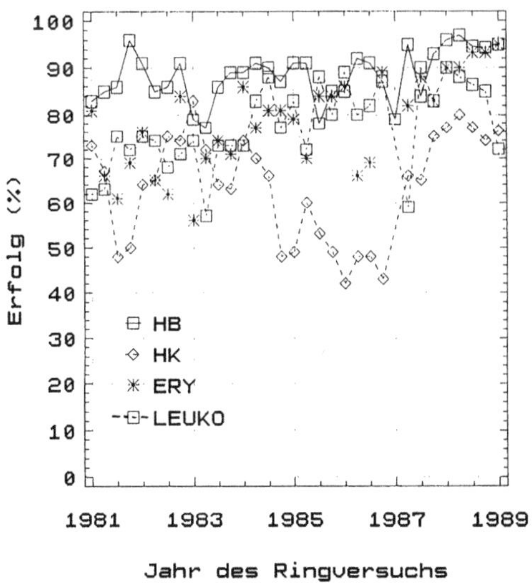

Abbildung 8.2-2. Bestehensquoten der Ringversuchsteilnehmer bei den Ringversuchen "Kleines Blutbild" 1981-1989

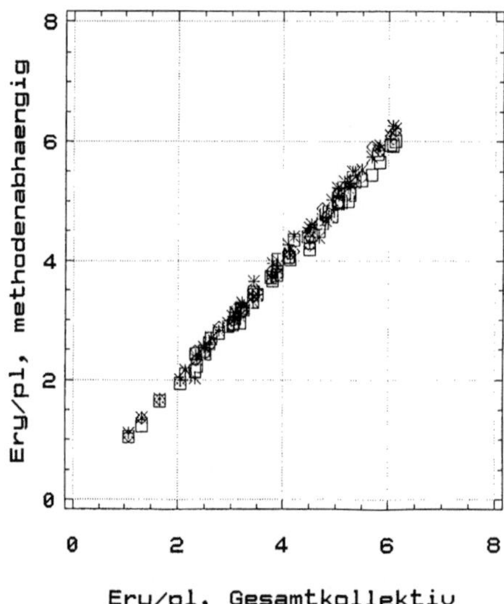

Abbildung 8.2-3. Methodenabhängige Mittelwerte bei der Erythrozytenzählung in den Ringversuchen 1968 bis 1980 im Vergleich zu den Mittelwerten des Gesamtkollektivs.
□ = Zählkammer; * = Zählung elektrischer Impulse; ◇ = Zählung optischer Impulse

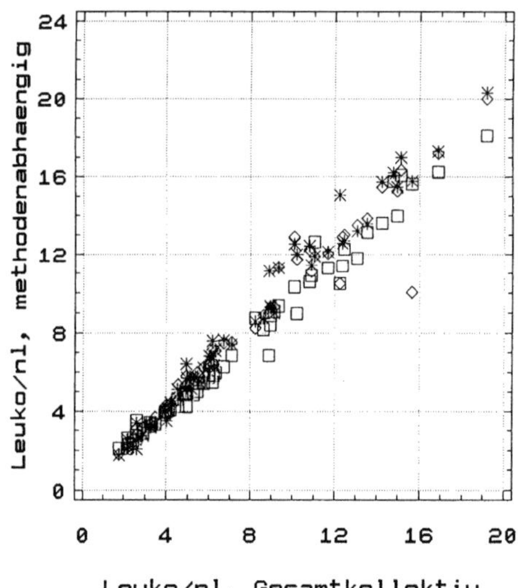

Abbildung 8.2-4. Methodenabhängige Mittelwerte bei der Leukozytenzählung in den Ringversuchen 1968 bis 1980 im Vergleich zu den Mittelwerten des Gesamtkollektivs.
□ = Zählkammer; ◇ = Zählung elektrischer Impulse; * = Zählung optischer Impulse

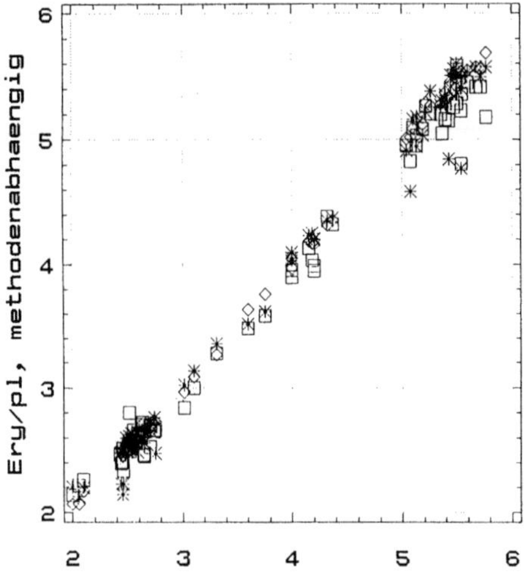

Abbildung 8.2-5. Methodenabhängige Mittelwerte bei der Erythrozytenzählung in den Ringversuchen 1981 bis 1989 im Vergleich zu den Mittelwerten der Referenzlaboratorien. □ = Zählkammer; ◇ = Zählung elektrischer Impulse; * = Zählung optischer Impulse

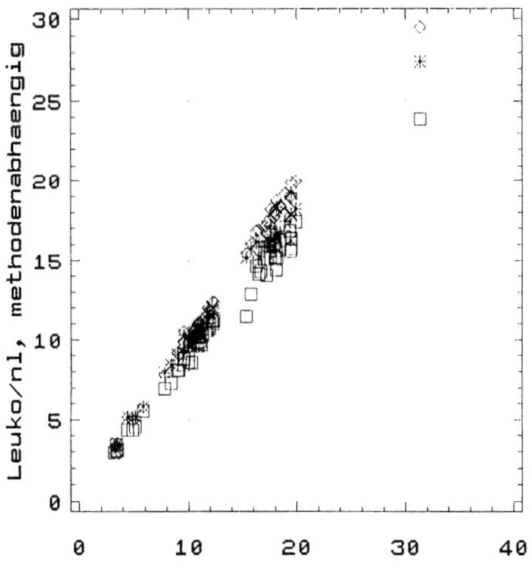

Abbildung 8.2-6. Methodenabhängige Mittelwerte bei der Leukozytenzählung in den Ringversuchen 1981 bis 1989 im Vergleich zu den Mittelwerten der Referenzlaboratorien. □ = Zählkammer; ◇ = Zählung elektrischer Impulse; * = Zählung optischer Impulse

"Erfolg"). Die Teilnehmerzahlen und Erfolgsquoten dieser Tabelle sind in den Abbildungen 8.2-1 und 8.2-2 z. T. auch graphisch dargestellt worden.

In den Tabellen 8.2-2 und 8.2-3 sind detailliertere Ergebnisse der Erythrozyten- bzw. Leukozytenpartikelkonzentrationsbestimmungen angegeben, aufgegliedert in die Ergebnisse der Referenzlaboratorien, des Gesamtkollektivs und methodenorientierter Teilkollektive. Bei den letzteren sind die visuelle Kammerzählmethode (Bürkerkammer) der Zählung elektischer Impulse (Coulter, Sysmex, usw.) und der Zählung optischer Impulse (Technicon, Ortho, usw.) gegenübergestellt worden. Die gut Übereinstimmenden Mittelwerte der Referenzlaboratorien bzw. der methodenorientierten Teilkollektive sind in den Abbildungen 8.2-3 bis 8.2-6 wiedergegeben, die statistische Auswertung in den Tabellen 8.2-6 und 8.2-7.

Plättchen sind versuchsweise im Ringversuch Sept.1980 angeboten worden. Die Ergebnisse waren damals probenbedingt unbefriedigend. Als Ergebnis der erwähnten Ringstudien 1986-1987 sind seit Febr. 1988 in jeder Ringversuchsprobe Plättchen vorhanden. Die auch nach Methoden aufgeschlüsselten Ergebnisse der Ringversuche in 1988 und 1989 sind aus der Tabelle 8.2-4 ersichtlich.

Die Tabelle 8.2-5 enthält die Ergebnisse der Differentialblutbildringversuche mit Angabe der Teilnehmerzahlen, Zielwertvorgaben und Hinweisen zur klinischen Diagnose bzw. zum hämatologischen Befund der verwendeten Präparate. Erfolgsquoten sind seit 1975 für die einzelnen Leukozytenarten getrennt, seit 1983 auch für das Differentialblutbild als ganzes ermittelt und angegeben worden.

8.2.4 Diskussion

Die Teilnehmerzahlen (Abb.8.2-1) zeigen jahreszeitliche Schwankungen: im Sommer gibt es die wenigsten, im Winter die meisten Teilnehmer. Die Zahlen haben bis Anfang der 80-er Jahre zugenommen, seither ist eine leichte Abnahme erkennbar. Für das kleine Blutbild hatten im November 1976 bis 1979, 1981 und 1982 jeweils mehr als 700 (1977 waren es 787), seither 581 bis 653 Teilnehmer angemeldet und Ergebnisse eingesandt. Für das Differentialblutbild meldeten sich im November 1979 die meisten (508) Teilnehmer; 1981 und 1982 waren es 498 bzw.485, seither sind es im November 384 bis 438. Warum es 1980 weniger Teilnehmer gab als in den Jahren davor und danach, ist nicht sicher bekannt. Es könnte mit der damals einsetzenden Welle der Gemeinschaftslaboratorien und Apparategemeinschaften zusammenhängen.

8.2.4.1 Hämoglobinometrie und Hämatokritbestimmung

Seit Anfang 1972 bis Nov.1987 gab es bei der Hämoglobinometrie in 64 Ringversuchen und 128 Proben nur dreimal einen Variationskoeffizienten $>5\%$ als Beurteilungskriterium, d.h. als Streuungsparameter der Referenzlaboratorien, bei der Hämatokritbestimmung hingegen im selben Zeitraum in 62 Ringversuchen und 121 Proben dreiundzwanzigmal! Dies kommt daher, daß leider vielfach statt des geforderten Zentrifugalhämatokritwertes Hämatokritwerte der elektronischen Zellzählgeräte angegeben wurde, die speziell bei Kontrollblutproben von dem allein im Ringversuch zuverlässig zu bestimmenden Zentrifugalhämatokritwert abweichen können.

Im Nov. 1977 haben 93% der 787 Teilnehmer die Hämoglobinkonzentrationen (18,6 bzw. 9,5 g/dl), innerhalb der durch die Variationskoeffizienten (3,1 bzw. 2,6%) vorgegebenen engen Grenzen, bestimmt. Dies ist ein besonders gutes Ergebnis, aber auch das durchschnittliche Niveau der Hämoglobinometrie-Ringversuchsergebnisse kann sich sehen lassen.

8.2.4.2 Partikelkonzentrationsbestimmungen

Die Anwendung der Zählkammer geht bei der Bestimmung der Erythrozyten- und Leukozytenpartikelkonzentrationsbestimmung deutlich zurück: Vergleicht man die prozentuelle Verteilung der Methodenangaben im Nov. 1978 und 1989, so ist der Einsatz der Zählkammer für Erythrozyten von 11% auf 2% zurückgegangen, bei einem Anstieg der elektronischen Zellzählgeräte von 50% + 4% = 54% auf 68% + 9% = 77%. Bedauerlich ist, daß die in der Tabelle 8.2-2 nicht angegebenen 'anderen Methoden' von 35% nach wie vor in einem höheren %-Satz angewendet werden. Darunter verbirgt sich größtenteils die unzuverlässige photometrische 'Erythrozytenzahlmessung', die besonders in kleinerne Laboratorien angewandt wird, da man dafür jedes einfache Photometer einsetzen und das Ergebnis bei der KV abrechnen kann. Es handelt sich um eine obsolete Methode, die bei Veränderungen der Form und/oder Hämoglobinbeladung der Erythrozyten falsch zu wenig pathologische Werte ergibt, die Krankheit des Patienten also verharmlost. Die Ringversuche kann man mit dieser Methode bestehen, da für Ringversuche begreiflicherweise nur verschieden stark verdünntes Blut gesunder Spender verwendet werden kann. Die Ergebnisse dieser Methode wurden nicht tabelliert, um einen falschen Eindruck von der Leistungsfähigkeit dieser Methoden zu vermeiden.

Erfreulich ist die gute Übereinstimmung der Mittelwerte der methodenorientierten Teilkollektive (Abb. 8.2-3 bis 8.2-6).

Bei den Leukozyten kann das Praxislaboratorium z.Z. nicht auf die Zählkammer verzichten, wenn z.B. bei einem "unklaren Bauch" über die Einweisung entschieden werden muß: Apparategemeinschaften arbeiten bekanntlich am Wochenende nicht. Bei der Leukozytenpartikelbestimmung ist der Anteil der Zählkammertechnik von 1987 bis 1989 von 41% auf 13% zurückgegangen, die Anwendung elektronischer Zellzählgeräte von 51% + 4% = 55% auf 68% + 10% = 78% angestiegen. Der VK bewegt sich in den letzten Jahren für die Kammerzählung zwischen 12% und 21%. Bei den Zählgeräten für elektrische Impulse war er in den letzten 35 Ringversuchen nur in zwei Fällen >8%.

Für die Bestimmung der Plättchenpartikelkonzentration liegen weniger Ergebnisse vor, die Überlegenheit der Bestimmung mit elektronischen Zählgeräten im Vollblut ist aber deutlich erkennbar. Auf die Kammerzählung können jedoch auch größere Laboratorien, zumindest als Zweitmethode, nicht verzichten.

8.2.4.3 Differentialblutbild

Die Palette der Diagnosen beim Differentialblutbild reicht von unauffällig über Anomalien, Mononukleosen und septischen Krankheitsbildern bis zur Plasmazell- und Haarzellleukämie. Wiederholt hat es im Ringversuch deutlich vermehrt basophil getüpfelte Erythrozyten gegeben, gelegentlich in beiden ausgesandten Ausstrichen. Bedauerlicherweise wird dieser wichtige Befund, der einen Hinweis auf eine Umwelt-

schädigung geben kann, von den meisten Teilnehmern übersehen, obwohl Ringversuchspräparate sicher mindestens so sorgfältig untersucht werden wie Patientenblutbilder. Auch wenn im Begleitschreiben ausdrücklich auf eine 'Besonderheit der
Erythrozyten' hingewiesen wird, entdeckt nur knapp jeder sechste Teilnehmer die
basophile Tüpfelung.

Auffallend ist, daß Monozyten nicht so sicher erkannt werden wie eosinophile
Granulozyten (Abb.8.2-7). Besonders ausgeprägt sind die Unsicherheiten bei myelomonozytären Leukämien. Während Eosinophile an der Granulation einwandfrei
erkennbar sind, werden pathologisch verändert Monozyten z.T. mit lymphozytären
Reizformen verwechselt. Es muß hier angemerkt werden, daß diese Unterscheidung
ohne die Möglichkeit von Zusatzuntersuchungen schwierig, wenn nicht unmöglich
sein kann.

Bei der besonderen Bedeutung, die das Differentialblutbild einschließlich der
Plättchen- und der Erythrozytenmorphologie für den Kliniker hat, muß das differenzierende Laboratorium die vorkommenden Probleme und Fehler kennen und minimieren. Es sind dafür Maßnahmen der internen und externen Qualitätssicherung einzusetzen. Die sicherlich wichtigste externe Qualitätssicherungsmaßnahme ist die
Teilnahme am Ringversuch. Von dieser Möglichkeit sollte mindestens viermal im
Jahr Gebrauch gemacht werden.

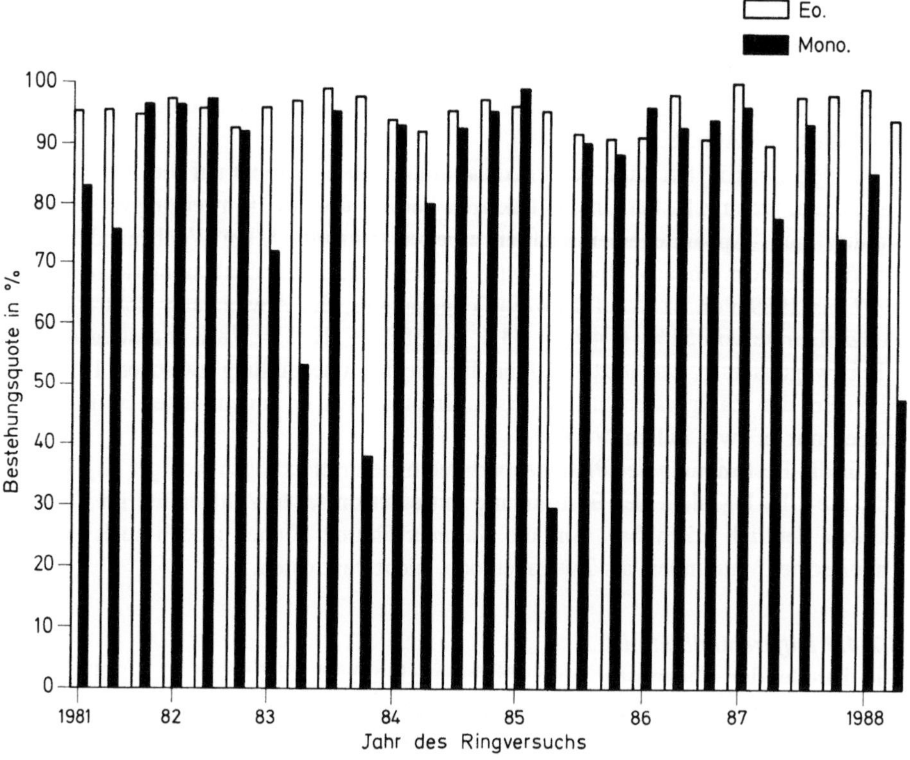

Abbildung 8.2-7. Bestehensquoten bei eosinophilen Granulozyten und Monozyten

Tabelle 8.2-1, Teil 1. Ergebnisse der Ringversuche für das Kleine Blutbild

Nr.	Jahr	Mon.	n	Hämoglobin					Hämatokrit					Erythrozyten					Leukozyten					Bemerk.
				Probe 1		Probe 2		Erfolg	Probe 1		Probe 2		Erfolg	Probe 1		Probe 2		Erfolg	Probe 1		Probe 2		Erfolg	
				Ziel g/dl	Vk %	Ziel g/dl	Vk %	%	Ziel l/l	Vk %	Ziel l/l	Vk %	%	Ziel T/l	Vk %	Ziel T/l	Vk %	%	Ziel G/l	Vk %	Ziel G/l	Vk %	%	
1	1968	Aug	48	13,3	20,2	10,4	21,3		0,46	16,2	0,43	22,1		4,13	19,1	3,17	19,2		4,94	28,7	4,56	27,4		GKW
2	1969	Sep	35	12,6	11,1									3,95	10,0				7,60	11,6				
3	1970	Jun	62	16,7	4,2	10,5	5,1	94	0,48	7,3	0,29	7,4	87	5,26	5,8	3,42	9,1	90	8,87	32,6	15,1	28,9		GKW
4		Sep	60	12,2	4,2	8,1	2,9	89	0,33	2,8	0,20	4,4	79	4,02	4,2	2,68	6,8	90	5,18	24,6	11,0	25,1	78	
5		Dez	71	14,1	2,5	11,1	3,2	90	0,51	3,7	0,41	3,9	75	4,23	5,0	3,44	5,3	99	6,63	11,5	4,85	15,2	82	
6	1971	Mär	163	8,5	4,2	10,7	4,1	96	0,31	14,5	0,36	11,3	97	2,77	7,6	3,21	7,2	99	4,90	18,8	5,36	16,2	88	GKW
7		Jun	166	14,2	3,6	9,2	4,6		0,41	8,7	0,27	9,8		4,67	6,8	3,09	8,0		5,28	28,2	10,2	34,8		GKW
8		Okt	165	14,7	3,8	17,2	4,1		0,41	12,2	0,57	7,0		4,73	7,0	5,15	6,0		5,75	24,2	4,98	24,5		GKW
9	1972	Mär	210	17,1	2,5	9,5	3,9		0,47	1,6	0,24	2,2		5,85	5,6	2,89	4,2		5,53	11,4	12,4	11,3		
10		Jun	206	10,0	2,6	12,1	3,4		0,32	2,6	0,40	2,8		3,07	4,3	3,90	3,1		2,18	23,4	2,27	27,4		
11		Okt	238	7,8	3,1	13,1	1,4		0,25	4,9	0,43	1,8		2,50	3,6	4,14	3,9		1,83	9,3	3,75	6,5		
12	1973	Feb	199	14,3	1,5	16,1	1,2		0,49	1,9	0,56	1,8		4,47	3,4	4,72	4,7		2,38	12,9	5,15	18,9		
13		Jun	274	15,9	2,9	7,6	6,2		0,55	3,1	0,22	9,0		4,82	6,2	2,13	12,5		3,98	26,3	2,61	19,0		
14		Okt	364	18,4	1,6	15,2	2,8		0,61	2,8				5,44	6,7				2,39	21,2	6,38	16,3		Hämol.
15	1974	Jan	276	19,2	2,5	15,9	2,5		0,62	2,5	0,52	2,5		6,07	5,3	5,11	5,6		4,74	20,0	3,38	24,9		ERV
16		Feb	422	19,4	3,9	11,8	4,5	92	0,60	12,7	0,37	2,6	68	6,09	2,8	3,76	4,3	78	3,14	49,1	1,79	44,7	76	
17		Jun	427	7,1	3,6	14,3	2,5	84	0,20	4,3	0,42	2,5	69	2,12	4,1	4,49	5,1	73	17,1	5,2	8,97	9,1	72	
18		Okt	400	10,3	3,2	13,3	2,5	99	0,31	2,6	0,41	2,5	82	3,26	7,5	4,32	4,2	97	6,96	5,0	11,2	5,1	91	
19	1975	Feb	243	10,4	1,6	15,8	2,1	77	0,28	3,6	0,44	1,7	63	3,43	2,9	5,43	2,4	61	14,2	8,4	7,22	6,1	49	
20		Apr	287	15,6	2,5	10,5	2,5	83	0,43	2,5	0,28	3,7	67	5,36	3,9	3,50	5,9	87	7,81	5,9	16,1	4,8	46	
21		Jun	296	9,1	2,6	14,7	2,5	85	0,24	2,5	0,42	2,5	71	3,00	3,8	4,96	5,0	79	15,4	4,0	7,23	4,2	46	
22		Sep	286	18,0	2,9	16,2	3,2		0,67	2,5	0,59	2,5		5,85	4,1	5,20	4,3		12,2	4,3	11,1	4,8		
23		Nov	463	15,9	2,4	12,3	3,1		0,60	1,9	0,44	1,6		5,06	3,8	3,79	3,0		7,05	4,8	12,3	2,8		
24	1976	Feb	422	16,0	3,2	8,3	2,6	93	0,51	2,5	0,25	2,5	68	5,19	8,2	2,62	4,5	87	7,41	5,6	16,0	7,9	77	
25		Apr	463	16,6	2,7	4,7	2,8	81	0,54	2,5	0,15	3,9	68	5,44	2,5	1,64	4,8	74	15,5	8,8	2,55	8,6	76	
26		Juli	381	12,1	2,5	13,8	3,2		0,36	2,5	0,43	2,5	70	3,88	3,1	4,53	4,6	86	17,4	5,4	4,06	7,5	75	
27		Sep	462	9,3	1,1	20,2	1,4	64	0,30	2,1	0,64	3,2	73	3,15	2,7	6,22	2,4	68	6,20	2,8	20,5	2,8	44	
28		Nov	761	9,9	2,3	6,6	3,2	88	0,31	2,5	0,20	2,6	76	3,15	3,5	2,02	4,8	77	9,24	3,8	11,0	3,6	67	
29	1977	Feb	443	6,0	2,5	13,1	2,5	87	0,20	2,8	0,44	2,9	70	2,00	4,7	4,30	2,5	81	2,14	9,8	8,31	5,5	69	

GKW = Gesamtkollektivwert   ERV = Ersatzringversuch Ziel = Zielwert $T/l = 10^{12}/l$ $G/l = 10^{9}/l$ Vk = Variationskoeffizient

Tabelle 8.2-1, Teil 2. Ergebnisse der Ringversuche für das Kleine Blutbild

Nr.	Jahr	Mon.	n	Hämoglobin					Hämatokrit					Erythrozyten					Leukozyten					Bemerk.
				Probe 1		Probe 2		Erfolg	Probe 1		Probe 2		Erfolg	Probe 1		Probe 2		Erfolg	Probe 1		Probe 2		Erfolg	
				Ziel g/dl	Vk %	Ziel g/dl	Vk %	%	Ziel l/l	Vk %	Ziel l/l	Vk %	%	Ziel T/l	Vk %	Ziel T/l	Vk %	%	Ziel G/l	Vk %	Ziel G/l	Vk %	%	
30	1977	Apr	638	15,2	1,3	7,7	1,6	94	0,49	2,6	0,24	2,7	75	4,95	2,4	2,45	3,0	75	6,16	5,3	11,8	6,3	84	
31		Sep	539	3,5	3,9	17,7	2,5	85	0,10	3,2	0,57	2,8	59	1,03	7,7	5,46	2,5	81	3,95	6,8	8,92	3,6	74	
32		Nov	787	18,6	3,1	9,5	2,6	93	0,61	2,5	0,30	5,6	77	5,84	2,5	2,92	2,5	74	13,0	2,9	13,8	3,8	76	
33	1978	Feb	448	9,3	2,4	11,9	2,6	88	0,29	2,6	0,38	2,5	78	2,97	2,4	3,76	1,2	50	15,6	2,5	9,23	3,3	52	
34		Mai	611	13,6	1,7	4,0	1,5	78	0,39	3,0	0,12	5,3	66	4,14	1,0	1,32	2,2	46	9,2	7,5	3,24	10,5	64	
35		Sep	434	17,1	2,5	7,2	2,5	89	0,55	2,5	0,21	6,2	72	5,39	2,5	2,31	2,5	62	13,4	8,6	5,92	6,9	66	
36		Nov	698	7,3	2,5	13,9	1,2	89	0,23	5,2	0,45	2,5	86	2,39	2,5	4,61	1,5	56	2,12	5,1	3,36	4,2	35	
37	1979	Feb	297	4,8	2,7	13,8	2,5	86	0,14	5,6	0,44	1,8	88	1,52	4,1	4,46	3,4	81	5,36	4,9	9,19	4,6	58	
38		Mai	544	16,7	2,7	7,9	1,9	81	0,43	4,9	0,19	6,5	85	5,38	2,5	2,53	2,5	66	18,3	2,5	10,1	4,1	54	
39		Sep	465	3,5	7,4	15,4	3,1	91	0,10	2,5	0,47	1,5	48	1,03	2,9	4,56	3,4	55	28,1	9,9	27,1	6,8	71	
40		Nov	737	7,2	2,2	13,0	1,6	82	0,18	4,1	0,33	5,3	77	2,27	1,7	4,03	2,1	44	4,36	3,2	8,71	2,6	44	
41	1980	Mär	392	17,4	2,0	8,8	1,1	60											20,5	2,5	14,8	1,8	47	GKW
42		Mai	561	16,6	1,8	7,1	1,3	70	0,40	5,9	0,18	4,6	57	5,11	3,0	2,35	5,0	81	18,6	3,0	10,9	3,0	52	
43		Sep	425	13,4	1,5	18,1	1,2	72	0,38	6,0	0,52	6,0	64	4,72	2,1	5,66	2,0	63	6,6	16,2	17,3	24,7	69	+ PLT
44		Okt	420	15,8	1,6	8,0	2,0	79	0,41	5,0	0,20	5,4	61	5,02	2,7	2,59	2,4	69	16,5	3,6	10,8	2,6	57	ERV
45		Nov	587	17,8	2,2	8,5	1,6	79	0,43	2,0	0,20	3,6	59	5,72	2,0	2,71	2,5	61	19,4	1,5	19,7	2,5	24	
46	1981	Feb	558	16,7	1,4	8,4	3,3	83	0,43	4,5	0,21	7,4	73	5,40	3,3	2,75	4,4	81	17,6	3,1	11,2	4,5	62	
47		Mai	662	17,2	2,1	7,7	2,2	85	0,44	4,7	0,18	4,3	67	5,48	2,7	2,50	2,2	66	19,5	4,1	12,0	3,4	63	
48		Sep	435	17,0	2,5	7,6	2,5	86	0,49	3,3	0,20	2,5	48	5,54	3,0	2,46	2,5	61	18,0	8,3	10,0	3,8	75	
49		Dez	733	17,2	3,3	7,7	3,7	96	0,44	2,7	0,19	3,5	50	5,54	2,5	2,43	3,3	69	17,6	4,6	12,2	3,7	72	
50	1982	Feb	580	17,0	2,5	8,2	2,6	91	0,43	3,3	0,21	6,7	64	5,47	3,4	2,62	3,5	76	16,5	5,7	10,2	3,2	75	
51		Mai	582	17,3	2,0	7,6	2,0	85	0,47	3,3	0,19	4,5	65	5,51	2,4	2,57	2,0	65	18,0	4,6	10,8	3,8	74	
52		Aug	345	16,6	2,5	7,5	2,5	86	0,47	2,7	0,20	4,8	75	5,43	2,0	2,45	2,5	62	17,2	2,8	9,1	3,2	68	
53		Nov	701	15,4	2,5	7,5	3,0	91	0,39	6,9	0,18	3,5	74	5,08	4,9	2,44	3,8	84	16,5	4,5	11,6	3,5	71	
54	1983	Feb	568	16,0	1,7	8,2	2,0	79	0,42	7,8	0,21	4,1	83	5,19	1,4	2,63	2,5	56	18,5	4,1	10,6	3,6	74	
55		Mai	550	15,6	1,7	7,8	1,7	77	0,41	2,0	0,20	3,5	72	5,13	2,1	2,59	2,6	70	18,1	2,9	11,3	2,1	67	
56		Aug	349	16,5	2,0	7,6	2,0	86	0,45	2,6	0,20	2,7	64	5,77	2,9	2,65	2,6	74	16,7	4,6	9,6	3,6	73	
57		Nov	653	15,8	1,9	7,6	2,7	89	0,40	4,2	0,21	4,9	63	5,36	1,9	2,53	3,3	71	19,9	4,0	12,4	3,8	73	
58	1984	Maer	526	17,2	2,5	8,0	2,5	89	0,42	3,8	0,19	5,8	74	5,55	3,8	2,58	3,9	86	18,0	4,1	10,9	3,7	73	

GKW = Gesamtkollektivwert   ERV = Ersatzringversuch   Ziel = Zielwert   T/l = 10¹²/l   G/l = 10⁹/l   Vk = Variationskoeffizient

Tabelle 8.2-1, Teil 3. Ergebnisse der Ringversuche für das Kleine Blutbild

Nr.	Jahr	Mon.	n	Hämoglobin					Hämatokrit					Erythrozyten					Leukozyten					Erfolg	Bemerk.
				Probe 1		Probe 2		Erfolg	Probe 1		Probe 2		Erfolg	Probe 1		Probe 2		Erfolg	Probe 1		Probe 2				
				Ziel	Vk	Ziel	Vk		Ziel	Vk	Ziel	Vk		Ziel	Vk	Ziel	Vk		Ziel	Vk	Ziel	Vk		
				g/dl	%	g/dl	%	%	l/l	%	l/l	%	%	T/l	%	T/l	%	%	G/l	%	G/l	%	%	
59	1984	Mai	523	16,6	2,6	7,9	2,7	91	0,41	2,8	0,21	8,7	70	5,37	2,5	2,55	2,7	77	18,5	6,1	10,9	5,9	83	
60		Aug	318	16,6	2,6	7,8	2,5	90	0,43	2,6	0,19	2,8	66	5,60	2,6	2,62	3,2	81	17,9	6,5	10,8	5,2	88	
61		Nov	630	17,4	3,3	7,8	2,1	87	0,44	2,8	0,18	2,6	48	5,68	3,3	2,52	3,4	81	17,9	4,8	11,8	4,0	77	
62	1985	Feb	520	16,3	2,0	8,0	3,6	91	0,39	2,6	0,18	2,6	49	5,26	2,7	2,51	2,8	79	17,3	5,0	10,4	5,2	83	
63		Mai	533	17,4	1,7	8,1	5,0	91	0,43	4,8	0,19	3,3	60	5,51	2,1	2,55	2,1	70	17,3	2,9	11,0	2,7	72	
64		Aug	348	16,6	3,0	7,9	1,5	78	0,43	5,3	0,19	5,8	53	5,40	2,7	2,60	2,9	84	18,2	6,0	11,1	6,2	88	
65		Nov	614	15,9	1,7	7,7	2,3	85	0,41	2,4	0,19	3,5	49	5,04	3,8	2,45	2,7	84	17,5	4,8	10,4	3,9	80	
66	1986	Mär	520	16,7	2,2	7,8	2,1	85	0,42	2,9	0,19	3,3	42	5,45	2,4	2,53	3,4	86	18,9	7,6	11,8	6,0	89	
67		Mai	541	15,9	2,1	6,7	3,2	92	0,42	3,5	0,17	3,4	48	5,10	2,2	2,10	2,4	66	19,5	4,6	12,0	4,2	80	
68		Aug	352	16,1	2,9	7,8	2,2	91	0,43	2,2	0,19	3,7	48	5,22	2,0	2,51	2,1	69	19,4	4,5	12,3	4,1	82	
69		Nov	581	16,9	2,2	7,7	2,0	87	0,42	2,1	0,19	6,5	43	5,50	3,8	2,48	4,0	89	17,0	5,3	11,1	5,3	88	
70	1987	Jan	356	16,5	2,0	12,8	3,0	79																Hämol.
71		Mai	715	13,0	2,6	17,0	3,5	95	0,31	5,5	0,50	12,6	66	4,16	2,0	5,14	3,1	82	10,3	3,2	31,4	5,0	59	ERV
72		Aug	303	6,4	1,8	13,8	2,2	84	0,18	4,8	0,38	2,6	65	2,06	3,4	4,32	2,5	88	3,2	4,4	9,6	10,8	90	
73		Nov	623	6,1	3,6	13,0	3,8	93	0,15	10,4	0,36	10,0	75	2,00	3,2	4,00	3,2	83	3,4	7,8	9,0	7,4	83	
74	1988	Feb	398	13,3	3,5	11,6	3,7	96	0,36	10,1	0,30	10,1	77	4,18	3,1	3,75	3,1	90	8,4	13,0	10,9	13,1	90	
75		Mai	597	12,5	3,7	11,1	3,6	97	0,33	10,1	0,30	10,1	80	4,00	3,6	3,60	3,5	90	7,8	8,5	9,5	8,8	88	
76		Sep	398	11,6	3,7	13,3	3,5	95	0,30	10,1	0,36	10,1	77	3,75	3,1	4,18	3,1	93	10,9	13,1	8,4	13,0	86	
77		Nov	607	7,9	3,5	10,3	3,5	94	0,20	10,1	0,27	10,1	74	2,70	4,5	3,31	4,0	93	5,1	7,5	5,8	8,0	85	
78	1989	Jan	399	11,8	3,5	7,8	3,5	95	0,29	10,0	0,19	10,0	76	4,00	4,0	2,50	4,0	95	19,5	5,0	3,4	5,0	72	
79		Apr	614	13,6	3,7	8,2	3,5	94	0,37	10,1	0,22	10,1	81	4,37	4,0	2,70	4,1	94	18,1	9,1	3,5	7,0	85	
80		Jun	319	13,1	3,5	9,6	3,5	97	0,37	10,0	0,27	10,0	79	4,20	4,0	3,10	4,0	95	15,4	5,0	5,2	5,0	86	
81		Okt	638	12,9	3,5	8,9	3,5	97	0,32	10,0	0,22	10,0	77	4,20	4,0	3,01	4,0	95	15,8	5,0	4,9	5,0	82	

ERV = Ersatzringversuch   Ziel = Zielwert   T/l = 10^{12}/l   G/l = 10^9/l   Vk = Variationskoeffizient

Tabelle 8.2-2a, Teil 1. Ergebnisse der Ringversuche für die Erythrozytenpartikelkonzentration

Nr.	Jahr-Mo	Referenzlaboratorien Probe 1 Ziel T/l	Vk %	Probe 2 Ziel T/l	Vk %	Gesamtkollektiv n	Probe 1 $\bar{X}$ T/l	Vk %	Probe 2 $\bar{X}$ T/l	Vk %	Visuelle Kammerzählung n	Probe 1 $\bar{X}$ T/l	Vk %	Probe 2 $\bar{X}$ T/l	Vk %	Zählung elektrischer Impulse n	Probe 1 $\bar{X}$ T/l	Vk %	Probe 2 $\bar{X}$ T/l	Vk %	n	Zählung optischer Impulse Probe 1 $\bar{X}$ T/l	Vk %	Probe 2 $\bar{X}$ T/l	Vk %
1	1968-08					50	4,13	19,1	3,17	19,2	9	4,02	16,9	2,94	27,9	20	4,11	21,4	3,07	21,0	9	4,07	20,1	3,06	16,3
2	1969-09	3,95	10,0			33	4,04	12,7			25	4,06	11,7			13	3,92				0				
3	1970-06					62	5,26	5,8	3,42	9,1	6	5,10	6,4	3,30	8,4	15	5,31	5,0	3,48	5,1	2	5,30	2,7	3,40	4,2
4	1970-09	4,02	4,2	2,68	6,8	60	3,89	6,7	2,62	8,0	5	4,02	8,3	2,68	4,1	14	3,88	5,6	2,58	6,7	2	4,00	3,5	2,70	5,2
5	1970-12	4,23	5,0	3,44	5,3	71	4,20	5,3	3,43	5,3	6	4,35	2,4	3,47	2,4	16	4,15	5,2	3,39	4,2	2	4,40	6,4	3,65	9,7
6	1971-03					161	2,77	7,6	3,21	7,2	77	2,78	7,5	3,19	6,5	50	2,88	8,9	3,21	8,6	7	2,82	6,2	3,28	5,6
7	1971-06					163	4,67	6,8	3,09	8,0	37	4,49	6,5	3,09	7,7	55	4,60	8,5	3,19	10,7	10	4,39	4,6	3,05	4,7
8	1971-10					165	4,73	7,0	5,15	6,0	46	4,63	9,2	5,12	8,8	56	4,87	6,7	5,25	7,0	12	4,69	6,7	5,33	7,7
9	1972-03	5,85	5,6	2,89	4,2	210	5,68	7,2	2,95	8,1	49	5,44	7,8	2,89	7,2	58	5,91	5,5	2,93	5,6	12	5,75	5,7	2,95	9,7
10	1971-06	3,07	4,3	3,90	3,1	206	3,07	7,8	3,79	6,9	49	3,01	9,4	3,70	7,5	77	3,04	4,9	3,79	4,9	13	3,12	5,1	3,95	5,9
11	1971-10	2,50	3,6	4,14	3,9	237	2,49	8,3	4,09	6,3	71	2,47	10,5	4,05	6,1	75	2,49	11,0	4,12	5,0	13	2,54	7,7	4,27	5,7
12	1973-02	4,47	3,4	4,72	4,7	195	4,46	5,5	4,80	6,0	45	4,40	4,9	4,78	7,4	70	4,44	4,0	4,73	3,6	14	4,47	5,1	4,67	6,4
13	1973-06	4,82	6,2	2,13	12,5	274	4,86	6,6	2,32	15,3	61	4,82	7,8	2,14	14,7	95	4,80	5,2	2,47	6,3	21	4,74	7,4	2,03	13,5
14	1973-10	5,44	6,7	4,74	7,7	354	5,74	8,1	4,71	13,6	53	5,57	7,0	4,68	11,4										
15	1974-01	6,07	5,3	5,11	5,6	276	6,13	6,6	5,03	6,9	34	6,00	7,6	4,96	9,4	53	6,18	3,3	5,02	4,0	8	6,22	6,8	5,14	3,0
16	1974-02	6,09	2,8	3,76	4,3	283	6,03	6,6	3,76	6,4	53	5,95	8,7	3,71	7,0	109	6,09	4,3	3,80	9,1	17	6,11	4,6	3,73	5,3
17	1974-06	2,12	4,1	4,49	5,1	350	2,21	10,7	4,56	7,8															
18	1974-10	3,26	7,5	4,32	4,2	400	3,31	8,4	4,30	7,5															
19	1975-02	3,43	2,9	5,43	2,4	243	3,42	10,6	5,25	9,4	57	3,42	13,1	5,15	13,7	96	3,39	5,7	5,32	5,6	9	3,29	5,6	5,31	4,8
20	1975-04	5,36	3,9	3,50	5,9	287	5,22	8,9	3,51	12,5	51	5,00	10,6	3,42	14,8	110	5,29	3,9	3,45	7,4	12	5,23	5,0	3,42	4,7
21	1975-06	3,00	3,8	4,96	5,0	296	3,08	11,4	4,94	11,7															
22	1975-09	5,85	4,1	5,20	4,3	286	5,80	10,2	5,02	20,8	62	5,79	10,7	5,00	9,8	122	5,89	4,8	5,15	5,6	23	5,86	6,3	5,23	5,5
23	1975-11	5,06	3,8	3,79	3,0	463	5,05	12,2	3,89	13,0	77	4,98	9,8	3,81	10,9	128	4,97	5,0	3,74	5,3	18	5,09	4,3	3,86	4,5
24	1976-02	5,19	8,2	2,62	4,5	410	5,09	7,3	2,59	9,0	66	4,98	9,8	2,59	8,9	140	5,10	4,4	2,56	5,0	15	5,20	4,9	2,62	7,4
25	1976-04	5,44	2,5	1,64	4,8	458	5,36	7,2	1,67	11,3	102	5,33	8,9	1,65	8,7	146	5,32	4,6	1,67	6,2	15	5,50	2,7	1,68	6,9
26	1976-07	3,88	3,1	4,53	4,6	381	3,88	6,6	4,53	6,3	54	3,75	8,8	4,42	8,4	141	3,85	5,0	4,52	4,7	23	3,90	7,0	4,60	4,4
27	1976-09	3,15	2,7	6,22	2,4	452	3,18	8,1	6,08	7,5	68	3,16	9,1	5,92	9,9	154	3,18	5,0	6,05	4,4	22	3,19	4,5	6,26	5,8
28	1976-11	3,15	3,5	2,02	4,8	761	3,24	9,5	2,14	10,7	132	3,17	10,3	2,09	10,5	250	3,13	5,7	2,06	6,8	31	3,24	7,1	2,15	11,9
29	1977-02	2,00	4,7	4,30	2,5	443	2,05	10,5	4,50	8,3	64	1,94	8,6	4,19	8,9	188	1,99	6,6	4,25	5,0	21	2,00	6,8	4,29	7,0

Ziel = Zielwert T/l = 10^{12}/l Vk = Variationskoeffizient

Tabelle 8.2-2a, Teil 2. Ergebnisse der Ringversuche für die Erythrozytenpartikelkonzentration

Nr.	Jahr-Mo	Referenzlaboratorien Probe 1 Ziel T/l	Vk %	Probe 2 Ziel T/l	Vk %	Gesamtkollektiv n	Probe 1 $\bar{X}$ T/l	Vk %	Probe 2 $\bar{X}$ T/l	Vk %	Visuelle Kammerzählung n	Probe 1 $\bar{X}$ T/l	Vk %	Probe 2 $\bar{X}$ T/l	Vk %	Zählung elektrischer Impulse n	Probe 1 $\bar{X}$ T/l	Vk %	Probe 2 $\bar{X}$ T/l	Vk %	Zählung optischer Impulse n	Probe 1 $\bar{X}$ T/l	Vk %	Probe 2 $\bar{X}$ T/l	Vk %
30	1977-04	4,95	2,4	2,45	3,0	638	4,91	7,4	2,51	8,5	89	4,74	8,1	2,43	7,5	278	4,89	5,7	2,44	4,8	26	5,02	5,5	2,48	7,1
31	1977-09	1,03	7,7	5,46	2,5	539	1,08	12,3	5,49	7,5	85	1,05	11,7	5,35	8,9	236	1,06	8,4	5,41	5,0	33	1,10	9,5	5,53	3,7
32	1977-11	5,84	2,5	2,92	2,5	787	5,83	7,2	3,05	9,2	112	5,66	8,6	2,93	9,3	354	5,85	5,5	2,98	6,4	36	5,94	4,7	3,00	4,2
33	1978-02	2,97	2,4	3,76	1,2	444	3,03	8,8	3,79	8,1	54	2,91	9,5	3,66	7,1	213	2,97	5,1	3,71	4,7	23	3,06	7,0	3,75	6,4
34	1978-05	4,14	1,0	1,32	2,2	611	4,11	6,8	1,33	12,4	85	4,06	8,7	1,23	12,9	305	4,08	5,2	1,35	7,0	35	4,12	6,9	1,36	8,4
35	1978-09	5,39	2,5	2,31	2,5	432	5,31	7,6	2,33	9,2	110	5,39	8,3	2,42	12,0	220	5,34	4,5	2,32	4,9	27	5,50	3,9	2,40	3,2
36	1978-11	2,39	2,5	4,61	1,5	685	2,36	9,3	4,50	7,0	78	2,22	11,7	4,30	9,8	342	2,34	5,4	4,50	5,3	29	2,34	5,7	4,55	3,9
37	1979-02	1,52	4,1	4,46	3,4	294	1,55	10,0	4,43	5,4															
38	1979-05	5,38	2,5	2,53	2,5	531	5,30	7,3	2,59	8,3															
39	1979-09	1,03	2,9	4,56	3,4	459	1,08	11,5	4,68	7,2															
40	1979-11	2,27	1,7	4,03	2,1	724	2,36	9,1	4,12	7,4															
Anzahl		35	35	34	34	40	40	40	39	39	33	33	33	32	32	32	32	31	31	31	32	31	31	31	31
Minimum		1,03	1,0	1,32	1,2	33	1,08	5,3	1,33	5,3	5	1,05	2,4	1,23	2,4	13	1,06	3,3	1,35	3,6	0	1,10	2,7	1,36	3,0
Maximum		6,09	10,0	6,22	12,5	787	6,13	19,1	6,08	20,8	132	6,00	16,9	5,92	27,9	354	6,18	21,4	6,05	21,0	36	6,22	20,1	6,26	16,3

Ziel = Zielwert   Vk = Variationskoeffizient   T/l = 10^{12}/l

Tabelle 8.2-2b, Teil 1. Ergebnisse der Ringversuche für die Erythrozytenpartikelkonzentration

Nr.	Jahr-Mo	Referenzlaboratorien				Gesamtkollektiv					Visuelle Kammerzählung						Zählung elektrischer Impulse					Zählung optischer Impulse			
		Probe 1		Probe 2		n	Probe 1		Probe 2		n	Probe 1		Probe 2		n	Probe 1		Probe 2		n	Probe 1		Probe 2	
		Ziel T/l	Vk %	Ziel T/l	Vk %		$\bar{X}$ T/l	Vk %	$\bar{X}$ T/l	Vk %		$\bar{X}$ T/l	Vk %	$\bar{X}$ T/l	Vk %		$\bar{X}$ T/l	Vk %	$\bar{X}$ T/l	Vk %		$\bar{X}$ T/l	Vk %	$\bar{X}$ T/l	Vk %
41	1980-03																								
42	1980-05	5,11	3,0	2,35	5,0	547	5,02	6,3	2,36	8,8															
43	1980-09	4,72	2,1	5,66	2,0	412	4,64	7,8	5,60	7,0															
44	1980-10	5,02	2,7	2,59	2,4	416	4,96	6,6	2,57	8,0															
45	1980-11	5,72	2,0	2,71	2,5	573	5,57	6,5	2,73	8,1	71	5,41	9,4	2,69	11,1	300	5,55	4,5	2,69	5,8	44	5,49	5,7	2,66	7,5
46	1981-02	5,40	3,3	2,75	4,4	543	5,35	6,1	2,73	9,2	56	5,16	10,8	2,66	12,0	305	5,37	4,3	2,73	5,3	47	5,28	6,2	2,47	13,8
47	1981-05	5,48	2,7	2,50	2,2	642	5,41	6,6	2,54	9,1	68	5,26	11,9	2,53	11,8	344	5,39	4,2	2,48	5,0	55	5,55	5,5	2,54	6,4
48	1981-09	5,54	3,0	2,46	2,5	425	5,41	9,4	2,52	9,6	30	4,80	17,7	2,34	17,7	253	5,47	4,9	2,52	4,8	37	4,77	10,8	2,23	12,1
49	1981-12	5,54	2,5	2,43	3,3	712	5,52	6,4	2,54	7,6	63	5,23	10,7	2,46	9,9	392	5,53	4,1	2,52	5,1	62	5,41	5,9	2,48	6,7
50	1982-02	5,47	3,4	2,62	3,5	566	5,52	6,2	2,74	7,6	35	5,31	12,1	2,71	11,5	329	5,51	4,3	2,70	5,0	45	5,50	6,3	2,58	7,5
51	1982-05	5,51	2,4	2,57	2,0	573	5,50	6,0	2,60	6,8	40	5,28	7,5	2,56	10,6	343	5,48	4,2	2,59	4,8	52	5,37	7,9	2,56	8,6
52	1982-08	5,43	2,0	2,45	2,5	335	5,32	7,4	2,47	7,9	20	5,15	11,1	2,41	12,7	233	5,33	4,8	2,46	4,5	22	4,84	15,3	2,15	17,5
53	1982-11	5,08	4,9	2,44	3,8	684	4,99	7,1	2,47	8,6	50	4,83	7,3	2,40	10,8	406	5,02	4,5	2,48	5,8	59	4,58	12,5	2,23	15,0
54	1983-02	5,19	1,4	2,63	2,5	557	5,16	6,2	2,69	7,9	40	5,08	8,1	2,72	11,5	346	5,12	4,7	2,66	4,8	51	5,04	5,4	2,54	9,4
55	1983-05	5,13	2,1	2,59	2,6	543	5,04	5,0	2,60	7,0	41	4,95	7,0	2,62	11,5	341	5,03	3,7	2,58	4,1	49	4,94	5,0	2,49	7,0
56	1983-08	5,77	2,9	2,65	2,6	348	5,60	6,4	2,64	6,9	16	5,18	12,2	2,45	16,0	228	5,68	3,6	2,67	5,2	36	5,57	5,9	2,56	8,0
57	1983-11	5,36	1,9	2,53	3,3	635	5,25	5,6	2,54	6,7	44	5,20	7,3	2,56	9,8	376	5,28	4,2	2,52	4,8	60	5,27	4,7	2,51	5,4
58	1984-03	5,55	3,8	2,58	3,9	516	5,51	5,6	2,63	7,0	30	5,36	6,8	2,63	7,1	320	5,50	4,1	2,58	5,5	45	5,49	6,4	2,65	5,1
59	1984-05	5,37	2,5	2,55	2,7	519	5,29	5,4	2,58	7,0	34	5,05	8,0	2,57	10,5	327	5,29	4,1	2,55	4,8	45	5,30	5,0	2,57	6,5
60	1984-08	5,60	2,6	2,62	3,2	325	5,54	5,1	2,62	5,1	9	5,45	3,7	2,60	3,0	220	5,54	3,7	2,61	4,1	32	5,53	4,6	2,60	4,4
61	1984-11	5,68	3,3	2,52	3,4	623	5,58	6,0	2,54	7,3	37	5,42	11,9	2,49	11,9	386	5,57	4,0	2,50	5,2	53	5,57	3,8	2,54	4,1
62	1985-02	5,26	2,7	2,51	2,8	514	5,28	5,4	2,59	6,3	25	5,21	6,5	2,57	8,2	330	5,27	4,2	2,57	4,7	43	5,38	4,1	2,61	6,8
63	1985-05	5,51	2,1	2,55	2,1	527	5,51	5,1	2,61	6,6	26	5,58	7,8	2,66	8,6	346	5,48	3,9	2,57	4,4	41	5,51	5,5	2,63	4,1
64	1985-08	5,40	2,7	2,60	2,9	346	5,30	4,7	2,59	5,9	10	5,15	5,2	2,61	9,3	223	5,31	3,6	2,57	3,9	32	5,35	4,9	2,65	4,7
65	1985-11	5,04	3,8	2,45	2,7	607	5,03	5,7	2,49	6,0	39	4,95	9,1	2,51	8,6	383	5,01	4,1	2,45	3,8	46	4,91	5,8	2,48	5,3
66	1986-03	5,45	2,4	2,53	3,4	513	5,46	5,1	2,58	6,2	25	5,40	9,6	2,52	10,0	313	5,45	3,4	2,55	4,3	48	5,50	4,4	2,63	4,4
67	1986-05	5,10	2,2	2,10	2,4	535	5,11	4,8	2,20	6,3	18	5,09	9,7	2,26	13,3	347	5,09	3,7	2,18	4,3	46	5,16	4,5	2,20	5,1
68	1986-08	5,22	2,0	2,51	2,1	352	5,29	4,7	2,61	6,0	12	5,26	4,3	2,80	13,0	237	5,29	2,9	2,59	3,3	35	5,22	7,1	2,56	7,0
69	1986-11	5,50	3,8	2,48	4,0	617	5,53	4,8	2,55	6,0	30	5,43	6,7	2,49	9,6	391	5,53	4,1	2,53	4,3	45	5,60	5,9	2,60	5,5

Ziel = Zielwert Vk = Variationskoeffizient T/l = 10^{12}/l

Tabelle 8.2-2b, Teil 2. Ergebnisse der Ringversuche für die Erythrozytenpartikelkonzentration

Nr.	Jahr-Mo	Referenzlaboratorien Probe 1 Ziel T/l	Vk %	Probe 2 Ziel T/l	Vk %	Gesamtkollektiv n	Probe 1 X̄ T/l	Vk %	Probe 2 X̄ T/l	Vk %	Visuelle Kammerzählung n	Probe 1 X̄ T/l	Vk %	Probe 2 X̄ T/l	Vk %	Zählung elektrischer Impulse n	Probe 1 X̄ T/l	Vk %	Probe 2 X̄ T/l	Vk %	Zählung optischer Impulse n	Probe 1 X̄ T/l	Vk %	Probe 2 X̄ T/l	Vk %
70	1987-01																								
71	1987-05	4,15	2,0	5,14	3,1	715	4,20	5,5	5,19	5,4	26	4,13	12,4	5,03	11,1	473	4,18	4,0	5,16	4,3	61	4,23	3,6	5,18	3,5
72	1987-08	2,06	3,4	4,32	2,5	315	2,10	6,5	4,34	4,2	10	2,22	11,4	4,38	10,0	207	2,07	4,0	4,32	2,9	34	2,13	6,0	4,35	3,6
73	1987-11	2,00	3,2	4,00	3,2	617	2,08	6,4	4,06	4,7	18	2,14	13,8	3,95	8,1	430	2,07	4,7	4,05	3,7	48	2,21	5,8	4,10	4,4
74	1988-02	4,18	3,1	3,75	3,1	394	4,19	5,3	3,74	5,8	12	4,03	11,3	3,59	9,5	261	4,17	3,8	3,76	3,5	39	4,24	5,7	3,62	9,8
75	1988-05	4,00	3,6	3,60	3,5	626	4,00	5,2	3,63	5,9	16	3,90	7,2	3,48	17,0	422	3,97	4,1	3,64	3,7	61	4,05	4,3	3,52	6,7
76	1988-08	2,64	4,0	2,74	4,0	329	2,65	5,6	2,74	4,8	7	2,46	18,6	2,65	8,3	217	2,64	3,5	2,74	3,3	36	2,69	5,0	2,76	5,3
77	1988-11	2,70	4,0	3,31	4,0	603	2,69	5,4	3,30	5,5	15	2,70	10,7	3,27	13,8	425	2,69	4,2	3,26	3,9	53	2,72	4,7	3,35	3,3
78	1989-01	4,00	4,0	2,50	4,0	395	3,95	5,4	2,52	6,5	12	3,89	5,5	2,51	9,5	282	3,95	3,6	2,49	4,5	43	4,03	5,9	2,55	3,8
79	1989-04	4,37	4,0	2,70	4,0	612	4,38	5,4	2,68	6,2	12	4,32	11,3	2,53	12,7	410	4,35	3,2	2,65	4,2	52	4,37	8,0	2,70	3,6
80	1989-06	4,20	4,0	3,10	4,0	317	4,20	4,2	3,11	4,3	6	3,99	13,2	3,00	12,7	216	4,19	3,0	3,09	3,3	40	4,20	4,8	3,13	4,2
81	1989-11	4,20	4,0	3,01	4,0	633	4,18	4,6	2,97	4,9	12	3,95	9,5	2,84	9,8	433	4,16	3,5	2,97	4,1	68	4,20	4,5	3,02	3,7
Anzahl		39	39	39	39	39	39	39	39	39	36	36	36	36	36	36	36	36	36	36	36	36	36	36	36
Minimum		2,00	1,4	2,10	2,0	315	2,08	4,2	2,20	4,2	6	2,14	3,7	2,26	3,0	207	2,07	2,9	2,18	2,9	22	2,13	3,6	2,15	3,3
Maximum		5,77	4,9	5,66	5,0	715	5,60	9,4	5,60	9,6	71	5,58	18,6	5,03	17,7	473	5,68	4,9	5,16	5,8	62	5,60	15,3	5,18	17,5

Ziel = Zielwert   Vk = Variationskoeffizient $T/l = 10^{12}/l$

Tabelle 8.2-3a, Teil 1. Ergebnisse der Ringversuche für die Leukozytenpartikelkonzentration

| Nr. | Jahr-Mo | Referenzlaboratorien | | | | Gesamtkollektiv | | | | | Visuelle Kammerzählung | | | | | Zählung elektrischer Impulse | | | | | Zählung optischer Impulse | | | | |
| | | Probe 1 | | Probe 2 | | n | Probe 1 | | Probe 2 | | n | Probe 1 | | Probe 2 | | n | Probe 1 | | Probe 2 | | n | Probe 1 | | Probe 2 | |
		Ziel G/l	Vk %	Ziel G/l	Vk %		$\bar{X}$ G/l	Vk %	$\bar{X}$ G/l	Vk %		$\bar{X}$ G/l	Vk %	$\bar{X}$ G/l	Vk %		$\bar{X}$ G/l	Vk %	$\bar{X}$ G/l	Vk %		$\bar{X}$ G/l	Vk %	$\bar{X}$ G/l	Vk %
1	1968-08					50	4.9	28.7	4.6	27.4	24	4.2	21.9	4.2	30.5	17	5.8	29.2	5.3	27.4	9	6.4	16.9	4.7	34.4
2	1969-09	7.60	11.6			33	5.7	33.2			31	5.5	15.7			13	7.6	8.5			0				
3	1970-06					38	8.9	32.6	15.2	28.9	4	6.9	16.5	16.1	7.0	12	9.0	32.6	16.4	23.0	2	11.1	12.7	17.0	13.3
4	1970-09					55	5.2	24.6	11.0	25.1	10	5.4	16.7	12.6	17.5	14	5.7	22.7	11.9	17.3	2	5.2	9.6	11.9	1.2
5	1970-12	6.63	11.5	4.85	15.2	68	6.1	14.2	4.5	21.8	12	6.3	10.0	4.6	18.5	16	6.3	19.5	4.6	25.5	2	6.8	15.7	5.1	5.5
6	1971-03					162	4.9	18.8	5.4	16.2	69	5.0	18.2	5.4	18.7	42	4.9	22.5	5.5	15.4	16	5.0	19.1	5.7	18.8
7	1971-06					143	5.3	28.2	10.2	34.8	64	4.9	33.2	9.0	30.5	52	5.7	24.7	11.7	21.6	18	5.6	16.4	12.0	18.1
8	1971-10					139	5.8	24.2	5.0	24.5	72	5.4	26.5	4.9	24.4	49	6.2	23.7	4.9	25.4	12	6.2	18.8	5.7	16.8
9	1972-03	5.53	11.4	12.4	11.3	208	5.5	17.8	12.4	10.6	62	5.0	26.1	12.2	13.3	39	5.9	20.4	13.0	4.2	15	5.7	14.1	12.7	14.0
10	1972-06	2.18	23.4	2.27	27.4	201	2.6	25.8	2.9	27.4	62	2.7	21.6	3.0	26.1	63	2.7	30.5	3.1	35.1	21	2.5	32.1	2.8	33.3
11	1972-10	1.83	9.3	3.75	6.5	220	1.8	46.9	3.2	38.5	80	2.1	33.5	3.4	30.8	78	1.8	39.9	3.4	27.9	23	1.8	25.1	3.3	31.7
12	1973-02	2.38	12.9	5.15	18.9	189	2.5	30.4	5.5	20.7	62	2.5	28.8	5.5	19.1	61	2.6	31.2	5.8	15.4	12	2.4	17.1	5.5	15.9
13	1973-06	3.98	26.3	2.61	19.0	261	4.0	26.6	2.9	20.3	91	3.9	25.2	2.8	21.0	78	4.3	21.1	3.1	16.6	14	4.0	22.4	2.7	15.3
14	1973-10	2.39	21.2	6.38	16.3	317	2.2	55.8	4.9	39.8	98	2.3	41.4	4.9	33.9	98	2.5	44.3	5.3	24.6	16	2.2	29.4	5.3	16.9
15	1974-01	4.74	20.0	3.38	24.9	254	4.2	31.8	3.3	30.4	47	4.1	32.5	3.2	33.6	54	4.4	24.6	3.3	26.4	8	4.4	27.0	3.2	24.5
16	1974-02	3.14	49.1	1.79	44.7	260	4.0		2.6		106	4.0	37.2	2.9	64.0	102	4.2	22.0	2.4	30.0	15	3.5	34.1	2.1	27.5
17	1974-06	17.1	5.2	8.97	9.1	345	16.7	15.0	8.9	18.8															
18	1974-10	6.96	5.0	11.2	5.1	398	6.8	16.3	10.9	14.3															
19	1975-02	14.2	8.4	7.22	6.1	237	12.2	38.2	6.2	32.0	92	10.5	28.8	6.5	33.1	100	10.5	8.7	7.2	10.2	11	15.1	11.0	7.6	10.8
20	1975-04	7.81	5.9	16.1	4.8	273	6.7	30.6	14.3	29.4	127	6.3	31.7	13.6	26.0	106	7.5	17.4	15.5	18.4	11	7.6	8.5	16.8	6.3
21	1975-06	15.3	4.0	7.23	4.2	287	12.9	37.6	6.6	27.1															
22	1975-09	12.2	4.3	11.1	4.8	272	10.1	33.8	9.3	21.2	183	10.3	19.9	9.3	18.6	127	12.9	6.8	11.3	7.2	28	12.5	8.3	11.3	9.4
23	1975-11	7.05	4.8	12.3	2.8	463	6.3	31.1	10.8	37.8	141	5.9	18.3	10.6	15.8	226	7.1	6.6	12.2	6.4	22	7.1	7.7	12.4	5.3
24	1976-02	7.41	5.6	16.0	7.9	393	7.1	12.0	15.7	11.3	203	6.8	14.9	15.6	15.2	146	7.5	6.6	10.0	5.6	10	7.4	8.3	15.8	10.4
25	1976-04	15.5	8.8	2.55	8.6	437	14.8	12.3	2.6	13.6	197	15.8	13.8	3.5	12.6	150	15.8	7.4	3.1	10.5	15	16.2	8.7	3.4	9.8
26	1976-07	17.4	6.4	4.06	7.5	427	16.9	8.8	4.1	11.2	175	16.3	14.1	4.0	13.1	138	17.2	5.8	4.3	10.1	23	17.3	8.4	4.1	11.0
27	1976-09	6.20	2.8	20.5	2.8	426	6.0	13.7	19.2	9.9	237	5.9	14.2	18.1	12.2	158	6.4	7.4	20.0	6.1	17	6.8	8.5	20.3	6.6
28	1976-11	9.24	3.8	11.0	3.6	732	9.0	12.1	10.9	11.5	421	8.9	13.4	10.9	12.8	252	9.3	6.9	11.1	6.5	27	9.3	7.6	11.4	6.2
29	1977-02	2.14	9.8	8.31	5.5	421	2.2	13.6	8.2	11.1	201	2.6	16.6	8.7	12.6	184	2.1	11.9	8.2	6.2	21	2.6	6.3	8.6	5.1

Ziel = Zielwert   Vk = Variationskoeffizient   G/l = 10^9/l

Tabelle 8.2-3a, Teil 2. Ergebnisse der Ringversuche für die Leukozytenpartikelkonzentration

Nr.	Jahr-Mo	Referenzlaboratorien				Gesamtkollektiv					Visuelle Kammerzählung					Zählung elektrischer Impulse					Zählung optischer Impulse				
		Probe 1		Probe 2		n	Probe 1		Probe 2		n	Probe 1		Probe 2		n	Probe 1		Probe 2		n	Probe 1		Probe 2	
		Ziel G/l	Vk %	Ziel G/l	Vk %		$\bar{X}$ G/l	Vk %	$\bar{X}$ G/l	Vk %		$\bar{X}$ G/l	Vk %	$\bar{X}$ G/l	Vk %		$\bar{X}$ G/l	Vk %	$\bar{X}$ G/l	Vk %		$\bar{X}$ G/l	Vk %	$\bar{X}$ G/l	Vk %
30	1977-04	6,16	5,3	11,8	6,3	624	6,2	12,1	11,7	11,1	309	5,8	13,7	11,3	12,7	276	6,4	7,5	12,0	6,5	24	6,3	5,8	12,1	5,8
31	1977-09	3,95	6,8	8,92	3,6	528	3,9	12,4	8,6	11,5	245	3,8	13,7	8,2	13,8	234	4,1	9,0	8,9	6,3	28	3,9	12,2	8,7	8,3
32	1977-11	13,0	2,9	13,8	3,8	761	12,3	11,0	13,6	9,9	350	11,4	13,4	13,2	12,3	348	12,9	6,5	13,9	6,7	36	12,6	6,0	13,6	6,3
33	1978-02	15,6	2,5	9,23	3,3	430	15,0	10,0	9,0	11,3	195	14,0	13,3	8,4	13,7	211	15,3	5,6	9,3	6,1	22	15,5	10,2	9,3	6,1
34	1978-05	9,18	7,5	3,24	10,5	600	9,1	11,9	3,3	13,4	246	9,1	13,2	3,4	14,8	303	9,3	9,7	3,4	11,3	31	9,0	7,3	3,3	11,0
35	1978-09	13,4	8,6	5,92	6,9	405	13,1	12,4	6,0	13,0	151	11,8	14,7	5,7	14,6	218	13,5	9,3	6,2	9,0	26	13,2	10,0	6,0	10,6
36	1978-11	2,12	5,1	3,36	4,2	661	2,2	15,1	3,5	14,5	271	2,1	17,1	3,3	15,4	340	2,3	11,4	3,7	10,0	29	2,1	11,7	3,4	11,3
37	1979-02	5,36	4,9	9,19	4,6	290	5,3	11,8	9,0	11,8															
38	1979-05	18,3	2,5	10,1	4,1	523	17,3	10,3	9,9	10,5															
39	1979-09	28,1	9,9	27,1	6,8	445	28,9	12,2	27,4	12,3															
40	1979-11	4,36	3,2	8,71	2,6	715	4,4	11,7	8,6	10,7															
Anzahl		34	34	33	33	40	40,0	39,0	39,0	38,0	33	33,0	33,0	32,0	32,0	33	33,0	33,0	32,0	32,0	33	32,0	32,0	32,0	32,0
Minimum		1,83	2,5	1,79	2,6	33	1,8	8,8	2,6	9,9	4	2,1	10,0	2,8	7,0	12	1,8	5,6	2,4	4,2	0	1,8	5,8	2,1	1,2
Maximum		28,1	49,1	27,1	44,7	761	28,9	55,8	27,4	39,8	421	16,3	41,4	18,1	64,0	348	17,2	44,3	20,0	35,1	36	17,3	34,1	20,3	34,4

Ziel = Zielwert   Vk = Variationskoeffizient   G/l = 10^9/l

Tabelle 8.2-3b, Teil 1. Ergebnisse der Ringversuche für die Leukozytenpartikelkonzentration

Nr.	Jahr-Mo	Referenzlaboratorien Probe 1 Ziel G/l	Vk %	Probe 2 Ziel G/l	Vk %	Gesamtkollektiv n	Probe 1 X̄ G/l	Vk %	Probe 2 X̄ G/l	Vk %	Visuelle Kammerzählung n	Probe 1 X̄ G/l	Vk %	Probe 2 X̄ G/l	Vk %	Zählung elektrischer Impulse n	Probe 1 X̄ G/l	Vk %	Probe 2 X̄ G/l	Vk %	Zählung optischer Impulse n	Probe 1 X̄ G/l	Vk %	Probe 2 X̄ G/l	Vk %
41	1980-03	20.5	2.5	14.8	1.8	376	19.6	11.3	14.2	9.3															
42	1980-05	18.6	3.0	10.8	3.0	541	17.3	9.9	10.6	10.0															
43	1980-09	6.62	16.2	17.3	24.7	415	6.5	17.0	18.2	19.4															
44	1980-10	16.5	3.6	10.8	2.6	411	15.8	9.2	10.2	9.7															
45	1980-11	19.4	1.5	19.7	2.5	574	17.2	12.7	9.7	12.4	219	15.6	17.2	9.1	16.6	298	18.2	7.2	11.0	8.0	42	16.3	8.6	2.7	7.5
46	1981-02	17.6	3.1	11.2	4.5	544	16.7	12.4	10.5	11.7	183	15.2	16.4	9.7	16.2	299	17.5	8.3	10.9	8.0	48	16.2	8.3	10.3	9.3
47	1981-05	19.5	4.1	12.0	3.4	641	18.1	11.6	11.5	10.9	238	16.4	15.9	10.9	14.9	341	18.9	7.0	11.9	6.5	51	17.9	7.5	11.8	7.7
48	1981-09	18.0	8.3	10.0	3.8	415	17.1	11.2	10.0	10.9	124	15.2	16.3	9.1	15.3	250	17.9	6.2	10.4	6.2	35	16.6	9.1	9.6	8.0
49	1981-12	17.6	4.6	12.2	3.7	716	17.4	11.4	12.0	11.0	241	15.9	16.0	11.2	15.8	391	18.2	7.3	12.3	7.9	62	17.1	6.7	12.1	6.1
50	1982-02	16.5	5.7	10.2	3.2	558	16.3	11.1	10.1	9.6	168	14.9	17.1	9.6	13.8	331	16.9	5.8	10.3	6.5	43	15.9	6.5	10.0	5.5
51	1982-05	18.0	4.6	10.8	3.8	573	17.2	11.1	10.4	9.7	164	15.1	16.3	9.8	14.0	344	17.9	6.5	10.7	6.3	50	17.0	9.6	10.5	9.4
52	1982-08	17.2	2.8	9.1	3.2	331	16.2	10.1	8.8	9.8	73	14.0	17.2	8.1	15.5	227	16.8	6.0	9.0	5.8	24	15.8	7.8	8.7	8.5
53	1982-11	16.5	4.5	11.6	3.5	682	15.7	11.7	11.2	9.8	206	14.1	16.3	10.6	13.7	402	16.4	7.4	11.5	6.7	59	15.2	8.9	11.0	7.3
54	1983-02	18.5	4.1	10.6	3.6	553	17.8	9.5	10.4	9.4	149	16.2	14.9	9.8	13.8	344	18.4	5.9	10.6	5.4	50	16.7	11.8	10.1	10.6
55	1983-05	18.1	2.9	11.3	2.1	540	17.2	9.8	10.9	9.1	145	15.6	14.8	10.2	13.7	333	17.9	5.5	11.2	5.2	48	16.1	10.2	10.3	10.8
56	1983-08	16.7	4.6	9.6	3.6	344	16.1	10.3	9.5	10.3	75	14.3	17.2	8.8	17.7	223	16.7	6.1	9.8	6.0	33	15.1	10.4	9.2	9.4
57	1983-11	19.9	4.0	12.4	3.8	637	19.2	10.9	12.0	9.7	175	17.4	15.1	11.2	14.9	372	20.0	6.2	12.4	5.4	57	18.2	9.4	11.7	7.9
58	1984-03	18.0	4.1	10.9	3.7	523	17.5	10.8	10.8	10.1	130	16.1	15.7	10.2	15.7	318	18.1	6.1	11.1	6.7	47	16.4	9.0	10.6	11.7
59	1984-05	18.5	6.1	10.9	5.9	515	17.7	10.5	10.7	9.8	119	15.7	17.1	10.1	15.0	324	18.3	6.3	11.0	6.4	44	16.2	10.0	10.1	9.7
60	1984-08	17.9	6.5	10.8	5.2	323	17.4	9.9	10.7	9.2	54	16.1	14.6	10.1	16.2	217	18.0	6.1	10.9	6.0	32	16.3	8.7	10.2	9.4
61	1984-11	17.9	4.8	11.8	4.0	618	17.1	9.6	11.3	9.1	144	16.0	13.5	10.7	13.6	382	17.7	6.1	11.6	6.4	57	15.9	8.5	10.7	8.3
62	1985-02	17.3	5.0	10.4	5.2	510	16.8	10.0	10.3	8.9	100	15.4	17.3	9.9	13.8	320	17.3	6.3	10.5	5.8	49	15.9	8.8	9.9	7.1
63	1985-05	17.3	2.9	11.0	2.7	527	16.9	9.7	10.9	8.0	109	15.1	15.4	10.2	13.0	339	17.4	5.3	11.1	4.9	44	16.3	6.9	10.6	6.4
64	1985-08	18.2	6.0	11.1	6.2	341	17.6	9.1	10.8	8.5	53	15.1	16.5	9.9	13.5	222	18.2	5.5	11.0	5.7	37	16.7	8.6	10.3	9.3
65	1985-11	17.5	4.8	10.4	3.9	609	16.8	8.7	10.0	9.0	136	15.6	12.7	9.6	14.5	384	17.2	5.9	10.2	6.2	49	16.1	7.4	9.7	7.2
66	1986-03	18.9	7.6	11.8	6.0	508	18.5	9.6	11.7	8.9	98	16.5	14.3	10.6	14.8	314	19.2	5.4	12.0	5.3	47	17.5	12.8	11.7	8.7
67	1986-05	19.5	4.6	12.0	4.2	532	18.5	9.5	11.6	8.2	94	16.3	14.1	10.7	13.5	347	19.0	6.3	11.8	5.1	46	17.8	7.4	11.4	6.0
68	1986-08	19.4	4.5	12.3	4.1	349	18.5	8.3	11.9	7.9	49	16.9	12.1	11.0	14.0	233	19.0	6.2	12.1	5.5	34	17.4	6.9	11.5	5.5
69	1986-11	17.0	5.3	11.1	5.3	615	16.6	9.1	10.9	8.7	117	15.1	13.3	10.4	14.7	391	17.0	6.3	11.1	5.1	48	15.8	8.8	10.5	6.1

Ziel = Zielwert   Vk = Variationskoeffizient   G/l = 10⁹/l

Tabelle 8.2-3b, Teil 2. Ergebnisse der Ringversuche für die Leukozytenpartikelkonzentration

Nr.	Jahr-Mo	Referenzlaboratorien Probe 1 Ziel G/l	Vk %	Probe 2 Ziel G/l	Vk %	Gesamtkollektiv n	Probe 1 $\bar{X}$ G/l	Vk %	Probe 2 $\bar{X}$ G/l	Vk %	Visuelle Kammerzählung n	Probe 1 $\bar{X}$ G/l	Vk %	Probe 2 $\bar{X}$ G/l	Vk %	Zählung elektrischer Impulse n	Probe 1 $\bar{X}$ G/l	Vk %	Probe 2 $\bar{X}$ G/l	Vk %	Zählung optischer Impulse n	Probe 1 $\bar{X}$ G/l	Vk %	Probe 2 $\bar{X}$ G/l	Vk %
70	1987-01																								
71	1987-05	10,3	3,2	31,4	5,0	707	9,7	9,7	28,5	11,4	131	8,5	17,3	23,9	18,6	470	9,9	6,5	29,5	7,4	64	9,5	10,5	27,4	11,4
72	1987-08	3,2	4,4	9,6	10,8	314	3,3	9,8	10,3	9,7	43	2,9	19,7	8,8	16,2	209	3,3	7,1	10,5	6,3	36	3,2	6,3	10,3	7,2
73	1987-11	3,4	7,8	9,0	7,4	610	3,2	10,2	9,0	8,6	93	3,0	16,7	8,1	16,5	427	3,3	9,1	9,2	5,9	52	3,1	9,5	9,0	8,9
74	1988-02	8,4	13,0	10,9	13,1	393	8,3	8,7	10,8	9,4	62	7,3	16,6	9,6	17,4	264	8,4	6,1	10,9	5,7	42	8,4	5,2	10,9	11,0
75	1988-05	7,8	8,5	9,5	8,8	597	7,7	8,8	9,4	8,9	98	6,9	17,2	8,4	15,8	424	7,8	6,4	9,5	6,9	64	7,9	7,2	9,5	10,5
76	1988-08	10,0	6,0	16,3	5,1	325	10,0	9,0	16,5	8,9	39	8,6	17,5	14,6	16,8	216	10,2	6,1	16,9	5,7	40	10,2	7,5	16,2	12,1
77	1988-11	5,1	7,5	5,8	8,0	596	5,0	9,8	5,8	8,3	23	4,6	16,6	6,6	17,5	427	5,1	7,8	5,8	6,0	56	5,2	11,5	5,8	8,4
78	1989-01	19,5	5,0	3,4	5,0	391	19,5	9,1	3,4	11,9	62	15,8	21,1	3,4	12,5	285	19,9	6,4	3,4	10,0	48	19,2	9,5	3,4	12,5
79	1989-04	18,1	9,5	3,5	7,0	606	18,3	10,6	3,5	10,2	90	14,4	19,8	3,1	18,5	407	18,8	7,4	3,5	7,8	60	18,3	8,3	3,5	8,0
80	1989-06	15,4	5,0	4,4	5,0	311	15,2	9,3	5,1	10,1	32	11,5	19,1	4,4	19,5	214	15,4	6,6	5,1	7,9	47	15,2	8,1	5,2	10,1
81	1989-10	15,8	5,0	4,9	5,0	629	15,7	9,7	4,9	9,4	83	12,9	18,2	4,4	16,8	429	16,0	6,4	4,9	6,3	63	15,7	12,0	5,0	9,0
Anzahl		40	40	40	40	40	40,0	40,0	40,0	40,0	36	36,0	36,0	36,0	36,0	36	36,0	36,0	36,0	36,0	36	36,0	36,0	36,0	36,0
Minimum		3,20	1,50	3,40	1,80	311	3,2	8,3	3,4	7,9	23	2,9	12,1	3,1	12,5	209	3,3	5,3	3,4	4,9	24	3,1	5,2	2,7	5,5
Maximum		20,5	16,2	31,4	24,7	716	19,6	17,0	28,5	19,4	241	17,4	21,1	23,9	19,5	470	20,0	9,1	29,5	10,0	64	19,2	12,8	27,4	12,5

Ziel = Zielwert   Vk = Variationskoeffizient   G/l = 10^9/l

Tabelle 8.2-4. Ergebnisse der seit 1988 durchgeführten Ringversuche für die Plättchenpartikelkonzentration

Nr.	Jahr-Mo	Referenzlaboratorien Gesamtkollektiv									Elekt. Impulse, Vollblut					Elektr. Impulse, Flotation					Opt. Impulse, Vollblut				
		Probe 1		Probe 2		n	Probe 1		Probe 2		n	Probe 1		Probe 2		n	Probe 1		Probe 2		n	Probe 1		Probe 2	
		Ziel	Vk	Ziel	Vk		$\bar{X}$	Vk	$\bar{X}$	Vk		$\bar{X}$	Vk	$\bar{X}$	Vk		$\bar{X}$	Vk	$\bar{X}$	Vk		$\bar{X}$	Vk	$\bar{X}$	Vk
		G/l	%	G/l	%		G/l	%	G/l	%		G/l	%	G/l	%		G/l	%	G/l	%		G/l	%	G/l	%
74	1988-02	221	10.0	179	10.0	256	222	16.3	179	13.5	135	224	14.4	178	11.7	26	193	20.3	171	17.8	28	219	16.2	201	16.9
75	1988-05	161	10.0	154	10.0	419	163	13.1	155	14.3	230	165	10.6	154	12.7	41	159	15.0	149	15.1	45	169	16.1	185	19.5
76	1988-09	250	6.7	100	10.0	237	250	12.4	102	14.0	134	254	9.3	102	13.7	21	237	15.2	100	12.9	30	240	12.8	95	12.1
77	1988-11	122	7.5	103	8.9	395	122	11.8	103	12.9	228	123	11.7	104	12.0	37	113	12.7	98	9.9	42	119	9.3	98	12.9
78	1989-01	71	10.0	248	10.0	283	71	15.4	248	12.4	175	69	16.3	249	12.4	22	72	16.3	237	14.0	38	70	13.3	247	8.1
79	1988-04	61	10.0	284	10.0	444	61	17.6	285	12.7	254	59	16.5	295	9.5	31	58	20.1	281	15.4	50	75	20.6	258	11.0
80	1988-06	144	10.0	51	10.0	241	142	16.1	50	18.1	149	142	16.9	48	18.9	19	124	9.8	46	15.2	37	149	14.3	55	19.9
81	1988-11	225	10.0	81	10.0	463	224	13.6	81	13.5																
Anzahl		8	8	8	8	8	8	8	8	8	7	7	7	7	7	7	7	7	7	7	7	7	7	7	7

Ziel = Zielwert   Vk = Variationskoeffizient   G/l = 10⁹/l

Tabelle 8.2-5a, Teil 1. Ergebnisse der Ringversuche für das Differentialblutbild

Nr.	Jahr-Mon.	n	Stabkernige			Polymorphk.			Eosinophile			Monozyten			Lymphozyten			Sonstige Z.			Klinik bzw. hämatolog. Befund	
			Pr.1 Ziel %	Pr.2 Ziel %	Erf. %	Pr.1 Ziel %	Pr.2 Ziel %	Erf. %	Pr.1 Ziel %	Pr.2 Ziel %	Erf. %	Pr.1 Ziel %	Pr.2 Ziel %	Erf. %	Pr.1 Ziel %	Pr.2 Ziel %	Erf. %	Pr.1 Ziel %	Pr.2 Ziel %	Erf. %	Pr.1	Pr. 2
1	1968-08	39				57	53					3	3		37	43					o.B	o.B.

1960-1972: keine Ringversuche für das Differentialblutbild angeboten!

Nr.	Jahr-Mon.	n	Stabkernige			Polymorphk.			Eosinophile			Monozyten			Lymphozyten			Sonstige Z.			Klinik Pr.1	Befund Pr.2
14	1973-10	319	3	2		63	51		2	2		3	4		29	34		1	4		o.B.	o.B.
15	1974-01	131	2	1		46	41		2	2		7	10		43	37		0	11		o.B.	
16	1974-02	254	3	4		58	65		3	5		5	5		31	20		1	1		o.B.	Allergie
17	1974-06	300	8	1		55	42		1	11		6	6		33	41		1	1		Entzündung	Allergie
18	1974-10	336	2	4		64	68		1	1		4	4		28	22		0	0		o.B.	o.B.
19	1975-02	198	2	0		53	6		2	0		4	0		39	93		0	0		Perniciosa	CLL
20	1975-04	222	2	1		32	33		8	4		6	5		53	59		1	1		Eosinophilie	Lymphozytose
21	1975-06	233	2	7		37	66		4	1		5	4		51	21		1	1		Lymphozytose	Targetzellan.
22	1975-09	220	3	3		49	54		5	5		7	9		33	27		1	2		o.B.	o.B.
23	1975-11	337	2	5		12	38		6	11		9	7		69	34		2	4		Lymphozytose	Eosinophilie
24	1976-02	190	5	3		80	18		0	1		1	0		5	4		9	74		Tox. Linksv.	CML,Promyelo
25	1976-04	181	2	2	75	68	68	82	2	2	97	5	5	97	22	22	88	0	0	78	o.B.	o.B.
26	1976-07	164	34	7	47	51	43	44	1	1	95	1	6	84	5	39	71	6	1	39	Z.n.Splenekt.	Anämie
27	1976-09	157	3	18	55	62	50	69	6	3	97	9	5	89	21	24	88	1	1	43	Virusinfekt	Pelger,hetero.
28	1976-11	259	5	2	96	17	2	78	0	1	94	1	1	62	2	77	29	76	20	35	CML	Osteomyeloskl
29	1977-02	183	5	3	91	27	5	75	15	1	94	4	2	79	50	46	42	7	47	36	Z.n.Infekt	Aleuk.Myelose

Tabelle 8.2-5a, Teil 2. Ergebnisse der Ringversuche für das Differentialblutbild

Nr.	Jahr-Mon.	n	Stabkernige			Polymorphk.			Eosinophile			Monozyten			Lymphozyten			Sonstige Z.			Klinik bzw. hämatolog. Befund	
			Pr.1 Ziel %	Pr.2 Ziel %	Erf. %	Pr.1 Ziel %	Pr.2 Ziel %	Erf. %	Pr.1 Ziel %	Pr.2 Ziel %	Erf. %	Pr.1 Ziel %	Pr.2 Ziel %	Erf. %	Pr.1 Ziel %	Pr.2 Ziel %	Erf. %	Pr.1 Ziel %	Pr.2 Ziel %	Erf. %	Pr.1	Pr. 2
30	1977-04	264	4	0	89	57	1	87	1	0	96	7	4	84	27	8	51	1	89	32	Z.n.Virusinfekt	Myelobl.Leuk.
31	1977-09	212	2	2	76	50	63	87	1	4	96	4	5	95	43	23	86	2	1	80	Diabetes mell.	Lepra
32	1977-11	321	2	3	81	59	7	85	2	2	96	3	2	70	33	4	80	1	84	41	o.B.	CML
33	1978-02	224	15	15	61	59	45	62	1	2	96	2	4	88	17	6	61	5	26	43	Sepsis	CML
34	1978-05	304	7	3	68	4	25	71	0	26	72	41	3	19	26	36	35	23	6	15	Leukopenie	Arzneiallergie
35	1978-09	222	9	10	28	48	72	28				5	4	86	18	6	42	19	7	19	Osteomyeloskl.	Append.perf.
36	1978-11	369	5	2	83	56	63	80	6	5	70	4	5	78	22	25	63	5	0	36	Bas.Tuepf.Ery.	Bas.Tuepf.Ery.
37	1979-02	263	2	2	85	54	54	82	6	6	89	7	7	88	30	30	74	1	1	89	o.B.	o.B.
38	1979-05	461	14	5	60	71	8	63	2	1	98	4	16	27	8	9	72	4	63	40	Ca.Leukozytose	Monozyt.Leuk.
39	1979-09	367	2	23	63	48	33	56	1	6	94	4	7	86	45	24	67	0	10	57	o.B.	Osteomyelofi.
40	1979-11	508	1	6	85	4	70	71	1	1	91	1	1	63	11	2	41	89	10	22	Aleuk.Myelose	CML
Anzahl		28	27	27	16	28	28	16	26	26	15	28	28	16	28	28	16	27	27	16		
Minimum		39	1	0	28	4	1	28	0	0	70	1	0	19	2	2	29	0	0	15		
Maximum		508	34	23	96	80	72	87	15	26	98	41	16	97	69	93	88	89	89	89		

Bemerkungen:

Im Ringversuch 1 sind 2 Ausstriche derselben Blutentnahme versandt worden
Im Ringversuch 22 war das 2. Präparat ein Schleuderausstrich
Ab Ringversuch 29 konnten Baso und Atyp-Lympho angegeben werden
Ab Ringversuch 34 konnten Blast, Promy, Myelo, Meta, Mo-, Ly-, Pl- und Ery-Vorstufen angegeben werden
Im Ringversuch 37 wurden drei identische Präparate (unfixiert, fixiert, bzw.n.Pappenheim gefaerbt) versandt
Nr.16 war ein Ersatzringversuch

Tabelle 8.2-5b, Teil 1. Ergebnisse der Ringversuche für das Differentialblutbild

Nr.	Jahr-Mon.	n	Stabkernige			Polymorphk.			Eosinophile			Monozyten			Lymphozyten			Sonstige Z.			Klinik bzw. hämatolog. Befund	
			Pr.1 Ziel %	Pr.2 Ziel %	Erf. %	Pr.1 Ziel %	Pr.2 Ziel %	Erf. %	Pr.1 Ziel %	Pr.2 Ziel %	Erf. %	Pr.1 Ziel %	Pr.2 Ziel %	Erf. %	Pr.1 Ziel %	Pr.2 Ziel %	Erf. %	Pr.1 Ziel %	Pr.2 Ziel %	Erf. %	Pr.1	Pr. 2
41	1980-03	259	7	21	48	35	36	40	2	8	91	2	7	76	34	25	49	16	4	29	Aleuk.Paramyelo.	Col.ulc.
42	1980-05	406	3	5	75	83	32	81	1	1	92	4	6	92	6	39	57	2	26	54	Stahlencolitis	Rubeola
43	1980-09	299	5	14	47	51	45	39	4	1	95	6	10	74	32	12	66	2	20	31	Periproctitis	Parncr.ac.alk.
44	1980-10	280	15	14	42	52	49	41	3	1	64	5	3	89	24	19	69	6	40	14	Pelger hetero.	Diab.coma
45	1980-11	353	10	1	66	66	74	47	1	1	95	1	10	50	8	11	59	17	7	19	Polytraumat.	chron. Anämie
46	1981-02	401	1	16	54	45	47	56	4	4	95	5	6	83	42	12	77	10	15	65	Mononukleose	Z.n.Perforation
47	1981-05	459	4	1	85	61	45	85	1	4	96	12	5	76	14	42	78	9	10	84	Alkoholdelir	Mononukleose
48	1981-09	313	5	3		53	71		3	1		8	2		31	27		0	0		Bas.Tuepf.Ery.	Proerykrise
49	1981-12	498	0	0	46	52	57	50	3	4	95	5	5	96	40	32	63	0	2	71	o.B.	Pelger,homoz.
50	1982-02	389	1	3		26	15		2	64		3	3		64	12		29	4		Sezary-Syndrom	Sepsis
51	1982-05	420	1	1	76	37	74	86	2	4	97	6	2	96	52	18	84	5	0	65	o.B.	Nonh.Lymph.
52	1982-08	270	1	7	88	8	61	73	1	2	96	2	6	97	86	20	30	9	2	20	CLL, Eryblast.	Senium
53	1982-11	485	1	3	81	11	46	85	0	1	93	2	7	92	14	42	54	66	1	82	Plasmazelleuk.	M. Waldenstr.

Bemerkungen:

Nr. 44 war ein Ersatzringversuch

Im Ringversuch 46 waren anstelle der Baso 'Sonst.Leuko' ('Sonst. Zellen' bleibt) anzugeben

Im Ringversuch 49 waren statt 'Stab/Poly' 'unreife/reife Neutro' anzugeben

Tabelle 8.2-5b, Teil 2. Ergebnisse der Ringversuche für das Differentialblutbild

Nr.	Jahr-Mon.	n	Stabkernige			Polymorphk.			Eosinophile			Monozyten			Lymphozyten			Sonstige Z.			Klinik bzw. hämatolog. Befund		Erfolg insgesamt
			Pr.1 Ziel %	Pr.2 Ziel %	Erf. %	Pr.1 Ziel %	Pr.2 Ziel %	Erf. %	Pr.1 Ziel %	Pr.2 Ziel %	Erf. %	Pr.1 Ziel %	Pr.2 Ziel %	Erf. %	Pr.1 Ziel %	Pr.2 Ziel %	Erf. %	Pr.1 Ziel %	Pr.2 Ziel %	Erf. %	Pr.1	Pr. 2	%
54	1983-02	370	2	0	79	19	6	72	5	0	96	8	1	72	50	87	36	20	9	40	Mononukl.	CLL	29
55	1983-05	389	16	2	70	39	79	66	1	0	97	18	4	53	6	14	75	23	1	78	CML(monozytoid.)	Niereninsuff.	50
56	1983-08	248	1	1	91	10	22	91	1	2	99	2	2	95	80	70	77	11	5	91	CLL	CLL	70
57	1983-11	438	5	19	61	42	55	51	3	2	98	26	3	38	11	7	52	12	14	34	Myelomon. Leuk.	CML	30
58	1984-03	364	19	0	83	37	2	73	4	0	94	3	0	93	6	97	85	34	97	91	CML	Haarzell-Leukämie	58
59	1984-05	374	0	2	78	1	57	83	0	6	92	4	5	80	9	26	34	92	1	88	AML	o.B.(B)	31
60	1984-08	233	1	5	84	43	62	78	2	2	96	4	3	93	48	17	80	1	59	46	Bas. Tuepf. Ery.	Autoimm. Anämie	68
61	1984-11	420	20	1	59	65	77	59	1	0	97	3	4	95	9	16	85	1	1	85	Reakt. Linksver.	Sek. Perniciosa	52
62	1985-03	336	5	2	47	18	39	89	0	3	96	54	5	99	18	51	40	6	0	88	Subak. Myelomo. L.	Z. n. Grippe	72
63	1985-05	367	9	2	77	34	63	65	1	2	95	13	7	30	11	23	53	31	1	77	Ak. myelomo. Leuk.	Z. n. Virusinfekt	63
64	1985-08	241	1	17	66	43	33	63	7	9	92	3	2	90	45	11	67	1	29	91	o.B.	Osteomyeloscl.	62
65	1985-11	384	10	4	83	65	54	71	6	6	91	2	6	88	6	25	82	11	5	95	Myeloprol. Syndr.	o.B.	73
66	1986-02	321	0	3	94	4	18	91	1	44	91	1	3	96	94	30	86	0	2	96	CLL	Penic.-Allerg.	67
67	1986-05	349	3	10	79	79	45	68	0	0	96	3	5	86	15	19	96	0	21	89		Osteomyeloscl.	75
68	1986-08	243	12	2	65	82	28	76	0	1	98	2	5	93	3	63	83	1	1	96	Linksverschieb.	Virusinfekt	84
69	1986-11	391	0	15	71	48	19	75	11	5	91	6	3	94	34	3	84	1	60	98	Allerg. Dispos.	CML	75
70	1987-01	260	7	1	93	70	27	83	3	3	100	4	4	96	13	68	77	6	1	97	Sepsis	CLL	73
71	1987-05	380	1	2	84	16	64	89	1	14	90	8	3	78	73	16	77	0	1	93	Mononukleose	Asthma bronch.	77
72	1987-08	214	0	1	89	47	22	84	2	2	98	7	2	94	43	73	77	1	0	99	Z. n. Virusinfekt	CLL	83
73	1987-11	401	2	2	95	18	11	88	2	1	98	3	2	74	74	84	80	1	0	90	Mononukleose	Haarzell-Leuk.	86
74	1988-02	270	15	0	85	39	5	88	1	0	99	6	0	85	26	95	70	19	0	93	Osteomyeloscl.	CLL	73
75	1988-05	384	2	18	82	64	39	75	13	1	94	4	11	48	16	8	85	2	23	96	Eosinophilie	CML	70
76	1988-08	213	1	2	92	47	30	84	2	2	98	6	4	88	44	61	75	1	3	95	Gesund	Haarzell-Leuk.	76
77	1988-11	392	7	7	31	63	38	8	1	5	98	6	5	88	15	36	79	8	9	98	Reakt. Li-versch.	Pelger, homozyg.	80
78	1989-01	249	2	1	84	15	2	87	0	1	100	7	30	10	76	40	30	0	26	97	Mononukleose	AML (FAB = M1)	81
79	1989-04	376	2	18	75	62	42	76	3	1	99	7	4	91	24	14	92	2	21	95	Gesund	Osteomyelofibr.	73
80	1989-06	212	0	1	48	2	8	90	0	2	100	4	3	91	90	86	15	6	0	91	Akute Leukose	CLL	58
81	1989-10	421	2	2	97	42	60	83	2	2	99	2	2	95	50	32	80	2	2	68	Abkl. Virusinf.	MyeDyspl. Syndr.	78
Anzahl		41	41	41	39	41	41	39	41	41	39	41	41	39	41	41	39	41	41	39			28
Minimum		212	0	0	31	1	2	8	0	0	64	1	0	10	3	3	15	0	0	14			29
Maximum		498	20	21	97	83	79	91	13	64	100	54	30	99	94	97	96	92	97	99			86

Anmerkung: Ab Ringversuch 62 neuer Protokollbogen

Tabelle 8.2-6. Methodenabhängige Mittelwerte bei den Ringversuchen 1968-1980 (y) im Vergleich zu den Mittelwerten des Gesamtkollektivs (x) (s. a. Abbildungen 8.2-3 und 8.2-4). Lineare Regressionsanalyse von 61 Datensätzen, bei denen für alle Methoden Mittelwerte vorliegen

Analyt, Methodengruppe	a	b	r
Erythrozyten			
Zählkammer	-0,009	0,983	0,998
Zählung elektr. Impulse	-0,057	1,013	0,998
Zählung opt. Impulse	-0,070	1,024	0,997
Leukozyten			
Zählkammer	0,104	0,962	0,991
Zählung elektr. Impulse	0,319	1,000	0,977
Zählung opt. Impulse	-0,080	1,079	0,991

a, b: Achsenabschnitt bzw. Steigungsfaktor der Regressionsgeraden.
r: Korrelationskoeffizient

Tabelle 8.2-7. Methodenabhängige Mittelwerte bei den Ringversuchen 1981-1989 (y) im Vergleich zu den Mittelwerten der Referenzlaboratorien (x) (s. a. Abbildungen 8.2-5 und 8.2-6). Lineare Regressionsanalyse von 71 Datensätzen, bei denen für alle Methoden Mittelwerte vorliegen

Analyt, Methodengruppe	a	b	r
Erythrozyten			
Zählkammer	0,204	0,924	0,995
Zählung elektr. Impulse	0,071	0,978	0,999
Zählung opt. Impulse	0,109	0,960	0,992
Leukozyten			
Zählkammer	1,027	0,796	0.991
Zählung elektr. Impulse	0,371	0,971	0,998
Zählung opt. Impulse	0,918	0,873	0,997

a, b: Achsenabschnitt bzw. Steigungsfaktor der Regressionsgeraden.
r: Korrelationskoeffizient

8.3 Bedeutung und Ergebnisse der INSTAND Knochenmarkringversuche

E. Kurrle und H. Heimpel

8.3.1 Einleitung

Die Grundlage der Diagnostik vieler hämatologischer Erkrankungen, wie z.B. von akuten und chronischen Leukämien, myeloproliferativen Syndromen, Myelodysplasien und Lymphomen, ist die Knochenmarkmorphologie, d.h. die diagnostische Beurteilung einer Knochenmarkzytologie und ggf. einer Knochenmarkhistologie. Neuere Verfahren wie die Immuntypisierung, die Zytogenetik oder die Molekularbiologie haben in den letzten Jahren eine zunehmende Bedeutung erlangt. Sie können jedoch die morphologische Knochenmarkdiagnostik nicht ersetzten, sondern müssen als Ergänzung zu ihr angesehen werden. Dem Untersucher, der knochenmarkzytologische oder -histologische Untersuchungen durchführt, kommt eine besondere Verantwortung zu, da Fehlbeurteilungen weitreichende Folgen haben können. INSTAND hat daher bereits im Jahre 1975 in Zusammenarbeit mit der Deutschen Gesellschaft für Hämatologie und Onkologie und ihrem Arbeitskreis "Hämatologische Laborarbeit, Qualitätssicherung und Normung" begonnen, Knochenmark-Ringversuche zur externen Qualitätskontrolle anzubieten und zu erproben.

Nach den Richtlinien der Bundesärztekammer zur Qualitätssicherung in medizinischen Laboratorien (1988), die auf dem novellierten Eichgesetz vom 22. Februar 1985 beruhen, sind Ringversuche bisher nur für die objektive Überwachung von Ergebnissen quantitativer Laboratoriumsuntersuchungen auf dem Gebiet der Klinischen Chemie vorgesehen. Für die Durchführung von Ringversuchen zur Zytologie, in denen auch qualitative Merkmale beurteilt werden müssen, besteht bislang keine gesetzliche Grundlage. Ringversuche zur Knochenmarkzytologie können somit derzeit nur auf freiwilliger Basis durchgeführt werden. Es ist nicht abzusehen, ob und ggf. bis wann vom Gesetzgeber die juristischen Voraussetzungen für die obligatorische Einführung zytologischer Ringversuche geschaffen werden. In der bisherigen Ringversuchsserie von INSTAND ging es daher neben der externen Qualitätskontrolle vor allem auch um die Frage, ob Ringversuche zur Knochenmarkzytologie überhaupt praktikabel sind und auf welche Weise sie durchgeführt werden können. Die Ergebnisse der ersten Serie der Ringversuche wurden von Pribilla (1981) publiziert. Im Jahre 1986 begann INSTAND, wiederum in Zusammenarbeit mit der Deutschen Gesellschaft für Hämatologie und Onkologie, mit einer zweiten Serie von Ringversuchen, über deren Erfahrungen in der vorliegenden Arbeit berichtet wird.

8.3.2 Material und Methoden

Patienten: Die Gewinnung von Knochenmark erfolgte an Patienten, bei denen aus diagnostischen Gründen eine Knochenmarkpunktion vorgenommen werden mußte. Die Patienten gaben ihr Einverständnis, daß eine oder mehrere zusätzliche Aspirationen durchgeführt werden konnten.

Knochenmarkzytologie: Die Knochenmarkaspiration wurde in Lokalanästhesie am hinteren Beckenkamm (Spina iliaca post. sup.) wie früher beschrieben durchgeführt (Kurrle et al. 1978). Mit 20 ml-Spritzen, die 2 - 3 ml Na-EDTA-Lösung enthielten, wurden jeweils 2 - 3 ml Knochenmark aspiriert. Um genügend Material zu gewinnen, wurden über eine liegende Punktionsnadel mehrere Aspirationen vorgenommen, für die jeweils eine neue Spritze benutzt wurde. Es wurden Knochenmarkbröckelausstriche hergestellt, die nach Pappenheim gefärbt wurden.

Versand: Jeder Ringversuchsteilnehmer erhielt je einen nach Pappenheim gefärbten Blut- und Knochenmarkbröckelausstrich. Jedem Präparat wurde ein Protokollbogen und ein kurzer Begleittext mit den wichtigsten klinischen Angaben und Labordaten beigelegt. Der Versand erfolgte durch INSTAND.

Protokollbogen: Auf den Protokollbögen hatte jeder Ringversuchsteilnehmer folgende Angaben einzutragen:

- Differentialblutbild und Beurteilung von Anzahl und Morphologie der Erythrozyten, Leukozyten und Thrombozyten des peripheren Blutes.
- Semiquantitative Beurteilung des Knochenmarks: Zellularität, Verhältnis Erythropoese : Granulopoese (normal, verschoben zugunsten von Erythropoese oder Granulopoese). Geschätzte Anzahl folgender Zellen: Megakaryozyten, Erythropoese, Granulopoese, Eosinophile, Basophile, Monozyten, Makrophagen, Lymphozyten, Plasmazellen. Für die semiquantitativen Angaben wurde in der Regel folgende Skala benutzt: 1 = fehlend oder stark vermindert, 2 = vermindert, 3 = normal, 4 = vermehrt, 5 = stark vermehrt.
- Qualitative Beurteilung des Knochenmarks: Morphologie von Megakaryozyten (Mikromegakaryozyten, hypersegmentierte Megakaryozyten, hypolobulierte Megakaryozyten), Granulopoese (Riesenstabkernige, Linksverschiebung, Vermehrung von Blasten, Auer-Stäbchen, pathologische Granulationen), Erythropoese (megaloblastäre Veränderungen, Kernatypien), Makrophagen (seeblaue Histiozyten, Gaucher-Zellen), lymphatische Zellen (lymphozytisch, lymphoplasmozytoid, zentrozytisch, zentroblastisch, immunoblastisch, lymphoblastisch, Burkitt-Typ) und Plasmazellen (atypische Formen). Vermehrung von undifferenzierten Blasten oder Auftreten von knochenmarkfremden Zellen.
- Diagnose bzw. Differentialdiagnose: Angabe nach einem Diagnoseschlüssel.
- Angaben zur beruflichen Qualifikation der Teilnehmer: Arzt, Facharzt für innere Medizin (mit oder ohne Teilgebietsbezeichnung Hämatologie), Facharzt für Laboratoriumsmedizin, Facharzt für Pathologie, medizinisch-technische(r) Assistent(in).

Der Protokollbogen war so konzipiert, daß der Beurteiler über eine deskriptive Befunderhebung zu einer Diagnose bzw. Differentialdiagnose geführt werden sollte.

Auswertung: Die ausgefüllten Protokollbögen wurden von den Ringversuchsteilnehmern an INSTAND zurückgesandt und von der Ringversuchsleitung ausgewertet. Die semiquantitativen und qualitativen Sollwerte und die Diagnosen wurden von fünf ausgewählten Sollwert-Laboratorien festgelegt. Jeder Ringversuchsteilnehmer erhielt von der Ringversuchsleitung die Mitteilung, ob er eine korrekte Diagnose gestellt hatte. Er konnte ferner anhand eines beigelegten Protokollbogens, der die Beurteilung der Sollwert-Laboratorien enthielt, seine qualitativen und semiquantitativen Angaben selbst überprüfen.

8.3.3 Ergebnisse

Die derzeitige Serie der Knochenmark-Ringversuche begann im November 1986. Bis Ende 1988 wurden insgesamt sieben Ringversuche, d.h. drei pro Jahr, durchgeführt, in denen jeweils zwei Präparate zu beurteilen waren. Zu den einzelnen Ringversuchen hatten sich jeweils 33 bis 60 Teilnehmer angemeldet, von denen zwischen 80 % und 88 % die Protokollbögen zur Auswertung an die Ringversuchsleitung zurückschickten (Tabelle 8.3-1). Nach der beruflichen Qualifikation der Ringversuchsteilnehmer handelte es sich überwiegend um Fachärzte für innere Medizin mit oder ohne der Teilgebietsbezeichnung Hämatologie, um Fachärzte für Laboratoriumsmedizin und um medizinisch-technische Assistent(inn)en (Tabelle 8.3-2). Häufig wurden auch zwei oder mehrere Beurteiler angegeben.

Die Qualität der versandten Präparate wurde von nahezu allen Ringversuchsteilnehmern als zufriedenstellend beurteilt. Die Diagnosen der bisherigen Ringversuche sind in der Tabelle 8.3-3 zusammengestellt. Es wurde versucht, ein möglichst breites Spektrum benigner und maligner Erkrankungen aus dem Gebiet der Hämatologie

Tabelle 8.3-1. Zahl der Teilnehmer an den Ringversuchen

Ringversuch	Verschickte Auswertebogen	Zurückgesandte Auswertebogen	
1986/1	53	46	(87 %)
1987/1	33	29	(88 %)
1987/2	51	43	(84 %)
1987/3	55	45	(82 %)
1988/1	36	31	(86 %)
1988/2	52	43	(83 %)
1988/3	60	48	(80 %)

Tabelle 8.3-2. Berufliche Qualifikation der Ringversuchteilnehmer

Ringversuch	1/86	1/87	2/87	3/87	1/88	2/88	3/88
Zurückerhaltene Auswertebogen	46	29	43	45	31	43	48
Med.-techn. Assistent	15	8	8	9	14	13	13
Arzt (ohne Gebietsarztbezeichnung)	7	3	3	4	4	5	5
Arzt für Innere Medizin	10	6	10	10	9	8	8
Arzt für Innere Medizin (Hämatologe)	12	7	8	9	8	8	8
Arzt für Pathologie	1	-	-	-	-	-	-
Arzt für Laboratoriumsmedizin	16	10	14	18	13	13	13
Fehlende Angaben	1	3	5	2	4	5	-

Tabelle 8.3-3. Diagnosen und Häufigkeit richtiger Beurteilung

Ring-Versuch	Teilnehmer mit richtiger Diagnose	Diagnose
1/86	34/46 (74 %)	Akute undifferenzierte Leukämie
	33/46 (72 %)	Polycythämia vera
1/87	23/29 (79 5)	Myelodysplasie
	28/29 (97 %)	Chronische lymphatische Leukämie
2/87	37/43 (86 %)	Megaloblastäre Anämie
	30/43 (70 %)	Agranulozytose
3/87	44/45 (98 %)	Plasmozytom
	39/45 (87 %)	Autoimmunhämolytische Anämie
1/88	13/31 (42 %)	Chronische myeloische Leukämie
	26/31 (84 %)	Akute myeloische Leukämie FAB M5
2/88	29/43 (67 %)	Hypersplenismus
	30/43 (70 %)	Remission bei Burkitt-Tumor
3/88	46/48 (96 %)	Akute myeloische Leukämie FAB M4
	40/48 (83 %)	Myelodysplasie

anzubieten. Richtige Diagnosen wurden im Mittel von 79 % der Teilnehmer unter Berücksichtigung aller seit 1986 durchgeführter Ringversuche gestellt. Die Schwankungsbreite der korrekten Angaben war erheblich; sie lag je nach Diagnose zwischen 98 % und 42 %.

Tabelle 8.3-4. Semiquantitative Beurteilung der Knochenmarkzellularität

Ring-Versuch	Richtig	Zu hoch	Zu niedrig	Diagnose
1/86	85	0	15	Akute undifferenzierte Leukämie
	98	0	2	Polycythämia vera
1/87	100	0	0	Myelodysplasie
	96	0	4	Chronische lymphatische Leukämie
2/87	82	0	18	Megaloblastäre Anämie
	84	8	8	Agranulozytose
3/87	91	0	9	Plasmozytom
	93	0	7	Autoimmunhämolytische Anämie
1/88	100	0	0	Chronische myeloische Leukämie
	90	0	10	Akute myeloische Leukämie FAB M5
2/88	98	2	0	Hypersplenismus
	96	0	4	Remission bei Burkitt-Tumor
3/88	87	0	14	Akute myeloische Leukämie FAB M4 Myelodysplasie

Ein Ziel der vorliegenden Ringversuchsserie war es zu erproben, ob und inwieweit semiquantitative und qualitative Angaben zur Knochenmarkzytologie erfaßt und überprüft werden können, die für die Beurteilung und Diagnosestellung von Bedeutung sind. Für die semiquantitative Beurteilung wurde eine Skala aus fünf Graden benutzt (s. Material und Methoden). Eine Abweichung der Angaben um mehr als einen Grad dieser Skala von dem durch die Sollwert-Laboratorien festgelegten Wert wurde als nicht korrekte Beurteilung gewertet. In den Tabellen 8.3-4 und 8.3-5 sind die Ergebnisse der Knochenmarkzellularität und der Anzahl der Megakaryozyten dargestellt. Abweichungen um zwei Grade oder mehr in der semiquantitativen Skala fanden sich bei der Knochenmarkzellularität im Mittel bei 8 % der Teilnehmer und bei der Zahl der Megakaryozyten bei 6 %. Auch bei den anderen semiquantitativen Angaben waren in der Regel nur bei einem relativ geringen Prozentsatz der Teilnehmer relevante Abweichungen von den Sollwerten zu beobachten.

Tabelle 8.3-5. Semiquantitative Beurteilung der Megakaryozytenzahl

Ring-Versuch	Richtig	Zu hoch	Zu niedrig	Diagnose
1/86	100	0	0	Akute undifferenzierte Leukämie
	79	0	21	Polycythämia vera
1/87	93	0	7	Myelodysplasie
	96	4	0	Chronische lymphatische Leukämie
2/87	92	0	8	Megaloblastäre Anämie
	98	0	2	Agranulozytose
3/87	98	0	2	Plasmozytom
	84	0	16	Autoimmunhämolytische Anämie
1/88	96	0	4	Chronische myeloische Leukämie
	92	8	0	Akute myeloische Leukämie FAB M5
2/88	87	0	13	Hypersplenismus
	100	0	0	Remission bei Burkitt-Tumor
3/88	98	2	0	Akute myeloische Leukämie FAB M4 Myelodysplasie

8.3.4 Diskussion

Seit 1975 führt INSTAND in Zusammenarbeit mit der Deutschen Gesellschaft für Hämatologie und Onkologie Ringversuche auf freiwilliger Grundlage für die externe Qualitätskontrolle der zytologischen Knochenmarkdiagnostik durch. Die seither zunehmende Zahl der Teilnehmer zeigt, daß in der Ärzteschaft ein erhebliches Interesse an derartigen Ringversuchen besteht. Da bislang keine Erfahrungen mit

Knochenmarkringversuchen vorlagen, ging es den Initiatoren zunächst vor allem um die Frage, ob sie überhaupt praktikabel sind und auf welche Weise sie durchgeführt werden sollen.

Die ersten Schwierigkeiten, die sich bei der Durchführung ergaben, waren technischer Natur. Es mußte eine möglichst große Zahl von Knochenmarkbröckelausstrichen guter und einheitlicher Qualität hergestellt werden. Die bisherige Erfahrung hat gezeigt, daß es bei einer normalen Aspirierbarkeit des Knochenmarks möglich ist, durch eine Punktion Material für etwa 80 bis 100 Ausstriche zu gewinnen, wenn über eine liegende Punktionskanüle mehrfach aspiriert werden kann. Allerdings kann keine beliebig große Zahl von Ausstrichen hergestellt werden. Dies stellt zur Zeit keine wesentliches Problem dar, da die Zahl der Teilnehmer noch begrenzt ist.

Bei einer Reihe von pathologischen Zuständen ist die Aspirierbarkeit des Knochenmarks allerdings deutlich erschwert, wie z.B. bei einer Faservermehrung oder einem sehr stark hyper- oder hypozellulären Mark, so daß in solchen Fällen nicht genügend Ausstriche für einen größeren Ringversuch angefertigt werden können. Bei der Herstellung von Ausstrichen kann ferner eine gewisse Inhomogenität nicht vermieden werden, da es im Knochenmark sowohl unter physiologischen wie auch pathologischen Bedingungen zu fleckförmigen Veränderungen kommen kann, deren Interpretation insbesondere dann Schwierigkeiten bereitet, wenn zur Beurteilung nur ein Ausstrich vorliegt. Für eine Reihe von Diagnosen sind ferner Spezialfärbungen erforderlich, wie z.B. die Berlinerblaureaktion zum Eisennachweis oder zytochemische Reaktionen. Die Herstellung dieser Spezialfärbungen scheitert jedoch an der beschränkten Menge des Ausgangsmaterials. Diese Schwierigkeit könnte mit der Beilage von Farbphotographien teilweise umgangen werden. Bei Ringversuchen zur Knochenmarkzytologie können somit bestimmte technische Probleme auftreten, die bei der Planung und Durchführung beachtet werden müssen. Nach unseren Erfahrungen konnten den Ringversuchsteilnehmern bisher immer Präparate von zufriedenstellender Qualität zur Verfügung gestellt werden, was auch in der positiven Bewertung der versandten Ausstriche zum Ausdruck kommt.

Eine weitere wichtige Frage, die sich bei Ringversuchen zur Knochenmarkdiagnostik stellt, gilt den Parametern, die abgefragt und beurteilt werden sollen. In der ersten Ringversuchsserie von INSTAND wurde nur die Richtigkeit der Diagnose bewertet und auf eine Beurteilung der zytologischen Merkmale verzichtet (Pribilla 1981). In der Praxis gliedert sich die Knochenmarkdiagnostik wie jede andere morphologische Diagnostik in zwei Phasen. Zunächst wird eine qualitative und quantitative bzw. semiquantitative Befundbeschreibung vorgenommen, auf deren Grundlage dann eine Diagnose bzw. Differentialdiagnose gestellt wird. In der zweiten Ringversuchsserie von INSTAND, über die in der vorliegenden Arbeit berichtet wird, entschloß man sich daher, die Befundbeschreibung in den Protokollbogen aufzunehmen und mit auszuwerten.

In der jetzigen Ringversuchsserie betrug der Prozentsatz korrekter Diagnosen im Mittel 79 %. Im Vergleich dazu lag die Quote der richtigen Angaben der früheren Serie im Mittel bei 55 % (Streubreite 100 % - 9 %) und somit deutlich niedriger (Pribilla 1981). Die besten Ergebnisse wurden in beiden Serien bei relativ einfachen Diagnosen wie z.B. chronische lymphatische Leukämie oder Plasmozytom erreicht.

Die Auswertung der semiquantitativen und qualitativen Angaben ergab, daß mit dem angewandten System auf einfache und zuverlässige Art eine Befundbeschreibung und Auswertung dieser Merkmale vorgenommen werden kann. Relevante Abweichungen von den Sollwerten fanden sich nur bei einem relativ kleinen Anteil der Teilnehmer. Der Vorteil dieses Verfahrens liegt nach unserer Meinung vor allem darin, daß im Falle einer nicht korrekten Diagnose dem Ringversuchsteilnehmer aufgezeigt werden kann, auf welcher Fehlbeurteilung des morphologischen Befundes seine Fehldiagnose beruht.

Die bisherigen Erfahrungen haben gezeigt, daß Ringversuche zur Knochenmarkzytologie technisch durchführbar sind, wobei wegen der beschränkten Menge des Materials die Zahl der Teilnehmer eines Ringversuchs 100 nicht überschreiten sollte. Mit dem derzeit erprobten Verfahren ist es möglich, nicht nur die Diagnose sondern auch die Befundung relevanter semiquantitativer und qualitativer Merkmale zuverlässig zu überprüfen. Die Notwendigkeit für diese Ringversuche wird daraus ersichtlich, daß in Anbetracht des relativ hohen Anteils von Fehldiagnosen immer noch von einer erheblichen diagnostischen Unsicherheit bei vielen Untersuchern ausgegangen werden muß.

8.4 Hämatologische Terminologie

R. Verwilghen und K.-G. v. Boroviczény

8.4.1 Einleitung

In Naturwissenschaft und Technik werden Fachwörter kreiert, um neue Erkenntnisse zu bezeichnen und neues Wissen mitteilen zu können. Der Entdecker eines Phänomens, der Erfinder einer Technik benennt sein Geisteskind mit einem Kunstwort. "Welch ein glücklicher Umstand, wenn die Lehrer der Arzneywissenschaft überhaupt im Gebrauch allgemeiner Kunstwörter übereinstimmten", schrieb Leviso (1782). Es hat sich seither nicht viel geändert: auch heute haben gleiche Begriffe eine unterschiedliche Benennung, und gleiche Benennungen werden für unterschiedliche Begriffe angewandt. So wird z.B. im deutschen Sprachraum die Vaquez'sche Krankheit Polyzytämie genannt, die funktionelle Erhöhung der Erythrozytenzahl Polyglobulie. Englisch ist hingegen polycythaemia die funktionelle Erythrozytenvermehrung, und die Vaquez'sche Krankheit wird erythaemia genannt (Boroviczény 1970).

Um in solchen und anderen Fällen Klarheit zu schaffen, hat die Internationale Gesellschaft für Hämatologie (ISH) 1965 ein Glossar-Komitee eingesetzt (Tabelle 8.4-1), das zugleich die Terminologie-Expertengruppe des Internationales Komitees für Normung in der Hämatologie (ICSH) war. Dieses Komitee hat bis 1969 über 110 Wortelemente und mehr als 50 in der Hämatologie gebräuchliche Fachwörter definiert. Es arbeitete nach den Richtlinien des Council for International Organisations of Medical Sciences (CIOMS 1966).

Tabelle 8.4-1. Mitglieder des Glossar-Komitees der Internationalen Gesellschaft für Hämatologie (ISH; 1968)

A. Alexeieff (Moskau)	A. Gouttas (Athen)	M. Nicole (Genf)
W. Andrew (Indianapolis)	J. Guasch (Barcelona)	E. Osgood (Portland/Oregon)
G. Astaldi (Tortona)	E. Hauptmann (Zagreb)	L. A. Pálos (Budapest)
P. Barkhan (London)	L. Heilmeyer (Ulm)	C. M. Plum (Dianalund/DK)
L. Barta (Pécs/Ungarn)	P. W. Helleman (Utrecht)	G. Rosenfeld (Sao Paulo)
J. Bernard (Paris)	A. Hittmair (Innsbruck)	R. Sansonnens (Genf, WHO)
B. de Bonsdorf (Helsinki)	G. Kümmel (Berlin/DDR)	T. Tempka (Warschau)
K.-G. v. Boroviczény (Freibg.)	J. Libansky (Prag)	C. Trincao (Lissabon)
H. Braunsteiner (Innsbruck)	N. Lortholary (Paris)	E. Undritz (Basel)
K. M. Brinkhouse (Chapel Hill)	A. Manuila (Genf, WHO)	M. C. Verloop (Utrecht)
W. Dameshek (New York)	L. Manuila (Genf)	S. Watanabe (Hiroshima)
M. Erren (Freiburg/Br.)	G. Mayer (Straßburg)	M. M.Wintrobe (Salt Lake C.)
A. Fieschi (Genua)	O. Nacke (Bielefeld)	I. S. Wright (New York)

1988 ist im Europäischen Normungskomitee (CEN) ein technisches Komitee (TC) für In Vitro Diagnostika-Systeme eingerichtet worden und im Rahmen dieses 'TC 140' eine Arbeitsgruppe Terminologie 'WG 3', von der u.a. auch die Arbeit des ISH-Glossar-Komitees aufgenommen wurde. Die medizinische Terminologie bearbeiten mehrere CEN-TC-s. Damit nach einheitlichen Gesichtspunkten verfahren werde, ist eine Koordinierungsgruppe eingerichtet worden. Die von dieser Koordinierungsgruppe festgelegten Richtlinien besagen, daß Benennungen möglichst so gewählt werden sollen, daß sie in allen drei CEN-Sprachen (deutsch, englisch und französisch) ähnlich seien (ISO/R 860). Zu den Definitionen können etymologische Hinweise, Anmerkungen, Beispiele gegeben werden. Gegebenenfalls können Synonyme (anderslautende Worte gleicher Bedeutung), Homonyme (gleichlautende Worte anderer Bedeutung), Antonyme (Gegenworte) und Akronyme (Kürzel), u.U. auch Tabellen und Abbildungen hinzugefügt werden. Im Rahmen der europäischen Terminologienormung wird auch die Orthographie (Rechtschreibung) der Fachwörter verbindlich festgelegt.

Im folgenden wird das bisherige Ergebnis der Arbeit des CEN/TC 140/WG 3 deutsch widergegeben.

8.4.2 In der Hämatologie gebräuchliche Wortelemente

Viele medizinische Benennungen sind aus Morphemen (Wortelementen) zusammengesetzt, aus Wortstämmen und Affixen (Prä-, In- und Suffixen), die meist griechischen oder lateinischen Ursprungs sind. Die Kenntnis der wichtigsten Morpheme erleichtert das Verständnis der Fachwörter. In seinem lesenswerten Buch hat Jaeger (1953) nahezu 2500 Morpheme, darunter knapp 250 Affixe mit etymologischen Erläuterungen und Beispielen, zusammengestellt. In der Tabelle 8.4-2 sind die vom CEN/TC 140/WG 3 bearbeiteten Morpheme angegeben. An erster Stelle steht die deutsche Benennung. Es folgen einzuschiebende Selbstlaute in Klammern (i, o) danach, auch in Klammern, ein Hinweis auf den etymologischen Ursprung: A = arabisch, G = griechisch, L = lateinisch.

Die Affixe werden ihrer Position entsprechend als Prä-, In- oder Suffixe bezeichnet. Es folgen Definition, gegebenenfalls Anmerkungen, Beispiele, Synonyme, Homonyme, Antonyme und Kürzel.

Tabelle 8.4-2. In der Hämatologie gebräuchliche Morpheme

Morphem (Etymologie)	Definitionen, Anmerkungen Beispiele, Synonyme, Antonyme, Kürzel
a-, an- (G: verneinend)	Präfix. (1) Ohne, (2) nicht, gegen, (3) in der Hämatologie auch: wenig. Beispiele: (1) Agranulozytose, (2) Anisozytose, (3) Anämie.
-ämie (s. häm-, -ia)	Suffix. Im Blut, zum Blut gehörend. Beispiele: Hyperämie, Leukämie.
agglutin(o)- (L: kleben)	Wortstamm. Zusammenklebend, zusammenballend. Beispiel: agglutiniert. Antonym: lys(o)-.
akanth(o)- (G: Dorn)	Präfix. Dornähnliche, stachelige Form. Beispiel: Akanthozyt.
anis(o)- (G: ungleich)	Präfix. Gestaltliche Variation, ausgeprägter als bei 95% gesunder Individuen desselben Geschlechts und gleichen Alters zu erwarten ist. Beispiel: Anisozytose.
ant(i)- (G: gegen)	Präfix. Gegen, entgegen, gegenüber. Beispiel: Antigen.
anul(o)- (L: Ring)	Präfix. Ringförmig. Anmerkung: In der Hämatologie Erythrozyten mit sehr blasser Mitte, ausgeprägtem Rand. Beispiel: Anulozytose.
astr(o)- (G: Stern)	Präfix. Sternförmig. Beispiel: Astrozyt.
aut(o)- (G: selbst)	Präfix. Selbst, sich selbst. Beispiel: Autoantikörper. Antonym: Hetero-.
azur(o)- (A: himmelblau)	Wortstamm. Affinität zum Farbstoff Azur. Beispiel: Azurgranula.

Morphem (Etymologie)	Definitionen, Anmerkungen Beispiele, Synonyme, Antonyme, Kürzel
bas(o)- (G: Base)	Präfix. (1) Affinität zu basischen Farbstoffen, (2) zu den basophilen Leukozyten gehörend. Beispiele: (1) Basophile Tüpfelung; (2) Basophilozyt.
-blast(o)- (G: Knospe)	Präfix oder Suffix. Unreifste Form einer Zellreihe. Beispiel: Myeloblast.
-chrom(atin)- (G: Farbe)	Präfix, Infix oder Suffix. Nukleoproteinhaltige Zellkernsubstanz. Beispiele: Nukleochromatin, Chromosom.
des-/dis- (G: getrennt)	Präfix. Trennung, getrennt. Beispiele: Desintegration, distinkt.
drepan(o)- (G: Sichel)	Präfix. Sichelförmig. Beispiel: Drepanozyt.
dys- (G: un-, schlecht)	Präfix. Bedeutet in der Medizin eine mehr qualitative als quantitative Abweichung vom Üblichen. Beispiel: Dyserythropoese. Antonym: Eu-.
ellipt(o)- (G: defekt)	Präfix. Elliptisch. Beispiel: Elliptozytose. Anmerkung: Elliptisch weist in der Hämatologie auf eine hereditäte Erkrankung hin, und ist kein Synonym zu oval.
eosin(o)- (G: Morgenröte)	Wortstamm. Affinität zum Farbstoff Eosin oder zu ähnlichen sauren Farbstoffen aufweisende Molekularstruktur. Anmerkung: Im Zusammenhang (1) mit der Zellplasmakörnung weist es auf gleich- und mittelgroße, runde, in der Mitte etwas blassere Granula hin und auch auf deren basophil gefärbte Vorstufen, (2) mit Zellen auf deren Zugehörigkeit zu der eosinophilen Zellreihe. Beispiel: Eosinophilozytopenie (nicht: Eosinopenie). Kürzel: Eo-.
erythr(o)- (G: rot)	Präfix. Bezeichnet in der Hämatogie Zellen, von denen oder von deren reiferen Formen eine Hämoglobinbildung angenommen wird. Beispiel: Erythrozyt, Erythroblast.
eu- (G: normal)	Präfix. Gut, normal, im Referenz- (95 %-)bereich befindlich. Beispiel: Euploidie. Synonym: Normo-. Antonym: Dys-, mal-.

Morphem (Etymologie)	Definitionen, Anmerkungen Beispiele, Synonyme, Antonyme, Kürzel
fibrin(o)- (L: Faser)	Wortstamm. Hinweis auf Fibrin. Beispiel: Fibrinolyse.
fibr(o)- (L: Faser)	Präfix. Bezug auf (1) Kollagen, (2) kollagenbildende Zellen oder (3) fibrinöses Gewebe. Beispiele: (1) Fibrom, (2) Fibroblast, (3) Fibrös.
-gen (G: Geburt)	Suffix. (1) Hervorbringen, (2) der Grund von. Beispiele: (1) Fibrinogen, (2) Pathogenese.
gigant(o)- (G: riesig)	Wortstamm. Wird in der Hämatologie angewandt um anzudeuten, daß eine Zelle größer, eine Substanz umfangreicher ist als die makro- oder megalo-Form. Beispiel: Gigantoblast.
-globin(o)- (L: Gehäuse)	Wortstamm. Zusammenhang mit den Peptidketten des Hämoglobinmoleküls ohne die prosthetische Gruppe Häm. Beispiel: Verdoglobin.
-globul(o)- L: Behältnis)	Präfix, Infix oder Suffix. Zu den Globulinen gehörend. Anmerkung: Historisch von den Erythrozyten (globuli sanguinis) abgeleitet. Beispiele: Globuline, Makroglobulinämie, Hämoglobin.
-granul(o)- (L: Korn)	Präfix, Infix oder Suffix. (1) Granula enthaltend oder vermutlich entwickelnd, (2) zu jenen Leukozytenarten gehörend, von denen angenommen wird, daß sie neutrophile, eosinophile oder basophile Granula entwickeln oder enthalten. Beispiele: (1) Granulom, Lymphogranulomatose, (2) Granulozyt.
häm(a-t-o)- (G: Blut)	Wortstamm. Betrifft (1) Blut oder (2) Hämoglobin mit zweiwertigem Eisen. Beispiele: (1) Hämatologie, (2) Hämosiderin. Synonym: (1) -ämie.
hämi- (G: Blut)	Präfix. Betrifft Hämoglobin mit dreiwertigem Eisen. Beispiel: Hämiglobincyanid. Synonym: met-.
hyper- (G: über)	Präfix. Größer als 97,5 % der beobachteten Werte, die bei gesunden Individuen desselben Geschlechtes und Alters zu erwarten sind. Beispiel: Hyperchrom. Antonym: Hyp(o)-.

Morphem (Etymologie)	Definitionen, Anmerkungen Beispiele, Synonyme, Antonyme, Kürzel
hyp(o)- (G: unter)	Präfix. Kleiner als 97,5% der beobachteten Werte, die bei gesunden Individuen desselben Geschlechtes und Alters zu erwarten sind. Beispiel: Hypochrom. Antonym: Hyper-.
-ie (G: Eigenschaft)	Suffix. Eigenschaftshinweis. Beispiel: Anämie.
immun(o)- (L: ungiftig)	Wortstamm. Sicher, Beschützt. Anmerkung: In der Medizin Zusammenhang mit humoraler und zellulärer Abwehr fremder Zellen oder Gewebe. Beispiel: Immunozyt.
iso- (G: gleich)	Präfix. Gleich oder ähnlich in der Form, Struktur, chemischen oder genetischen Zusammensetzung. Beispiel: Isoantikörper.
karyo- (G: Nuß, Kern)	Präfix. Zum Zellkern gehörend. Beispiel: Karyorrhexis. Synonym: Nukleo-. Antonym: Plasm(a)-.
-klas(t,i)- (G: brechen)	Präfix oder Suffix. Brechen, unterbrechen. Beispiele: Osteoklast, Klasmatozyt.
koagul(o)- (L: läßt gerinnen)	Präfix. Bezug zur Blutgerinnung. Beispiel: Koagulogramm. Antonym: Lys-.
-krit (G: absondern)	Suffix. Hinweis auf die zentrifugierende Trennung von (1) Zellen, (2) anderen Phasen in Flüssigkeiten. Beispiele: (1) Hämatokrit (besser wäre: Erythrozytokrit), (2) Laktokrit (= Milchseparator).
kry(o)- (G: Frost)	Präfix. Hinweis auf Kälte. Beispiel: Kryoglobulin.
leuk(o)- (G: weiß)	Präfix. In der Hämatologie Bezug zu allen weißen Blutzellen und deren Vorstufen im Blut, in den blutbildenden Organen. Beispiel: Leukozyt.
lymph(o)- (L: Wasser)	Präfix. Zum (1) lymphatischen Gewebe, (2) in der Hämatologie zu den B- und T-Lymphozyten, deren Vorstufen und Reifeformen gehörend. Beispiele: (1) Lymphknoten, (2) Lymphozyt.

Morphem (Etymologie)	Definitionen, Anmerkungen Beispiele, Synonyme, Antonyme, Kürzel
lys(o)- (G: lösen)	Präfix. Auflösen, abbauen. Beispiel: Lysosom. Antonyme: agglutin(o)-, koagul(o)-.
mal- (L: schlecht)	Präfix. Schlecht, schädlich, bösartig. Beispiel: Malignom.
makr(o)- (G: groß)	Präfix.(1) Maß eines Individuums, (2) Mittelwert der Maße mehrerer Individuen, das bzw. der größer ist als das Maß, das bei 97,5% gleicher Individuen desselben Geschlechtes und Alters zu erwarten ist, (3) mit dem unbewaffneten Auge sichtbar, (4) groß im Vergleich zu einer bekannten Gesamtheit, (5) zur Zellreihe der Makrophagen gehörend. Beispiele: (1) Makrozyt, (2) Makrozytose (3) makroskopisch, (4) Makroglobulin (5) Makrophag (=Gewebsmonozyt). Antonym: Mikr(o)-.
mast(o)- (G: Busen)	Präfix: Zur mastozytären (= gewebsbasophilen) Zellreihe gehörend. Beispiel: Mastozyt.
medi(o)- (L: Mitte)	Präfix. Mittleres, zwischenliegendes. Beispiel: Mediastinum. Synonym: Mes(o)-.
megakaryo- (G: groß + Nuß)	Präfixkombination. Zur megakaryozytären Zellreihe gehörend. Beispiel: Megakaryozyt.
megal(o)- (G: groß)	Präfix. In der Hämatologie Erythrozyten und deren Vorstufen bei B_{12}- oder Folsäuremangelanämie. Beispiel: Megalozyt.
mes(o)- (G: Mitte)	Präfix. Mittleres, Zwischenliegendes. Beispiel: Mesoderm. Synonym: medi(o)-.
met- (G: geändert)	Präfix. In der Hämatologie: bezeichnet Hämoglobin mit dreiwertigem Eisen. Beispiel: Methämoglobin. Synonym: Hämi-.
meta- (G: zwischen)	Präfix. In der Hämatologie: Zellen, deren Reifegrad zwischen dem -zyt und dem nächstreiferem Stadium liegt. Beispiel: Metamyelozyt.

Morphem (Etymologie)	Definitionen, Anmerkungen Beispiele, Synonyme, Antonyme, Kürzel
mikr(o)- (G: klein)	Präfix.(1) Maß eines Individuums, (2) Mittelwert der Maße mehrerer Individuen, das bzw. der kleiner ist als das Maß, das bei 97,5% gleicher Individuen desselben Geschlechts und Alters zu erwarten ist, (3) mit dem unbewaffneten Auge nicht sichtbar, (4) klein im Vergleich zu einer bekanten Gesamtheit. Beispiele: (1) Mikrozyt, (2) Mikrozytose, (3) Mikroskop, (4) Mikroorganismen. Antonym: Makr(o)-.
mon(o)- (G: einzig)	Präfix. (1) Einzig, (2) in der Hämatologie zu der monozytären Zellreihe gehörend. Beispiele: (1) monoklonal, (2) Monozyt. Antonym: (1) Pan-.
myel(o)- (G: Mark)	Präfix. (1) Zum Knochenmark, (2) zu den granulozytären Zellreihen gehörend. Beispiele: (1) myeloproliferativ, (2) Myelozyt.
neutr(o)- (L: neutral)	Präfix. In der Hämatologie (1) Granula, die sich mit den üblicherweise angewandten panoptischen Farbstoffen blaßlila anfärben, (2) zu der neutrophilen Zellreihe gehörend.Beispiele: (1) Neutrophile Granula, (2) Neutrophilozyt.
norm(o)- (L: mustergültig)	Wortstamm. (1) Maß eines Individuums, (2) Mittelwert mehrerer Individuen, das bzw. die im 95%-Beobachtungsbereich liegen, der bei Individuen desselben Geschlechtes und Alters zu erwarten ist, (3) in der Hämatologie zu der normozytären Zellreihe gehörend. Beispiele: (1) normochrom, (2) Normochromie, (3) Normoblast. Antonyme: Dys-, para-.
nukle(o)- (L: Kern)	Präfix. Den Zellkern betreffend. Beispiel: Nukleoprotein. Synonym: Karyo-. Antonym: Plasm(a)-.
olig(o)- (G: wenig)	Präfix. Geringerer als 97,5% der beobachteten Werte, die bei gesunden Individuen dessleben Geschlechts und Alters zu erwarten sind. Beispiel: Oligochromie. Antonym: Poly-.
-om(at) (G: Geschwulst)	Suffix. Tumor der genannten Zellinie. Beispiel: Plasmozytom.
-ose (G: Herkunft)	Suffix. In der Medizin Krankheitsbezeichnung. Beispiel: Lymphadenose.

Morphem (Etymologie)	Definitionen, Anmerkungen Beispiele, Synonyme, Antonyme, Kürzel
-ose (L: voll)	Suffix. Mehr oder größer als 97,5% der Beobachtungen, die bei gesunden Individuen desselben Geschlechts und Alters zu erwarten sind. Beispiel: Leukozytose. Antonym: -penie.
oval(o)- (L: eiförmig)	Präfix. In der Hämatologie auf nichthereditäre Zellverformung hinweisend. Beispiel: Ovalozytose.
pan- (G: ganz)	Präfix. Alles. Beispiel: Panzytopenie. Antonym: Mono-.
para- (G: neben)	Präfix. In der Medizin: qualitative Abweichungen von Beobachtungen, die bei 95% der gesunden Individuen desselben Geschlechts und Alters zu erwarten sind. Beispiel: Paraprotein. Antonym: normo-.
-path(ie/o) (G: Schaden)	Präfix oder Suffix. Schaden, Abnormalität, Krankheit. Beispiel: Hämoglobinopathie.
-pen(ie) (G: Armut)	Suffix. Geringerer Wert als 97,5% der beobachteten Werte, die bei gesunden Individuen desselben Geschlechts und Alters zu erwarten sind. Beispiel: Leukozytopenie (nicht: Leukopenie). Antonym: -ose.
phil(o)- (G: lieben)	Präfix. In der Hämatologie Affinität, meist zu Farbstoffen. Beispiel: Basophil.
phyt(o)- (G: Pflanze)	Präfix. Zusammenhang mit dem Pflanzenreich. Beispiel: Phytohämagglutinin.
-plas(t/ie) (G: formen)	Suffix. Numerische oder formale Entwicklung, Wachstum, Zunahme. Beispiel: hyperplastisch.
-plasm(a)- (G: gegossen)	Wortstamm. In der Hämatologie: der flüssige Teil (1) des ungeronnenen Blutes, (2) der Zelle. Beispiele: (1) Plasmaphorese, (2) Zytoplasma. Antonym: Nukle(o)-.
plasmo- (G: gegossen)	Präfix. In der Hämatologie: Zur plasmozytären Zellreihe gehörend. Beispiel: Plasmozyt.
-poies(e) poikil(o)-	Suffix. In der Medizin die Zellproduktion betreffend. Beispiel: Erythrozytopoese (nicht: Erythropoese).

Morphem (Etymologie)	Definitionen, Anmerkungen Beispiele, Synonyme, Antonyme, Kürzel
poly- (G: viel)	Präfix. Ausgeprägtere Formabweichung als bei 95% der beobachteten Formabweichungen, die bei gesunden Individuen desselben Geschlechts und Alters zu erwarten sind. Beispiel: Poikilozyt.
-porphyr(ie)- (G: purpur)	Wortstamm. In der Chemie bzw. Medizin (1) zu der Stoffklasse der Porphyrine gehörend, (2) durch diese entstandene Krankheit. Beispiele: (1) Uroporphyrin, (2) Porphyrie.
pro- und -zyt	Präfix und Suffix. In der Hämatologie: Entwicklungsstufe der Zellen zwischen dem -blast Stadium und dem -zyt Stadium. Beispiel: Promyelozyt.
-rhexis (G: Bruch)	Suffix. Fragmentierung einer Struktur. Anmerkung: bezieht sich meist auf den Zellkern. Beispiel: Karyorrhexis.
-sark(o)- (G: fleischig)	Präfix oder Suffix. In der Medizin: Bezug zu soliden Tumoren mesodermalen Ursprungs. Beispiele: Sarkomatose, Lymphosarkom.
schist(o)- (G: gespalten)	Suffix. Gespalten, fragmentiert. Beispiel: Schistozyt.
semi- (L: halb)	Präfix. Halb. Beispiel: semipermeabel.
ser(o/ö)- (L: Molke)	Präfix. Hinweis (1) auf den flüssigen Teil des geronnenen Blutes, (2) auf eine zellfreie Körperflüssigkeit. Beispiele: (1) Serologie, (2) serös.
sider(o)- (G: Eisen)	Präfix. Eisenhaltig. Beispiel: Siderozyt.
-som(a)- (G: Körper)	Präfix oder Suffix. Körper. Beispiele: Somatotrop, Zentrosom.
spher(o)- (G: Ball)	Präfix. In der Hämatologie Zunahme der Erythrozytendicke. Beispiel: Sphärozyt.
-splen(o)- (G: Milz)	Präfix oder Suffix. Zur Milz gehörend. Beispiele: Splenomegalie, Hypersplenie.

Morphem (Etymologie)	Definitionen, Anmerkungen Beispiele, Synonyme, Antonyme, Kürzel
stom(ato)- (G: Mund)	Präfix. In der Hämatologie Hinweis auf Erythrozyten mit länglich ovalen (mundförmigen) zentralen Aufhellungen. Beispiel: Stomatozytose (bei Hepatopathien).
-strom(ato)-	Präfix oder Suffix. Zum Bindegewebe gehörend. Beispiel: Stromatozyt (= Stromazelle).
syn- (G: zusammen)	Präfix. Zusammen, mit, vereint. Beispiel: Synzytium.
target(o)- (L: Ziel)	Präfix. In der Hämatologie Erythrozyten mit einem zentral pigmentreicheren Areal, umgeben von einem minder pigmengierten Ring, am Rande nochmals mit einem pigmentreichem Ring. Beispiel: Targetozyt (= Schießscheibenzelle).
thromb(o)- (G: Gerinnsel)	Präfix. Bezug auf (1) Blutgerinnung, (2) Zellen und Zellplasmafragmente der megakaryozytär-thrombozytären Zellreihe. Beispiele: (1) Thrombose, (2) Thrombozyt (= Blutplättchen).
thym(o)- (G: Leben)	Präfix. Bezug zum Thymus bzw. der thymozytären Zellreihe. Beispiel: Thymozyt (= T-Lymphozyt).
-tox(i)- (G: Gift)	Präfix oder Suffix. (1) Gift, (2) Giftwirkung. Beispiel: (1) Endotoxin, (2) Toxizität.
verd(o)- (L: grün)	Präfix.In der Hämatologie Bezeichung der grünen Hämoglobinderivate. Beispiel: Verdoglobin.
-zyt(o)- (G: Höhle)	Präfix oder Suffix. (1) Zu einer Zelle gehörend, (2) in der Hämatologie Zusammenhang mit allen Blut-, Knochenmark und Lymphzellen und deren Vorstufen, aber nicht im Zusammenhang mit den Stammzellen gebräuchlich. Anmerkung: dieses Morphem sollte immer eingesetzt werden, wenn Zellen, Eigenschaften von Zellen oder Zellbestandteilen benannt werden. Beispiele: Zytolyse, Lymphozytopenie (nicht: Lymphopenie), Myelozyt.

Morphem (Etymologie)	Definitionen, Anmerkungen Beispiele, Synonyme, Antonyme, Kürzel
-zytose (G: Höhle)	Suffix. Vermehrung oder Veränderung (1) der Zellen der betreffenden Art bzw.in entsprechendem Kontext (2) der Erythrozyten, zu mehr oder anders als in 97,5 bzw. 95,0 % der Zellen bei Individuen desselben Geschlechts und Alters zu erwarten ist. Beispiele: (1) Lymphozytose, (2) Anisozytose.

9 Literatur

Abbe E (1878) Über die Blutkörperchenzählung. Ges Med Naturwiss Jena S 93-105

Abbe E (1904-1906) Gesammelte Abhandlungen I-III, Fischer, Jena

Adams JM, Kamentsky L, Melamed NN (1974): Blood granulocyte staining with acridine orange with infection. J Histochem Cytochem 22:526-540

Agnarsson BA, Kadin ME (1988) Ki-1 positive large cell lymphoma. Am J Surg Pathol 12: 264-274

Aisenberg AC, Krontiris TG, Mak TW, Wilkess BM (1985) Rearrangement of the gene for the beta chain of the T cell receptor in T cell chronic lymphocytic leukemias and related disorders. New Engl J Med 313:529-533

Aisenberg AC, Wilkes BM, Jacobsen JO (1987) Rearrangements of the genes for the beta and gamma chains of the T cell receptor is rarely observed in adult B cell lymphoma and chronic lymphocytic leukemia. J Clin Invest 80:1209-1214

Aiuti F, Sirianni MC, Mezzaroma I, D'Offizi GP, Pesce AM, Papetti C, Ensoli F, Luzi G (1989) HIV-1 infection: Epidemiological features and immunological alterations during the natural history of the disease. Clin Immunol Immunopathol 50:157-165

Alarcon B, Regueiro JR, Arnaiz-Villena A, Terhorst C (1988) Familial defect in the surface expression of the T-cell receptor-CD3 complex. N Engl J Med 319:1203-1208

Albrecht M (1966) "Gaucher-Zellen" bei chronisch-myeloischer Leukämie. Blut 13:169-179

Albrecht M, Fülle HH (1974) Morphologie der Megakaryozyten bei Blutkrankheiten. Blut 23:109-121

Altman PL, Dittmer DS (eds) (1961) Blood and other body fluids. Federation of American Societies for Experimental Biology, Washington

Anderson KC, Boyd AW, Fisher DC, Leslie D, Schlossman SF, Nadler LM (1985) Hairy cell leukemia: A tumor of pre-plasma cells. Blood 65:620-629

Arneth J (1904) Die neutrophilen weißen Blutkörperchen bei Infektionskrankheiten. Fischer, Jena

Arnold H, Blume KG, Löhr GW, Boulard M, Najean Y (1974) "Acquired" red cell enzyme defects in hematological diseases. Clin Chim Acta 57:187-189

Ashmore LM, Shopp GM, Edwards BE (1989) Lymphocyte subset analysis by flow cytometry. Comparison of three different staining techniques and effects of blood storage. J Immunol Methods 118:209-215

Atamer MA, Groner W (1972) Investigation of the Left Shift with Peroxydase Chemistry of Hemalog D. Mediad Inc HE7-1, Terrytown

Aust Ch (1968), Boll I (1974) Entwicklung von Di Guglielmo- Syndromen aus chronischen myeloischen Leukämien. Blut 28: 245-255

Bacus JW (1971) An Automated Classification of the Peripheral Blood Leukocytes by Means of Digital Image Processing. PhD Thesis, Univ. of Illinois

Bacus JW (1973) Observer error in peripheral blood cell classification, Am J Clin Path 59:223-230

Baer R, Heppell A, Taylor AMR, Rabbitts PH, Boullier B, Rabbitts TH (1987) The breakpoint of an inversion of chromosome 14 in T-cell leukemia: sequences downstream of the immunoglobulin heavy chain locus are implicated in tumorigenesis. Proc Natl Acad Sci USA 84:9069-9073

Bartram CR (1987) Molekulargenetische Untersuchungen zur Pathogenese und Klassifizierung der chronisch myeloischen Leukämie. Onkologie 10:127-132

Bartram CR, Carbonell F (1986) Bcr rearrangement in Ph1-negative CML. Cancer Genet Cytogenet 21:183-184

Bartram CR, Raghavachar A, Heimpel H (1986) Biallelic heavy chain immunoglobulin gene rearrangement in acute nonlymphocytic leukemia. Blut 52:203-207

Beck K, Dischler W, Helms M, Kiani B, Sickinger K, Tenner R (1968) Atlas der Laparoskopie. F. K. Schattauer, Stuttgart New York

Bedell SE, Bush BT (1985) Erythrocyte sedimentation rate. From folklore to facts. Am J Med 78:1001-1009

Begemann H (1986) Klinische Hämatologie, 3. Aufl. Thieme, Stuttgart

Begemann H, Begemann M (1989) Praktische Hämatologie. 9. Aufl. Thieme, Stuttgart

Begemann H, Rastetter J (1986) Klinische Hämatologie, 3. Aufl. Georg Thieme, Stuttgart New York

Begemann H, Rastetter J (1987) Atlas der klinischen Hämatologie. 4. Aufl., Springer, Berlin Heidelberg New York

Begemann H, Rastetter J, Kaboth W (1970): Klinische Hämatologie. G Thieme, Stuttgart, S 67

Ben-Bassat I, Gale RP (1984) Hybrid acute leukemia. Leuk Res 8:926-936

Benjamin NR (1958) A rapid method for estimation of the leukocyte count. Blood 13:677

Bennett JM, Catovsky D, Daniel MT, Flandrin G, Galton DAG, Gralnick HR, Sultan C (1976) Proposals for the classification of the acute leukemias. Brit J Haematol 33:451-458

Bennett JM, Catovsky D, Daniel MT, Flandrin G, Galton DAG, Gralnick HR, Sultan C (1980) A variant form of hypergranular promyelocytic leukaemia (M3) [Letter]. Br J Haematol 44:169-170

Bennett JM, Catovsky D, Daniel MT, Flandrin G, Galton DA, Gralnick HR, Sultan C (1982) Proposals for the classification of the myelodysplastic syndromes. Br J Haematol 51:189-199

Bennett JM, Catovsky D, Daniel MT, Flandrin G, Galton DAG, Gralnick HR, Sultan C (1985a) Criteria for the diagnosis of acute leukemia of megakaryocyte lineage (M7). Ann Intern Med 103:460-462

Bennett JM, Catovsky D, Daniel MT, Flandrin G, Galton DAG, Gralnick HR, Sultan C (1985b) Proposed revised criteria for the classification of acute myeloid leukemia. Ann Intern Med 103:626-629

Bennett JM (1986) Classification of the myelodysplastic syndromes. Clin Haematol 15:909-922

Bennett JM, Catovsky D, Daniel MT, Flandrin G, Galton AG, Gralnick HR, Sultan C (1989) Proposals for the classification of chronic (mature) B and T lymphoid leukaemia. J Clin Pathol 42:567-584

Berger R, Bernheim A, Sigaux F, Daniel M-T, Valensi F, Flandrin G (1983) Cytological types of mitoses and chromosome abnormalities in acute leukemia. Leukemia Res 7:221-236

Berger SL, Kimmel AR (1987) Guide to Molecular Cloning Techniques. Academic Press Inc, San Diego

Bessis M (1973) Living blood cells and their ultrastructure. Springer, Berlin Heidelberg New York

Bessis M (1977) Blood smears reinterpretated. Springer, Berlin Heidelberg New York

Bessis M (1975) siehe Firmenumfrage 1975

Bettelheim P, Lutz D, Majdic O, Paietta E, Haas O, Linkesch W, Neumann E, Lechner K, Knapp W (1985) Cell lineage heterogeneity in blast crisis of chronic myeloid leukaemia. Br J Haematol 59:395-409

Beutel U (1976) Die Temperaturabhängigkeit der Sedimentationsgeschwindigkeit menschlicher Erythrozyten. Acta Biol Med Ger 35:1393-97

Beutler E, (1984) Red cell metabolism. A manual of biochemical methods. 3. Edition, Grune & Stratton, New York London

Biron CA, Byron KS, Sullivan JL (1989) Severe herpesvirus infections in an adolescent without natural killer cells. N Engl J Med 320:1731-1735

Bishop JM (1982) Oncogenes. Scient Am 246:68-79

Bishop JM (1987) The molecular genetics of cancer. Science 235: 305-311

Bloomfield, CD et al (1986) Chromosomal abnormalities identify high-risk and low-risk patients with acute lymphoblastic leukemia. Blood 67:415-420

Blue ML, Daley JF, Levine H, Schlossman SF (1985) Coexpression of T4 and T8 on peripheral blood T cells demonstrated by two-color fluorescence flow cytometry. J Immunol 134:2281-2286

Blume RS, Bennett JM, Wolff RA, Wolff SM (1968) Defective granulocyte regulation in the Chediak-Higashi syndrome. N Engl J Med 279:1009-1015

Boll I, Kühn A (1965) Granulocytopoiesis in human bone marrow cultures studied by means of kinematography. Blood 26:449-470

Boll I (1966): Granulopoese unter physiologischen und pathologischen Bedingungen. Spinger, Berlin, S 6-7

Boll I, Wujanz G (1969) Die alkalische Leukozytenphosphatase bei der Diagnose der akuten Hepatitis. Dtsch med Wochenschr 94:318-322

Boll ITM, Mersch GFM, Mersch F (1970) Morphological aspects of the kinetically inactive neutrophilic granulocytopoiesis. Proc Soc Exp Biol Med 135:188-192

Boll I, Wächter VR, Meyer-Burg J (1972) Akute Erythroblastose des Erwachsenen (M. Di Guglielmo). Klin Wochenschr 50:517-522

Boll I (1974) Histiozytose, ein seltener Knochenmarkbefund bei einer Erwachsenen. Zytochemische und phasenoptisch kinetische Untersuchungen. Folia Haematol Leipzig 101:919-927

Boll I (1976) Granulozytopoese - Morphologie, Physiologie, Kinetik und Funktion. In: Begemann H (Hrsg.) Handbuch der Inneren Medizin. Bd. II/3 Leukozytäres und retikuläres System I. Springer, Berlin Heidelberg New York, S. 193-360

Boll I, Weingärtner KR (1977) Zytoplasmavakuolen und Kinetik von Knochenmarkzellen bei Alkoholismus, Leberzirrhose und Anämien. Folia Haematol Leipzig 104:376-387

Boll I (1980) Zytologische Knochenmark-Diagnostik. Springer, Berlin Heidelberg New York, S 29

Boll I (1980) Die morphologische Charakterisierung des myelopoetischen Stammzellspeichers beim Menschen. Folia Haematol Leipzig 107:531-547

Boll ITM (1981) The origin of the early megacaryopoietic progenitor cell and further polyploidization in the thrombopoietic cell series. Phase contrast observations of human bone marrow. Acta Haemat 66:187-194

Boll ITM, Domeyer C (1984) Measurements of Nuclear Sizes of committed hematopoietic progenitor cells compared to leukemic blasts from human bone marrow smears. Acta Haemat 71:8-12

Boll I, Domeyer C (1985) Kinematographische Darstellung im Phasenkontrast von einer gemeinsamen Stammzell-Linie im humanen Knochenmark. Klinik-Journal 13:14-21

Boll I, Dohmeyer C (1986) Dysregulation der Stammzellproliferation. Nachweis bei einem Patienten mit Erythroblasto- und retikulozytopenie. Fortschr Med 104:30-34

Boll I, Sterry K (1986) Systematik der Knochenmarkdiagnostik. Fortschr Med 104:41 und 43, 52-53, 30-35

Boll I (1987) Zelldifferenzierung in Blut, Knochenmark und anderen Puntkaten. In: Boroviczény K-G v, Merten R, Merten UP (Hrsg) (1987) Qualitätssicherung im Medizinischen Laboratorium, INSTAND Schriftenreihe Bd 5. Springer, Berlin Heidelberg New York Paris Tokyo

Boll ITM (1988) Vergleichende zytologische und histologische Knochenmarkuntersuchungen. Ärztl Lab 34:216-220

Borelli P (1656) Observationum microscopiarum centauria. Vlaco, Haag

Boros J v (1932) Die Behandlung der Anämien. Erg Inn Med Kinderheilk 42:635-74

Boroviczény CG de (1966) On the Standardisation of the Blood Cell Counts. In: Boroviczény CG (ed) Standardisation in Hematology III. Karger, Basle, pp 2-31

Boroviczény, KG v (1967) Über die Entwicklung der hämatologischen Gesellschaften. Blut 16:23-33

Boroviczény KG v (1968) Erythrocytenmorphologische Untersuchungsmethoden. In: Schwiegk H, Heilmeyer L (Hrsg) Handbuch der inneren Medizin, 5. Aufl., Band II/ 1, S 411-513, Springer, Berlin Heidelberg

Boroviczény, KG v (1968) Einige Daten zur Geschichte der Hämatologie bis zum Anfang des 20. Jahrhunderts. In: Schwiegk H, Heilmeyer L (Hrsg): Handbuch der inneren Medizin, 5. Aufl. Bd II/1, Springer, Berlin Heidelberg New York, S 1-23

Boroviczény KG v (1969) Das internationale Nomenklaturkomitee für Hämatologie. Ärztl Prax 21:200; Acta Haemat 38:64

Boroviczény K-G v (1970) Begriffe in der Medizin. Ärztl Praxis 22:2175

Boroviczény KG v (1971) Zum Problem der Blutabnahme für Laboratoriumsuntersuchungen. Arbeitsmed Sozialmed Arbeitshyg 6:250

Boroviczény, KG v, Merten R (1972) Systematik der Qualitätskontrolle im Laboratorium, 7. Probentausch und Ringversuche. Ärztl Lab 18:58-74

Boroviczény K-G v, Schipperges HH, Seidler E (Hrsg) (1974) Einführung in die Geschichte der Hämatologie. Thieme, Stuttgart

Boroviczény KG v (1975) siehe Firmenumfrage 1975

Boroviczény KG v (1979) Größen und Einheiten. Arbeitsmedizin aktuell, Lieferung 5. Gustav Fischer, Stuttgart

Boroviczény KG v (1981) Problematik der Größen und Einheiten in der Medizin. Gruppenpraxis 5:3-11

Boroviczény K-G v (1981) Qualitätssicherung in der Hämatomorphologie. In: Merten UP (Hrsg) Qualitätssicherung in der Laboratoriumsmedizin. INSTAND, Düsseldorf S 87-131

Boroviczény K-G v (1981) Die Entwicklung von INSTAND 1966 -1981. Lab.med 5: A+B 17-21

Boroviczény K-G v (1984) Prüfung von Kontrollbluten durch den Versuchsleiter. In: Merten R (Hrsg): Zielwert, Sollwert, Zielbereiche in der Laboratoriumsmedizin, INSTAND Schriftenreihe Bd 3, Springer, Berlin Heidelberg New York Tokyo

Boroviczény K-G v, Harnoth Chr, Sker M, Wolf I (1984) Referenzmethode für die Bestimmung der Erythrozytenpartikelkonzentration (Erythrozytenzahl) im Blut. In: Merten R (Hrsg) Zielwert, Sollwert, Zielbereiche in der Laboratoriumsmedizin, INSTAND Schriftenreihe Bd 3, Springer, Berlin Heidelberg New York Tokyo

Boroviczény KG v, Merten R, Merten UP (1987): Qualitätssicherung in der präanalytischen Phase. In:

Boroviczény KG v, Merten R, Merten UP (Hrsg) Qualitätssicherung im Medizinischen Laboratorium, INSTAND-Schriftenreihe, Bd 5, Springer-Verlag, Berlin Heidelberg New York London Paris Tokyo

Boroviczény KG v (1987) Das kleine Blutbild. In: Boroviczény KG, Merten R, Merten UP: Qualitätssicherung im medizinischen Laboratorium. Springer, Berlin Heidelberg New York London, S 553-572

Boroviczény K-G v, Merten R, Merten UP (Hrsg) (1987) Qualitätssicherung im Medizinischen Laboratorium, INSTAND Schriftenreihe Bd 5. Springer, Berlin Heidelberg New York Paris Tokyo

Boroviczény K-G v (1990) Bedeutung und Ergebnisse von Ringversuchen in der Hämatologie; Konzept einer Richtlinie. In: Heller S, Koeppen KM, Schütz W (Hrsg): Trends in der Hämatologie INSTAND Symposium am 10. und 11. November 1988 in Berlin Tagungsbericht, S 274-301, TOA Medical Electronics (Europe) GmbH, Hamburg

Borsai G, Szentkiralji I, Metz OB (1969) Chediak-Steinbrinck- Anomalie. Blut XIX:482-486

Bos JL, Verlaan de Vries M, van der Eb AJ, Jansen JWG, Delwel R, Lowenberg B, Colly LP (1987) Mutations in N-ras predominate in acute myelogenous leukemia. Blood 69:1237-1241

Böttiger LE, Svedberg CA (1967) Normal erythrozyte sedimentation rate and age. Br Med J 2(544):85-87

Boyd AW, Dunn SM, Fecondo JV, Culvenor JG, Dührsen U, Burns GF, Wawryck SO (1989) Regulation of expression of a human intercellular adhesion molecule (ICAM-1) during lymphohematopoietic differentiation. Blood 73:1896-1903

Böyum A (1968) Isolation of mononuclear cells and granulocytes from human blood. Isolation of mononuclear cells by one centrifugation and of granulocytes by combining centrifugation and sedimentation at 1 g. Scand J Clin Lab Invest 21 (Suppl 97):77-89

Braconi LR (1964) Hematology. A Glossary of Terms in English/American French Spanish German Russian. Elsevier, Amsterdam London New York

Brecher G (1975) siehe Firmenumfrage 1975

Brecher G, Croncite D (1955) Estimation of the number of platelets by phase microscopy. In: Tocantins LA (ed) The coagulation of blood. Grune & Stratton, New York, p 41

Breitsameter B, Bronder T, Jakschik J, Nink R, Thom R (1988) Zur Bestimmung der Erythrozytenkonzentration durch photometrische Trübungsmessung. Labor-Medizin 11:315-323

Brenner MB, McLewan J, Dialynas DP, Strominger JL, Smith JA, Owen FL, Seidman JG, Ip S, Rosen F, Krangel MS (1986) Identification of a putative seond T-cell receptor. Nature 322:145-150

Brittinger G, Bartels H, Common H, Dühmke E, Fülle HH, Gunzer U, Gyenes T, Heinz R, König E, Meusers P, Paukstat M, Pralle H, Theml H, Köpcke W,, Thieme C, Zwingers T, Musshoff K, Stacher A, Brücher H, Herrmann F, Ludwig WD, Pribilla W, Burger-Schüler A, Löhr GW, Gremmel H, Oertel J, Gerhartz H, Koeppen KM, Boll I, Huhn D, Binder T, Schoengen A, Nowicki L, Pees HW, Scheurlen PG, Leopold H, Wannenmacher M, Schmidt M, Löffler H, Michlmayr G, Thiel E, Zettel R, Rühl U, Wilke HJ, Schwarze EW, Stein H, Feller AC, Lennert K: Clinical and prognostic relevance of the Kiel classification of non-Hodgkin lymphomas results of a prospective multicenter study by the Kiel lymphoma study group. Hematol Oncol 2:269-306, 1984

Brittinger GM, Brecher G (1969) Stability of blood in commonly used anticoagulants. Am J Clin Pathol 52:690

Browman GP, Neame PB, Soamboonsrup P (1986) The contribution of cytochemistry and immunophenotyping to the reproducibility of the FAB classification in acute leukemia. Blood 68:900-905

Brücher H (1986) Knochenmarkzytologie. Georg Thieme, Stuttgart New York

Bucher U (1988) Labormethoden in der Hämatologie. Huber, Bern

Buckley RH (1986) Humoral immunodeficiency. Clin Immunol Immunopathol 40:13-24

Bürgi W, Marti HR (1989) Automated Blood Count Analysis by Trimodal Size Distribution of Leukocytes with the SYSMEX E-5000. J Clin Chem Clin Biochem 27:365-368

Bürker K (1905) Eine neue Form der Zählkammer. Pflügers Arch Ges Physiol 107:426-451

Burkhardt R (1970) Farbatlas der klinischen Histopathologie von Knochenmark und Knochen. Springer, Berlin Heidelberg New York

Caligiuri M, Murray C, Buchwald D, Levine H, Cheney P, Peterson D, Komaroff AL, Ritz J (1987) Phenotype and functional deficiency of natural killer cells in patients with chronic fatigue syndrome. J Immunol 139:1-8

Campana D, Coustan-Smith E, Janossy G (1989) "Cytoplasmic" expression of nuclear antigens. Leukemia 3:239-241

Carbone PP et al. (1971) Report of the Committee on Hodgkin's Disease Staging Classification. Cancer Res 31:1860-1861

Catovsky D, O'Brien M, Melo JV, Wardle J, Brozovic M (1984) Hairy cell leukemia (HCL) variant: An intermediate disease between HCL and B prolymphocytic leukemia. Semin Oncol 11:362-369

Cesarman E, Dalla-Favera R, Bentley D, Groudine M (1987) Mutations in the first exon are associated with altered transcription of c-myc in Burkitt lymphoma. Science 238:1272-1275

Chan LC, Pegram SM, Greaves MF (1985) Contribution of immunophenotype to the classification and differential diagnosis of acute leukemia. Lancet i:475-479

Chen SJ, Chen Z, Hillion J, Grausz D, Loiseau P, Flandrin G, Berger R (1989) Ph1-positive, bcr-negative acute leukemias: clustering of breakpoints on chromosome 22 in the 3' end of the bcr gene first intron. Blood 73:1312-1316

Chen SJ, Flandrin G, Daniel MT, Valensi F, Baranger L, Grausz D, Bernheim A, Chen Z, Sigaux F, Berger R (1988) Philadelphia- positive acute leukemia: Lineage promiscuity and inconsistently rearranged breakpoint cluster region. Leukemia 2:261-273

Chittal SM, Caveriviere C, Schwarting R, Gerdes J, Al Saati T, Rigal-Huguet F, Stein H, Delsol G (1988) Monoclonal antibodies in the diagnosis of Hodgkin's disease. The search for a rational panel. Am J Surg Pathol 12:9-21

Christiani P, Quaglini S, Stefanelli M, Barosi G, Berzuini A (1985) The ANEMIA project. de Lotti I, Stefanelli M (eds) p 121

Cline MJ, Golde DW (1979) Controlling the production of blood cells. Blood 53:157-165

Deiss A, Kurth D (1970) Circulating reticulocytes in normal adults as determined by the methylene blue method. Amer J Clin Path 53:481-84

DIN 2338 Teil 1 (1984) Begriffsystem Zeichen; Allgemeine Grundlagen. Vornorm.

DIN 2338 Teil 2 (1984) Begriffsystem Zeichen; Zeichentypologie. Vornorm.

DIN 2339 Teil 1 (1987) Ausarbeitung und Gestaltung von Veröffentlichungen mit terminologischen Festlegungen; Stufen der Terminologiegestaltung.

DIN 2339 Teil 2 (1986) Ausarbeitung und Gestaltung von Veröffentlichungen mit terminologischen Festlegungen; Normen. Entwurf.

DIN 2340 (1987) Kurzformen für Benennungen und Namen; Bilden von Abkürzungen und Ersatzkürzungen; Begriffe und Regeln.

DIN 2341 Teil 1 (1986) Format für den maschinellen Austausch terminologische/ lexikographischer Daten - MATER; Kategorienkatalog. Entwurf.

DIN 2342 Teil 1 (1986) Begriffe der Terminologielehre; Grundbegriffe. Entwurf.

DIN 58 931 Teil 1: Bestimmung der Hb-Konzentration im Blut. Einheiten, Begriffe, Methode. Beuth, Berlin

DIN 58 931 Teil 2: Bestimmung der Hb-Konzentration im Blut. Anforderungen an die Reagenzien. Beuth, Berlin

DIN 58 931 Teil 3: Bestimmung der Hb-Konzentration im Blut. Anforderungen an die Standardlösungen. Beuth, Berlin

DIN-Taschenbuch 101 (1982) Medizin 2, Normen über Transfusion, Infusion, Injektion, Laboratoriumsmedizin, Hämatologie, Medizinische Mikrobiologie. Beuth, Berlin Köln

Dittmer DS (1979) Blood and other body fluids. Federation of American Societies for Experimental Biology, Washington

Domarus A v(1921) Methodik der Blutuntersuchung mit einem Anhang zytodiagnostische Technik. Springer, Berlin

Dougherty WM (1971) Introduction to hematology. Mosby, St. Louis

Drach J, Glassl H, Huber H (1989) Durchflußzytometrischer Nachweis von terminaler Desoxyribonukleotidyl-Transferase(TdT) zur Diagnostik akuter Leukämien. Lab med 13:1-5

Drexler HG (1987) Classification of acute myeloid leukaemias- a comparison of FAB and immunophenotyping. Leukemia 1:697-705

Drexler HG, Gignac SM, Minowada J (1988) Routine immunophenotyping of acute leukaemias. Blut 57:327-339

Duden (1979) Wörterbuch medizinischer Fachausdrücke. 3.Aufl. Bibl. Institut, Mannheim Wien Zürich; Thieme, Stuttgart

Duncan KL, Gottfried EL (1987) Utility of the Tree-Part Leucocyte Differential Count. Am J Clin Pathol 88:308-313

Durie BGM (1988) The biology of multiple myeloma. Hematol Oncol 6:77-81

Dyer MJS (1989) T cell receptor delta/alpha rearrangements in lymphoid neoplasms. Blood 74:1073-1083

Dzik WH, Neckers L (1983) Lymphocyte subpopulations altered during blood storage. N Engl J Med 309:435-436

Ehrlich P (1956-1957) Gesammelte Abhandlungen in vier Bänden einschließlich einer vollständigen Bibliographie, Hrsg Himmelwelt F, Marquardt M, Dale H. Springer, Berlin

Eichordnung vom 12.August (1988) Bundesgesetzblatt Teil I 43:1657-1684 und Anlage. Der Bundesminister für Justiz, Bundesanzeiger Verlagsges. m.b.H, Bonn

Erber WN, Pinching AJ, Mason DY (1984) Immunocytochemical detection of T and B cell populations in routine blood smears. Lancet i:1042-1046

Erikson J, Finan J, Tsujimoto Y, Nowell PC, Croce CM (1984) The chromosome 14 breakpoint in neoplastic B cells with the t(11;14) translocation involves the immunoglobulin heavy chain locus. Proc Natl Acad Sci USA 81:4144-4118

Erikson J, Williams DL, Finan J, Nowell PC, Croce CM (1985) Locus of the alpha chain of the T-cell receptor is split by chromosome translocation in T-cell leukemia. Science 229:784-786

Erikson J, Griffin CA, Ar-Rushdi A, Valtieri M, Hoxie J, Finan J, Emanuel BS, Rovera G, Nowell PC,Croce CM (1986) Heterogeneity of chromosome 22 breakpoint in Philadelphia-positive acute lymphocytic leukemia. Proc Natl Acad Sci USA 83:1807-1811

Etavard N (1989) Das Nukleogramm des Technicon H 1: Factum und Artefactum. Labor-Medizin 13:322-328

Fahey JL, Taylor JMG, Detels R, Hofmann B, Melmed R, Nishanian P, Giorgi JV (1990) The prognostic value of cellular and serologic markers in infection with human immunodeficiency virus type 1. N Engl J Med 322:166-172

Fahraeus R (1921) The suspension-stability of the blood. Acta Med Scand 51:1

Fairbanks VF (ed) (1980) Hemoglobinopathies and Thalassemias, Laboratory methods and clinical Cases. Brian C Decker, New York

Farr CJ, Saiki RK, Ehrlich HA, McCormick F (1988) Analysis of ras gene mutations in acute myeloid leukemia by polymerase chain reaction and oligonucleotide probes. Proc Natl Acad Sci USA 85:1629-1633

Fauser AA, Messner HA (1979) Identification of megakaryocytes, macrophages and eosinophils in colonies of human bone marrow containing neutrophilic granulocytes and erythroblasts. Blood 53:1023-1027

Fauser AA, Messner HA (1979) Proliferative state of human pluripotent hematopoietic progenitors (CFU-GEMM) in normal individuals and under regenerative conditions after bone marrow transplantation. Blood 54:1197-1200

Feissly R, Lüdin H (1949) Microscopie á contrastes des phases, Applicationes á d' Hématologie. Rev hémat (Paris) p 481

Felman P, Bryon PA, Gentilhomme O, French M, Charrin C, Espinouse D, Viala JJ (1988) The syndrome of abnormal chromatin clumping in leucocytes: a myelodysplastic disorder with proliferative features ? Brit J Haematol 70:49-54

Finch CA (1968) Protein deficiency and anaemia. Blood 34:567

Finger LR, Harvey RC, Moore RCA, Showe LC, Croce CM (1986) A common mechanism of chromosomal translocation in T- and B-cell neoplasia Science 234:982-985

Fink PC, Freitag U, Haeckel R (1988) Diagnostischer Stufenplan zur Erkennung von Leukämiezellen im peripheren Blut. GIT Labor-Medizin 11:75-86

Finkel HE, Mitus WJ (1968) Gelatinous degeneration of bone marrow. XII. Congr Int Soc Hemat New York (abstr), p 145

Firmenumfrage (1975), eines Differentialblutbild-Automatenhersteller (Perkin-Elmer) mit Antworten von Bessis, Boroviczény, Brecher, Kaplow, Lewis, Sultan, Thorell, Wintrobe und Wittekind

First MB, Saffer LJ, Miller RA (1985) QUICK (quick index to CADUCEUS knowledge): using the INTERNIST-1/CADUCEUS knowledge base as an electronic textbook of medicine. Comp Biomed Res 18:137-165

Flandrin G (1989) Cytology and classification of the myelodysplastic syndromes. Colloquium Haematol Berolinense

Fliedner TM, Thomas ED, Fache I, Thomas D, Cronkite EP (1964) Pattern of regeneration of nitrogen-mustard treated marrow after transfusion into lethally irradiated homologous recipients. Coll Centre Nat Rech Scient sur la greffe des hématopoétic allogéniques

Fonio A (1912) Über ein neues Verfahren der Blutplättchenzählung. Z Chir 117:176

Foon KA, Todd RF (1986) Immunologic classification of leukemia and lymphoma. Blood 68:1-31

Foroni L, Foldi J, Matutes E, Catovsky D, O'Connor NJ, Baer R, Forster A, Rabbitts TH, Luzzatto L (1987) Alpha, beta and gamma T cell receptor genes: rearrangements correlate with haematological phenotype in T cell leukaemias. Brit J Haemat 67:307-318

Forrest MJ, Barnett D (1989) Laboratory control of immunocytochemistry. Eur J Haematol 42:67-71

Forschungsinstitut für Medizinische Diagnostik (1986) Referenzbereiche im medizinischen Laboratorium. Dresden

Fourth International Workshop on chromosomes in leukemia 1982 (1984). A prospective study of acute nonlymphocytic leukemia. Cancer Genet Cytogenet 11:249-360

Fox J, Myers CD, Greaves MF, Pegram S (1985) Knowledge acquisition for expert systems: experience in leukaemia diagnosis. MIM 24:65-72

Franzen S, Strenger G, Zajicek (1961) Microplanimetric studies on megacaryocytes in chronic granulocytic leukaemia and polycythaemia vera. Acta Haematol 26:182-193

Frisch B, Lewis SM, Burkhardt R, Bartl R (1985) Beckenkammbiopsien, klinisch interpretiert. Springer, Berlin Heidelberg New York

Gadd SJ, Ashman LK (1983) Binding of mouse monoclonal antibodies to human leukaemic cells via the Fc receptor: A possible source of 'false positive' reactions in specificity screening. Clin Exp Immunol 54:811-818

Gale RP, Ben Bassat I (1987a) Hybrid acute leukaemia. Br J Haematol 65:261-264

Gale RP, Foon KA (1987b) Biology of chronic lymphocytic leukemia. Semin Hematol 24:209-229

Gallo RC, Kalyanaraman VW, Sarngadharan MG, Sliski A, Vonderheid EC, Maeda M, Nakao Y, Yamada K et al. (1983) Association of the human type C retrovirus with subset of adult T-cell cancers. Cancer Res 43:3892-3899

Ganesan TS, Rassool F, Guo A-P, Th'ng KH, Dowding C, Hibbin JA, Young BD, White H, Kumaran TO, Galton DAG, Goldman JM (1986) Rearrangement of the bcr gene in Philadelphia chromosome-negative chronic myeloid leukemia. Blood 68:957-960

Garraud O, Moreau T (1984) Effect of blood storage on lymphocyte subpopulations. J Immunol Methods 75:95-98

Gebhart E (1988) Chromosomendiagnostik bei Leukämien. Mediz Klinik 83:753-759

Gerbig KD (1980) Diagnostische Bewertung von Laboruntersuchungen, GIT-Verlag, Darmstadt

Ghitis J, Vitale JJ (1963) Anaemias of protein malnutrition. Postgrad Med 34:300

Giemsa G (1902) Färbemethoden für Malariaparasiten. Zbl. Bakt. I. Abt Orig 31:429f; 32: 307-313

Gratama JW, Kluin-Nelemans HC, Langelaar RA, Den Ottolander GJ (1988) Flow cytometric and morphologic studies of HNK1+ (Leu 7+) lymphocytes in relation to cytomegalovirus carrier status. Clin Exp Immunol 74:190-195

Grawitz E (1902) Klinische Pathologie des Blutes 2. Aufl. Enslin, Berlin

Greaves MF (1986a) Differentiation-linked leukemogenesis in lymphocytes. Science 234:697-704

Greaves MF (1988a) Cellular identification and markers. In: Zucker-Franklin D, Greaves MF, Grossi LE, Marmont AM (eds) Atlas of blood cells: Function and pathology. Vol. 1. Ermes, Milano, p 28-46

Greaves MF, Bell R, Amess J, Lister TA (1983) ALL masquerading as AUL. Leuk Res 7:735-746

Greaves MF, Cahn LC, Furley AJW, Watt SM, Molgaard HV (1986b) Lineage promiscuity in hemopietic differentiation and leukemia. Blood 67:1-11

Greaves MF, Grossi CE, Ferrarini M (1988b) Lymphoproliferative disorders. In: Zucker-Franklin D, Greaves MF, Grossi LE, Marmont AM (eds) Atlas of blood cells: Function and pathology. Vol. 2.Ermes, Milano, p 445-548

Green D, Battifora HA, Smith RT, Rossi EC (1971) Thrombocytopenia in Gaucher's disease. Ann Intern Med 74:5

Greendyke RM, Wormer JL, Banzhaf JC (1979) Quality assurance in the blood bank. Am J Clin Pathol 71:287-290

Griesser H, Feller A, Lennert K, Minden MD, Mak TW (1986) Rearrangements of the beta chain of the T antigen receptor and immunoglobulin gene in lymphoproliferative disorders. J Clin Invest 78:1179-1184

Griffin JD, Davis R, Nelson DA, Davey FR, Mayer RJ, Schiffer C, McIntyre OR, Bloomfield CD (1986) Use of surface marker analysis to predict outcome of adult acute myeloblastic leukemia. Blood 68:1232-1241

Griffin JD, Todd RF, Ritz J, Nadler LM, Canellos GP, Rosenthal D, Gallivan M, Beveridge RP, Weinstein H, Karp D, Schlossman SF (1983) Differentiation patterns in the blastic phase of chronic myeloid leukemia. Blood 61:85-91

Groffen J, Stephenson JR, Heisterkamp N, de Klein A, Bartram CR, Grosveld G (1984) Philadelphia chromosomal breakpoints are clustered within a limited region, bcr, on chromosome 22. Cell 36:93-99

Grogan TM, Fiedler K, Rangel C, Jolley CJ, Wirt, D, Hicks MJ, Miller TP, Brooks R, Greenberg B, Jones S (1985) Peripheral T-cell lymphoma: aggressive disease with heterogeneous immunotypes. Am J Clin Pathol 83: 279-288

Grossman A, Silver RT, Arlin Z, Coleman M, Camposano E, Gascon P, Benn PA (1989) Fine mapping of chromosome 22 breakpoints within the breakpoint cluster region (bcr) implies a role for bcr exon 3 in determining disease duration in chronic myeloid leukemia. Am J Hum Genet 45:729-738

Grundmann E (1961) Zur Morphologie der Lymphozyten. Schweiz Med Wochenschr 40:1186-1188

Gulley ML, Bentley SA, Ross DW (1990) Neutrophil Myeloperoxidase Measurement Uncovers Masked Megaloblastic Anemia. Blood 76:1004-1007

Gupta S (1986) Abnormality of Leu2+7+ cells in acquired immune deficiency syndrome (AIDS), AIDS-related complex, and asymptomatic homosexuals. J Clin Immunol 6:502-509.

Habeshaw JA, Bailey D, Stansfeld AG, Greaves MF (1983) The cellular content of non Hodgkin lymphomas: a comprehensive analysis using monoclonal antibodies and other surface marker techniques. Br J Cancer 47:327-351

Habeshaw JA, Lauder I (1988) Malignant Lymphomas. Churchill Livingstone, London

Haluska FG, Tsujimoto Y, Croce C (1987b) Mechanisms of chromosome translocation in B- and T-cell neoplasia. Trends Genet 3:11-15

Haluska FG, Tsujimoto Y, Croce CM (1987a) Oncogene activation by chromosome translocation in human malignancy. Ann Rev Genet 21:321-345

Hansen-Hagge TE, Yokota S, Bartram CR (1989) Detection of minimal residual disease in acute lymphoblastic leukemia by in vitro amplification of rearranged T cell receptor delta chain sequences. Blood 74:1762-1767

Harrison CJ (1986) Diagnosis of malignancy from chromosome preparations. In: Rooney DE, Czepulkowski BH (eds), Human cytogenetics, a practical approach, IRL Press, Oxford, Washington DC

Hartmann F (1987) Krankheit als Schicksal zum Kranksein? Med Klin 82:119-126

Hartung K, LeBlanc S, Franz A, Jacobs R, Wittekind C, Bornkamm GW, Schmidt RE (1988) Schwere chronische Epstein-Barr-Virus-Infektion mit Natural-Killer-Zell-Defekt. DMW 113:1960-1963

Hashimoto M (1963) The occurence of lymph nodules in human bone marrow with particular reference to their number. Kyushu J Med Sci 14:343-354

Haux R (1989) Expertensysteme in der Medizin - eine einführende Übersicht Teil 2. Software Kurier 2:1-11

Hayhoe FG, Fremans RJ (1969) Atlas der haematologischen Cytologie. Springerverlag, Berlin Heidelberg New York

Hayhoe FG, Quaglino D (1988) Haematological Cytochemistry. 2nd ed, Churchill Livingstone, Edinburgh London Melbourne New York

Heck J (1981) Passagere Stomatozytose nach chronischem Alkoholismus. Dtsch med Wochenschr 106:349

Heckner F (1948): Toxisch-reaktive Kernveränderungen der Leukocyten (Pseudopelger). Dtsch med Wochenschr 73:47-48

Heckner F (1965): Leitfaden der Blutmorphologie. Urban & Schwarzenberg, München S 23

Heckner F (1986a) Leitfaden der Blutzellkunde. 6. Aufl., Urban & Schwarzenberg, München Berlin

Heckner F (1986b) Praktikum der mikroskopischen Hämatologie, 6. Aufl. Urban & Schwarzenberg, München Wien Baltimore

Heilmeyer L (1933) Medizinische Spektroskopie. Fischer, Jena

Heilmeyer L, Hittmair A (Hrsg.) (1957-1969): Handbuch der gesamten Hämatologie: 1-4. Urban & Schwarzenberg, München Berlin

Heilmeyer L, Merker H (1958) 100 Jahre Hämatologie. Münch Med Wochenschr 100:23-28

Heilmeyer L, Plötner I (1937) Das Serumeisen und die Eisenmangelkrankheit. Fischer, Jena

Heilmeyer L, Sundermann A (1936) Gasbindungsvermögen, Eisengehalt und spektrophotometrische Konstanzen von reinem, durch Elektroanalyse gewonnenem Hämoglobin sowie von Vollblut als Grundlage zur Eichung von Hämometern. Dtsch Arch klin Med 178:397-481

Heim S, Mitelman F (1987a) Cancer Cytogenetics, Alan R Liss, New York

Heim S, Mitelman F (1987b) Nineteen of 26 cellular oncogenes precisely localized in the human genome map to one of the 83 bands involved in primary cancer specific rearrangements. Hum Genet 75:70-72

Heimpel H, Hoelzer D, Lohrmann HP (1988) Hämatologie in der Praxis. Edition Medizin, Weinheim

Heimpel H, Porzsolt F (1983) Aspiration oder Biopsie ? Klinikarzt 12:11-18

Heisterkamp N, Stam K, Groffen J, de Klein A, Grosveld G (1985) structural organisation of the bcr gene and its role in the Ph1 translocation. Nature 315:758-762

Heller S, K-G v Boroviczény (1988) Zielwertermittlung für das Blutbild. INSTAND Mitteilungen, Lab. med. 12:197-205

Heller S, Koeppen KM, Schütz W (Hrsg) (1990) Trends in der Hämatologie (2), Instand-Symposium Berlin. Tagungsbericht TOA Medical Electronics (Europe) GmbH, Hamburg

Herrmann F, Dörken B, Gatzke A, Ludwig WD (1986) Immunological classification of 'unclassifiable' acute leukemia. In: Reinherz EL, Haynes BF, Nadler LM, Bernstein ID (eds) Leucocyte Typing II. Vol.2. Human B Lymphocytes. Springer, New York, p 367-375

Herrmann F, Komischke B, Kolecki P, Ludwig WD, Sieber G, Teichmann H, Rühl H (1984) Ph1 positive blast crisis of chronic myeloid leukaemia exhibiting features characteristic of early T blasts. Scand J Haematol 32:411-416

Herrmann F, Mertelsmann R (1989) Polypeptides controlling hematopoietic cell development and activation. I. In vitro results. Blut 58:117-128

Herrmann F, Lindemann A, Mertelsmann R (1989) Polypeptides controlling hematopoietic blood cell development and activation. II. Clinical results. Blut 58:173-80

Hewson W (1770) Experiments on the blood, with some remarks on its morbid appearances. Phil Trans London 60: 368-413

Hewson W (1773) On the figure and composition of the red particles of the blood commonly called red globules. Phil Trans London 63: 303-326

HGM 10 (1989) Human Gene Mapping 10. Cytogenet Cell Genet 49:1-258

Hieter PA, Korsmeyer SJ, Waldmann TA, Leder P (1981) Human immunoglobulin kappa light-chain genes are deleted or rearranged in lambda-producing B cells. Nature 290:368-372

Hirai H, Kobayashi Y, Mano H, Hagiwara K, Maru Y, Omine M, Mizogushi H, Nishida J, Takaku F (1987) A point mutation at codon 13 of the N-ras oncogene in myelodysplastic syndrome. Nature 327:430-432

Hirai H, Okada M, Mizogushi H, Mano H, Kobayashi Y, H, Nishida J, Takaku F (1988) Relationship between an activated N-ras oncogene and chromosomal abnormality during leukemic progression from myelodysplastic syndrome. Blood 71:256-258

Hirschfeld H, Hittmair A (1933) Handbuch der allgemeinen Hämatologie I-II. Urban & Schwarzenberg, Wien

Hodgkin Th (1832) On some morbid appearances of the absorbent glands and spleen. Med Chir Trans London 108:172-198

Hoelzer D, Thiel E, Löffler H, Büchner T, Gander A, Heil G, Koch P, Freund M, Diedrich H, Rühl H, Maschmeyer G, Lipp T, Nowrousian MR, Burkert M, Gerecke D, Pralle H, Müller U, Lunscken C, Fülle H, Ho AD, Küchler R, Busch FW, Schneider W, Görg C, Emmerich B, Braumann D, Vaupel

HA, von Paleske A, Bartels H, Neiss A, Messerer D (1988) Prognostic factors in a multicenter study for treatment of acute lymphoblastic leukemia in adults. Blood 71:123-131

Holländer LP (1975) Fachwörter, Begriffe und Abkürzungen aus der Immunhämatologie. Molter, Heidelberg

Holowiecki J, Lutz D, Krzemien S, Stella-Holowiecka B, Graf F, Kelenyi G, Schranz V, Callea V, Brugiatelli M, Neri A, Magyarlaki T, Ihle R, Jagodda K, Rudzka E (1986) CD-15 antigen detected by the VIM-D5 monoclonal antibody for prediction of ability to achieve complete remission in acute nonlymphocytic leukemia. Acta Haematol 76:16-19

Home E (1818) On the changes the blood undergoes in the act of coagulation. Phil Trans London 108:172-198

Hoobermann AL, Carino JJ, Leibowitz D, Rowley JD, LeBeau MM, Arlin ZA,Westbrook CA (1989) Unexpected heterogeneity of BCR-ABL fusion mRNA detected by polymerase chain reaction in Philadelphia chromosome-positive acute lymphoblastic leukemia. Proc Natl Acad Sci USA 86:4259-4263

Hotze A, Mahlstedt J, Wolf F (1984) Knochenmarkszintigraphie.Methode, Indikationen, Ergebnisse. GIT Verlag Ernst Giebeler, Darmstadt

Hsu SM, Cossman J, Jaffe ES (1983) Lymphocyte subsets in human lymphoid tissues. Am J Clin Pathol 80:21-30

Huber H, Gattringer C, Thaler J, Peschel C (1985) Immunzytologische Diagnose von Leukämien und Lymphomen: Monoclonale Antikörper in der Differentialdiagnose hämatologischer Neoplasien. Behring Inst Mitt 78:83-117

Huber H, Pastner D, Gabl F (1983) Hämatologie und Immunhämatologie. Springer, Berlin Heidelberg New York Tokyo

Huhn D (1980) In: Begemann H (Hrsg.): Handbuch der Inneren Medizin. Band II/6 Erythämie Di Guglielmo. Springer, Berlin Heidelberg New York, S. 798

Huhn D, Meister P, Thiel E, Bartl R, Theml H (1978) Maligne Histiozytose. Dtsch med Wochenschr 103:55-61

Huhn D, Rodt H, Thiel E, Grosse-Wilde H, Fink U, Theml H, Jäger G, Steidle C, Thierfelder S (1976) T-Zell-Leukämien des Erwachsenen. Blut 33:141-160

Imamura N, Kusunoki Y, Kajihara H, Okada K, Kuramoto A (1988) Aggressive natural killer cell leukemia/lymphoma with N901- positive surface phenotype: Evidence for the existence of a third lineage in lymphoid cells. Acta Haematol 80:121-128

Inghirami G, Wieczorek R, Zhu BY, Silber R, Dalla-Favera R, Knowles DM (1988) Differential expression of LFA-1 molecules in non- Hodgkin's-lymphoma and lymphoid leukemia. Blood 72:1431-1434

International Committee for Standardisation in Haematology (ICSH)(1984) Protocol for evaluation of automated blood cell counters. Clin Lab Haematol 6:69-84

ISCN (1985) An International System for Human Cytogenetic Nomenclature. Birth-Defects 21:1-117

ISO 639 (1988) Code for the representation of names of languages.

ISO 704 (1987) Naming principles.

ISO 1951 (1973) Lexicographical symbols particularly for use in classified defining vocabularies.

ISO/DIS 6156 (1987) Magnetic tape exchange format for terminological/lexicographical records (MATER).

ISO R 1087 (1969) Vocabulary of terminology.

ISO R 1149 (1975) Layout of multilingual classified vocabularies.

ISO R 860 (1968) International unification of concepts and terms.

Jaeger EC, Page IH (1953) A Source-Book of Medical Terms, illustrated. Thomas, Spingfield/Il

Jakschik J, Schulze K (1990) Korrektion koinzidenzbedingter Zählverluste bei Partikelzählgeräten. Labor-Medizin 13:175-181

Jamshidi K, Swaim WR (1971) Bone marrow biopsy with unaltered architecture: a new biopsy devisor. J Lab Clin Med 77:335-342

Jandl JH (1987) Blood: Textbook of hematology. Little, Brown and Comp., Boston Toronto

Janossy G (1981) Membrane markers in leukemia. In: Catovsky D (ed) The leukemic cell. Livingstone, Edinburgh London Melbourne New York, p 129-183

Janossy G, Bollum FJ, Campana D (1986) Immunofluorescence studies in leukaemia diagnosis. In:

Beverley PCL (ed) Monoclonal antibodies. Livingstone, Edingburgh London Melbourne New York, p 97-131

Janossy G, Coustain-Smith E, Campana D (1989) The reliability of cytoplasmic CD3 and CD22 antigen expression in the immunodiagnosis of acute leukemia: A study of 500 cases. Leukemia 3:170-181

Janssen JWG, Buschle M, Layton M, Drexler HG, Lyons J, van den Berghe H, Heimpel H, Kubanek B, Kleihauer E, Mufti GJ, Bartram CR (1989) Clonal analysis of myelodysplastic syndromes: Evidence for multipotent stem stell origin. Blood 73:248-255

Jeffreys AJ, Wilson V, Thein SL (1985) Individual-specific "fingerprints" of human DNA. Nature 316:76-79

Johnson GD, Nogueira Araujo GMC (1981) A simple method of reducing the fading of immunofluorescence during microscopy. J Immunol Methods 43:349-350

Juliusson G, Robert K-H, Öst A, Friberg K, Biberfeld P, Nilsson B, Zech L, Gahrton G (1985) Prognostic information from cytogenetic analysis in chronic B-lymphocytic leukemia and leukemic immunocytoma. Blood 65:134-141

Jurin J (1717) On the motion of running water. Phil Trans London 355:748-766

Kabelitz HJ (1970) Hämatologischer Zytologieatlas für Praxis und Klinik. Hans Marseille Verlag, München

Kaemena K (1989) Automatisierte Wissensakquisition in Experten systemen - der Algorithmus ID3 und mögliche Erweiterungen. Diplomarbeit. Fachbereich.Mathematik/Informatik der Universität Bremen

Kaplow LS (1955) Histochemical procedure for localizing and evaluating leucocytes alcaline phosphatase activity in smears and marrow. Blood 10:1023

Kaplow MG (1975) siehe Firmenumfrage 1975

Kastner KFC (1832) Das weiße Blut. Dissertation Heyder, Erlangen

Kawasaki ES, Clark SS, Coyne MY, Smith SD, Champlin R, Witte ON, McCormick FP (1988) Diagnosis of chronic myeloid and acute lymphocytic leukemias by detection of leukemia-specific mRNA sequences amplified in vitro. Proc Natl Acad Sci USA 85:5698-5702

Keyserlingk D, Boll I, Albrecht M (1972) Elektronenmikroskopie und Cytochemie der "Gaucher-Zellen" bei chronischer Myelose. Klin Wochenschr 50:510-516

Kircher A (1658) Scrutirium physico-medicorum. Roma

Klein HO, Heller A (1967) PAS-positive erythroblasts in kidney diseases. Acta Haematol 37:225-239

Klein-Wisenberg A v, Boroviczény KG v, Merten R (1977) Medizin und Einheitengesetz. INSTAND-Schriftenreihe, Bd 2, Triltsch Druck und Verlag, Düsseldorf

Knapp W (1987) Serology of myeloid leukemias. Cancer Rev 8:66-90

Knapp W, Rieber P, Dörken B, Schmidt RE, Stein H, von dem Borne AEGK (1989) Towards a better definition of human leucocyte surface molecules. Immunol Today 10:253-258

Knowles DM, Halper JP, Azzo W, Wang CY (1983) Reactivity of monoclonal antibodies Leu 1 and OKT 1 with malignant human lymphoid cells. Cancer 52:1369-1377

Knuutila S, Elonen E, Teerenhovi L,Rossi L, Leskinen R, Bloomfield CD, de la Chapelle A (1986) Trisomy 12 in B cells of patients with B-cell chronic lymphocytic leukemia. N Engl J Med 314:865-869

Köhler G, Milstein C (1975) Continuous cultures of a fused cells secreting antibody of predefined specificity. Nature 256:495-497

Komp DM (1987) Langerhans cell histiocytosis. N Engl J Med 316:747-748

Korsmeyer SJ, Arnold A, Bakshi A, Ravetch JV, Siebenlist U, Hieter PA, Shanov SO, Le Bien TW,

Kersey JH, Poplack DG, Leder P, Waldmann TA (1983) Immunoglobulin gene rearrangement and cell surface antigen expression in acute lymphocytic leukemias of T cell and B cell precursor origins. J Clin Invest 71:301-313

Koss LG, Woyke S, Olszewski W (1984) Aspiration biopsy. Cytologic interpretation and histologic bases. Igaku-Shoin, New York Tokyo

Krenik KD, Kephart GMK, Offord KP, Dunnette SL, Gleich GJ (1989) Comparison of antifading agents used in immunofluorescence. J Immunol Methods 117:91-97

Kroegel C, Costabel U, Guzman J, Hirsch F, Rühle KH, Matthys H (1988) Systemisch nekrotisierende Vaskulitis mit Asthma bronchiale und Eosinophilie. Dtsch med Wochenschr 113:212-217

Kruse R, Thom R (1990) Vergleichbarkeit von Hämatokritbestimmungen aus Kontrollblut. In: Heller S, Koeppen KM, Schütz W (Hrsg): Trends in der Hämatologie. INSTAND Symposium am 10. und 11. November 1988 in Berlin. TOA Medical Electronics (Europe) GmbH, Hamburg S 95-98

Kurrle E, Heimpel H, Kubanek B (1978) Aspiration und Nadelbiopsie am hinteren Beckenkamm. Med Welt 29:781-786

Kurtin PJ, Pinkus GS (1985) Leukocyte common antigen - a diagnostic discriminant between hematopoitic and non- hematopoitic neoplasms in paraffin sections using monoclonal antibodies. Hum Pathol 16:353-365

Kurzrock R, Shtalrid M, Romero P, Kloetzer WS, Talpas M, Trujillo JM, Blick M, Beran M, Gutterman JU (1987) A novel c-abl protein product in Philadelphia-positive acute lymphoblastic leukaemia. Nature 325:631-635

Kuse R, Möller P, Münster B (1990): Ergebnisverfälschung durch Kunststoff-Einwegbecher und Verdünnungslösungen bei der halbautomatischen Erythrozyten-Zählung. In: Heller S, Koeppen KM, Schütz W (Hrsg): Trends in der Hämatologie. INSTAND Symposium am 10. und 11. November 1988 in Berlin. TOA Medical Electronics (Europe) GmbH, Hamburg S 263

Lampert F, Lau B (1977) Blut und Knochenmark bei der Pubertätsmagersucht. Therapiewoche 27:6797

Lanham GR, Melvin SL, Stass SA (1985) Immunoperoxidase determination of terminal deoxynuleotidyl transferase in acute leukemia PAP and ABC methods: Experience in 102 cases. Am J Clin Pathol 83:366-370

Lanier LL, Warner NL (1981) Paraformaldehyde fixation of hematopoietic cells for quantitative flow cytometry (FACS) analysis. J Immunol Methods 47:25-30

Lawlor E, Finn T, Blaney C, Temperley IJ, McCann SR (1986) Monocytic differentiation in acute myeloid leukaemia: A cause of Fc binding of monoclonal antibodies. Br J Haematol 64:339-346

LeBeau MM, Rowley JD (1986) Chromosomal abnormalities in leukemia and lymphoma: Clinical and biological significance. In: Harris H, Hirschhorn K (eds) Advances in human genetics 15. Plenum Press, New York, London

Lee EJ, Pollak A, Leavitt RD, Testa JR, Schiffer CA (1987) Minimally differentiated acute nonlymphocytic leukemia: A distinct entity. Blood 70:1400-1406

Lee MS, Chang KS, Cabanillas F, Freireich EJ, Trujillo JM, Stass SA (1987) Detection of minimal residual cells carrying the t(14;18) by DNA sequence amplification. Science 237:175-178

Lee MS, Chang KS, Freireich EJ, Kantarjian HM, Talpaz M, Trujillo JM, Stass SA (1988) Detection of minimal residual bcr-abl transcripts by a modified polymerase chain reaction. Blood 72:893-897

Leeuwenhoek A van (1939-1961) Alle de brieven von Antoni van Leeuwenhoek. The collected letters of Antoni van Leeuwenhok. I-VI. Swets u. Zeitlinger, Amsterdam

Lennert K, Stein H, Kaiserling E (1975) Cytological and functional criteria for the classification of malignant lymphoma. Br J Cancer (Suppl) 31/II:29

Lennert K (1978) Malignant lymphomas other than Hodgkin's Disease. Springer, Berlin

Lennert K, Kikuchi M, Sato E, Suchi T, Stansfeld AG, Feller AC, Hansmann M, Müller-Hermelink HK, Gödde-Salz EG (1985) HTLV-positive and -negative T-cell lymphomas. Int J Cancer 35:65-72

Lennert K, Feller AC (1990) Histopathologie der Non-Hodgkin-Lymphome. 2. Aufl., Springer, Berlin Heidelberg New York Tokyo

Levison G (1782) Versuche über das Blut. Nicolai, Berlin

Levy JA (1989) Human immunodeficiency viruses and the pathogenesis of AIDS. JAMA 261:2997-3006.

Lewis DE, Puck JM, Babcock GF, Rich RR (1985) Disproportionate expansion of a minor T cell subset in patients with lymphadenopathy syndrome and acquired immunodeficiency syndrome. J Infect Dis 151:555-559

Lewis SM (1975) siehe Firmenumfrage 1975

Lewis SM (1985) Standardisation of Blood Cell Sizing. Sysmex Seminar on Cell Sizing. TOA Medical Electronics Co., Kobe, Japan

Linch DC, Griffin JD (1986) Monoclonal antibodies reactive with myeloid associated antigens. In: Beverley PCL (ed) Monoclonal antibodies. Livingstone, Edinburgh London Melbourne New York, p 222-246

Lingnau D (1989) Gegenüberstellung der histologischen und zytologischen Beurteilung von Knochenmarkbiopsien. Dissertation Zahnmed. Fakultät, Berlin

Linzenmeier G (1920) Untersuchungen über die Senkungsgeschwindigkeiten der roten Blutkörperchen. I. Beobachtungen am menschlichen Blut. Pflugers Arch 181:169

Lipford EH, Cossman J (1986) Biological diagnosis of B-cell neoplasias. Cancer Invest 4:69-80

Liu ChT, Dahlke MB (1967) Bone marrow findings of reactive plasmocytosis. Am J Clin Pathol 48:546-551

Löffler H (1975) Über die diagnostische Bedeutung zytochemischer Untersuchungen in der Hämatologie. Ärztl Lab 21:410-417

Löffler H (1976) Eosinophilen-Leukämie. In: Stacher A, Hoecker P (Hrsg) Erkrankungen der Myelopoese. Urban & Schwarzenberg, München S 407-412

Löffler H (1983) Der Stellenwert von Zytochemie und Differentialblutbild in der hämatologischen Diagnostik. mta-journal 5:188-192

Löffler H (1990) Diagnostik und Klassifizierung akuter myeloischer Leukämien 1990. Med Welt (im Druck)

Loftin KC, Reuben JM, Hersh EM, Sujansky D (1985) Cytoplasmic IgM in leukemic B cells by flow cytometry. Leuk Res 9:1379-1387

Loh EY, Elliott JF, Cwirla S, Lanier LL, Davis (1989) Polymerase chain reaction with single-side specifity: Analysis of T cell receptor delta chain. Nature 243:217-220

Loken MR (1986) Cell surface antigen and morphological characterization of leucocyte populations by flow cytometry. In: Beverley PCL (ed) Monoclonal antibodies. Livingstone, Edingburgh London Melbourne New York, p 132-144

Lopes Cardozo P (1975) Atlas of clinical cytology. Edition Medizin, Weinheim

Ludwig H (1982) Multiples Myelom: Diagnose, Klinik und Therapie. Springer, Berlin Heidelberg New York

Ludwig WD, Bartram CR, Harbott J, Köller U, Haas OA, Hansen-Hagge T, Heil G, Seibt-Jung H, Teichmann JV, Ritter J, Knapp W, Gadner H, Thiel E, Riehm J (1989b) Phenotypic and genotypic heterogeneity in infant acute leukemia I. Acute lymphoblastic leukemia. Leukemia 3:431-439

Ludwig WD, Bartram CR, Ritter J, Raghavachar A, Hiddemann W, Heil G, Harbott J, Seibt-Jung H, Teichmann JV, Riehm H (1988) Ambiguous phenotypes and genotypes in 16 children with acute leukemia as characterized by multiparameter analysis. Blood 71:1518-1528

Ludwig WD, Bartram CR, Ritter J, Raghavachar A, Hiddemann W, Heil G, Harbott J, Seibt-Jung H, Teichmann JV, Riehm HJ (1988) Ambiguous phenotype and genotype in 16 children with acute leukemia as characterized by multiparameter analysis. Blood 71:1518-1528

Ludwig WD, Seibt-Jung H, Teichmann JV, Komischke B, Gatzke A, Gassner G, Odenwald E, Hofmann J, Riehm H (1989a) Clinicopathologic features and prognostic implications of immunophenotypic subgroups in childhood ALL: Experience of the BFM-ALL study 83. In: Neth R, Gallo RC, Greaves MF, Kabisch H (eds) Modern Trends in Human Leukemia VIII. Springer, Berlin, Heidelberg New York London Paris Tokyo, p 51-57

Ludwig WD, Thiel E, Köller U, Bartram CR, Harbott J, Teichmann JV, Seibt-Jung H, Creutzig U, Ritter J, Riehm H (in Druck) Incidence and clinical implications of acute hybrid leukemia (AHL) in childhood. In: Büchner T, Schellong G, Hiddemann W, Ritter J (eds) Acute Leukemias II. Springer, Heidelberg, Berlin, New York, Tokyo

Lyon, JF, Thoma R (1881) Über die Methode der Blutkörperchenzählung. Virchows Arch 84:131

Mabry CC, Tietz NW (1983) Reference ranges for laboratory tests. In: Textbook of Pedriatrics. Saunders, Philadelphia p 1827-1852

Makryocostas K, Kurkumeli X (1958) Über passagere Knochenmarkaplasie (Owren-Syndrom). Z Inn Med 39:189-213

Malpighi M (1665) De omento et adiposis ductibus. London

Marchal G, Duhamel G (1966) Les nécroses de la moelle osseuse. Sem Hop (Paris) 42:488

Marschalko Tv (1895) Über die sogenannten Plasmazellen, ein Beitrag zur Kenntnis der Herkunft der entzündlichen Infiltrationszellen. Arch Dermatol Syphilol 30:3

Mason DY, Erber WN, Falini B, Stein H, Gatter KC (1986) Immuno- enzymatic labelling of haematological samples with monoclonal antibodies. In: Beverley PLC (ed) Monoclonal antibodies. Livingstone, Edinburgh London Melbourne New York, p 145-181

Mason JE (1974) Thrombocytosis in chronic granulocytic leukemia. Blood 44:483

Mathy KA, Koepke JA (1974) The Clinical Usefulness of Segmented vs Stab Neutrophil Criteria for Differential Leukocyte Counts. Am J Clin Path 61:947-958

Matthay KK, Mentzer WC (1981) Erythrocyte enzymopathies in the newborn. Clinics in Haematol 10:31-55 Matutes E, Pombo de Oliveira M, Foroni L, Morilla R, Catovsky D (1988) The role of ultrastructural cytochemistry and monoclonal antibodies in clarifying the nature of undifferentiated cells in acute leukaemia. Br J Haematol 69:205-211

May R, Grünwald L (1902) Über Blutfärbungen. Zbl Ges Inn Med 23:265-270

McDonald GA, Dodds TC, Cruickshank B (1972) Atlas der Hämatologie. Thieme, Stuttgart

McDonald GA, Dodds TC, Cruickshank B (1988) Atlas der Hämatologie, 5. Aufl. Thieme, Stuttgart

McDougal JS, Kennedy MS, Sligh JM, Cort SP, Mawle A, Nicholson JKA (1985) Binding of HTLV-III/LAV to T4+ T cells by a complex of the 110K viral protein and the T4 molecule. Science 231:382-385

Megla GK (1973) The LARC automatic white blood cell analyzer. Acta Cytol 17:3-14

Melle W van, Shortliffe EH, Buchanan BG (1984) EMYCIN: a knowledge engineers'tool for constructing rule-based expert systems. In Buchanan/Shortliffe: Rule-based expert systems. Addison-Wesley p 302-313

Melo JV, Catovsky D, Galton DAG (1986) The relationship between chronic lymphocytic leukaemia and prolymphocytic leukaemia. Brit J Haematol 63:377-387

Melo JV, Catovsky D, Galton DAG (1986) The relationship between chronic lymphocytic leukaemia and prolymphocytic leukaemia. II. Patterns of evolution of 'prolymphocytoid' transformation. Br J Haematol 64:77-86

Melo JV, Robinson SF, Gregory C, Catovsky D (1987) Splenic B cell lymphoma with "villous" lymphocytes in the peripheral blood: A disorder distinct from hairy cell leukemia. Leukemia 1:294-299

Mende S, Fülle HH, Knuth A, Weißenfels I (1977) Myelomonozytäre Leukämie: Klinische, zytologische und zytogenetische Studien bei akuten, subakuten und chronischen Verlaufsformen. Blut 35:21-34

Messner HA (1984) Human stem cells in culture. Clin Haematol 13:393-404

Meuret G, Fliedner TM (1970) Zellkinetik der Granulopoese und des Neutrophilensystems bei einem Fall von zyklischer Neutropenie. Acta Haematol 43:48

Miale JB (1962): Laboratory Medicine - Hematology. Mosby, St. Louis

Miale JB (1977) Laboratory Medicine Hematology, 5th ed. Moshby, St. Louis

Miale JB (1982) Laboratory Medicine Hematology. Mosby Company, St. Louis Toronto London mias - A comparison of FAB and immunophenotyping. Leukemia 1:697-705

Miller RA (1984) INTERNIST-1 /CADUCEUS:problems facing expert consultant programs. MIM 23:9-14

Mills KI, MacKenzie ED, Birnie GD (1988) The site of the breakpoint within the bcr is a prognostic factor in Philadelphia-positive CML patients. Blood 72:1237-1241

Minden MD, Toyanaga B, Ha K, Yanagi Y, Chin B, Gelfand E, Mak TW (1985) Somatic rearrangement of T cell antigen receptor gene in human T cell malignancies. Proc Natl Acad Sci USA 82:1224-1227

Mirchandani I, Palutke M (1983) Acute megakaryoblastic leukemia. Cancer (Philadelphia) 50:2866-2872

Mirro J, Kitchingman GR, Stass SA (1987) Lineage heterogeneity in acute leukemia. Acute mixed lineage leukemias and lineage switch. In: Stass SA The acute leukemias. Biologic, diagnostic, and therapeutic determinants. Dekker, New York Basel, p 383-402

Mitelman F (1988) Catalogue of chromosome aberrations in cancer, 3rd ed. Alan R Liss, New York

Moeschlin S (1947) Die Milzpunktion. Benno Schwabe & Co., Basel

Morgan GJ, Janssen JWG, Guo A, Wiedemann LM, Hughes T, Gow J, Goldman JM, Bartram CR (1989) Polymerase chain reaction for detection of residual leukemia. Lancet 928-929

Morris CM, Reeve AE, Fitzgerald PH, Hollings PE, Beard MEJ, Heaton DC (1986) Genomic diversity correlates with clinical variation in Ph1-negative chronic myeloid leukemia. Nature 320:281-283

Morstyn G, Burgess AW (1988) Hemopoietic growth factors: A review. Cancer Res 48:5624-5637

Mufti GJ, Stevens JR, Oscier DG, Hamblin TJ, Machin D (1985) Myelodysplastic syndromes: a scoring system with prognostic significance. Brit J Haematol 59:425-433

Müller K, Henning H (1967) Routinemäßige Darstellung der Milz bei der Laparoskopie. Med Klin 62:328-331

Müller-Seifert (1989) Taschenbuch der medizinisch-klinischen Diagnostik. Springer, Berlin Heidelberg New York

Musshoff K, Schmidt-Vollmer H (1975) Prognosis of non-Hodgkin's lymphomas with special emphasis on the staging classification. Z Krebsforsch 83:323-341

Naegeli O (1907) Blutkrankheiten und Blutdiagnostik. Lehrbuch der morphologischen Hämatologie. Veit, Leipzig

Nasse H (1836) Mikroskopische Betrachtungen über die Bestandteile des Blutes und der sich zur Faserhaut gestaltenden Flüssigkeit, besonders über deren Verhalten während der Gerinnung. Physiol Path 1: 71-92

Nathan DG, Oski FA (1981) Hematology of Infancy and Childhood, 2nd ed., Vol. 1 + 2, WB Saunders Comp., Philadelphia

Nathwani BN, Rappaport H, Moran EM (1978) Malignant lymphoma arising in angioimmunoblastic lymphadenopathy. Cancer (Philadelphia) 41:578-606

Neame PB, Soamboonsrup P, Browman GP, Meyer RM, Benger A, Wilson WEC, Walker IR, Saeed N, McBride JA (1986) Classifying acute leukemia by immunophenotyping: A combined FAB-immunologic classification of AML. Blood 68:1355-1362

Needleman SW, Kraus MH, Srivastava SK, Levine PH, Aaronson SA (1986) High frequency of N-ras activation in acute myelogenous leukemia. Blood 67:753-757

Nelson DA (1979) Basis methodology. In: Henry JB (ed) Clinical diagnosis and management by laboratory methods. Saunders, Philadelphia p 858

Neri A, Barriga F, Knowles DM, Magrath IT, Dalla-Favera R (1988) Different regions of the heavy-chain locus are involved in distinct pathogenetic forms of Burkitt lymphoma. Proc Natl Acad Sci USA 85:2748-2752

Neubauer A, van Lessen A, Huhn D (1989) Einfluß der Methode auf das Ergebnis der Bestimmung von T-Zellsubpopulationen. DMW 114:414-416

Neumann E (1979) Probleme der automatischen Blutbilddifferenzierung mit den auf dem Markt befindlichen Systemen. MTA 26:483

Nicholson JKA, Jones BM, Cross GD, McDougal JS (1984) Comparison of T and B cell analyses on fresh and aged blood. J Immunol Methods 73:29-40

Nosaka T, Kita K, Miwa H, Kawakami K, Ikeda T, Hatanaka M (1989) Cross-lineage gene rearrangements in human leukemic B-precursor cells occur frequently with VDJ rearrangements of IgH genes. Blood 74:361-368

Nowell PC (1981) Preleukemias. Hum Pathol 12:522-530

Nowell PC, Hungerford DA (1960) A minute chromosome in human granulocytic leukemia. Science 132:1497

Oertel J, Huhn D (1990) Morphological and immunocytological characterisation of chronic lymphoid leukaemias. Blut 61:124

Oertel J, Oertel B, Kastner M, Lobeck H, Huhn D (1988) The value of immunocytochemical staining of lymph node aspirates in diagnostic cytology. Br J Haematol 70:307-316

Ogawa M, Porter PN, Nakahata T (1983) Renewal and commitment to differentiation of hemopoietic stem cells (an interpretive review). Blood 61:823-829

Ohno T, Kanoh T, Arita Y, Fujii H, Kuribayashi K, Masuda T, Horiguchi Y, Taniwaki M, Nosaka T, Hatanaka M, Uchino H (1988) Fulminant clonal expansion of large granular lymphocytes. Characterization of their morphology, phenotype, genotype and function. Cancer 62:1918-1927

Orfanakis NG (1980) Normal blood leukocyte concentration values. Am J Clin Pathol 53:647-651

Oshimi K (1988) Granular lymphocyte proliferative disorders: Report of 12 cases and review of the literature. Leukemia 2:617- 627

Osterwalder B (1987) Stadieneinteilung der chronischen lymphatischen Leukämie als Basis der Therapieentscheidung. Dtsch Med Wochenschr 112:473-475

Owren PA (1948) Congenital hemolytic jaundice. The pathogenesis of the hemolytic crisis. Blood 3:231

Padua RA, Carter G, Hughes D, Gow J, Farr C, Oscier D, McCormick F, Jacobs A (1988) Ras mutation in myelodysplasia detected by amplification, oligonucleotide hybridization and transformation. Leukemia 2:503-510

Pals ST, Horst E, Scheper RJ, Meijer CJLM (1989) Mechanism of human lymphocyte migration and their role in the pathogenesis of disease. Immunol Rev 108:111-133

Pape U, Boll I (1973) Thrombozytopenische Purpura nach Thorotrast-Applikation. Hautarzt 24:254-257

Pappenheim A (1904) Zur Eröffnung. Folia Haemat 1:1-4

Pappenheim A (1905) Atlas der menschlichen Blutzellen. Fischer, Jena

Pappenheim, A (1908) Panoptische Universalfärbung für Blutpräparate. Med Klin 1244

Pardoll DM, Fowlkes BJ, Bluestone JA, Kruisbeek A, Maloy WL, Coligan JE, Schwartz (1987) Differential expression of two distinct T cell receptors during thymocyte development. Nature 326:79-81

Pearson MG, Larson RA, Golomb HM (1983) Clinical significance of chromosome patterns in malignant diseases. In: Rowley JD und Ultman (eds) Chromosomes and Cancer. Academic Press

Peirson EL (1975): A Study of the Effect of Different Criterion for the Differentiation of Band and Segmented Neutrophils. Sci Instr Corning Glass Works, Medfield/MA

Peirson EL (1976): Hematology Problem of the Month: Band or Seg? Am J Med Techn 42:288-296

Pelicci PG, Knowles DM, Dalla-Favera R (1985) Lymphoid tumors displaying rearrangements of both immunoglobulin and T cell receptor genes. J Exp Med 162:1015-1024

Pelicci PG, Knowles DM, Magrath I, Dalla-Favera R (1986) Chromosomal breakpoints and structural alterations of the c-myc locus differ in endemic and sporadic forms of Burkitt lymphoma. Proc Natl Acad Sci USA 83:2984-2988

Peterson BA, Levine EG (1987) Uncommon subtypes of acute nonlymphocytic leukemia: clinical features and management of FAB M5, M6 and M7. Semin Oncol 14:425-434

Pianezze G, Gentilini I, Casini M, Fabris P, Cosea P (1987) Cytoplasmic immunoglobulins in chronic lymphocytic leukemia B cells. Blood 4:1011-1014

Picker LJ, Weiss LM, Medeiros LJ, Woods GS, Warnke RA (1987) Immunophenotypic criteria for diagnosis of non- Hodgkin's lymphoma. Am J Pathol 128:181-201

Pittman S, Catovsky D (1984) Prognostic significance of chromosome abnormalities in chronic lymphocytic leukemia. Br J Haematol 58:649-660

Polk BF, Fox R, Brookmeyer R, Kanchanaraksa S, Kaslow R, Visscher B, Rinaldo C, Phair J (1987) Predictors of the acquired immunodeficiency syndrome developing in a cohort of seropositive homosexual men. N Engl J Med 316:61-66

Posnett DN, Chiorazzi N, Kunkel HG (1982) Monoclonal antibodies with specificity for hairy cell leukemia. J Clin Invest 70:254-261

Pralle H, Schroeder R, Löffler H (1974) Plasmazelleinschlüsse beim Mangel an saurer Maltase (Glykogenose Typ II). Klin Wochenschr 52:653

Pribilla W, Natt F (1981) Knochenmark-Ringversuch. Lab Med 5:76-80

Price CM, Rassol F, Shivji MKK, Gow J, Tew CJ, Haworth C, Goldman JM, Wiedemänn LM (1988) Rearrangement of the breakpoint cluster region and expression of p210 bcr-abl in a 'masked' Philadelphia chromosome-positive acute myeloid leukaemia. Blood 72:1829-1832

Priolet G, Sultan C, Imbert M (1987) Logiciel de reconnaissance des cellules sanguines et medullaires normales et pathologiques. Ann Biol Clin 45:263-267

Pschyrembel (1986) Klinisches Wörterbuch mit klinischen Syndromen und Nomina Anatomica, bearb.v. C. Zink. 255. Aufl., de Gruyter, Berlin New York, ISBN 3-11-007916-X

Pugh WC, Pearson M, Vardimen JW, Rowley JD (1985) Philadelphiachromosome-negative chronic myelogenous leukaemia: a morphological reassessment. Brit J Haemat 51:457-467

Puppe F (1987) Diagnostik-Expertensysteme. Informatik-Spektrum 10:293-308

Puppe F (1989) Von MED1 zu D3: die Evolution eines Expertensystem-Shells. Wird erscheinen in: Proceedings of GI-Kongreß "Wissensbasierte Systeme" Informatik Fachbereiche, Springer, Berlin Heidelberg New York

Quattrin N, DeRosa L, Quattrin Sjr, Cecio A (1978) Sea blue histiocytosis. A clinical cytologic and nosographic study on 23 cases. Klin Wochenschr 56:17-30

Queißer W (1978) Das Knochenmark. Thieme, Stuttgart

Rabbitts TH, Boehm T, Mengle-Gaw L (1988) Chromosomal abnormalities in lymphoid tumours: mechanism and role in tumour pathogenesis. TIG 4:300-304

Rabbitts TH, Stinson A, Forster A, Foroni L, Minowada J, Taylor AMR (1985) Heterogeneity of T cell beta chain gene rearrangements on human leukemias and lymphomas. EMBO 4:2217-2224

Raffael A (1988) Grundlagen der analytischen Durchflußzytometrie. GIT Labor-Medizin 3:89-97

Raghavachar A, Bartram CR, Kleihauer E, Kubanek B (1987) Immunoglobulin and T cell receptor gene rearrangements in acute leukemias. Haematolog and Blood Transfusion, Acute Leukemias, Vol. 30:251-255, Springer Verlag, Berlin Heidelberg

Raghavachar AN, Thiel E, Bartram CR (1987) Analysis of phenotype and genotype in lymphoblastic leukemia at first presentation and at relapse. Blood 70:1079-1083

Ralfkiaer E, Plesner T, Lange Wantzien G, Thomsen K, Nissen NI, Hou-Jensen K (1984) Immunohistochemical identification of lymphocyte subsets. Scand J Haematol 32:536-543

Rappaport H (1966) Tumors of the hematopoietic system. In: Atlas of tumor pathology. Sec. III/Fasc. 8. Armed forces institute of pathology, Washington D.C.

Reinhart WH (1988) Die Blutsenkung - ein einfacher und nützlicher Test? Schweiz Med Wochenschr 118:839-844

Renzi P, Ginns LC (1987) Analysis of T cell subsets in normal adults. Comparison of whole blood lysis technique to Ficoll- Hypaque separation by flow cytometry. J Immunol Methods 98:53-56

Richards JDM, Goldstone AH, Patterson KG, Cawley JC (1982) Medical Benefits of Automated White

Cell Counts by Cytochemistry: White Cell Distribution Patterns and FAB Classification of Leukaemia. Proceedings of a Technicon International Colloquium. St. Catherine's College, University of Oxford, England. Technicon International Division

Richtlinien der Bundesärztekammer zur Qualitätssicherung in medizinischen Laboratorien (1987) Dtsch Ärztebl 85: 699-712

Riesen I v, Albrecht M (1957) Einführung in die Zelldiagnostik des menschlichen Knochenmarkes und Blutes für medizinisch- technische Assistentinnen und Studierende. De Gruyter, Berlin

Rindfleisch E (1880) Über Knochenmark und Blutbildung. Arch mikr Anat 17:1-11, 21-42

Roche (1987) Lexikon Medizin. 2.Aufl. Urban & Schwarzenberg, München Wien Baltimore

Rogers HC (1973) Automatic Spinner Provides Blood Monolayer for White Blood Cell Differential Counts. Am Soc Med Techn Ann Meeting, Boston

Rohr H (1960) Das menschliche Knochenmark. Thieme, Stuttgart

Rohr K, Bollinger-Schudel L (1961): Tabulae haematologicae. Thieme, Stuttgart S 13-14

Rosenberg ZF, Fauci AS (1989) Immunpathogenic mechanimsm of HIV infection. Clin Immunol Immunopathol 50:149-56

Rotoli B, Luzzatto L (1989) Paroxysmal nocturnal haemoglobinuria. Baillieres Clin Haematol 2:113-138

Rovigatti U, Mirro J, Kitchingman G, Dahl G, Ochs J, Murphy S, Stass S (1984) Heavy chain gene rearrangement in acute nonlymphocytic leukemia. Blood 63:1023-1029

Rowan RM (1983) Blood Cell Volume Analysis. Albert Clark and Company Limited, London

Rowan RM (1990) Modern Concepts in Cytometry: Current Controversies. In: Heller S, Koeppen KM, Schütz W (Hrsg): Trends in der Hämatologie. INSTAND Symposium am 10. und 11. November 1988 in Berlin. TOA Medical Electronics (Europe) GmbH, Hamburg S 163-172

Rowan RM, Lewis SM (1990): The Role of ICSH with Special Reference to Cytometry. In: Heller S, Koeppen KM, Schütz W (Hrsg): Trends in der Hämatologie. INSTAND Symposium am 10. und 11. November 1988 in Berlin. TOA Medical Electronics (Europe) GmbH, Hamburg S 37-42

Rowley JD (1973) A new consistent chromosomal abnormality in chronic myelogenous leukaemia. Nature 243:290-293

Rowley JD (1986) The Philadelphia chromosome translocation. In: Goldman JM und Harnden DG (Hrsg) Genetic Rearrangements in Leukemia and Lymphoma, Churchill Livingstone, London, pp82-99

Rümke CL (1960): Die Zelldifferenzierung in Blutausstrichen: Variabilität der Ergebnisse. Triangel 4:154-158

Rümke CL, Bezemer PD, Kuik DJ (1975): Normal values and least significant differences for differential leukocyte counts. J Chron Dis 28:661-668

Michie SA, Garcia CF, Strickler JG, Dailey MO, Rouse RV, Warnke RA (1987) Expression of the Leu-8 antigen by B-cell lymphomas. Am J Clin Pathol 88:486-490

Sadamori N, Han T, Minowada J, Sandberg AA (1984) Chromosomes and causation of human cancer and leukemia. LII. Chromosome findings in treated patients with B-cell chronic lymphocytic leukemia. Cancer Genet Cytogenet 11:161-168

Sahli H (1902) Über ein einfaches und exaktes Verfahren der klinischen Hämometrie. Verh Dtsch Ges Inn Med 20:230-244

Sandberg AA (1980) The Chromosomes in Human Cancer and Leukemia. Elsevier-North Holland, New York

Sandberg AA, Gemmill RM, Hecht BK, Hecht F (1986) The Philadelphia chromosome: A model of cancer and molecular cytogenetics. Cancer Genet Cytogenet 21:129-146

Sanders ME, Makgoba MW, Shaw S (1988) Human naive and memory T cells: reinterpretation of helper-inducer and suppressor-inducer subsets. Immunol Today 9:195-199

Schachner J, Kantarjian H, Dalton W, McCredie K, Keating M, Freireich EJ (1988) Cytogenetic association and prognostic significance of bone marrow blast cell terminal transferase in patients with acute myeloblastic leukemia. Leukemia 2: 667-671

Schaefer HE (1985) Beckenkammbioptische Diagnostik. Osteologie - Hämatologie - Onkologie - metabolische Störungen. Internist 26:453-477

Schaefer-Rego K, Dudek H, Popenoe D, Arlin Z, Mears JG, Bank A, Leibowitz D (1987) CML patients in blast crisis have breakpoints localized to a specific region of the bcr. Blood 70:448-450

Schilling V (1912) Das Blutbild und seine klinische Verwertung (mit Einschluß der Tropenkrankheiten). Kurzgefaßte technische, theoretische und praktische Anleitung zur mikroskopischen Blutuntersuchung. Fischer, Jena

Schilling V (1922) Praktische Blutlehre. Fischer, Jena

Schilling V (1959): Praktische Blutlehre. Fischer, Stuttgart, 16. Aufl. S 41-45

Schleip K, Alder A (1928) Atlas der Blutkrankheiten. 2. Aufl. Urban & Schwarzenberg, Berlin Wien

Schmidt RE (1989) Monoclonal antibodies for diagnosis of immunodeficiencies. Blut 59:200-206

Schneider W (1983) Einfluß der präanalytischen Phase auf hämatologische Untersuchungsergebnisse (Patientenvorbereitung, Probennahme, Probentransport, Probenverwahrung). Laboratoriumsmedizin 7:136-142

Schneider W (1989) Der TECHNICON H 1-Hämatologie-Analysator. Das Ergebnis einer langjährigen Erfahrung mit Durchflußzytometrie und Zytochemie. extracta diagnostica 3:243-247

Schneider W, Winkelmann M (1986) Pseudothrombozytopenie und Immunthrombozytopenie. Med Welt 37:556-560

Schrappe-Bacher M, Steffen HM, Maier M, Bernards P, Hoeffken A, Fältkenheuer G (1990) Das myelodysplastische Syndrom - Eine retrospektive Untersuchung an 38 Patienten. Med Klinik 85:511-516

Schubert H (1989) Marktspiegel Medizintechnik. Funktionsdiagnostik und klinische Labortechnik. TÜV Rheinland GmbH Köln

Schubothe H, Raju S, Wend F (1966) Hyperplasie lymphoider Retikulumzellen im Knochenmark bei idiopathischen autoimmunhaemolytischen Anaemien vom Wärmeantikörpertyp. Klin Wochenschr 44:1319

Schulten H (1939) Lehrbuch der klinischen Hämatologie. Thieme, Stuttgart

Schulten H (1948): Lehrbuch der klinischen Hämatologie. Thieme, Stuttgart, S 269

Schulz P, Alberts C, Künzer W (1973) Über die Thrombozytenzählung. Dissertation Med. Fakultät Köln

Schurigius M (1744) Haematologia, historico-medica, hoc est sanguinis consideratio physico-medico-curiosa. Dresden

Schütt S, Seeger K, Henze G (1989) Immunoglobulin and T cell receptor gene rearrangements in childhood acute lymphoblastic leukemia (ALL) and non-Hodgkin's lymphoma. Acute Leukemia II, Springer, Berlin Heidelberg New York, im Druck

Schwarting R, Stein H, Wang CY (1985) The monoclonal antibodies αS- HCL1 (αLeu-14) and αS-HCL3 (αLeu-M5) allow the diagnosis of hairy cell leukemia. Blood 65:974-983

Schwarzacher HG, Wolf U (1974) Methods in human cytogenetics, 1. Aufl: Springer, Berlin Heidelberg New York

Schwarze, EW (1986) Non-Hodgkin-Lymphome. Fischer, Stuttgart

Schwencke Th (1743) Haematologia, sive sanguinis historia, experimentis passim superstructura. Haag

Scott CS (1989) Leukaemia Cytochemistry. Principles and Practice. 1st ed, Ellis Horwood Limited, Chichester

Scott CS, Limbert HJ, Jones RA, Master PS, MacKarill ID, Patel D, Stark AN (1987) Immunological studies of B-cell leukaemias with particular reference to FMC7 and TÜ1 (CD23) expression. Biotest Bulletin 3:141-147

Second International Workshop on Chromosomes in Leukemia (1980) Chromosomes in preleukemia. Cancer Genet Cytogenet 2:108-113

Second MIC Cooperative Study Group (1988) Morphologic, immunologic and cytogenetic (MIC) working classification of the acute myeloid leukaemias. Br J Haematol 68:487-494

Seeger H (1989) Der Sysmex NE-8000 - Ein neuer Analysator für das große Blutbild. extracta diagnostica 3:95-102 (1989)

Seremetis S, Pelicci PG, Tabilio, Ubriaco A, Grignani F, Cuttner J, Winchester RJ, Knowles DM, Dalla-Favera R (1987) High frequency of clonal immunoglobulin or T cell receptor gene rearrangements in acute myelogenous leukemia expressing terminal deoxyribonucleotidyltransferase. J Exp Med 165:1703-1712

Shapiro HM (1985) Practical flow cytometry. Liss, New York

Shield CF, Marlett P, Smith A, Gunter L, Goldstein G (1983) Stability of human lymphocyte differentiation antigens when stored at room temperature. J Immunol Methods 62:347-352

Shtivelman E, Lifshitz B, Gale RP, Canaani E (1985) Fused transcript of abl and bcr genes in chronic myelogenous leukemia. Nature 315:550-554

Sigaux F, Imbert M, Priolet G, Bucquen JJ, Levy C, Sultan C (1987) Aide à la décision en hèmatologie: caractèristiques et   performances du programme. La Presse Médicale 16:111-114

Silver RT (1970) Morphology of the blood and marrow in clinical practice. Grune & Stratton, New York London

Slaper-Cortenbach ICM, Admiraal LG, Kerr JM, van Leeuwen EF, von dem Borne AEGK, Tetteroo PAT (1988) Flow-cytometric detection of terminal deoxynucleotidyl transferase and other intracellular antigens in combination with membrane antigens in acute lymphatic leukemias. Blood 72:1639-1644

Smith JS, Whitelaw DM (1971) Hemoglobin values in the aged. Can Med Assoc J 105:816-819

Sobol RE, Mick R, LeBien T, Ozer H, Minowada J, Anderson K, Ellison RR, Cuttner J, Morrison A, Richards F, Royston I, Bloomfield CD (1986) The reproducibility of acute lymphoblastic leukemia phenotype determinations: Evaluation of monoclonal antibody and conventional hematopoietic markers. Leuk Res 10:481-485

Sobol RE, Mick R, Royston I, Davey FR, Ellison RR, Newman R, Cuttner J, Griffin JD, Collins H, Nelson DA, Bloomfield CD (1987) Clinical importance of myeloid antigen expression in adult acute lymphoblastic leukemia. N Engl J Med 316:1111-1117

Sournia JC, Poulet J, Martiny M (1982) Illustrierte Geschichte der Medizin, Bd V. Bearb. Toellner R, Murken AHZ, Übers. Fristel I, Riehl H. Andreas, Salzburg, S 1927-1937

Sox HC, Lang MH (1986) The erythrocyte sedimentation rate. Guidelines for rational use. Ann Intern Med 104:515-23

Spaethe R, Ley M, Vavra Z (1987): Erfahrungen mit einem Kontrollmaterial für hämatologische Zellzählung. Trends in der Hämatologie, Tagungsbericht der Linzer Laborrunde, TOA Medical Electronics Europa (1987) S 49-58

Springer TA, Thompson WC, Miller LJ, Schmalstieg FC, Anderson DC (1984) Inherited deficiency of the Mac-1, LFA-1, p150,95 glycoprotein family and its molecular basis. J Exp Med 160:1901- 1918

Stamatoyannopoulos G, Nienhuis AW, Leder P, Majerus PW (1987) The molecular basis of blood diseases. WB Saunders, Philadelphia

Stamm D (1987) Der analytische Teilschritt und seine Zuverlässigkeit. In: Greiling H, Gressner AM (Hrsg) Lehrbuch der Klinischen Chemie und Pathobiochemie. Schattauer, Stuttgart New York

Stansfeld AG, Diebold J, Kapanci Y, Kelenyi G, Lennert K, Mioduszewska O, Noel H, Rilke F, Sandstrom C, van Unnik JAM, Wright DH (1988) Updated Kiel classification for lymphomas. Lancet i:292-293

Stark AN, MacKarill ID, Limbert HJ, Evans P, Scott CS (1988) TdT expression in acute myeloid leukemia. Hematopoietic immaturity or maturational asynchrony? Blut 56:33-38

Stein H, Dallenbach F, Dienemann D (1988) Differenzierungslinien physiologischer und maligner Zellen des lymphatischen Systems. Verh Dtsch Ges Path 72:57-85

Stein H, Lennert K, Feller AC, Mason DY (1984) Immunohistological analysis of human lymphoma: correlation of histological and immunological categories. Adv Cancer Res 42:67-147

Stites DP, Casavant CH, McHugh TM, Moss AR, Beal SL, Ziegler JL, Saunders AM, Warner NL (1986) Flow cytometric analysis of lymphocyte phenotypes in AIDS using monoclonal antibodies and simultaneous dual immunofluorescence. Clin Immunol Immunopathol 38:161-177

Stobbe H (1959): Hämatologischer Atlas. Akad. Verl., Berlin S 68.

Stobbe H (1968): Untersuchungen von Blut und Knochenmark. Volk & Gesundheit, Berlin, S 73. Neuauflage in Vorbereitung

Stobbe H (1970) Hämatologischer Atlas, 3. Aufl., Akademie-Verlag, Berlin

Stoll DB, Peterson P, Exten R, Laszio J, Pisciotta AVC, Ellis JT, White P, Vaidya K, Bozdech M, Murphy S (1988) Clinical presentation and natural history of patients with essential Thrombocythemia and the Philadelphia Chromosome. Am J Hematol 27:77-83

Stutte HJ (1967) Zur Cytologie und Fermentcytochemie der menschlichen Milz. Untersuchungen an Ausstrichpräparaten. Klin Wochenschr 45:210-217

Suchi T, Lennert K, Tu LY, Kikuchi M, Sato E, Stansfeld AG, Feller AC (1987) Histopathology and immunohistochemistry of peripheral T cell lymphomas: a proposal for their classification. J Clin Pathol 40:995-1015

Suchi T, Lennert K, Tu LY, Kikuchi M, Sato E, Stansfeld AG, Feller AC (1987) Histopathology and immunohistochemistry of peripheral T cell lymphomas: a proposal for their classification. J Clin Pathol 40:995-1015

Suda J, Suda T, Ogawa M (1984) Analysis of differentiation of mouse hemopoietic stem cells in culture by sequential replating of paired progenitors. Blood 64:393-399

Sultan C, Priolet G, Imbert M (1987) Aide a la decision en   cytologie.Programme Ref.Nr. 9803364. Coultronics, F-Margency

Sultan L (1975) siehe Firmenumfrage 1975

Sun NCJ (1983) Hematology. An Atlas and Diagnostic Guide. WB Saunders Comp., Philadelphia London Toronto

Swammerdamm J (1752) Bibel der Natur. Nebst Vorrede von Boerhave. Übers. aus dem Holländischen. Gleditsch, Leipzig

Swirsky DM, Greaves MF, Gray RG, Rees JKH (1988) Terminal deoxynucleotidyl transferase and HLA-DR expression appear unrelated to prognosis of acute myeloid leukemia. Br J Haematol 70:193-198

Takahashi M (1981) Color atlas of cancer cytology. Georg Thieme Verlag Stuttgart New York

Takihara Y, Tkachuk D, Micalopoulos E, Champagne E, Reimann J, Minden M, Mak TW (1988) Sequence and organization of the diversity, joining and constant region genes of the human T-cell delta chain. Proc Natl Acad Sci USA 85:6097-6101

Tani EM, Christensson B, Porwit A, Skoog L (1988) Immunocytochemical analysis and cytomorphologic diagnosis on fine needle aspirates of lymphoproliferative disease. Acta Cytol 32:209-215

Taylor J, Afrasiabi R, Fahey JL, Korns E, Weaver W, Mitsuyasu R (1986) Prognostically significant classification of immune changes in AIDS with Kaposi's sarcoma. Blood 67:666-671

Tetu B, Manning JT, Ordonez NG (1986) Comparison of monoclonal and polyclonal antibodies directed against immunoglobin light and heavy chains in Non-Hodgkin's lymphoma. Am J Clin Pathol 85:25-31

Thiel E (1985) Cell surface markers in leukemia: Biological and clinical correlations. CRC Critical Reviews in Oncology/Hematology 2:209-260

Thiel E (1986) Leukämiezell-Analyse bei der Diagnose ALL/AUL: Klinische Wertigkeit heute verfügbarer Methoden. Onkologie 9:60- 65

Thiel E, Hoelzer D, Dörken B, Löffler H, Messerer C, Huhn D (1987) Clinical relevance of blast cell phenotype as determined with monoclonal antibodies in acute lymphoblastic leukemia of adults. In: Büchner T, Schellong G, Hiddemann W, Urbanitz D, Ritter J (eds) Haematology and blood transfusion Vol. 30 Acute leukemias. Springer, Heidelberg, p 95-110

Thiel E, Kranz BR, Raghavachar A, Bartram CR, Löffler H, Messerer D, Ganser A, Ludwig WD, Büchner T, Hoelzer D (1989) Prethymic phenotype and genotype of pre-T (CD7+/ER-) cell leukemia and its clinical significance within adult acute lymphoblastic leukemia. Blood 73:1247-1258

Thom R (1979) Rationalisierung hämatologischer Untersuchungen. In: Haeckel R (Hrsg) Rationalisierung des medizinischen Laboratoriums. G-I-T Verlag Ernst Giebeler, Darmstadt S 222-287

Thom R (1987) Neue Gerätetechnologie und Parameter in der Hämatologie. Trends in der Hämatologie, Tagungsbericht der Linzer Laborrunde 1985, TOA Medical Electronics Europa S 81-97

Thom R (1990) Meßtechniken in der Hämatologie und vergleichende Bewertung von Hämatologie-Analysatoren. In: Heller S, Koeppen KM, Schütz W (Hrsg): Trends in der Hämatologie. INSTAND Symposium am 10. und 11. November 1988 in Berlin. TOA Medical Electronics Europa, Hamburg S 63-76

Thomas L (1988) Blutabnahme nur beim nüchternen Patienten? Dtsch Med Wochenschr 113:35

Thompson CB, Jakubowski A (1988) The pathophysiology and clinical relevance of platelet heterogeneity. Blood 72:1-8

Thorell B (1975) siehe Firmenumfrage 1975

Wintrobe MM (1981) Clinical hematology, 8th ed. Lea & Febiger, Philadelphia

Tonegawa S (1983) Somatic generation of antibody diversity. Nature 302:575-581

Trautmann F (1961) Besondere Formen von Megakaryozyten (Mikrokaryozyten) im Sternalpunktat der chronischen myeloischen Leukose. Berl Med 12:484

Travis LB, Pierre RV, Dewald GW (1986) Ph1-negative chronic granulocytic leukemia: A nonentity. Am J Clin Pathol 85:186-193

Trendelenburg C, Pohl B (1988) Pro.M.D.Medizinische Diagnostik mit Expertensystemen. Eine Einführung mit Disketten für die Expertensystemschale Pro.M.D. G.Thieme Verlag, Stuttgart S 1-159

Trendelenburg Chr, Wieland H (1986) Routine use of a clinical chemistry expert system with a knowledge base on disorders of lipoprotein metabolism. Biochim Clin 10:928-929

Tricot G, de Wolf-Peeters C, Vlietinck C, Verwilghen RL (1984) Bone marrow histology in myelodysplastic syndromes. II. Prognostic value of ALIP in MDS. Brit J Haematol 58:217-225

Tsujimoto Y, Cossman J, Jaffe E, Croce CM (1985) Involvement of the bcl-2 gene in human follicular lymphoma. Science 228:1440-1443

Tsujimoto Y, Finger L, Yunis J, Nowell PC, Croce CM (1984) Cloning of the chromosome breakpoint of neoplastic B-cells with the t(14;18) chromosome translocation. Science 226:1097-1099

Tubbs RR, Fishleder A, Weiss RA, Savage RA, Sebek BA, Weick JK (1983) Immunohistologic cellular phenotypes of lymphoproliferative disorders. Am J Pathol 113:207-221

Türk W (1904) Vorlesungen über klinische Hämatologie. Braunmüller, Wien

Undritz E (1952) Hämatologische Tafeln. Sandoz, Basel

Undritz E (1972) Haematologische Tafeln. 2. Aufl., Sandoz AG, Nürnberg

Vainchenker W, Villeval JL, Tabilio A, Matamis H, Karianakis G, Guichard J, Henri A, Vernant JP, Rochant H, Breton-Gorius J (1988) Immunophenotype of leukemic blasts with small peroxidase-positive granules detected by electron microscopy. Leukemia 2:274-281

Van Dongen JJM, Hooijkaas H, Comans-Bitter WM, Benne K, van Os TM, de Josselin de Jong J (1985) Triple immunological staining with colloidal gold, fluorescein and rhodamine as labels. J Immunol Methods 80:1-6

Van Dongen JJM, Wolvers-Tettero ILM, Wassenaar F, Borst J, van den Elsen P (1989) Rearrangement and expression of T-cell receptor delta genes in T-cell acute lymphoblastic leukemias. Blood 74:334-342

Vaughan WP, Strauss LC, Burke PJ, Skubitz KM, Schwartz JF, Karp JE, Civin CI (1983) Surface marker phenotype (SMP) predicts response to therapy in acute non-lymphocytic leukemia (ANLL). Proc ASCO 2:183

Visser L, Shaw A, Slupsky J, Vos H, Poppema S (1989) Monoclonal antibodies reactive with hairy cell leukemia. Blood 74:320-325

Vosberg HP (1989) The polymerase chain reaction: an improved method for the analysis of nucleic acids. Hum Genet 83:1-15

Vosswinkel P (1987) 50 Jahre Deutsche Gesellschaft für Hämatologie und Onkologie. Murken-Altrogge, Herzogenrath

Wagner D (1990) Qualitätssicherung in der Zytologie. Dtsch Ärztebl 87:711

Weis JW, Winter MW, Phyliky RL, Banks PM (1986) Peripheral T-cell lymphomas: histologic, immunohistologic and clinic characterization. Mayo Clin Proc 61:411-426

Waldmann TA (1987) The Arrangement of Immunglobulin and T Cell Receptor Genes in Human Lymphoproliferative Disorders. Adv Immunol Vol 40:247-317, Academic Press, Inc, San Diego

Waldmann TA, Korsmeyer SJ, Bakshi A, Arnold A, Kirsch IR (1985) Molecular genetic analysis of human neoplasms. Ann Intern Med 102:497-510

Warnke RA, Link MP (1983) Identification and significance of cell markers in leukemia and lymphoma. Ann Rev Med 34:117-131

Wegner R-D (1982) Wissenschaftlich-technische Voraussetzungen zur Durchführung zytogenetischer Laboruntersuchungen. Lab Med 6:279-281

Wegner R-D (1988) Zytogenetik der myeloproliferativen und der myelodysplastischen Syndrome. Ärztl Lab 34:193-196

Weiblen BJ, Debell K, Giorgio A, Valeri CR (1984) Monoclonal antibody testing of lymphocytes after overnight storage. J Immunol Methods 70:179-183

Weicker H (1974) Hämatologie und Humangenetik. In: Boroviczény K-G v, Schipperges HH, Seidler E (Hrsg) (1974) Einführung in die Geschichte der Hämatologie. Thieme, Stuttgart

Weisberg (1973) Fehleranalyse und Optimierung der Thrombozytenzählung. Dissertation Med. Fakultät, Köln

Weis JW, Winter MW, Phyliky RL, Banks PM (1986) Peripheral T cell lymphomas: histologic, immunohistologic and clinic characterization. Mayo Clin Proc 61:411-426

Weiss H, Duntsch U, Weiss A (1988) Risiken der Feinnadelpunktion - Ergebnisse einer Umfrage in der BRD. Ultraschall 9:121-127

Weiss LM, Crabtee GS, Rouse RV, Warnke RA (1985) Morphologic and immunologic characterization of 50 peripheral T-cell lymphomas. Am J Pathol 118:316-324

Weiss LM, Warnke RA, Sklar J, Cleary ML (1987) Molecular Analysis of the t(14;18) chromosomal translocation in malignant lymphomas. N Engl J Med 317:1185-1189

Wejbora R, Fischer G, Bayer PM (1990) Rationalisierende Maßnahmen im hämatologischen

Routinelaboratorium. In: Heller S, Koeppen KM, Schütz W (Hrsg) Trends in der Hämatologie. Instand-Symposium Berlin. TOA Medical Electronics (Europe) GmbH, Hamburg

Westergren A (1924) Die Senkungsreaktion. Erg Inn Med Kinderheilkd 26:577

Werlhof PG (1775) Opera medica (collegit et auxit J. E. Weichmann). Helwingiorus, Hannover

White TJ, Arnheim N, Ehrlich HA (1989) The polymerase chain reaction. TIG 5:185-189

Williams WJ (1986) Examination of the blood. In: Williams WJ, Beutler E, Erslew AJ, Lichtmann MA (eds) Hematology 3 rd ed. McGraw-Hill Publishing Company, New York p 9

Williams WJ, Beutler E, Erslev A, Lichtman MA (1986) Hematology, 3rd. ed McGraw-Hill, New York

Williams WJ, Beutler E, Erslev AJ, Lichtmann MA (eds) (1990) Hematology, 4th ed McGraw-Hill, New York

Wingert F (1984) SNOMED Manual. Springer, Berlin Heidelberg New York Tokyo

Wintrobe MM (1943) Clinical Hematology. Lea & Febiger, Philadelphia

Wintrobe MM (1967): Clinical Hematology. 6th ed., Lea & Febiger, Philadelphia, S 263-266

Wintrobe MM (1975) siehe Firmenumfrage 1975

Wintrobe MM (1980) Blood Pure and Eloquent. A Story of Discovery of People, and of Ideas. Mc Graw-Hill, New York, Hamburg, usw.

Wintrobe MM (1981) Clinical Hematology. Lea and Febiger, Philadelphia pp 192, 1988

Wintrobe MM (1985) Hematology, the Blossoming of a Science. A Story of Inspiration and Effort. Lea & Febiger, Philadelphia

Wittekind D (1975) siehe Firmenumfrage 1975

Wittekind D, Gehring T (1985) On the nature of Romanowsky-Giemsa staining and the Romanowsky-Giemsa effect. I. Model experiments on the specifity of Azure B-Eosin Y stain as compared with other Thiazine dye-Eosin Y combinations. Histochem J 17:263-289

Wolf I, Boroviczény K-G v (1985) Erythrozyten-Leukozyten-Ringstudien zur Geräte-, Methoden-, Reagenzien- und Kontrollprobenevaluation. In: Merten R, Boroviczény K-G v, Häckel R (Hrsg): Methoden-, Reagenzien- und Geräte-Evaluation in der Laboratoriumsmedizin, INSTAND Schriftenreihe, Bd 4, Springer, Berlin Heidelberg New York Tokyo

Woods GS, Turner RR, Shiurba RA, Eng L, Warnke RA (1985) Human dendritic cells and macrophages. Am J Pathol 119:73- 82

Woods JC, Springs AI, Harris H, McGee JC (1982) A new marker for human cancer cells. 3.Immunocytochemical detection of malignant cells in serous fluids with Ca1 antibody. Lancet ii:512-514

Wright JH (1902) A rapid method for the differential staining of blood films and malaria parasites. J Med Res 7:138-144

Yancopoulos GD, Blackwell TK, Suh H, Hood L, Alt FW (1986) Introduced T cell receptor variable region gene segments recombine in pre-B cells: evidence that B and T cells use a common recombinase. Cell 44:251-259

Yoshida Y, Park YH, Taniguchi Y, Uchino H (1984) Development of B-cells in human bone marrow. Acta Haematol Jap 47:29-38

Yunis JJ (1983) The chromosomal basis of neoplasia. Science 221:227-236

Zach J (1972) Praktische Zytologie für Internisten. Thieme, Stuttgart

Zetkin M, Schaldach H (1974) Wörterbuch der Medizin. 5.Aufl. Volk u. Gesundheit, Berlin; Dtsch. Taschenbuch, München; Thieme, Stuttgart

Ziegler JL (1981) Burkitt's Lymphoma. N Engl J Med 305:735-745

Zucker-Franklin D, Greaves MF, Grossi CE, Marmont AM (1988) Atlas of blood cells. 2nd ed., Lea & Febiger, Philadelphia

Zucker-Franklin D, Greaves MF,Grossi CE, Marmont AM (1990) Atlas der Blutzellen. Gustav Fischer, Stuttgart New York

10 Sachverzeichnis

Farbtafeln (Seite 482-503)

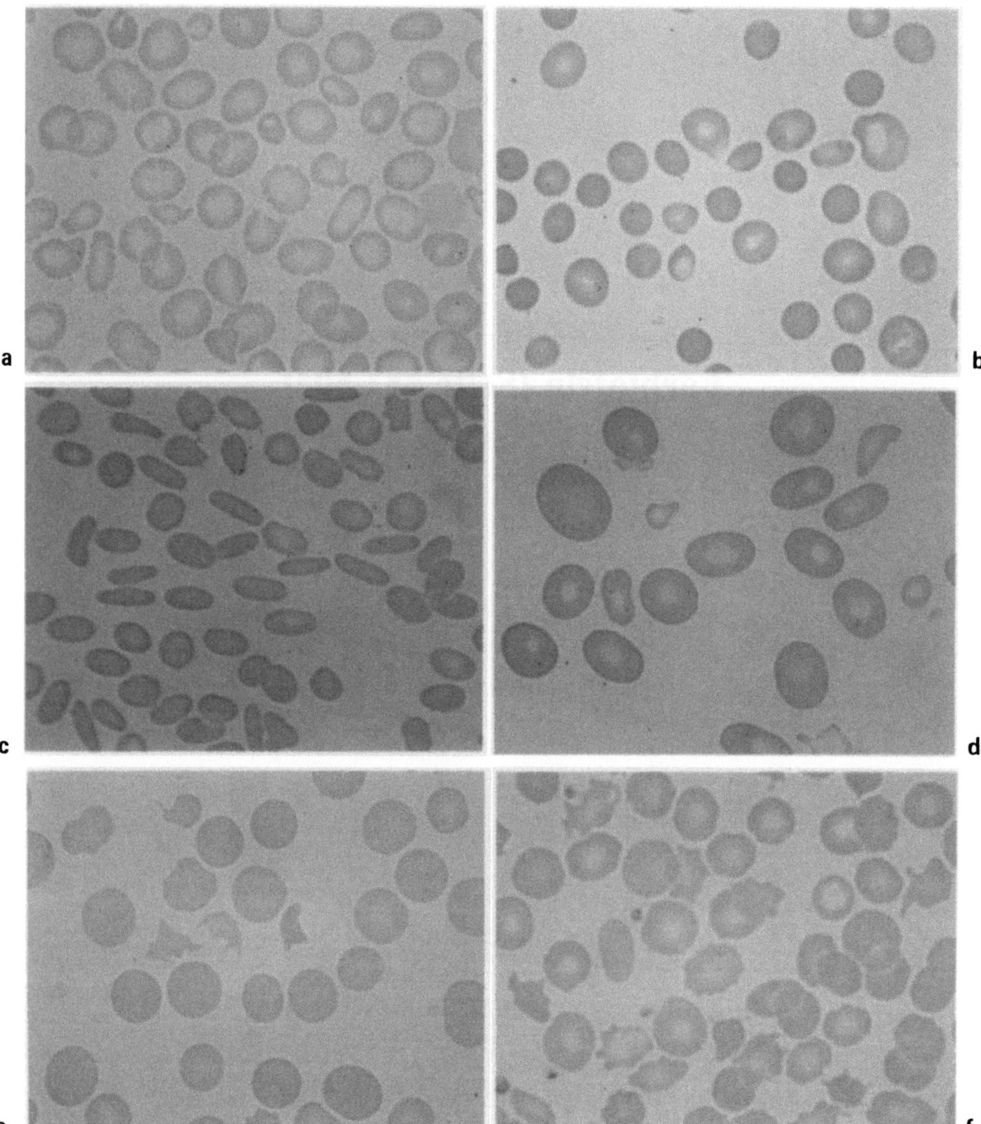

Abbildung 5.1-1, a-f. Erythrozytenmorphologie, Pappenheimfärbung. a Hypochromasie (z. T. Anulozyten) und pathologische Anisozytose; b Kugelzellen; c Elliptozyten; d Makrozyten, pathologische Anisozytose und Poikilozytose; e Fragmentozyten; f Echinozyten und Akanthozyten.

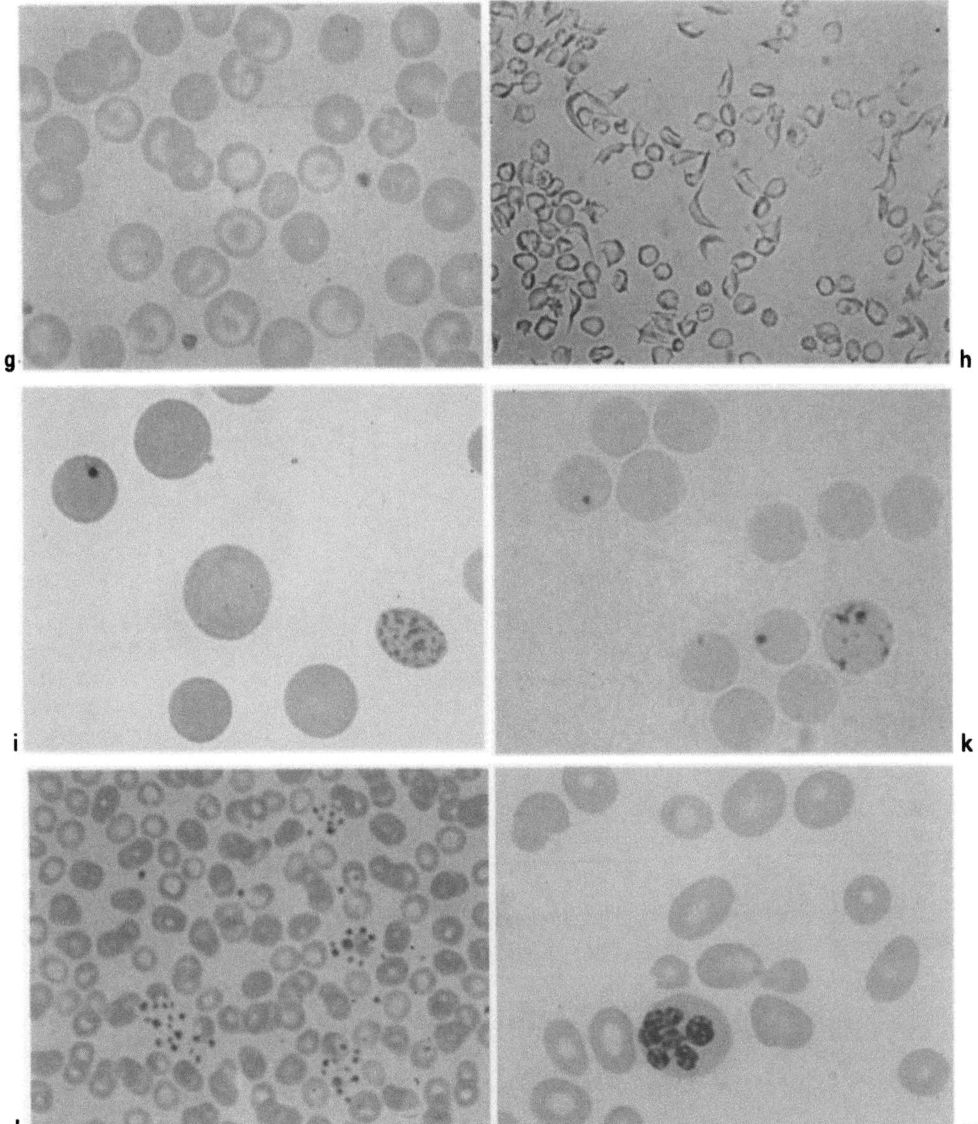

Abbildung 5.1-1, g-m. Erythrozytenmorphologie, Pappenheimfärbung. g Targetzellen; h Sichelzellen (nach Luftabschluß); i Jolly-Körperchen und basophile Tüpfelung; k Heinz-Innenkörper und Retikulozyten (Nilblausulfatfärbung); l "Pseudoagglutination" der Thrombozyten; m Makrozyten und 1 übersegmentierter Granulozyt.

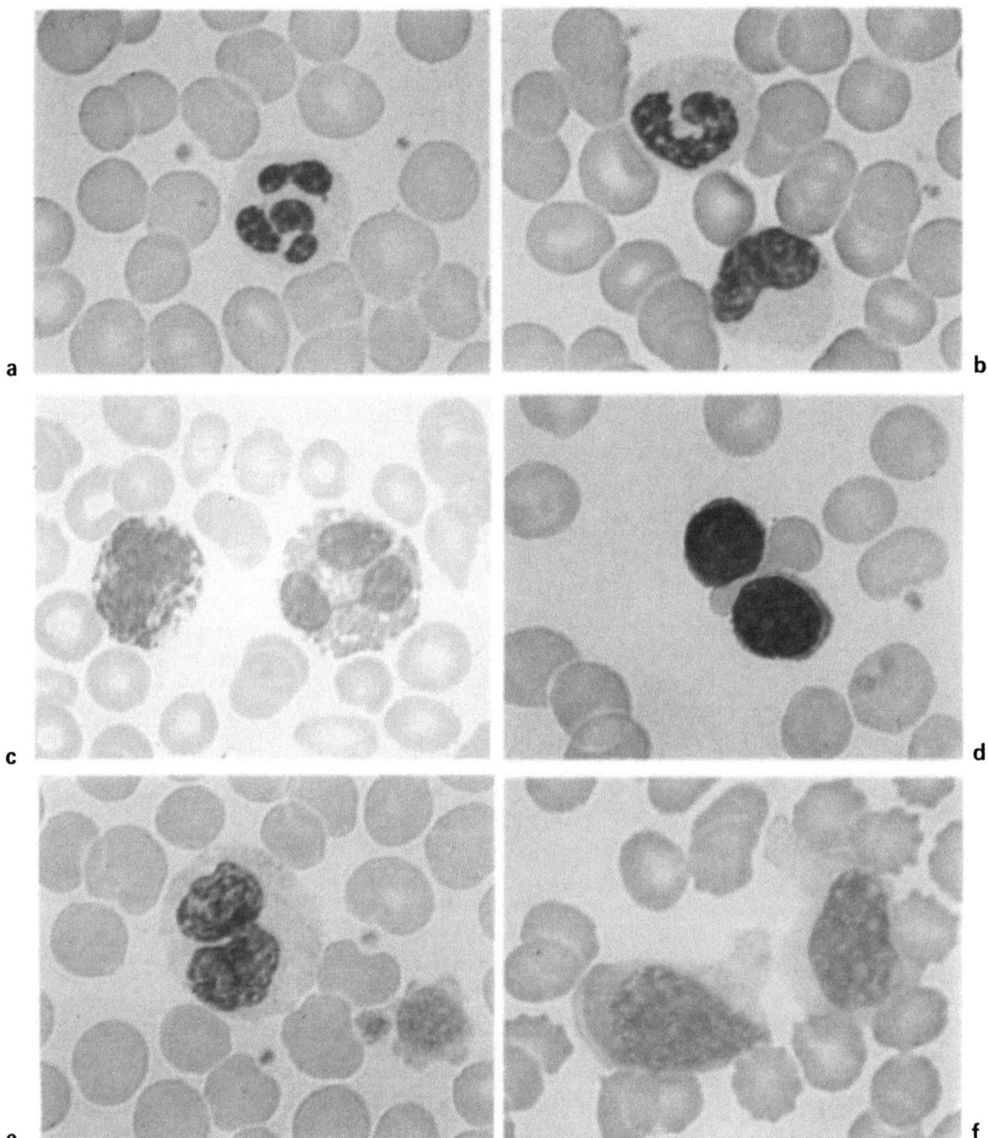

Abbildung 5.1-2, a-f. Leukozytenmorphologie. a Neutrophiler segmentkerniger Granulozyt; b neutrophiler stabkerniger Granulozyt und Monozyt; c Basophiler und eosinophiler Granulozyt; d Lymphozyten; e Monozyten und Riesenplättchen; f Pfeiffer-Zellen.

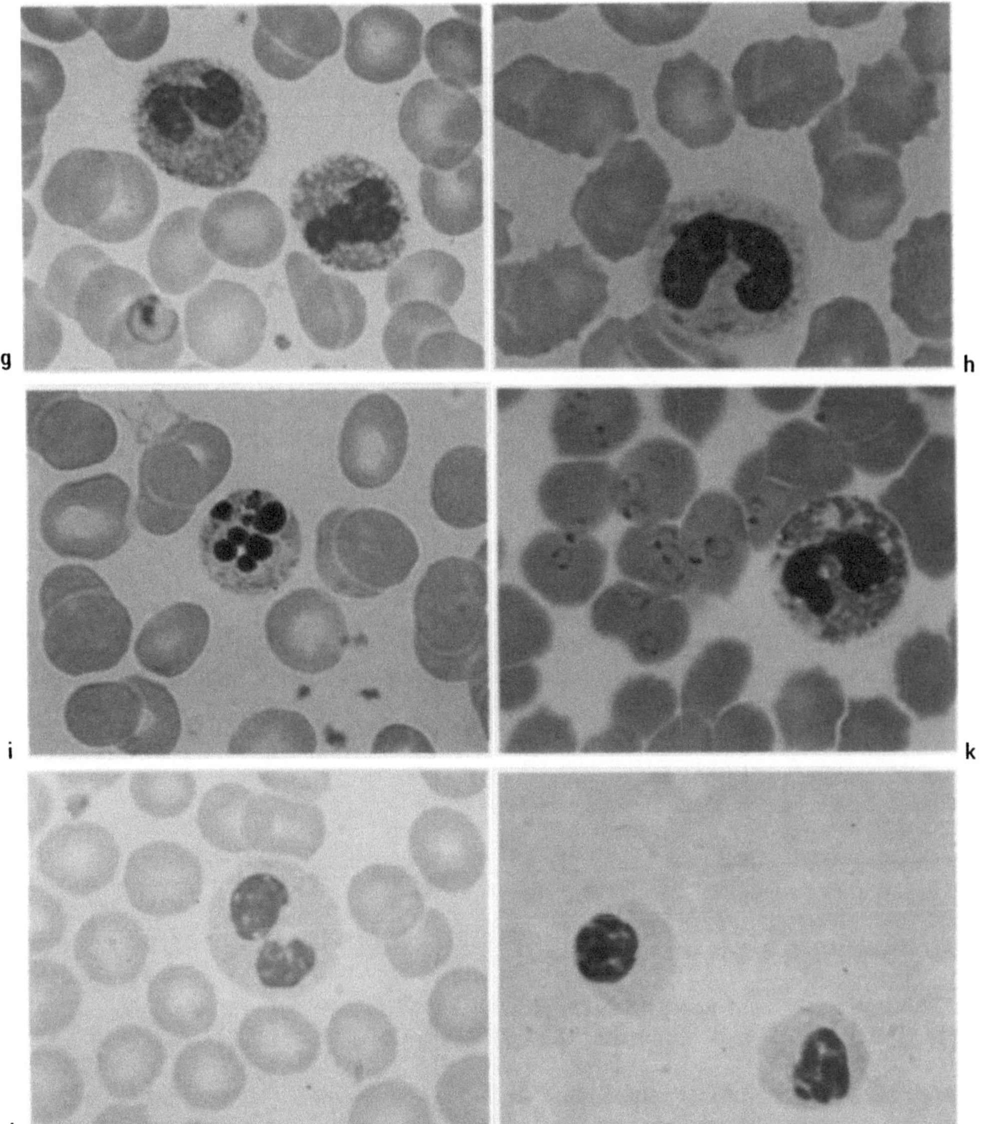

Abbildung 5.1-2, g-m. Leukozytenmorphologie. g Toxische Granulation in neutrophilen Granulozyten; h Döhle-Körperchen in einem neutrophilen Granulozyten; i Kernpyknose in einem neutrophilen Granulozyten; k toxisch granulierter, neutrophiler segmentkerniger Granulozyt und Plasmodien falciparum in Erythorzyten; l heterozygote Pelger'sche Kernanomalie; m homozygote Pelger'sche Kernanomalie.

Abbildung 5.2-1: Akute lymphatische Leukämie (ALL), FAB-Subtyp L1: Sehr kleine Blasten, die stellenweise kaum von Lymphozyten zu unterscheiden sind mit sehr schmalem Zytoplasma.

Abbildung 5.2-2: ALL, FAB-Subtyp L2: Heterogene Blastenpopulation mit unregelmäßigeren Kernen und unterschiedlich breitem Zytoplasma.

Abbildung 5.2-3: ALL, FAB-Subtyp L3: Mittelgroße bis große Blasten mit intensiv basophilem und stark vakuolisiertem Zytoplasma.

Abbildung 5.2-4: PAS-Reaktion bei ALL: Typische purpurrote Schollen und Granula.

Abbildung 5.2-5: Saure Phosphatase-Reaktion bei T-ALL: Charakteristische umschriebene (paranukleäre) Reaktion, die zum Teil im Zytoplasma über dem Kern liegt.

Abbildung 5.2-6: DAP IV-Reaktion bei T-ALL, die hier in allen Blasten meist sehr deutlich umschrieben nachweisbar ist.

Abbildung 5.2-7: Granulierte ALL: In einem Teil der Zellen sieht man relativ große azurophile Granula, die sich bei Peroxydase- und Sudan-Schwarz-B- sowie Chloracetat-Esterase-Reaktion nicht anfärben.

Abbildung 5.2-8: ALL mit Handspiegelformen: Charakteristisch sind die Handgriff-artigen Zytoplasmaausläufer.

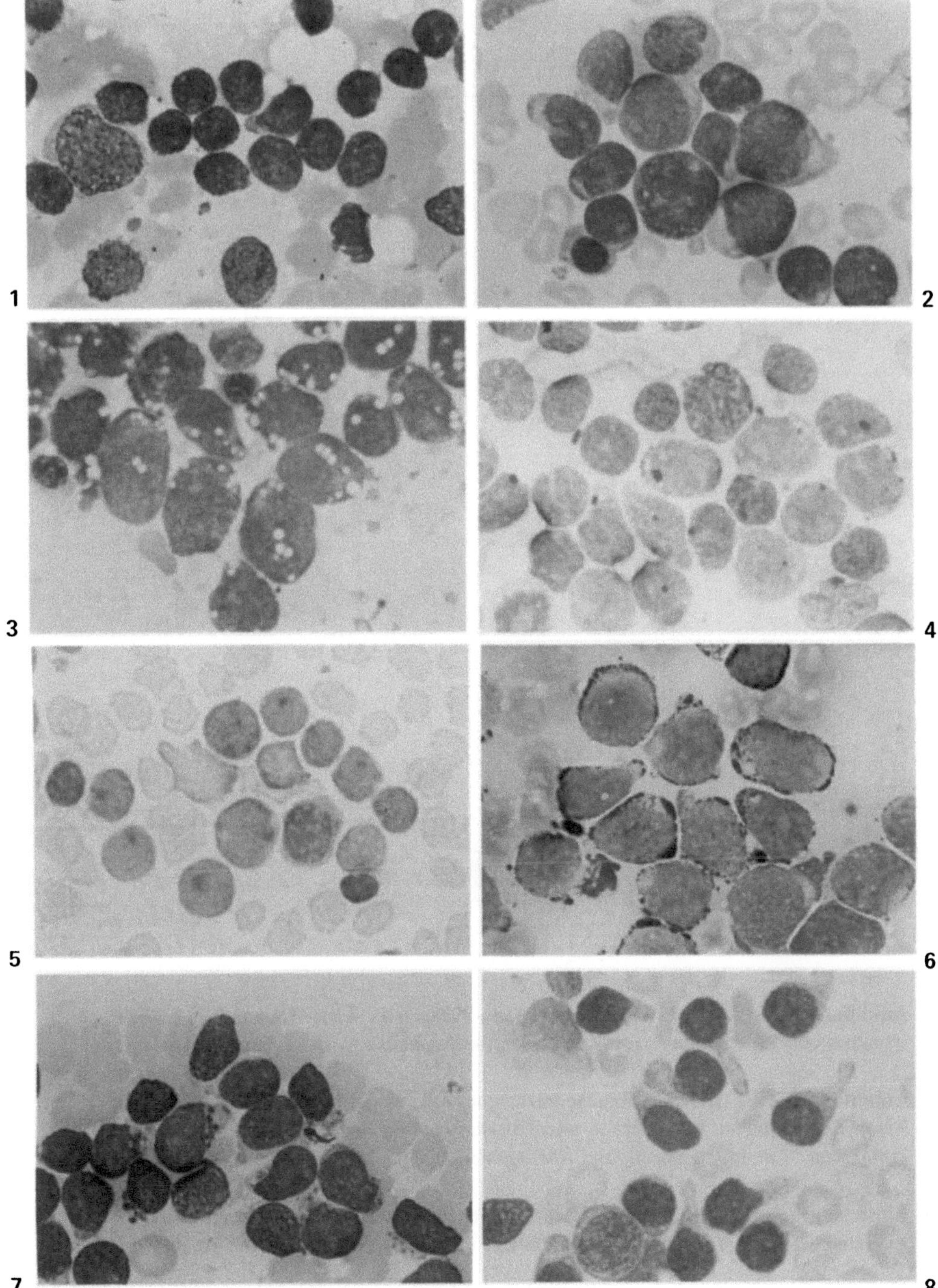

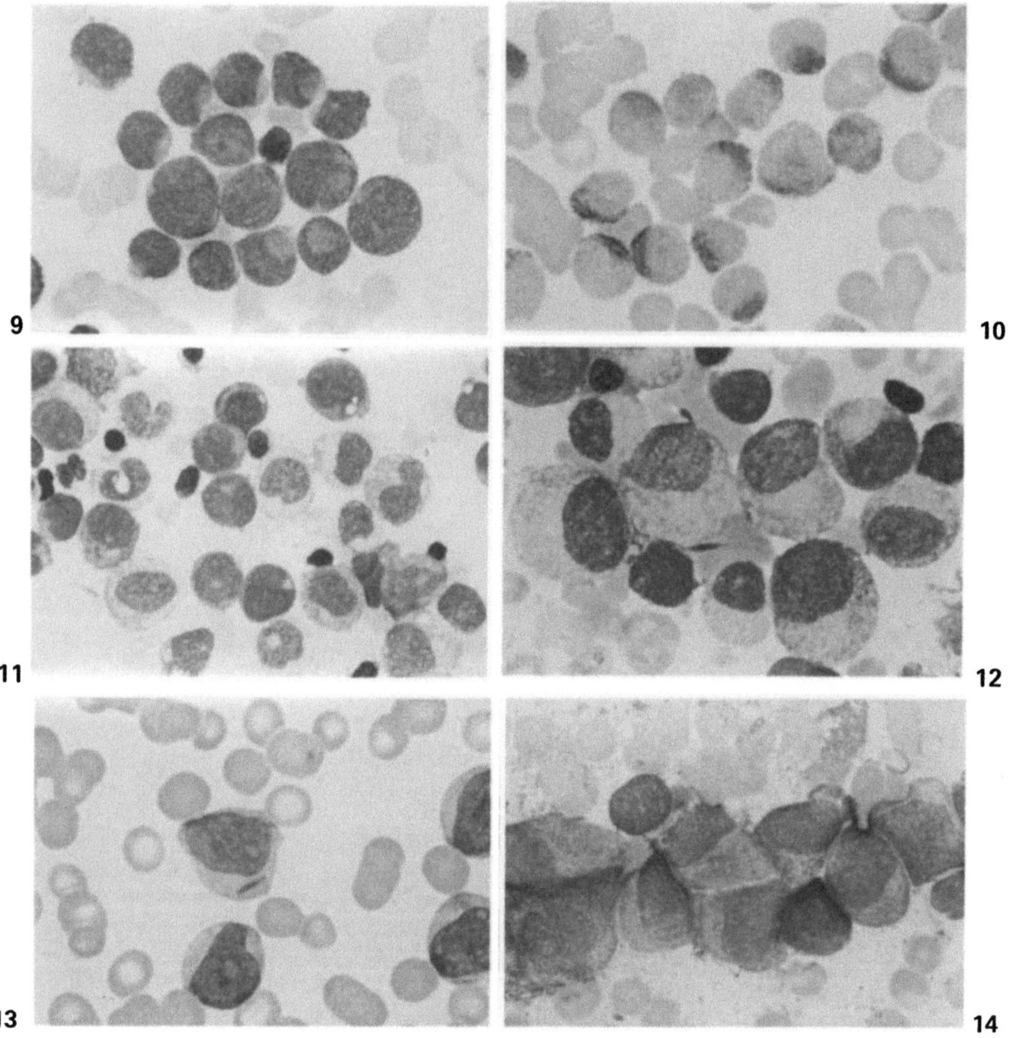

Abbildung 5.2-9: AML, FAB-Subtyp M1: Die Blasten sind relativ klein, haben ein sehr schmales oder kaum erkennbares Zytoplasma, keine eindeutig erkennbaren Granula.

Abbildung 5.2-10: Gleiches Knochenmark wie Abb. 9. AML, FAB-Subtyp M1 mit Peroxydase-Reaktion. Man sieht in allen Blasten eine deutliche Reaktion im schmalen Zytoplasma. Damit ist eindeutig die AML gesichert.

Abbildung 5.2-11: AML, FAB-Subtyp M2: Neben Blasten Typ I sieht man zahlreiche Ausreifungsformen der Granulozytopoese mit deutlichen Atypien des Kerns und des Zytoplasmas.

Abbildung 5.2-12: AML FAB-Subtyp M2: Zellen mit breitem Zytoplasma, überwiegend ohne Granula, aber eindeutig exentrisch lokalisiertem Kern. Wenn mehr als 10 % derartiger Formen vorkommen, liegt der M2-Subtyp vor.

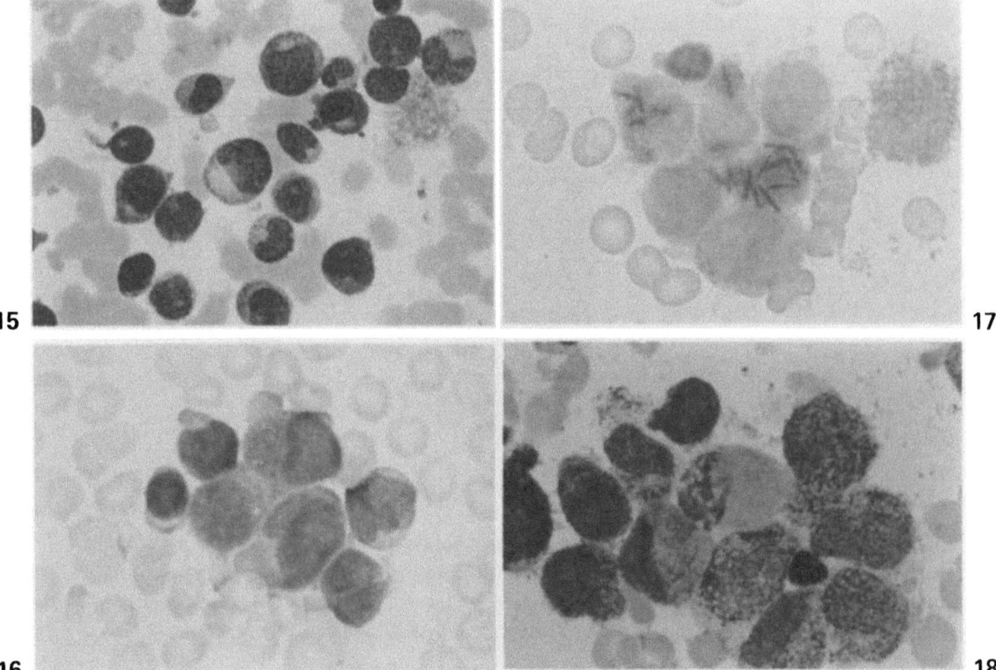

Abbildung 5.2-15: FAB-Subtyp M3 mit zahlreichen groben Granula, die zum Teil die Kerne überlagern. In der Mitte Zelle mit kaum angefärbten Granula.

Abbildung 5.2-16: Mikrogranuläre Promyelozytenleukämie des Subtyps M3V. Die Kerne sind Monozyten-ähnlich, das Zytoplasma enthält nur in einer Zelle deutliche, in den anderen sehr feine oder gar nicht erkennbare Granula, die allerdings deutliche Peroxidase- oder Sudan-Schwarz-B-Reaktion zeigen.

Abbildung 5.2-17: Naphthol-AS-D-Chloracetat-Esterase bei Promyelozytenleukämie. In drei Zellen sind Auer-Stäbchen angefärbt, in der Mittel zahlreiche Auer-Stäbchen.

Abbildung 5.2-18: Akute myelomonozytäre Leukämie, Subtyp M4: Nebeneinander findet man Vorstufen der Granulozytopoese und Zellen der monozytären Reihe, deren Anteil mindestens 20 % betragen muß.

Abbildung 5.2-13: Typisches einzelnes Auer-Stäbchen in einem Blasten bei AML Subtyp M1.

Abbildung 5.2-14: Typische hypergranuläre Promyelozytenleukämie. Alle Zellen enthalten zahlreiche rötliche Granula, die in diesem Fall relativ klein sind. In der Mitte eine Zelle mit zahlreichendünnen Auer-Stäbchen. FAB-Subtyp M3.

Abbildung 5.2-19: AML, Subtyp M4Eo: In der Abbildung ausschließlich Eosinophile mit dysplastischen Veränderungen. In der Mitte Zelle mit besonders großen blauroten Granula, links am Rande eine Zelle mit sehr feinen Granula. Der Anteil der Eosinophilen bei diesem Subtyp wechselt stark, er beträgt meistens 5 % und mehr.

Abbildung 5.2-20: AML, Subtyp M4Eo: Chloracetat-Esterase-Reaktion. In der Abbildung drei pathologische Eosinophile mit unterschiedlich starker CE-Reaktion. Eine Zelle enthält sehr deutliche grobe Granula.

Abbildung 5.2-21: Monoblastenleukämie, Subtyp M5a: Drei Monoblasten mit runden Kernen, weitem graublauen Zytoplasma, das zum Teil feine Azurgranula enthält.

Abbildung 5.2-22: Monozytenleukämie, Subtyp M5b: Die Zellen ähneln reifen Monozyten sehr stark, sie erscheinen überwiegend ausgereift.

Abbildung 5.2-23: Esterase-Reaktion mit α-Naphthylacetat bei Monoblastenleukämie (M5a): Sehr starke Esteraseaktivität, die den Grad 4 erreicht.

Abbildung 5.2-24: Erythroleukämie, Subtyp M6: In der Abbildung ein vierkerniger Erythroblast und ein Myeloblast mit einem Auer-Stäbchen.

Abbildung 5.2-25: Extrem starke PAS-Reaktion in Erythroblasten bei Subtyp M6. Fehlen der Reaktion schließt die Diagnose nicht aus.

Abbildung 5.2-26 a) und b): Zwei verschiedene Fälle von Megakaryoblastenleukämie, Subtyp M7. Charakteristisch sind die pseudopodienartigen Zytoplasmaausläufer, manchmal mit kleinen Vakuolen.

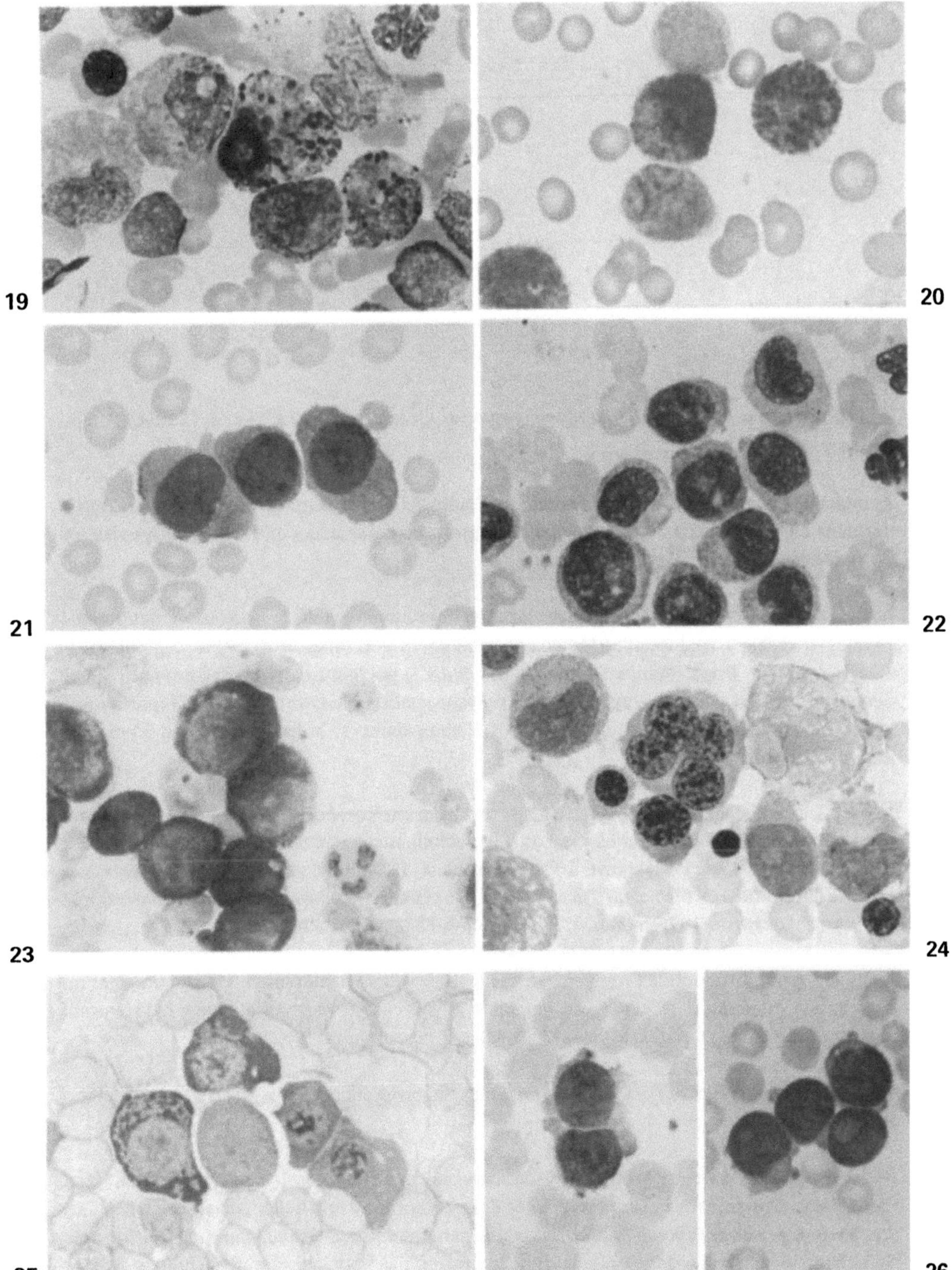

Abbildung 6-6 a-g. Granulo- und Monozytopoese. Ölimmersion 95 x, Ap. 1,32 Leitz-Fotomikroskop.

a ungewöhnlich große, nicht definierbare Stammzelle aus Agranulozytose-Knochenmark; darunter ein Myeloblast, ein neutrophiler Segmentkerniger und ein Promegakaryoblast mit Zytoplasmaausläufern.

b In der Mitte 1 typischer Myeloblast, darunter 2 Promyelozyten, links außen 1 neutrophiler Myelozyt, rechts 1 eosinophiler Myelozyt; ganz unten von links nach rechts: 2 Stabkernige, 1 Metamyelozyt, 1 neutrophiler Segmentkerniger und 2 polychromatische Erythroblasten; über dem Myeloblasten links 3 Lymphozyten, 2 polychromatische Erythroblasten, 1 Segmentkerniger, 1 Metamyelozyt, 1 Promyelozyt; oben 1 Histiozytenkern, 1 Promonozyt und 5 polychromatische Erythroblasten.

c Oben 1 Knochenmarklymphozyt; darunter von links nach rechts: 1 neutrophiler Segmentkerniger, 1 Myeloblast, 1 Promyelozyt mit ungewöhnlich roten Granula, 1 polychromatischer Erythroblast; darunter 1 Myelozyt, 1 Proerythroblast, 1 Lymphozyt; darunter 2 polychromatische Erythroblasten, 1 Monozyt, 1 Lymphozyt, 1 oxyphiler Erythroblast; darunter 1 neutrophiler Segmentkerniger, 1 Promonozyt; ganz unten 1 Knochenmarklymphozyt.

d Oben 2 große eosinophile Promyelozyten, rechts davon 4 eosinophile Myelozyten, einer mit ZytoplasmaVakuole; darunter 1 eosinophiler Promyelozyt mit auffälligem Zytozentrum; darunter links 1 eosinophiler Myelozyt, daneben 2 neutrophile Myelozyten.

e 4 basophile Myelozyten, 1 Monoblast mit ungewöhnlich viel Zytoplasma; darunter 3 Promonozyten.

f oben Pelger-Zelle neben Myelozyten und basophilem Erythroblasten mit gekerbtem Kern; in der Mitte Gruppe sehr heller neutrophiler Segmentkerniger und heller Metamyelozyten über Anaphase eines basophilen Erythroblasten mit paramitotischer Granulation und angedeuteter Spindel; unten ein heller Myelozyt, zwei helle neutrophile Segmentkernige, mehrere polychromatische Erythroblasten und grob strukturierte Kerne von Knochenmarklymphozyten aus MDS-Knochenmark.

g 4 Haarzellen aus peripherem Blut bei Haarzell-Leukämie.

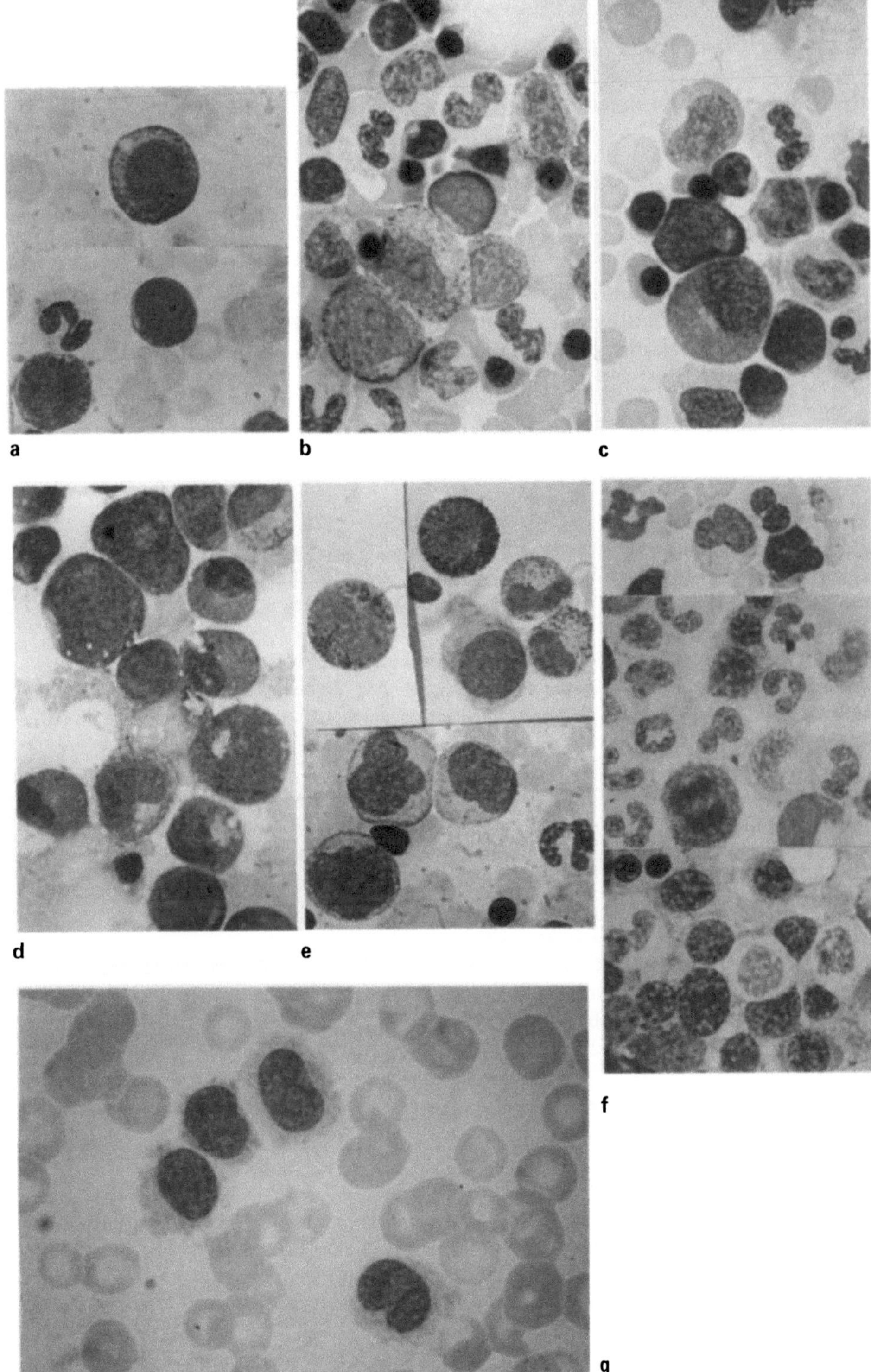

Abbildung 6-7 a-k. Erythrozytopoese. Ölimmersion 95 x, Ap. 1,32, Leitz-Fotomikroskop.

Obere Reihe: normale Erythrozytopoese
a 2 verschieden große Proerythroblasten, darunter ein Myeloblast, rechts davon 1 Promonozyt; darüber mit Nucleolus noch ein Promonozyt, umgeben von 3 Myelozyten und 1 Promyelozyten.

b rechts oben 1 basophiler Makroblast, daneben 1 basophiler Erythroblast; darunter links 1 polychromatischer Erythroblast, rechts 1 Proerythroblast, dazwischen 1 basophiler Erythroblast; darunter 2 polychromatische Erythroblasten.

c oben: 3 Proerythroblasten, darunter 2 polychromatische Erythroblasten, rechts davon 1 basophiler Erythroblast, 1 Lymphozyt; darüber sowie links 4 nackte Kerne, rechts 1 Myelozyt; darunter 2 polychromatische und 2 basophile Erythroblasten; darunter 1 Myelozyt und 1 polychromatischer Erythroblast.

d Neben einem Fettkügelchen findet sich eine Gruppe von polychromatischen Erythroblasten, oben auch 3 reife Erythroblasten und 1 vermutlich ausgestoßener nackter Erythroblastenkern.

Mittlere Reihe: Megalopoese bei perniziöser Anämie
e oben 1 Proerythroblast zwischen 2 Megaloblasten mit grober Kernstruktur umgeben von 3 Riesenmetamyelozyten und 2 Hämozytoblasten; darunter von links nach rechts: 1 Proerythroblast, 1 Promyelozyt, 1 polychromatischer Erythroblast und 1 Riesenstabkerniger.

f oben 2 Proerythroblasten, links 1 polychromatischer Erythroblast, rechts 1 Mottzelle neben einem degenerierten Kern; darunter 1 basophiler und 2 polychromatische Megaloblasten; darunter 1 Promonozyt und 1 polychromatischer Megaloblast; darunter 1 Myelozyt und 1 Segmentkerniger.

g unreifstes Megaloblastenmark bei schwerster Anämie (unter $1 \times 10^{12}/1$ Erythrozyten): in der Mitte 2 Promegaloblasten und 2 Hämozytoblasten; darüber 1 Riesenstabkerniger und 1 Myelozyt mit aufgelockertem Kern; darunter 1 reifer Erythroblast, 1 neutrophiler Segmentkerniger, 1 Monozyt.

Untere Reihe: andere pathologische Erythroblasten
h dreikerniger Paraerythroblast mit Anhäufung von kleinen Vakuolen im Zytoplasma, typisch für schwere Anämie, Erythrämie di Guglielmo oder refraktäre Anämie; darüber 2 Myelozyten, 1 polychromatischer Erythroblast und Plättchen; links 1 polychromatischer Erythroblast mit eingeschnürtem Kern; unten 2 relativ kleine Histiozytenkerne.

i zwischen zweikernigen basophilen Erythroblasten unten einer mit Kernbrücke, die typisch ist für dyserythropoetische Anämie Typ I; darüber 1 basophiler Erythroblast in Mitose (Äquatorialplatte) mit angedeuteten Spindelfasern.

k Knochenmarkausstrich mit Berliner Blaureaktion und Kernechtrot-Gegenfärbung und nur 40 x Objektivvergrößerung: zahlreiche Ringsideroblasten sind durch blaue Körnchen um den Kern zu erkennen.

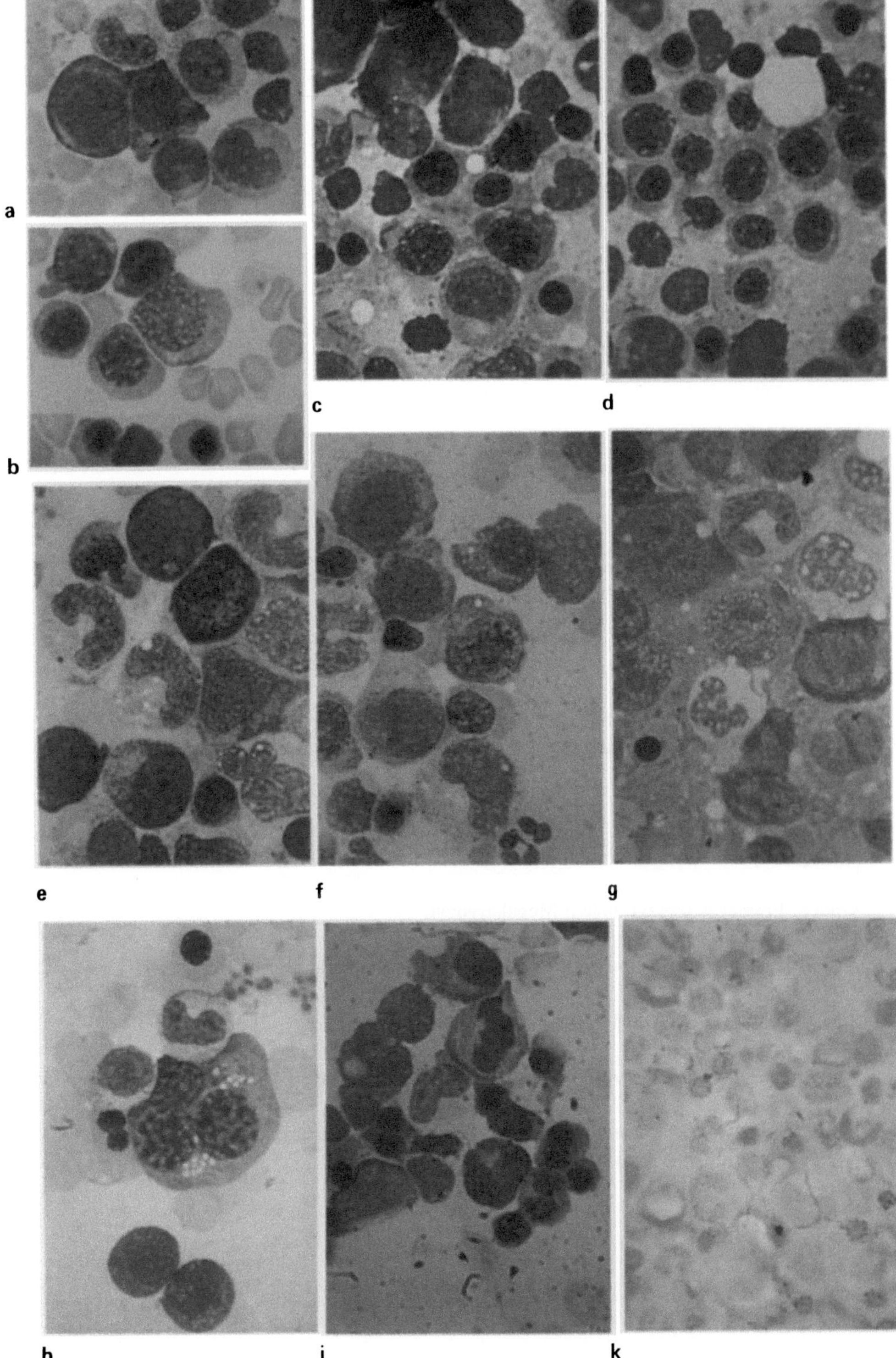

Abbildung 6-8 a-k. Megakaryozytopoese. Ölimmersion 95 x, Ap. 1,32 Leitz-Fotomikroskop.

a Promegakaryoblast.

b Megakaryoblast zwischen anderen Knochenmarkzellen.

c oben: Promegakaryozyt, unten: Megakaryozyt.

d pathologisch großer Promegakaryozyt mit zentraler Aufhellung im basophilen Zytoplasma.

e Megakaryozyt mit Lymphozyten-Emperipolesis.

f reifer Megakaryozyt mit Auflösung in Thrombozyten an der rechten Seite.

g Megakaryozytenkern, dessen Zytoplasma sich hirschgeweihähnlich aufgelöst hat. **h** Mikrokaryozyt unter großem Megakaryozyten.

i Osteoblast.

k Osteoklast.

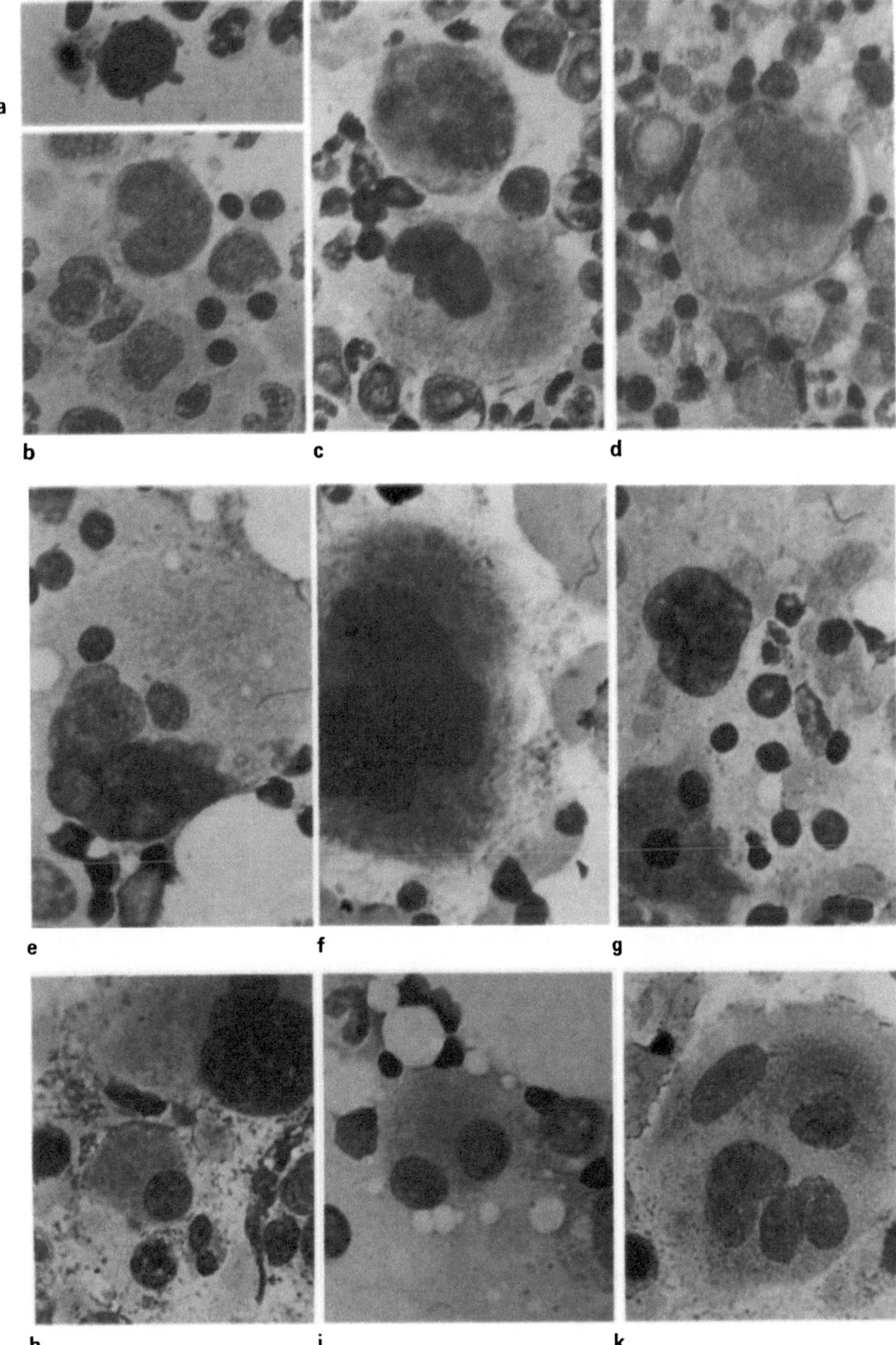

Abbildung 6-9.1 a-l. Lymphozytopoese. Ölimmersion 95 x, Ap. 1,32, Leitz-Fotomikroskop.

a Immunoblast neben wanderndem Lymphozyten aus Phytohämagglutininkultur.

b 2 große Lymphozyten aus peripherem Blut.

c Gruppe großer Lymphozyten aus Phytohämagglutininkultur.

d Knochenmark bei B-CLL: die zwischen einem Proerythroblasten, 2 Promyelozyten, 2 Myelozyten und 1 Promonozyten reichlich vorhandenen Lymphozyten haben grob netzige Kernstruktur und nur z.T. angedeutet Zytoplasma, wie häufig bei Knochenmarklymphozyten.

e Ausgedehntes diffuses Plasmozytom mit ungleich großen Plasmozytomzellen.

f Knochenmark desselben Patienten 2 Monate später: die meisten Myelomzellen sind durch Knochenmarklymphozyten ersetzt.

g Knochenmarkausstrich bei kleinzelligem Lymphom enthält sehr unterschiedlich große Lymphozyten und 1 Histiozytenkern, im Symplasma neben einer angeschnittenen Plasmazelle 1 polychromatischen und 1 reifen Erythroblasten.

h rechts normale Plasmazelle, links 2 besonders kleine Plasmazellen; oben: 2 Lymphozyten; darunter 3 polychromatische Erythroblasten, 2 Myelozyten und 2 Metamyelozyten.

i Oben: flammende Plasmazellen; unten 1 dreikernige und 3 andere etwas atypische Plasmazellen.

k Mottzelle.

l Kristalloide Struktur einer Plasmazelle neben 1 Lymphozyten aus peripheren Blut, etwas stärker nachvergrößert.

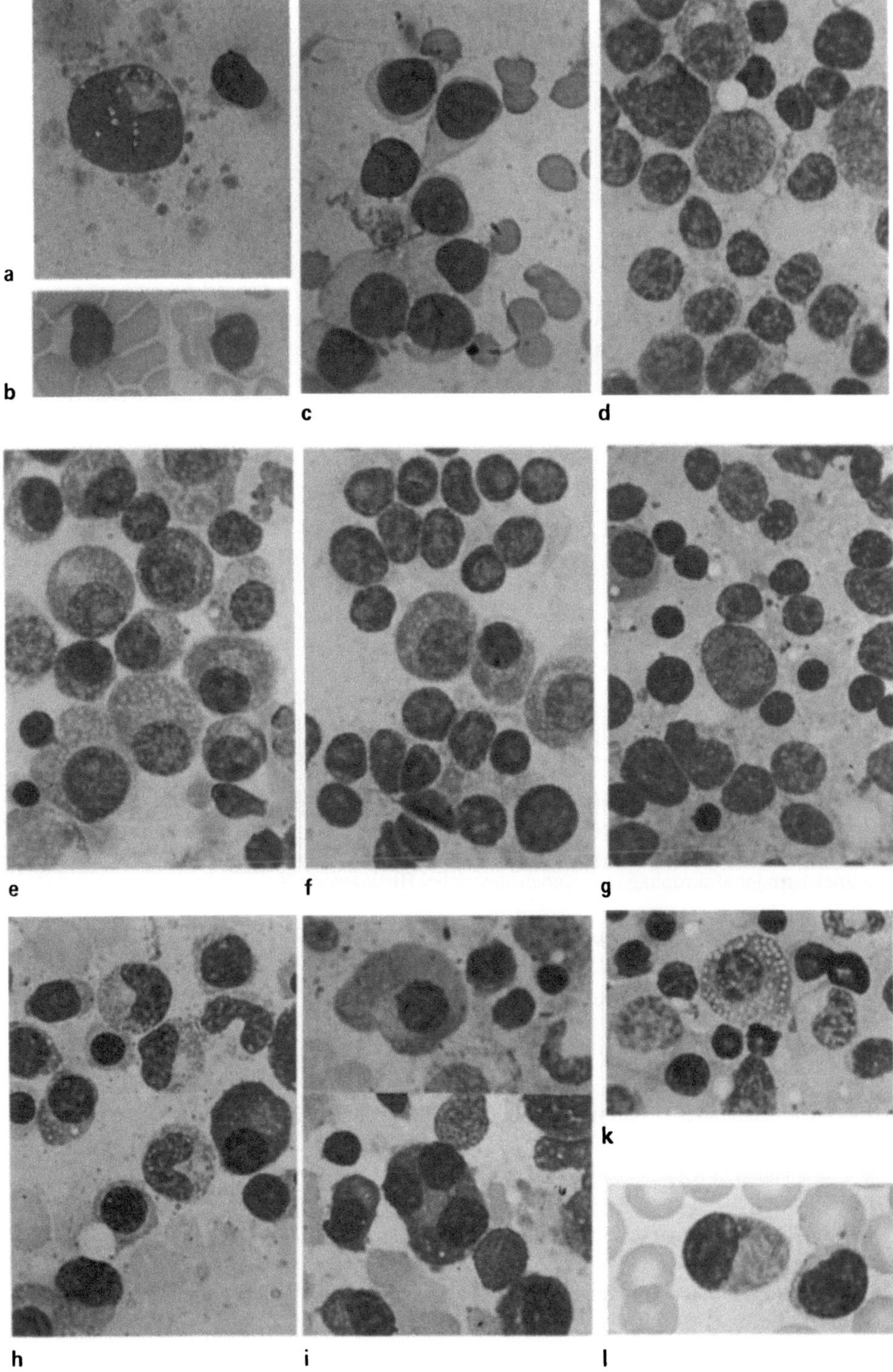

Abbildung 6-9.2 a-m. Histiozytäres System. Ölimmersion 95 x, Ap. 1,32, Leitz-Fotomikroskop.

a Kapillar-Endothelien.

b Histiozyt.

c Fettzelle.

d Phagozytierender Makrophage neben polychromatischem Erythroblasten, 2 Lymphozyten, 1 Monoblasten, 1 Stabkernigen.

e Speichernder Makrophage aus Knochenmark bei Histiozytosis X.

f Pseudo-Gaucher-Zelle bei CML.

g Gewebsmastzelle über 1 Proerythroblasten.

h 2 seeblaue Histiozyten.

i 1 eisenspeichernder Histiozyt in der Berliner Blaureaktion mit Kernechtrot-Gegenfärbung.

k Leishmanien in Knochenmark-Makrophagen.

l Hämozytoblasten aus reaktivem Knochenmark.

m 2 Hämozytoblasten aus Knochenmark bei Erythrämie di Guglielmo, 1 Proerythroblast in Wanderform.

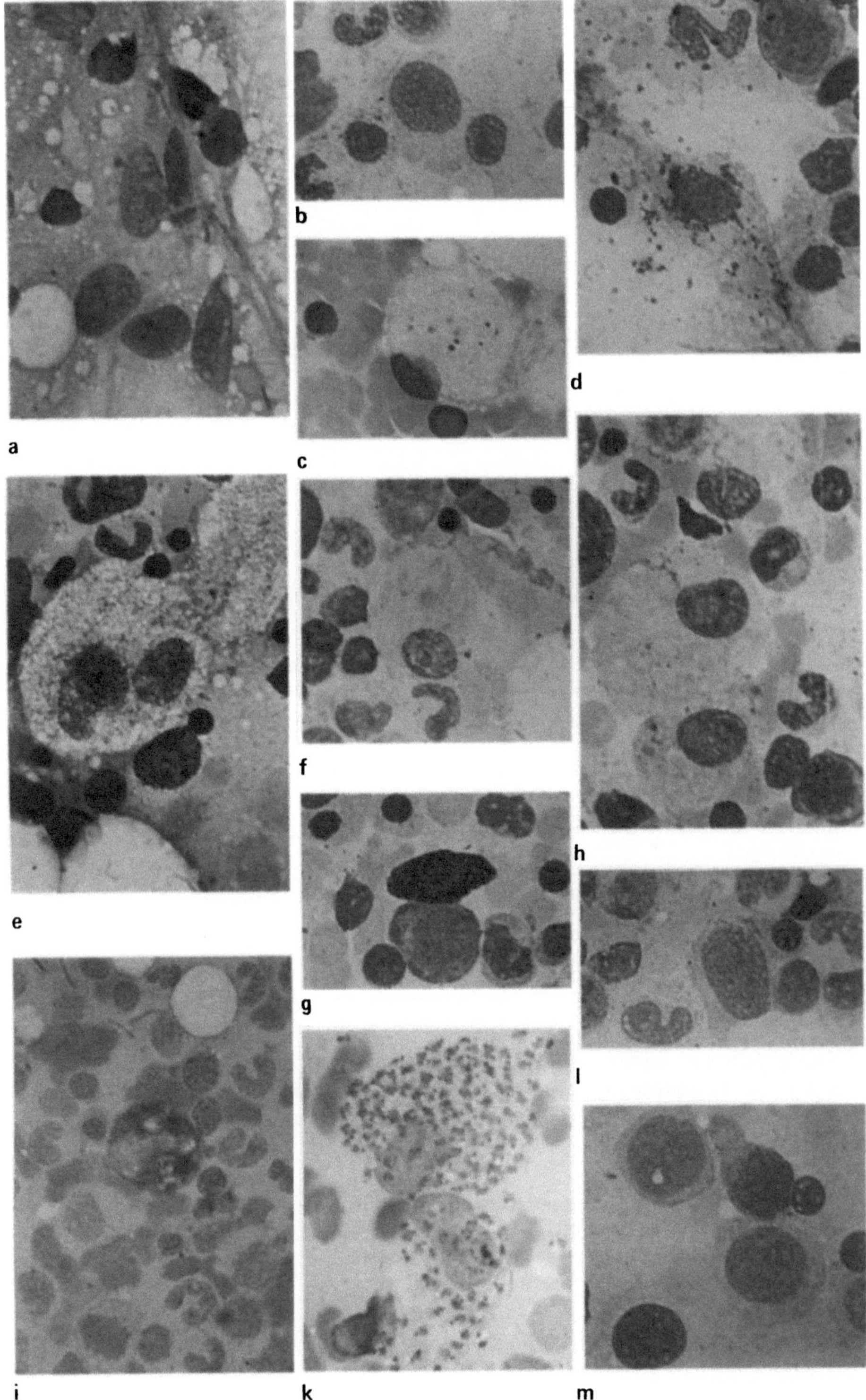

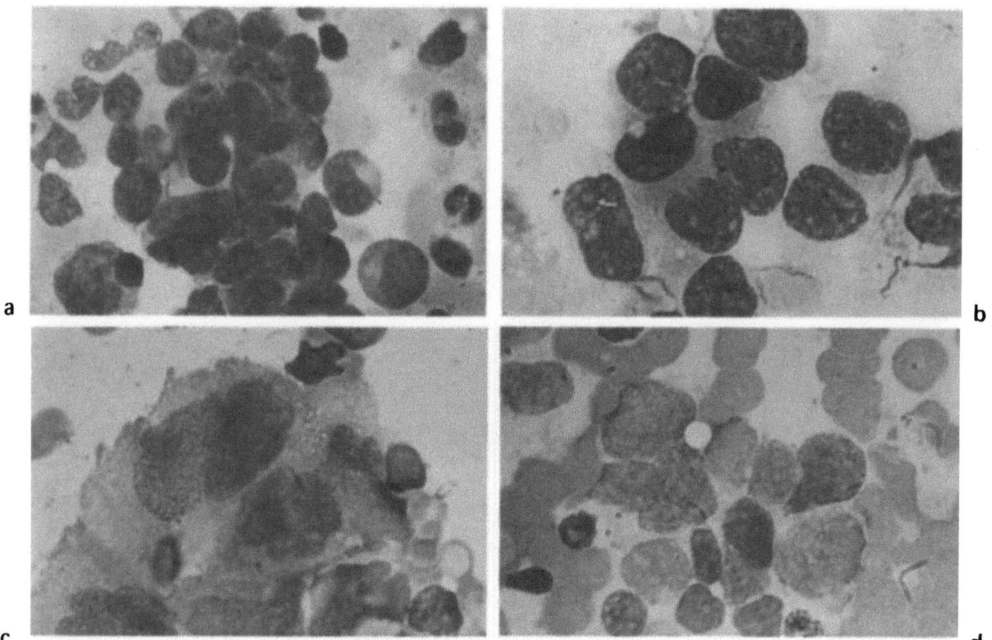

Abbildung 6-10 a-d. Knochenmark-Karzinose.
Ölimmersion 95 x, Ap. 1,32, Leitz-Fotomikroskop. **a** Verband kleiner Karzinomzellen. **b** Große entrundete Karzinomzellkerne im Symplasma. **c** Tumorriesenzellen. **d** Zellgruppe bei Knochenmarkbefall von Zentroblastom als hochmalignes Lymphom.

Abbildung 7-25 a-c. Lymphknotenaspirat (Zytozentrifugenpräparat) bei follikulärer Hyperplasie bei Toxoplasmoseinfektion; 800 x; **a** May-Grünwald/Giemsa (rechts unten zwei Immunoblasten, links Mitte ein Zentroblast) **b** APAAP-Methode: Lambda- Leichtketten **c** Kappa-Leichtketten

Abbildung 7-26 a-c. 2 Lymphknotenaspirat (Zytozentrifugenpräparat) bei Immunocytom; 800 x; **a** May-Grünwald/Giemsa **b** APAAP-Methode: Lambda-Leichtketten **c** Kappa-Leichtketten

Abbildung 7-27 a-c. 3 Lymphknotenaspirat (Zytozentrifugenpräparat) bei immunoblastischem Lymphom; 800 x; **a** May-Grünwald/Giemsa **b** APAAP-Methode: Lambda-Leichtketten **c** Kappa-Leichtketten

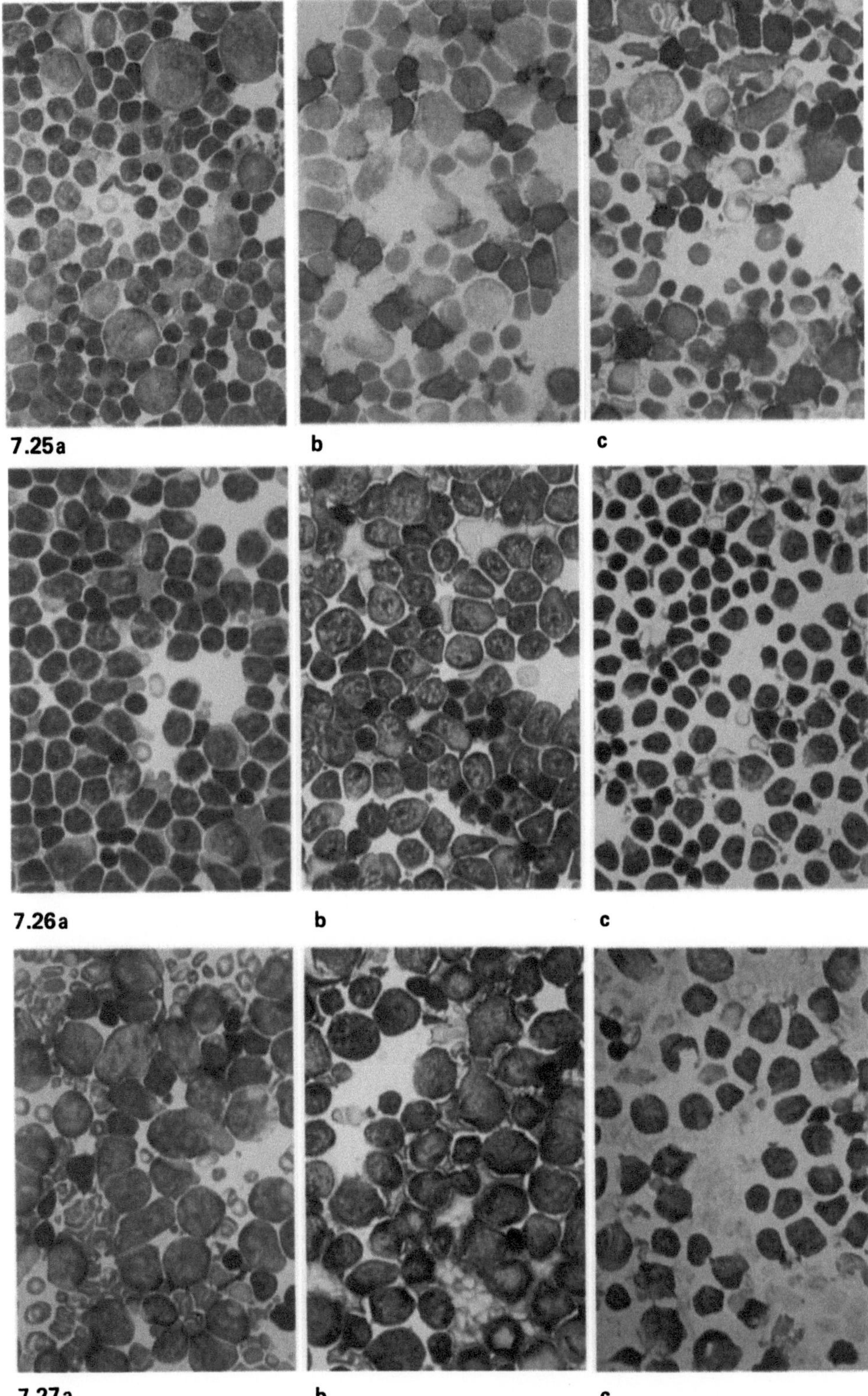

7.25a   b   c

7.26a   b   c

7.27a   b   c